数学·统计学系列

圆锥曲线习题集

The Collection of Exercise of Conic Section (Book 3, Vol.3)

（下册）
（第3卷）

陈传麟 著

哈尔滨工业大学出版社
HARBIN INSTITUTE OF TECHNOLOGY PRESS

内 容 简 介

本书是《圆锥曲线习题集》的下册第 3 卷,内收有关椭圆的命题 700 道,抛物线的命题 100 道,双曲线的命题 100 道,综合命题 100 道,合计 1 000 道(另有关于圆和直线的命题 300 道),绝大部分是首次发表.

1 300 道命题都是证明题,全部附图. 全书分成 5 章 51 节,有些命题可供专题研究.

这套习题集共含五册,五册共收圆锥曲线题 5 300 道.

本书可作为大专院校师生和中学数学教师的参考用书,也可作为数学爱好者的补充读物.

图书在版编目(CIP)数据

圆锥曲线习题集. 下册. 第 3 卷/陈传麟著. —哈尔滨:哈尔滨工业大学出版社,2019.10
ISBN 978-7-5603-8479-5

Ⅰ.①圆… Ⅱ.①陈… Ⅲ.①圆锥曲线-高等学校-习题集 Ⅳ.①O123.3-44

中国版本图书馆 CIP 数据核字(2019)第 188175 号

策划编辑	刘培杰 张永芹
责任编辑	张永芹 陈雅君
封面设计	孙茵艾
出版发行	哈尔滨工业大学出版社
社　　址	哈尔滨市南岗区复华四道街 10 号　邮编 150006
传　　真	0451-86414749
网　　址	http://hitpress.hit.edu.cn
印　　刷	哈尔滨市工大节能印刷厂
开　　本	787mm×1092mm　1/16　印张 52　字数 990 千字
版　　次	2019 年 10 月第 1 版　2019 年 10 月第 1 次印刷
书　　号	ISBN 978-7-5603-8479-5
定　　价	128.00 元

(如因印装质量问题影响阅读,我社负责调换)

作者简介

陈传麟,1940年生于上海.

1963年安徽大学数学系本科毕业.

1965年试建立欧几里得几何的对偶原理,并于当年获得成功.

2011年发表专著《欧氏几何对偶原理研究》(上海交通大学出版社).

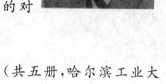

2018年发表专著《二维、三维欧氏几何的对偶原理》(哈尔滨工业大学出版社).

2013年起发表专集《圆锥曲线习题集》(共五册,哈尔滨工业大学出版社).

冰冻三尺 非一日之寒

马行千里 无跬步不成

◎ 序

本书是《圆锥曲线习题集》的下册第 3 卷，也是这套习题集的最后一册，内收椭圆的命题 700 道，抛物线的命题 100 道，双曲线的命题 100 道，综合命题 100 道，另有圆和直线的命题 300 道，合计 1 300 道，全部都是证明题，书中九成以上的命题是首次发表．其中值得我们重视的都在题前加上了"＊"或"＊＊"．

《圆锥曲线习题集》由上册、中册、下册（下册分为第 1,2,3 卷）组成，共五册，内含椭圆题 2 800 道，抛物线题 900 道，双曲线题 1 100 道，综合题 500 道，合计 5 300 道（全书另含圆和直线的命题 1 300 道）．这样的题量，不敢说"绝后"，但可以说"空前"．

如果说，陈先生的专著《二维、三维欧氏几何的对偶原理》（哈尔滨工业大学出版社，2018 年）是欧氏几何对偶原理的理论阐述，那么，这套习题集就是欧氏几何对偶原理的应用价值的体现．

本书的第一个看点就是介绍了两种特殊的对偶概念："特殊蓝几何"和"特殊黄几何"．

所谓"特殊蓝几何",是相对于"普通蓝几何"而言.
我们知道,通常建立"蓝几何"时,都要选定一条直线,一条普通的非无穷远直线("红欧线"),充当"无穷远直线",称为"蓝假线",例如,在图A中,设椭圆α的中心为O,焦点为F,与F相应的准线为f,如果将f作为"蓝假线",那么,在"蓝观点"下,α就是一个"圆",称为"蓝圆",F是其

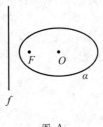

图 A

"蓝圆心",所有有关圆的性质(包括圆的所有度量性质),都可以无一例外地体现在这个"蓝圆"上(实际上是体现在椭圆上).像这样以普通直线f充当"蓝假线"而建立的"蓝几何",称为"普通蓝几何".

现在的问题是:当我们将椭圆α视作"蓝圆"时,能否以椭圆α的中心O为"蓝圆心"? 回答:可以.

显然,这时,只能以平面上的无穷远直线("红假线")作为"蓝假线"了.像这样以无穷远直线("红假线")充当"蓝假线"而建立的"蓝几何",称为"特殊蓝几何".

虽然平面上的无穷远直线("红假线")仍然是"无穷远直线"("蓝假线"),但毕竟建立了新的几何,新就新在:椭圆被视为"圆",且椭圆的中心被视为该"圆"的圆心",所以,所有的概念都要重新认识,特别是"角度"和"长度"的度量都不能按常规进行了,需要做出特殊的规定(请看本书第一章的1.4,1.5等节).

考察图B,设椭圆α的中心为O,长轴为AB,短轴为CD,椭圆α的离心率为e,以AB为直径的圆记为β,称β是椭圆α的"大圆",以CD为直径的圆记为γ,称γ是椭圆α的"小圆".

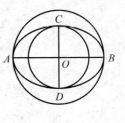

在"特殊蓝几何"的观点下,图B的α是"蓝圆",O是其"蓝圆心",那么,β,γ反而成了"椭圆"("蓝椭圆"),本书指出两点:

图 B

1. 只要两椭圆的长轴彼此平行,且离心率相同(不论大小),那么,在"特殊蓝几何"的观点下,它们就都是"蓝圆".

例如,由于下面的命题1成立,因此命题2成立,因为,后者是前者在"特殊蓝几何"中的表现,同样的,由于命题3成立,因此命题4成立,因为,命题4是命题3在"特殊蓝几何"中的表现.

命题1 设两圆圆心分别为O_1,O_2,它们彼此外切于P,两条外公切线分

别记为 AB,CD,A,B,C,D 都是切点,Q,R 分别是 AB,CD 的中点,如图1所示,求证:

① P,Q,R 三点共线;
② $AP \perp BP$.

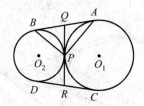

图 1

命题 2 设两椭圆 α,β 的中心分别为 O_1,O_2,它们的长轴彼此平行,且有着相同的离心率,它们彼此外切于 P,两条外公切线分别记为 AB,CD,A,B,C,D 都是切点,Q,R 分别是 AB,CD 的中点,BP 交 α 于 E,如图2所示,求证:

① P,Q,R 三点共线;
② AE 是 α 的直径.

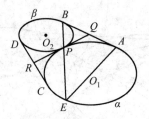

图 2

命题 3 设三圆 O_1,O_2,O_3 两两相交,交点分别记为 M,A,B,C,其中 M 是这三个圆的公共点,如图3所示,BC,CA,AB 的中点分别为 A',B',C',$A'O_1$ 的延长线交圆 O_1 于 A'',$B'O_2$ 的延长线交圆 O_2 于 B'',$C'O_3$ 的延长线交圆 O_3 于 C'',求证:AA'',BB'',CC'' 三线共点(此点记为 S).

命题 4 设三椭圆 α,β,γ 有着相同的离心率,且长轴互相平行,它们的中心分别为 O_1,O_2,O_3,它们中的每两个都相交,交点分别记为 M,A,B,C,其中 M 是这三个椭圆的公共点,如图4所示,BC,CA,AB 的中点分别为 A',B',C',$A'O_1$ 的延长线交椭圆 O_1 于 A'',$B'O_2$ 的延长线交椭圆 O_2 于 B'',$C'O_3$ 的延长线交椭圆 O_3 于 C'',求证:AA'',BB'',CC'' 三线共点(此点记为 S).

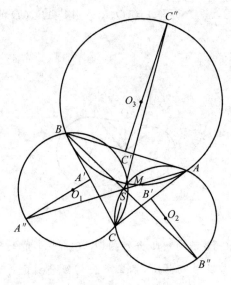

图 3

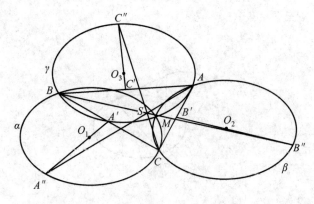

图 4

2. 如果当初(指未对偶前)图 B 的椭圆 α 的离心率为 e,那么,在"特殊蓝几何"的观点下,α 的大圆 β 和小圆 γ 都成了"蓝椭圆",它们的"蓝离心率"也都是 e,而且,凡是圆(不论大小,不论位置)在"特殊蓝几何"的观点下,都是"蓝离心率"为 e 的"蓝椭圆".

于是,凡是椭圆的性质,均可以表现到圆上,例如,要想证明下面的有关椭圆的命题 5,不妨改证有关圆的命题 6,因为,后者是前者在"特殊蓝几何"中的表现,这两个命题是对偶关系,同真同假,用命题 6 替换命题 5,可以降低证明的难度,当然是明智的选择. 同样的,要想证明下面的有关椭圆的命题 7,不妨改证与它等价的有关圆的命题 8,因为,在"特殊蓝几何"的观点下,命题 7 所讲述的是一个关于"圆"—"蓝圆"的命题,这个命题的内容用我们的语言叙述就像命题 8 那样.

命题 5 设椭圆 α 的中心为 O,左、右焦点分别为 F_1,F_2,左、右准线分别为 f_1,f_2,A 是 α 上一点,过 A 作 α 的切线,且分别交 f_1,f_2 于 B,C,AF_1 交 f_2 于 E,AF_2 交 f_1 于 G,BE 交 CG 于 H,如图 5 所示,求证:H,A,O 三点共线.

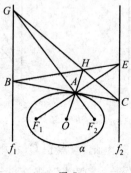

图 5

命题 6 设 F_1,F_2 是圆 O 内两点,它们关于 O 对称,这两点关于圆 O 的极线分别记为 f_1,f_2,A 是圆 O 上一点,过 A 作圆 O 的切线,且分别交 f_1,f_2 于 B,C,AF_1 交 f_2 于 E,AF_2 交 f_1 于 G,BE 交 CG 于 H,如图 6 所示,求证:H,A,O 三点共线.

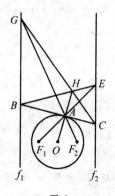

图 6

命题 7 设椭圆 α 的左、右焦点分别为 F_1,F_2,左、右准线分别为 f_1,f_2,一条直线过 F_1,且分别交 f_1,f_2 于 P,Q,过 P,Q 各作 α 的两条切线,这些切线构成外切于 α 的四边形 $PBQA$,如图 7 所示,设 QF_1,QF_2 分别交 AB 于 C,D,求证:$AC=BD$.

命题 8 设 F_1,F_2 是圆 O 内两点,它们关于 O 对称,这两点关于圆 O 的极线分别记为 f_1,f_2,一条直线过 F_1,且分别交 f_1,f_2 于 P,Q,过 P,Q 各作 α 的两条切线,这些切线构成外切于 α 的四边形 $PBQA$,如图 8 所示,设 QF_1,QF_2 分

别交 AB 于 C, D,求证:$AC = BD$.

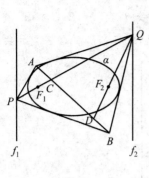
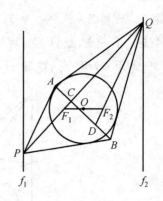

图 7 图 8

现在,谈谈"特殊黄几何".为此,考察图 C,在那里,椭圆 α 的中心为 Z,我们的问题是:如果让图 C 的 Z 作为"黄假线",那么,α 还可以被视为"黄圆"吗?也就是说,还能建立"黄几何"吗?

回答:可以建立"黄几何",但不是"普通黄几何",而是一种"特殊黄几何".因为按目前的要求,"黄圆心"只能是平面上的无穷远直线(即"红假线"),这种以无穷远直线为"黄圆心"的"黄几何"称为"特殊黄几何".

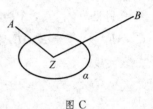

图 C

在"特殊黄几何"里,"黄角度"和"黄长度"的度量都应该有新的规定(请看本书第一章的 1.10 节).

在图 C 中,设 A, B 是当初(指对偶前)平面上两点,A, B, Z 三点不共线,那么,对偶后,在"特殊黄观点"下(以 Z 为"黄假线"),A, B 是两条相交的"黄直线"("黄欧线"),本书指出:若当初 ZA, ZB 的方向关于 α 是共轭的,那么,对偶后,两"黄直线"("黄欧线")A, B 在"黄种人"眼里就是"垂直"的.

例如,关于圆的命题 9 在"特殊黄几何"中的表现就是命题 10.

命题 9 设 A 是圆 O 上一点,直线 l 过 A,且与圆 O 相切,如图 9 所示,求证:$OA \perp l$.

命题 10 设椭圆 α 的中心为 Z,P 是 α 上一点,过 P 且与 α 相切的直线记为 l,如图 10 所示,求证:l 的方向与 ZP 的方向关于 α 共轭.

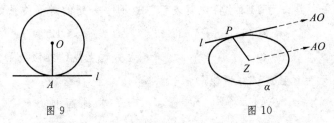

图 9   图 10

注:命题 9 与命题 10 的"特殊黄对偶"关系如下:

命题 9	命题 10
O	无穷远直线("红假线")
无穷远直线("红假线")	Z
A	l
l	P

再比如,下面的命题 11 在"特殊黄几何"里的表现就是命题 12.

命题 11　设圆 O 内两点 F_1,F_2 关于 O 对称,这两点关于圆 O 的极线分别记为 f_1,f_2,一条直线与圆 O 相切,且分别交 f_1,f_2 于 C,D,过 C,D 分别作圆 O 的切线,切点依次为 E,F,设直线 GH 与 CD 平行,且与圆 O 相切,该直线交 EF 于 G,如图 11 所示,求证:F_1,F_2,G 三点共线(等价于求证:OG 与 f_1 垂直).

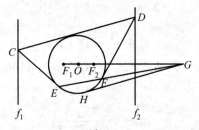

图 11

命题 12　设椭圆 α 的中心为 Z,F_1,F_2 是 α 内关于 Z 对称的两点,A 是 α 上一点,AF_1,AF_2 分别交 α 于 B,C,过 B,C 分别作 α 的切线,这两切线相交于 D,设 AZ 交 α 于 E,如图 12 所示,求证:DE 与 F_1F_2 关于 α 共轭.

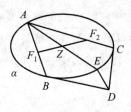

图 12

注：本命题是命题 11 的"特殊黄表示"，这两个命题的对偶关系如下：

命题 11	命题 12
O	无穷远直线（"红假线"）
无穷远直线（"红假线"）	Z
F_1, F_2	未画出
f_1, f_2	F_1, F_2
CD	A
C, D	AF_1, AF_2
E, F	BD, CD
EF	D
G	DE
GH	E

本书的第二个看点就是介绍了有关椭圆的特殊圆，除了上面已经提到的椭圆的"大圆"和"小圆"外，还有椭圆的"大蒙日圆"和"小蒙日圆".

若椭圆 α 的直角坐标方程为

$$\frac{x^2}{a^2}+\frac{y^2}{b^2}=1 \quad (a>b>0)$$

那么，由下面方程

$$x^2+y^2=a^2+b^2$$

确定的圆，称为椭圆 α 的"大蒙日（Gaspard Monge，1746—1818，法国）圆".

而由下面方程

$$x^2+y^2=\frac{a^2b^2}{a^2+b^2}$$

确定的圆，称为椭圆 α 的"小蒙日圆".

椭圆的大、小圆是一对对偶圆. 例如，下面的命题 13 和命题 14 就是一对"蓝对偶命题"，前者是关于椭圆的"大圆"，后者是关于椭圆的"小圆".

命题 13 设椭圆 α 的中心为 O，β 是 α 的大圆，四边形 $ABCD$ 外切于 α，A，C 两点均在 β 上，AB，BC，CD，DA 分别与 α 相切于 E，F，G，H，AB，BC，CD，DA 分别交 β 于 K，L，M，N，如图 13 所示，求证：下面六条直线共点（此点记为 S）：AC，BD，EG，FH，KM，LN.

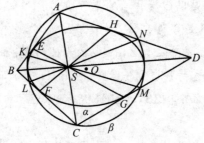

图 13

注：下面的命题 14 是命题 13 的"蓝表示".

命题 14 设椭圆 α 的中心为 O，γ 是 α 的小圆，四边形 $ABCD$ 外切于 γ，A，C 两点均在 α 上，AB，BC，CD，DA 分别与 γ 相切于 E，F，G，H，AB，BC，CD，DA 分别交 α 于 K，L，M，N，如图 14 所示，求证：下面六条直线共点（此点记为 S）：AC，BD，EG，FH，KM，LN.

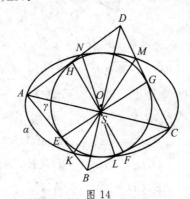

图 14

再比如，下面的命题 15 和命题 16 就是一对"黄对偶命题".

命题 15 设椭圆 α 的中心为 O，β 是 α 的大圆，γ 是 α 的小圆，一条直线与 γ 相切，且交 β 于 A，B，过 A，B 分别作 α 的切线，这两条切线依次交 β 于 C，D，若 $AB \perp BC$，如图 15 所示，求证：

① CD 与 γ 相切；

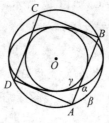

图 15

② 四边形 $ABCD$ 是以 O 为中心的平行四边形.

注：下面的命题 16 是命题 15 的"黄表示".

命题 16 设椭圆 α 的中心为 Z，β 是 α 的大圆，γ 是 α 的小圆，A 是 β 上一点，过 A 作 γ 的两条切线，这两条切线分别交 α 于 B,D，过 B,D 分别作 γ 的切线，这两条切线相交于 C，若 $ZA \perp ZB$，如图 16 所示，求证：

① C 在 β 上；

② 四边形 $ABCD$ 是以 Z 为中心的平行四边形.

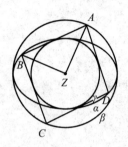

图 16

注：命题 15 与命题 16 的黄对偶关系如下：

命题 15	命题 16
α,β,γ	α,γ,β
A,B	AB,AD
C,D	CD,CB
AB,CD	A,C
AD,BC	B,D

椭圆的大、小蒙日圆也是一对对偶圆. 例如，下面的命题 17 和命题 18 就是一对"黄对偶命题"，接下来的命题 19 与命题 20，以及命题 21 与命题 22 也都是如此.

命题 17 设椭圆 α 的中心为 O，A 是 α 外一动点，过 A 作 α 的两条切线，切点分别为 B,C，且使得 $AB \perp AC$，如图 17 所示，求证：动点 A 的轨迹是以 O 为圆心的圆（此圆记为 β，称为 α 的"大蒙日圆"）.

注：下面的命题 18 是命题 17 的"黄表示".

命题 18 设椭圆 α 的中心为 Z，动直线 AB 交 α 于 A,B，且使得 $ZA \perp ZB$，如图 18 所示，求证：动直线 AB 的包络是以 Z 为圆心的圆（此圆记为 γ，称为 α 的"小蒙日圆"）.

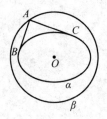

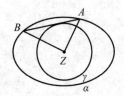

图 17　　　　　　　　　图 18

命题 19　设椭圆 α 的中心为 O，γ 是 α 的小蒙日圆，A 是 α 上一点，过 A 作 γ 的两条切线，这两条切线分别交 α 于 B,C，如图 19 所示，求证：AB 的方向与 AC 的方向关于 α 共轭.

注：下面的命题 20 是命题 19 的"黄表示".

命题 20　设椭圆 α 的中心为 Z，β 是 α 的大蒙日圆，一直线与 α 相切，且交 β 于 A,B，如图 20 所示，求证：ZA 的方向与 ZB 的方向关于 α 共轭.

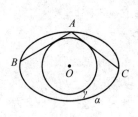
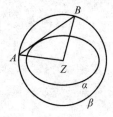

图 19　　　　　　　　　图 20

命题 21　设椭圆 α 的中心为 O，β,γ 分别是 α 的大、小蒙日圆，A 是 β 上一点，过 A 作 α 的两条切线，切点分别为 B,C，A 在 BC 上的射影为 D，如图 21 所示，求证：点 D 在 γ 上.

命题 22　设椭圆 α 的中心为 Z，β,γ 分别是 α 的大、小蒙日圆，一条直线与 γ 相切，且交 α 于 A,B，过 A,B 分别作 α 的切线，这两条切线相交于 C，过 C 作 β 的一条切线，这条切线交 AB 于 D，如图 22 所示，求证：$ZD \perp ZC$.

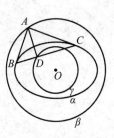
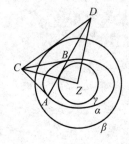

图 21　　　　　　　　　图 22

注:命题 21 与命题 22 的黄对偶关系如下:

    命题 21   命题 22
    α α
    β,γ γ,β
    A AB
    B,C CA,CB
    D CD
    AD,BC D,C

  本书的第三个看点就是介绍了一种不寻常的"黄几何",称为"异形黄几何".

  我们知道,通常建立"黄几何"时,都要先选定一个点,记为 Z,让它充当"无穷远直线",称为"黄假线",这个点 Z 一般都是普通的点,即所谓"红欧点".例如,在图 D 中设 Z 是椭圆 α 的焦点,直线 f 是与 Z 相应的准线,若以 Z 为"黄假线",则在"黄观点"下,α 就是"黄圆",f 是该"黄圆"的"黄圆心",于是,所有关于圆的性质均可转移到该"黄圆"上(实际上是转移到椭圆上).像这样以一个普通的点("红欧点")为"黄假线"所建立的"黄几何",称为"普通黄几何".

图 D

  现在的问题是:能否以平面上的无穷远点("红假点")为"黄假线",建立"黄几何"呢?回答:可以.这样建立的"黄几何",称为"异形黄几何",以区别于"普通黄几何".

  关于"异形黄几何",本书指出三点:

  第一,在椭圆、抛物线和双曲线中,只有双曲线在"异形黄几何"中,可以被视为"黄椭圆".

  第二,在椭圆、抛物线和双曲线中,抛物线和双曲线都可以在"异形黄几何"中,被视为"黄抛物线".

  第三,椭圆、抛物线和双曲线在"异形黄几何"中,都可以被视为"黄双曲线".

  例如,下面的命题 23 涉及两条抛物线,它是 1982 年全国高考数学试题之一,当年这道题难倒了许多考生.现在,把这道题表现在"异形黄几何"里,就形成了命题 24,如果说命题 23 有一定的难度,那么,命题 24 就更难了.

  命题 23 设两抛物线 α,β 有着公共的顶点 O,它们的对称轴分别为 m,n,

这两对称轴互相垂直,C 是 α 上一点,过 C 且与 β 相切的两条直线分别交 α 于 A,B,如图 23 所示,求证:直线 AB 与 β 相切.

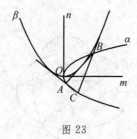

图 23

命题 24 设抛物线 α 的对称轴为直线 t_1,且 α 与直线 t_2 相切,双曲线 β 的两条渐近线恰好就是 t_1,t_2,一条直线与 α 相切,且交 β 于 A,B,过 A,B 分别作 α 的切线,这两条切线相交于 C,如图 24 所示,求证:C 在 β 上.

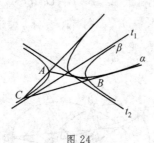

图 24

若以图 24 中 t_1 上的无穷远点("红假点")为"黄假线",则在"异形黄观点"下,图 24 的 α,β 均为"黄抛物线",因此,本命题是命题 23 在"异形黄几何"中的表现.这两个命题间的对偶关系如下:

命题 23	命题 24
无穷远直线	t_1 上的无穷远点("红假点")
α,β	α,β
C	AB
CA,CB	A,B
AB	C

顺便说一下,命题 23 的题设中,要求两抛物线的对称轴互相垂直,是多余的.

有关"异形黄几何"的论述,请看本书的附录.

本书所收的 1 000 道正题中,大多数命题都涉及双圆锥曲线,甚至是三圆锥曲线,如命题 528、命题 565、命题 582、命题 799、命题 990 等.

命题 528　设两椭圆 α,β 相交于 A,B,C,D 四点,一条直线过 A,且分别交 α,β 于 E,F,另一条直线过 C,且分别交 α,β 于 G,H,如图 528 所示,求证:EG,FH,BD 三线共点(此点记为 S).

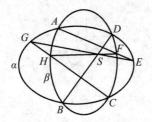

图 528

命题 565　设两椭圆 α,β 相交于四点:A,B,C,D,且 P 是平面上一点,AP,BP,CP,DP 分别交 α,β 于 A',B',C',D' 和 A'',B'',C'',D'',设 $A'C'$ 交 $A''C''$ 于 Q,$B'D'$ 交 $B''D''$ 于 R,如图 565 所示,求证:

① Q 在 BD 上,R 在 AC 上;

② P,Q,R 三点共线.

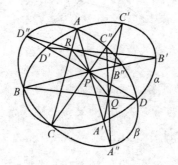

图 565

命题 582　设椭圆 α 的左、右焦点分别为 F_1,F_2,四边形 $ABCD$ 外切于 α,圆 O_1,O_2,O_3,O_4 依次经过下列三点:(F_1,A,B),(F_2,B,C),(F_1,C,D),(F_2,D,A),如图 582 所示,求证:

① 这四个圆有一个公共点,该点记为 M;

② O_1,O_2,O_3,O_4 四点共圆(该圆圆心记为 O);

③ 若圆 O_1',O_2',O_3',O_4' 依次经过下列三点:(F_2,A,B),(F_1,B,C),(F_2,C,D),(F_1,D,A),则这四个圆也有一个公共点,该点记为 N(在图 582 中,这四个圆均未画出);

④ M,N 是四边形 $ABCD$ 的一对等角共轭点.

14

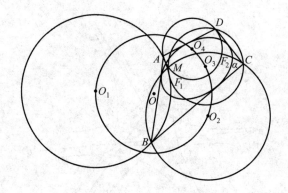

图 582

**命题 799　设三条抛物线 α,β,γ 的焦点分别为 A,B,C,每两条抛物线都有且仅有两个公共点,这些公共点中,有一个是这三条抛物线的公共点,该点记为 M,每两条抛物线都有且仅有一条公切线,这三条公切线构成 $\triangle A'B'C'$,如图 799 所示,求证:AA',BB',CC' 三线共点(此点记为 S).

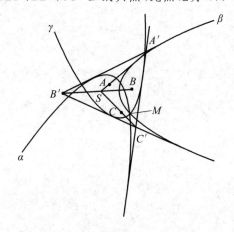

图 799

**命题 990　设 $\triangle ABC$ 的三边 BC,CA,AB 所在的直线分别为 t_1,t_2,t_3,以 A 为中心,且以 t_2,t_3 为渐近线的双曲线记为 α;以 B 为中心,且以 t_3,t_1 为渐近线的双曲线记为 β;以 C 为中心,且以 t_1,t_2 为渐近线的双曲线记为 γ,设 β 交 γ 于 P,P',γ 交 α 于 Q,Q',α 交 β 于 R,R',如图 990 所示,求证:

① PP',QQ',RR' 三线共点(此点记为 S);

② P,A,P' 三点共线,Q,B,Q' 三点共线,R,C,R' 三点共线.

15

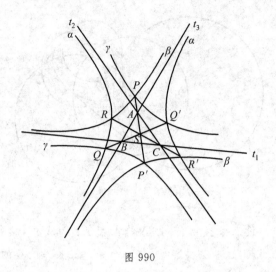

图 990

朱传刚

2019 年

于上海·紫竹园

目录

第1章 椭圆 ……………………………………… 1

1.1 …………………………………………… 1
1.2 …………………………………………… 17
1.3 …………………………………………… 42
1.4 …………………………………………… 63
1.5 …………………………………………… 74
1.6 …………………………………………… 90
1.7 …………………………………………… 101
1.8 …………………………………………… 112
1.9 …………………………………………… 130
1.10 ………………………………………… 137
1.11 ………………………………………… 151
1.12 ………………………………………… 173
1.13 ………………………………………… 190
1.14 ………………………………………… 199
1.15 ………………………………………… 214
1.16 ………………………………………… 221

1.17	227
1.18	235
1.19	248
1.20	268
1.21	296
1.22	313
1.23	328
1.24	350

第 2 章 抛物线 …… 364

2.1	364
2.2	387
2.3	396
2.4	413

第 3 章 双曲线 …… 424

3.1	424
3.2	430
3.3	444
3.4	457
3.5	466

第 4 章 综合题 …… 487

4.1	487
4.2	495
4.3	512
4.4	526

第 5 章　直线和圆 ·· 540
　　5.1 ·· 540
　　5.2 ·· 550
　　5.3 ·· 557
　　5.4 ·· 572
　　5.5 ·· 587
　　5.6 ·· 598
　　5.7 ·· 615
　　5.8 ·· 636
　　5.9 ·· 650
　　5.10 ·· 660
　　5.11 ·· 672
　　5.12 ·· 688
　　5.13 ·· 699
　　5.14 ·· 709

附录　异形黄几何 ·· 720

参考文献 ·· 775

索引 ·· 776

后记 ·· 784

编辑手记 ·· 786

椭圆

1.1

命题 1 设椭圆 α 的中心为 O,A 是 α 外一动点,过 A 作 α 的两条切线,切点分别为 B,C,且使得 $AB \perp AC$,如图 1 所示,求证:动点 A 的轨迹是以 O 为圆心的圆(此圆记为 β).

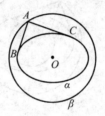

图 1

注:若椭圆 α 的直角坐标方程为
$$\frac{x^2}{a^2}+\frac{y^2}{b^2}=1 \quad (a>b>0)$$
那么,圆 β 的直角坐标方程为
$$x^2+y^2=a^2+b^2$$

这个圆称为椭圆 α 的"蒙日(Gaspard Monge,1746—1818)圆"或"准圆",为区别计,以后此圆称为椭圆 α 的"大蒙日圆",该圆上任何一点对椭圆 α 的张角都是直角.

命题 2 设椭圆 α 的中心为 O,动直线 AB 交 α 于 A,B,且使得 $OA \perp OB$,如图 2 所示,求证:动直线 AB 的包络是以 O 为圆心的圆(此圆记为 γ).

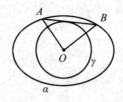

图 2

注:若椭圆 α 的直角坐标方程为

$$\frac{x^2}{a^2}+\frac{y^2}{b^2}=1 \quad (a>b>0)$$

那么,圆 γ 的直角坐标方程为

$$x^2+y^2=\frac{a^2b^2}{a^2+b^2}$$

该圆称为椭圆 α 的"小蒙日圆". 大、小蒙日圆是一对对偶圆.

命题 3 设椭圆 α 的中心为 O, β 是 α 的大蒙日圆, A 是 β 上一动点, 过 A 作 α 的两条切线, 切点分别为 B, C, A 在 BC 上的射影为 D, 如图 3 所示, 求证: 点 D 的轨迹是 α 的小蒙日圆(此圆记为 γ).

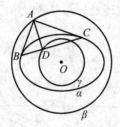

图 3

命题 4 设椭圆 α 的中心为 Z, γ 是 α 的小蒙日圆, 一直线与 γ 相切, 且交 α 于 A, B, 过 A, B 分别作 α 的切线, 这两切线相交于 C, 过 Z 作 ZC 的垂线, 这条垂线交 AB 于 D, 如图 4 所示, 求证: CD 的包络是 α 的大蒙日圆(此圆记为 β).

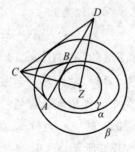

图 4

**命题 5　设椭圆 α 的中心为 O,左、右焦点分别为 F_1,F_2,左、右准线分别为 f_1,f_2,动点 A,B 分别在 f_1,f_2 上,使得 $AF_1 \perp BF_1$(或 $AF_2 \perp BF_2$),如图 5 所示,求证:直线 AB 的包络是 α 的大蒙日圆(此圆记为 β).

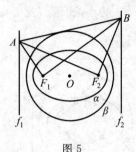

图 5

**命题 6　设椭圆 α 的中心为 Z,F_3,F_4 是 α 的上、下焦点,f_3,f_4 是 α 的上、下准线,A,B 是 f_3(或 f_4)上两动点,使得 $AZ \perp BZ$,设 AF_4 交 BF_3 于 P(或 AF_3 交 BF_4 于 P),如图 6 所示,求证:点 P 的轨迹是 α 的小蒙日圆(此圆记为 γ).

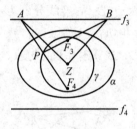

图 6

注:若椭圆 α 的直角坐标方程为

$$\frac{x^2}{a^2}+\frac{y^2}{b^2}=1 \quad (a>b>0)$$

那么,由下列两方程

$$y=\frac{ab}{c}$$

和

$$y=-\frac{ab}{c}$$

所确定的直线分别称为椭圆 α 的"上准线"(或"第三准线")和"下准线"(或"第四准线"),且分别记为 f_3 和 f_4.

我们将 f_3,f_4 关于椭圆 α 的极点分别记为 F_3 和 F_4,且依次称为椭圆 α 的"上焦点"(或"第三焦点")和"下焦点"(或"第四焦点"),它们的直角坐标分别为 $(0,\dfrac{bc}{a})$ 和 $(0,-\dfrac{bc}{a})$.易见,F_3 和 F_4 都在小蒙日圆内.

命题7 设椭圆 α 的中心为 O,左、右焦点分别为 F_1,F_2,左、右准线分别为 f_1,f_2,动点 A,B 分别在 f_1,f_2 上,使得 $AF_2 \perp BF_2$,如图 7 所示,求证:

① 直线 AB 的包络是 α 的大蒙日圆(此圆记为 β);

② 直线 AF_2,BF_2 的包络是 α 的小蒙日圆(此圆记为 γ).

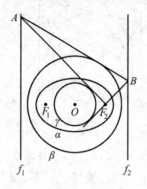

图 7

命题8 设椭圆 α 的中心为 O,左、右准线分别为 f_1,f_2,β 是 α 的大蒙日圆,γ 是 α 的小蒙日圆,一直线与 α 相切,且分别交 f_1,f_2 于 A,B,过 A,B 分别作 γ 的切线,这两切线相交于 C,过 A,B 分别作 β 的切线,这两切线相交于 D,如图 8 所示,求证:$CD \perp AB$.

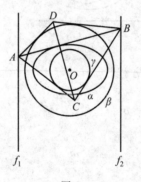

图 8

命题9 设椭圆 α 的中心为 O,左、右准线分别为 f_1,f_2,β,γ 分别是 α 的大、小蒙日圆,A 是 f_2 上一点,过 A 作 α 的两条切线,这两切线分别交 β 于 B,C,设 BC 交 γ 于 D,E,如图 9 所示,求证:$BD = CE$.

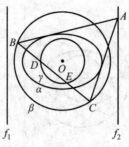

图 9

命题 10 设椭圆 α 的中心为 O，左、右焦点分别为 F_1,F_2，左、右准线分别为 f_1,f_2，β,γ 分别是 α 的大、小蒙日圆，F_1F_2 交 f_1 于 A，P 是 β 上一点，P 在 F_1F_2 上的射影是 F_2，如图 10 所示，求证：PA 是 γ 的切线.

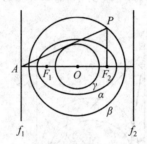

图 10

命题 11 设椭圆 α 的中心为 O，左、右准线分别为 f_1,f_2，β,γ 分别是 α 的大、小蒙日圆，一直线与 f_1 平行，且与 γ 相切，切点为 A，这条切线还分别交 α,β 于 B,C，过 B 作 α 的切线，且交 f_2 于 E，过 C 作 γ 的切线，且交 β 于 D，如图 11 所示，求证：DE 与 β 相切.

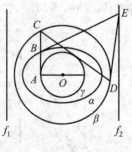

图 11

命题 12 设椭圆 α 的中心为 O，左、右焦点分别为 F_1,F_2，左、右准线分别为 f_1,f_2，β,γ 分别是 α 的大、小蒙日圆，F_1F_2 分别交 f_1,f_2 于 A,B，P 是 β 上一点，P 在 F_1F_2 上的射影是 F_2，过 P 作 α 的切线，这条切线交 β 于 C，过 B 作 γ 的切线，这条切线交 β 于 D，如图 12 所示，求证：CD 与 α 相切.

5

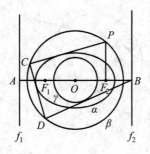

图 12

**命题 13 设椭圆 α 的中心为 O，左、右准线分别为 f_1, f_2，β 是 α 的大蒙日圆，γ 是 α 的小圆，A 是 β 上一点，过 A 作 α 的两条切线，这两条切线中的一条交 f_1 于 B，另一条交 f_2 于 C，如图 13 所示，若 BC 恰与 γ 相切，切点为 D，求证：A, O, D 三点共线.

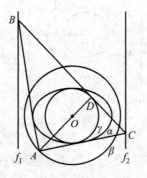

图 13

命题 14 设椭圆 α 的中心为 O，左、右准线分别为 f_1, f_2，β, γ 分别是 α 的大、小蒙日圆，P 是 β 上一点，过 P 作 α 的两条切线，它们分别交 f_1 于 A, B，交 f_2 于 C, D，如图 14 所示，设 AD 交 BC 于 E，OP 交 γ 于 F，求证：EF 是 γ 的切线.

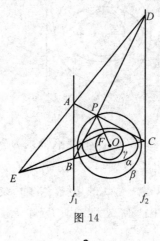

图 14

命题 15 设椭圆 α 的中心为 O,左、右焦点分别为 F_1,F_2,β,γ 分别是 α 的大、小蒙日圆,A 是 α 上一点,使得 $AF_1 \perp AF_2$,过 A 作 α 的切线,这条切线交 β 于 B,C,过 BC 分别作 γ 的切线,这两条切线相交于 D,如图 15 所示,求证:点 D 在 β 上.

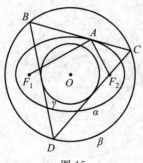

图 15

命题 16 设椭圆 α 的中心为 O,β,γ 分别是 α 的大、小蒙日圆,四边形 $ABCD$ 外切于 α,AB,BC,CD,DA 上的切点分别为 E,F,G,H,若 A,C 两点均在 β 上,且 AC 与 γ 相切,如图 16 所示,求证:AC,BD,EG,FH 四线共点(此点记为 S).

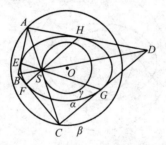

图 16

命题 17 设椭圆 α 的中心为 O,左、右焦点分别为 F_1,F_2,β,γ 分别是 α 的大、小蒙日圆,P 是 β 上一点,P 在 F_1F_2 上的射影是 F_1,PF_1 交 α 于 A,AO 交 γ 于 B,PF_2 交 α 于 C,如图 17 所示,求证:BC 与 γ 相切.

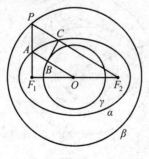

图 17

命题 18　设椭圆 α 的中心为 Z，左、右焦点分别为 F_1, F_2，β, γ 分别是 α 的大、小蒙日圆，在 β 上取一点 A，使得 $AF_1 \perp F_1F_2$，过 A 作 α 的两条切线，切点依次记为 B, C，过 A 作 γ 的两条切线，切点依次记为 D, E，如图 18 所示，求证：
① B, D, F_1 三点共线，C, E, F_1 也三点共线；
② F_1A 平分 $\angle BF_1C$.

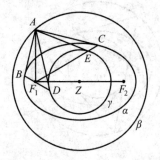

图 18

命题 19　设椭圆 α 的中心为 O，β, γ 分别是 α 的大、小蒙日圆，A 是 α 上一点，过 A 作 γ 的两条切线，这两条切线分别交 β 于 B, C，如图 19 所示，求证：$AB = AC$.

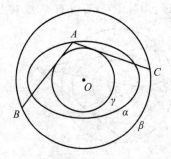

图 19

命题 20　设椭圆 α 的中心为 Z，β, γ 分别是 α 的大、小蒙日圆，一直线与 α 相切，且交 β 于 A, B，过 A, B 分别作 γ 的切线，这两条切线相交于 C，如图 20 所示，求证：$\triangle AZC \cong \triangle BZC$.

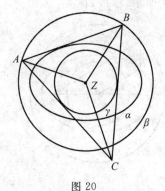

图 20

命题 21 设椭圆 α 的中心为 O，β,γ 分别是 α 的大、小蒙日圆，P 是 β 上一点，过 P 作 α 的两条切线，切点分别为 A,B，过 A,B 分别作 γ 的切线，这两条切线相交于 Q，如图 21 所示，求证：
① O,P,Q 三点共线；
② $\angle PQA = \angle PQB$.

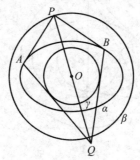

图 21

命题 22 设椭圆 α 的中心为 O，F_3,F_4 是 α 的上、下焦点，β,γ 分别是 α 的大、小蒙日圆，P 是 γ 上一点，过 P 且与 γ 相切的直线交 α 于 A,B，设 AF_3 交 BF_4 于 Q，若 Q 在 β 上，如图 22 所示，求证：O,P,Q 三点共线.

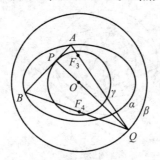

图 22

命题 23 设椭圆 α 的中心为 Z，上、下焦点分别为 F_3,F_4，β,γ 分别是 α 的大、小蒙日圆，过 F_3 作 ZF_3 的垂线，这条垂线交 α 于 A，交 β 于 B，AZ 交 γ 于 C，BF_4 交 α 于 D，如图 23 所示，求证：CD 是 γ 的切线.

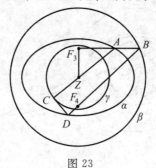

图 23

命题 24 设椭圆 α 的中心为 Z,上、下焦点分别为 F_3,F_4,β,γ 分别是 α 的大、小蒙日圆,ZF_3 交 β 于 A,过 A 作 α 的切线,切点记为 B,BF_4 交 γ 于 C,过 A 作 γ 的切线,且交 β 于 D,如图 24 所示,求证:CD 与 γ 相切.

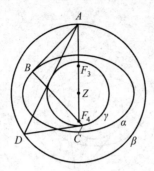

图 24

**命题 25 设椭圆 α 的中心为 Z,上、下焦点分别为 F_3,F_4,β 是 α 的大圆,γ 是 α 的小蒙日圆,A 是 β 上一点,过 A 且与 β 相切的直线记为 l,AF_3,AF_4 分别交 α 于 B,C,若 BC 与 γ 相切,如图 25 所示,求证:$BC \parallel l$.

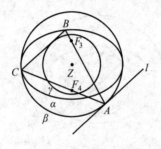

图 25

命题 26 设椭圆 α 的中心为 O,F_3,F_4 是 α 的上、下焦点,β,γ 分别是 α 的大、小蒙日圆,一直线与 γ 相切,且交 α 于 A,B,AF_3 交 BF_4 于 P,AF_4 交 BF_3 于 Q,PQ 交 β 于 R,如图 26 所示,求证:$OR \perp AB$.

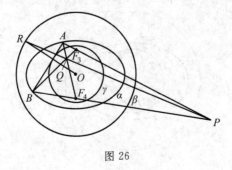

图 26

命题 27 设椭圆 α 的中心为 O,β 是 α 的大蒙日圆,γ 是 α 的小圆,一直线与 γ 相切,这条直线交 β 于 A,B,过 A,B 各作 α 的一条切线,这两条切线相交于 C,过 A,B 再各作 α 的一条切线,这两条切线相交于 D,设 CD 在 AB 上的射影分别为 E,F,如图 27 所示,求证:$AF=BE$.

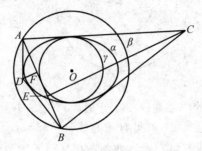

图 27

命题 28 设椭圆 α 的中心为 Z,F_3,F_4 是 α 的上、下焦点,β,γ 分别是 α 的大、小蒙日圆,P 是 α 上一点,PF_3 分别交 β,γ 于 C,D,PF_4 分别交 β,γ 于 A,B,设 AC 交 BD 于 Q,如图 28 所示,求证:$ZP \perp ZQ$.

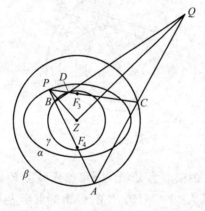

图 28

命题 29 设椭圆 α 的中心为 O,β,γ 分别是 α 的大、小蒙日圆,自 O 作两条互相垂直的射线,这两条射线分别交 α,β,γ 于 A,B,C 和 A',B',C',设 AC' 交 $A'C$ 于 M,AB' 交 $A'B$ 于 N,如图 29 所示,求证:

① $\angle AOM = \angle A'ON$;

② $AC' \ /\!/ \ A'B$,$A'C \ /\!/ \ AB'$.

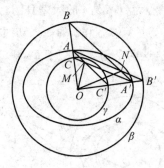

图 29

命题 30 设椭圆 α 的中心为 O,β,γ 分别是 α 的大、小蒙日圆,三直线 l_1,l_2,l_3 彼此平行,且依次相切于 α,β,γ,另有三直线 m_1,m_2,m_3 也彼此平行,且依次相切于 α,β,γ,前三条直线与后三条直线两两相交得九个交点,其中有六个分别记为 A,B,C,D,E,F,如图 30 所示,若 $l_1 \perp m_1$,求证:有三次三点共线,它们分别是:(A,B,O),(C,D,O),(E,F,O).

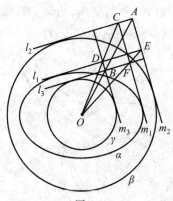

图 30

命题 31 设椭圆 α 的中心为 Z,上、下焦点分别为 F_3,F_4,上、下准线分别为 f_3,f_4,β,γ 分别是 α 的大、小蒙日圆,Z 在 f_4 上的射影为 A,过 A 作 γ 的切线,这条切线交 α 于 B,过 B 作 γ 的切线,这条切线交 α 于 C,过 C 作 γ 的切线,这条切线交 β 于 D,如图 31 所示,求证:DF_4 与 f_4 平行.

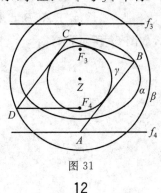

图 31

命题 32 设椭圆 α 的中心为 Z,上、下准线分别为 f_3,f_4,β,γ 分别是 α 的大、小蒙日圆,Z 在 f_4 上的射影为 A,过 A 作 γ 的切线,这条切线交 f_3 于 B,过 B 作 α 的切线,这条切线交 β 于 C,过 C 作 γ 的切线,这条切线记为 l,过 A 作 α 的切线,这条切线记为 l',如图 32 所示,求证:$l \parallel l'$.

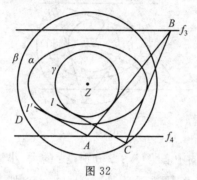

图 32

命题 33 设椭圆 α 的中心为 Z,上、下准线分别为 f_3,f_4,β,γ 分别是 α 的大、小蒙日圆,一直线与 f_3 平行,且与 γ 相切,这条直线交 α 于 A,交 β 于 B,过 A 作 α 的切线,这条切线交 f_4 于 C,过 B 作 γ 的切线,这条切线交 β 于 D,如图 33 所示,求证:CD 与 β 相切.

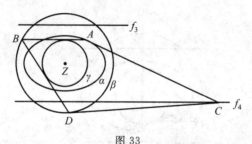

图 33

命题 34 设椭圆 α 的中心为 O,γ 是 α 的小蒙日圆,直线 f_3,f_4 是 α 的第三、第四准线,n 是 α 的短轴,n 交 f_3 于 A,过 A 作 γ 的切线,这条切线交 f_4 于 B,AB 交 α 于 C,过 C 作 γ 的切线,这条切线交 α 于 D,过 D 作 γ 的切线,这条切线交 α 于 E,如图 34 所示,求证:BE 与 α 相切.

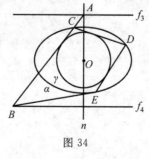

图 34

命题 35　设椭圆 α 的中心为 Z,上、下准线分别为 f_3,f_4,β,γ 分别是 α 的大、小蒙日圆,A 是 α 上一点,过 A 的切线分别交 f_3,f_4 于 B,C,过 A 作 γ 的两条切线,这两条切线分别交 β 于 D,E,若 $BZ \perp CZ$,如图 35 所示,求证:DE 与 γ 相切.

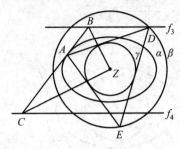

图 35

命题 36　设椭圆 α 的中心为 O,β,γ 分别是 α 的大、小蒙日圆,F_3,F_4 是 α 的上、下焦点,f_3,f_4 是 α 的上、下准线,n 是 α 的短轴,n 分别交 f_3,f_4 于 A,B,过 A 作 γ 的切线,这条切线分别交 α,β 于 C,D,过 B 作 γ 的切线,这条切线交 α 于 E,如图 36 所示,求证:

① $DF_4 \perp n$;

② CE 与 γ 相切.

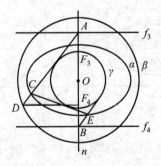

图 36

命题 37　设椭圆 α 的中心为 Z,上、下焦点分别为 F_3,F_4,上、下准线分别为 f_3,f_4,β,γ 分别是 α 的大、小蒙日圆,β 交 f_4 于 A,B,BF_3 交 AF_4 于 P,如图 37 所示,求证:

① $ZA \perp ZB$;

② P 在 γ 上.

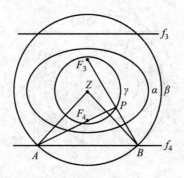

图 37

命题 38 设椭圆 α 的中心为 O,β,γ 分别是 α 的大、小蒙日圆,f_3,f_4 是 α 的上、下准线,n 是 α 的短轴,n 交 f_3 于 P,过 P 作 γ 的切线,这条切线分别交 α,β 于 A,B 和 C,D,过 A,B 分别作 α 的切线,这两条切线依次交 f_3 于 Q,R,如图 38 所示,求证:

①CQ,DR 均与 β 相切.

②P 是线段 QR 的中点.

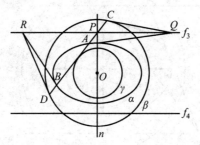

图 38

命题 39 设椭圆 α 的中心为 Z,左、右焦点分别为 F_1,F_2,左、右准线分别为 f_1,f_2,上、下准线分别为 f_3,f_4,β,γ 分别是 α 的大、小蒙日圆,设 Z 在 f_2 上的射影为 P,f_3,f_4 分别交 β 于 A,D 和 B,C,过 A,C 分别作 α 的切线,这两条切线相交于 E,如图 39 所示,求证:

①F_1 在 AB 上,F_2 在 CD 上;

②E 在 β 上;

③AP 与 γ 相切.

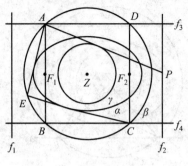

图 39

**命题 40　设椭圆 α 的中心为 O，左、右焦点分别为 F_1,F_2，β,γ 分别是 α 的大、小蒙日圆，AB,CD 分别是 α 的长轴和短轴，过 B 作 CF_2 的平行线，且交 CD 于 E，过 E 且与 CD 垂直的直线记为 f_3，这条直线关于 O 的对称直线记为 f_4，过 E 作 α 的切线，其切点记为 G，过 E 作 γ 的切线，这条切线交 f_4 于 H，过 H 作 α 的切线，且与 β 交于 K，如图 40 所示，求证：$OK \perp EG$.

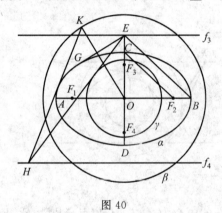

图 40

1.2

命题 41 设椭圆 α 的中心为 Z,β 是 α 的大蒙日圆,一直线与 α 相切,且交 β 于 A,B,如图 41 所示,求证:ZA 的方向与 ZB 的方向关于 α 共轭.

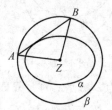

图 41

命题 42 设椭圆 α 的中心为 O,β 是 α 的大蒙日圆,A 是 β 上一点,过 A 作 α 的两条切线,切点分别为 B,C,AB,AC 分别交 β 于 D,E,如图 42 所示,求证:
① $DE \parallel BC$.
② D,O,E 三点共线.

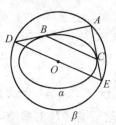

图 42

命题 43 设椭圆 α 的中心为 Z,β 是 α 的大蒙日圆,A 是 β 上一点,过 A 作 α 的两条切线,切点分别为 B,C,有四个角分别记为 $\angle 1,\angle 2,\angle 3,\angle 4$,如图 43 所示,求证:$\angle 1 + \angle 2 = 90°, \angle 3 + \angle 4 = 90°$.

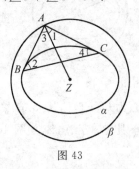

图 43

注:下面的命题 43.1 与本命题相近.

命题43.1 设椭圆 α 的中心为 O,β 是 α 的大蒙日圆,A 是 β 上一点,过 A 作 α 的两条切线,切点分别为 B,C,过 B,C 分别作 α 的法线,这两条法线相交于 D,如图 43.1 所示,求证:A,O,D 三点共线.

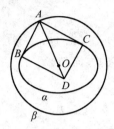

图 43.1

命题44 设椭圆 α 的中心为 Z,β 是 α 的大蒙日圆,一直线与 α 相切,且交 β 于 A,B,过 A,B 分别作 α 的切线,切点依次记为 C,D,过 A,B 分别作 β 的切线,这两条切线交于 E,如图 44 所示,求证:$AC \parallel BD \parallel ZE$.

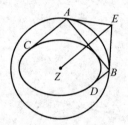

图 44

** 命题45 设椭圆 α 的中心为 Z,β 是 α 的大蒙日圆,P 是 α 上一点,过 P 且与 α 相切的直线交 β 于 A,B,过 P 作 AB 的垂线,这条垂线交 β 于 Q,如图 45 所示,求证:$\angle ZQB = \angle AQP$.

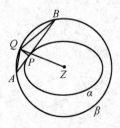

图 45

命题46 设椭圆 α 的中心为 O,F_3,F_4 是 α 的上、下焦点,β 是 α 的大蒙日圆,P 是 β 上一点,PF_3,PF_4 分别交 α 于 A,B,如图 46 所示,求证:$PO \perp AB$.

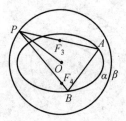

图 46

命题 47　设椭圆 α 的中心为 O，β 是 α 的大蒙日圆，完全四边形 $ABCD-EF$ 外切于 α，若 A,C 两点都在 β 上，如图 47 所示，求证：$BD \perp EF$.

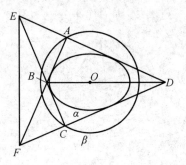

图 47

命题 48　设椭圆 α 的中心为 Z，β 是 α 的大蒙日圆，一直线与 α 相切，且交 β 于 A,B，过 A 作 β 的切线，这条切线交 BZ 于 C，过 B 作 β 的切线，这条切线与 AZ 交于 D，如图 48 所示，求证：$CD \mathbin{/\mkern-5mu/} AB$.

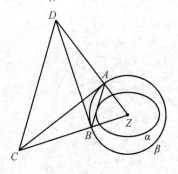

图 48

命题 49　设椭圆 α 的中心为 O，左、右焦点分别为 F_1,F_2，β 是 α 的大蒙日圆，A 是 α 上一点，使得 $AF_1 \perp AF_2$，过 A 作 α 的切线，这条切线交 β 于 B,C，如图 49 所示，求证：$\triangle ABF_1 \backsim \triangle AF_2C$.

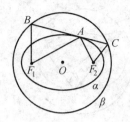

图 49

命题 50 设椭圆 α 的中心为 O，β 是 α 的大蒙日圆，A 是 β 上一点，过 A 作 α 的两条切线，切点分别为 B,C，设 AB,AC 分别交 β 于 D,E，BE 交 CD 于 P，如图 50 所示，求证：A,O,P 三点共线（即 AP 平分 $\angle BAC$）．

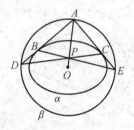

图 50

命题 51 设椭圆 α 的中心为 O，β 是 α 的大蒙日圆，A,C 是 β 上两点，过 A，C 各作 α 的两条切线，这四条切线构成完全四边形 $ABCD-EF$，如图 51 所示，求证：$BD \perp EF$．

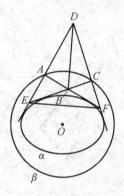

图 51

命题 52 设椭圆 α 的中心为 O，β 是 α 的大蒙日圆，A 是 β 外一点，过 A 作 α 的两条切线，切点分别为 B,C，设 AB,AC 分别交 β 于 D,E 和 F,G，BG 交 CE 于 P，BF 交 CD 于 Q，如图 52 所示，求证：$\angle BAP = \angle CAQ$．

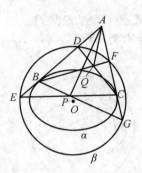

图 52

命题 53 设椭圆 α 的中心为 O,左、右焦点分别为 F_1,F_2,β 是 α 的大蒙日圆,A 是 α 上一点,F_1A,F_2A 的延长线分别交 β 于 B,C,CF_1 交 BF_2 于 P,如图 53 所示,求证:$OP \perp BC$.

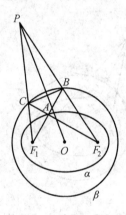

图 53

命题 54 设椭圆 α 的中心为 O,左、右焦点分别为 F_1,F_2,β 是 α 的大蒙日圆,A 是 α 上一点,过 A 作 α 的切线,这条切线交 β 于 B,C,设 AF_1,AF_2 分别交 β 于 D,E,如图 54 所示,设 F_1E 交 F_2D 于 P,求证:$AP \perp BC$.

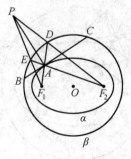

图 54

21

命题 55　设椭圆 α 的中心为 O，左、右焦点分别为 F_1,F_2，β 是 α 的大蒙日圆，P 是 β 上一点，PF_1,PF_2 分别交 α 于 A,B 和 C,D，如图 55 所示，设 AC 交 BD 于 Q，求证：PQ 平分 $\angle APD$.

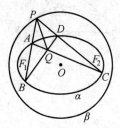

图 55

命题 56　设椭圆 α 的中心为 O，左、右焦点分别为 F_1,F_2，β 是 α 的大蒙日圆，P 是 β 外一点，PF_1,PF_2 分别交 α 于 A,B，交 β 于 C,D，过 A,B 分别作 α 的切线，这两条切线相交于 Q，过 C,D 分别作 β 的切线，这两条切线相交于 R，如图 56 所示，求证：P,Q,R 三点共线.

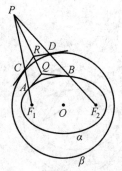

图 56

命题 57　设椭圆 α 的中心为 O，左、右焦点分别为 F_1,F_2，β 是 α 的大蒙日圆，A 是 β 外一点，AF_1,AF_2 分别交 α 于 B,C，交 β 于 D,E，设 BF_2 交 CF_1 于 P，BE 交 CD 于 Q，EF_1 交 DF_2 于 R，如图 57 所示，求证：A,P,Q,R 四点共线.

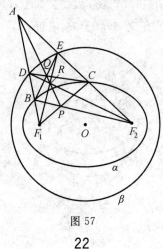

图 57

命题 58 设椭圆 α 的中心为 O,左、右焦点分别为 F_1,F_2,β 是 α 的大蒙日圆,A 是 β 上一点,过 A 作 α 的两条切线,切点分别为 B,C,设 BF_2 交 CF_1 于 D,BF_1 交 CF_2 于 E,如图 58 所示,求证:$\angle BAD = \angle CAE$.

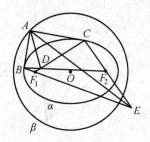

图 58

命题 59 设椭圆 α 的中心为 O,左、右焦点分别为 F_1,F_2,β 是 α 的大蒙日圆,AB,CD 都是 α 的弦,它们分别经过 F_1,F_2,且 $AB \perp CD$,过 A,B 分别作 α 的切线,这两条切线相交于 M,过 C,D 分别作 α 的切线,这两条切线相交于 N,MO,NO 分别交 α 于 P,Q,过 P,Q 分别作 α 的切线,这两条切线相交于 R,如图 59 所示,求证:R 在 β 上.

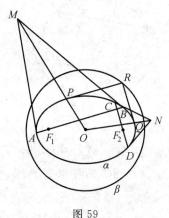

图 59

命题 60 设椭圆 α 的中心为 O,左、右焦点分别为 F_1,F_2,β 是 α 的大蒙日圆,P 是 α 上一点,PF_1,PF_2 分别交 β 于 A,B,过 A,B 分别作 β 的切线,这两条切线相交于 C,过 C 作 α 的两条切线,切点依次为 D,E,如图 60 所示,求证:$\angle DCF_1 = \angle ECF_2$.

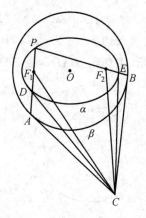

图 60

命题 61 设椭圆 α 的中心为 O,β 是 α 的大蒙日圆,A 是 β 外一点,过 A 作 β 的两条切线,切点分别为 D,E,过 D,E 各作 α 的一条切线,切点依次记为 B,C,过 D,E 各作 α 的另一条切线,这两条切线交于 F,如图 61 所示,求证:$AF \perp BC$.

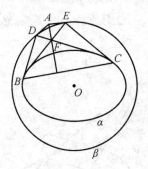

图 61

命题 62 设椭圆 α 的中心为 O,β 是 α 的大蒙日圆,β 的两弦 AB,CD 均与 α 相切,过 A,D 分别作 α 的切线,这两条切线相交于 P,过 B,C 分别作 α 的切线,这两条切线相交于 Q,如图 62 所示,求证:O,P,Q 三点共线.

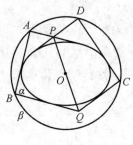

图 62

命题 63　设椭圆 α 的中心为 O，左、右焦点分别为 F_1, F_2，β 是 α 的大蒙日圆，P 是 β 上一点，P 在 F_1F_2 上的射影是 F_1，过 P 作 α 的一条切线，这条切线交 β 于 A，过 A 作 α 的切线，这条切线交 β 于 B，设 PF_2 交 α 于 C，如图 63 所示，求证：BC 与 α 相切.

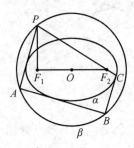

图 63

命题 64　设椭圆 α 的中心为 O，β 是 α 的大蒙日圆，A, B 是 β 上两点，过 A 作 α 的两条切线，这两条切线分别交 β 于 C, D，过 B 作 α 的两条切线，这两条切线分别交 β 于 E, F，设 AC 交 BE 于 P，AD 交 BF 于 Q，如图 64 所示，求证：

① $CE \parallel DF$；

② PQ 与 CE, DF 都垂直.

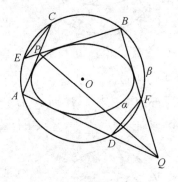

图 64

命题 65　设椭圆 α 的中心为 O，左、右焦点分别为 F_1, F_2，β 是 α 的大蒙日圆，A 是 β 上一点，过 F_1 作 AF_1 的垂线，这条垂线交 AF_2 于 B，过 F_2 作 AF_2 的垂线，这条垂线交 AF_1 于 C，设 BF_1 交 CF_2 于 D，如图 65 所示，求证：$AD \perp BC$.

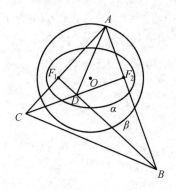

图 65

命题 66　设椭圆 α 的中心为 Z,上、下焦点分别为 F_3,F_4,β 是 α 的大蒙日圆,过 F_3 作 ZF_3 的垂线,这条垂线交 β 于 A,AF_4 交 α 于 B,过 A 作 α 的切线,这条切线交 β 于 D,如图 66 所示,求证:CD 与 α 相切.

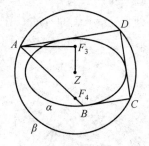

图 66

命题 67　设椭圆 α 的中心为 O,F_3,F_4 是 α 的上、下焦点,β 是 α 的大蒙日圆,P 是 α 上一点,PF_3,PF_4 分别交 β 于 A,B,过 A,B 分别作 β 的切线,这两条切线相交于 C,如图 67 所示,求证:$\angle ACF_3 = \angle BCF_4$.

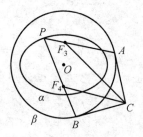

图 67

命题 68　设 β 是椭圆 α 的大蒙日圆,α 的短轴交 β 于 M,N,一直线与 α 相切,且交 β 于 A,B,设 AN 交 BM 于 P,AM 交 BN 于 Q,如图 68 所示,求证:$PQ \perp MN$.

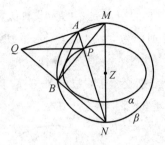

图 68

命题 69 设椭圆 α 的中心为 O,β 是 α 的大蒙日圆,P 是 β 外一点,过 P 作 β 的两条切线,切点分别为 A,B,过 A,B 分别作 α 的一条切线,这两条切线相交于 Q,过 A,B 再各作 α 的一条切线,这两条切线上的切点分别为 M,N,如图 69 所示,求证:$MN \perp PQ$.

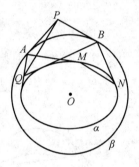

图 69

命题 70 设椭圆 α 的中心为 Z,β 是 α 的大蒙日圆,两直线 AB,CD 均与 α 相切,切点依次为 E,F,这两条切线还分别交 β 于 A,B 和 C,D,设 AD 交 EF 于 P,过 B,C 分别作 β 的切线,这两条切线相交于 Q,如图 70 所示,求证:ZP 的方向与 ZQ 的方向关于 α 共轭.

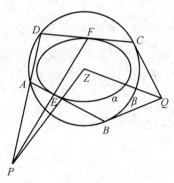

图 70

命题 71　设椭圆 α 的中心为 O，β 是 α 的大蒙日圆，P 是 β 上一点，过 P 作 α 的两条切线，这两条切线分别记为 l_1,l_2，过 P 作 β 的切线，并在其上取一点 Q，使得 OQ 的方向与 OP 的方向关于 α 共轭，过 Q 作 α 的一条切线，这条切线分别交 l_1,l_2 于 A,B，设 OA,OB 分别交 α 于 C,D，QO 交 α 于 E，过 O 且与 AB 平行的直线交 α 于 F，如图 71 所示，求证：$EF \parallel CD$.

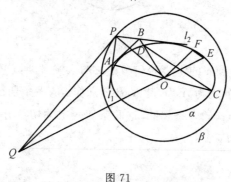

图 71

命题 72　设椭圆 α 的中心为 Z，β 是 α 的大蒙日圆，A,B,C,D 是 β 上四点，AC,BD 均与 α 相切，设 AB 交 CD 于 E，AD 交 BC 于 F，如图 72 所示，求证：ZE 的方向与 ZF 的方向关于 α 共轭.

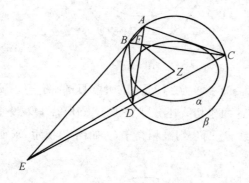

图 72

命题 73　设椭圆 α 的中心为 O，F_3,F_4 是 α 的上、下焦点，β 是 α 的大蒙日圆，一直线过 F_3，且交 β 于 A,B，AF_4,BF_4 分别交 α 于 C,F 和 D,E，如图 73 所示，设 CE 交 DF 于 Q，求证：

① AB,CD,EF 三线共点，此点记为 P；

② $OP \perp OQ$.

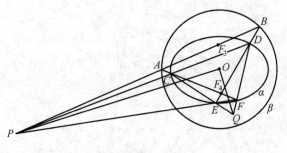

图 73

命题 74 设椭圆 α 的中心为 O，β 是 α 的大蒙日圆，A,A' 是 β 上两点，过 A 作 α 的两条切线，这两条切线分别交 β 于 B,C，过 A' 作 α 的两条切线，这两条切线分别交 β 于 B',C'，如图 74 所示，求证：$BB' \mathbin{/\mkern-5mu/} CC'$.

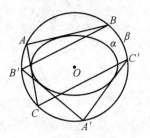

图 74

命题 75 设椭圆 α 的中心为 O，β 是 α 的大蒙日圆，一直线与 α 相切，且交 β 于 A,B，过 A 作 α 的切线，同时，过 B 作 β 的切线，这两条切线相交于 C，现在，过 B 作 α 的切线，同时，过 A 作 β 的切线，这两条切线相交于 D，如图 75 所示，求证：$CD \mathbin{/\mkern-5mu/} AB$.

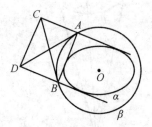

图 75

命题 76 设椭圆 α 的中心为 O，β 是 α 的大蒙日圆，M,N 是 α 的长轴的两端，A 是 β 上一点，过 M 作 MA 的垂线，这条垂线交 AN 于 B，过 N 作 NA 的垂线，这条垂线交 AM 于 C，设 MB 交 NC 于 D，如图 76 所示，求证：$AD \perp BC$.

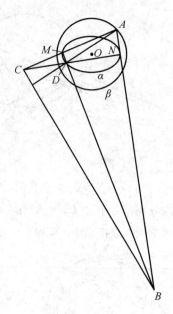

图 76

命题 77 设椭圆 α 的中心为 Z，β 是 α 的大蒙日圆，M,N 是 α 的长轴的两端，A 是 β 上一点，过 M 作 MA 的垂线，这条垂线交 AN 于 B，过 N 作 NA 的垂线，这条垂线交 AM 于 C，设 MB 交 NC 于 D，如图 77 所示，求证：$AD \perp BC$.

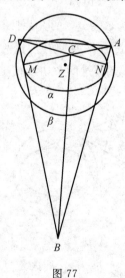

图 77

命题 78 设椭圆 α 的中心为 Z，上、下焦点分别为 F_3, F_4，β 是 α 的大蒙日圆，一直线过 F_3，且交 β 于 A,B，AF_4, BF_4 分别交 α 于 C,D 和 E,F，设 CE 交 DF 于 P，CF 交 DE 于 Q，如图 78 所示，求证：$ZP \perp ZQ$.

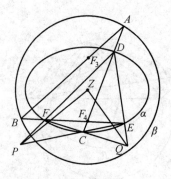

图 78

**命题 79 设椭圆 α 的中心为 O，β 是 α 的大蒙日圆，P 是 α 上一点，过 P 作 α 的切线，这条切线交 β 于 A,C，过 P 作 α 的法线，这条法线交 β 于 B,D，AB 交 CD 于 E，AD 交 BC 于 F，有 12 个角被编上了号码，如图 79 所示，求证：下列六对角相等：$\angle 1 = \angle 2, \angle 3 = \angle 4, \angle 5 = \angle 6, \angle 7 = \angle 8, \angle 9 = \angle 10, \angle 11 = \angle 12$，也就是说，$O,P$ 两点是完全四边形 $ABCD-EF$ 的一对等角共轭点.

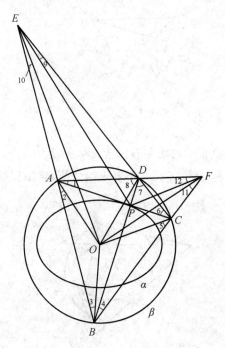

图 79

命题 80 设椭圆 α 的大蒙日圆为 β，O 是 β 上一点，过 O 作 α 的两条切线，切点分别为 T_1, T_2，直线 $T_1 T_2$ 记为 z，A,B,C 是 α 上三点，AB, AC 分别交 z 于 P, Q，在 z 上取点 R，使得 $OR \perp OP$，设 CR 交 α 于 H，BH 交 z 于 S，如图 80 所

示,求证:$OS \perp OQ$.

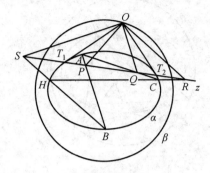

图 80

注:若以 z 为"蓝假线",O 为"蓝标准点",那么,在"蓝观点"下,α 是"蓝等轴双曲线",O 是其"蓝中心",所以,本命题是下面命题 80.1 的"蓝表示".

命题 80.1 设 A,B,C 是等轴双曲线 α 上三点,过 C 作 AB 的垂线,这条垂线交 α 于 H,如图 80.1 所示,求证:$BH \perp AC$.

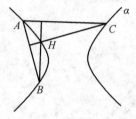

图 80.1

**命题 80.2 设椭圆 α 的大蒙日圆为 β,Z 是 β 上一点,$\triangle ABC$ 外切于 α,在 BC 上取一点 D,使得 $ZD \perp ZA$,过 D 作 α 的切线,这条切线交 AC 于 E,如图 80.2 所示,求证:$ZE \perp ZB$.

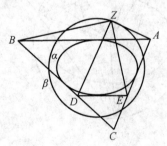

图 80.2

注:若以 Z 为"黄假线",那么,在"黄观点"下,图 80.2 的 α 是"黄等轴双曲线",所以,本命题是命题 80.1 的"黄表示".它们之间的对偶关系如下:

命题 80.1	命题 80.2
α	α
无穷远直线	Z
A,B,C	AB,AC,BC
AB,AC	A,B
H	DE
CH,BH	D,E

命题 81 设椭圆 α 的中心为 O，β 是 α 的大蒙日圆，圆 A 和圆 B 外切于 P，这两个圆还都与 α 外切，切点分别为 Q,R，设 A,B 均在 β 上，如图 81 所示，求证：下列三条公切线共点（此点记为 S）：过 P 且与圆 A 及圆 B 都相切的直线，过 Q 且与圆 A 及 α 都相切的直线，过 R 且与圆 B 及 α 都相切的直线.

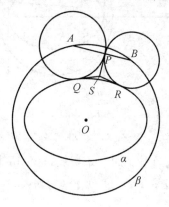

图 81

命题 82 设 β 是椭圆 α 的大蒙日圆，AB 是 α 的短轴，过 A,B 分别作 α 的切线，它们依次记为 l_1,l_2，设 C 是 β 上一点，过 C 作 α 的两条切线，这两条切线分别交 l_1,l_2 于 D,E 和 F,G，DG 交 EF 于 P，如图 82 所示，求证：点 P 在 AB 上.

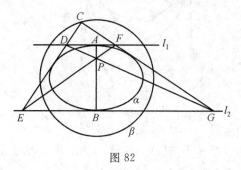

图 82

命题 83 设 β 是椭圆 α 的大蒙日圆，AB 是 α 的长轴，过 A,B 分别作 α 的切

线,它们依次记为 l_1,l_2,设 C 是 β 上一点,过 C 作 α 的两条切线,这两条切线分别交 l_1,l_2 于 D,E 和 F,G,DG 交 EF 于 P,如图 83 所示,求证:

① 点 P 在 AB 上;

② CP 与 β 相切.

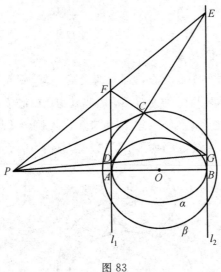

图 83

命题 84 设椭圆 α 的中心为 Z,左、右准线分别为 f_1,f_2,β 是 α 的大蒙日圆,Z 在 f_1 上的射影为 A,过 A 作 α 的一条切线,这条切线交 β 于 B,交 f_2 于 C,过 B 作 α 的切线,这条切线交 β 于 D,过 D 作 α 的切线,这条切线交 β 于 E,如图 84 所示,求证:CE 是 β 的切线.

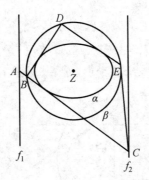

图 84

命题 85 设椭圆 α 的中心为 Z,左、右准线分别为 f_1,f_2,β 是 α 的大蒙日圆,一直线分别交 f_1,f_2 于 A,B,过 A 分别作 α,β 的切线,切点依次为 C,E;过 B 分别作 α,β 的切线,切点依次为 D,F,如图 85 所示,求证:AB,CD,EF 三线共点(此点记为 S).

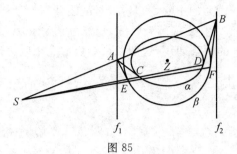

图 85

命题 86　设椭圆 α 的中心为 Z，左、右准线分别为 f_1, f_2，β 是 α 的大蒙日圆，一直线与 β 相切，切点为 P，这条切线还分别交 f_1, f_2 于 A, B，过 A 作 α 的切线，且交 f_2 于 C，过 B 作 α 的切线，且交 f_3 于 D，设 CD 交 AB 于 Q，如图 86 所示，求证：ZP 的方向与 ZQ 的方向关于 α 共轭.

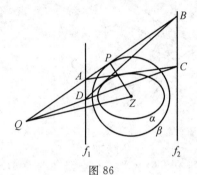

图 86

**命题 87　设椭圆 α 的中心为 O，左、右准线分别为 f_1, f_2，β 是 α 的大蒙日圆，一直线分别交 f_1, f_2 于 A, B，过 A, B 各作 α 的两条切线，这些切线构成 α 的外切四边形 $ACBD$，过 A, B 各作 β 的两条切线，这些切线构成 β 的外切四边形 $AEBF$，如图 87 所示，求证：AB, CD, EF 三线共点（此点记为 S）.

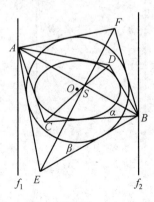

图 87

命题 88 设椭圆 α 的中心为 O,左、右准线分别为 f_1,f_2,β 是 α 的大蒙日圆,A 是 β 上一点,过 A 作 α 的两条切线,切点分别为 B,C,BC 分别交 f_1,f_2 于 D,E,过 D,E 各作 α 的两条切线,这四条切线构成完全四边形 $MEND-PQ$,如图 88 所示,求证:

① A,M,N 三点共线;
② AM 平分 $\angle BAC$;
③ P,A,Q 三点共线;
④ $MN \perp PQ$.

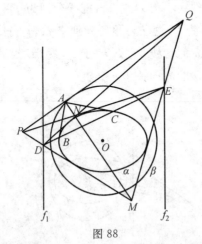

图 88

命题 89 设椭圆 α 的中心为 Z,左、右准线分别为 f_1,f_2,β 是 α 的大蒙日圆,一直线与 α 相切,且分别交 f_1,f_2 于 A,C,过 A,C 各作 β 的两条切线,这些切线构成 β 的外切四边形 $ABCD$,设 ZA,ZC 分别交 α 于 E,F,AC 交 BD 于 M,ZM 交 EF 于 N,如图 89 所示,求证:N 是 EF 的中点.

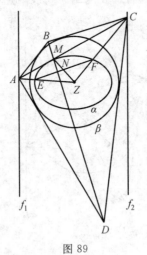

图 89

命题 90 设椭圆 α 的中心为 Z，左、右准线分别为 f_1,f_2，β 是 α 的大蒙日圆，一直线与 α 相切，且分别交 f_1,f_2 于 A,B，在 f_1 上取一点 A'，使得 ZA' 的方向与 ZA 的方向关于 α 共轭，在 f_2 上取 B'，使得 ZB' 的方向与 ZB 的方向关于 α 共轭，设 AB 交 $A'B'$ 于 C，AB' 交 $A'B$ 于 D，如图 90 所示，求证：ZC 的方向与 ZD 的方向关于 α 共轭.

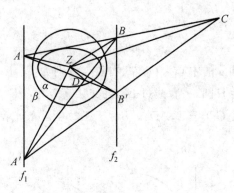

图 90

命题 91 设椭圆 α 的中心为 O，左、右焦点分别为 F_1,F_2，左、右准线分别为 f_1,f_2，β 是 α 的大蒙日圆，P 是 β 上一点，过 P 作 α 的两条切线，其中一条交 f_1 于 A，另一条交 f_2 于 B，如图 91 所示，过 A,B 分别作 α 的切线，这两条切线相交于 C，求证：$CF_1 \perp F_1F_2$.

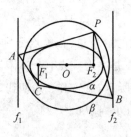

图 91

命题 92 设椭圆 α 的中心为 O，左、右焦点分别为 F_1,F_2，左、右准线分别为 f_1,f_2，β 是 α 的大蒙日圆，P 是 β 上一点，P 在 F_1F_2 上的射影是 F_1，过 P 作 α 的两条切线，其中一条交 f_1 于 A，另一条与 α 相切于 B，AB 交 β 于 C，OP 交 α 于 D，如图 92 所示，求证：CD 与 α 相切.

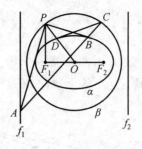

图 92

命题 93 设椭圆 α 的中心为 O,左、右焦点分别为 F_1,F_2,左、右准线分别为 f_1,f_2,β 是 α 的大蒙日圆,一直线过 F_1,且交 β 于 P,Q,PF_2,QF_2 分别交 α 于 A,C 和 B,D,设 AB 交 CD 于 E,AD 交 BC 于 F,如图 93 所示,求证:E,F 都在 f_2 上.

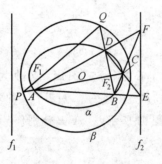

图 93

命题 94 设椭圆 α 的中心为 O,左、右焦点分别为 F_1,F_2,左、右准线分别为 f_1,f_2,β 是 α 的大蒙日圆,A 是 β 上一点,过 A 作 α 的两条切线,这两条切线分别交 f_1,f_2 于 B,C,如图 94 所示,过 A 作 β 的切线,这条切线分别交 f_1,f_2 于 D,E,DF_1 交 EF_2 于 P,求证:$OP \perp BC$.

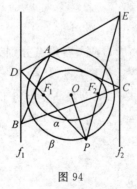

图 94

命题 95 设椭圆 α 的中心为 O,左、右焦点分别为 F_1,F_2,左、右准线分别为 f_1,f_2,β 是 α 的大蒙日圆,直线 AB 与 β 相切,且分别交 f_1,f_2 于 A,B,设 AF_1 交 BF_2 于 C,AF_2 交 BF_1 于 D,以 CD 为直径的圆记为 γ,γ 交 α 于 E,G,EG 交 AB 于 P,如图 95 所示,求证:

① F_1,F_2 均在圆 γ 上;

② PE 平分 $\angle CPD$.

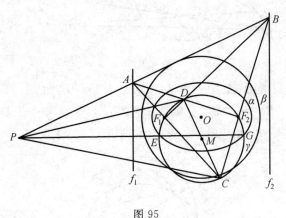

图 95

命题 96 设椭圆 α 的中心为 Z,上、下准线分别为 f_3,f_4,β 是 α 的大蒙日圆,一直线与 β 相切,且分别与 f_3,f_4 交于 A,B,过 A 作 α 的切线,且交 f_4 于 C,过 B 作 α 的切线,且交 f_3 于 D,设 CD 交 AB 于 E,过 E 作 α 的切线,切点记为 F,如图 96 所示,求证:$ZE \perp ZF$.

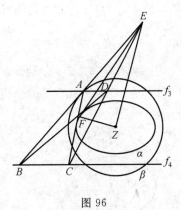

图 96

命题 97 设椭圆 α 的中心为 Z,上、下准线分别为 f_3,f_4,β 是 α 的大蒙日圆,P 是 β 上一点,过 P 作 α 的两条切线,这两条切线分别交 f_3,f_4 于 A,B 和 C,D,过 A,B 分别作 α 的切线,这两条切线依次交 PD 于 E,F,过 C,D 分别作 α 的

切线,这两条切线依次交 PB 于 G,H,设 EH 交 FG 于 Q,如图 97 所示,求证:P,Q,Z 三点共线.

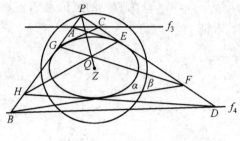

图 97

＊＊命题 98 设椭圆 α 的中心为 O,β 是 α 的大蒙日圆,β 的上、下焦点分别为 F_3,F_4,A 是 α 上一点,AF_3,AF_4 分别交 β 于 B,C,CF_3 交 BF_4 于 D,DA 交 α 于 G,交 β 于 E,GO 交 α 于 H,如图 98 所示,求证:$OE \perp AH$.

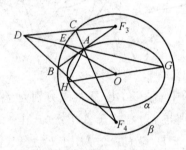

图 98

注:考察图 98.1,设椭圆 α 的中心为 O,它的直角坐标方程为

$$\frac{x^2}{a^2} + \frac{y^2}{b^2} = 1 \quad (a > b > 0, c = \sqrt{a^2 - b^2})$$

α 的左、右焦点分别为 $F_1(-c,0)$ 和 $F_2(c,0)$,β,γ 分别是 α 的大蒙日圆和小蒙日圆,在"特殊蓝几何"的观点下(有关"特殊蓝几何"的介绍,请看本书1.4),α 是

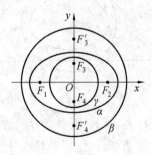

图 98.1

"蓝圆",O是该"蓝圆"的"蓝圆心",而β,γ都是"蓝椭圆".因而,β,γ都有各自的"蓝焦点"和"蓝准线".

经计算,小蒙日圆γ的两个"蓝焦点"的坐标分别为$F_3(0,\dfrac{bc}{\sqrt{a^2+b^2}})$和$F_4(0,-\dfrac{bc}{\sqrt{a^2+b^2}})$,依次称为$\gamma$的"上焦点"和"下焦点",相应的两条"蓝准线"的方程分别是$f_3:y=\dfrac{a^2b}{c\sqrt{a^2+b^2}}$和$f_4:y=-\dfrac{a^2b}{c\sqrt{a^2+b^2}}$,依次称为$\gamma$的"上准线"和"下准线"(这两条"蓝准线"在图 98.1 中均未画出).

大蒙日圆β的两个"蓝焦点"的坐标分别为$F_3'(0,\dfrac{c\sqrt{a^2+b^2}}{a})$和$F_4'(0,-\dfrac{c\sqrt{a^2+b^2}}{a})$,依次称为$\beta$的"上焦点"和"下焦点",相应的两条"蓝准线"的方程分别是$f_3':y=\dfrac{a\sqrt{a^2+b^2}}{c}$和$f_4':y=-\dfrac{a\sqrt{a^2+b^2}}{c}$,依次称为$\beta$的"上准线"和"下准线"(这两条"蓝准线"在图 98.1 中均未画出).

命题 99 设椭圆α的中心为Z,β是α的大蒙日圆,β的上、下准线分别为f_3,f_4,Z在f_3上的射影为A,过A作α的一条切线,这条切线交β于B,交f_4于C,过B作α的切线,这条切线交β于D,过D作α的切线,这条切线交β于E,如图 99 所示,求证:CE是β的切线.

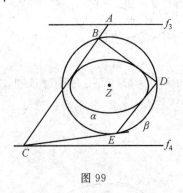

图 99

1.3

命题 100 设椭圆 α 的中心为 Z,γ 是 α 的小蒙日圆,A 是 α 上一点,过 A 作 γ 的两条切线,这两条切线分别交 α 于 B,C,如图 100 所示,求证:AB 的方向与 AC 的方向关于 α 共轭.

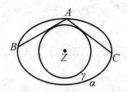

图 100

命题 101 设椭圆 α 的中心为 O,γ 是 α 的小蒙日圆,一直线与 γ 相切,且交 α 于 A,B,过 A,B 分别作 γ 的切线,切点依次记为 C,D,过 A,B 分别作 α 的切线,这两条切线交于 E,如图 101 所示,求证:$AC \mathbin{/\mkern-2mu/} BD \mathbin{/\mkern-2mu/} OE$.

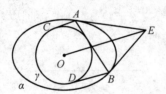

图 101

命题 102 设椭圆 α 的中心为 O,γ 是 α 的小蒙日圆,A 是 α 上一点,过 A 作 γ 的两条切线,切点分别为 B,C,AB,AC 分别交 α 于 D,E,如图 102 所示,求证:
① $DE \mathbin{/\mkern-2mu/} BC$.
② D,O,E 三点共线.

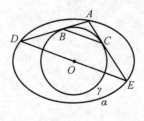

图 102

命题 103　设椭圆 α 的中心为 O，γ 是 α 的小蒙日圆，A 是 α 上一点，过 A 作 γ 的两条切线，切点分别为 B,C，过 B 作 AC 的平行线，同时，过 C 作 AB 的平行线，这两条线相交于 D，如图 103 所示，求证：A,O,D 三点共线.

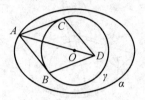

图 103

命题 104　设椭圆 α 的中心为 O，γ 是 α 的小蒙日圆，一直线与 γ 相切，且交 α 于 A,B，过 A 作 α 的切线，同时，过 B 作 γ 的切线，这两条切线交于 C，再过 B 作 α 的切线，同时，过 A 作 γ 的切线，这两条切线交于 D，如图 104 所示，求证：四边形 $ABCD$ 是平行四边形.

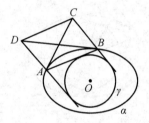

图 104

命题 105　设椭圆 α 的中心为 O，γ 是 α 的小蒙日圆，一直线与 γ 相切，且交 α 于 A,B，过 A 作 α 的切线，这条切线交 BO 于 C，过 B 作 α 的切线，这条切线与 AO 交于 D，如图 105 所示，求证：$CD \mathbin{/\mkern-2mu/} AB$.

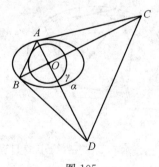

图 105

命题 106　设椭圆 α 的中心为 O，γ 是 α 的小蒙日圆，完全四边形 $ABCD-EF$ 内接于 α，AC,BD 均与 γ 相切，如图 106 所示，求证：$OE \perp OF$.

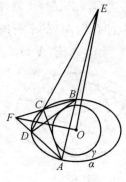

图 106

命题 107 设椭圆 α 的中心为 O，γ 是 α 的小蒙日圆，A 是 γ 上一点，过 A 作 γ 的切线，这条切线交 α 于 B,C，过 B,C 分别作 α 的切线，这两条切线相交于 D，如图 107 所示，求证：$\angle BOD = \angle AOC$.

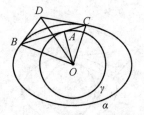

图 107

命题 108 设椭圆 α 的中心为 O，γ 是 α 的小蒙日圆，α 的两弦 AB,CD 均与 γ 相切，过 A,D 分别作 γ 的切线，这两条切线相交于 P，过 B,C 分别作 γ 的切线，这两条切线相交于 Q，如图 108 所示，求证：O,P,Q 三点共线.

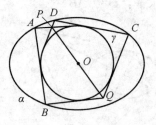

图 108

命题 109 设椭圆 α 的中心为 O，γ 是 α 的小蒙日圆，A,A' 是 α 上两点，过 A 作 γ 的两条切线，这两条切线分别交 α 于 B,C，过 A' 作 γ 的两条切线，这两条切线分别交 α 于 B',C'，如图 109 所示，求证：$BB' \parallel CC'$.

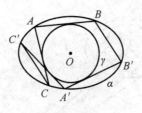

图 109

命题 110 设椭圆 α 的中心为 O，γ 是 α 的小蒙日圆，A 是 α 上一点，过 A 作 γ 的两条切线，切点分别为 B,C，AB,AC 分别交 α 于 D,E，设 BE 交 CD 于 F，如图 110 所示，求证：A,F,O 三点共线.

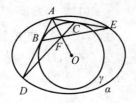

图 110

命题 111 设椭圆 α 的中心为 O，γ 是 α 的小蒙日圆，P 是 α 上一点，过 P 作 γ 的两条切线，这两条切线分别记为 l_1,l_2，过 P 作 α 的切线，并在其上取一点 Q，使得 $OQ \perp OP$，过 Q 作 γ 的一条切线，这条切线分别交 l_1,l_2 于 A,B，如图 111 所示，求证：$\angle BOQ + \angle OAB = 180°$.

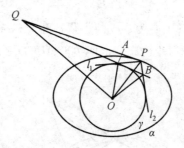

图 111

命题 112 设椭圆 α 的中心为 O，γ 是 α 的小蒙日圆，P 是 α 外一点，过 P 作 γ 的两条切线，这两条切线分别交 α 于 A,B 和 C,D，过 A,C 分别作 γ 的切线，这两条切线相交于 E，过 B,D 分别作 γ 的切线，这两条切线相交于 F，AC 交 BD 于 G，如图 112 所示，求证：

① E,O,F 三点共线；

② $OG \perp EF$.

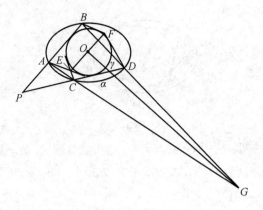

图 112

命题 113 设椭圆 α 的中心为 O，AB 是 α 的短轴，γ 是 α 的小蒙日圆，P 是 γ 上一点，过 P 且与 γ 相切的直线交 α 于 C，D，AC 交 BD 于 Q，AD 交 BC 于 R，如图 113 所示，求证：P，Q，R 三点共线.

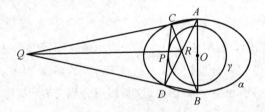

图 113

命题 114 设椭圆 α 的中心为 O，α 的小蒙日圆为 γ，A，C 是 α 上两点，过 A，C 各作 γ 的两条切线，这些切线构成完全四边形 $ABCD-EF$，如图 114 所示，求证：BD 的方向与 EF 的方向关于 α 共轭.

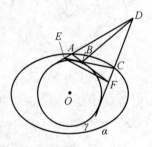

图 114

命题 115 设椭圆 α 的中心为 O，γ 是 α 的小蒙日圆，γ 的上、下焦点分别为 F_3，F_4，P 是平面上一点，PF_3，PF_4 分别交 γ 于 B，A，交 α 于 D，C，过 A，B 分别作 γ 的切线，这两条切线相交于 Q，过 C，D 分别作 α 的切线，这两条切线相交于

R，如图 115 所示，求证：P,Q,R 三点共线（试与命题 56 对比）.

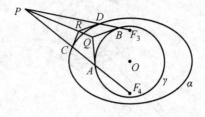

图 115

命题 116 设椭圆 α 的中心为 O，γ 是 α 的小蒙日圆，P 是 α 外一点，过 P 作 α 的两条切线，切点分别为 A,B，过 A,B 分别作 γ 的一条切线，这两条切线相交于 Q，过 A,B 再各作 γ 的一条切线，这两条切线上的切点分别为 M,N，如图 116 所示，求证：MN 的方向与 PQ 的方向关于 α 共轭.

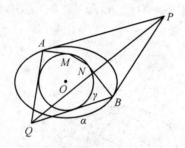

图 116

命题 117 设椭圆 α 的中心为 O，γ 是 α 的小蒙日圆，γ 的上、下焦点分别为 F_3,F_4，A 是 γ 上一点，过 A 作 γ 的切线，这条切线交 α 于 B,C，设 AF_3,AF_4 分别交 α 于 D,E，F_3E 交 F_4D 于 P，如图 117 所示，求证：AP 的方向与 BC 的方向关于 α 共轭.

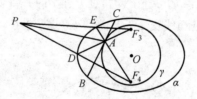

图 117

命题 118 设椭圆 α 的中心为 O，γ 是 α 的小蒙日圆，AB,CD 均与 γ 相切，且分别与 α 相交于 A,B 和 C,D，设 AD 交 BC 于 P，AC 交 BD 于 Q，如图 118 所示，求证：$OP \perp OQ$.

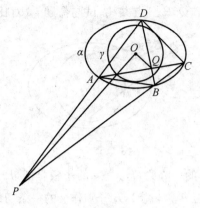

图 118

命题119 设椭圆 α 的中心为 Z,γ 是 α 的小蒙日圆,A,B,C,D 是 α 上四点,AC,BD 均与 γ 相切,设 AB 交 CD 于 E,AD 交 BC 于 F,如图119所示,求证:$ZE \perp ZF$.

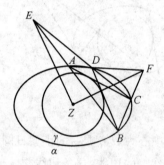

图 119

命题120 设椭圆 α 的中心为 O,γ 是 α 的小蒙日圆,α 的上、下焦点分别为 F_3,F_4,P 是 α 上一点,使得 $PF_3 \perp F_3F_4$,过 P 作 γ 的一条切线,这条切线交 α 于 A,过 A 作 γ 的切线,这条切线交 α 于 B,设 PF_4 交 γ 于 C,如图120所示,求证:BC 与 γ 相切.

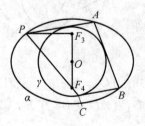

图 120

命题121 设 γ 是椭圆 α 的小蒙日圆,α 的长轴为 MN,一直线与 γ 相切,且

交 α 于 A,B，设 AN 交 BM 于 P，AM 交 BN 于 Q，如图 121 所示，求证：$PQ \perp MN$.

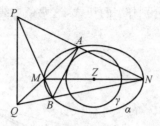

图 121

命题 122 设椭圆 α 的中心为 Z，γ 是 α 的小蒙日圆，P 是 γ 上一点，过 P 且与 γ 相切的直线交 α 于 A,B，AB 的中点为 M，过 P 作 MZ 的平行线，且交 α 于 Q,C，QZ 交 α 于 D，如图 122 所示，求证：$CD \parallel AB$.

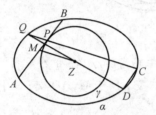

图 122

命题 123 设椭圆 α 的中心为 Z，γ 是 α 的小蒙日圆，P 是 α 上一点，过 P 且与 α 相切的切线记为 PQ，过 Z 作 ZP 的垂线，这条垂线交 PQ 于 Q，过 P,Q 各作 γ 的两条切线，这些切线构成 γ 的外切四边形 $ABCD$，设 AC 交 PQ 于 E，如图 123 所示，求证：$\angle ACZ = \angle AZE$.

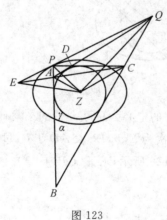

图 123

49

命题 124　设椭圆 α 的中心为 Z, γ 是 α 的小蒙日圆, P 是 α 外一点, 过 P 作 γ 的两条切线, 这两条切线分别交 α 于 A,B 和 C,D, 过 A,D 分别作 γ 的切线, 这两条切线相交于 E, 过 B,C 分别作 γ 的切线, 这两条切线相交于 F, 设 AD 交 BC 于 G, 如图 124 所示, 求证：

① E,Z,F 三点共线；

② $ZG \perp EF$.

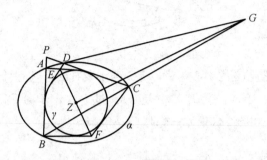

图 124

命题 125　设椭圆 α 的中心为 O, γ 是 α 的小蒙日圆, 四边形 $ABCD$ 内接于 α, AB,CD 均与 γ 相切, 设 AC 交 BD 于 M, AD 交 BC 于 N, 如图 125 所示, 求证 $OM \perp ON$.

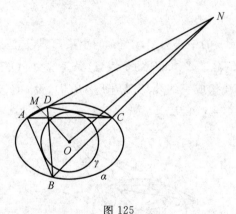

图 125

**命题 126　设椭圆 α 的中心为 O, γ 是 α 的小蒙日圆, AB,CD 都是 α 的弦, 它们都与 γ 相切, 切点依次为 E,F, EF 交 AD 于 P, 过 B,C 分别作 α 的切线, 这两条切线相交于 Q, 如图 126 所示, 求证：$OP \perp OQ$.

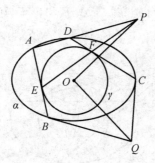

图 126

命题 127 设椭圆 α 的中心为 O,左、右焦点分别为 F_1,F_2,γ 是 α 的小蒙日圆,A 是 γ 上一点,F_1A,F_2A 的延长线分别交 α 于 B,C,设 F_1C 交 F_2B 于 D,DA 交 α 于 E,过 E 且与 α 相切的直线记为 l,如图 127 所示,求证:$l \perp DA$.

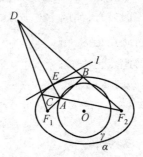

图 127

命题 128 设椭圆 α 的中心为 O,左、右焦点分别为 F_1,F_2,γ 是 α 的小蒙日圆,AB 是 α 的弦,该弦与 γ 相切,AF_1,BF_1 分别交 α 于 C,D,AF_2,BF_2 分别交 α 于 E,G,设 AG 交 BC 于 P,BE 交 AD 于 Q,如图 128 所示,求证:$PQ \parallel AB$.

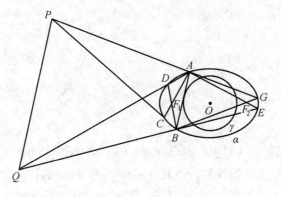

图 128

命题 129 设椭圆 α 的中心为 O,F_3,F_4 是 α 的上、下焦点,γ 是 α 的小蒙日

51

圆,P 是 α 外一点,PF_3,PF_4 分别交 α 于 A,B 和 C,D,还分别交 γ 于 E,F 和 G,H,设 AD 交 BC 于 Q,EH 交 FG 于 R,如图 129 所示,求证:P,Q,R 三点共线.

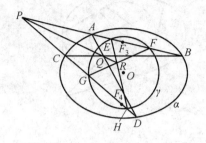

图 129

命题 130 设椭圆 α 的中心为 O,F_3,F_4 是 α 的上、下焦点,γ 是 α 的小蒙日圆,一直线与 γ 相切,且交 α 于 A,B,过 A,B 分别作 α 的切线,这两条切线相交于 C,CF_3,CF_4 分别交 α 于 D,E 和 G,H,如图 130 所示,求证:

① AB,DG,EH 三线共点,此点记为 P;

② AB,DH,EG 三线共点,此点记为 Q;

③ $OP \perp OQ$;

④ OQ 平分 $\angle AOB$.

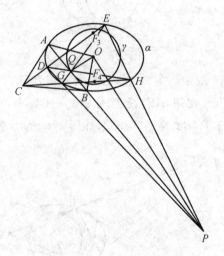

图 130

命题 131 设椭圆 α 的中心为 O,γ 是 α 的小蒙日圆,A,B 是 α 上两点,过 A 作 γ 的两条切线,这两条切线与过 B 且与 α 相切的直线分别相交于 C,D,再过 B 作 γ 的两条切线,这两条切线与过 A 且与 α 相切的直线分别相交于 E,F,设 CF,DE 分别交 AB 于 P,Q,如图 131 所示,求证:$\angle AOP = \angle BOQ$.

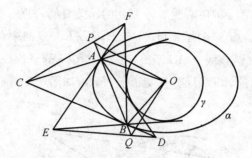

图 131

命题 132 设椭圆 α 的中心为 Z，上、下焦点分别为 F_3, F_4，γ 是 α 的小蒙日圆，P 是 α 外一点，PF_3 和 PF_4 分别交 α 于 A, B 和 C, D，交 γ 于 A', B' 和 C', D'，设 AD 交 BC 于 Q，$A'D'$ 交 $B'C'$ 于 R，如图 132 所示，求证：P, Q, R 三点共线.

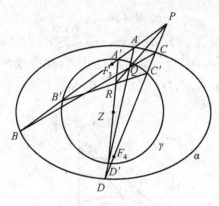

图 132

命题 133 设椭圆 α 的中心为 O，γ 是 α 的小蒙日圆，α 的上、下焦点分别为 F_3, F_4，P 是 α 上一点，PF_4, PF_3 分别交 γ 于 A, B 和 C, D，还交 α 于 E, F，设 AC 交 BD 于 Q，PQ 交 α 于 G，OG 交 EF 于 M，如图 133 所示，求证：M 是 EF 的中点.

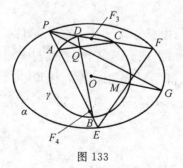

图 133

命题 134　设椭圆 α 的中心为 O，γ 是 α 的小蒙日圆，γ 的上、下焦点分别为 F_3, F_4，A 是 α 上一点，AF_3, AF_4 分别交 α 于 E, G，AE, AG 的中点分别为 M, N，过 F_3 作 OM 的平行线，该线交 AG 于 B，过 F_4 作 ON 的平行线，该线交 AE 于 C，BF_3 交 CF_4 于 D，设 AO, AD 分别交 α 于 H, K，如图 134 所示，求证：$HK \parallel BC$.

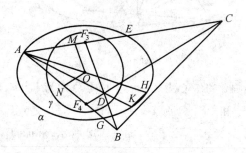

图 134

命题 135　设 γ 是椭圆 α 的小蒙日圆，α 的长轴交 γ 于 A, B，过 A, B 分别作 γ 的切线，它们依次记为 l_1, l_2，设 C 是 α 上一点，过 C 作 γ 的两条切线，这两条切线分别交 l_1, l_2 于 D, E 和 F, G，DG 交 EF 于 P，如图 135 所示，求证：点 P 在 AB 上.

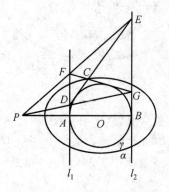

图 135

命题 136　设椭圆 α 的中心为 O，γ 是 α 的小蒙日圆，过 α 的短轴的两端分别作 α 的切线，这两条切线依次记为 l_1, l_2，一直线与 γ 相切，且分别交 l_1, l_2 于 A, B，在 l_1 上取一点 A'，使得 $OA' \perp OA$，在 l_2 上取一点 B'，使得 $OB' \perp OB$，设 AB' 交 $A'B$ 于 C，AB 交 $A'B'$ 于 D，如图 136 所示，求证：$OC \perp OD$.

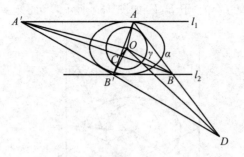

图 136

命题 137 设椭圆 α 的中心为 O,左、右准线分别为 f_1,f_2,γ 是椭圆 α 的小蒙日圆,A 是 γ 上一点,过 A 且与 γ 相切的直线分别交 f_1,f_2 于 B,C,过 B,C 分别作 α 的切线,这两条切线相交于 D,如图 137 所示,求证:A,O,D 三点共线.

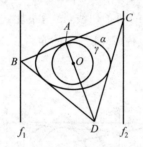

图 137

命题 138 设椭圆 α 的中心为 Z,左、右准线分别为 f_1,f_2,γ 是 α 的小蒙日圆,Z 在 f_1 上的射影为 A,过 A 作 γ 的一条切线,这条切线交 α 于 B,交 f_2 于 C,过 B 作 γ 的切线,这条切线交 α 于 D,过 D 作 γ 的切线,这条切线交 α 于 E,如图 138 所示,求证:CE 是 α 的切线.

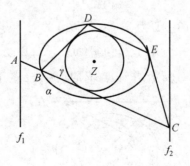

图 138

命题 139 设椭圆 α 的中心为 O,左、右准线分别为 f_1,f_2,γ 是 α 的小蒙日圆,一直线与 α 相切,且分别交 f_1,f_2 于 A,B,过 A,B 分别作 γ 的切线,切点依

次为 C,D,CD 分别交 f_1,f_2 于 E,F,如图 139 所示,求证:$\angle COE = \angle DOF$.

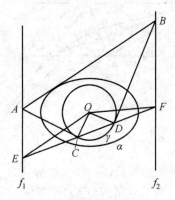

图 139

命题 140　设椭圆 α 的中心为 O,左、右准线分别为 f_1,f_2,γ 是 α 的小蒙日圆,P 是 f_1 上一点,过 P 作 γ 的两条切线,这两条切线分别交 f_2 于 Q,R,过 Q,R 各作 α 的两条切线,这些切线构成外切于 α 的四边形 $ABCD$,如图 140 所示,求证:

① A,P,C 三点共线;

② $AC \perp BD$.

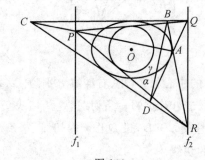

图 140

命题 141　设椭圆 α 的中心为 O,F_3,F_4 是 α 的上、下焦点,f_3,f_4 是 α 的上、下准线,A,B 是 f_3(或 f_4)上两动点,使得 $AO \perp BO$,设 AF_4 交 BF_3 于 P(或 AF_3 交 BF_4 于 P),如图 141 所示,求证:点 P 的轨迹是 α 的小蒙日圆(该圆记为 γ).

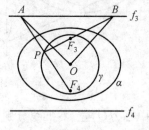

图 141

命题 142　设椭圆 α 的中心为 Z，上、下准线分别为 f_3, f_4，γ 是 α 的小蒙日圆，Z 在 f_3 上的射影为 A，过 A 作 γ 的一条切线，这条切线交 α 于 B，交 f_4 于 C，过 B 作 γ 的切线，这条切线交 α 于 D，过 D 作 γ 的切线，这条切线交 α 于 E，如图 142 所示，求证：CE 是 α 的切线.

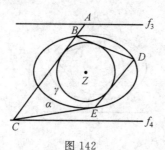

图 142

命题 143　设椭圆 α 的中心为 O，f_3, f_4 是 α 的上、下准线，γ 是 α 的小蒙日圆，一直线与 α 相切，且分别交 f_3, f_4 于 A, B，过 A, B 分别作 γ 的切线，切点依次为 C, D，设 CD 分别交 f_3, f_4 于 E, F，如图 143 所示，求证：CE, DF 对 O 的张角相等，即 $\angle COE = \angle DOF$.

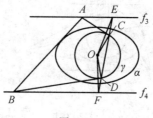

图 143

命题 144　设椭圆 α 的中心为 O，f_3, f_4 是 α 的上、下准线，γ 是 α 的小蒙日圆，一直线与 γ 相切，且分别交 f_3, f_4 于 A, B，过 A 且与 α 相切的直线交 f_4 于 C，过 B 且与 α 相切的直线交 f_3 于 D，设 AB 交 CD 于 P，如图 144 所示，求证：$OP \perp f_3$.

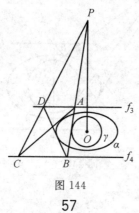

图 144

命题 145　设椭圆 α 的中心为 Z, 上、下焦点分别为 F_3,F_4, 上、下准线分别为 f_3,f_4, γ 是 α 的小蒙日圆, Z 在 f_3,f_4 上的射影分别为 A,B, 过 B 作 γ 的切线, 这条切线交 α 于 C,D, CF_4,DF_3 分别交 α 于 E,F, 如图 145 所示, 求证: A,E,F 三点共线.

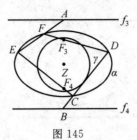

图 145

命题 146　设椭圆 α 的中心为 O, f_3,f_4 是 α 的上、下准线, γ 是 α 的小蒙日圆, 一直线与 γ 相切, 且分别交 f_3,f_4 于 A,B, 过 A,B 各作 α 的两条切线, 这四条切线构成 α 的外切四边形 $ACBD$, 设 AB 交 CD 于 E, 如图 146 所示, 求证: OE 平分 $\angle AOB$.

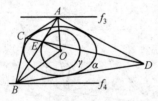

图 146

命题 147　设椭圆 α 的中心为 O, γ 是 α 的小蒙日圆, F_3,F_4 是 α 的上、下焦点, f_3,f_4 是 α 的上、下准线, n 是 α 的短轴, n 交 f_3 于 A, 过 A 作 γ 的切线, 这条切线交 α 于 B,C, 过 C 作 α 的切线, 这条切线交 BF_3 于 D, 直线 l 与 AC 平行, 且与 α 相切于 E, 如图 147 所示, 求证: DE 与 γ 相切.

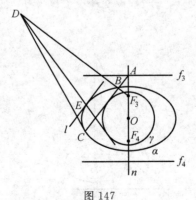

图 147

命题 148 设椭圆 α 的中心为 O，F_3, F_4 是 α 的上、下焦点，f_3, f_4 是 α 的上、下准线，γ 是 α 的小蒙日圆，P 是 f_3 上一点，过 P 作 γ 的两条切线，这两条切线分别交 f_4 于 E, F，过 E, F 各作 α 的两条切线，这些切线构成四边形 $ABCD$，如图 148 所示，求证：AC, BD 的交点是 F_4。

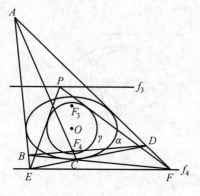

图 148

命题 149 设椭圆 α 的中心为 O，f_3, f_4 是 α 的上、下准线，γ 是 α 的小蒙日圆，P 是 α 上一点，过 P 且与 α 相切的直线分别交 f_3, f_4 于 A, B，过 A 作 γ 的切线，这条切线交 f_4 于 C，过 B 作 γ 的切线，这条切线交 f_3 于 D，AB 交 CD 于 Q，如图 149 所示，求证：$OP \perp OQ$。

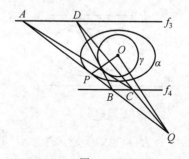

图 149

命题 150 设椭圆 α 的中心为 O，f_3, f_4 是 α 的上、下准线，γ 是 α 的小蒙日圆，A, B 两点分别在 f_3, f_4 上，过 A, B 分别作 α 的切线，切点依次为 C, D，过 A, B 分别作 γ 的切线，切点依次为 E, F，如图 150 所示，求证：AB, CD, EF 三线共点（此点记为 S）。

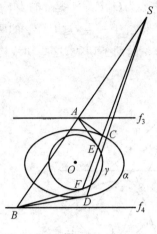

图 150

** 命题 151 设椭圆 α 的中心为 Z，上、下准线分别为 f_3,f_4，γ 是 α 的小蒙日圆，一直线与 α 相切，切点为 P，这条切线还分别交 f_3,f_4 于 A,B，过 A 作 γ 的切线，且交 f_4 于 C，过 B 作 γ 的切线，且交 f_3 于 D，设 CD 交 AB 于 Q，如图 151 所示，求证：$ZP \perp ZQ$.

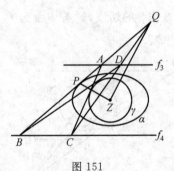

图 151

命题 152 设椭圆 α 的中心为 O，F_3,F_4 是 α 的上、下焦点，f_3,f_4 是 α 的上、下准线，γ 是 α 的小蒙日圆，P 是 γ 上一点，过 P 且与 γ 相切的直线交 α 于 A,B，AF_3 交 BF_4 于 Q，PF_3 交 f_3 于 C，PF_4 交 f_4 于 D，如图 152 所示，求证：$OQ \perp CD$.

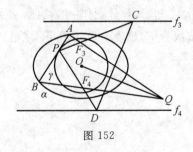

图 152

命题 153 设椭圆 α 的中心为 O, f_3, f_4 是 α 的上、下准线, γ 是 α 的小蒙日圆, 一直线与 α, γ 均相交, 且分别交 f_3, f_4 于 A, B, 设 C, D 分别在 f_3, f_4 上, 且使得 AD, BC 均与 γ 相切, 又设 E, F 分别在 f_3, f_4 上, 且使得 AF, BE 均与 α 相切, AF 交 BC 于 G, AD 交 BE 于 H, 如图 153 所示, 求证: AB, CD, EF, GH 四线共点(此点记为 S).

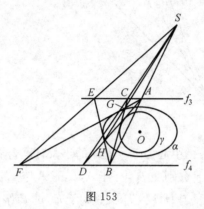

图 153

命题 154 设椭圆 α 的中心为 Z, 上、下准线分别为 f_3, f_4, γ 是 α 的小蒙日圆, A 是 f_3 上一点, B 是 f_4 上一点, 过 A 分别作 α, γ 的切线, 且依次交 f_4 于 C, E, 过 B 分别作 α, γ 的切线, 且依次交 f_3 于 D, F, 设 AC 交 BF 于 G, AE 交 BD 于 H, 如图 154 所示, 求证: AB, CD, EF, GH 四线共点(此点记为 S).

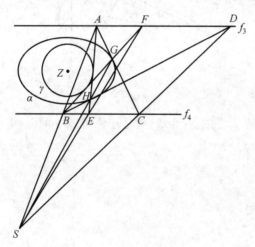

图 154

命题 155 设椭圆 α 的中心为 Z, 上、下准线分别为 f_3, f_4, γ 是 α 的小蒙日圆, 一直线与 γ 相切, 且分别交 f_3, f_4 于 A, B, 在 f_3 上取一点 A', 使得 $ZA' \perp ZA$, 在 f_4 上取 B', 使得 $ZB' \perp ZB$, 设 AB 交 $A'B'$ 于 C, AB' 交 $A'B$ 于 D, 如图

61

155 所示,求证:$ZC \perp ZD$.

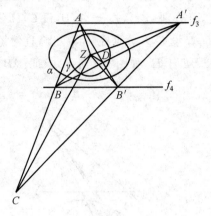

图 155

命题 156 设椭圆 α 的中心为 Z,γ 是 α 的小蒙日圆,γ 的左、右准线分别为 f_3,f_4,一直线与 α 相切,且分别交 f_3,f_4 于 A,B,过 A 作 γ 的切线,且交 f_4 于 C,过 B 作 γ 的切线,且交 f_3 于 D,设 CD 交 AB 于 E,过 E 作 γ 的切线,切点记为 F,如图 156 所示,求证:ZE 的方向与 ZF 的方向关于 α 共轭.

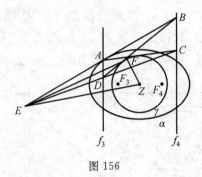

图 156

注:所谓小蒙日圆 γ 的左、右准线,就是小蒙日圆 γ 的上、下准线,只是改变了方向而已.

1.4

命题 157 设圆 β 的圆心为 O，F_3，F_4 是 β 内两点，它们关于 O 对称，这两点关于 β 的极线分别记为 f_3，f_4，设 P 是 f_3 上一点，过 P 作 α 的两条切线，切点分别为 A，B，如图 157 所示，求证：PF_3 与 AB "特殊蓝垂直".

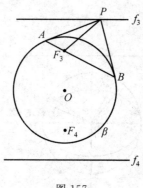

图 157

注：这里需要对"特殊蓝几何"和"特殊蓝垂直"做一些说明.

(1) 椭圆的"大圆"

设椭圆 α 的中心为 O，左、右焦点分别为 F_1，F_2，长轴为 MN，以 MN 为直径的圆记为 β，在 β 内取两点 F_3，F_4，使得 F_3F_4 被 MN 垂直平分，且 $OF_3 = OF_1$，F_3，F_4 关于 β 的极线分别记为 f_3，f_4，如图 157.1 所示，那么，称 β 是 α 的"大圆"，F_3，F_4 分别称为 β 的"上、下焦点"，f_3，f_4 分别称为 β 的"上、下准线".

(2) 圆的"发生椭圆"

上述过程是：椭圆 α 的存在在先，其大圆 β 的产生在后，其实这个过程也可以是反过来的，设先有圆 β，O 是其圆心，MN 是其直径，设 F_3，F_4 是 β 内关于 O 对称的两点，且 $F_3F_4 \perp MN$，现在，在 MN 上取两点 F_1，F_2，使得 $OF_1 = OF_2 = OF_3$，以 MN 为长轴，且以 F_1，F_2 为焦点作椭圆，这个椭圆记为 α，那么，α 称为 β 的"发生椭圆"，如图 157.1 所示.

(3) 充要条件

设椭圆 α 的中心为 O，长轴为 MN，α 的"大圆"为 β，如图 157.2 所示，C，D 是 α 上两点，E，F 是 β 上两点（C，E 处于 MN 的同侧，F，D 也处于 MN 的同侧），使

得 $CE \perp MN$, $DF \perp MN$, 容易证明, "$OE \perp OF$" 的充要条件是 "OC, OD 的方向关于 α 共轭".

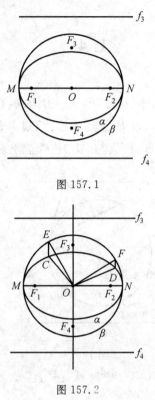

图 157.1

图 157.2

(4) "特殊蓝几何"

在图 157.1 中, 把"红假线"当成"蓝假线", O 作为"蓝标准点", 那么, α 可以视为"蓝圆", O 是其"蓝圆心", 于是, 一种新的几何观就形成了, 称为"特殊蓝几何"(特殊在于: 虽然它是"蓝几何", 但却以"红假线"为"蓝假线", 这一点与普通蓝几何"有着重大差别), 这时, 在新观点下, β 反成了"椭圆"——"蓝椭圆", O 是这个"蓝椭圆"的"蓝中心", F_3, F_4 是这个"蓝椭圆"的两个焦点, 称为它的"上、下焦点".

之所以要建立"特殊蓝几何", 目的就是要使椭圆能视为"圆"——"蓝圆", 且使椭圆的中心恰好是该"蓝圆"的"蓝圆心".

"特殊蓝几何"的"蓝标准点"只能是图 157.1 的 O.

需要指出的是: 如果当初椭圆 α 的离心率为 e, 那么, α 的大圆 β 被视为"蓝椭圆"后, 其"蓝离心率"也是 e, 而且, 平面上所有的圆, 不论大小, 在"特殊蓝几何"观点下, 都成了"蓝离心率"为 e 的"蓝椭圆".

另外,平面上凡离心率为 e,且长轴与 α 的长轴平行的椭圆,在"特殊蓝几何"观点下,都成了"蓝圆".

以上指出的两点很重要.

(5)"特殊蓝垂直"

在图 157.2 中,我们指出:"$OE \perp OF$"的充要条件是"OC, OD 的方向关于 α 共轭",于是,我们规定,只要两条直线的方向关于椭圆 α 共轭,不论它们是否经过 α 的中心 O,都认为,在"特殊蓝几何"观点下,这两条直线是"垂直"的,称为"特殊蓝垂直".

例如,命题 157 的结论说:PF_3 与 AB "特殊蓝垂直",这个意思就等价于说,PF_3 与 AB 的方向关于 β 的"发生椭圆" α 是共轭的. 详细地说,在图 157 中,作 β 的"发生椭圆" α,再作 α 的两条半径 OC, OD,使得 $OC \parallel AB$, $OD \parallel PF_3$,成为图 157.3 那样,那么,命题 157 的结论就等价于:OC, OD 的方向关于 α 共轭(进而等价于:$OE \perp OF$).

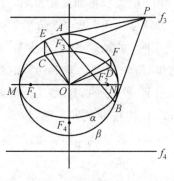

图 157.3

(6)"特殊蓝几何"的"平行"——"特殊蓝平行"

在"特殊蓝几何"的世界里,"平行"("特殊蓝平行")的概念与我们说的平行("红平行")的概念是一样的,就是说,作"红平移"就是在作"特殊蓝平移".

因此,我们所说的平行四边形,在"特殊蓝几何"的世界里,仍然视为"平行四边形".

(7)"特殊蓝几何"的"中点"——"特殊蓝中点"

在"特殊蓝几何"的世界里,线段"中点"("特殊蓝中点")的概念与我们说的中点("红中点")的概念是一样的,就是说,某线段的"蓝中点"就是该线段的"红中点",它们是同一个点.

"特殊蓝几何"里的"平行"和"中点",与我们几何世界("红几何")的说法一样,是一回事,这一点很重要,它给"特殊蓝几何"的使用带来许多方便.

例如,下面的命题 158,由于只涉及"中点"和"平行"这两种概念,因此,把本命题表现到"特殊蓝几何"里,不仅图形没有变化,连叙述命题的文字都是一样的.

命题 158 设四边形 $ABCD$ 中,AB,BC,CD 的中点分别为 E,F,G,EG 的中点为 H,AC 交 BD 于 K,AG 交 DE 于 L,如图 158 所示,求证:$FH \parallel KL$.

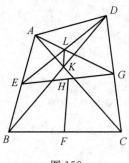

图 158

(8) "特殊蓝几何"里"蓝角"的大小是如何度量的

一个重要的问题是:在"特殊蓝几何"里,"蓝角"的大小是如何度量的?为此,考察图 157.4,在"特殊蓝几何"的观点下,为了度量"蓝角"EPF 的大小,我们需要进行如下操作:将"蓝角"EPF 平移("蓝平移"和"红平移"是一样的),使得 P 到达 O,这时,角的两边分别交 α 于 A,B,在 β 上取两点 A',B',使得 AA',BB' 均与 α 的长轴 m 垂直(A,A' 均在 m 的同一侧,B,B' 也均在 m 的同一侧),我们规定,红角 $A'OB'$ 的大小就作为"蓝角"EPF 的大小.

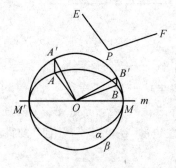

图 157.4

可以证明,当 PE,PF 的方向关于 α 共轭时,红角 $A'OB'$ 的大小是 $90°$(图 157.4 的红角 $A'OB'$ 正是这样),这时,我们认为"蓝角"EPF 的大小为 $90°$. 也就是说,当两条直线的方向关于 α 共轭时,这两条直线在"特殊蓝种人"眼里就是"垂直"的.

(9)"特殊蓝几何"里"蓝距离"的大小是如何度量的

现在,还需要说明的是:在"特殊蓝几何"里,两个普通"蓝点"间的"蓝距离"是怎样度量的?

为此,考察图 157.5,设椭圆 α 的中心为 O,P 是平面上任意一点,OP 交椭圆 α 于 A,那么,我们规定:O,P 间的"蓝距离"(这个距离记为 $bl(OP)$")为

$$bl(OP) = \frac{OP}{OA}$$

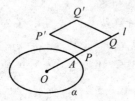

图 157.5

继续考察图 157.5,设 P', Q' 是平面上任意两点,那么,这两点间的"蓝距离"怎么计算?为此,我们过 O 作 $P'Q'$ 的平行线,该线记为 l,它交 α 于 A,在 l 上取两点 P,Q,使得 $PP' /\!/ QQ'$,现在,我们规定

$$bl(P'Q') = \frac{PQ}{OA}$$

易见

$$bl(OA) = \frac{OA}{OA} = 1$$

所以,在"特殊蓝几何"的观点下,图 157.5 的 α 是一个半径为 1 的"蓝圆".

当然,我们也可以通过坐标计算 P' 和 Q' 之间的"蓝距离",为此,考察图 157.6,设直角坐标平面上,椭圆 α 的中心为 O,α 的方程为

$$\frac{x^2}{a^2} + \frac{y^2}{b^2} = 1 \quad (a > 0, b > 0)$$

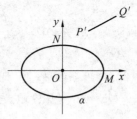

图 157.6

设 P', Q' 是平面上任意两点,P' 的"红坐标"记为 (x_1, y_1),P' 的"蓝坐标"记为 $(\overline{x_1}, \overline{y_1})$,$Q'$ 的"红坐标"记为 (x_2, y_2),Q' 的"蓝坐标"记为 $(\overline{x_2}, \overline{y_2})$,那么

$$bl(P'Q') = \sqrt{(\bar{x}_2 - \bar{x}_1)^2 + (\bar{y}_2 - \bar{y}_1)^2}$$
$$= \sqrt{\left(\frac{x_2}{a} - \frac{x_1}{a}\right)^2 + \left(\frac{y_2}{b} - \frac{y_1}{b}\right)^2}$$
$$= \sqrt{\frac{(x_2 - x_1)^2}{a^2} + \frac{(y_2 - y_1)^2}{b^2}}$$

例如,图 157.6 的 M, N,它们的"红坐标"分别是 $(a, 0)$ 和 $(0, b)$,代入上式计算,得 M, N 之间的"蓝距离"为 $\sqrt{2}$.

以上我们介绍了什么是"特殊蓝几何". 可以这么说,在"仿射几何"的基础上,添加了有关角度和长度的度量,就形成了"特殊蓝几何".

命题 157 是下面命题 157′ 在"特殊蓝几何"里的表现,就是说,"特殊蓝种人"看图 157,就如同我们看图 157.7 一样.

命题 157′ 设椭圆 α 的左、右焦点分别为 F_1, F_2,左、右准线分别为 f_1, f_2,P 是 f_1 上一点,过 P 作 α 的两条切线,切点分别为 A, B,如图 157.7 所示,求证:$PF_1 \perp AB$.

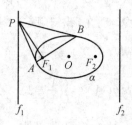

图 157.7

**命题 159 设圆 O 内两点 F_1, F_2 关于 O 对称,A 是圆 O 外一点,过 A 作圆 O 的两条切线,切点分别为 B, C,如图 159 所示,求证:在"特殊蓝几何"的观点下,"蓝角"BAF_1 与 CAF_2 相等.

注:为了理解本命题的结论,需要做如下操作:对于圆 O 作它的"发生椭圆"α,在 α 上取四点 D, E, F, G,使得 $DO \parallel AB, EO \parallel AF_1, FO \parallel AF_2, GO \parallel AC$,在圆 O 上取四点 D', E', F', G',使得 DD', EE', FF', GG' 均与 F_1F_2 平行,且 D 与 D',E 与 E',F 与 F',G 与 G' 均在椭圆 α 长轴的同侧,如图 159 所示,本命题的结论说,可以证明:$\angle D'OE'$ 与 $\angle F'OG'$ 是相等的,相当于说:"蓝角"BAF_1 与 CAF_2 是相等的.

当我们把圆 O 视为"特殊蓝椭圆"时,如果还涉及"蓝角度"或"蓝长度",那就有必要作圆 O 的"发生椭圆",因为,只有在"发生椭圆"上,才能体现出"蓝角度"和"蓝长度"的大小.

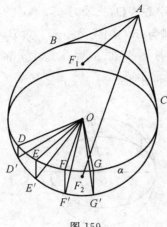

图 159

命题 160　设椭圆 α 的中心为 O，长轴为 m，β 是 α 的大圆，一直线 l 与 α 相切于 A，设 B 是 α 上一点，使得 $BO \parallel l$，设 A,B 在 m 上的射影分别为 A',B'，$A'A,B'B$ 的延长线分别交 β 于 P,Q（P 与 A，Q 与 B 均在 m 的同侧），如图 160 所示，求证：$OP \perp OQ$.

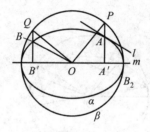

图 160

注：可以将图 160 的大圆换成图 160.1 的小圆（参阅命题 280.1），命题依然成立．

命题 160.1　设椭圆 α 的中心为 O，短轴为 n，γ 是 α 的小圆，一直线 l 与 α 相切于 A，设 B 是 α 上一点，使得 $BO \parallel l$，设 A,B 在 n 上的射影分别为 A',B'，$A'A,B'B$ 分别交 γ 于 P,Q（P 与 A，Q 与 B 均在 n 的同侧），如图 160.1 所示，求证：$OP \perp OQ$.

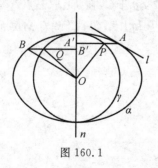

图 160.1

命题161 设椭圆 α 的中心为 O，长轴为 m，β 是 α 的大圆，A 是 α 外一点，过 A 作 α 的两条切线，切点分别为 B,C，AO 交 α 于 D，过 B,C,D 分别作 m 的垂线，且依次交 β 于 P,Q,R（P 与 B，Q 与 C，R 与 D 均在 m 的同侧），如图161所示，求证：在圆 O 上，R 是弧 PQ 的中点.

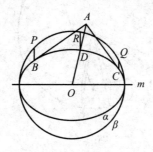

图161

命题162 设椭圆 α 的中心为 O，MN 是 α 的长轴，AB 是 α 的直径，C 是 α 上一点，在 α 上取两点 D,E，使得 $OD \parallel AC$，$OE \parallel BC$，过 D,E 分别作 MN 的垂线，且交 α 于 D',E'（D' 与 D，E' 与 E 均在 MN 的同侧），如图162所示，求证：$OD' \perp OE'$.

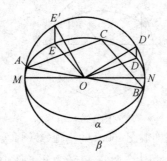

图162

命题163 设椭圆 α 的中心为 Z，α 的长轴为 MN，β 是 α 的大圆，P 是 α 外一点，过 P 作 α 的两条切线，这两切线分别记为 l_1,l_2，过 Z 分别作 l_1,l_2 的平行线，且依次交 α 于 A,B，设 PZ 交 α 于 C，在 β 上取三点 A',B',C'，使得 AA',BB',CC' 均与 MN 垂直（A 与 A'，B 与 B'，C 与 C' 均在 MN 的同侧），如图163所示，求证：ZC' 平分 $\angle A'ZB'$.

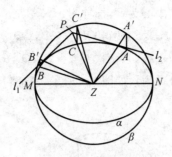

图 163

命题 164 设椭圆 α 的中心为 Z,α 的长轴为 MN,β 是 α 的大圆,P 是 α 外一点,过 P 作 α 的两条切线,切点分别为 A,B,设 PZ 交 α 于 C,在 β 上取三点 A',B',C',使得 AA',BB',CC' 均与 MN 垂直(A 与 A',B 与 B',C 与 C' 均在 MN 的同侧),如图 164 所示,求证:ZC' 平分 $\angle A'ZB'$。

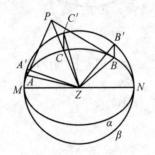

图 164

命题 165 设椭圆 α 的中心为 O,长轴为 MN,β 是 α 的大圆,AD,EF 是 α 的一对共轭直径,过 OD 的中点 G 作 EF 的平行线,且交 α 于 B,C,在 β 上取两点 A',B',使得 AA',BB' 均与 MN 垂直(A 与 A',B 与 B' 均在 MN 的同侧),如图 165 所示,求证:$\angle A'OB' = 120°$。

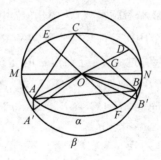

图 165

命题 166　设椭圆 α 的中心为 O，长轴为 MN，β 是 α 的大圆，四边形 $ABCD$ 内接于 α，在 α 上取四点 P,Q,R,S，使得 $OP \parallel AB$，$OQ \parallel BC$，$OR \parallel CD$，$OS \parallel DA$，过 P,Q,R,S 作 MN 的垂线，且依次交 β 于 P',Q',R',S'（P' 与 P，Q' 与 Q，R' 与 R，S' 与 S 均在 MN 的同侧），如图 166 所示，求证：$\angle P'OS'$ 与 $\angle Q'OS'$ 相等或互补.

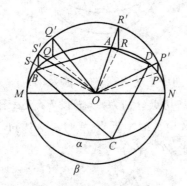

图 166

命题 167　设 P 是圆 O 外一点，过 P 作圆 O 的两条切线，切点分别为 C,D，另有一直线也与圆 O 相切，且分别交 PC,PD 于 A,B，如图 167 所示，求证：$\angle COD = 2\angle AOB$.

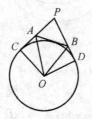

图 167

注：下面的命题 167.1 是本命题在"特殊蓝几何"中的表现.

命题 167.1　设椭圆 α 的中心为 O，长轴为 MN，β 是 α 的大圆，AB 是 α 的切线，A,B 是这条切线上两点，过 A,B 分别作 α 的切线，切点依次为 C,D，设 OA,OB 分别交 α 于 E,F，在 β 上取四点 C',D',E',F'，使得 C 与 C'，D 与 D'，E 与 E'，F 与 F' 均在 MN 的同侧，且 CC'，DD'，EE'，FF' 均与 MN 垂直，如图 167.1 所示，求证：$\angle C'OD' = 2\angle E'OF'$.

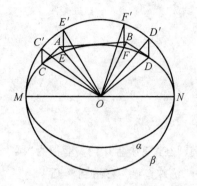

图 167.1

命题 168 设 △ABC 外切于圆 O，∠BAC 的外角记为 α，∠BOC 的外角记为 β，如图 168 所示，求证：α 是 β 的两倍．

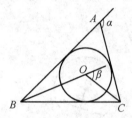

图 168

注：下面的命题 168.1 是本命题在"特殊蓝几何"中的表现．

命题 168.1 设椭圆 α 的中心为 O，长轴为 MN，β 是 α 的大圆，△ABC 外切于椭圆 α，在 α 上取两点 D, E，使得 OD, OE 分别与 BA, AC 平行，且方向相同，设 BO, CO 分别交 α 于 F, G，且使得 OF 与 BO 方向相同，而 OG 的方向与 OC 相同，在 β 上取四点 D', E', F', G'，使得 D 与 D'，E 与 E'，F 与 F'，G 与 G' 均在 MN 的同侧，且 DD', EE', FF', GG' 均与 MN 垂直，如图 168.1 所示，求证：∠D'OE' = 2∠F'OG'．

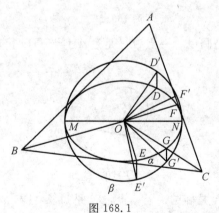

图 168.1

1.5

我们已经成功地使椭圆在"特殊蓝几何"里视为"圆"——"蓝圆",那么,有关圆的结论就都可以通过"特殊蓝圆"移植到椭圆上.

以下命题都是移植的例子,它们都是成双成对的,前一道是关于圆的,后一道就是关于椭圆的:

命题 169 设 AB 是圆 O 的弦,该弦的中点为 M,如图 169 所示,求证:$OM \perp AB$.

图 169

命题 169.1 设 AB 是椭圆 α 的弦,该弦的中点为 M,如图 169.1 所示,求证:OM 的方向与 AB 的方向关于 α 共轭.

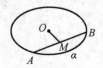

图 169.1

命题 170 设 A 是圆 O 上一点,BC 是过 A 且与圆 O 相切的直线,如图 170 所示,求证:$OA \perp BC$.

图 170

命题 170.1 设 A 是椭圆 α 上一点,BC 是过 A 且与 α 相切的直线,如图

170.1 所示,求证:OA 的方向与 BC 的方向关于 α 共轭.

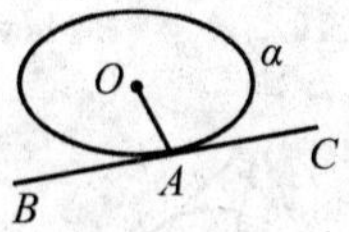

图 170.1

命题 171 设 A,B,C 是圆 O 上三点,BC 是圆 O 的直径,如图 171 所示,求证:$AB \perp AC$.

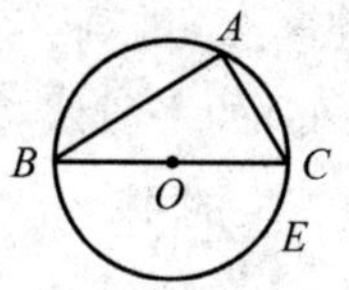

图 171

命题 171.1 设 A,B,C 是椭圆 α 上三点,BC 是 α 的直径,如图 171.1 所示,求证:AB 的方向与 AC 的方向关于 α 共轭.

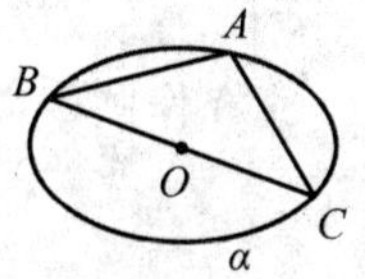

图 171.1

命题 172 设两直线 l_1,l_2 均与圆 O 相切,另有一直线也与该圆相切,且分别交 l_1,l_2 于 A,B,如图 172 所示,求证:$OA \perp OB$.

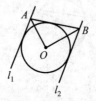

图 172

命题 172.1 设两直线 l_1,l_2 均与椭圆 α 相切,另有一直线也与 α 相切,且分别交 l_1,l_2 于 A,B,如图 172.1 所示,求证:OA 的方向与 OB 的方向关于 α 共轭.

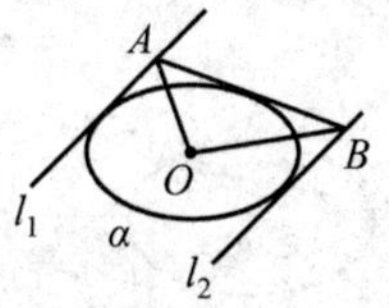

图 172.1

命题 173　设 A 是圆 O 外一点,过 A 作圆 O 的两条切线,切点分别为 B,C,如图 173 所示,求证:AO 平分 $\angle BAC$.

图 173

命题 173.1　设 A 是椭圆 α 外一点,过 A 作 α 的两条切线,切点分别为 B,C,AO 交 α 于 D,过 D 分别作 AB,AC 的平行线,且依次交 α 于 E,F,EF 交 AO 于 M,如图 173.1 所示,求证:M 是 EF 的中点.

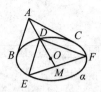

图 173.1

命题 174　设 A 是圆 O 外一点,过 A 作圆 O 的两条切线,切点分别为 B,C,BC 交 AO 于 M,如图 174 所示,求证:

① $BM = CM$;

② $BC \perp AO$.

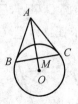

图 174

命题 174.1　设 A 是椭圆 α 外一点,过 A 作 α 的两条切线,切点分别为 B,C,BC 交 AO 于 M,如图 174.1 所示,求证:

① $BM = CM$;

② BC 的方向与 AO 的方向关于 α 共轭.

图 174.1

命题 175 设 A,B,C 是圆 O 上三点，如图 175 所示，求证：$\angle BOC = 2\angle BAC$.

图 175

命题 175.1 设 A,B,C 是椭圆 α 上三点，过 O 分别作 AB,AC 的平行线，且依次交 α 于 D,E，设 BC 的中点为 M，OM 交 α 于 F，如图 175.1 所示，求证：$BE \mathbin{/\mkern-5mu/} DF$.

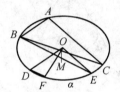

图 175.1

注：可以看出，"蓝角"DOE 与"蓝角"BOF 相等，因此，"蓝角"BOD 与"蓝角"EOF 相等，于是，$BE \mathbin{/\mkern-5mu/} DF$.

命题 176 设 A 是圆 O 上一点，过 A 且与圆 O 相切的直线记为 AB，C,D 是圆 O 上另外两点，如图 176 所示，求证：$\angle DAB = \angle ACD$.

图 176

注：此乃"弦切角定理"，该定理在"特殊蓝几何"和"特殊黄几何"（关于"特殊黄几何"，请参阅本书的 1.10）中的表现，分别是下面的命题 176.1 和命题 176.2.

命题 176.1 设 A 是椭圆 α 上一点，过 A 且与 α 相切的直线记为 AB，C,D 是 α 上另外两点，过 O 分别作 CA,CD 的平行线，这两条线依次交 α 于 E,F，过 O 再分别作 AD,AB 的平行线，这两条线依次交 α 于 G,H，如图 176.1 所示，求证：$EG \mathbin{/\mkern-5mu/} FH$.

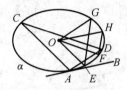

图 176.1

命题 176.2 设椭圆 α 的中心为 O,$\triangle ABC$ 外切于 α,BC 上的切点为 D,AO,CO 分别交 α 于 E,F,BO 的延长线交 α 于 G,如图 176.2 所示,求证:$DE \parallel FG$.

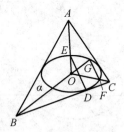

图 176.2

命题 177 设圆 O 是菱形 $ABCD$ 的内切圆,在两侧各作圆 O 的一条切线 EF 和 GH,如图 177 所示,求证:$EG \parallel FH$.

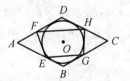

图 177

命题 177.1 设椭圆 α 的中心为 O,两直线 AC,BD 均过 O,且 AC 的方向与 BD 的方向关于 α 共轭,AB,BC,CD 均与 α 相切,一直线与 α 相切,且分别交 AB,AD 于 E,F,另一直线也与 α 相切,且分别交 CB,CD 于 G,H,如图 177.1 所示,求证:

① AD 与 α 相切;

② $OA = OC$,$OB = OD$;

③ $EG \parallel FH$.

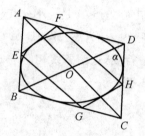

图 177.1

命题 178 设 △ABC 内接于圆 O，O 关于 BC，CA，AB 的对称点分别为 A'，B'，C'，如图 178 所示，求证：AA'，BB'，CC' 三线共点.

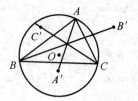

图 178

命题 178.1 设椭圆 α 的中心为 O，△ABC 内接于 α，BC，CA，AB 的中点分别为 D，E，F，延长 OD 至 A'，使得 $OD=DA'$，依次延长 OE 至 B'，使得 $OE=EB'$，延长 OF 至 C'，使得 $OF=FC'$，如图 178.1 所示，求证：AA'，BB'，CC' 三线共点.

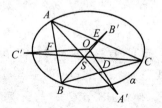

图 178.1

命题 179 设 △ABC 内接于圆 O，H 是 △ABC 的垂心，M 是 BC 的中点，AO 交圆 O 于 P，如图 179 所示，求证：H，M，P 三点共线.

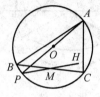

图 179

命题179.1 设椭圆 α 的中心为 O,A 是 α 外一点,过 A 作 α 的两条切线,切点分别为 B,C,$\triangle A'B'C'$ 内接于 α,且 $A'B' \parallel AB$,$A'C' \parallel AC$,过 B' 作 OC 的平行线,同时,过 C' 作 OB 的平行线,这两条线相交于 H,设 $A'O$ 交 α 于 P,如图 179.1 所示,求证:$B'C'$ 被 HP 平分.

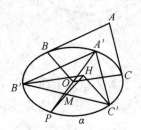

图 179.1

命题180 设 AB 是圆 O 的直径,过 A 且与圆 O 相切的直线记为 l,M 是 OA 的中点,过 M 且与 l 平行的直线交圆 O 于 C,如图 180 所示,求证:$\angle BOC = 120°$.

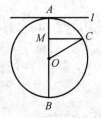

图 180

命题180.1 设椭圆 α 的中心为 O,m 是 α 的长轴,β 是 α 的大圆,AB 是 α 的直径,过 A 且与 α 相切的直线记为 l,M 是 OA 的中点,过 M 且与 l 平行的直线交 α 于 C,在 β 上取两点 B',C',使得 BB',CC' 均与 m 垂直,如图 180.1 所示,求证:$\angle B'OC' = 120°$.

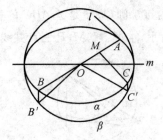

图 180.1

注:本命题对椭圆 α 的小圆 γ 也是成立的,请看下面的命题 180.2.

所谓椭圆 α 的"小圆",是指以椭圆 α 的短轴为直径的圆.

命题 180.2 设椭圆 α 的中心为 O,短轴为 n,γ 是 α 的小圆,AB 是 α 的直径,过 A 且与 α 相切的直线记为 l,M 是 OA 的中点,过 M 且与 l 平行的直线交 α 于 C,在 γ 上取两点 B',C',使得 BB',CC' 均与 n 垂直,如图 180.2 所示,求证:$\angle B'OC' = 120°$.

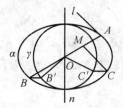

图 180.2

命题 181 设 $\triangle ABC$ 是圆 O 的内接三角形,H 是 $\triangle ABC$ 的垂心,以 HB,HC 为邻边作平行四边形 BHCD,如图 181 所示,求证:

① 点 D 在圆 O 上;

② A,O,D 三点共线.

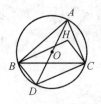

图 181

命题 181.1 设椭圆 α 的中心为 O,A,B,C 是 α 上三点,AB,AC 的中点分别为 M,N,过 B 作 ON 的平行线,同时,过 C 作 OM 的平行线,这两条线交于 H,以 HB,HC 为邻边作平行四边形 BHCD,如图 181.1 所示,求证:

① 点 D 在 α 上;

② A,O,D 三点共线.

注:在这里,H 是"蓝三角形"ABC 的"蓝垂心".

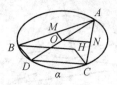

图 181.1

命题 182　设 $\triangle ABC$ 内接于圆 O，H 是它的垂心，AH 交圆 O 于 D，交 BC 于 M，如图 182 所示，求证：$MH = MD$.

图 182

命题 182.1　设椭圆 α 的中心为 O，B，C，E 是 α 上三点，以 EB，EC 为邻边作平行四边形 $ECHB$，设 EO 交 α 于 A，AH 交 α 于 D，交 BC 于 M，如图 182.1 所示，求证：$MH = MD$.

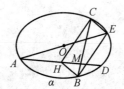

图 182.1

注：因为下列三对直线的方向关于 α 共轭：(AH, BC)，(BH, CA)，(CH, AB)，所以，在"特殊蓝观点"下，H 是"蓝三角形" ABC 的"蓝垂心".

命题 183　设完全四边形 $ABCD - EF$ 外切于圆 O，AC 交 BD 于 M，如图 183 所示，求证：OM 与 EF 垂直.

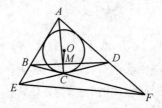

图 183

命题 183.1　设椭圆 α 的中心为 O，完全四边形 $ABCD - EF$ 外切于 α，AC 交 BD 于 M，如图 183.1 所示，求证：OM 与 EF 的方向关于 α 共轭.

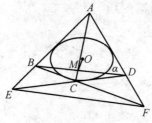

图 183.1

命题 184 设完全四边形 $ABCD-EF$ 外切于圆 O，AC 交 BD 于 M，如图 184 所示，求证：OM 与 EF 垂直.

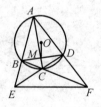

图 184

命题 184.1 设椭圆 α 的中心为 O，完全四边形 $ABCD-EF$ 外切于 α，AC 交 BD 于 M，如图 184.1 所示，求证：OM 与 EF 的方向关于 α 共轭.

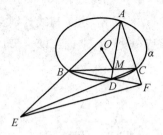

图 184.1

命题 185 设 $\triangle ABC$ 外切于圆 O，过 B 作 BO 的垂线，同时，过 C 作 CO 的垂线，这两条垂线相交于 A'，如图 185 所示，求证：A, O, A' 三点共线.

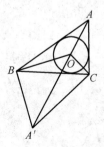

图 185

命题 185.1 设椭圆 α 的中心为 O，$\triangle ABC$ 外切于 α，OA, OB, OC 分别交 α 于 A', B', C'，过 A', B', C' 分别作 α 的切线，这三条切线两两相交，构成 $\triangle A''B''C''$，过 A 作 $B''C''$ 的平行线，同时，过 B 作 $C''A''$ 的平行线，过 C 作 $A''B''$ 的平行线，这三条平行线两两相交，构成 $\triangle A'''B'''C'''$，如图 185.1 所示，求证：有三次三点共线，它们分别是：$(A, O, A'''), (B, O, B'''), (C, O, C''')$.

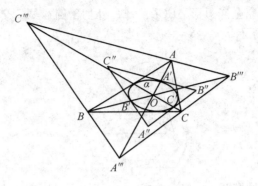

图 185.1

命题 186 设 A 是圆 O 外一点,过 A 作圆 O 的两条切线,切点分别为 B, C, AO 交圆 O 于 D,过 D 作圆 O 的切线,这条切线分别交 AB, AC 于 E, F, OE, OF 分别交圆 O 于 G, H,如图 186 所示,求证:$EG = FH$.

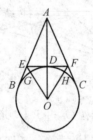

图 186

命题 186.1 设 A 是椭圆 α 外一点,过 A 作 α 的两条切线,切点分别为 B, C, AO 交 α 于 D,过 D 作 α 的切线,这条切线分别交 AB, AC 于 E, F, OE, OF 分别交 α 于 G, H,如图 186.1 所示,求证:$\dfrac{EG}{OG} = \dfrac{FH}{OH}$.

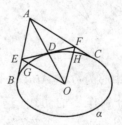

图 186.1

注:在"特殊蓝观点"下,"$\dfrac{EG}{OG} = \dfrac{FH}{OH}$"意味着"$bl(EG) = bl(FH)$",所以,由命题 186 可知,本命题明显成立.

命题 187 设圆 O 内,弦 PQ 的中点为 M,过 M 作两条直线,它们分别交圆 O 于 A,C 和 B,D,且 AD,BC 分别交 PQ 于 E,F,如图 187 所示,求证:$EM = FM$.

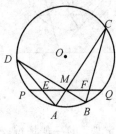

图 187

注:此乃圆的"蝴蝶定理".

以下用"对偶法"证明该定理.

为此,先考察下面的定理 187.1,它明显成立,无须证明.

命题 187.1 设 AC,BD 是圆 M 的两条直径,一直线过 M,且分别交 AD, BC 于 E,F,如图 187.1 所示,求证:$ME = MF$.

图 187.1

现在,用命题 187.1 去证明命题 187.

设图 187 中,点 M 关于圆 O 的极线为 z,如图 187.2 所示,由于 $MP = MQ$,所以 PQ 平行于直线 z,且 AD,BC 的交点在 z 上,因而,在"蓝观点"下(以 z 为"蓝假线"),圆 O 仍然是"圆",不过是"蓝圆"(参阅《二维、三维欧氏几何的对偶原理》,哈尔滨工业大学出版社,第三章 3.28 的(1)),M 是其"蓝圆心",AC,BD 都是"蓝直径","蓝种人"眼里的图 187.2,就如同我们眼里的图 187.1,所以,在"蓝种人"眼里,图 187.2 的 ME 和 MF 是"蓝相等"的,而由于 PQ 平行于 z,所以,这里说的 ME 和 MF 的"蓝相等",即使在我们眼里,也是相等的.

以上就是命题 187(圆的"蝴蝶定理")的证明.

因为"蓝种人"看命题 187 和我们看命题 187.1 是一回事,所以这两个命题实际上是同一个命题,只是命题 187.1 在"蓝种人"笔下被叙述成了命题 187,这在我们看来已经是一个新命题(称之为"蝴蝶定理").因此,说"蝴蝶定理"就是

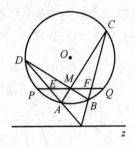

图 187.2

命题 187.1 也不为过.

下面的命题 187.2 是"蝴蝶定理"的一般情况.

命题 187.2 设 M 是圆 O 内一点,三弦 AC,BD,PQ 均过 M,设 PQ 分别交 AD,BC 于 E,F,M 关于圆 O 的极线记为 z,PQ 交 z 于 S,AD 交 BC 于 T,如图 187.3 所示,求证:

① T 在 z 上;

② $\dfrac{MP}{SP} = \dfrac{MQ}{SQ}$;

③ $\dfrac{ME}{SE} = \dfrac{MF}{SF}$.

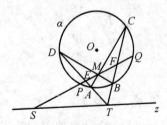

图 187.3

椭圆也有"蝴蝶定理",就是下面的命题 187.3.

命题 187.3 设 PQ 是椭圆 α 的弦,M 是 PQ 的中点,过 M 作两直线,它们分别交 α 于 A,C 和 B,D,设 AD,BC 分别交 PQ 于 E,F,如图 187.4 所示,求证:$ME = MF$.

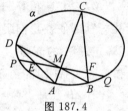

图 187.4

证明此命题的方法与前面相同,我们先考察下面的命题 187.4,它明显成立.

命题 187.4 设椭圆 α 的中心为 M,AC,BD 是椭圆 α 的两条直径,一直线过 M,且分别交 AD,BC 于 E,F,如图 187.5 所示,求证:$ME=MF$.

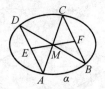

图 187.5

现在,用命题 187.4 去证明命题 187.3.

设图 187.4 中,点 M 关于椭圆 α 的极线为 z,如图 187.6 所示,因为 $MP=MQ$,所以 PQ 平行于直线 z,且 AD,BC 的交点在 z 上,因而,在"蓝观点"下(以 z 为"蓝假线"),椭圆 α 仍然是"椭圆",不过是"蓝椭圆"(参阅《二维、三维欧氏几何的对偶原理》,哈尔滨工业大学出版社,第三章 3.30 的(3)),M 是其"蓝中心",AC,BD 都是 α 的"蓝直径","蓝种人"眼里的图 187.6,就如同我们眼里的图 187.5,所以,在"蓝种人"眼里,图 187.6 的 ME 和 MF 是"蓝相等"的,而由于 PQ 平行于 z,因此,这次 ME 和 MF 的"蓝相等",即使在我们眼里,也是相等的.

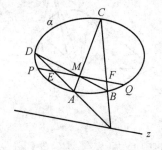

图 187.6

以上就是命题 187.3(椭圆的"蝴蝶定理")的证明.

因为"蓝种人"看命题 187.3 和我们看命题 187.4 是一回事,所以这两个命题实际上是同一个命题,只是命题 187.4 在"蓝种人"笔下被叙述成了命题 187.3,这在我们看来已经是一个新命题(称之为椭圆的"蝴蝶定理").因此,说椭圆的"蝴蝶定理"就是命题 187.4 也不为过.

下面的命题 187.5 是椭圆的"蝴蝶定理"的一般情况.

命题 187.5 设 M 是椭圆 α 内一点,三弦 AC,BD,PQ 均过 M,设 PQ 分别交 AD,BC 于 E,F,M 关于 α 的极线记为 z,PQ 交 z 于 S,AD 交 BC 于 T,如图

187.7 所示,求证:

① T 在 z 上;

② $\dfrac{MP}{SP} = \dfrac{MQ}{SQ}$;

③ $\dfrac{ME}{SE} = \dfrac{MF}{SF}$.

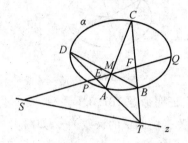

图 187.7

命题 188 设 $\triangle ABC$ 外切于圆 O,BC,CA,AB 上的切点分别为 D,E,F,AO 交 BC 于 P,EP,FP 分别交 AD 于 G,H,如图 188 所示,求证:BH 和 CG 均与 OA 垂直.

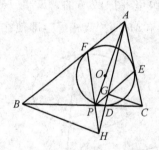

图 188

命题 188.1 设椭圆 α 的中心为 O,$\triangle ABC$ 外切于 α,BC,CA,AB 上的切点分别为 D,E,F,AO 交 BC 于 P,EP,FP 分别交 AD 于 G,H,如图 188.1 所示,求证:BH 和 CG 的方向均与 OA 的方向关于 α 共轭.

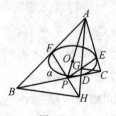

图 188.1

命题189 设 ZA 是圆 O 的直径，B,C 是该圆上两点，过 B,C 且分别与圆 O 相切的直线交于 D，过 Z 且与 ZD 垂直的直线分别交 AB,AC 于 E,F，如图 189 所示，求证：$ZE=ZF$.

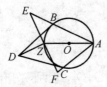

图 189

命题 189.1 设椭圆 α 中心为 O，AB 是 α 的直径，P 是 α 外一点，过 P 作 α 的两条切线，切点分别为 C,D，PB 交 α 于 E，过 B 作 AE 的平行线，且分别交 AC,AD 于 M,N，如图 189.1 所示，求证：$BM=BN$.

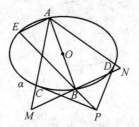

图 189.1

1.6

设两椭圆 α,β 的中心分别为 O,O',这两椭圆有着相同的离心率,且长轴互相平行,如图 A 所示,那么,当我们对 α 建立了"特殊蓝几何"后,β 也成了"蓝圆",当然,这两个"蓝圆"的大小不一定相同.

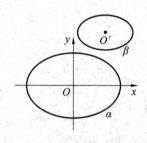

图 A

总之,若几个椭圆有着相同的离心率,且长轴互相平行,那么,这几个椭圆就可以同时被视为"蓝圆". 于是,有关多圆的命题就可以"翻译"(移植)成有关多个椭圆的命题.

下面是一些多个"特殊蓝圆"的例子,这些命题都是成双成对的,前一道是关于圆的,后一道就是关于椭圆的.

命题 190 设两圆相交于 M,N,一直线过 M,且依次交这两圆于 A,C,另一直线过 N,且依次交这两圆于 B,D,如图 190 所示,求证:$AB \parallel CD$.

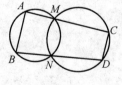

图 190

命题 190.1 设两椭圆 α,β 有着相同的离心率,且长轴互相平行,α 交 β 于 M,N,一直线过 M,且依次交这两椭圆于 A,C,另一直线过 N,且依次交这两椭圆于 B,D,如图 190.1 所示,求证:$AB \parallel CD$.

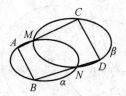

图 190.1

命题 191 设两圆 O_1,O_2 外切于 A,过 A 且与这两圆都相切的直线记为 l,B 是 l 上一点,过 B 分别作这两圆的切线,切点依次为 C,D,如图 191 所示,求证:$BC=BD$.

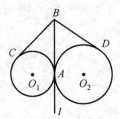

图 191

命题 191.1 设两椭圆 α,β 的中心分别为 O_1,O_2,这两椭圆有着相同的离心率,且长轴互相平行,α 与 β 外切于 A,过 A 且与这两椭圆都相切的直线记为 l,B 是 l 上一点,过 B 分别作这两椭圆的切线,切点依次为 C,D,设 CD 分别交 α,β 于 E,F,CE,DF,CD 的中点分别记为 M,N,P,如图 191.1 所示,求证:
① $MO_1 \mathbin{/\mkern-6mu/} NO_2 \mathbin{/\mkern-6mu/} BP$;
② BP 的方向与 CD 的方向关于 α 共轭(当然也关于 β 共轭).

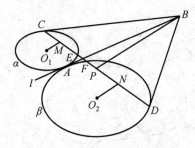

图 191.1

命题 192 设圆 O 与圆 O' 相交于 A,B,O 在圆 O' 上,P 是圆 O 上一点,M 是圆 O' 上一点,PA,PB 的中点分别为 C,D,OC 交 AM 于 Q,OD 交 BM 于 R,如图 192 所示,求证:P,Q,R 三点共线.

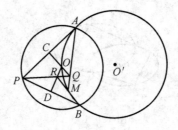

图 192

命题 192.1 设两椭圆 α,β 的中心分别为 O,O',O 在 β 上,这两椭圆有着相同的离心率,且长轴互相平行,P 是 α 上一点,M 是 β 上一点,PA,PB 的中点分别为 C,D,OC 交 AM 于 Q,OD 交 BM 于 R,如图 192.1 所示,求证:P,Q,R 三点共线.

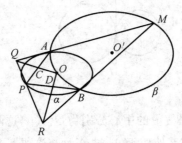

图 192.1

命题 193 设两圆圆心分别为 O_1,O_2,它们彼此外切于 P,它们的两条外公切线分别记为 AB,CD,A,B,C,D 都是切点,Q,R 分别是 AB,CD 的中点,如图 193 所示,求证:

① P,Q,R 三点共线;

② $AP \perp BP$.

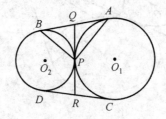

图 193

命题 193.1 设两椭圆 α,β 的中心分别为 O_1,O_2,它们的长轴彼此平行,且有着相同的离心率,它们彼此外切于 P,两条外公切线分别记为 AB,CD,A,B,C,D 都是切点,Q,R 分别是 AB,CD 的中点,BP 交 α 于 E,如图 193.1 所示,求证：

①P,Q,R 三点共线；

②AE 是 α 的直径；

③PA,PE 的方向关于 α 共轭.

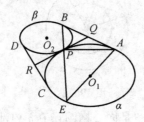

图 193.1

命题 194 设两圆 O_1,O_2 外离，这两圆的两条内公切线和一条外公切线构成 $\triangle ABC$，AB 与圆 O_1 相切于 D，AC 与圆 O_2 相切于 E，BE,CD 的中点分别为 M,N，设 MN 分别交 AB,AC 于 F,G，如图 194 所示，求证：$AF=AG$.

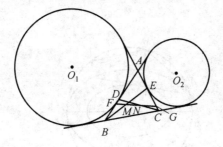

图 194

命题 194.1 设两椭圆 α,β 外离，它们的长轴彼此平行，且离心率相同，这两椭圆的两条内公切线和一条外公切线构成 $\triangle ABC$，AB 与 α 相切于 D，AC 与 β 相切于 E，BE,CD 的中点分别为 M,N，设 MN 分别交 AB,AC 于 F,G，如图 194.1 所示，求证：$AF=AG$.

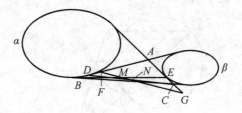

图 194.1

命题 195 设两圆 α,β 是同心圆，β 在 α 内部，它们的公共圆心为 O，M 是 β

上一点,过 M 且与 β 相切的直线交 α 于 A,B,如图 195 所示,求证:

① $MA = MB$;

② OM 是 $\angle AOB$ 的平分线.

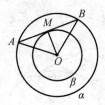

图 195

命题 195.1 设两椭圆 α,β 是同心椭圆,β 在 α 内部,它们的公共中心为 O,它们有着相同的长轴,以及相同的离心率,γ 是 α 的大圆,M 是 β 上一点,过 M 且与 β 相切的直线交 α 于 A,B,OM 交 α 于 N,在 γ 上取三点 A',B',M',使得 AA',BB',NM' 都与 α 的长轴 PQ 垂直,如图 195.1 所示,求证:

① $MA = MB$;

② $M'A' = M'B'$.

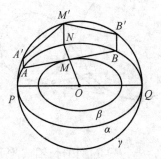

图 195.1

命题 196 设两圆 O,O' 相交于 A,B,O 在圆 O' 上,OO' 交圆 O' 于 C,BO 交圆 O 于 D,设 E 是圆 O 上任意一点,AE 交 BD 于 F,如图 196 所示,求证:AD,BE,CF 三线共点(此点记为 S).

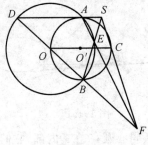

图 196

命题 196.1　设两椭圆 α,β 的中心分别为 O,O'，这两椭圆有着相同的离心率，且长轴互相平行，α 交 β 于 A,B，O 在 β 上，OO' 交 β 于 C，BO 交 α 于 D，设 E 是 α 上任意一点，AE 交 BD 于 F，如图 196.1 所示，求证：AD,BE,CF 三线共点（此点记为 S）.

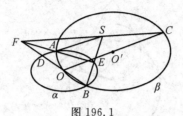

图 196.1

命题 197　设两圆 O_1,O_2 外离，两条内公切线分别记为 l_1,l_2，其中，l_1 与圆 O_1 相切于 A，l_2 与圆 O_2 相切于 B，AB 交圆 O_2 于 C，过 C 作圆 O_2 的切线，这条切线交 l_1 于 D，过 D 作圆 O_1 的切线，切点为 E，如图 197 所示，求证：AD 平分 $\angle CDE$.

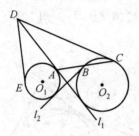

图 197

命题 197.1　设两椭圆 α,β 的中心分别为 O_1,O_2，这两椭圆有着相同的离心率，且长轴互相平行，它们的两条内公切线分别记为 l_1,l_2，其中，l_1 与 α 相切于 A，l_2 与 β 相切于 B，AB 交 β 于 C，过 C 作 β 的切线，这条切线交 l_1 于 D，过 D 作 α 的切线，切点为 E，过 O_2 分别作 DA,DC,DE 的平行线，且依次交 β 于 F,G,H，如图 197.1 所示，求证：O_2F 平分 GH.

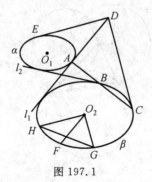

图 197.1

命题 198 设三圆 O_1,O_2,O_3 中,每两圆都有两条外公切线,圆 O_2,O_3 的两条外公切线相交于 P,圆 O_3,O_1 的两条外公切线相交于 Q,圆 O_1,O_2 的两条外公切线相交于 R,如图 198 所示,求证:P,Q,R 三点共线.

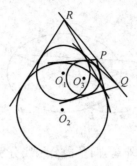

图 198

命题 198.1 设三椭圆 α,β,γ 有着相同的离心率,且长轴互相平行,它们中的每两个都有两条外公切线,β,γ 的两条外公切线相交于 P,γ,α 的两条外公切线相交于 Q,α,β 的两条外公切线相交于 R,如图 198.1 所示,求证:P,Q,R 三点共线.

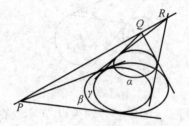

图 198.1

命题 199 设三圆 O_1,O_2,O_3 有一个公共点 M,除 M 外,每两圆之间还各有一个交点:圆 O_2 交圆 O_3 于 A,圆 O_3 交圆 O_1 于 B,圆 O_1 交圆 O_2 于 C,设 CA 交圆 O_3 于 D,DB 交圆 O_1 于 E,如图 199 所示,求证:EC 与圆 O_2 相切.

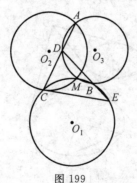

图 199

命题 199.1　设三椭圆 α,β,γ 的离心率相同,且长轴彼此平行,这三个椭圆有一个公共点 M,除 M 外,每两椭圆还各有一个交点:β 交 γ 于 A,γ 交 α 于 B,α 交 β 于 C,设 CA 交 γ 于 D,DB 交 α 于 E,如图 199.1 所示,求证:EC 与 β 相切.

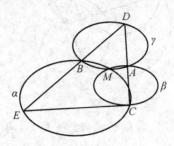

图 199.1

命题 199.2　设三椭圆 α,β,γ 的离心率相同,且长轴彼此平行,这三个椭圆有一个公共点 M,除 M 外,每两椭圆还各有一个交点:β 交 γ 于 A,γ 交 α 于 B,α 交 β 于 C,一直线过 C,且分别交 α,β 于 D,E,设 BD 交 AE 于 F,如图 199.2 所示,求证:F 在 γ 上.

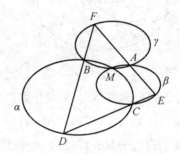

图 199.2

注:本命题可以改述成:

命题 199.3　设两椭圆 α,β 的离心率相同,且长轴彼此平行,这两椭圆相交于 C,M,一直线过 C,且分别交 α,β 于 D,E,B 是 α 上一点,A 是 β 上一点,DB 交 EA 于 F,如图 199.2 所示,求证:一定存在椭圆 γ,它过 M,A,B,F 四点,离心率与 α,β 相同,且长轴与 α,β 的长轴平行.

命题 200　设三圆 α,β,γ 有一个公共的交点 M,此外,β 与 γ 还有一个交点 A,γ 与 α 还有一个交点 B,α 与 β 还有一个交点 C,设 P 是 α 上一点,PB 交 γ 于 B',PC 交 β 于 C',如图 200 所示,求证:A,B',C' 三点共线.

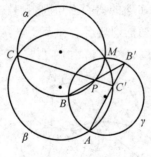

图 200

命题 200.1 设三椭圆 α,β,γ 的长轴彼此平行,且离心率相同,这三个椭圆有着一个公共的交点 M,此外,β 与 γ 还有一个交点 A,γ 与 α 还有一个交点 B,α 与 β 还有一个交点 C,设 P 是 α 上一点,PB 交 γ 于 B',PC 交 β 于 C',如图 200.1 所示,求证:A,B',C' 三点共线.

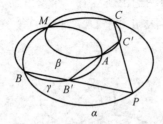

图 200.1

命题 201 设三圆 O_1,O_2,O_3 两两相交,交点分别记为 M,A,B,C,其中 M 是这三个圆的公共点,如图 201 所示,BC,CA,AB 的中点分别为 A',B',C',$A'O_1$ 的延长线交圆 O_1 于 A'';$B'O_2$ 的延长线交圆 O_2 于 B'';$C'O_3$ 的延长线交圆 O_3 于 C'',求证:AA'',BB'',CC'' 三线共点(此点记为 S).

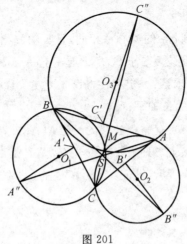

图 201

命题201.1 设三椭圆 α,β,γ 有着相同的离心率,且长轴互相平行,它们的中心分别为 O_1,O_2,O_3,它们中的每两个都相交,交点分别记为 M,A,B,C,其中 M 是这三个椭圆的公共点,如图 201.1 所示,BC,CA,AB 的中点分别为 A',B',C',$A'O_1$ 的延长线交圆 O_1 于 A'';$B'O_2$ 的延长线交圆 O_2 于 B'';$C'O_3$ 的延长线交圆 O_3 于 C'',求证:AA'',BB'',CC'' 三线共点(此点记为 S).

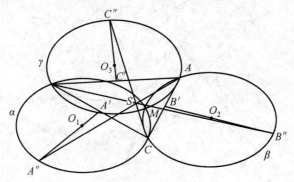

图 201.1

命题202 设三圆 O_1,O_2,O_3 两两外离,每两圆都有两条内公切线,它们分别记为 l_{12},l_{23},l_{31} 和 m_{12},m_{23},m_{31},如图 202 所示,若 l_{12},l_{23},l_{31} 三线共点(此点记为 S),求证:m_{12},m_{23},m_{31} 三线也共点(此点记为 T).

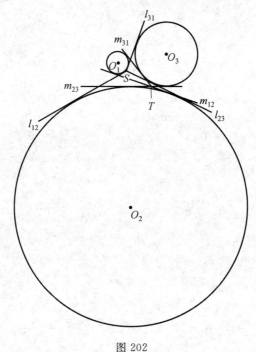

图 202

命题 202.1　设三椭圆 α,β,γ 有着相同的离心率,且长轴互相平行,它们两两外离,每两圆都有两条内公切线,分别记为 l_{12},l_{23},l_{31} 和 m_{12},m_{23},m_{31},如图 202.1 所示,若 l_{12},l_{23},l_{31} 三线共点(此点记为 S),求证:m_{12},m_{23},m_{31} 三线也共点(此点记为 T).

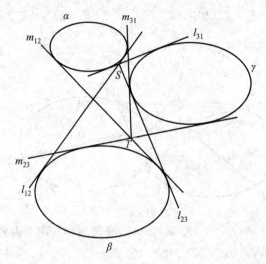

图 202.1

1.7

命题 203 设两椭圆 α,β 有着相同的中心 O,相同的长轴,以及相同的离心率,P 是平面上一点,过 P 分别作 β 的切线,这两条切线分别交 α 于 A,B 和 C,D,设 AD 交 BC 于 Q,如图 203 所示,求证:O,P,Q 三点共线.

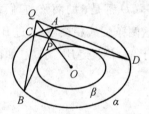

图 203

命题 204 设椭圆 β 在椭圆 α 的内部,这两椭圆有着公共的中心 Z,公共的长轴,以及相等的离心率,A,B 是 α 上两点,过 A,B 各作 β 的两条切线,切点依次为 C,D 和 E,F,设 AC 交 BE 于 P,AD 交 BF 于 Q,CD 交 EF 于 R,如图 204 所示,求证:P,Q,R,Z 四点共线.

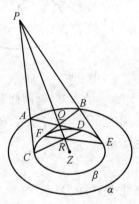

图 204

命题 205 设椭圆 α 在椭圆 β 的内部,这两椭圆有着公共的中心 O,公共的长轴,以及相等的离心率,AB,CD 是 β 的两弦,它们都与 α 相切,过 A,B 分别作 β 的切线,这两条切线相交于 E,过 C,D 分别作 β 的切线,这两条切线相交于 F,

如图 205 所示,求证:$AD \parallel BC \parallel EF$.

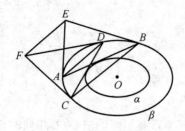

图 205

命题 206 设椭圆 α 在椭圆 β 的内部,这两椭圆有着公共的中心 O,公共的长轴,以及相等的离心率,AB,CD 都是 β 的两弦,它们都与 α 相切,AB 交 CD 于 P,过 A,D 分别作 β 的切线,这两条切线相交于 Q,过 B,C 分别作 β 的切线,这两条切线相交于 R,AQ 交 CR 于 M,DQ 交 BR 于 N,如图 206 所示,求证:

① O,P,Q,R 四点共线;

② M,P,N 三点共线.

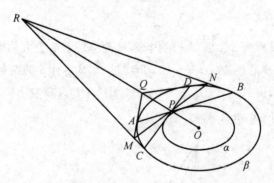

图 206

命题 206.1 设椭圆 β 在椭圆 α 的内部,这两椭圆有着公共的中心 Z,公共的长轴,以及相等的离心率,A,B 是 α 上两点,过 A,B 各作 β 的两条切线,切点依次为 C,D 和 E,F,如图 206.1 所示,求证:

① AB,CE,DF 彼此平行;

② AB,CF,DE 三线共点(此点记为 S).

注:本命题是命题 206 的"黄表示",图 206.1 的各线与图 206 的各点的对偶关系都显示在图 206.2 中.

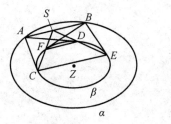
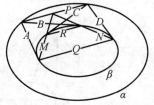

图 206.1　　　　　图 206.2

命题 207　设两椭圆 α,β 相交于 A,B,它们的中心分别为 O_1,O_2,长轴 MN 和 $M'N'$ 彼此平行,且有着相同的离心率,一直线过 A,且分别交 α,β 于 C,D,另一直线过 B,且分别交 β 于 E,F,如图 207 所示,求证:$CE \parallel DF$.

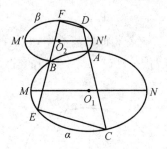

图 207

命题 208　设两椭圆 α,β 相交于 P,Q,它们的中心分别为 O_1,O_2,长轴彼此平行,且有着相同的离心率,AB,CD 都是 α,β 的外公切线,A,B,C,D 都是切点,E,F 分别是 AD,BC 的中点,如图 208 所示,PE,PF 分别交 α 于 G,H,PO_1,PO_2 分别交 α 于 K,L,求证:$GL \parallel KH$.

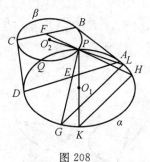

图 208

命题 209　设两椭圆 α,β 外离,它们的中心分别为 O_1,O_2,长轴 MN 和 $M'N'$ 彼此平行,且有着相同的离心率,两条外公切线相交于 P,两条内公切线相交于 Q,如图 209 所示,求证:O_1,O_2,P,Q 四点共线.

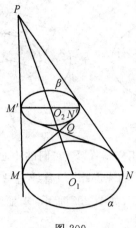

图 209

命题 210　设两椭圆 α,β 有着相同的离心率,它们的长轴彼此平行,α 的中心 O 在 β 上,α,β 相交于 A,B 两点,过 O 且与 β 相切的直线记为 l,如图 210 所示,求证:l 与 AB 平行.

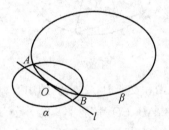

图 210

命题 211　设两椭圆 α,β 的中心分别为 O,O',二者的长轴彼此平行,且有着相同的离心率,这两椭圆相交于 A,B,P 是 α 上一点,AP,BP 分别交 β 于 C,D,线段 CD 的中点为 M,如图 211 所示,求证:$O'M \parallel OP$.

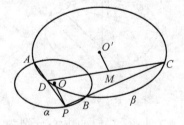

图 211

命题 212　设两椭圆 α,β 有着相同的离心率,且长轴彼此平行,α,β 都在四边形 $ABCD$ 内部,α 与 AB,AD,CD 都相切,AD 上的切点为 E,β 与 AB,BC,CD

都相切,BC 上的切点为 F,如图 212 所示,求证:AC,BD,EF 三线共点(此点记为 S).

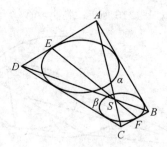

图 212

命题 213 设两椭圆 α,β 有着相同的离心率,且长轴彼此平行,α 交 β 于 B,C,A 是 α 上一点,AB,AC 分别交 β 于 D,E,AO 交 α 于 F,FD,FE 分别交 α 于 G,H,如图 213 所示,求证:BH,CG,DE 三线共点(此点记为 S).

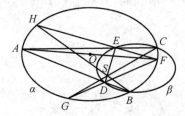

图 213

命题 214 设两椭圆 α,β 有着相同的离心率,且长轴彼此平行,α 与 β 相交于两点,α,β 的两条公切线分别记为 l_1,l_2,直线 AB 与 α 相切,且分别交 l_1,l_2 于 A,B,直线 m 与 AB 平行,且与 α 相切,过 A,B 分别作 β 的切线,且依次交 m 于 C,D,过 C 且与 α 相切的直线交 l_2 于 E,过 D 且与 α 相切的直线交 l_1 于 F,如图 214 所示,求证:AC,BD,EF 三线共点(此点记为 S).

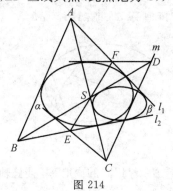

图 214

命题 215　设两椭圆 α,β 的中心分别为 O_1,O_2，这两椭圆有着相同的离心率，长轴彼此平行，且二者相交于 A,B 两点，CD 是 α 的直径，BD 交 β 于 E，EO_1 交 CO_2 于 F，BF 交 α 于 G，如图 215 所示，求证：$AG \parallel CD$.

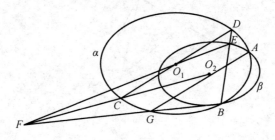

图 215

***命题 216**　设椭圆 α 的中心为 O，$\triangle ABC$ 外切于 α，AC 上的切点为 D，椭圆 β 过 O,D，且与 α 另有一个交点 E，β 的中心为 O'，设 BE 交 β 于 F，FA,FC 分别交 β 于 G,H，若 α,β 的离心率相同，且长轴彼此平行，如图 216 所示，求证：OO' 平分线段 GH.

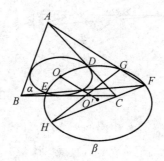

图 216

命题 217　设椭圆 α 的中心为 O，椭圆 β 在 α 内部，且与 α 相切于 A，一直线交 α 于 B,C，且与 β 相切于 D，AD 交 α 于 E，OE 交 BC 于 M，若 α,β 的离心率相同，且长轴彼此平行，如图 217 所示，求证：$MB=MC$.

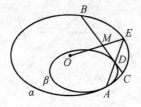

图 217

命题 218　设两椭圆 α,β 有着相同的离心率，且长轴彼此平行，α,β 相交于

A，B 两点，一直线过 A，且分别交 α，β 于 C，D，另一直线也过 A，且分别交 α，β 于 E，F，设 CE，DF 的中点分别为 M，N，DM 交 EN 于 G，AG 交 α 于 H，如图 218 所示，求证：$BH \parallel CE$.

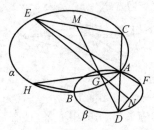

图 218

命题 219 设两椭圆 α，β 有着相同的离心率，且长轴彼此平行，α，β 的中心分别为 O，O'，α，β 相交于 A，B 两点，CD 是 α 的直径，BD 交 β 于 E，EO 交 CO' 于 F，BF 交 α 于 G，如图 219 所示，求证：$AG \parallel CD$.

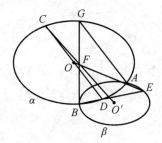

图 219

命题 220 设两椭圆 α，β 的长轴彼此平行，且离心率相同，α，β 相交于 A，B 两点，β 的中心 O 在 α 上，P 是 α 是一点，过 P 作 β 的两条切线，切点分别为 C，D，设 CD 交 AB 于 M，如图 220 所示，求证：M，O，P 三点共线.

注：本命题源于本套书下册第 1 卷的命题 934.1.

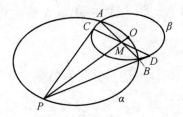

图 220

***命题 221** 设两椭圆 α，β 的中心分别为 M，N，这两椭圆有着相同的离心率，且二者长轴彼此平行，α 交 β 于 A，B，CD 是 α 的直径，ND 交 α 于 E，CE 交 AB 于 F，CA，CB 分别交 β 于 G，H，如图 221 所示，求证：F，G，H 三点共线.

107

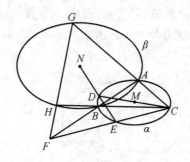

图 221

命题 222 设两椭圆 α,β 有着相同的中心 Z,且有着相同的长轴,以及相同的离心率,β 在 α 内部,A,B 是 α 上两点,过 A,B 分别作 β 的切线,这两条切线相交于 C,过 Z 作两直线,其中一条分别交 AC,BC 于 E,F,另一条分别交 AC,BC 于 G,H,设 EH 交 FG 于 D,如图 222 所示,求证:CD 与 AB 平行.

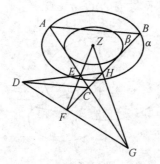

图 222

**命题 223 设椭圆 α 的中心为 O,$\triangle ABC$ 内接于 α,过 A,B,C 且与 α 相切的直线分别记为 l_1,l_2,l_3,另有一椭圆 β,它与 α 有着相同的中心,相同的离心率,以及相同的长、短轴,一直线与 l_1 平行,且与 β 相切,这条切线交 BC 于 P;一直线与 l_2 平行,且与 β 相切,这条切线交 CA 于 Q;一直线与 l_3 平行,且与 β 相切,这条切线交 AB 于 R,如图 223 所示,求证:P,Q,R 三点共线.

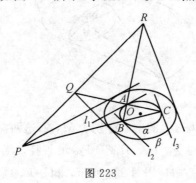

图 223

命题 224　设三椭圆 α,β,γ 的中心分别为 A,B,C,它们的离心率相同,它们的长轴彼此平行,且两两外切,切点分别记为 A',B',C',如图 224 所示,求证:AA',BB',CC' 三线共点(此点记为 S).

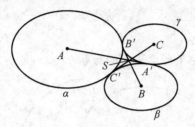

图 224

命题 225　设三椭圆 α,β,γ 有着相同的离心率,且长轴互相平行,它们两两相交,交点分别为 $A,B;C,D;E,F$,如图 225 所示,求证:AB,CD,EF 三线共点(此点记为 S).

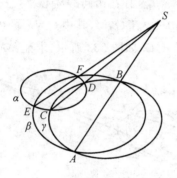

图 225

***命题 226**　设三椭圆 α,β,γ 有着相同的离心率,且三者长轴彼此平行,这三个椭圆两两相切于 P,其中 α,γ 都与 β 外切,而 γ 则内切于 α,如图 226 所示,A 是 β 上一点,过 A 且与 β 相切的直线交 α 于 B,C,过 B 作 γ 的切线,切点为 D,AD 交 γ 于 E,求证:CE 与 γ 相切.

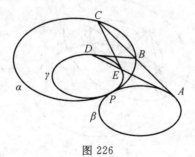

图 226

** 命题 227　设两椭圆 α,β 的长轴彼此平行,且离心率相同,α,β 外切于 A,另有一椭圆 γ,它与 α,β 都外切,切点依次为 B,C,过 B 作 α,γ 的公切线,同时,过 C 作 β,γ 的公切线,这两公切线相交于 S,如图 227 所示,求证:

① 当椭圆 γ 变动时,动点 S 的轨迹是直线;

② 这直线是 α,β 的公切线.

注:本命题源于本套书下册第 1 卷的命题 940.

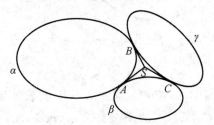

图 227

* 命题 228　设三椭圆 α,β,γ 有着相同的离心率,且三者长轴彼此平行,α 分别交 β,γ 于 A,B 和 C,D,β 交 γ 于 O,M,其中 O 是 α 的中心,AD 是 α 的直径,AD 交 BC 于 E,EM 交 α 于 F,G,如图 228 所示,求证:M 是线段 FG 的中点.

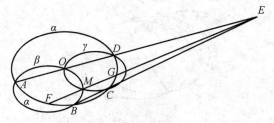

图 228

命题 229　设 P 是椭圆 α 上一点,两椭圆 β,γ 的中心都是 P,β,γ 的长轴在同一直线上,且离心率相同,设 β,γ 分别交 α 于 A,B 和 C,D,AD 交 BC 于 Q,AC 交 BD 于 R,如图 229 所示,求证:P,Q,R 三点共线.

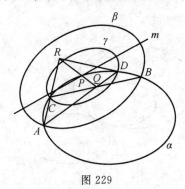

图 229

注:本命题源于本套书下册第 1 卷的命题 960.

命题 230　设三椭圆 α,β,γ 两两外离,它们的中心分别为 O_1,O_2,O_3,这三个椭圆的长轴彼此平行,且离心率都相同,β,γ 的两条内公切线相交于 A,γ,α 的两条内公切线相交于 B,α,β 的两条内公切线相交于 C,如图 230 所示,求证:AO_1,BO_2,CO_3 三线共点(此点记为 S).

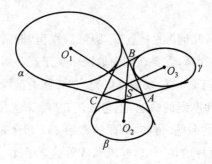

图 230

1.8

前面说过,在"特殊蓝几何"的观点下,圆可以视为"椭圆",所以,凡是椭圆的性质均可移植到圆上,这时,需要在圆内取两个关于圆心对称的点,用以充当"椭圆的焦点",这两点关于圆的极线则用以充当"椭圆的准线".例如,下面的命题 231 是关于椭圆焦点和准线的命题,把它表现在"特殊蓝几何"里,就成了命题 231.1,那是一道纯圆的命题.再如,下面的命题 232 和命题 232.1,以及命题 233 和命题 233.1 都是这样的例子,这样成双成对的例子比比皆是.

命题 231 设椭圆 α 的左、右焦点分别为 F_1, F_2,左、右准线分别为 f_1, f_2,A 是 f_1 上一点,过 A 作 α 的两条切线,这两条切线分别交 f_2 于 B, C,过 B 作 α 的切线,这条切线交 AC 于 D,过 C 作 α 的切线,这条切线交 AB 于 E,如图 231 所示,求证:D, E, F_2 三点共线.

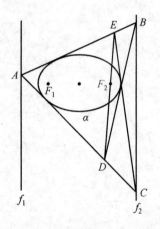

图 231

命题 231.1 设圆 α 的圆心为 O,F_3, F_4 是 α 内关于 O 对称的两点,这两点关于 α 的极线分别记为 f_3, f_4,设 A 是 f_3 上一点,过 A 作 α 的两条切线,这两条切线分别交 f_4 于 B, C,过 B 作 α 的切线,且交 AC 于 D,过 C 作 α 的切线,且交 AB 于 E,如图 231.1 所示,求证:D, F_4, E 三点共线.

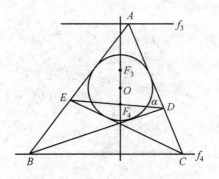

图 231.1

命题 232 设椭圆 α 的中心为 O,F_1,F_2 是 α 内两点,它们关于 O 对称,这两点关于圆 O 的极线分别记为 f_1,f_2,一直线与 α 相切,且分别交 f_1,f_2 于 A,B,过 A,B 分别作 α 的切线,这两条切线相交于 P,设 AF_1,AF_2 分别交 α 于 C,D,过 C,D 分别作 α 的切线,这两条切线相交于 Q,如图 232 所示,求证:O,P,Q 三点共线.

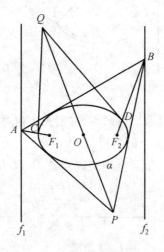

图 232

命题 232.1 设 F_1,F_2 是 α 内两点,它们关于 O 对称,这两点关于圆 O 的极线分别记为 f_1,f_2,一直线与 α 相切,且分别交 f_1,f_2 于 A,B,过 A,B 分别作 α 的切线,这两条切线相交于 P,设 AF_1,AF_2 分别交 α 于 C,D,过 C,D 分别作 α 的切线,这两条切线相交于 Q,如图 232.1 所示,求证:O,P,Q 三点共线.

113

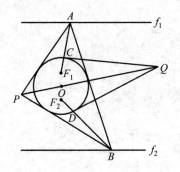

图 232.1

命题 233 设椭圆 α 的左、右焦点分别为 F_1, F_2,左、右准线分别为 f_1, f_2, F_1 在 f_1 上的射影为 P, F_2 在 f_2 上的射影为 Q, 一直线过 P, 且交 α 于 A, B, AF_1, BF_2 分别交 α 于 C, D, 如图 233 所示,求证: C, D, Q 三点共线.

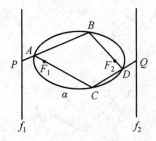

图 233

命题 233.1 设 F_1, F_2 是圆 O 内两点,它们关于 O 对称,这两点关于圆 O 的极线分别记为 f_1, f_2, F_1 在 f_1 上的射影为 P, F_2 在 f_2 上的射影为 Q, 一直线过 P, 且交圆 O 于 A, B, 设 AF_1, BF_2 分别交圆 O 于 C, D, 如图 233.1 所示,求证: C, D, Q 三点共线.

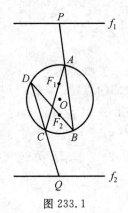

图 233.1

命题 234 设椭圆 α 的中心为 O,左、右焦点为 F_1, F_2,左、右准线为 f_1, f_2,一直线过 O 且分别交 f_1, f_2 于 P, Q,设 PF_1, QF_2 分别交 α 于 A, B,过 A, B 分别作 α 的切线,这两条切线交于 M,如图 234 所示,求证:PF_1, QF_2 都与 OM 平行.

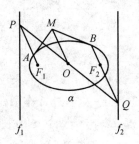

图 234

命题 234.1 设 F_1, F_2 是圆 O 内两点,它们关于 O 对称,这两点关于圆 O 的极线分别记为 f_1, f_2,一直线过 O,且分别交 f_1, f_2 于 P, Q,PF_1, QF_2 分别交圆 O 于 A, B,如图 234.1 所示,过 A, B 分别作圆 O 的切线,这两条切线相交于 M,求证:$OM \parallel PF_1 \parallel QF_2$.

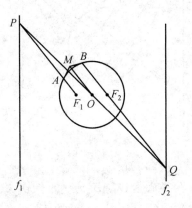

图 234.1

命题 235 设椭圆 α 的中心为 O,左、右焦点分别为 F_1, F_2,左、右准线分别为 f_1, f_2,过 F_1 作两条互相垂直的直线,它们分别交 f_1 于 A, B,过 F_2 作两条互相垂直的直线,它们分别交 f_2 于 C, D,AD 交 BC 于 P,BF_1 交 DF_2 于 Q,如图 235 所示,求证:P, Q, R 三点共线.

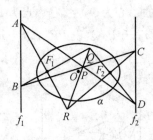

图 235

命题 235.1 设 F_1, F_2 是圆 O 内两点,它们关于 O 对称,这两点关于圆 O 的极线分别记为 f_1, f_2,设 A 是 f_1 上一点,过 A 作圆 O 的两条切线,切点分别为 A_1, A_2, A_1A_2 交 f_1 于 B,设 C 是 f_2 上一点,过 C 作圆 O 的两条切线,切点分别为 C_1, C_2, C_1C_2 交 f_2 于 D,AD 交 BC 于 P,A_1A_2 交 C_1C_2 于 Q,AF_1 交 CF_2 于 R,如图 235.1 所示,求证:P, Q, R 三点共线.

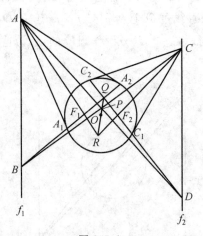

图 235.1

命题 236 设椭圆 α 的中心为 O,AB 是 α 的长轴,C, D 是 α 上两点,使得 $OC \perp OD$,AC 交 BD 于 P,过 C, D 分别作 α 的切线,这两条切线相交于 Q,如图 236 所示,求证:$PQ \perp AB$.

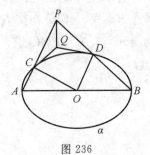

图 236

命题 236.1 设 F_1,F_2 是圆 O 内两点,它们关于 O 对称,这两点关于圆 O 的极线分别记为 f_1,f_2,F_1F_2 交圆 O 于 A,B,设 S 是 f_1 上一点,过 S 作圆 O 的两条切线,切点分别为 M,N,在圆 O 上取两点 C,D,使得 $OC \parallel SF_1$,$OD \parallel MN$,AC 交 BD 于 P,过 C,D 分别作圆 O 的切线,这两条切线相交于 Q,如图 236.1 所示,求证:$PQ \perp AB$.

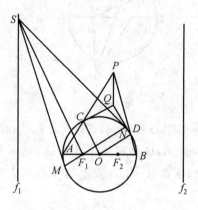

图 236.1

命题 237 设椭圆 α 的左、右焦点分别为 F_1,F_2,AB 是 α 的长轴,C,D 是 α 上两点,CF_2 交 DF_1 于 E,CF_1 交 DF_2 于 G,EG 交 CD 于 P,AC 交 BD 于 Q,如图 237 所示,求证:$PQ \perp AB$.

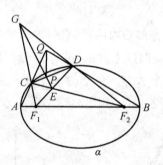

图 237

命题 237.1 设 F_1,F_2 是圆 O 内两点,它们关于 O 对称,F_1F_2 交圆 O 于 A,B,DF_1,CF_2 相交于 E,CF_1,DF_2 相交于 G,EG 交 CD 于 P,AC 交 BD 于 Q,如图 237.1 所示,求证:$PQ \perp AB$.

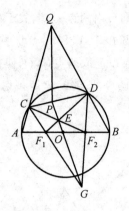

图 237.1

命题 238 设椭圆 α 的中心为 O, A,B 是 α 上两点,过 A,B 分别作 α 的切线,这两条切线相交于 C,过 A,B 分别作 α 的法线,这两条法线相交于 D,若 $CA \perp CB$,如图 238 所示,求证:C,O,D 三点共线.

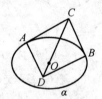

图 238

命题 238.1 设 F_1,F_2 是圆 O 内两点,它们关于 O 对称,这两点关于圆 O 的极线分别记为 f_1,f_2,A,B 是圆 O 上两点,过 A,B 分别作 α 的切线,这两条切线相交于 C,OA 交 f_1 于 P,OB 交 f_2 于 Q,过 A 作 PF_1 的平行线,同时,过 B 作 QF_2 的平行线,这两条线相交于 D,如图 238.1 所示,求证:C,O,D 三点共线.

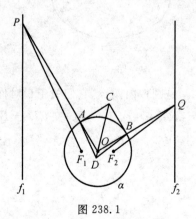

图 238.1

命题 239　设椭圆 α 的中心为 O，左、右焦点分别为 F_1,F_2，左、右准线分别为 f_1,f_2，A 是 f_1 上一点，B 是 f_2 上一点，AF_1 交 BF_2 于 P，AF_2 交 BF_1 于 Q，过 O 作 f_1 的平行线，且交 PQ 于 M，如图 239 所示，求证：M 是 PQ 的中点.

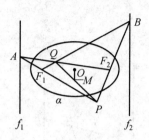

图 239

命题 239.1　设 F_1,F_2 是圆 O 内两点，它们关于 O 对称，这两点关于圆 O 的极线分别记为 f_1,f_2，A 是 f_1 上一点，B 是 f_2 上一点，AF_1 交 BF_2 于 P，AF_2 交 BF_1 于 Q，过 O 作 f_1 的平行线，且交 PQ 于 M，如图 239.1 所示，求证：M 是 PQ 的中点.

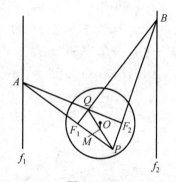

图 239.1

命题 240　设椭圆 α 的中心为 O，左、右焦点分别为 F_1,F_2，左、右准线分别为 f_1,f_2，A 是 α 上一点，过 A 作 α 的切线，且分别交 f_1,f_2 于 B,C，AF_1 交 f_2 于 E，AF_2 交 f_1 于 G，BE 交 CG 于 H，如图 240 所示，求证：H,A,O 三点共线.

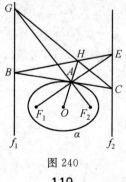

图 240

命题240.1 设F_1,F_2是圆O内两点,它们关于O对称,这两点关于圆O的极线分别记为f_1,f_2,A是α上一点,过A作α的切线,且分别交f_1,f_2于B,C,AF_1交f_2于E,AF_2交f_1于G,BE交CG于H,如图240.1所示,求证:H,A,O三点共线.

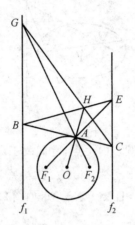

图 240.1

命题241 设椭圆α的中心为O,左、右焦点分别为F_1,F_2,左、右准线分别为f_1,f_2,A是α上一点,AF_1交f_1于B,AF_2交f_2于C,CF_1交BF_2于D,设AO交α于E,如图241所示,求证:$DE \perp F_1F_2$.

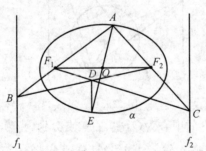

图 241

命题241.1 设F_1,F_2是圆O内两点,它们关于O对称,这两点关于圆O的极线分别记为f_1,f_2,A是圆O上一点,AF_1交f_1于B,AF_2交f_2于C,CF_1交BF_2于D,AO交圆O于E,如图241.1所示,求证:$DE \perp F_1F_2$.

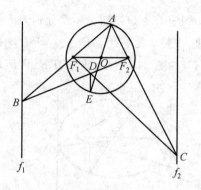

图 241.1

命题 242　设椭圆 α 的中心为 O,左、右焦点分别为 F_1,F_2,A,B 是 α 上两点,AF_1 交 BF_2 于 P,BF_1 交 AF_2 于 Q,过 A,B 分别作 α 的切线,这两条切线相交于 C,CO 交 PQ 于 M,如图 242 所示,求证:$PM=MQ$.

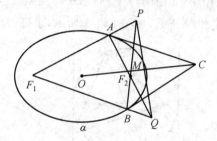

图 242

**命题 242.1　设 F_1,F_2 是圆 O 内两点,它们关于 O 对称,A,B 是圆 O 上两点,AF_1 交 BF_2 于 P,AF_2 交 BF_1 于 Q,过 O 作 AB 的垂线,这条垂线交 PQ 于 M,如图 242.1 所示,求证:M 是 PQ 的中点.

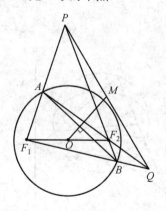

图 242.1

命题 243　设椭圆 α 的中心为 O,左、右焦点分别为 F_1,F_2,l_1,l_2 都是 α 的切线,它们都与 F_1F_2 垂直,A 是 α 上一点,AF_1 交 l_1 于 B,AF_2 交 l_2 于 C,CF_1 交 BF_2 于 D,设 AO 交 α 于 E,如图 243 所示,求证:$DE \perp F_1F_2$.

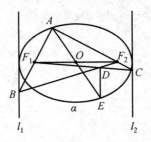

图 243

命题 243.1　设 F_1,F_2 是圆 O 内两点,它们关于 O 对称,两直线 l_1,l_2 均与 F_1F_2 垂直,且均与圆 O 相切,A 是圆 O 上一点,AF_1 交 l_1 于 B,AF_2 交 l_2 于 C,CF_1 交 BF_2 于 D,AO 交圆 O 于 E,如图 243.1 所示,求证:$DE \perp F_1F_2$.

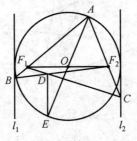

图 243.1

命题 244　设椭圆 α 的中心为 O,左、右焦点分别为 F_1,F_2,左、右准线分别为 f_1,f_2,β 是 α 的大圆,P 是 β 上一点,PF_1,PF_2 的延长线分别交 α 于 A,B,PA 交 f_1 于 C,PB 交 f_2 于 D,设 AF_2 交 BF_1 于 Q,CF_2 交 DF_1 于 R,如图 244 所示,求证:P,Q,R 三点共线.

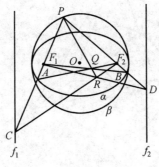

图 244

命题 244.1 设椭圆 α 的小圆为 γ,α 的上、下焦点分别为 F_3,F_4,上、下准线分别为 f_3,f_4,P 是 α 上一点,PF_3,PF_4 的延长线分别交 γ 于 A,B,PA 交 f_3 于 C,PB 交 f_4 于 D,设 AF_4 交 BF_3 于 Q,CF_4 交 DF_3 于 R,如图 244.1 所示,求证:P,Q,R 三点共线.

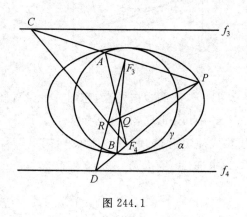

图 244.1

注:本命题是命题 244 在"特殊蓝几何"中的表现,这两个命题之间的对偶关系如下:

命题 244	命题 244.1
F_1,F_2	F_3,F_4
f_1,f_2	f_3,f_4
α	γ
β	α
P	P
A,B,C,D	A,B,C,D
Q,R	Q,R

**命题 245 设椭圆 α 的左、右焦点分别为 F_1,F_2,左、右准线分别为 f_1,f_2,一直线过 F_1,且分别交 f_1,f_2 于 P,Q,过 P,Q 各作 α 的两条切线,这些切线构成外切于 α 的四边形 $PBQA$,如图 245 所示,设 QF_1,QF_2 分别交 AB 于 C,D,求证:$AC=BD$.

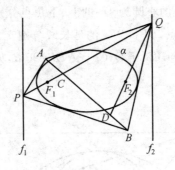

图 245

** 命题 245.1 设 F_1, F_2 是圆 O 内两点,它们关于 O 对称,这两点关于圆 O 的极线分别记为 f_1, f_2,一直线过 F_1,且分别交 f_1, f_2 于 P, Q,过 P, Q 各作 α 的两条切线,这些切线构成外切于 α 的四边形 $PBQA$,如图 245.1 所示,设 QF_1, QF_2 分别交 AB 于 C, D,求证:$AC = BD$.

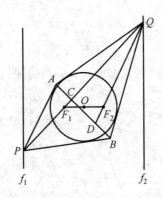

图 245.1

命题 246 设椭圆 α 的中心为 O,左、右准线分别为 f_1, f_2,A 是 α 上一点,过 A 作 α 的切线,且分别交 f_1, f_2 于 B, C,过 B, C 分别作 α 的切线,这两条切线相交于 D,过 D 作 f_1 的平行线,且交 α 于 E,如图 246 所示,求证:A, O, E 三点共线.

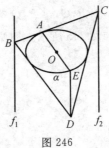

图 246

命题 246.1 设椭圆 α 的左、右焦点分别为 F_1, F_2,左、右准线分别为 f_1, f_2,一直线与 α 相切,且分别交 f_1, f_2 于 A, B, AF_1 交 BF_2 于 C,过 A, B 分别作 α 的切线,这两条切线相交于 D,如图 246.1 所示,求证:$CD \perp F_1F_2$.

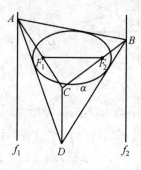

图 246.1

注:命题 246 和命题 246.1 合起来,在"特殊蓝几何"中的表现是下面的命题 246.2.

命题 246.2 设 F_3, F_4 是圆 O 内两点,它们关于 O 对称,这两点关于圆 O 的极线分别记为 f_3, f_4,A 是圆 O 上一点,AO 交圆 O 于 D,过 A 作圆 O 的切线,这条切线分别交 f_3, f_4 于 B, C, BF_3 与 CF_4 相交于 E,过 B, C 分别作圆 O 的切线,这两条切线相交于 F,如图 246.2 所示,求证:

① D, E, F 三点共线;

② $DF \parallel f_3$.

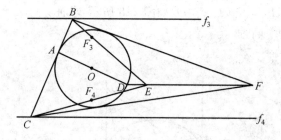

图 246.2

命题 247 设椭圆 α 的左、右焦点分别为 F_1, F_2,左、右准线分别为 f_1, f_2,F_1F_2 交 f_1 于 P,过 P 作 α 的切线,切点为 A, PA 交 f_2 于 B,如图 247 所示,求证:$AF_2 \perp BF_2$.

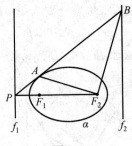

图 247

命题 247.1 设椭圆 α 的中心为 O，β 是 α 的大圆，β 的上、下焦点分别为 F_3，F_4，上、下准线分别为 f_3，f_4，过 F_4 作 f_4 的平行线，且交 β 于 A，过 A 且与 β 相切的直线交 f_3 于 B，如图 247.1 所示，求证：F_3A 的方向与 F_3B 的方向关于 α 共轭.

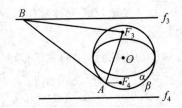

图 247.1

命题 248 设椭圆 α 的左、右焦点分别为 F_1，F_2，l_1，l_2 都是 α 的切线，它们都与 F_1F_2 垂直，A 是 α 上一点，过 A 作 α 的切线，这条切线分别交 l_1，l_2 于 B，C，BF_2 交 CF_1 于 H，BF_1 交 CF_2 于 D，如图 248 所示，求证：

① H 是 $\triangle BCD$ 的垂心；

② A，H，D 三点共线.

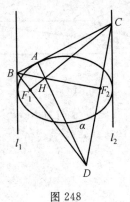

图 248

命题248.1 设椭圆 α 的中心为 O，β 是 α 的大圆，β 的上、下焦点分别为 F_3，F_4，两直线 l_1，l_2 均与 F_3F_4 垂直，且均与 β 相切，A 是 β 上一点，过 A 且与 β 相切的直线分别交 l_1，l_2 于 B，C，BF_3 交 CF_4 于 D，BF_4 交 CF_3 于 H，如图248.1所示，求证：

① A，H，D 三点共线；

② 下列三对直线的方向关于 α 共轭：(AD, BC)，(BF_4, CD)，(CF_3, BD).

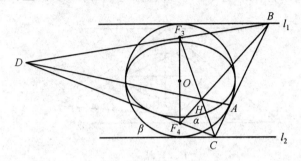

图 248.1

注：本命题是命题248的"特殊蓝表示".

在"特殊蓝几何"观点下，图248.1的 α 是"蓝圆"，而 β 则是"蓝椭圆"，F_3，F_4 是这个"蓝椭圆"的两个"蓝焦点"，命题248.1的结论②用"特殊蓝种人"的话说，应当是：那三对直线都是互相"垂直"的，也就是说，H 是蓝三角形 BCD 的"蓝垂心".

命题249 设椭圆 α 的左、右准线分别为 f_1，f_2，A 是 α 上一点，过 A 作 α 的切线，这条切线分别交 f_1，f_2 于 B，C，过 B，C 分别作 α 的切线，这两条切线交于 D，BD，CD 上的切点分别为 E，F，如图249所示，求证：

① AD，BE，CF 三线共点（此点记为 S）；

② $AD \perp BC$.

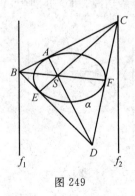

图 249

命题 249.1 设两直线 f_1,f_2 均在圆 O 外,彼此平行,且与 O 等距离,这两直线关于 O 的极点分别为 F_1,F_2,在圆 O 内取两点 F_1',F_2',使得 F_1F_2 与 $F_1'F_2'$ 互相垂直平分于 O,且 $OF_1=OF_1'$,$F_1'F_2'$ 交圆 O 于 M,N. 现在,以 F_1',F_2' 为焦点,MN 为长轴作椭圆,该椭圆记为 α,设 A 是圆 O 上一点,过 A 作圆 O 的切线,这条切线分别交 f_3,f_4 于 B,C,过 B,C 分别作圆 O 的切线,这两条切线相交于 D,如图 249.1 所示,求证:AD 与 BC 的方向关于 α 共轭.

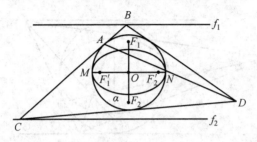

图 249.1

注:本命题是命题 249 的"特殊蓝表示".

在"特殊蓝几何"观点下,图 249.1 的 α 是"蓝圆",而圆 O 则是"蓝椭圆",在"特殊蓝种人"眼里,AD 与 BC 是"蓝垂直"的.

按理说,在图 249.1 中应当先有椭圆 α,然后才有圆 O(圆 O 称为椭圆 α 的"大圆",椭圆 α 称为圆 O 的"发生椭圆"),可是,本命题把这个先后颠倒了过来,那是因为在许多场合,这个椭圆 α 是不需要的,但有时就不行,凡是涉及"蓝角度"或"蓝长度"时,就必须补上"发生椭圆",像本命题那样.

当然,如果命题需要"发生椭圆",最好将这个椭圆叙述在一开始,而不要在后面追述(像本命题那样).

命题 250 设椭圆 α 的左、右焦点分别为 F_1,F_2,左、右准线分别为 f_1,f_2,P 是 f_1 上一点,过 P 作 α 的两条切线,切点分别为 A,B,如图 250 所示,求证:$PF_1 \perp AB$.

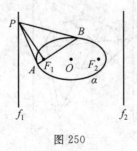

图 250

命题 250.1　设椭圆 α 的中心为 O,β 是 α 的大圆,它的上、下焦点分别为 F_1,F_2,上、下准线分别为 f_1,f_2,P 是 f_1 上一点,过 P 作 β 的两条切线,切点分别为 A,B,设 PF_1 交 α 于 C,D,过 O 作 AB 的平行线,这条线交 CD 于 M,如图 250.1 所示,求证:M 是线段 CD 的中点.

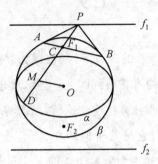

图 250.1

注:本命题是命题 250 的"特殊蓝表示".(参阅本册的命题 157)

1.9

前面说过,在"特殊蓝几何"的观点下,圆被视为"椭圆",同时,椭圆被视为"圆",所以,凡是椭圆的性质均可移植到圆上,当然,反过来,也可以把圆的性质移植到椭圆上,那么,如果这两种移植连续施行,情况将会怎样?

以下面的命题251为例,它是关于椭圆左、右焦点的命题,将它移植到圆上,就成了命题251.1(注意,这时命题251.1的F_1,F_2只是两个关于圆心O对称的点,此外别无其他要求),现在,再将命题251.1移植到椭圆上,就产生了命题251.2,然而此时的命题251.2并没有回到命题251,而是一个新命题,该命题中的F_1,F_2只是两个关于椭圆中心O对称的点,不再要求它们是椭圆的焦点.

当然也可以从椭圆直接移植到椭圆上,就像下面从命题252对偶成命题252.1那样.

现在,椭圆内任意两个关于椭圆中心对称的点,都可以作为该椭圆的焦点了,这样的例子比比皆是.

如果有人问:在一个圆内,哪个点可以作为圆心?答案应该是:随便哪个点都可以,不过要用"蓝观点"欣赏(请参看《二维、三维欧氏几何对偶原理》第一章的3.22).现在,如果有人问:椭圆内哪两个点可以作为焦点?答案应该是:椭圆内任意两个关于椭圆中心对称的点,都可以作为该椭圆的焦点,不过要用"蓝观点"欣赏.类似地,如果有人问:椭圆外哪两条直线可以作为准线?答案应该是:椭圆外任意两条关于椭圆中心对称的直线,都可以作为该椭圆的准线,不过要用"蓝观点"欣赏.

欧氏几何的对偶原理给我们带来了前所未有的自由度.

命题251 设椭圆α的中心为O,左、右焦点分别为F_1,F_2,P是α上一点,PF_1,PF_2分别交α于A,B,过A,B分别作α的切线,这两条切线相交于C,设PO交α于Q,如图251所示,求证:$CQ \perp F_1F_2$.

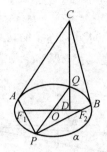

图 251

命题 251.1 设圆 O 内两点 F_1, F_2 关于 O 对称, P 是圆 O 上一点, PF_1, PF_2 分别交圆 O 于 A, B, 过 A, B 分别作圆 O 的切线, 这两条切线交于 C, 设 PO 交 α 于 Q, 如图 251.1 所示, 求证: $CQ \perp F_1F_2$.

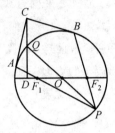

图 251.1

命题 251.2 设椭圆 α 的中心为 O, F_1, F_2 是 α 内关于 O 对称的两点, P 是 α 上一点, PF_1, PF_2 分别交 α 于 A, B, 过 A, B 分别作 α 的切线, 这两切线交于 C, PO 交 α 于 Q, CQ 交 α 于 R, 如图 251.2 所示, 求证: QR 被 F_1F_2 所平分.

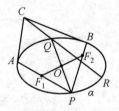

图 251.2

注: 本命题是命题 251 的 "特殊蓝表示", 所以, 在 "蓝种人" 看来, 图 251.2 的 CQ 与 F_1F_2 是 "垂直" 的, 那么, 在我们看来就应该是: CQ 与 F_1F_2 关于 α 是共轭的, 这就是 "QR 被 F_1F_2 所平分" 的由来.

命题 252 设椭圆 α 的中心为 O, 左、右准线分别为 f_1, f_2, 一直线与 α 相切, 且分别交 f_1, f_2 于 C, D, 过 C, D 分别作 α 的切线, 切点依次为 E, F, 一直线与 CD 平行, 且与 α 相切于 H, 该直线交 EF 于 G, 如图 252 所示, 求证: $OG \perp f_1$.

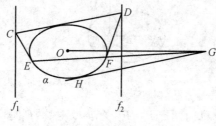

图 252

注: 下面的命题 252.1 是本命题的"特殊蓝表示".

命题 252.1 设椭圆 α 的中心为 O, α 外两直线 f_1, f_2 关于 O 对称, 一直线与 α 相切, 且分别交 f_1, f_2 于 C, D, 过 C, D 分别作 α 的切线, 切点依次为 E, F, 设 EF 交 F_1F_2 于 G, 一直线与 CD 平行, 且与 α 相切于 H, 该直线交 EF 于 G, 如图 252.1 所示, 求证: OG 的方向与 f_1 的方向关于 α 共轭. 以下每一个命题都来源于另一个与焦点(或准线)有关的椭圆命题.

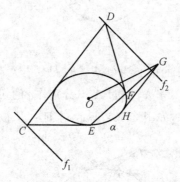

图 252.1

命题 253 设椭圆 α 的中心为 O, α 内两点 F_1, F_2 关于 O 对称, AB 是 α 的直径, AF_1, AF_2 分别交 α 于 C, D, CD 交 F_1F_2 于 S, 如图 253 所示, 求证: BS 是 α 的切线.

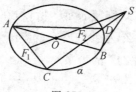

图 253

命题 254 设椭圆 α 的中心为 O，α 内两点 F_1,F_2 关于 O 对称，A 是 α 上一点，过 O 任作两直线，它们分别交 AF_1,AF_2 于 B,C 和 D,E，设 BE 交 CD 于 P，如图 254 所示，求证：$PA \parallel F_1F_2$.

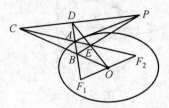

图 254

命题 255 设椭圆 α 的中心为 O，α 内两点 F_1,F_2 关于 O 对称，一直线过 F_1，且交 α 于 A,B，另一直线过 F_2，且交 α 于 C,D，AC,BD 分别交 F_1F_2 于 M,N，如图 255 所示，求证：$OM=ON$.

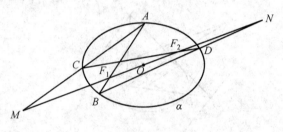

图 255

命题 256 设椭圆 α 的中心为 O，α 内两点 F_1,F_2 关于 O 对称，F_1F_2 交 α 于 A,B，C,D 是 α 上两点，CF_2 交 DF_1 于 E，CF_1 交 DF_2 于 G，EG 交 CD 于 P，AC 交 BD 于 Q，如图 256 所示，求证：PQ 的方向与 AB 的方向关于 α 共轭.

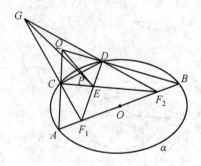

图 256

命题 257 设椭圆 α 的中心为 O，α 内两点 F_1,F_2 关于 O 对称，这两点关于 α 的极线分别记为 f_1,f_2，一直线与 α 相切，且分别交 f_1,f_2 于 A,B，设 AF_1 交 BF_2 于 P，过 A,B 分别作 α 的切线，这两条切线相交于 Q，如图 257 所示，求证：

133

$PQ \parallel f_1 \parallel f_2$.

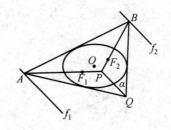

图 257

命题 258 设椭圆 α 的中心为 O,α 内两点 F_1,F_2 关于 O 对称,这两点关于 α 的极线分别记为 f_1,f_2,一直线与 α 相切于 P,且分别交 f_1,f_2 于 A,B,AF_1 交 BF_2 于 C,AC,BC 分别交 α 于 D,E,过 D,E 分别作 α 的切线,这两切线相交于 G,如图 258 所示,求证:$CG \parallel OP$.

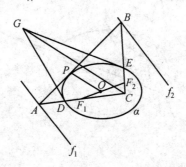

图 258

命题 259 设椭圆 α 的中心为 O,α 内两点 F_1,F_2 关于 O 对称,这两点关于 α 的极线分别记为 f_1,f_2,一直线与 α 相切于 A,且分别交 f_1,f_2 于 B,C,AF_1 交 f_1 于 D,AF_2 交 f_2 于 E,AF_1 交 BF_2 于 F,AF_2 交 CF_1 于 G,如图 259 所示,求证:$DE \parallel FG$.

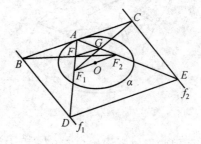

图 259

命题 260 设椭圆 α 的中心为 O,α 内两点 F_1,F_2 关于 O 对称,这两点关于

α 的极线分别记为 f_1, f_2，一直线过 F_2，且交 α 于 A, B, AF_1, BF_1 分别交 α 于 C, D，设 AD 交 BC 于 E，如图 260 所示，求证：点 E 在 f_1 上.

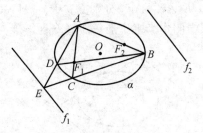

图 260

命题 261 设椭圆 α 的中心为 O，α 内两点 F_1, F_2 关于 O 对称，这两点关于 α 的极线分别记为 f_1, f_2，一直线过 F_1，且分别交 f_1, f_2 于 A, B，过 A, B 各作 α 的两条切线，这些切线构成四边形 $ADBC$，如图 261 所示，设 CF_1, DF_2 分别交 α 于 P, Q 和 R, S，求证：四边形 $PQRS$ 是平行四边形.

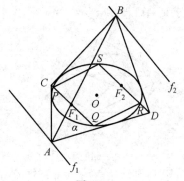

图 261

命题 262 设椭圆 α 的中心为 Z，α 外两直线 f_1, f_2 彼此平行，且与 Z 等距离，A, B 分别是 f_1, f_2 上两点，过 A, B 各作 α 的一条切线，这两条切线相交于 P，过 A, B 再各作 α 的一条切线，这两条切线相交于 Q，如图 262 所示，求证：P 到 f_1 的距离与 Q 到 f_2 的距离相等.

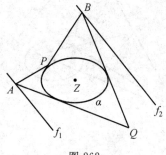

图 262

命题 263　设椭圆 α 的中心为 O，α 内两点 F_1,F_2 关于 O 对称，这两点关于 α 的极线分别记为 f_1,f_2，A 是 α 外一点，过 A 作 α 的两条切线，切点分别为 B，C，BC 分别交 f_1,f_2 于 D,E，AF_1,AF_2 分别交 α 于 G,H，如图 263 所示，求证：DG,EH 都是 α 的切线.（参阅本套书下册第 1 卷命题 32）

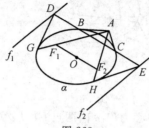

图 263

命题 264　设椭圆 α 的中心为 O，F_1,F_2 是 α 内两点，它们关于 O 对称，F_1F_2 交 α 于 M,N，过 M,N 分别作 α 的切线，这两条切线依次记为 l_1,l_2，A 是 α 上一点，过 A 作 α 的切线，这条切线分别交 l_1,l_2 于 B,C，BF_2 交 CF_1 于 H，BF_1 交 CF_2 于 D，如图 264 所示，求证：A,H,D 三点共线.

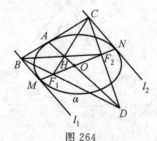

图 264

命题 265　设椭圆 α 的中心为 O，F_1,F_2 是 α 内两点，它们关于 O 对称，F_1，F_2 关于 α 的极线分别为 f_1,f_2，A 是 α 上一点，过 A 作 α 的切线，这条切线交 F_1F_2 于 S，设 AF_2 交 f_1 于 B，AF_1 交 f_2 于 C，如图 265 所示，求证：B,C,S 三点共线.

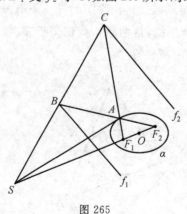

图 265

1.10

前面所说的"黄几何"都是"普通黄几何",举例说,考察图 A,设椭圆 α 的左焦点为 Z,左准线为 f,如果把 Z 视为"黄假线",那么,α 就可以视为"圆"——"黄圆",f 就是这个"黄圆"的"黄圆心",所有有关圆的性质,均可以在这个"黄圆"上得到体现,这样建立的"黄几何"是普通的"黄几何",普通就在于:它以一条普通的直线 f 为"黄圆心".

图 A

例如,下面的命题 266 在"普通黄几何"中的表现就是命题 266.1.

命题 266 设 A 是圆 O 上一点,直线 l 过 A,且与圆 O 相切,如图 266 所示,求证:$OA \perp l$.

图 266

命题 266.1 设椭圆 α 的左焦点为 Z,左准线为 f,A 是 α 上一点,过 A 且与 α 相切的直线交 f 于 P,如图 266.1 所示,求证:$ZA \perp ZP$.

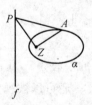

图 266.1

注:这里,命题 266.1 是命题 266 在"普通黄几何"中的表现,它们之间的对偶关系如下:

命题 266	命题 266.1
无穷远直线	Z
O	f
A	AP
l	A
AO	P

再如,下面的命题 267 在"普通黄几何"中的表现就是命题 267.1.

命题 267 设 A 是圆 O 外一点,过 A 作圆 O 的两条切线,切点分别为 B,C,如图 267 所示,求证:$\angle OAB = \angle OAC$.

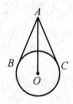

图 267

命题 267.1 设椭圆 α 的左焦点为 Z,左准线为 f,一直线交 α 于 A,B,交 f 于 P,设 BZ 交 f 于 C,如图 267.1 所示,求证:$\angle AZP = \angle CZP$.

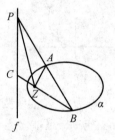

图 267.1

以上回忆的是普通的"黄几何".

现在考察图 B,在那里,椭圆 α 的中心为 Z,我们的问题是:如果让图 B 的 Z 作为"黄假线",那么,α 还可以被视为"黄圆"吗?也就是说,还能建立"黄几何"吗?

图 B

回答:可以建立"黄几何",但不是"普通黄几何",而是一种"特殊黄几何". 因为按目前的要求,"黄圆心"只能是平面上的无穷远直线(即"红假线",记为"z_1"),这样以无穷远直线为"黄圆心"的"黄几何"称为"特殊黄几何".

在"特殊黄几何"里,"黄角度"和"黄长度"的度量都应该有新的规定. 这里先说一下"特殊黄几何"中"黄角度"是怎样度量的.

考察图 C,设椭圆 α 的中心为 Z,长轴为 MN,以 MN 为直径的圆记为 β(β 称为椭圆 α 的"大圆"),设 A, B 是平面上两点,A,B,Z 三点不共线,那么,在"特殊黄观点"下(以 Z 为"黄假线"),A,B 是两条相交的"黄直线"("黄欧线"),这两条"黄直线"构成两个互补的"黄角"(分别记为"$ye(AB)$"和"$ye(BA)$"),它们的大小是这样度量的:设 ZA,ZB 分别交 α 于 C,D,在 β 上取两点 C',D',使得 CC',DD' 均与 MN 垂直(C,C' 在 MN 的同侧,D,D' 也在 MN 的同侧),那么,$\angle C'ZD'$ 的大小以及其补角的大小,分别作为"黄角""$ye(AB)$"和"$ye(BA)$"的数值.

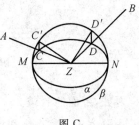

图 C

如果 $\angle C'ZD' = 90°$,我们就说两"黄直线"("黄欧线")A,B 互相"垂直"——"特殊黄垂直",不难看出,这时,ZA,ZB 的方向关于 α 是共轭的,也就是说,当 ZA,ZB 的方向关于 α 共轭时,两"黄直线"("黄欧线")A,B 在"黄种人"眼里就是"垂直"的.

"特殊黄几何"里,"黄角"的度量方法,与"特殊蓝几何"里,"蓝角"的度量方法几乎是一样的.

例如,命题 268 在"特殊黄几何"中的表现就是命题 268.1.

命题 268 设 A 是圆 O 上一点,直线 l 过 A,且与圆 O 相切,如图 268 所示,求证:$OA \perp l$.

图 268

命题 268.1 设椭圆 α 的中心为 Z,P 是 α 上一点,过 P 且与 α 相切的直线记为 l,如图 268.1 所示,求证:l 的方向与 ZP 的方向关于 α 共轭.

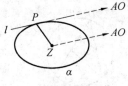

图 268.1

命题 268 与命题 268.1 的"特殊黄对偶"关系如下：

命题 268	命题 268.1
O	无穷远直线 z_1
无穷远直线 z_1	Z
A	l
l	P

再如，下面的命题 269 在"特殊黄几何"里的表现就是命题 269.1.

命题 269 设 A 是圆 O 外一点，过 A 作圆 O 的两条切线，切点分别为 B,C，如图 269 所示，求证：$\angle OAB = \angle OAC$.

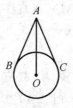

图 269

命题 269.1 设椭圆 α 的中心为 Z，MN 是 α 的长轴，β 是 α 的"大圆"，A,B 是 α 上两点，C 是 AB 的中点，ZC 交 α 于 D，在 β 上取三点 A',B',D'，使得 AA'，BB'，DD' 均与 MN 垂直，如图 269.1 所示，求证：D' 是 β 上弧 $A'B'$ 的中点（即 $\angle D'ZA' = \angle D'ZB'$）.

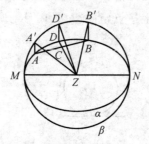

图 269.1

还有，下面的命题 270 在"特殊黄几何"里的表现就是命题 270.1.

命题 270 设 A,B,C,D 是圆 O 上四点，如图 270 所示，求证：$\angle ACB = \angle ADB$.

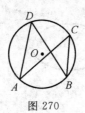

图 270

命题 270.1 设椭圆 α 的中心为 O，GH 是它的长轴，β 是它的大圆，完全四边形 $ABCD-EF$ 外切于 α，OB，OE，OF，OD 分别交 α 于 M，N，P，Q，在 β 上取四点 M'，N'，P'，Q'，使得 MM'，NN'，PP'，QQ' 均与 GH 垂直（M 与 M'，N 与 N'，P 与 P'，Q 与 Q' 均在 GH 的同侧），如图 270.1 所示，求证：$M'N' = P'Q'$（等价于 $\angle M'ON' = \angle P'OQ'$）.

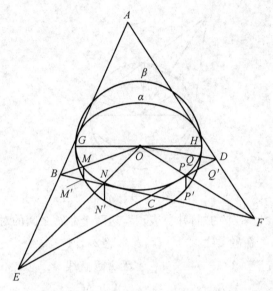

图 270.1

注：这两命题的对偶关系如下：

	命题 270	命题 270.1
	圆 O	椭圆 α
	A, B	BC, CD
	C, D	AB, AD

下面的命题 271 在"特殊黄几何"里的表现就是命题 271.1.

命题 271 设 A, B 是圆 O 上两点，直线 l 过 O，且平分 $\angle AOB$，如图 271 所示，求证：$l \perp AB$.

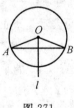

图 271

命题 271.1 设椭圆 α 的中心为 Z,MN 是 α 的长轴,β 是 α 的"大圆",A 是 α 外一点,过 A 作圆 Z 的两条切线,切点分别为 B,C,在 α 上取三点 D,E,F,使得 $ZD \parallel AB$,$ZE \parallel AC$,ZF 的方向与 ZA 的方向关于 α 共轭,在圆 Z 上取三点 D',E',F',使得 DD',EE',FF' 均与 MN 垂直,设 G 是 $D'E'$ 的中点,如图 271.1 所示,求证:$ZG \perp ZF'$.

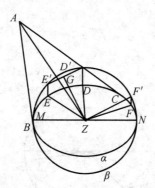

图 271.1

注:本命题是命题 271 的"特殊黄表示",这两个命题之间的对偶关系如下:

命题 271	命题 271.1
O	无穷远直线
A,B	AB,AC
AB	A
l	ZF 上的无穷远点

命题 272 设 A,B,C 是圆 O 上三点,如图 272 所示,求证:$\angle BOC = 2\angle BAC$.

图 272

注:本命题在"特殊黄几何"里的表示是下面的命题 272.1.

命题 272.1 设椭圆 α 的中心为 O,$\triangle ABC$ 外切于 α,OB,OC 分别交 α 于 D,E,如图 272.1 所示,过 O 分别作 AB,AC 的平行线,且依次交 α 于 F,G,设 M 是 FG 的中点,OM 交 α 于 H,求证:$DG \parallel EH$.

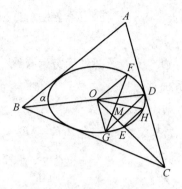

图 272.1

注:在"特殊黄几何"的观点下,F,G 所形成的"黄角"是 D,E 所形成的"黄角"的两倍.

命题 273　设椭圆 α 的中心为 O,左、右焦点分别为 F_1,F_2,左、右准线分别为 f_1,f_2,一直线与 α 相切,且分别交 f_1,f_2 于 A,B,AF_1,BF_2 分别交 α 于 C,D,过 A,B 分别作 α 的切线,这两条切线交于 P,过 C,D 分别作 α 的切线,这两条切线交于 Q,如图 273 所示,求证:O,P,Q 三点共线.

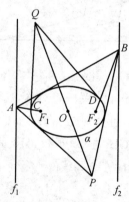

图 273

注:本命题在"特殊黄几何"里的表示是下面的命题 273.1.

****命题 273.1**　设 Z 是圆 β 的中心,F_1,F_2 是圆 Z 内两点,它们关于 Z 对称,这两点关于 β 的极线分别记为 f_1,f_2,A 是 β 上一点,AF_1 交 f_1 于 B,AF_2 交 f_2 于 C,过 B,C 分别作 β 的切线,切点依次为 G,H,如图 273.1 所示,求证:$DE \parallel GH$.

注:记 β 的"发生椭圆"为 α,在"特殊黄几何"的观点下(以 Z 为"黄假线"),α 是"黄圆",β 是"黄椭圆",f_1,f_2 是 β 的"黄焦点",F_1,F_2 是 β 的"黄准线",因而,本命题是命题 273 的"特殊黄表示",这两个命题之间的对偶关系如下:

143

命题 273	命题 273.1
α	β
O	无穷远直线
无穷远直线	Z
AB	A
A,B	AF_1,AF_2
C,D	BG,CH
P	DE
Q	GH

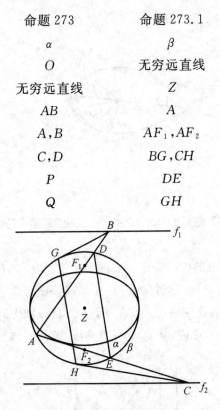

图 273.1

命题 274 设圆 O 内两点 F_1,F_2 关于 O 对称,这两点关于圆 O 的极线分别记为 f_1,f_2,一直线与圆 O 相切,且分别交 f_1,f_2 于 C,D,过 C,D 分别作圆 O 的切线,切点依次为 E,F,设直线 GH 与 CD 平行,且与圆 O 相切,该直线交 EF 于 G,如图 274 所示,求证:F_1,F_2,G 三点共线.

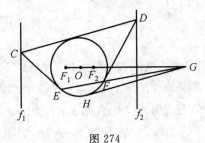

图 274

命题 274.1 设椭圆 α 的中心为 Z,F_1,F_2 是 α 内关于 Z 对称的两点,A 是 α 上一点,AF_1,AF_2 分别交 α 于 B,C,过 B,C 分别作 α 的切线,这两条切线相交于 D,设 AZ 交 α 于 E,如图 274.1 所示,求证:DE 与 F_1F_2 关于 α 共轭.

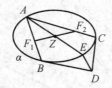

图 274.1

注:本命题是命题 274 的"特殊黄表示",这两个命题之间的对偶关系如下:

命题 274	命题 274.1
O	无穷远直线
无穷远直线	Z
F_1,F_2	未画出
f_1,f_2	F_1,F_2
CD	A
C,D	AF_1,AF_2
E,F	BD,CD
EF	D
G	DE
GH	E

命题 275 设椭圆 α 的中心为 O,α 内两点 F_1,F_2 关于 O 对称,这两点关于 α 的极线分别记为 f_1,f_2,一直线与 α 相切,且分别交 f_1,f_2 于 A,B,设 AF_1 交 BF_2 于 P,过 A,B 分别作 α 的切线,这两条切线相交于 Q,如图 275 所示,求证:$PQ \parallel f_1 \parallel f_2$.

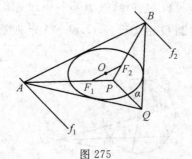

图 275

命题 275.1 设椭圆 α 的中心为 Z,α 内两点 F_1,F_2 关于 Z 对称,这两点关于 α 的极线分别记为 f_1,f_2,P 是 α 上一点,PF_1 交 f_1 于 A,PF_2 交 f_2 于 B,PF_1,PF_2 分别交 α 于 C,D,设 CD 交 AB 于 M,如图 275.1 所示,求证:M 在直线 F_1F_2 上.

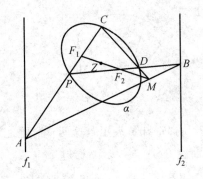

图 275.1

注:本命题是命题 275 的"特殊黄表示",它们的对偶关系如下:

命题 275	命题 275.1
F_1, F_2	f_1, f_2
f_1, f_2	F_1, F_2
O	无穷远直线
无穷远直线	Z
AB	P
A, B	PF_1, PF_2
AQ, BQ	C, D
AF_1, BF_2	A, B
P, Q	AB, CD
PQ	M

命题 276 设 AB 是圆 O 的直径,过 B 且与圆 O 相切的直线记为 l,P 是 l 上一点,一直线过 P,且与圆 O 相交于 C,D,设 PO 分别交 AC,AD 于 M,N,如图 276 所示,求证:$OM = ON$.

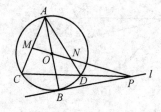

图 276

命题 276.1 设椭圆 α 的中心为 Z,AB 是 α 的直径,过 A 且与 α 相切的直线记为 l,P 是 α 外一点,过 P 作 α 的两条切线,这两条切线分别交 l 于 C,D,设

M 是 CD 的中点,如图 276.1 所示,求证:$MZ \parallel BP$.

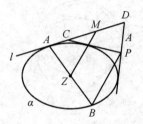

图 276.1

注:本命题是命题 276 的"特殊黄表示".

将命题 276 表现到"特殊黄几何"中,所得的图形本应该是图 276.2 那样,所得结论也应该是:"Z 到直线 MN 的距离相等",删去不必要的线条(主要是虚线),再将上面的结论做等价更改,就成了命题 276.1.

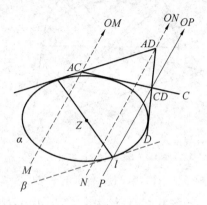

图 276.2

请注意,图 276.2 的无穷远直线是"黄圆" α 的"黄圆心",它对偶于图 276 的圆心 O,这一点很重要.

以下命题都是某命题在"特殊黄几何"中的表现,就像以上各例那样.

命题 277　设椭圆 α 的中心为 Z,MN 是 α 的长轴,β 是 α 的"大圆",$\triangle ABC$ 外切于 α,AB 上的切点为 G,ZA,ZB 分别交 α 于 D,E,CZ 的延长线交 α 于 F,在 β 上取四点 D',E',F',G',使得 DD',EE',FF',GG' 均与 MN 垂直,如图 277 所示,求证:$E'F' = D'G'$.

命题 278　设椭圆 α 的中心为 O,长轴为 MN,β 是 α 的大圆,四边形 $ABCD$ 外切于 α,OA,OB,OC,OD 分别交 α 于 A',B',C',D',过这四点分别作 MN 的垂线,这些垂线依次交 β 于 A'',B'',C'',D'',如图 278 所示,求证:$\angle A''OB'' + \angle C''OD'' = 180°$.

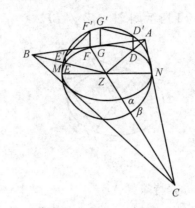

图 277

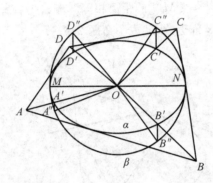

图 278

命题 279 设椭圆 α 的中心为 O,MN 是 α 的长轴,两直线 l_1,l_2 彼此平行,且均与 α 相切,直线 AB 也与 α 相切,且依次交 l_1,l_2 于 A,B,设 OA,OB 分别交 α 于 C,D,过 C,D 分别作 MN 的垂线,且交 α 于 C',D',如图 279 所示,求证:$OC' \perp OD'$.

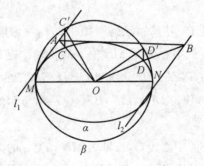

图 279

"特殊黄几何"里,"黄角"的度量已如上述,那么,"黄线段"长度的度量是怎样进行的？为此，考察图 D，设椭圆 α 的中心为 Z，直线 l 过 Z，l 交 α 于 A,P,Q,R 是 l 上三点，直线 l 上的无穷远点（"红假点"）记为 W，那么，在"特殊黄几何"看来，W,A,P,Q,R 都是普通的"黄直线"（"黄欧线"），它们都彼此"平行"，我们把两"平行黄直线"W,P 之间的"黄距离"记为"$ye(WP)$"，其值规定为

$$ye(WP) = \frac{ZA}{ZP}$$

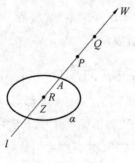

图 D

例如

$$ye(WA) = \frac{ZA}{ZA} = 1$$

在图 D 中，若 $ZP = 2 \cdot ZA$，则

$$ye(WP) = \frac{ZA}{ZP} = \frac{ZA}{2 \cdot ZA} = \frac{1}{2}$$

若 $ZQ = 3 \cdot ZA$，则

$$ye(WQ) = \frac{ZA}{ZP} = \frac{ZA}{3 \cdot ZA} = \frac{1}{3}$$

若 $ZR = \frac{1}{2} \cdot ZA$，则

$$ye(WR) = \frac{ZA}{ZP} = \frac{ZA}{\frac{1}{2} \cdot ZA} = 2$$

对于两条互相"平行的黄直线"P,Q，如图 D 所示，它们之间的"黄距离"记为"$ye(PQ)$"，其值规定为

$$ye(PQ) = ye(WP) - ye(WQ) = \frac{ZA}{ZP} - \frac{ZA}{ZQ} = \frac{ZA \cdot PQ}{ZP \cdot ZQ}$$

例如，设 $ZP = 2 \cdot ZA, ZQ = 3 \cdot ZA$，如图 D 所示，则

$$ye(PQ) = ye(WP) - ye(WQ) = \frac{ZA}{ZP} - \frac{ZA}{ZQ} = \frac{1}{2} - \frac{1}{3} = \frac{1}{6}$$

可以证明,这样规定的"黄距离"具备"可加性",即下面的式子成立
$$ye(PQ)+ye(QR)=ye(PR)$$

考察图 E,设椭圆 α 的中心为 Z,两直线 l_1,l_2 相交于 M,直线 m 过 Z,它的方向与直线 ZM 的方向关于 α 共轭,m 分别交 l_1,l_2 于 P,Q,在"特殊黄观点"下(以 Z 为"黄假线"),l_1,l_2 是两个"黄点"("黄欧点"),它们构成一条"黄线段",记为"l_1l_2",这条"黄线段"的"黄长度"记为 $ye(l_1l_2)$,其值规定为

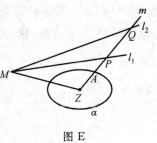

图 E

$$ye(l_1l_2)=ye(PQ)=\frac{ZA\cdot PQ}{ZP\cdot ZQ}$$

至此,平面上任两"黄欧点"间的"黄距离"都可以度量了.

确定了"黄假线",又规定了"黄角度"和"黄长度"的度量法则,那么,"黄几何"就建立了,不过,它以"红假线"为"黄圆心",所以,不是"普通的黄几何",不妨称之为"特殊黄几何".

1.11

命题 280 设椭圆 α 的中心为 O,左、右焦点分别为 F_1,F_2,PQ 是 α 的任意切线,F_1,F_2 在 PQ 上的射影分别为 P,Q,如图 280 所示,求证:P,Q 两点的轨迹是以 α 的长轴为直径的圆.

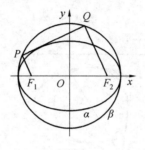

图 280

注:以椭圆 α 的长轴为直径的圆称为该椭圆的"外辅助圆(external auxiliary circle)",或简称"大圆",记为 β.

设椭圆 α 的直角坐标方程为

$$\frac{x^2}{a^2}+\frac{y^2}{b^2}=1 \quad (a>b>0,c=\sqrt{a^2-b^2})$$

那么,α 的大圆 β 的方程为

$$x^2+y^2=a^2$$

我们把坐标为 $(0,c)$ 和 $(0,-c)$ 的两点分别记为 F_3,F_4,如图 A 所示,称为大圆 β 的"上焦点"和"下焦点",这两点关于 β 的极线分别记为 f_3,f_4,称为大圆 β 的"上准线"和"下准线",这两准线的直角坐标方程分别是 $y=\dfrac{a^2}{c}$ 和 $y=-\dfrac{a^2}{c}$.

命题 280.1 设椭圆 α 的中心为 O,α 的"上准线"和"下准线"分别为 f_3,f_4,一直线过 O,且分别交 f_3,f_4 于 A,B,过 O 作 AB 的垂线,且交 α 于 P,如图 280.1 所示,求证:当 AB 变动时,AP,BP 的包络是圆,该圆以 α 的短轴为直径.

注:以椭圆 α 的短轴为直径的圆称为该椭圆的"内辅助圆(internal auxiliary circle)",或简称"小圆",记为 γ.

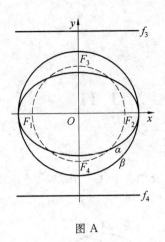

图 A

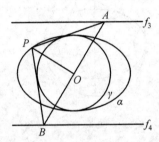

图 280.1

设椭圆 α 的直角坐标方程为

$$\frac{x^2}{a^2}+\frac{y^2}{b^2}=1 \quad (a>b>0, c=\sqrt{a^2-b^2})$$

那么，α 的小圆 γ 的方程为

$$x^2+y^2=b^2$$

我们把坐标为 $(0, \frac{bc}{a})$ 和 $(0, -\frac{bc}{a})$ 的两点分别记为 F_3, F_4，如图 B 所示，称为小圆 γ 的"上焦点"和"下焦点"，这两点关于 γ 的极线分别记为 f_3, f_4，称为 γ 的"上准线"和"下准线"，这两准线的直角坐标方程分别是 $y=\frac{ab}{c}$ 和 $y=-\frac{ab}{c}$.

以后，$F_3(0, \frac{bc}{a})$ 和 $F_4(0, -\frac{bc}{a})$ 也称为椭圆 α 的"上焦点"和"下焦点"，直线 $f_3: y=\frac{ab}{c}, f_4: y=-\frac{ab}{c}$ 也称为椭圆 α 的"上准线"和"下准线"，这一点很重要.

命题 280.1 所说的椭圆 α 的"上准线"和"下准线"就是这个意思.

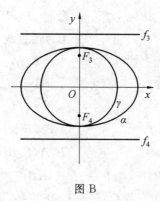

图 B

命题 281 设椭圆 α 的中心为 O,左、右准线分别为 f_1,f_2,一直线过 O,且分别交 f_1,f_2 于 A,B,过 A,B 分别作 α 的切线,这两切线交于 P,如图 281 所示,求证:点 P 的轨迹是 α 的大圆(这个大圆记为 β).

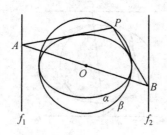

图 281

命题 281.1 设椭圆 α 的中心为 O,α 的上、下焦点分别为 F_3,F_4,过 F_3,F_4 各作一直线,它们彼此平行,且分别交 α 于 A,B,如图 281.1 所示,求证:AB 的包络是 α 的小圆(这个小圆记为 γ).

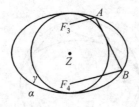

图 281.1

注:本命题是命题 281 的"特殊黄表示",对偶关系如下:

命题 281	命题 281.1
O	无穷远直线
无穷远直线	Z
α	α
β	γ
f_1, f_2	F_3, F_4
A, B	F_3A, F_4B
P	AB

命题 282 设椭圆 α 的中心为 O,它的上、下准线分别为 f_3, f_4,一直线过 O,且分别交 f_3, f_4 于 C, D,过 C, D 分别作 α 的切线,切点分别为 A, B,如图 282 所示,求证:

①AB 的包络是圆,该圆记为 γ,它以 α 的短轴为直径;

②$AB \parallel CD$.

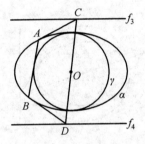

图 282

命题 282.1 设椭圆 α 的中心为 Z,左、右焦点分别为 F_1, F_2,A, B 是 α 上两动点,使得 AF_1 与 BF_2 彼此平行,过 A, B 分别作 α 的切线,这两切线相交于 P,如图 282.1 所示,求证:

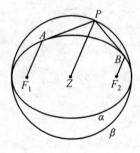

图 282.1

① 当 A,B 两点在 α 上变动时,点 P 的轨迹是圆,该圆记为 β,它以 α 的长轴为直径;

② PZ 与 AF_1, BF_2 都平行.

注:本命题是命题 282 的"特殊黄表示",对偶关系如下:

命题 282	命题 282.1
O	无穷远直线
无穷远直线	Z
α	α
γ	β
C,D	AF_1,BF_2
A,B	AP,BP
AB	P

命题 283 设椭圆 α 的中心为 O,左、右准线分别为 f_1,f_2,A 是 f_1 上一点,过 A 作 α 的两条切线,这两条切线分别记为 l_1,l_2,直线 l_3 与 l_2 平行,且与 α 相切,设 l_3 交 l_1 于 B,如图 283 所示,求证:点 B 的轨迹是 α 的大圆.

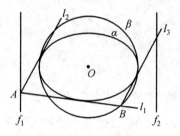

图 283

命题 283.1 设椭圆 α 的中心为 O,上、下焦点分别为 F_3,F_4,一直线过 F_3,且交 α 于 A,B,设 BO 交 α 于 C,如图 283.1 所示,求证:AC 的包络是 α 的小圆 γ.

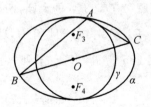

图 283.1

命题 284 设 CD 是椭圆 α 的短轴,以 CD 为直径的圆(小圆)记为 γ,一直线与 γ 相切,且交 α 于 E,F,另有一直线也与 γ 相切,且交 α 于 G,H,EH 交 FG

于 M,如图 284 所示,求证:M 在 CD 上.

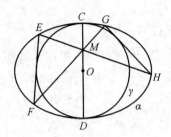

图 284

命题 284.1 设椭圆 α 的中心为 O,长轴为 CD,以 CD 为直径的圆(大圆)记为 β,EF,GH 都是 β 的弦,且都与 α 相切,如图 284.1 所示,设 EH 交 FG 于 M,求证:M 在 CD 上.

图 284.1

注:本命题是命题 284 的"特殊蓝表示",命题 284 的 α,γ 分别对偶于命题 284.1 的 β,α,也就是说,图 284.1 的 β 在"特殊蓝种人"眼里是"椭圆",而 α 则是"蓝小圆",他们眼里的图 284.1,就如同我们眼里的图 284.

当然,命题 284 也是本命题的"特殊蓝表示",这两个命题互为对方的"特殊蓝表示".

命题 285 设椭圆 α 的中心为 O,β 是 α 的大圆,四边形 $ABCD$ 外切于 α,A,C 两点均在 β 上,AB,BC,CD,DA 分别与 α 相切于 E,F,G,H,AB,BC,CD,DA 分别交 β 于 K,L,M,N,如图 285 所示,求证:下列六直线共点(此点记为 S):AC,BD,EG,FH,KM,LN.

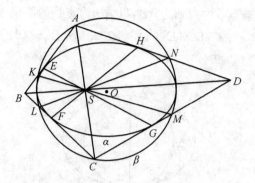

图 285

命题 285.1 设椭圆 α 的中心为 O,γ 是 α 的小圆,四边形 $ABCD$ 外切于 γ,A,C 两点均在 α 上,AB,BC,CD,DA 分别与 γ 相切于 E,F,G,H,AB,BC,CD,DA 分别交 α 于 K,L,M,N,如图 285.1 所示,求证:下列六直线共点(此点记为 S):AC,BD,EG,FH,KM,LN.

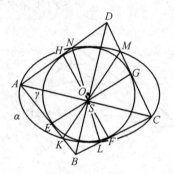

图 285.1

命题 286 设椭圆 α 的长轴为 AB,β 是 α 的大圆,C,D 是 β 上两点,过 C,D 各作一条 α 的切线,这两切线相交于 E,现在,过 C,D 再各作 α 的一条切线,这两条切线相交于 F,如图 286 所示,求证:$EF \perp AB$.

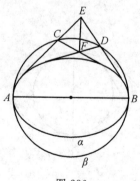

图 286

命题 286.1　设椭圆 α 的短轴为 AB，以 AB 为直径的圆记为 γ，CD，EF 都是 γ 的切线，且依次交 α 于 C，D 和 E，F，如图 286.1 所示，设 CD 交 EF 于 P，CE 交 DF 于 Q，求证：$PQ \perp AB$.

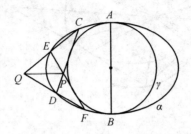

图 286.1

命题 287　设椭圆 α 的长轴为 AB，β 是 α 的大圆，P，Q 是直线 AB 上两点（这两点均在 α 外），过 P，Q 分别作 β 的一条切线，这两切线相交于 C，如图 287 所示，现在，过 P，Q 各作 α 的一条切线，这两条切线相交于 D，求证：$CD \perp AB$.

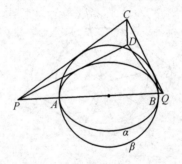

图 287

命题 287.1　设椭圆 α 的短轴为 AB，γ 是 α 的小圆，P，Q 是直线 AB 上两点（这两点均在 α 外），过 P，Q 分别作 α 的一条切线，这两切线相交于 C，如图 287.1 所示，现在，过 P，Q 各作 γ 的一条切线，这两条切线相交于 D，求证：$CD \perp AB$.

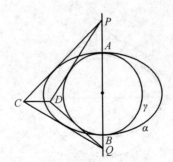

图 287.1

命题 288　设椭圆 α 的左、右焦点分别为 F_1, F_2，β 是 α 的大圆，A 是 α 上一点，过 A 且与 α 相切的直线交 β 于 B, C，BF_2 交 CF_1 于 D，如图 288 所示，求证：$AD \perp BC$.

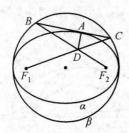

图 288

命题 288.1　设椭圆 α 的中心为 O，γ 是 α 的小圆，γ 的上、下焦点分别为 F_3，F_4，A 是 γ 上一点，过 A 且与 γ 相切的直线交 α 于 B, C，设 CF_3 交 BF_4 于 D，如图 288.1 所示，求证：AD 与 BC 关于 α 共轭.

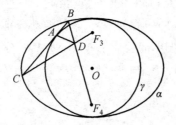

图 288.1

命题 289　设椭圆 α 的中心为 O，短轴为 MN，β, γ 分别是 α 的大、小圆，A 是 β 上一点，过 A 作 α 的两条切线，且分别交 β 于 B, C，过 B, C 分别作 γ 的切线，这两切线相交于 D，如图 289 所示，求证：AD 过 N（或过 M）.

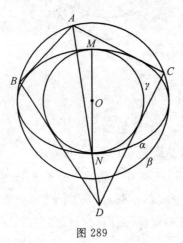

图 289

注:下面的命题 289.1 是命题 289 的"蓝表示".

命题289.1 设两椭圆 α,β 有着公共的中心 O(β 在 α 内),有着公共的长轴,且有着相同的离心率,γ 既是 α 的小圆,又是 β 的大圆,设 A 是 α 上一点,过 A 作 γ 的两条切线,且分别交 α 于 B,C,过 B,C 分别作 β 的切线,这两切线相交于 D,如图 289.1 所示,求证:AD 过 N(或过 M).

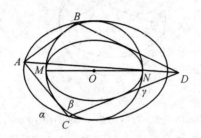

图 289.1

注:下面的命题 289.2 是命题 289 的"黄表示".

命题289.2 设椭圆 α 的中心为 O,长轴的两端分别为 M,N,β,γ 分别是 α 的大、小圆,设一直线与 γ 相切,且交 α 于 A,B,过 A,B 分别作 γ 的切线,这两切线依次交 β 于 C,D,CD 交 AB 于 E,如图 289.2 所示,求证:$EN \perp MN$(或 $EM \perp MN$).

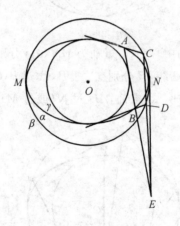

图 289.2

注:下面的命题 289.3 是命题 289.2 的"蓝表示".

命题289.3 设两椭圆 α,β 有着公共的中心 Z(β 在 α 内),有着公共的长轴,且有着相同的离心率,γ 既是 α 的小圆,又是 β 的大圆,设一直线与 β 相切,且交 γ 于 A,B,过 A,B 分别作 β 的切线,这两切线依次交 α 于 C,D,CD 交 AB 于 E,

如图 289.3 所示,求证:$EM \perp MN$(或 $EN \perp MN$).

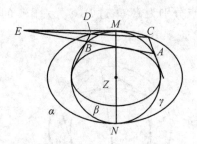

图 289.3

命题 290　设椭圆 α 的中心为 O,β,γ 分别是 α 的大、小圆,一直线与 γ 相切,这条直线交 α 于 A,B,过 A,B 分别作 α 的切线,这两切线依次交 β 于 C,D,如图 290 所示,求证:$CD \mathbin{/\mkern-5mu/} AB$.

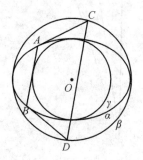

图 290

注:下面的命题 290.1 是命题 290 的"蓝表示".

命题 290.1　设两椭圆 α,β 有着公共的中心 O(β 在 α 内),有着公共的长轴,且有着相同的离心率,圆 γ 既是 α 的小圆,又是 β 的大圆,一直线与 β 相切,这条直线交 γ 于 A,B,过 A,B 分别作 γ 的切线,这两切线依次交 α 于 C,D,如图 290.1 所示,求证:$CD \mathbin{/\mkern-5mu/} AB$.

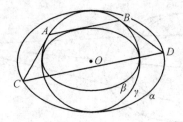

图 290.1

注:下面的命题 290.2 是命题 290 的"黄表示".

命题 290.2　设椭圆 α 的中心为 O，β,γ 分别是 α 的大、小圆，A 是 β 上一点，过 A 作 α 的两条切线，切点分别为 B,C，过 B,C 分别作 γ 的切线，这两切线相交于 D，如图 290.2 所示，求证：A,O,D 三点共线.

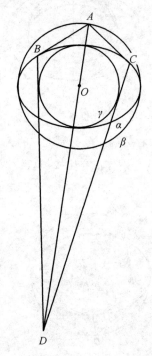

图 290.2

注：下面的命题 290.3 是命题 290.2 的"蓝表示".

命题 290.3　设两椭圆 α,β 有着公共的中心 O（β 在 α 内），有着公共的长轴，且有着相同的离心率，γ 既是 α 的小圆，又是 β 的大圆，A 是 α 上一点，过 A 作 γ 的两条切线，切点分别为 B,C，过 B,C 分别作 β 的切线，这两切线相交于 D，如图 290.3 所示，求证：A,O,D 三点共线.

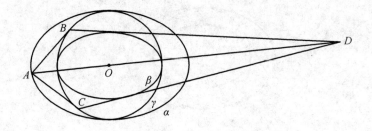

图 290.3

命题 291　设椭圆 α 的中心为 O，β 是 α 的大蒙日圆，γ 是 α 的小蒙日圆，一直线与 γ 相切，且交 β 于 A，B，过 A，B 分别作 α 的切线，这两切线依次交 β 于 C，D，若 $AB \perp BC$，如图 291 所示，求证：

① CD 与 γ 相切；

② 四边形 $ABCD$ 是以 O 为中心的平行四边形.

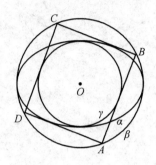

图 291

注：下面的命题 291.1 是命题 291 的"蓝表示".

命题 291.1　设两椭圆 α，β 有着公共的中心 O（β 在 α 内），有着公共的长轴，且有着相同的离心率，圆 γ 既是 α 的小圆，又是 β 的大圆，一直线与 β 相切，这条直线交 α 于 A，B，过 A，B 分别作 γ 的切线，这两切线依次交 α 于 C，D，若 OA 的方向与 OB 的方向关于 α 共轭，如图 291.1 所示，求证：

① CD 与 β 相切；

② 四边形 $ABCD$ 是以 O 为中心的平行四边形.

注：下面的命题 291.2 是命题 291 的"黄表示".

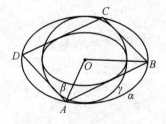

图 291.1

命题 291.2　设椭圆 α 的中心为 Z，β 是 α 的大蒙日圆，γ 是 α 的小蒙日圆，A 是 β 上一点，过 A 作 γ 的两条切线，这两切线分别交 α 于 B，D，过 B，D 分别作 γ 的切线，这两切线相交于 C，若 $ZA \perp ZB$，如图 291.2 所示，求证：

① C 在 β 上；

② 四边形 $ABCD$ 是以 Z 为中心的平行四边形.

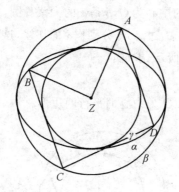

图 291.2

注:命题 291 与命题 291.2 的对偶关系如下:

命题 291	命题 291.2
α, β, γ	α, γ, β
A, B	AB, AD
C, D	CD, CB
AB, CD	A, C
AD, BC	B, D

下面的命题 291.3 是命题 291.2 的"蓝表示".

命题 291.3 设两椭圆 α, β 有着公共的中心 Z(β 在 α 内),有着公共的长轴,且有着相同的离心率,圆 γ 既是 α 的小圆,又是 β 的大圆,A 是 α 上一点,过 A 作 β 的两条切线,这两切线分别交 γ 于 B, D,过 B, D 分别作 β 的切线,这两切线相交于 C,若 ZA 的方向与 ZB 的方向关于 α 共轭,如图 291.3 所示,求证:

① C 在 α 上;

② 四边形 $ABCD$ 是以 Z 为中心的平行四边形.

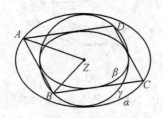

图 291.3

命题 292 设椭圆 α 的中心为 O,左、右焦点分别为 F_1, F_2,β 是 α 的大圆,γ 是 α 的小圆,P 是 α 上一点,过 P 且与 α 相切的直线交 β 于 A, B,AF_2 交 BF_1 于

Q，AF_2，BF_1 分别交 α 于 C，D，过 C，D 分别作 γ 的切线，这两切线相交于 R，如图 292 所示，求证：

① P，Q，R 三点共线；
② $PR \perp AB$.

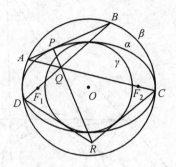

图 292

注：下面的命题 292.1 是命题 292 的"蓝表示".

命题 292.1 设两椭圆 α，β 有着公共的中心 O（β 在 α 内），有着公共的长轴，且有着相同的离心率，α 的上、下焦点分别为 F_3，F_4，圆 γ 既是 α 的小圆，又是 β 的大圆，P 是 γ 上一点，过 P 且与 γ 相切的直线交 α 于 A，B，AF_4 交 BF_3 于 Q，AF_4，BF_3 分别交 γ 于 C，D，过 C，D 分别作 β 的切线，这两切线相交于 R，如图 292.1 所示，求证：

① P，Q，R 三点共线；
② PR 的方向与 AB 的方向关于 α 共轭.

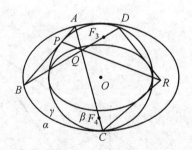

图 292.1

注：下面的命题 292.2 是命题 292 的"黄表示".

命题 292.2 设椭圆 α 的中心为 Z，上、下准线分别为 f_3，f_4，β 是 α 的大圆，γ 是 α 的小圆，P 是 α 上一点，过 P 作 γ 的两条切线，这两切线中的一条交 f_3 于 A，另一条交 f_4 于 B，过 A，B 分别作 α 的切线，这两切线依次交 β 于 C，D，设 CD 交 AB 于 S，如图 292.2 所示，求证：

①SP 是 α 的切线；

②$ZP \perp ZS$(在图 292.2 中，ZP，ZS 均未画出).

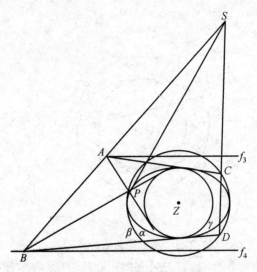

图 292.2

注：下面的命题 292.3 是命题 292.2 的"蓝表示".

命题 292.3 设两椭圆 α，β 有着公共的中心 Z（β 在 α 内），有着公共的长轴，且有着相同的离心率，α 的左、右准线分别为 f_1，f_2，圆 γ 既是 α 的小圆，又是 β 的大圆，P 是 γ 上一点，过 P 作 β 的两条切线，其中一条与 f_1 交于 A，另一条与 f_2 交于 B，过 A，B 分别作 γ 的切线，且依次交 α 于 C，D，设 CD 交 AB 于 S，如图 292.3 所示，求证：

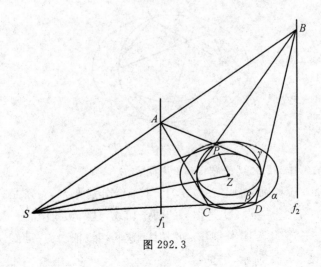

图 292.3

①PS 是 γ 的切线；

②ZP 的方向与 ZS 的方向关于 α 共轭.

命题 293 设椭圆 α 的中心为 O，左、右焦点分别为 F_1, F_2，左、右准线分别为 f_1, f_2，β, γ 分别是 α 的大、小圆，一直线过 F_1，且分别交 f_1, f_2 于 A, B，过 A，B 分别作 β 的切线，这两切线相交于 P，过 A, B 分别作 γ 的切线，这两切线相交于 Q，如图 293 所示，求证：O, P, Q 三点共线.

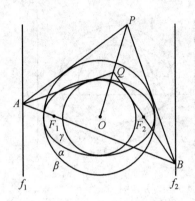

图 293

命题 294 设椭圆 α 的中心为 O，左、右焦点分别为 F_1, F_2，左、右准线分别为 f_1, f_2，β, γ 分别是 α 的大、小圆，P 是 f_1 上一点，PF_1 分别交 β, γ 于 A, B 和 A', B'，PF_2 分别交 β, γ 于 C, D 和 C', D'，AD 交 $A'D'$ 于 M，BC 交 $B'C'$ 于 N，如图 294 所示，求证：

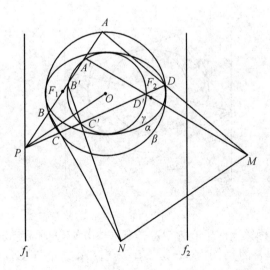

图 294

①$\angle AMA' = \angle BNB'$;
②$MN \parallel PO$.

命题 295 设椭圆 α 的左、右焦点分别为 F_1, F_2,左、右准线分别为 f_1, f_2,β, γ 分别是 α 的大、小圆,一直线过 F_1,且与 γ 相切,这条直线交 β 于 A, B,过 B 作 γ 的切线,且交 f_1 于 P,过 A 作 γ 的切线,且交 f_2 于 Q,如图 295 所示,求证:PQ 与 f_1, f_2 都垂直.

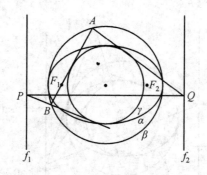

图 295

命题 296 设椭圆 α 的中心为 O,左、右准线分别为 f_1, f_2,β, γ 分别是 α 的大、小圆,P 是 β 上一点,过 P 作 α 的两条切线,其中一条交 f_1 于 A,另一条交 f_2 于 B,过 A, B 分别作 β 的切线,这两切线相交于 C,现在,过 A, B 分别作 γ 的切线,这两切线相交于 D,如图 296 所示,求证:
① A, O, B 三点共线,C, D, O 也三点共线;
② $CD \perp AB$.

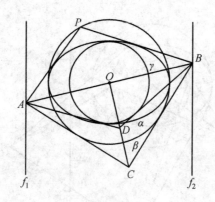

图 296

命题 297 设椭圆 α 的中心为 O,左、右准线分别为 f_1, f_2,左、右端点分别为 A, B,β, γ 分别是 α 的大、小圆,P 是 β 上一点,PA 交 f_1 于 C,PB 交 f_2 于 D,过 C, D 分别作 γ 的切线,这两切线相交于 E,如图 297 所示,求证:$OE \perp CD$.

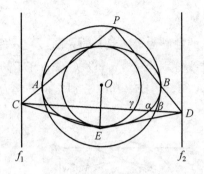

图 297

命题 298 设椭圆 α 的中心为 O,左、右焦点分别为 F_1,F_2,β,γ 分别是 α 的大、小圆,以 F_1 为圆心,作一个过 O 的圆,该圆交 β 于 A,B,如图 298 所示,求证:AB 与 γ 相切.

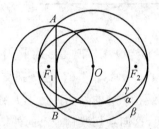

图 298

命题 299 设椭圆 α 的中心为 O,左、右准线分别为 f_1,f_2,且 f_3,f_4 是 α 的上、下准线,β,γ 分别是 α 的大、小圆,P 是 α 上一点,过 P 作 γ 的两条切线,其中一条交 f_3 于 A,另一条交 f_4 于 B,过 A,B 分别作 α 的切线,这两切线依次交 β 于 C,D,设 AB 交 CD 于 S,如图 299 所示,求证:

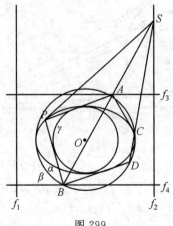

图 299

① 点 S 在 f_2 上;

② SP 与 α 相切.

命题 300 设椭圆 α 的中心为 O,β 是 α 的大圆,γ 是 α 的小圆,γ 的上、下焦点分别为 F_3,F_4,上、下准线分别为 f_3,f_4,设 f_3 交 β 于 P,过 P 作 γ 的两条切线,这两切线分别交 β 于 A,B,设 AF_3,BF_4 分别交 α 于 C,D,如图 300 所示,求证:CD 垂直于 f_4.

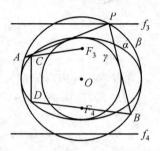

图 300

命题 301 设椭圆 α 的中心为 O,F_3,F_4 是 α 的上、下焦点,f_3,f_4 是 α 的上、下准线,β,γ 分别是 α 的大、小圆,一直线过 F_3,且分别交 f_3,f_4 于 P,Q,过 P,Q 各作 β 的两条切线,这四条切线构成 β 的外切四边形 $PAQA'$,如图 301 所示,现在,过 P,Q 各作 γ 的两条切线,这四条切线构成 γ 的外切四边形 $PBQB'$,设 AB 交 $A'B'$ 于 M,求证:

① $OM \parallel PQ$;

② AB 和 $A'B'$ 对 O 的张角相等,即 $\angle AOB = \angle A'OB'$.

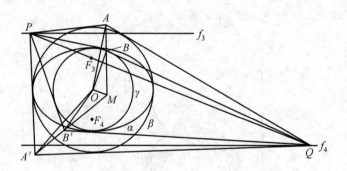

图 301

命题 302 设椭圆 α 的中心为 O,F_3,F_4 是 α 的上、下焦点,f_3,f_4 是 α 的上、下准线,β,γ 分别是 α 的大、小圆,P 是 f_3 上一点,PF_3,PF_4 分别交 β 于 A,B,交 γ 于 C,D,如图 302 所示,求证:$AB \parallel CD$.

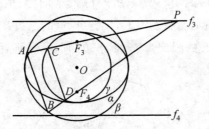

图 302

命题 303 设椭圆 α 的中心为 Z,上、下焦点分别为 F_3,F_4,β,γ 分别是 α 的大、小圆,一直线与 γ 相切,且交 α 于 A,B,设 AF_3 分别交 β,γ 于 E,C,BF_4 分别交 β,γ 于 F,D,如图 303 所示,求证:

① $AF_3 \parallel BF_4$;

② $CD \parallel EF$;

③ $CD \perp AC$.

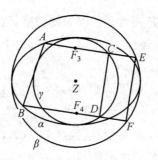

图 303

命题 304 设椭圆 α 的中心为 Z,上、下焦点分别为 F_3,F_4,β,γ 分别是 α 的大、小圆,γ 与 α 相切于 M,N,过 M 且与 α 相切的直线记为 l_1,过 N 且与 α 相切的直线记为 l_2,一直线与 γ 相切,且分别交 l_1,l_2 于 A,B,设 AF_3,BF_4 分别交 β 于 C,D,AC 交 BD 于 P,如图 304 所示,求证:$PZ \perp CD$.

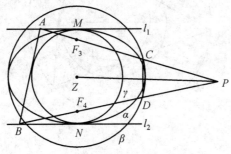

图 304

命题305 设椭圆 α 的中心为 O,β,γ 分别是 α 的大、小圆,$\triangle ABC$ 外切于 α,且内接于圆 ω,该圆的圆心恰好就是 O,设 $\triangle ABC$ 的三边 BC,CA,AB 的中点分别为 D,E,F,过 D,E,F 的圆记为 δ,如图305所示,求证:δ 与 β,γ 都相切.

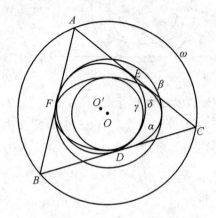

图 305

注:圆 δ 称为 $\triangle ABC$ 的"九点圆",因为此圆除了经过 $\triangle ABC$ 的三边 BC,CA,AB 的中点 D,E,F 外,还经过 A,B,C 在对边上的射影 A',B',C',以及 AA',BB',CC' 的中点,故名.

命题306 设 $\triangle ABC$ 内接于圆 O,F_1,F_2 是 $\triangle ABC$ 内一对等角共轭点,F_1,F_2 与 O 在一直线上,圆 O' 是 $\triangle ABC$ 的"九点圆",如图306所示,求证:

① 存在椭圆 α,它以 F_1,F_2 为焦点,且与 BC,CA,AB 都相切;

② F_1,F_2 在 BC,CA,AB 上的射影都在 α 的大圆 β 上;

③ α 的大圆 β 与"九点圆"O' 相切.

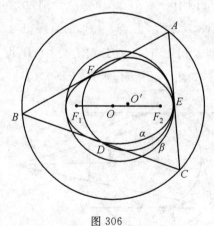

图 306

注:此乃"奉田(Fonten)定理".

1.12

命题 307 设椭圆 α 的中心为 O，左、右焦点分别为 F_1, F_2，β 是 α 的大圆，P 是 β 上一点，PF_1, PF_2 分别交 α 于 A, B，AF_1 交 BF_2 于 Q，PQ 交 α 于 R，如图 307 所示，求证：

① $PQ \perp AB$；
② R 是定点，与动点 P 的位置无关；
③ $OR \perp F_1F_2$.

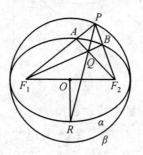

图 307

命题 308 设椭圆 α 的中心为 O，左、右焦点分别为 F_1, F_2，左、右准线分别为 f_1, f_2，β 是 α 的大圆，P 是 β 上一点，过 P 作 α 的两条切线，切点分别为 A, B，PA 交 f_1 于 C，PB 交 f_2 于 D，PA, PB 分别交 α 于 E, G，如图 308 所示，求证：

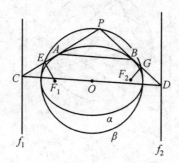

图 308

①C,O,D 三点共线；

②AB 是 $\triangle PCD$ 的中位线；

③$EF_1 \perp PC, GF_2 \perp PD$.

命题 309 设椭圆 α 的中心为 O，f_1, f_2 是 α 的左、右准线，β 是 α 的大圆，P 是 α 上一点，过 P 且与 α 相切的直线交 β 于 A, B，过 A, B 分别作 β 的切线，这两切线与过 O 且平行于 AB 的直线依次相交于 C, D，如图 309 所示，求证：C, D 两点分别在 f_1, f_2 上.

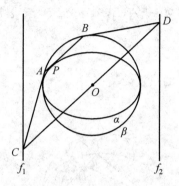

图 309

注：本命题提供了寻找椭圆准线的途径.

命题 310 设椭圆 α 的中心为 O，左、右焦点分别为 F_1, F_2，左、右准线分别为 f_1, f_2，β 是 α 的大圆，PF_1, PF_2 的延长线分别交 α 于 A, B，PA 交 f_1 于 C，PB 交 f_2 于 D，设 AF_2 交 BF_1 于 Q，CF_2 交 DF_1 于 R，如图 310 所示，求证：P, Q, R 三点共线.

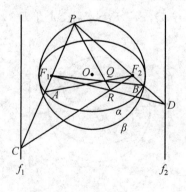

图 310

命题 311　设椭圆 α 的中心为 O，左、右焦点分别为 F_1, F_2，左、右准线分别为 f_1, f_2，β 是 α 的大圆，P 是 β 上一点，PF_1 交 f_1 于 A，PF_2 交 f_2 于 B，如图 311 所示，求证：$OP \perp AB$.

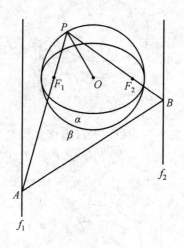

图 311

命题 312　设椭圆 α 的中心为 O，左、右准线分别为 f_1, f_2，β 是 α 的大圆，A 是 f_1 上一点，过 A 作 α 的两条切线，这两切线分别交 β 于 B, D，过 B, D 分别作 α 的切线，这两切线交于 C，如图 312 所示，求证：

① C 在 f_2 上；

② 四边形 $ABCD$ 是平行四边形，O 是其中心.

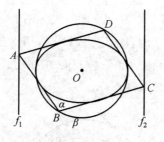

图 312

**命题 313　设椭圆 α 的中心为 O，左、右焦点分别为 F_1, F_2，左、右准线分别为 f_1, f_2，β 是 α 的大圆，P 是 β 上一点，过 P 且与 β 相切的直线分别交 f_1, f_2 于 A, B，如图 313 所示，求证：$OA \perp PF_1$，$OB \perp PF_2$.

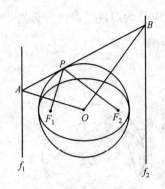

图 313

命题 314 设椭圆 α 的中心为 O,左、右焦点分别为 F_1,F_2,左、右准线分别为 f_1,f_2,β 是 α 的大圆,P 是 β 上一点,PF_1 交 f_1 于 A,PF_2 交 f_2 于 B,如图 314 所示,求证:$OP \perp AB$.

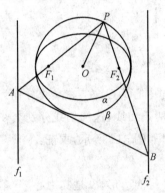

图 314

命题 315 设椭圆 α 的中心为 O,F_3,F_4 是 α 的上、下焦点,β 是 α 的大圆,P 是 β 上一点,过 P 且与 β 相切的直线记为 l,PF_3,PF_4 分别交 α 于 A,B,过 A,B 分别作 α 的切线,这两切线相交于 C,过 O 作 l 的平行线,这条线分别交 CA,CB 于 D,E,如图 315 所示,求证:$OD = OE$.

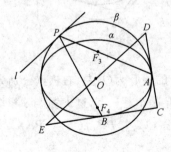

图 315

命题 316 设椭圆 α 的中心为 O,β 是 α 的大圆,它的上、下焦点分别为 F_3,F_4,上、下准线分别为 f_3,f_4,A 是 f_3 上一点,AF_3,AF_4 分别交 β 于 B,C,如图 316 所示,BC 分别交 f_3,f_4 于 D,E,交 α 于 F,G,过 D,E 分别作 β 的切线,这两切线相交于 P,求证:PO,BC 的方向关于 α 共轭(即 PO 平分线段 FG).

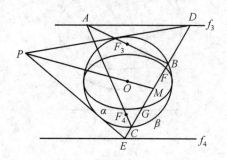

图 316

命题 317 设椭圆 α 的中心为 O,β 是 α 的大圆,β 的上、下焦点分别为 F_3,F_4,上、下准线分别为 f_3,f_4,B,C 是 α 的长轴的两端,P 是 F_3 在 f_3 上的射影,PC 交 β 于 A,如图 317 所示,求证:A,F_3,B 三点共线.(参阅本套书上册命题 117)

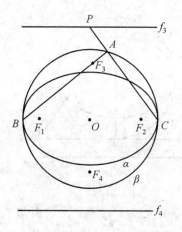

图 317

命题 318 设椭圆 α 的中心为 O,β 是 α 的大圆,β 的上、下焦点分别为 F_3,F_4,上、下准线分别为 f_3,f_4,P 是 f_3 上一点,PF_3 交 β 于 A,过 A 且与 β 相切的直线交 f_3 于 Q,过 P 作 β 的切线,其切点为 B,如图 318 所示,求证:Q,B,F_3 三点共线.(参阅本套书上册命题 118)

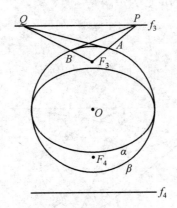

图 318

命题 319 设椭圆 α 的中心为 O,β 是 α 的大圆,β 的上、下焦点分别为 F_3,F_4,上、下准线分别为 f_3,f_4,直线 F_3F_4 交 β 于 A,B,过 B 且与 β 相切的直线记为 l,P 是 f_3 上一点,PA 交 β 于 D,PF_3 交 l 于 C,如图 319 所示,求证:CD 与 β 相切.(参阅本套书上册命题 119)

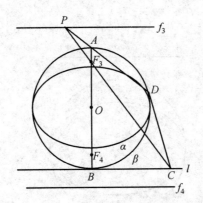

图 319

命题 320 设椭圆 α 的中心为 O,β 是 α 的大圆,β 的上、下焦点分别为 F_3,F_4,上、下准线分别为 f_3,f_4,C 是 β 外一点,过 C 作 β 的两条切线,切点分别为 B,D,BF_3 交 β 于 A,CF_3 交 AD 于 P,如图 320 所示,求证:P 在 f_3 上.

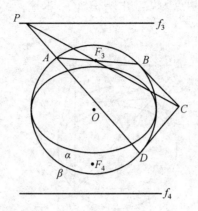

图 320

命题 321 设椭圆 α 的中心为 O,β 是 α 的大圆,β 的上、下焦点分别为 F_3,F_4,上、下准线分别为 f_3,f_4,M 是 β 外一点,过 M 作 β 的两条切线,切点分别为 A,B,MA 交 f_3 于 D,AF_3 交 β 于 C,E 是 β 上一点,过 E 且与 β 相切的直线交 MB 于 F,如图 321 所示,求证:

① AE,BC,DF 三线共点(此点记为 S);

② AB,CE,DF 三线共点(此点记为 T).(参阅本套书中册命题 27,28)

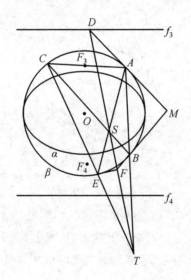

图 321

命题 322 设椭圆 α 的中心为 O,β 是 α 的大圆,β 的上、下焦点分别为 F_3,F_4,上、下准线分别为 f_3,f_4,A,B,C 是 β 上三点,AC 过 F_3,BC,BA 分别交 f_3

于 P,Q,过 Q 作 β 的切线,切点为 T,如图 322 所示,求证:T,F_3,P 三点共线.(参阅本套书中册命题 33)

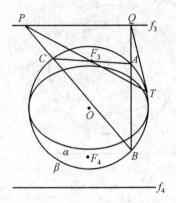

图 322

命题 323 设椭圆 α 的中心为 O,β 是 α 的大圆,β 的上、下焦点分别为 F_3,F_4,PQ 是 α 的长轴,A 是 β 上一点,AF_3,AF_4 分别交 β 于 B,C,过 A 且与 β 相切的直线记为 DE,过 B,C 分别作 β 的切线,且依次交 DE 于 D,E,设 PQ 交 DE 于 M,如图 323 所示,求证:$MD = ME$.(参阅本套书下册第 1 卷命题 1)

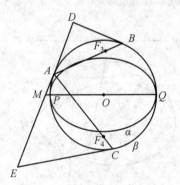

图 323

命题 324 设椭圆 α 的中心为 O,β 是 α 的大圆,它的上、下焦点分别为 F_3,F_4,A 是 β 上一点,AF_3,AF_4 分别交 β 于 B,C,BO 交 AC 于 D,CO 交 AB 于 E,DE 交 F_3F_4 于 P,如图 324 所示,求证:AP 与 β 相切.(参阅本套书下册第 1 卷命题 11)

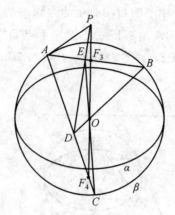

图 324

命题 325 设椭圆 α 的中心为 O，β 是 α 的大圆，它的上、下准线分别为 f_3，f_4，A 是 β 上一点，过 A 且与 β 相切的直线分别交 f_3，f_4 于 B，C，过 B，C 分别作 β 的切线，切点依次为 B'，C'，过 B 作 CC' 的平行线，同时，过 C 作 BB' 的平行线，这两平行线相交于 P，如图 325 所示，求证：$PA \parallel f_3$. (参阅本套书下册第 1 卷命题 17)

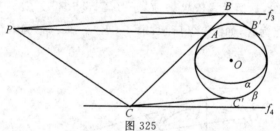

图 325

命题 326 设椭圆 α 的中心为 O，β 是 α 的大圆，β 的上、下焦点分别为 F_3，F_4，上、下准线分别为 f_3，f_4，一直线过 O，且分别交 f_3，f_4 于 P，Q，PF_3，QF_4 分别交 β 于 A，B，过 A，B 分别作 β 的切线，这两切线相交于 M，如图 326 所示，求证：$OM \parallel PF_3 \parallel QF_4$. (参阅本套书下册第 1 卷命题 14)

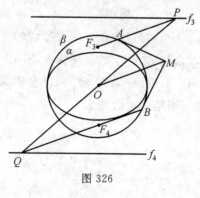

图 326

命题 327 设椭圆 α 的中心为 O,β 是 α 的大圆,β 的上、下焦点分别为 F_3,F_4,上、下准线分别为 f_3,f_4,A 是 β 上一点,过 A 且与 β 相切的直线分别交 f_3,f_4 于 B,C,设 BF_4 交 CF_3 于 D,如图 327 所示,求证:$AD \perp F_3F_4$.(参阅本套书下册第 1 卷命题 20)

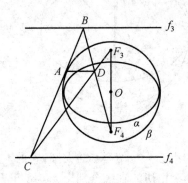

图 327

命题 328 设椭圆 α 的中心为 O,β 是 α 的大圆,β 的上、下焦点分别为 F_3,F_4,F_3F_4 交 β 于 M,N,A 是 β 上一点,过 A 且与 β 相切的直线记为 BC,过 M,N 分别作 F_3F_4 的垂线,这两垂线依次交 BC 于 B,C,设 BF_3 交 CF_4 于 P,PA 交 α 于 D,E,DE 的中点为 K,如图 328 所示,求证 $OK \parallel BC$.(参阅本套书下册第 1 卷命题 26)

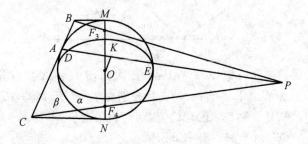

图 328

命题 329 设椭圆 α 的中心为 O,β 是 α 的大圆,β 的上、下焦点分别为 F_3,F_4,上、下准线分别为 f_3,f_4,F_3 在 f_3 上的射影为 P,F_4 在 f_4 上的射影为 Q,一直线过 P,且交 β 于 A,B,AF_3,BF_4 分别交 β 于 D,C,如图 329 所示,求证:C,D,Q 三点共线.(参阅本套书下册第 1 卷命题 27)

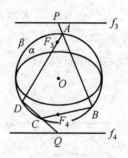

图 329

命题 330 设椭圆 α 的中心为 O，β 是 α 的大圆，β 的上、下焦点分别为 F_3，F_4，上、下准线分别为 f_3，f_4，A 是 β 外一点，过 A 作 β 的两条切线，切点分别为 B，C，BC 分别交 f_3，f_4 于 D，E，AF_3，AF_4 分别交 β 于 G，H，如图 330 所示，求证：DG，EH 都是 β 的切线．（参阅本套书下册第 1 卷命题 32）

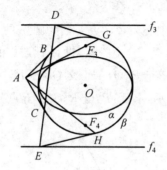

图 330

命题 331 设椭圆 α 的中心为 O，β 是 α 的大圆，β 的上、下焦点分别为 F_3，F_4，上、下准线分别为 f_3，f_4，A 是 β 上一点，AF_3 交 f_3 于 B，AF_4 交 f_4 于 C，BF_4 交 CF_3 于 D，设 AO 交 β 于 E，如图 331 所示，求证：$DE \parallel f_3$．（参阅本册命题 111）

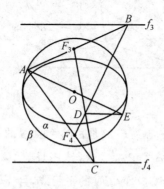

图 331

命题 332 设椭圆 α 的中心为 O,β 是 α 的大圆,β 的上、下准线分别为 f_3,f_4,A 是 β 外一点,过 A 作 β 的两条切线,切点分别为 B,C,AB 交 f_3 于 D,AC 交 f_4 于 E,过 D,E 分别作 β 的切线,切点依次为 F,G,如图 332 所示,求证:BC // DE // FG.

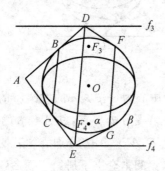

图 332

命题 333 设椭圆 α 的中心为 O,β 是 α 的大圆,β 的上、下焦点分别为 F_3,F_4,上、下准线分别为 f_3,f_4,A 是 β 上一点,过 A 且与 β 相切的直线分别交 f_3,f_4 于 B,C,BF_3,CF_4 分别交 β 于 P,Q,AF_3 交 OB 于 R,AF_4 交 OC 于 S,BC 交直线 F_3F_4 于 T,如图 333 所示,求证:P,Q,R,S,T 五点共线.

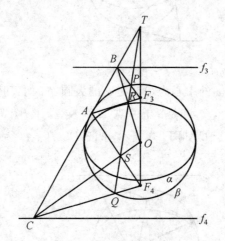

图 333

命题 334 设椭圆 α 的中心为 O,β 是 α 的大圆,β 的上、下焦点分别为 F_3,F_4,上、下准线分别为 f_3,f_4,A 是 β 上一点,过 A 且与 β 相切的直线分别交 f_3,f_4 于 P,Q,AF_4 交 α 于 B,C,过 O 作 QF_4 的平行线,且交 BC 于 M,如图 334 所示,求证:M 是线段 BC 的中点.

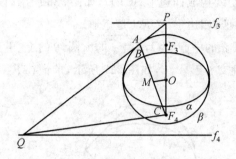

图 334

命题 335 设椭圆 α 的中心为 O,β 是 α 的大圆,β 的上、下焦点分别为 F_3,F_4,上、下准线分别为 f_3,f_4,F_3F_4 交 β 于 A,B,一直线与 β 相切,且分别交 f_3,f_4 于 C,D,设 CA,DB 分别交 β 于 E,F,如图 335 所示,求证:$EF \parallel CD$.

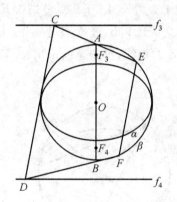

图 335

命题 336 设椭圆 α 的中心为 O,β 是 α 的大圆,β 的上、下焦点分别为 F_3,F_4,上、下准线分别为 f_3,f_4,一直线过 F_3,且分别交 f_3,f_4 于 A,B,过 A,B 各

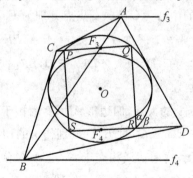

图 336

作 β 的两条切线,这些切线构成四边形 $ACBD$,如图 336 所示,设 CF_3 交 β 于 P, Q,DF_4 交 β 于 R,S,求证:四边形 $PQRS$ 是矩形.

命题 337 设椭圆 α 的中心为 O,β 是 α 的大圆,β 的上、下焦点分别为 F_3, F_4,一直线与 α 相切,且交 β 于 A,B,如图 337 所示,求证:$AF_3 \parallel BF_4$.

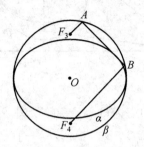

图 337

命题 338 设椭圆 α 的中心为 Z,上、下焦点分别为 F_3,F_4,β 是 α 的大圆,P 是 β 上一点,PF_3,PF_4 分别交 α 于 A,B,过 A,B 分别作 α 的切线,这两切线分别记为 AM 和 BN,过 Z 作 PZ 的垂线,这条垂线依次交 AM,BN 于 M,N,如图 338 所示,求证:$ZM = ZN$.

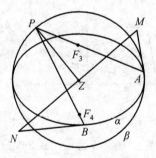

图 338

命题 339 设椭圆 α 的中心为 O,左、右焦点分别为 F_1,F_2,左、右准线分别为 f_1,f_2,β 是 α 的大圆,P 是 β 上一点,PF_1 交 f_1 于 A,PF_2 交 f_2 于 B,过 A,B 分别作 α 的切线,切点依次为 C,D,CF_2 交 DF_1 于 Q,BF_1 交 AF_2 于 R,如图 339 所示,求证:P,Q,R 三点共线.

命题 340 设 β 是椭圆 α 的大圆,四边形 $ABCD$ 内接于 β,AB,CD 均与 α 相切,AB 交 CD 于 P,AD 交 BC 于 Q,过 B,D 分别作 α 的切线,这两切线相交于 M,过 B,D 分别作 β 的切线,这两切线相交于 N,过 A,C 分别作 α 的切线,这两切线相交于 R,过 A,C 分别作 β 的切线,这两切线相交于 S,如图 340 所示,求证:M,N,P,Q,R,S 六点共线.

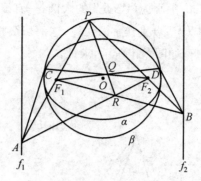

图 339

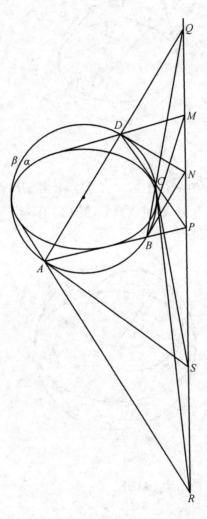

图 340

命题 341　设椭圆 α 的中心为 O，β 是 α 的大圆，一直线与 α 相切，切点为 A，这条直线交 β 于 B,C，过 B,C 分别作 α 的切线，这两切线相交于 D，D 在 BC 上的射影为 E，DE 交 α 于 F，如图 341 所示，求证：

① $AB=CE$；

② A,O,F 三点共线．

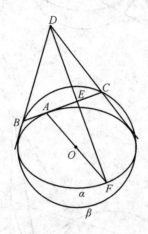

图 341

命题 342　设椭圆 α 的中心为 O，左、右焦点分别为 F_1,F_2，α 的大圆为 β，A 是 α 上一点，AF_1 的中点为 M，以 M 为圆心，MA 为半径作圆，如图 342 所示，求证：此圆与 β 相切（切点记为 B）．

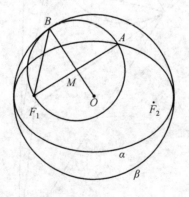

图 342

注：本命题的结论等价于："$\angle MBF_1 = \angle MF_1B$"．因而，下面的命题 342.1 是本命题的"黄表示"．

命题 342.1 设椭圆 α 的中心为 Z,f_3,f_4 分别是 α 的上、下准线,γ 是 α 的小圆,A 是 f_3 上一点,过 A 作 α 的一条切线,切点记为 B,过 Z 作两直线,它们分别交 f_3 于 C,D,交 AB 于 E,F,DE 交 CF 于 G,一直线与 AG 平行,且与 γ 相切,这条直线交 f_3 于 H,设 ZH 交 AG 于 K,如图 342.1 所示,求证:$AK = AZ$.

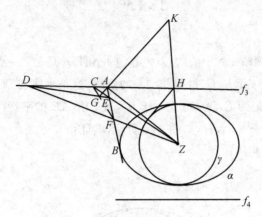

图 342.1

命题 343 设椭圆 α 的长轴为 AB,β 是 α 的大圆,过 A 且与 α 相切的直线记为 l,两直线 l_1,l_2 均与 l 垂直,且分别与 α,β 相切,设 l_1,l_2 依次交 l 于 C,D,过 C 作 β 的切线,且交 l_2 于 E,过 D 作 α 的切线,且交 l_1 于 F,如图 343 所示,求证:E,F,B 三点共线.

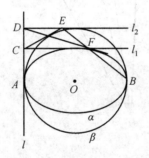

图 343

1.13

命题 344 设椭圆 α 的中心为 O,γ 是 α 的小圆,A 是 α 上一点,过 A 作 γ 的两条切线,且分别交 α 于 B,C,过 O 作 OA 的垂线,这条垂线交 BC 于 D,过 D 作 α 的一条切线,切点记为 E,设 BO 交 α 于 B',过 C 作 AE 的平行线,这条直线分别交 AD,EB',ED 于 F,G,H,如图 344 所示,求证:

① A,O,E 三点共线;
② $FC = GH$.

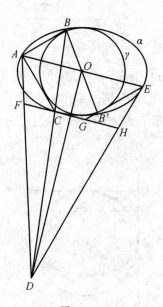

图 344

命题 345 设椭圆 α 的中心为 O,左、右准线分别为 f_1,f_2,γ 是 α 的小圆,A 是 γ 上一点,过 A 作 γ 的切线,这条切线分别交 f_1,f_2 于 B,C,过 B,C 分别作 α 的切线,切点依次为 D,E,设 AO 交 DE 于 M,如图 345 所示,求证:M 是线段 DE 的中点.

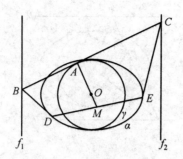

图 345

命题 346 设椭圆 α 的中心为 Z,上、下准线分别为 f_3, f_4,γ 是 α 的小圆, P 是 α 上一点,过 P 作 γ 的两条切线,这两切线分别交 f_3, f_4 于 A, B 和 C, D,过 P 作 α 的切线,这条切线交 AD 于 E,如图 346 所示,求证:

① B, C, E, Z 四点共线;

② $PZ \perp BC$.

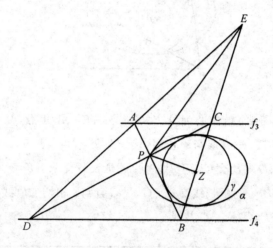

图 346

命题 347 设椭圆 α 的中心为 O,γ 是 α 的小圆,γ 的上、下焦点分别为 F_3, F_4,上、下准线分别为 f_3, f_4,P 是 γ 上一点,过 P 且与 γ 相切的直线分别交 f_3, f_4 于 A, B,如图 347 所示,求证:$AO \perp PF_3$,$BO \perp PF_4$.

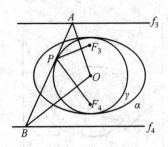

图 347

命题 348 设椭圆 α 的中心为 O,F_3,F_4 是 α 的上、下焦点,f_3,f_4 是 α 的上、下准线,γ 是 α 的小圆,一直线与 γ 相切,且分别交 f_3,f_4 于 A,B,设 AF_3 交 BF_4 于 C,如图 348 所示,求证:$OC \perp AB$.

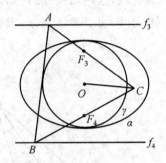

图 348

命题 349 设椭圆 α 的中心为 O,F_3,F_4 是 α 的上、下焦点,f_3,f_4 是 α 的上、下准线,γ 是 α 的小圆,一直线与 γ 相切,且分别交 f_3,f_4 于 A,B,设 AF_3 交 f_4 于 C,BF_4 交 f_3 于 D,AB 交 CD 于 P,AF_3 的延长线交 α 于 E,过 E 且与 α 相切的直线交 f_4 于 Q,BF_4 的延长线交 α 于 G,过 G 且与 α 相切的直线交 f_3 于 R,如图 349 所示,求证:P,Q,R 三点共线.

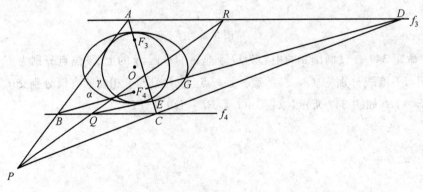

图 349

命题 350 设椭圆 α 的中心为 O，F_3,F_4 是 α 的上、下焦点，f_3,f_4 是 α 的上、下准线，γ 是 α 的小圆，一直线与 γ 相切，且交 α 于 A,B，过 A,B 分别作 α 的切线，这两切线相交于 C，如图 350 所示，求证：$AF_3 \parallel BF_4 \parallel CO$.

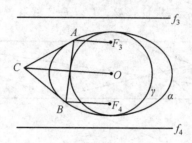

图 350

命题 351 设椭圆 α 的中心为 O，f_3,f_4 是 α 的上、下准线，γ 是 α 的小圆，A 是 α 上一点，过 A 作 γ 的两条切线，其中一条切线交 f_3 于 B，另一条交 f_4 于 C，如图 351 所示，求证：

① B,O,C 三点共线；

② $AB = AC$.

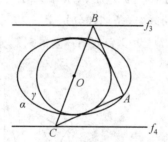

图 351

命题 352 设椭圆 α 的中心为 O，γ 是 α 的小圆，γ 的上、下焦点分别为 F_3，F_4，n 是 α 的短轴，n 交 α 于 P,Q，过 P,Q 分别作 α 的切线，它们依次记为 l_1,l_2，一直线与 γ 相切，且分别交 l_1,l_2 于 A,B，AF_3 交 BF_4 于 C，AC,BC 分别交 γ 于 D,E，如图 352 所示，求证：$DE \perp OC$.

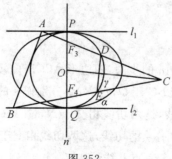

图 352

命题 353 设椭圆 α 的中心为 Z，上、下焦点分别为 F_3, F_4，上、下准线分别为 f_3, f_4，γ 是 α 的小圆，一直线与 γ 相切，且分别交 f_3, f_4 于 A, B，设 AF_3 交 f_4 于 C，BF_4 交 f_3 于 D，过 A 且与 α 相切的直线交 f_4 于 E，过 B 且与 α 相切的直线交 f_3 于 F，如图 353 所示，求证：AB, CD, EF 三线共点（此点记为 S）.

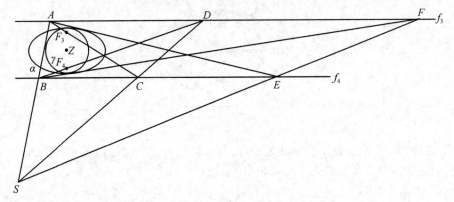

图 353

命题 354 设椭圆 α 的中心为 Z，左、右准线分别为 f_1, f_2，γ 是 α 的小圆，M 是 γ 上一点，过 M 作 γ 的切线，这条切线分别交 f_1, f_2 于 A, B，过 A, B 分别作 α 的切线，切点依次记为 C, D，设 C, D 在 AB 上的射影分别为 P, Q，如图 354 所示，求证：$MP = MQ$.

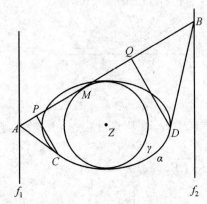

图 354

命题 355 设 γ 是椭圆 α 的小圆，四边形 $ABCD$ 内接于 α，AB, CD 均与 γ 相切，AB 交 CD 于 P，AD 交 BC 于 Q，过 B, D 分别作 α 的切线，这两切线相交于 M，过 B, D 分别作 γ 的切线，这两切线相交于 N，过 A, C 分别作 α 的切线，这两切线相交于 R，过 A, C 分别作 γ 的切线，这两切线相交于 S（S 未画出），如图 355 所示，求证：M, N, P, Q, R, S 六点共线.

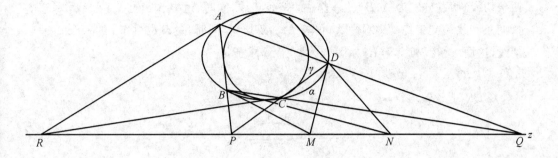

图 355

命题 356 设椭圆 α 的中心为 O，γ 是 α 的小圆，一直线与 γ 相切，切点为 A，这条直线交 α 于 B,C，过 B,C 分别作 γ 的切线，这两切线相交于 D，设 AO 交 γ 于 F，DF 交 BC 于 E，如图 356 所示，求证：

① $AB = CE$；

② BC 的方向与 DF 的方向关于 α 共轭.

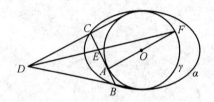

图 356

命题 357 设 γ 是椭圆 α 的小圆，n 是 α 的短轴，过 γ 上两点 P,Q 分别作 γ 的切线，这两切线依次交 α 于 A,B 和 C,D，AC 交 BD 于 R，如图 357 所示，求证：

① P,Q,R 三点共线；

② R 在 n 上.

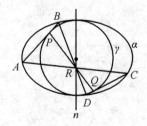

图 357

注：本命题的对偶命题是下面的命题 357.1.

命题 357.1 设 β 是 α 的大圆，MN 是 α 的长轴，P 是 β 外一点，过 P 作 β 的

两条切线,切点分别为 A,B,过 A 作 α 的一条切线,同时,过 B 作 α 的一条切线,这两条切线相交于 Q;现在,过 A 再作 α 的一条切线,同时,过 B 也再作 α 的一条切线,这两条切线相交于 R,如图 357.1 所示,求证:

① P,Q,R 三点共线;

② $QR \perp MN$.

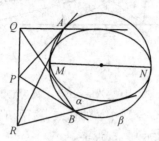

图 357.1

命题 358　设椭圆 α 的中心为 O,上、下焦点分别为 F_3,F_4,γ 是 α 的小圆,A 是 γ 上一点,过 A 且与 γ 相切的直线交 α 于 B,C,设 CF_3 交 BF_4 于 D,如图 358 所示,求证:AD 与 BC 关于 α 共轭.

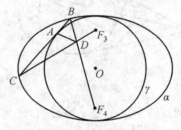

图 358

命题 359　设椭圆 α 的中心为 O,上、下准线分别为 f_3,f_4,γ 是 α 的小圆,A 是 f_3 上一点,过 A 作 γ 的两条切线,这两切线分别交 α 于 B,D,过 B,D 分别作 γ 的切线,这两切线相交于 C,如图 359 所示,求证:

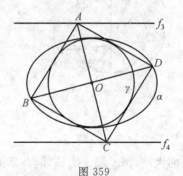

图 359

①C 在 f_4 上；

② 四边形 $ABCD$ 是以 O 为中心的菱形.

注：下面的命题 359.1 是命题 359 的"黄表示".

命题 359.1 设椭圆 α 的中心为 Z，上、下焦点分别为 F_3，F_4，γ 是 α 的小圆，一直线过 F_3，且交 α 于 A，B，过 A，B 分别作 γ 的切线，这两切线依次交 α 于 D，C，如图 359.1 所示，求证：

① D，F_4，C 三点共线；

② 四边形 $ABCD$ 是以 Z 为中心的平行四边形，且两对角线 AC，BD 的方向关于 α 共轭.

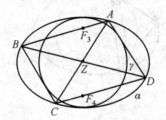

图 359.1

命题 360 设椭圆 α 的中心为 O，上、下焦点分别为 F_3，F_4，γ 是 α 的小圆，P 是 α 上一点，过 P 作 γ 的两条切线，切点分别为 A，B，如图 360 所示，求证：$AF_3 \parallel BF_4 \parallel PO$.

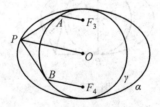

图 360

命题 361 设椭圆 α 的中心为 O，γ 是 α 的小圆，P 是 γ 上一点，过 P 且与 γ 相切的直线交 α 于 A，B，过 A，B 分别作 α 的切线，这两切线相交于 Q，过 A，B 分别作 γ 的切线，这两切线相交于 R，如图 361 所示，求证：P，Q，R 三点共线.

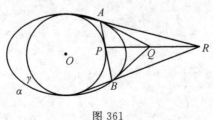

图 361

命题 362 设椭圆 α 的中心为 Z,γ 是 α 的小圆,A 是 α 上一点,过 A 作 γ 的两条切线,切点分别为 B,C,AB,AC 分别交 α 于 D,E,DE 交 BC 于 P,如图 362 所示,求证:AP 是 α 的切线.

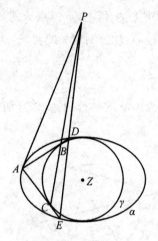

图 362

命题 363 设椭圆 α 的短轴为 AB,γ 是 α 的小圆,过 O 且与 AB 垂直的直线分别交 α,γ 于 C,D,AC 交 γ 于 E,AD 交 α 于 F,设 DE 交 CF 于 G,如图 363 所示,求证:BG 与 AB 垂直.

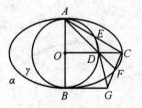

图 363

1.14

命题 364　设椭圆 α 的中心为 O,上、下焦点分别为 F_3,F_4,上、下准线分别为 f_3,f_4,P 是 f_3 上一点,PF_3,PF_4 分别交 α 于 A,B 和 C,D,AC 交 f_3 于 M,BD 交 f_4 于 N,过 M,N 各作 α 的两条切线,这四条切线构成四边形 $MM'NN'$,如图 364 所示,求证:

① M,N,F_3,F_4 四点共线;

② 四边形 $MM'NN'$ 是平行四边形,O 是其中心.

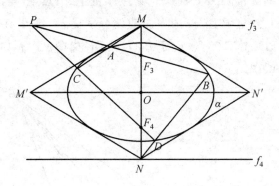

图 364

命题 365　设 F_3,F_4 是椭圆 α 的上、下焦点,f_3,f_4 是 α 的上、下准线,n 是 α 的短轴,P 是 α 上一点,PF_3,PF_4 分别交 α 于 A,B,PF_3 交 f_3 于 C,PF_4 交 f_4 于 D,AB 交 CD 于 E,如图 365 所示,求证:点 E 在 n 上.

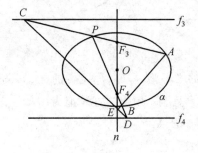

图 365

命题 366 设椭圆 α 的中心为 O,F_3,F_4 是 α 的上、下焦点,f_3,f_4 是 α 的上、下准线,一直线过 F_3,且分别交 f_3,f_4 于 A,B,过 A,B 分别作 α 的切线,这两切线相交于 P,PF_3,PF_4 分别交 α 于 C,D,如图 366 所示,求证:$OP \perp CD$.

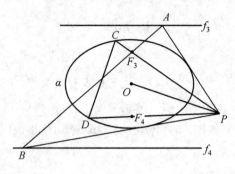

图 366

命题 367 设椭圆 α 的中心为 O,F_3,F_4 是 α 的上、下焦点,f_3,f_4 是 α 的上、下准线,P 是 α 上一点,过 P 且与 α 相切的直线分别交 f_3,f_4 于 A,B,PF_3 分别交 f_3,f_4 于 C,D,PF_4 分别交 f_3,f_4 于 E,G,设 DE 交 CG 于 Q,如图 367 所示,求证:PQ 平分 $\angle AQB$.

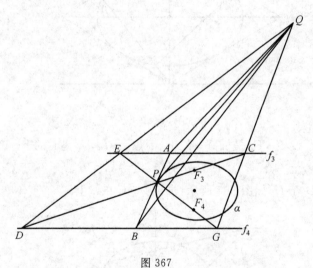

图 367

命题 368 设椭圆 α 的中心为 O,F_3,F_4 是 α 的上、下焦点,f_3,f_4 是 α 的上、下准线,P 是 α 上一点,过 P 且与 α 相切的直线记为 l,PF_3 交 f_3 于 A,PF_4 交 f_4 于 B,如图 368 所示,求证:$AB \parallel l$.

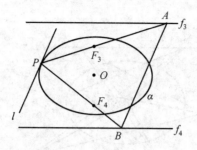

图 368

命题369 设椭圆 α 的中心为 O,F_3,F_4 是 α 的上、下焦点,f_3,f_4 是 α 的上、下准线,P 是 α 上一点,PF_3 交 f_3 于 A,交 α 于 C,PF_4 交 f_4 于 B,交 α 于 D,过 A,B 分别作 α 的切线,切点依次为 E,G,如图369所示,求证:$EG \parallel CD$.

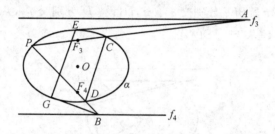

图 369

命题370 设椭圆 α 的中心为 O,F_3,F_4 是 α 的上、下焦点,f_3,f_4 是 α 的上、下准线,P 是 f_3 上一点,过 P 作 α 的两条切线,这两切线分别交 f_4 于 A,B,过 A 且与 α 相切的直线交 PB 于 C,过 B 且与 α 相切的直线交 PA 于 D,如图370所示,求证:C,F_4,D 三点共线.

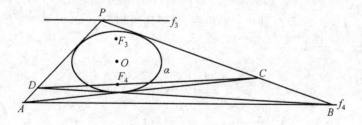

图 370

命题371 设椭圆 α 的中心为 O,F_3,F_4 是 α 的上、下焦点,f_3,f_4 是 α 的上、下准线,在 f_3,f_4 上各取两点,分别记为 A,B 和 C,D,使得 $OA \perp OB$,$OC \perp OD$,AF_3 交 CF_4 于 E,BF_3 交 DF_4 于 G,如图371所示,求证:AD,BC,EG 三线

共点(此点记为 S).

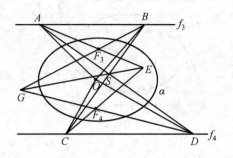

图 371

命题 372 设椭圆 α 的中心为 O,F_3,F_4 是 α 的上、下焦点,f_3,f_4 是 α 的上、下准线,两直线 l_1,l_2 均与 f_3 平行,且均与 α 相切,另有一直线与 α 相切,且分别交 l_1,l_2 于 A,B,AF_3,BF_4 分别交 α 于 C,D,设 CD 分别交 f_3,f_4 于 E,G,如图 372 所示,求证:$\angle COE = \angle DOG$.

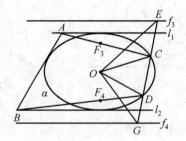

图 372

命题 373 设椭圆 α 的中心为 O,F_3,F_4 是 α 的上、下焦点,AB 是 α 的短轴,过 A,B 分别作 α 的切线,它们依次记为 l_1,l_2,设 P 是 α 上一点,PF_3 交 l_1 于 C,PF_4 交 l_2 于 D,过 C,D 分别作 α 的切线,这两切线相交于 Q,如图 373 所示,求证:O,P,Q 三点共线.

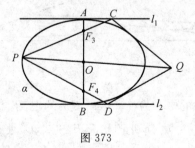

图 373

命题 374　设椭圆 α 的中心为 O，F_3,F_4 是 α 的上、下焦点，f_3,f_4 是 α 的上、下准线，P 是 α 上一点，PF_3 交 f_3 于 A，PF_4 交 f_4 于 B，过 A,B 分别作 α 的切线，切点依次为 C,D，CD 交 AB 于 Q，如图 374 所示，求证：$OP \perp OQ$.

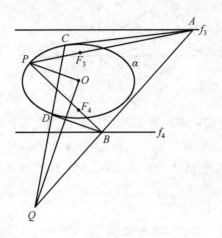

图 374

命题 375　设椭圆 α 的中心为 O，F_3,F_4 是 α 的上、下焦点，f_3,f_4 是 α 的上、下准线，P 是 γ 上一点，过 P 且与 γ 相切的直线分别交 f_3,f_4 于 A,B，设 AF_3 交 BF_4 于 Q，如图 375 所示，求证：

① 点 Q 在 α 上；
② O,P,Q 三点共线.

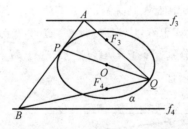

图 375

命题 376　设椭圆 α 的中心为 O，F_3,F_4 是 α 的上、下焦点，AB 是 α 的短轴，直线 l_1,l_2 分别过 A,B，且均与 α 相切，一直线与 α 相切，且分别交 l_1,l_2 于 C,D，在 l_1 上取一点 E，使得 $OE \perp OC$，在 l_2 上取一点 G，使得 $OG \perp OD$，设 EF_3 交 GF_4 于 H，如图 376 所示，求证：$\angle EOH = \angle GOH$.

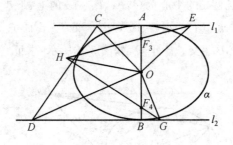

图 376

命题 377　设椭圆 α 的中心为 O，F_3，F_4 是 α 的上、下焦点，f_3，f_4 是 α 的上、下准线，一直线过 F_3，且分别交 f_3，f_4 于 A,B，过 A,B 各作 α 的两条切线，这四条切线构成 α 的外切四边形 $ACBD$，设 AB 交 CD 于 P，如图 377 所示，求证：OP 平分 $\angle AOB$.

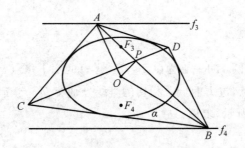

图 377

命题 378　设椭圆 α 的中心为 O，F_3，F_4 是 α 的上、下焦点，f_3，f_4 是 α 的上、下准线，一直线过 F_3，且交 α 于 A,B，交 f_4 于 C，过 A,B 分别作 α 的切线，这两切线相交于 D，DF_3，DF_4 分别交 α 于 E,G，DG 交 f_4 于 H，CF_4 交 α 于 K，CK 交 DE 于 M，如图 378 所示，求证：

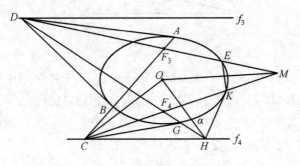

图 378

① 点 D 在 f_3 上；
② CG，HK 均与 α 相切；
③ $OC \perp OH$；
④ $OM \perp EK$.

命题 379 设椭圆 α 的中心为 O，F_3，F_4 是 α 的上、下焦点，f_3，f_4 是 α 的上、下准线，A，B 是 α 上两点，直线 AB 分别交 f_3，f_4 于 C，D，AF_3，AF_4 分别交 α 于 E，G，BF_3，BF_4 分别交 α 于 H，K，如图 379 所示，求证：C，H，E 三点共线，D，G，K 三点也共线.

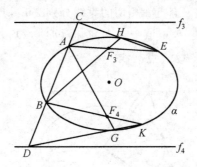

图 379

命题 380 设椭圆 α 的中心为 O，F_3，F_4 是 α 的上、下焦点，f_3，f_4 是 α 的上、下准线，P 是 α 上一点，过 P 且与 α 相切的直线分别交 f_3，f_4 于 A，B，PF_3 交 f_3 于 C，PF_4 交 f_4 于 D，AF_4 交 PF_3 于 E，BF_3 交 PF_4 于 G，如图 380 所示，求证：$AB \parallel CD \parallel EG$.

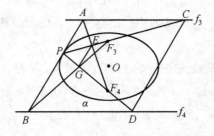

图 380

命题 381 设椭圆 α 的中心为 O，F_3，F_4 是 α 的上、下焦点，f_3，f_4 是 α 的上、下准线，过 F_3 且与 f_3 平行的直线交 α 于 P，过 P 作 α 的切线，这条切线交 f_4 于 A，设 PF_4 交 f_4 于 B，如图 381 所示，求证：$OA \perp OB$.

205

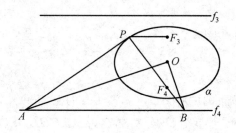

图 381

命题 382 设椭圆 α 的中心为 O,F_3,F_4 是 α 的上、下焦点,f_3,f_4 是 α 的上、下准线,P 是 α 上一点,过 P 且与 α 相切的直线分别交 f_3,f_4 于 A,B,在 f_4 上取一点 C,使得 $OC \perp OA$,在 f_3 上取一点 D,使得 $OD \perp OB$,设 CF_4 交 DF_3 于 Q,如图 382 所示,求证:O,P,Q 三点共线.

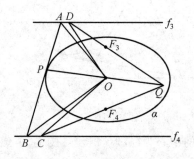

图 382

命题 383 设椭圆 α 的中心为 O,F_3,F_4 是 α 的上、下焦点,f_3,f_4 是 α 的上、下准线,n 是 α 的短轴,在 f_3 上取一点 C,使得 $OC \perp OA$,在 f_4 上取一点 D,使得 $OD \perp OB$,设 CF_4 交 f_4 于 E,DF_3 交 f_3 于 G,EG 交 AB 于 P,如图 383 所示,求证:点 P 在 n 上.

命题 384 设 F_3,F_4 是椭圆 α 的上、下焦点,f_3,f_4 是 α 的上、下准线,n 是 α 的短轴,P 是 α 上一点,PF_3,PF_4 分别交 α 于 A,B,PF_3 交 f_3 于 C,PF_4 交 f_4 于 D,CD 交 AB 于 E,如图 384 所示,求证:点 E 在 n 上.

命题 385 设 F_3,F_4 是椭圆 α 的上、下焦点,f_3,f_4 是 α 的上、下准线,P 是 α 上一点,过 P 且与 α 相切的直线分别交 f_3,f_4 于 A,B,设 AF_4 交 BF_3 于 Q,如图 385 所示,求证:$PQ \perp F_3F_4$.

命题 386 设 F_3,F_4 是椭圆 α 的上、下焦点,f_3,f_4 是 α 的上、下准线,A 是 α 上一点,过 A 且与 α 相切的直线交 f_3 于 B,BF_3 交 α 于 C,AF_3 交 f_3 于 D,如图 386 所示,求证:CD 与 α 相切.

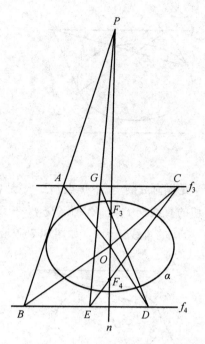

图 383

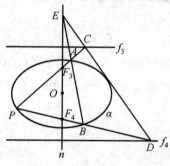

图 384

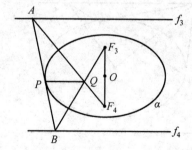

图 385

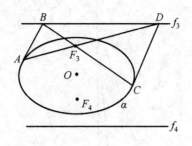

图 386

命题 387 设 F_3, F_4 是椭圆 α 的上、下焦点,f_3, f_4 是 α 的上、下准线,A 是 α 上一点,过 A 且与 α 相切的直线交 f_4 于 C,AF_3 交 f_3 于 B,过 B 且与 α 相切的直线记为 l_1,过 C 且与 α 相切的直线记为 l_2,如图 387 所示,求证:$l_1 \parallel l_2$.

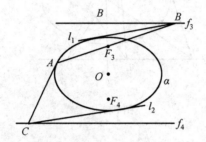

图 387

命题 388 设椭圆 α 的中心为 O,F_3, F_4 是 α 的上、下焦点,f_3, f_4 是 α 的上、下准线,P 是 f_3 上一点,过 P 作 α 的两条切线,切点依次为 A, B,AB 交 f_3 于 Q,如图 388 所示,求证:

① 直线 AB 过 F_3;

② $OP \perp OQ$.

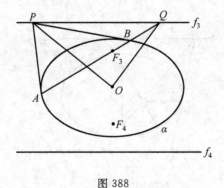

图 388

命题 389 设椭圆 α 的中心为 O,F_3,F_4 是 α 的上、下焦点,f_3,f_4 是 α 的上、下准线,P 是 α 上一点,PF_3 交 f_3 于 A,PF_4 交 f_4 于 B,如图 389 所示,求证:$\angle POA = \angle POB$.

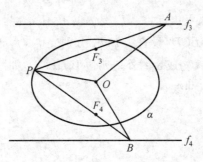

图 389

命题 390 设椭圆 α 的中心为 O,α 的上、下焦点分别为 F_3,F_4,上、下准线分别为 f_3,f_4,P 是 α 上一点,PF_3 交 f_3 于 A,PF_4 交 f_4 于 B,AB 交 α 于 C,D,CD 的中点记为 M,如图 390 所示,求证:P,O,M 三点共线.

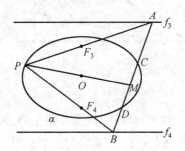

图 390

命题 391 设椭圆 α 的中心为 O,F_1,F_2 是 α 的左、右焦点,f_1,f_2 是 α 的左、右准线,F_3,F_4 是 α 的上、下焦点,f_3,f_4 是 α 的上、下准线,设四条直线 f_1,f_2,f_3,f_4 构成的准线框为 $ABCD$,DF_3,DF_2 分别交 α 于 E,G 和 H,K,如图 391 所示,求证:

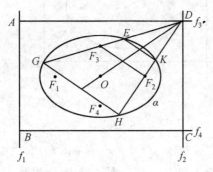

图 391

①F_2F_3 ∥ EK ∥ GH；

②DO 平分线段 EK，也平分线段 GH.

命题 392 设椭圆 α 的中心为 O，F_1，F_2 是 α 的左、右焦点，f_1，f_2 是 α 的左、右准线，F_3，F_4 是 α 的上、下焦点，f_3，f_4 是 α 的上、下准线，设四条直线 f_1，f_2，f_3，f_4 构成的准线框为 $ABCD$，设直线 F_2F_3 分别交 f_3，f_2 于 E，G，过 E，G 各作 α 的两条切线，这四条切线构成 α 的外切四边形 $EPGQ$，如图 392 所示，求证：

①B，D，O，P，Q 五点共线；

②DO 平分线段 EG；

③DO 平分线段 F_2F_3.

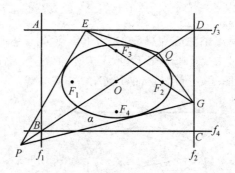

图 392

命题 393 设椭圆 α 的中心为 O，F_1，F_2 是 α 的左、右焦点，f_1，f_2 是 α 的左、右准线，F_3，F_4 是 α 的上、下焦点，f_3，f_4 是 α 的上、下准线，设四条直线 f_1，f_2，f_3，f_4 构成矩形 $ABCD$，如图 393 所示，求证：AO ∥ F_2F_3.

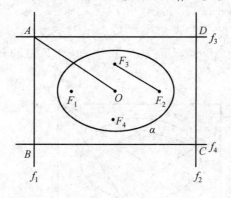

图 393

命题 394 设椭圆 α 的中心为 O，F_1，F_2 是 α 的左、右焦点，f_1，f_2 是 α 的左、右准线，F_3，F_4 是 α 的上、下焦点，f_3，f_4 是 α 的上、下准线，设四条直线 f_1，f_2，

f_3, f_4 构成矩形 $ABCD$,过 A 作 α 的两条切线,切点分别为 P, Q,如图 394 所示,求证:P, F_1, F_3, Q 四点共线.

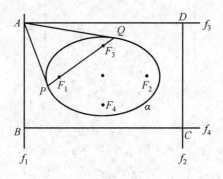

图 394

注:图 394 是自对偶图形.

设 f_1, f_2 是椭圆 α 的左、右准线,f_3, f_4 是 α 的上、下准线,那么,由 f_1, f_2, f_3, f_4 构成的矩形称为椭圆 α 的"准线框".

命题 395 设椭圆 α 的中心为 O,F_1, F_2 是 α 的左、右焦点,α 的准线框为 $ABCD$,P 是 AD 上一点,PF_1 交 AB 于 Q,PF_2 交 CD 于 R,如图 395 所示,求证:$OP \perp QR$.

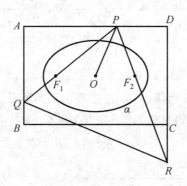

图 395

命题 396 设椭圆 α 的中心为 O,F_1, F_2 是 α 的左、右焦点,F_3, F_4 是 α 的上、下焦点,α 的准线框为 $ABCD$,一直线过 F_1,且分别交 AD, BC 于 P, Q,设 PF_3 交 QF_4 于 R,如图 396 所示,求证:$OR \perp PQ$.

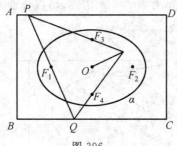

图 396

命题 397 设椭圆 α 的中心为 O，左、右焦点分别为 F_1,F_2，上、下准线分别为 f_3,f_4，P 是 α 上一点，PF_1,PF_2 分别交 α 于 A,B，PF_1 交 f_3 于 C，PF_2 交 f_4 于 D，过 C,D 分别作 α 的切线，切点依次为 E,F，如图 397 所示，求证：$AB \parallel EF$.

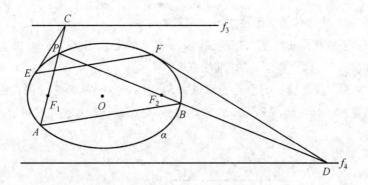

图 397

命题 397.1 设椭圆 α 的中心为 Z，左、右焦点分别为 F_1,F_2，上、下准线分别为 f_3,f_4，一直线与 α 相切，且分别交 f_3,f_4 于 A,B，过 A,B 分别作 α 的切线，这两切线相交 α 于 P，设 AF_1,BF_2 分别交于 C,D，过 C,D 分别作 α 的切线，这两切线相交于 Q，如图 397.1 所示，求证：P,Z,Q 三点共线.

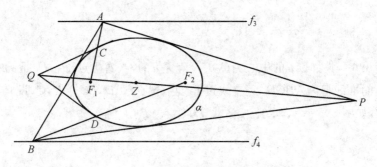

图 397.1

注:本命题可以视为命题 397 的"黄表示",它们的对偶关系如下:

命题 397	命题 397.1
无穷远直线	Z
O	无穷远直线
F_1, F_2	f_3, f_4
f_3, f_4	F_1, F_2
A, B	AP, BP
C, D	AF_1, BF_2
E, F	CQ, DQ
AB, EF	P, Q

1.15

命题 398 设椭圆 α 的左、右焦点是 F_1, F_2,上、下准线是 f_3, f_4,一直线与 α 相切,且分别交 f_3, f_4 于 A, B,AF_2 交 BF_1 于 C,AF_1 交 BF_2 于 D,如图 398 所示,求证:$CD \parallel AB$.

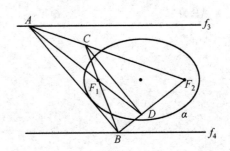

图 398

命题 399 设椭圆 α 的中心为 O,F_1, F_2 是 α 的左、右焦点,f_3, f_4 是 α 的上、下准线,P 是 α 上一点,PF_1 分别交 f_3, f_4 于 A, B,PF_2 分别交 f_3, f_4 于 C, D,AD 交 BC 于 Q,如图 399 所示,求证:O, P, Q 三点共线.

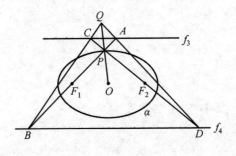

图 399

命题 400 设椭圆 α 的中心为 O,f_3, f_4 是 α 的上、下准线,n 是 α 的短轴,一直线与 α 相切,且分别交 f_3, f_4 于 A, B,过 A, B 分别作 α 的切线,切点依次为 P, Q,直线 l 与 AB 平行,且与 α 相切,这条直线交 n 于 R,如图 400 所示,求证:P, Q, R 三点共线.

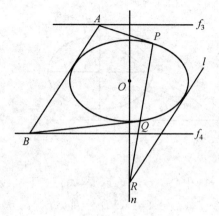

图 400

命题 401 设椭圆 α 的中心为 O,f_3,f_4 是 α 的上、下准线,一直线交 α 于 A,B,该直线还分别交 f_3,f_4 于 C,D,如图 401 所示,求证:$\angle AOC = \angle BOD$.

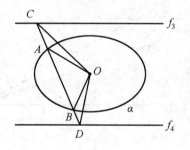

图 401

命题 402 设椭圆 α 的中心为 O,f_3,f_4 是 α 的上、下准线,PQ 是 α 的直径,过 P 且与 α 相切的直线分别交 f_3,f_4 于 A,B,过 A,B 分别作 α 的切线,这两切线相交于 R,如图 402 所示,求证:QR 与 f_3,f_4 都平行.

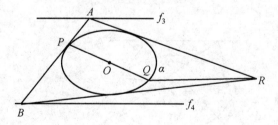

图 402

命题 403 设椭圆 α 的中心为 O,f_3,f_4 是 α 的上、下准线,AB,CD 分别是 α 的长轴和短轴,AC 分别交 f_3,f_4 于 E,F,如图 403 所示,求证:$\angle AOF = \angle COE$.

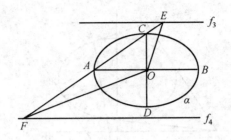

图 403

命题 404　设椭圆 α 的中心为 O，f_3，f_4 是 α 的上、下准线，AB 是 α 的短轴，P 是 α 上一点，PA 分别交 f_3，f_4 于 C，D，PB 分别交 f_3，f_4 于 E，F，CF 交 DE 于 Q，如图 404 所示，求证：PQ 是 α 的切线.

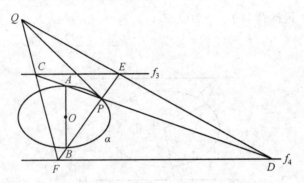

图 404

命题 405　设椭圆 α 的中心为 O，f_3，f_4 是 α 的上、下准线，M，N 是 α 上两点，过 M 且与 α 相切的直线分别交 f_3，f_4 于 A，B，过 N 且与 α 相切的直线分别交 f_3，f_4 于 C，D，设 AD 交 BC 于 P，MN 分别交 BC，AD 于 E，F，如图 405 所示，求证：$PE = PF$.

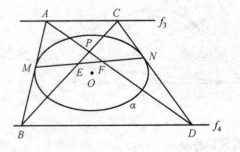

图 405

命题 406 设椭圆 α 的中心为 O, f_3, f_4 是 α 的上、下准线, AB 是 α 的短轴, P 是 α 上一点, 过 P 且与 α 相切的直线分别交 f_3, f_4 于 C, D, 设 AD 交 BC 于 Q, 如图 406 所示, 求证: $PQ \perp AB$.

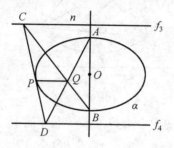

图 406

命题 407 设椭圆 α 的中心为 O, f_3, f_4 是 α 的上、下准线, AB 是 α 的短轴, M 是 α 上一点, MA 分别交 f_3, f_4 于 C, P, MB 分别交 f_3, f_4 于 Q, D, 过 M 且与 α 相切的直线交 PQ 于 R, 如图 407 所示, 求证: $OD \perp OP$, $OC \perp OQ$, $OM \perp OR$.

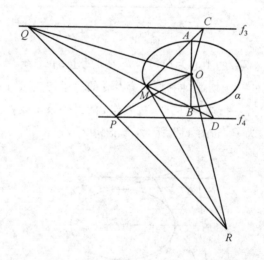

图 407

命题 408 设椭圆 α 的中心为 O, f_3, f_4 是 α 的上、下准线, 四边形 $ABCD$ 内接于 α, AB, AC, BD, CD 分别交 f_3 于 E, F, G, H, 如图 408 所示, 求证: $\angle EOF = \angle GOH$.

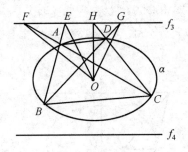

图 408

命题 409 设椭圆 α 的中心为 O,f_3,f_4 是 α 的上、下准线,作平行四边形 $ABCD$ 使得 A,C 两点分别在 f_3 和 f_4 上,设 BD 交 α 于 P,如图 409 所示,求证:$OP \parallel f_3$.

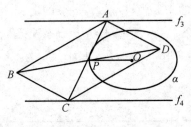

图 409

命题 410 设椭圆 α 的中心为 O,f_3,f_4 是 α 的上、下准线,A,B 两点分别在 f_3,f_4 上,过 A 作 α 的一条切线,同时,过 B 作 α 的一条切线,这两条切线相交于 C,现在,过 A 作 α 的另一条切线,同时,过 B 作 α 的另一条切线,这两条切线相交于 D,设 CD 的中点为 P,如图 410 所示,求证:$OP \parallel f_3$.

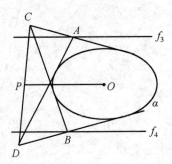

图 410

命题 411 设椭圆 α 的中心为 O,f_3,f_4 是 α 的上、下准线,一直线交 α 于 A,B,交 f_3 于 C,交 f_4 于 D,如图 411 所示,求证:$\angle AOC = \angle BOD$.

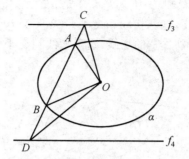

图 411

命题 412 设椭圆 α 的中心为 Z,上、下焦点分别为 F_3, F_4,P 是 α 上一点,PF_3, PF_4 分别交 α 于 A, B,过 P 作 α 的切线,这条切线交 AB 于 Q,如图 412 所示,求证:$ZP \perp ZQ$.

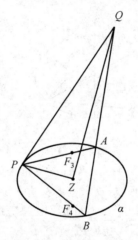

图 412

命题 413 设椭圆 α 的中心为 O,F_3, F_4 是 α 的上、下焦点,P 是 α 上一点,PF_3, PF_4 分别交 α 于 A, B,过 A, B 分别作 α 的切线,这两切线相交于 D,设 PO 交 α 于 C,如图 413 所示,求证:$CD \perp F_3 F_4$.

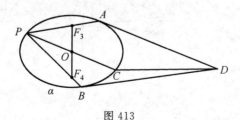

图 413

命题 414 设椭圆 α 的中心为 O,F_3,F_4 是 α 的上、下焦点,A,B 是 α 上两点,过 A,B 分别作 α 的切线,这两切线相交于 P,AF_3 交 BF_4 于 Q,设 AQ,BQ 分别交 α 于 C,D,过 C,D 分别作 α 的切线,这两切线相交于 R,如图 414 所示,求证:O,P,Q,R 四点共线.

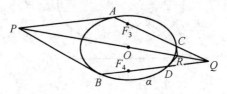

图 414

命题 415 设椭圆 α 的中心为 O,F_3,F_4 是 α 的上、下焦点,n 是 α 的短轴,AB 是 α 的直径,BF_3,BF_4 分别交 α 于 C,D,直线 CD 交 n 于 E,如图 415 所示,求证:AE 是 α 的切线.

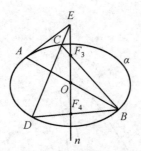

图 415

命题 416 设椭圆 α 的中心为 O,F_3,F_4 是 α 的上、下焦点,P 是 α 上一点,PQ 是 α 的切线,过 O 作 OP 的垂线,这条垂线交 PQ 于 Q,过 Q 作 α 的切线,这条切线分别交 PF_3,PF_4 于 A,B,过 A,B 分别作 α 的切线,它们依次交 PQ 于 C,D,如图 416 所示,求证:$\angle COP = \angle DOP$.

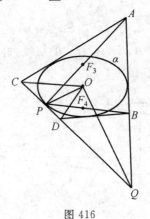

图 416

1.16

命题417 设椭圆α的中心为O,左、右准线分别为f_1,f_2,β是以O为圆心,且与f_1,f_2都相切的圆,A是α上一点,过A作α的切线,这条切线分别交f_1,f_2于B,C,过B,C分别作β的切线,这两条切线相交于G,GA交β于D,过D作α的两条切线,这两条切线分别交β于E,F,如图417所示,求证:$EF \parallel BC$.

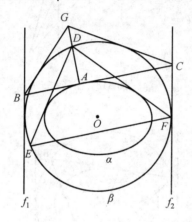

图 417

注:在图417中,以椭圆的中心为圆心,且与椭圆的两准线都相切的圆,称为该椭圆的"准线圆".

命题418 设椭圆α的中心为O,左、右准线分别为f_1,f_2,β是α的准线圆,A是α上一点,过A作α的切线,这条切线交β于B,C,过B,C分别作β的切线,这两切线交于D,过D作BC的垂线,此垂线交α于E,如图418所示,求证:A,O,E三点共线.

命题419 设椭圆α的中心为O,左、右焦点分别为F_1,F_2,左、右准线分别为f_1,f_2,β是α的准线圆,P是α上一点,过P且与α相切的直线交β于A,B,设AF_1交BF_2于Q,如图419所示,求证:O,P,Q三点共线.

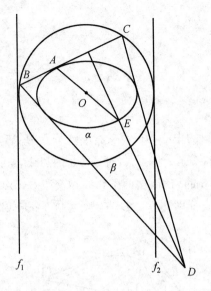

图 418

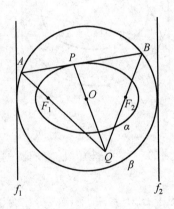

图 419

命题 420 设椭圆 α 的中心为 O,左、右准线分别为 f_1, f_2,β 是 α 的准线圆,P 是 f_2 上一点,OP 分别交 α,β 于 Q,R,过 P 作 α 的两条切线,切点分别为 A,B,过 R 分别作 α 的两条切线,切点分别为 C,D,过 Q 且与 α 相切的直线记为 l,如图 420 所示,求证:$l \parallel AB \parallel CD$.

命题 421 设椭圆 α 的中心为 O,左、右准线分别为 f_1, f_2,β 是 α 的准线圆,P 是 β 上一点,过 P 作 α 的两条切线,切点分别为 A,B,直线 l 与 AB 平行,且与 α 相切,切点为 Q,如图 421 所示,求证:O,P,Q 三点共线.

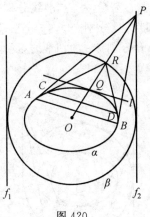

图 420

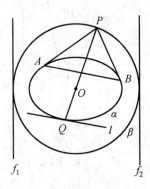

图 421

命题 422　设椭圆 α 的中心为 O，左、右焦点分别为 F_1, F_2，左、右准线分别为 f_1, f_2，β, γ 分别是 α 的准线圆和小圆，以 F_1 为圆心，作一个过 O 的圆，该圆分别交 β, γ 于 A, B 和 C, D，如图 422 所示，求证："A, F_1, C 三点共线"的充要条件是"$BC \parallel F_1 F_2$".

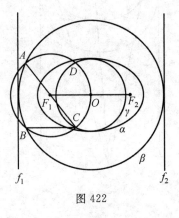

图 422

命题 423　设椭圆 α 的中心为 O，左、右准线分别为 f_1, f_2，β, γ 分别是 α 的准线圆和小圆，一直线与 β 相切，且分别交 f_1, f_2 于 A, B，过 A, B 分别作 γ 的切线，这两切线相交于 P，过 A, B 分别作 α 的切线，这两切线相交于 Q，如图 423 所示，求证：O, P, Q 三点共线.

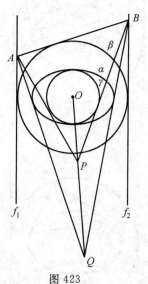

图 423

命题 424　设椭圆 α 的中心为 O，左、右准线分别为 f_1, f_2，β 是 α 的准线圆，一直线与 β 相切，且分别交 f_1, f_2 于 P, Q，过 P, Q 各作 α 的两条切线，这四条切线构成四边形 $ABCD$，如图 424 所示，求证：$AC \perp BD$.

图 424

命题 425 设椭圆 α 的中心为 O,左、右准线分别为 f_1,f_2,β 是 α 的大蒙日圆,γ 是 α 的小圆,A 是 β 上一点,过 A 作 α 的两条切线,这两条切线中的一条交 f_1 于 B,另一条交 f_2 于 C,如图 425 所示,若 BC 恰与 γ 相切,切点为 D,求证:A,O,D 三点共线.

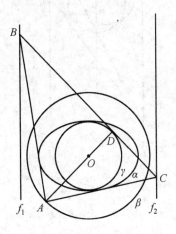

图 425

命题 426 设椭圆 α 的中心为 O,左、右焦点分别为 F_1,F_2,左、右准线分别为 f_1,f_2,γ 是 α 的焦点圆,γ 交 α 于 A,B,C,D 四点,过 A 且与 α 相切的直线分别交 f_1,f_2 于 P,Q,如图 426 所示,求证:P,F_1,C 三点共线,Q,F_2,C 也三点共线.

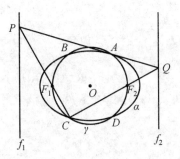

图 426

命题 427 设椭圆 α 的中心为 O,左、右焦点分别为 F_1,F_2,左、右准线分别为 f_1,f_2,γ 是 α 的焦点圆,P 是 γ 与 α 的交点之一,过 P 作 α 的切线,且分别交 f_1,f_2 于 A,B,过 P 作 α 的法线,且分别交 f_1,f_2 于 C,D,设 α 的短轴为 n,AD,BC 分别交 n 于 M,N,如图 427 所示,求证:$OM=ON$.

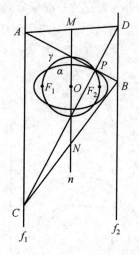

图 427

1.17

命题 428 设椭圆 α 的中心为 O，F_3，F_4 是 α 的上、下焦点，f_3，f_4 是 α 的上、下准线，n 是 α 的短轴，n 分别交 f_3，f_4 于 A，B，以 O 为圆心，且过 A，B 的圆记为 β，直线 l 是 α，β 的公切线，l 与 α 相切于 C，CF_3 交 f_3 于 D，CF_4 交 f_4 于 E，如图 428 所示，求证：DE 是 α，β 的公切线.

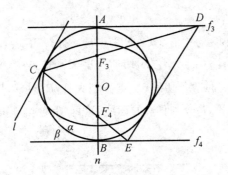

图 428

命题 429 设椭圆 α 的中心为 O，f_3，f_4 是 α 的上、下准线，以 O 为圆心，且与 f_3，f_4 都相切的圆记为 β，P 是 β 上一点，过 P 作 α 的两条切线，切点依次为 A，B，一直线与 AB 平行，且与 α 相切，切点为 Q，如图 429 所示，求证：O，P，Q 三点共线.

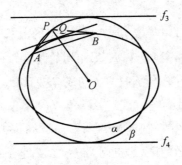

图 429

命题 430 设椭圆 α 的中心为 O，F_3，F_4 是 α 的上、下焦点，f_3，f_4 是 α 的上、下准线，以 F_3F_4 为直径的圆记为 β，P 是 α 上一点，过 P 且与 α 相切的直线记为 l，过 P 作 β 的两条切线，其中一条交 f_3 于 A，另一条交 f_4 于 B，如图 430 所示，求证：$AB \parallel l$.

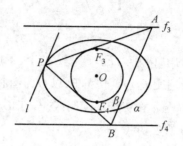

图 430

命题 431 设椭圆 α 的中心为 O，F_3，F_4 是 α 的上、下焦点，f_3，f_4 是 α 的上、下准线，以 O 为圆心，且与 f_3，f_4 都相切的圆记为 β，以 F_3F_4 为直径的圆记为 γ，P 是 β 上一点，过 P 作 α 的两条切线，切点分别为 A，B，过 A，P 分别作 γ 的切线，这两切线相交于 C，过 B，P 分别作 γ 的切线，这两切线相交于 D，如图 431 所示，求证：$OP \perp CD$.

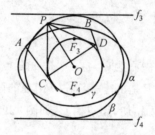

图 431

命题 432 设椭圆 α 的中心为 O，f_3，f_4 是 α 的上、下准线，β，γ 分别是 α 的大、小蒙日圆，以 O 为圆心，且与 f_3，f_4 都相切的圆记为 δ，直线 l 是 α 和 δ 的公切线，设 l 与 α 相切于 A，过 A 作 γ 的两条切线，这两切线分别交 β 于 B，C，如图 432 所示，求证：BC 与 γ 相切.

****命题 433** 设椭圆 α 的中心为 O，F_1，F_2 是 α 的左、右焦点，f_3，f_4 是 α 的上、下准线，以 F_1F_2 为直径的圆（焦点圆）记为 β，P 是 β 外一点，过 P 作 β 的两条切线，这两切线分别交 f_3，f_4 于 A，B 和 C，D，设 AD 交 BC 于 Q，PQ 交 f_4 于 M，如图 433 所示，求证：$MB = MD$.

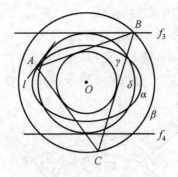

图 432

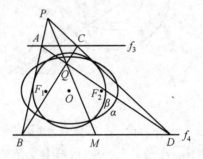

图 433

命题 434 设椭圆 α 的中心为 O, F_1, F_2 是 α 的左、右焦点, f_3, f_4 是 α 的上、下准线, 以 O 为圆心, 且与 f_3, f_4 都相切的圆记为 β, 设 B, D 是 β 上两点, BF_1 交 DF_2 于 A, BF_2 交 DF_1 于 C, AC 交 BD 于 M, 过 C 且与 f_3 平行的直线分别交 AF_1, AF_2 于 P, Q, 如图 434 所示, 求证: MF_1 平分 CP, MF_2 平分 CQ.

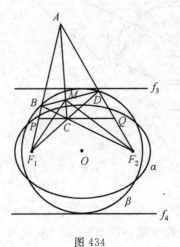

图 434

命题 435 设椭圆 α 的中心为 O,β 是 α 的大圆,γ 是 α 的小蒙日圆,A 是 β 上一点,过 A 作 γ 的两条切线,这两切线分别交 α 于 B,C 和 D,E,过 O 作 OA 的垂线,且分别交 BD,CE 于 F,G,设 DE 交 FG 于 P,过 P 作 OA 的平行线,这条线分别交 AG,AF,AC 于 Q,R,S,如图 435 所示,求证:$PQ=RS$.

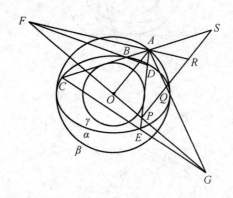

图 435

命题 436 设椭圆 α 的中心为 O,左、右焦点分别为 F_1,F_2,β 是 α 的大蒙日圆,γ 是以 F_1F_2 为直径的圆,A 是 γ 上一点,过 A 作 γ 的切线,这条切线交 β 于 B,C,BC 交 α 于 D,E,过 D 作 α 的切线,这条切线交 β 于 G,过 E 作 α 的切线,这条切线交 β 于 H,设 BG 交 CH 于 P,如图 436 所示,求证:P,A,O 三点共线.

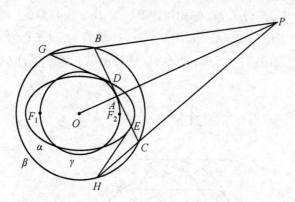

图 436

注:在图 436 中,以两焦点 F_1,F_2 的连线为直径的圆称为该椭圆的"焦点圆".

命题 437 设椭圆 α 的中心为 O,左、右焦点分别为 F_1,F_2,γ 是 α 的焦点圆,P 是 γ 上一点,过 P 且与 γ 相切的直线交 α 于 A,B,过 A,B 分别作 α 的切线,这两切线相交于 C,$C\infty$ 交 α 于 D,过 D 且与 α 相切的直线记为 l,如图 437 所示,求

230

证：$l \parallel AB$.

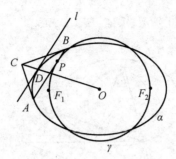

图 437

命题 438 设椭圆 α 的中心为 O，左、右焦点分别为 F_1, F_2，β 是 α 的大蒙日圆，γ 是 α 的焦点圆，δ 是 α 的大圆，γ 交 α 于 A, B, C, D 四点，过这四点分别作 γ 的切线，如图 438 所示，求证：这些切线构成菱形，这个菱形的两条对角线中，一条是 β 的直径，另一条是 δ 的直径.

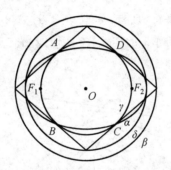

图 438

命题 439 设椭圆 α 的中心为 O，F_3, F_4 是 α 的上、下焦点，以 F_3F_4 为直径的圆记为 β，一直线与 β 相切，且交 α 于 A, B，过 A, B 分别作 α 的切线，这两切线相交于 C，CO 交 α 于 D，过 D 且与 α 相切的直线记为 l，如图 439 所示，求证：$l \parallel AB$.

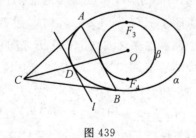

图 439

命题 440 设椭圆 α 的中心为 O，F_3，F_4 是 α 的上、下焦点，以 F_3F_4 为直径的圆记为 β，P 是 β 上一点，PF_3，PF_4 分别交 α 于 A,C 和 B,D，设 AB 交 CD 于 E，AD 交 BC 于 F，如图 440 所示，求证：$EF \perp AC$.

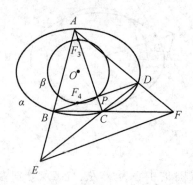

图 440

命题 441 设椭圆 α 的中心为 O，F_3，F_4 是 α 的上、下焦点，以 F_3F_4 为直径的圆记为 β，一直线过 F_3，且交 α 于 A,B，直线 CD 与 AB 平行，它与 β 相切，且交 α 于 C,D，直线 l 也与 AB 平行，且与 α 相切于 P，过 A,B 分别作 α 的切线，这两切线相交于 Q，过 C,D 分别作 α 的切线，这两切线相交于 R，如图 441 所示，求证：O,P,Q,R 四点共线.

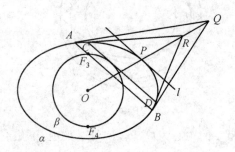

图 441

命题 442 设椭圆 α 的中心为 O，F_3，F_4 是 α 的上、下焦点，以 F_3F_4 为直径的圆记为 β，P 是 α 上一点，PF_3，PF_4 分别交 α 于 A,B，过 P 作 α 的切线，这条切线交 AB 于 C，过 C 作 β 的切线，这条切线交 α 于 D,E，过 D,E 分别作 β 的切线，这两切线相交于 Q，如图 442 所示，求证：O,P,Q 三点共线.

命题 443 设椭圆 α 的中心为 O，F_3，F_4 是 α 的上、下焦点，以 F_3F_4 为直径的圆记为 β，P 是 α 上一点，过 P 且与 α 相切的直线记为 l，过 P 作 β 的两条切线，这两切线分别交 α 于 A,B，过 O 作 OP 的垂线，这条垂线交 AB 于 Q，如图 443 所

示,求证:过 Q 且与 β 相切的两条切线中,有一条与 l 平行(这条切线记为 l').

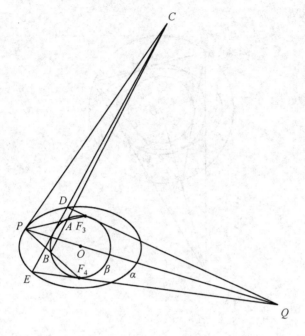

图 442

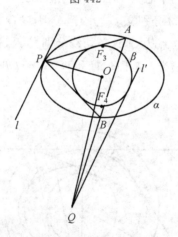

图 443

命题 444 设椭圆 α 的中心为 O,左、右焦点分别为 F_1, F_2,β,γ,δ 分别是 α 的大蒙日圆、小蒙日圆和焦点圆,δ 交 α 于 A,B,C,D 四点,过 A 且与 α 相切的直线交 β 于 M,N,过 M,N 分别作 δ 的切线,这两切线相交于 P,过 M,N 分别作 γ 的切线,这两切线相交于 Q,如图 444 所示,求证:

①O,P,Q 三点共线;

②$OP \perp MN$；

③$PM = PN$.

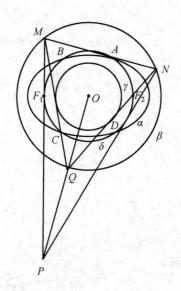

图 444

命题 445 设椭圆 α 的中心为 O，β,γ 分别是 α 的大、小蒙日圆，f_3,f_4 是 α 的上、下准线，n 是 α 的短轴，n 分别交 f_3,f_4 于 A,B，以 O 为圆心，且过 A,B 的圆记为 δ，一直线与 α 相切，切点为 C，这条切线分别交 f_3,f_4 于 D,E，过 C 作 γ 的两条切线，这两条切线分别交 β,δ 于 G,H 和 M,N，若 $OD \perp OE$，如图 445 所示，求证：$GH \parallel MN$.

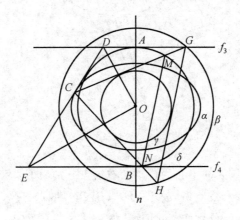

图 445

1.18

命题 446 设椭圆 β 内含于椭圆 α，$\triangle ABC$ 和 $\triangle A'B'C'$ 均外切于 β，同时，均内接于 α，AC 交 $B'C'$ 于 D，BC 交 $A'C'$ 于 E，如图 446 所示，求证：AA'，BB'，DE 三线共点（此点记为 S）.

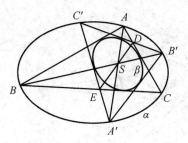

图 446

命题 447 设椭圆 β 在椭圆 α 内部，二者的中心分别为 O_1，O_2，AA'，BB' 分别是 α，β 的直径，且 $AA' \parallel BB'$，设 AB' 交 $A'B$ 于 M，AB 交 $A'B'$ 于 N，如图 447 所示，求证：

① O_1，O_2，M，N 四点共线；

② M，N 都是定点，与 AA' 的方向无关.

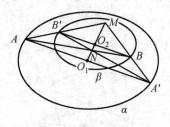

图 447

注：M，N 分别称为 α，β 的"外公心"和"内公心"（参阅本套书上册命题 1466），不论两椭圆 α，β 关系是内含、内切、相交、外切或外离，本命题的结论都是正确的.

命题 448 设椭圆 β 内含于椭圆 α，$\triangle ABC$ 内接于 α，且外切于 β，BC，

CA,AB 上的切点分别为 A',B',C',$\triangle DEF$ 的三边均与 α 相切,且使得 $DE \parallel AB$,$EF \parallel BC$,$FD \parallel CA$,EF,FD,DE 与 α 分别相切于 A'',B'',C'',设 $B''C''$ 交 $B'C'$ 于 P;$C''A''$ 交 $C'A'$ 于 Q;$A''B''$ 交 $A'B'$ 于 R,如图 448 所示,求证:

① $A'A''$,$B'B''$,$C'C''$ 三线共点(此点记为 S);

② P,Q,R 三点共线.

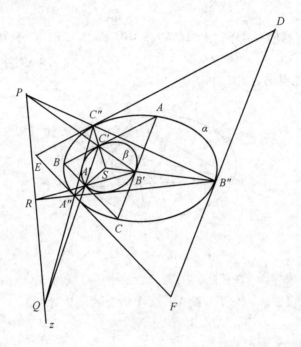

图 448

命题 449 设椭圆 α 内切于椭圆 β,切点为 A,B 是 β 上一点,过 B 作 α 的两条切线,切点依次为 P,Q,这两切线分别交 β 于 C,D,AP,AQ 分别交 β 于 E,F,CF 交 DE 于 R,如图 449 所示,求证:P,Q,R 三点共线.

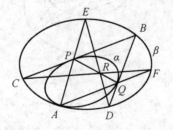

图 449

命题 450 设椭圆 α 内切于椭圆 β,切点只有一个,记为 S,过 S 且与 α,β 都相切的直线记为 t,一直线与 α 相切,且交 β 于 A,B,过 A,B 分别作 β 的切线,这

两切线依次交 t 于 C,D,AC 交 BD 于 P,过 A,D 分别作 α 的切线,这两切线交于 Q,过 B,C 也分别作 α 的切线,这两切线交于 R,如图 450 所示,求证:P,Q,R 三点共线.

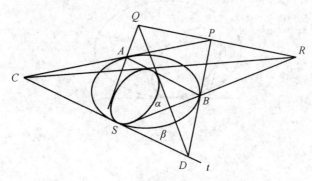

图 450

命题 451 设椭圆 β 在椭圆 α 内部,它们有且仅有一个公共点 A,一直线过 A,且分别交 α,β 于 B,C,过 B 作 α 的切线,同时,过 C 作 β 的切线,这两切线相交于 P,如图 451 所示,求证:

① 点 P 的轨迹是直线,这条直线记为 z,z 关于 α,β 的极点分别记为 O_1,O_2;

② A,O_1,O_2 三点共线.

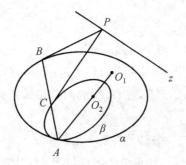

图 451

命题 452 设两椭圆 α,β 相切于 A,β 在 α 内部,过 A 且与 α,β 都相切的直线记 t,S 是 t 上的动点,过 S 分别作 α,β 的切线,切点依次为 P,Q,如图 452 所示,求证:直线 PQ 过定点(此点记为 O).

命题 453 设两椭圆 α,β 有且仅有一个公共点 A,它是 α,β 的切点,过 A 且与 α,β 都相切的直线记为 t,设 M 是 t 上的动点,过 M 分别作 α,β 的切线,切点依次记为 E,F,设两直线 l_1,l_2 都与 t 平行,且分别与 α,β 相切,切点依次为 B,C,如图 453 所示,求证:

① EF 过定点,此定点记为 Z;
② B,C,Z 三点共线.

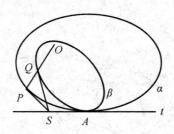

图 452

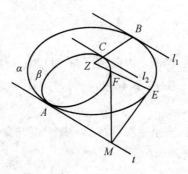

图 453

命题 454 设椭圆 β 内切于椭圆 α,切点为 A,过 A 且与 α,β 都相切的直线记为 t,一直线分别交 α,β 于 E,G 和 F,H,过这四点分别作所在椭圆的切线,其中,过 E,F 的两条切线相交于 P,过 G,H 的两条切线相交于 Q,如图 454 所示,求证:

① "点 P 在 t 上"的充要条件是"点 Q 在 t 上".
② 直线 EF 恒过一定点(此点记为 S),与 P 在 t 上的位置无关.

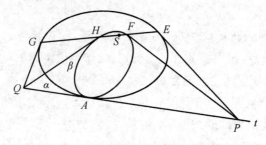

图 454

命题 455 设两椭圆 α,β 相交于两点,这两椭圆的两条公切线分别记为 l_1,l_2,一直线与 α 相切,且分别交 l_1,l_2 于 A,B,过 A,B 分别作 β 的切线,这两切线交于 D,如图 455 所示,求证:CD 过定点(此定点记为 Z),与 AB 的位置无关.

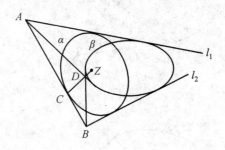

图 455

命题 456 设两椭圆 α,β 相交于 A,B 两点,α,β 的两条公切线相交于 M,在 AB 上取一点 N(N 在 α,β 外),过 N 各作 α,β 的两条切线,切点分别为 C,D 和 E,F,如图 456 所示,求证:D,E,M 三点共线,C,F,M 三点也共线.

注:本命题是本套书上册的命题 364 的"黄表示".

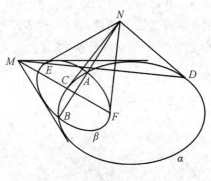

图 456

命题 457 设两椭圆 α,β 相交于 A,B 两点,α,β 的两条公切线相交于 M,一直线过 M,且分别交 α,β 于 C,D 和 E,F,过 C 作 α 的切线,同时,过 F 作 β 的切线,这两切线相交于 P,现在,过 D 作 α 的切线,同时,过 E 作 β 的切线,这两切线相交于 Q,如图 457 所示,求证:P,Q,A,B 四点共线.

命题 458 设两椭圆 α,β 相交于 A,B,过 A,B 分别作 α 的切线,这两切线相交于 P,过 A,B 分别作 β 的切线,这两切线相交于 Q,设 α,β 的两条公切线相交于 R,如图 458 所示,求证:P,Q,R 三点共线.

注:本命题源于本套书上册命题 457.2.

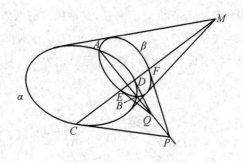

图 457

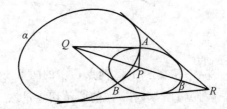

图 458

命题 459 设两椭圆 α,β 有且仅有两个交点 A,B,一直线分别交 α,β 于 E, G 和 F, H,过这四点分别作所在椭圆的切线,其中,过 E,F 的两条切线相交于 P,过 G,H 的两条切线相交于 Q,如图 459 所示,求证:"点 P 在 AB 上"的充要条件是"点 Q 在 AB 上".

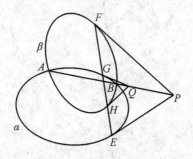

图 459

命题 460 设两椭圆 α,β 相交于 A,B,过 A,B 分别作 α 的切线,这两切线相交于 P,过 A,B 分别作 β 的切线,这两切线相交于 Q,设 α,β 的外公心为 M,内公心为 N,如图 460 所示,求证:M,N,P,Q 四点共线.

注:关于两相交椭圆的"外公心"和"内公心"请参阅本套书上册的命题 442.

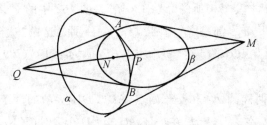

图 460

命题 461 设两椭圆 α,β 有且仅有两个交点,这两椭圆的两条公切线分别为 $l_1,l_2,l_1 \parallel l_2$,一直线与 l_1 平行,且分别交 α,β 于 A,B 和 C,D,过 A,B 分别作 α 的切线,这两切线相交于 P,过 C,D 分别作 β 的切线,这两切线相交于 Q,如图 461 所示,求证:PQ 与 AD 平行.

注:本命题源于本套书中册的命题 137(在那里,取 S 为"黄假线").

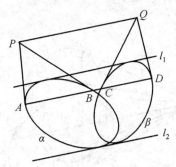

图 461

****命题 462** 设两椭圆 α,β 相交于两点,点 Z 既在 α 内部,又在 β 内部,它关于 α,β 的极线分别为 f_1,f_2,f_1 交 f_2 于 P,一直线过 Z 且分别交 f_1,f_2 于 A,B,过 A 作 α 的一条切线,同时,过 B 作 β 的一条切线,这两切线相交于 Q,现在,过 A 再作 α 的一条切线,同时,过 B 再作 β 的一条切线,这两切线相交于 R,如图 462 所示,求证:P,Q,R 三点共线.

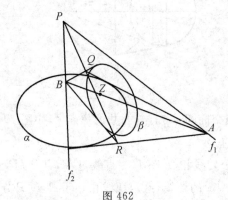

图 462

注：本命题源于本套书中册的命题 135，若将图 462 中的 Z 视为"黄假线"，那么，在"黄观点"下，α,β 都是"黄椭圆"，f_1,f_2 分别是这两"黄椭圆"的"黄中心"，AP 是"黄线段"(AQ,ZR) 的"黄中点"，BP 是"黄线段"(BQ,BR) 的"黄中点".

命题 463 设两椭圆 α,β 相交于两点，AB,CD 是 α,β 的两条公切线，A,B,C,D 都是切点，A,C 在 α 上，B,D 在 β 上，AC 交 BD 于 Z，过 Z 作 α 的两条切线，切点分别为 E,F，过 Z 作 β 的两条切线，切点分别为 G,H，过 F 作 β 的两条切线，切点依次为 K,L，如图 463 所示，求证：

① E,F,G,H 四点共线；

② K,L,Z 三点共线.

注：如果 α,β 都是圆，如图 463.1 所示，那么明显成立，所以命题 463 也明显成立.

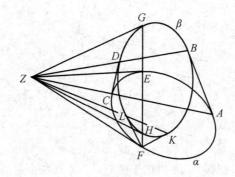

图 463

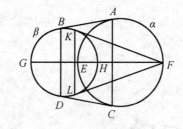

图 463.1

命题 464 设两相交椭圆 α,β 有着公共的焦点 Z，如图 464 所示，求证：Z 是 α,β 的"内公心".

注：设 α,β 的两条公切线相交于 M，一直线过 M，且分别交 α,β 于 A,B，过 A 作 α 的切线，同时，过 B 作 β 的切线，这两切线相交于 P，过 P 分别作 α,β 的切线，

切点依次为 A', B'，如图 464 所示，那么，本命题的结论等价于："A', B, Z 三点共线，且 A, B', Z 三点也共线". 请参阅本套书上册的命题 442.

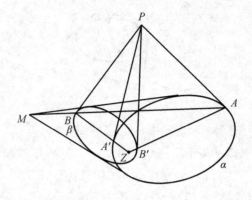

图 464

命题 465 设两椭圆 α, β 相交于两点，l_1, l_2 是 α, β 的两条公切线，A 是 α 上一动点，过 A 且与 α 相切的直线分别交 l_1, l_2 于 B, C，过 B, C 分别作 β 的切线，这两切线相交于 D，如图 465 所示，求证：

① 当 A 在 α 上变动时，直线 AD 过定点，此定点记为 Z；

② Z 是 α, β 的"内公心"（参阅本套书上册的命题 442）.

注：参阅本套书下册第 1 卷的命题 937.

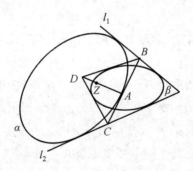

图 465

命题 466 设两椭圆 α, β 相交于两点，l_1, l_2 是 α, β 的两条公切线，A 是 l_1 上一动点，B 是 l_2 上一动点，过 A, B 分别作 α 的切线，这两切线相交于 C，过 A, B 分别作 β 的切线，这两切线相交于 D，如图 466 所示，求证：

① 当 A, B 分别在 l_1, l_2 上变动时，直线 CD 恒过一定点，此定点记为 Z；

② Z 是 α, β 的"内公心"（参阅本套书上册的命题 442）.

注：本命题源于本套书上册的命题 1465.

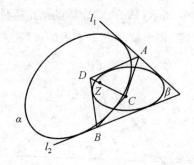

图 466

命题467 设两椭圆 α,β 相交于 A,B 两点,l_1,l_2 是 α,β 的两条公切线,l_1 与 α 相切于 P,AB 交 l_1 于 C,过 C 分别作 α,β 的切线,切点依次为 D,E,设 CE 交 l_2 于 F,过 F 作 α 的切线,且交 CD 于 G,如图 467 所示,求证:G,E,P 三点共线.

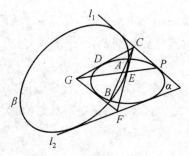

图 467

****命题468** 设两椭圆 α,β 相交于 M,N,AB,CD 是 α,β 的两条公切线,A,B,C,D 都是切点,A,C 在 α 上,B,D 在 β 上,MN 分别交 AB,CD 于 E,F,过 E 分别作 α,β 的切线,切点依次为 B',A',过 F 分别作 α,β 的切线,切点依次为 D',C',设 EA' 交 FC' 于 G,EB' 交 FD' 于 H,如图 468 所示,求证:

① 下列五条直线共点:AA',BB',CC',DD',GH,此点记为 Z;

② Z 是 α,β 的"内公心"(参阅本套书上册的命题442).

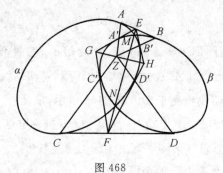

图 468

命题 469 设两椭圆 α,β 相交于 M,N,α,β 的两条公切线相交于 P,这两条公切线分别与 α,β 相切于 F,G 和 H,K,设 PM 分别交 α,β 于 Q,R,PN 分别交 α,β 于 S,T,在平面上取四点:B,C,D,E,使得 BM,CN,DQ,ES 均与 α 相切,且 BR,CT,DM,EN 均与 β 相切,最后,设 FG 交 HK 于 A,如图 469 所示,求证:

① A,B,C,D,E 五点共线,此线记为 z;

② 直线 z 是 α,β 的"外公轴".

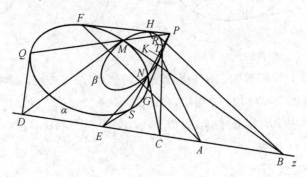

图 469

命题 470 设两椭圆 α,β 外切于 A,P 是 β 上一动点,过 P 作 α 的两条切线,切点分别为 B,C,AB,AC 分别交 β 于 D,E,DE 交 BC 于 S,如图 470 所示,求证:

① 点 S 的轨迹是直线,记为 z,z 关于 α,β 的极点分别记为 O_1,O_2;

② O_1,O_2,A 三点共线.

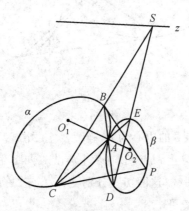

图 470

命题 471 设椭圆 α 与椭圆 β 相切,切点为 P,过 P 作 α,β 的公切线,并在其上取一点 A,过 A 分别作 α,β 的切线,切点依次为 B,C,过 C 作 α 的两条切线,这两条切线分别交 AP 于 D,E,过 D,E 分别作 β 的切线,这两条切线相交于 F,如图 471 或图 471.1 所示,求证:B,C,F 三点共线.

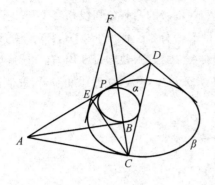

图 471　　　　　　　　图 471.1

**命题 472　设两椭圆 α,β 外离，Z 是 α 的焦点，与 Z 相应的准线为 f，β 与 f 相交于 P,Q，设 ZP,ZQ 均与 β 相切，在 α,β 的四条公切线中任选两条，分别记为 AB 和 CD，其中 AB 分别与 α,β 相切于 A,B，CD 分别与 α,β 相切于 C,D，如图 472 所示，求证：

① $\angle AZB = \angle CZD$；
② $\angle BZQ = \angle DZP$.

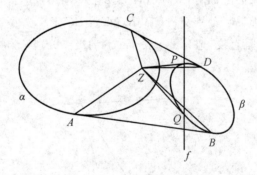

图 472

**命题 473　设椭圆 α 的中心为 Z，椭圆 β 与 α 外离，过 Z 作 β 的两条切线，切点依次为 P,Q，M 是 PQ 上一点（M 在 β 外），设两直线 l_1,l_2 彼此平行，且均与 α 相切，过 M 作 β 的两条切线，这两切线分别交 l_1,l_2 于 A,B 和 C,D，如图 473 所示，求证：AD,BC 均与 PQ 平行.

命题 474　设两椭圆 α,β 外离，AB,CD 是 α,β 的两条外公切线，A,B,C,D 都是切点，A,C 在 α 上，B,D 在 β 上，EF 是 α,β 的内公切线，E,F 都是切点，E 在 α 上，F 在 β 上，如图 474 所示，求证："$BE \parallel CF$"的充要条件是"$AF \parallel DE$".

注：本命题源于本套书下册第 1 卷的命题 910（在那里，取 PQ 为"蓝假线"）.

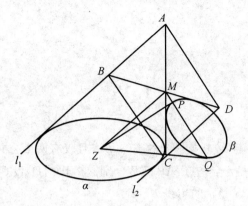

图 473

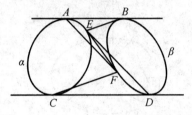

图 474

1.19

命题 475 设椭圆 α 在椭圆 β 内部,α,β 有且仅有两个公共点 A,B,这两点均为 α,β 的切点,P 是 α 上一点,AP,BP 分别交 β 于 C,D,设 CD 交 AB 于 S,如图 475 所示,求证:PS 是 α 的切线.

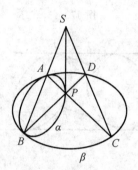

图 475

命题 476 设两椭圆 α,β 有且仅有两个公共点 A,R,它们都是 α,β 的切点,过 A 且与 α,β 都相切的直线记为 t,设 M 是 t 上一点,过 M 分别作 α,β 的切线,切点依次记为 E,F,如图 476 所示,求证:E,F,R 三点共线.

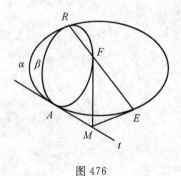

图 476

注:图476是"红、黄自对偶图形",其自对偶关系如下:

α,β β,α
t R
M EF
E,F ME,MF

命题477 设椭圆β在椭圆α的内部,二者有且仅有两个公共点A,B,这两点都是α,β的切点,过A,B分别作α,β的公切线,这两公切线相交于P,C,D是AB上两点(C,D都在α外),过C作α的一条切线,同时,过D作β的一条切线,这两切线相交于Q,现在,过C再作α的一条切线,同时,过D再作β的一条切线,这两切线相交于R,如图477所示,求证:P,Q,R三点共线.

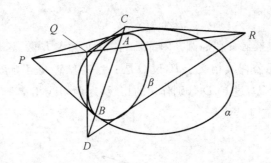

图 477

命题478 设椭圆β在椭圆α内部,二者有且仅有两个公共点A,B,这两点都是α,β的切点,过A,B分别作α,β的公切线,这两公切线相交于P,C,D两点分别在PA,PB上,过C,D分别作α的切线,这两切线相交于Q,过C,D分别作β的切线,这两切线相交于R,如图478所示,求证:P,Q,R三点共线.

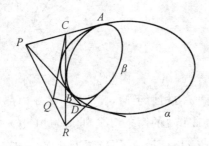

图 478

命题 479 设椭圆 β 在椭圆 α 内部,二者有且仅有两个公共点 A,B,这两点都是 α,β 的切点,过 A,B 分别作 α,β 的公切线,这两公切线相交于 C,F 是 β 的焦点,f 是与 F 相对应的准线,f 交 α 于 D,E,过 D,E 分别作 α 的切线,这两切线相交于 G,如图 479 所示,求证:C,F,G 三点共线.

注:本命题是本套书上册的命题 399 的"黄表示".

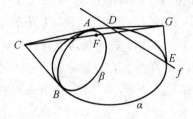

图 479

命题 480 设椭圆 α 在椭圆 β 内部,二者相切于 A,B 两点,过 A,B 分别作 α,β 的公切线,这两公切线相交于 P,设 Q 是 β 上一点,过 Q 且与 β 相切的直线分别交 PA,PB 于 C,D,过 C,D 分别作 α 的切线,这两切线相交于 R,如图 480 所示,求证:P,Q,R 三点共线.

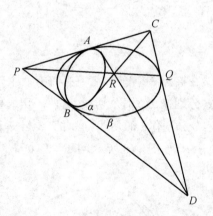

图 480

命题 481 设两椭圆 α,β 相切于 M,N 两点,β 在 α 内部,A,C 两点均在 MN 上(这两点都在 α 外),过 A 作 β 的两条切线,同时,过 C 作 α 的两条切线,这四条切线构成完全四边形 $ABCD-EF$,设 BD 交 EF 于 P,如图 481 所示,求证:PM,PN 都是 α,β 的公切线.

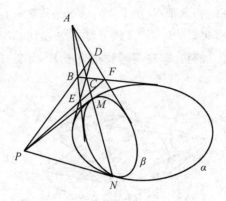

图 481

命题 482 设两椭圆 α,β 相切于 A,B 两点,β 在 α 内部,C,D 是 α 上两点,AC,BD 分别交 β 于 E,F,如图 482 所示,求证:AB,CD,EF 三线共点(此点记为 S).

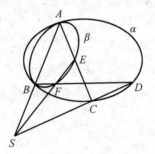

图 482

****命题 483** 设两椭圆 α,β 相切于 A,B 两点,β 在 α 内部,C,D,C',D',P 是 α 上五点,CD 与 β 相切,PC,PD 分别交 AB 于 M,N,MC' 交 ND' 于 P',如图 483 所示,求证:P' 在 α 上.

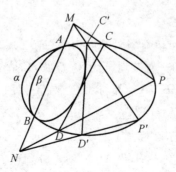

图 483

****命题 484** 设两椭圆 α,β 相切于 A,B 两点,β 在 α 内部,过 A,B 分别作

α,β 的公切线,这两公切线相交于 S,直线 l 与 β 相切,P 是 α 上一点,过 P 作 β 的两条切线,这两切线分别交 l 于 C,D,直线 l' 也与 β 相切,且分别交 SC,SD 于 C',D',过 C',D' 分别作 β 的切线,这两切线相交于 P',如图 484 所示,求证:P' 在 α 上.

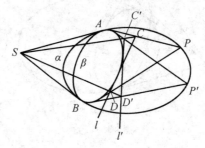

图 484

命题 485 设两椭圆 α,β 有着公共的中心 O,β 在 α 内部,β 与 α 相切于 A,B 两点,AB 和 $A'B'$ 是 α 的一对共轭直径,设 M,N 是 β 上两点,P,Q 是 α 上两点,MP 和 NQ 均与 $A'B'$ 平行,如图 485 所示,求证:

① $A'B'$ 的方向与 AB 的方向关于 β 也是共轭的;

② "OM 的方向与 ON 的方向关于 β 共轭" 的充要条件是 "OP 的方向与 OQ 的方向关于 α 共轭".

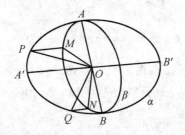

图 485

命题 486 设两椭圆 α,β 有着公共的中心 O,β 在 α 内部,β 与 α 相切于 A,B 两点,AB 和 $A'B'$ 是 α 的一对共轭直径,C,D,E,F 是 α 上四点,C',D',E',F' 是 β 上四点,若 CC',DD',EE',FF' 都与 $A'B'$ 平行,如图 486 所示,求证:"$CF \mathbin{/\mkern-6mu/} DE$" 的充要条件是 "$C'F' \mathbin{/\mkern-6mu/} D'E'$".

命题 487 设椭圆 β 在椭圆 α 内部,二者相切于 A,B,过 A,B 分别作 α,β 的公切线,这两公切线相交于 P,设 M,N 两点分别在 PA,PB 上,过 M,N 分别作 α 的切线,这两切线相交于 Q,过 M,N 分别作 β 的切线,这两切线相交于 R,如图 487 所示,求证:P,Q,R 三点共线.

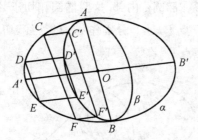

图 486

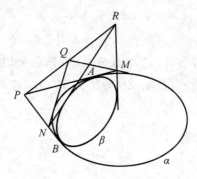

图 487

命题 488　设椭圆 β 在椭圆 α 内部,且与 α 相切于 A,B,过 A,B 分别作 α, β 的公切线,这两公切线相交于 O,设 M 是 AB 上一点(M 在 α 外),过 M 作 α 的两条切线,切点分别为 P,Q,过 M 作 β 的两条切线,切点分别为 R,S,如图 488 所示,求证:O,P,Q,R,S 五点共线.

注:图 488 是"红、黄自对偶图形".

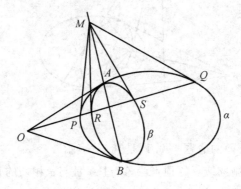

图 488

253

命题 489 设椭圆 β 在椭圆 α 内部,这两椭圆相切于 A,C 两点,过 A 作 α, β 的公切线,并在其上取一点 P,过 P 分别作 α,β 的切线,切点依次为 E,F,如图 489 所示,求证:E,F,C 三点共线.

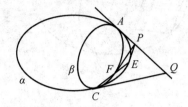

图 489

命题 490 设 Z 是椭圆 α 的焦点,f 是与 Z 对应的准线,椭圆 β 过 Z,且与 α 相切于 A,B 两点,AB 交 f 于 S,过 A,B 分别作 α,β 的公切线,这两公切线相交于 T,过 S 作 β 的切线,切点为 P,设 SP 分别交 AT,BT 于 C,D,如图 490 所示,求证:

① ZS 与 β 相切;

② $ZS \perp ZT$;

③ $\angle AZP = \angle BZP$;

④ T,Z,P 三点共线;

⑤ $\angle AZC = \angle BZD$.

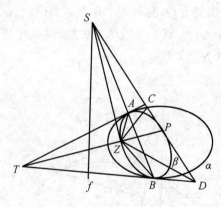

图 490

注:本命题源于下面的命题 490.1,是其"黄表示".

命题 490.1 设抛物线 α 的顶点为 A,过 A 且与 α 相切的直线记为 l,圆 O 与 α 相切于 B,C,过 B,C 分别作 α 的切线,这两切线相交于 P,如图 490.1 所示,求证:

①OP 是 α 的对称轴；
②$BC \perp OP$；
③$\angle BPO = \angle CPO$；
④l 与 BC 平行；
⑤$\angle BAO = \angle CAO$.

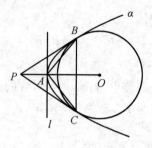

图 490.1

命题 491　设椭圆 α 的中心为 O_1，Z 是 α 的焦点，f 是与 Z 对应的准线，α 内切于圆 β，切点为 A，B，β 的圆心记为 O_2，AB 交 f 于 M，过 A，B 分别作 α，β 的切线，这两切线相交于 P，过 M 且与 ZP 平行的直线记为 l，ZA，ZB 分别交 l 于 C，D，PA，PB 分别交 l 于 E，F，如图 491 所示，求证：
①$ZP \perp ZO_2$；
②O_2，Z，M 三点共线；
③$MC = MD$；
④$ME = MF$.

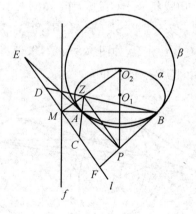

图 491

注:本命题的图491是自对偶图形,对偶关系如下:

α, β	β, α
O_1, O_2	f, l
A, B	PA, PB
P	AB
M	$O_1 O_2$
C, D	AP, BP
E, F	AO_2, BO_2

命题492 设 Z 是椭圆 α 的焦点,f_1 是与 Z 对应的准线,α 内切于椭圆 β,切点为 A, B,设 Z 关于 β 的极线为 f_2,如图492所示,求证:AB, f_1, f_2 三线共点.

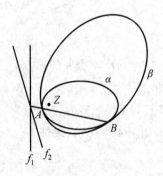

图 492

命题493 设椭圆 β 在椭圆 α 内部,这两椭圆相切于 M, N 两点,过 M, N 分别作 α, β 的公切线,这两公切线相交于 O,过 O 作 α, β 的两条割线,其中一条分别交 α, β 于 A, B 和 C, D,另一条分别交 α, β 于 A', B' 和 C', D',设 AC' 交 BD' 于 P,$A'C$ 交 $B'D$ 于 Q,$A'D$ 交 $B'C$ 于 R,如图493所示,求证:P, Q, R 均在 MN 上.

注:本命题源于本套书上册的命题393.

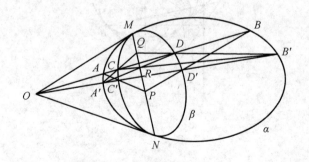

图 493

命题 494 设椭圆 β 在椭圆 α 内部,这两椭圆相切于 M,N 两点,过 M,N 分别作 α,β 的公切线,这两公切线相交于 O,过 O 作 α,β 的两条割线,其中一条分别交 α,β 于 A,B 和 C,D,另一条分别交 α,β 于 A',B' 和 C',D',如图 494 所示,求证:在下列四组点中(每组含三个点):$(A,C',N),(A',C,M),(B,D',N),(B',D,M)$,只要有一组的三点共线,那么,其余三组中的三点也共线.

注:本命题源于本套书上册的命题 393.

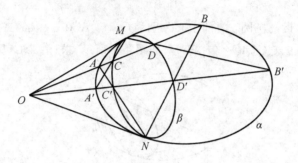

图 494

命题 495 设椭圆 α 的中心为 O,椭圆 β 在 α 内部,二者有两个切点,O 在 β 外,过 O 作 β 的两条切线,切点分别为 A,B,设 AB 交 α 于 C,D,如图 495 所示,求证:$AC=BD$.

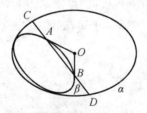

图 495

命题 496 设两椭圆 α,β 的中心分别为 O_1,O_2,β 在 α 内部,二者有两个切点 A,B,O_1O_2 交 AB 于 M,一直线与 AB 平行,且分别交 α,β 于 C,D 和 E,F,如图 496 所示,求证:

① M 是 AB 的中点;

② $CE=DF$.

注:本命题明显成立,因为在"特殊蓝几何"的观点下,可以把 β 看成"蓝圆",α 看成"蓝椭圆",所以说"明显成立".当然,也可以倒过来理解:视 α 为"蓝圆",β 为"蓝椭圆",那么,本命题仍然"明显成立".类似的现象也发生在本套书上册的命题 390 中.

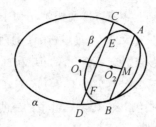

图 496

命题 497 设两椭圆 α,β 的中心分别为 O_1,O_2,β 在 α 内部,二者有两个切点 A,B,AO_1 交 α 于 C,AO_2 交 β 于 D,如图 497 所示,求证:B,C,D 三点共线.

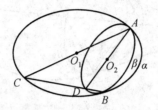

图 497

**命题 498 设椭圆 α 的中心为 Z,α 在椭圆 β 的内部,且与 β 相切于 A,B,过 A,B 分别作 α,β 的公切线,这两公切线相交于 P,过 P 作 AB 的平行线,并在此线上取一点 C,过 C 作 α 的两条切线,切点依次为 D,E,现在,过 C 作 β 的两条切线,切点依次为 F,G,设 DE 交 FG 于 Q,如图 498 所示,求证:

① P,Q,Z 三点共线;

② Q 在 AB 上;

③ $AQ=BQ$.

注:本命题源于本套书中册的命题 159,是其"黄表示".

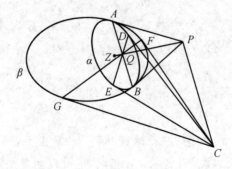

图 498

命题 499　设椭圆 α 在椭圆 β 内部，且与 β 相切于 A,B，过 A,B 分别作 α，β 的公切线，这两公切线相交于 P，在 PA 上取两点 C,D，在 PB 上取两点 E,F，设 CF 交 DE 于 Z，CE 交 DF 于 G，在 GP 上取一点 K，过 K 作 α 的两条切线，这两切线上的切点分别记为 M,N，过 K 作 β 的两条切线，这两切线上的切点分别记为 M',N'，设 MN 交 $M'N'$ 于 Q，如图 499 所示，求证：

① P,Q,Z 三点共线；

② A,B,Q 三点也共线。

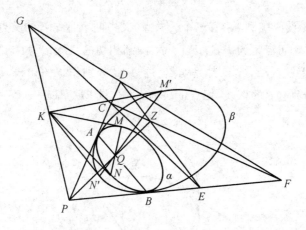

图 499

注：本命题源于本套书中册的命题 159，是其"黄表示"。这两个命题的对偶关系如下：

命题 159	命题 499
无穷远直线	Z
M,N	PA,PB
O	GP
A,B,C,D	KM,KN,KM',KN'
P,Q	$MN,M'N'$
PQ	Q

命题 500　设两椭圆 α,β 有且仅有三个公共点，其中一个记为 A，它是 α,β 的切点，另两个都是 α,β 的交点，过 A 且与 α,β 都相切的直线记为 t，设 α,β 的另两条切线交于 B，一直线过 B，且分别交 α,β 于 C,D，过 C 作 α 的切线，同时，过 D 作 β 的切线，这两切线交于 P，如图 500 所示，求证：点 P 在 t 上。

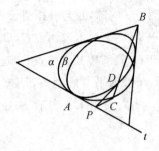

图 500

命题 501 设两椭圆 α,β 有三个公共点,其中两个是二者的交点,第三个是二者的切点,这个切点记为 P,过 P 且与 α,β 都相切的直线记为 t,AB,CD 是 α,β 的另两条公切线,A,B,C,D 都是切点,过 A,B 分别作 α 的切线,切点依次为 E,G,过 C,D 分别作 β 的切线,切点依次为 F,H,设 EF 交 GH 于 S,如图 501 所示,求证:S 在 t 上.

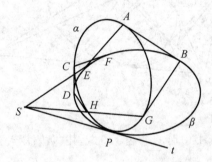

图 501

命题 502 设两椭圆 α,β 有且仅有三个公共点,其中有一个是这两个椭圆的切点,此点记为 A,过 A 且与 α,β 都相切的直线记为 t,α,β 的另外两公切线相交于 R,设 M 是 t 上一点,过 M 分别作 α,β 的切线,切点依次记为 E,F,如图 502 所示,求证:E,F,R 三点共线.

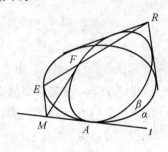

图 502

命题 503　设两椭圆 α,β 有且仅有三个公共点 A,B,C，其中 B,C 是 α,β 的交点，A 则是 α,β 的切点，一直线过 A，且分别交 α,β 于 D,E，过 D 作 α 的切线，同时，过 E 作 β 的切线，这两切线相交于 P，如图 503 所示，求证：P 在 BC 上。

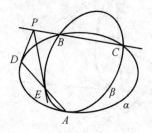

图 503

命题 504　设两椭圆 α,β 有且仅有三个公共点 A,B,C，其中 A 是 α,β 的切点，B,C 都是 α,β 的交点，α,β 的三条公切线构成 $\triangle DEF$，A 在 EF 上，设 M 是 AB 上一点（M 在 α 外），过 M 作 α 的两条切线，切点分别为 P,Q，过 M 作 β 的两条切线，切点分别为 R,S，如图 504 所示，求证：有四次三点共线，它们分别是：$(S,P,E),(Q,R,E),(S,Q,F),(P,R,F)$。

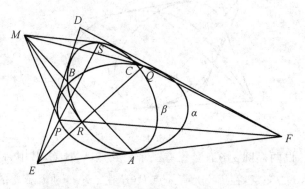

图 504

命题 505　设两椭圆 α,β 有且仅有三个公共点 A,B,C，其中 A 是 α,β 的切点，B,C 都是 α,β 的交点，α,β 的三条公切线构成 $\triangle DEF$，A 在 EF 上，一直线过 E，且分别交 α,β 于 P,Q 和 R,S，过 Q 作 α 的切线，同时，过 S 作 β 的切线，这两切线相交于 M，过 P 作 α 的切线，同时，过 R 作 β 的切线，这两切线相交于 N，如图 505 所示，求证：M,N 两点均在直线 AC 上。

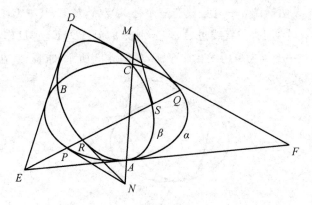

图 505

命题 506 设两椭圆 α,β 有且仅有三个公共点 A,B,C，其中 A 是 α,β 的切点，B,C 都是 α,β 的交点，过 A 作 α,β 的公切线，这条公切线交 BC 于 P，α,β 的另外两条公切线相交于 D，设 AD 分别交 α,β 于 E,F，如图 506 所示，求证：PE 与 α 相切，且 PF 与 β 相切.

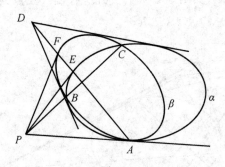

图 506

命题 507 设两椭圆 α,β 有且仅有三个公共点 A,B,C，其中 A 是 α,β 的切点，B,C 都是 α,β 的交点，在 BC 上有一点 P（P 在 α 外），过 P 作 α 的两条切线，切点依次为 D,E，过 P 作 β 的两条切线，切点依次为 F,G，如图 507 所示，求证：

① F,D,A 三点共线，E,G,A 三点也共线；

② BC,DE,FG 三线共点（此点记为 Q）.

命题 508 设两椭圆 α,β 有且仅有三个公共点 A,B,C，其中 C 是 α,β 的切点，A,B 都是 α,β 的交点，一直线分别交 α,β 于 E,G 和 F,H，过这四点分别作所在椭圆的切线，其中，过 E,F 的两条切线相交于 P，过 G,H 的两条切线相交于 Q，如图 508 所示，求证："点 P 在 AB 上" 的充要条件是 "点 Q 在 AB 上".

注：本命题的结论也可以是："点 P 在 BC 上" 的充要条件是 "点 Q 在 BC 上"，如图 508.1 所示.

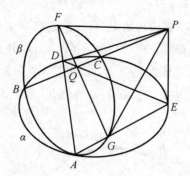

图 507

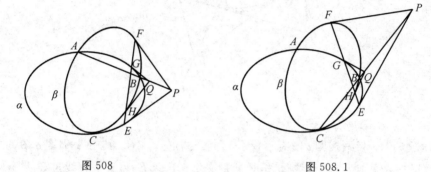

图 508 图 508.1

命题 509 设两椭圆 α,β 有且仅有三个公共点 A,B,D,其中 B 是 α,β 的切点,A,D 都是 α,β 的交点,过 B 且与 α,β 都相切的直线记为 t,α,β 的另外两条公切线分别与 α,β 相切于 A_1,A_2 和 D_1,D_2,如图 509 所示,求证:

① AD,A_1D_1,A_2D_2 三线共点,此点记为 M;

② M 在 t 上.

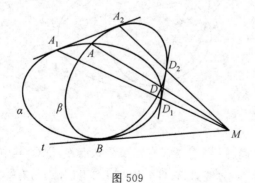

图 509

命题 510 设两椭圆 α,β 有且仅有三个公共点,其中有一个是 α,β 的切点,此点记为 P,过 P 且与 α,β 相切的直线记为 t,α,β 还有两条公切线,分别记为 l_1,l_2,$l_1 \parallel l_2$,设两直线 l_3,l_4 都与 α 相切,且 $l_3 \parallel l_4$,l_3,l_4 分别交 t 于 A,B,过 A,B 分别作 β 的切线,这两切线依次记为 l_5,l_6,如图 510 所示,求证:$l_5 \parallel l_6$.

注:本命题源于本套书中册的命题 152(在那里,取 S 为"黄假线").

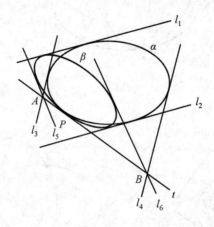

图 510

命题 511 设两椭圆 α,β 有且仅有三个公共点 A,B,C,其中 A,B 是 α,β 的交点,C 是 α,β 的切点,一直线过 A,且分别交 α,β 于 D,E,另有一直线过 C,且分别交 α,β 于 F,G,设 EG 交 DF 于 M,如图 511 所示,求证:B,C,M 三点共线.

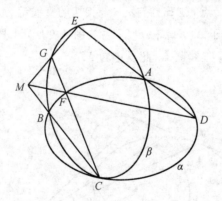

图 511

命题 512 设两椭圆 α,β 有且仅有三个公共点 A,B,C,其中 A,B 是 α,β 的交点,C 是 α,β 的切点,一直线过 A,且分别交 α,β 于 D,E,另有一直线过 B,且分别交 α,β 于 F,G,设 EG 交 DF 于 M,如图 512 所示,求证:直线 CM 是 α,β 的公

切线.

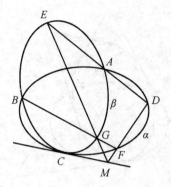

图 512

命题 513 设两椭圆 α,β 有且仅有三个公共点,其中有一个是 α,β 的切点,此点记为 S,另两个都是 α,β 的交点,作 α,β 的三条公切线,它们构成 $\triangle ABC$,S 在 BC 上,设 P,Q 分别是 BC,AC 上的点,过 P,Q 分别作 α 的切线,这两切线相交于 D,现在,过 P,Q 分别作 β 的切线,这两切线相交于 E,如图 513 所示,求证:B,D,E 三点共线.

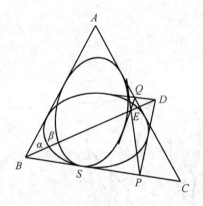

图 513

命题 514 设两椭圆 α,β 有且仅有三个公共点,其中有一个是 α,β 的切点,此点记为 S,另两个都是 α,β 的交点,作 α,β 的三条公切线,它们构成 $\triangle ABC$,S 在 BC 上,设 P,Q 分别是 AB,AC 上的点,过 P,Q 分别作 α 的切线,这两切线相交于 D,现在,过 P,Q 分别作 β 的切线,这两切线相交于 E,如图 514 所示,求证:S,D,E 三点共线.

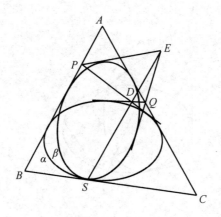

图 514

命题 515 设两椭圆 α,β 有且仅有三个公共点 G,S,S',其中 G 是 α,β 的切点,S,S' 都是 α,β 的交点,α,β 的三条公切线构成 $\triangle EMN$,如图 515 所示,过 M 作一直线,该直线分别交 α,β 于 A,A' 和 B,B',过这四点分别作它们所在椭圆的切线,所得四条切线两两相交于 P,P',Q,Q',过 P 分别作 α,β 的切线,切点依次记为 A'',B'',求证:

① P,P' 都在直线 SG 上;

② Q,Q' 都在直线 $S'G$ 上;

③ A,B'',N 三点共线,A'',B,N 三点也共线.

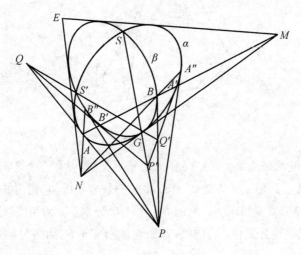

图 515

命题 516 设两椭圆 α,β 有且仅有三个公共点 N,S,T,其中 N 是 α,β 的切点,S,T 都是 α,β 的交点,α,β 的三条公切线构成 $\triangle MEG$,如图 516 所示,过 M 作

一直线,该直线分别交 α,β 于 A,A' 和 B,B',过这四点分别作它们所在椭圆的切线,所得四条切线两两相交于 P,P',Q,Q',过 P 分别作 α,β 的切线,切点依次记为 A'',B'',求证:

①P,P' 都在直线 ST 上;

②Q,Q' 都在直线 EG 上;

③A,B'',N 三点共线,A'',B,N 三点也共线.

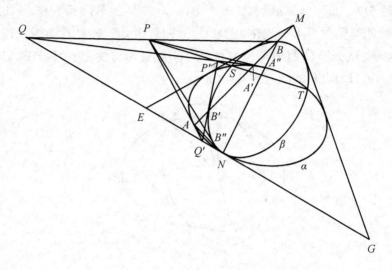

图 516

1.20

命题 517 设两椭圆 α,β 相交于 A,B,C,D 四点,过 A,B 分别作 α 的切线,这两切线交于 E;过 C,D 分别作 α 的切线,这两切线交于 F;过 D,A 分别作 β 的切线,这两切线交于 G;过 B,C 分别作 β 的切线,这两切线交于 H,如图 517 所示,求证:AC,BD,EF,GH 四线共点(此点记为 O).

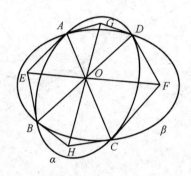

图 517

命题 518 设两椭圆 α,β 相交于四点 A,B,C,D,AC 交 BD 于 O,一直线过 O,且分别交 α,β 于 E,H,F,G,如图 518 所示,求证:在过 O 的直线中,存在且仅存在一条直线,使得 $EF=GH$.

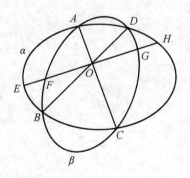

图 518

命题 519 设两椭圆 α,β 相交于 A,B,C,D 四点,α,β 的四条公切线构成四边形 $PQRS$,M 是 AB 上一点(M 在 α 外),过 M 分别作 α,β 的切线,切点依次为

E, F,如图 519 所示,求证:E, F, R 三点共线.

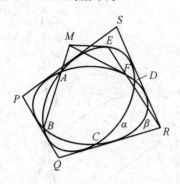

图 519

注:图 519 是红、黄自对偶图形,其自对偶关系如下:

命题 519	命题 519
A, B, C, D	QR, RS, SP, PQ
P, Q, R, S	CD, DA, AB, BC
AB	R
M	EF
ME, MF	F, E

命题 520 设两椭圆 α, β 相交于四点,它们的四条公切线分别为 $AB, CD, A'B', C'D'$,这里 $A, B, C, D, A', B', C', D'$ 都是切点,如图 520 所示,求证:AA', BB', CC', DD' 四线共点(此点记为 S).

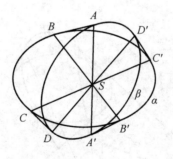

图 520

命题 521 设两椭圆 α, β 相交于 A, B, C, D 四点,AC 交 BD 于 O,过 A, B, C, D 四点分别作 α 的切线,这四条切线构成四边形 $PQRS$,现在,过 A, B, C, D 四点分别作 β 的切线,这四条切线构成四边形 $P'Q'R'S'$,α, β 的四条公切线构成四边形 $EFGH$,如图 521 所示,求证:有两次七点共线,它们是:$(E, G, P, P', R, R', O), (F, H, Q, Q', S, S', O)$.

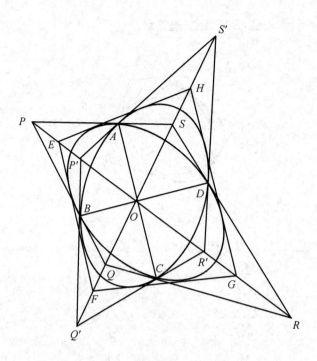

图 521

命题 522 设两椭圆 α,β 相交于四点，$AB,CD,A'B',C'D'$ 都是 α,β 的公切线，A,B,C,D,A',B',C',D' 都是切点，如图 522 所示，设 AB 交 $C'D'$ 于 P，$A'B'$ 交 CD 于 Q，求证：

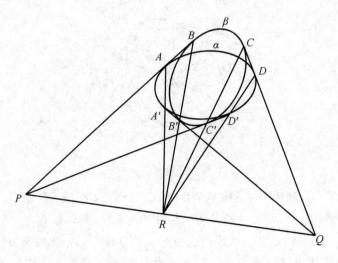

图 522

①AA',BB',CC',DD' 四线共点,此点记为 R;

②R 在直线 PQ 上.

注:还可以增加两个结论:

③AD,BC,$A'D'$,$B'C'$ 四线共点,此点记为 S;

④S 也在直线 PQ 上.

命题 523 设两椭圆 α,β 相交于 A,B,C,D 四点,过 A,C 分别作 α 的切线,这两切线与过 D 且与 β 相切的直线交于 G,F,现在,过 A,C 分别作 β 的切线,这两切线与过 D 且与 α 相切的直线交于 E,H,如图 523 所示,求证:AC,EF,GH 三线共点(此点记为 S).

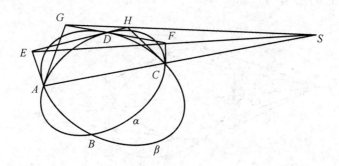

图 523

** **命题 524** 设两椭圆 α,β 相交于 A,B,C,D 四点,P 是 AC 上一点(P 在 α,β 外),过 P 分别作 α,β 的切线,切点依次为 E,E' 和 F,F',设 EF 分别交 α,β 于 G,H,$E'F'$ 分别交 α,β 于 G',H',过 G,G' 分别作 α 的切线,同时,过 H,H' 分别作 β 的切线,如图 524 所示,求证:

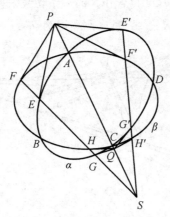

图 524

① 这四条切线共点,此点记为 Q;

② Q 在 AC 上;

③ $AC, EF, E'F'$ 三线共点(此点记为 S).

**命题 525 设两椭圆 α, β 相交于四点,在 α, β 的四条公切线中选出两条不相邻的,设它们相交于 M,一直线过 M,且分别交 α, β 于 A, A' 和 B, B',过 A 作 α 的切线,同时,过 B 作 β 的切线,这两切线相交于 P,过 A' 作 α 的切线,同时,过 B' 作 β 的切线,这两切线相交于 Q,现在,过 P 分别作 α, β 的切线,切点依次为 C, D,过 Q 分别作 α, β 的切线,切点依次为 C', D',如图 525 所示,求证:

① M, P, Q 三点共线;

② C, D, C', D', M 五点共线.

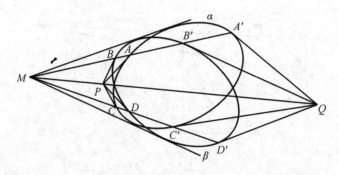

图 525

**命题 526 设两椭圆 α, β 相交于 A, B, C, D 四点,M, N 两点分别在 AD,BC 上(M, N 均在 α, β 外),过 M, N 各作 α 的一条切线,这两切线相交于 P,过 M, N 再各作 α 的一条切线,这两切线相交于 Q,现在,过 M, N 各作 β 的一条切线,这两切线相交于 R,过 M, N 再各作 β 的一条切线,这两切线相交于 S,如图 526 所示,求证:PQ, RS, MN 三线共点(此点记为 T).

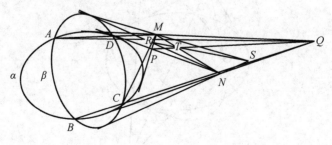

图 526

命题 527　设两椭圆 α,β 相交于四点，α,β 的四条公切线构成四边形 $ABCD$，O 是 α,β 外一点，OA 分别交 α,β 于 E,F 和 G,H，OC 分别交 α,β 于 E',F' 和 G',H'，设 EE' 交 FF' 于 P，GG' 交 HH' 于 Q，如图 527 所示，求证：O,P,Q 三点共线.

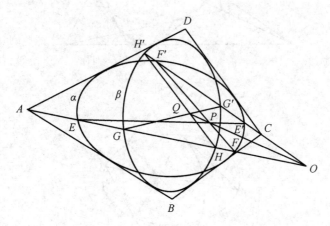

图 527

命题 528　设两椭圆 α,β 相交于 A,B,C,D 四点，一直线过 A，且分别交 α,β 于 E,F，另一直线过 C，且分别交 α,β 于 G,H，如图 528 所示，求证：EG,FH,BD 三线共点（此点记为 S）.

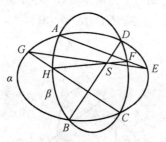

图 528

命题 529　设两椭圆 α,β 相交于四点，它们的四条公切线构成四边形 $ABCD$，AD 交 BC 于 P，设 M,N 两点分别在 AB,CD 上，过 M,N 分别作 α 的切线，这两切线相交于 Q，现在，过 M,N 分别作 β 的切线，这两切线相交于 R，如图 529 所示，求证：P,Q,R 三点共线.

命题 530　设两椭圆 α,β 相交于 A,B,C,D 四点，AC 交 BD 于 O，一直线过 O，且交 α 于 P,Q，如图 530 所示，求证："AP 与 β 相切"的充要条件是"CQ 与 β 相切".

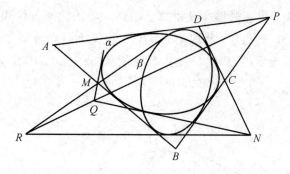

图 529

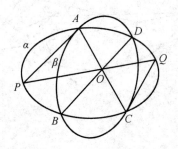

图 530

命题 531 设两椭圆 α,β 相交于四点,它们的四条公切线构成完全四边形 $ABCD-PQ$,设 AB,CD 分别与 α 相切于 E,F,过 E,F 分别作 β 的切线,这两切线相交于 R,如图 531 所示,求证:P,Q,R 三点共线.

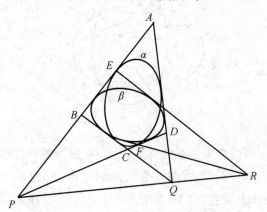

图 531

命题 532 设两椭圆 α,β 相交于 A,B,C,D 四点,AC 交 BD 于 O,一直线过 O,且交 α 于 E,F,交 β 于 G,H,过 E 作 α 的切线,同时,过 G 作 β 的切线,这两切

线相交于 P，过 F 作 α 的切线，同时，过 H 作 β 的切线，这两切线相交于 Q，如图 532 所示，求证：O,P,Q 三点共线.

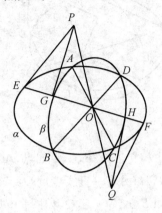

图 532

命题 533 设两椭圆 α,β 相交于四点，它们的四条公切线构成完全四边形 $ABCD-PQ$，M 是 PQ 上一点，过 M 作 α 的两条切线，切点分别为 E,F，过 M 作 β 的两条切线，切点分别为 G,H，设 EG 交 FH 于 N，如图 533 所示，求证：N 在 PQ 上.

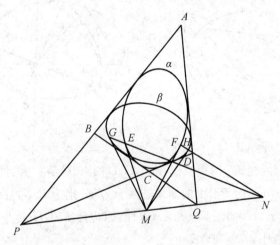

图 533

命题 534 设两椭圆 α,β 相交于 A,B,C,D 四点，AC 交 BD 于 O，一直线过 O，且分别交 α,β 于 E,F 和 G,H，另有一直线也过 O，且分别交 α,β 于 E',F' 和 G',H'，如图 534 所示，求证：在四条直线 EE',FF',GG',HH' 中，只要某两条平行，就必然四条直线彼此都平行.

275

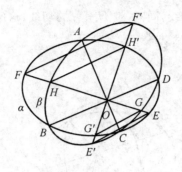

图 534

命题 535 设两椭圆 α,β 相交于 A,B,C,D 四点,AC 交 BD 于 O,一直线过 O,且分别交 α,β 于 E,F 和 G,H,另有一直线也过 O,且分别交 α,β 于 E',F' 和 G',H',设 FF' 交 HH' 于 P,EE' 交 GG' 于 Q,如图 535 或图 535.1 所示,求证:O,P,Q 三点共线.

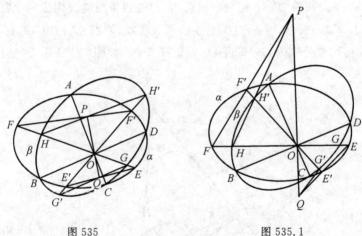

图 535   图 535.1

命题 536 设两椭圆 α,β 相交于 A,B,C,D 四点,O 是 α,β 共同的中心,P 是 AC 上一点(P 在 α 外),过 P 作 α 的两条切线,切点分别为 E,G,过 P 作 β 的两条切线,切点分别为 F,H,如图 536 所示,求证:四边形 $EFGH$ 是平行四边形,且这个平行四边形的中心 M 在 AC 上.

命题 537 设两椭圆 α,β 相交于四点,O 是 α,β 共同的中心,直线 l 是 α,β 的一条公切线,直线 AB 与 l 平行,且分别交 α,β 于 A,B 和 C,D,过 A 作 α 的切线,同时,过 C 作 β 的切线,这两切线相交于 P,再过 B 作 α 的切线,同时,过 D 作 β 的切线,这两切线相交于 Q,如图 537 所示,求证:O,P,Q 三点共线.

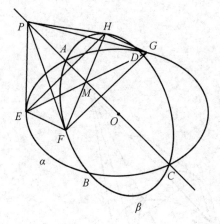

图 536

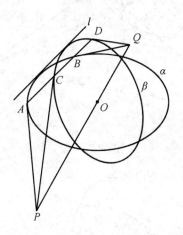

图 537

命题 538 设两椭圆 α,β 相交于 A,B,C,D 四点，AC 交 BD 于 O，P 是 AC 上一点（P 在 α 外），过 P 作 α 的两条切线，切点分别为 E,F，过 P 作 β 的两条切线，切点分别为 G,H，设 EG 交 FH 于 S，EH 交 FG 于 T，记直线 ST 为 z，如图 538 所示，求证：

① S,T 都是定点，与 P 在 AC 上（或 P 在 BD 上）的位置无关；

② 直线 z 是 O 关于 α,β 的极线.

命题 539 设两椭圆 α,β 相交于 E,F,G,H 四点，EG 交 FH 于 O，O 关于 α 的极线为 z，直线 AB 过 O，且分别交 α,β 于 A,B 和 C,D，AB 交 z 于 S，如图 539 所示，求证：

① $\dfrac{OA}{SA} = \dfrac{OB}{SB}$;

② $\dfrac{OC}{SC} = \dfrac{OD}{SD}$.

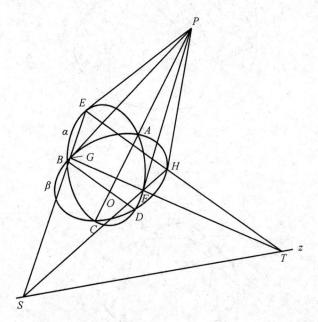

图 538

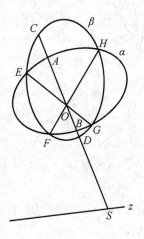

图 539

**命题 540 设两椭圆 α, β 相交于四点，Z 是这四个交点之一，在 Z 处，α 的切线 l 与 β 的切线 m 互相垂直，α, β 的四条公切线构成完全四边形 $ABCD - EF$，如图 540 所示，求证：

① $\angle AZB$ 与 $\angle CZD$ 互补，$\angle AZD$ 与 $\angle BZC$ 互补；

② $\angle BZE = \angle DZF$.

注：本命题源于本套书上册的命题 794.

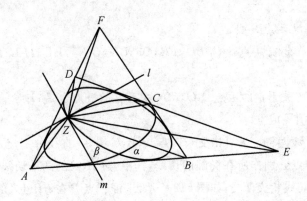

图 540

命题 541 设两椭圆 α,β 相交于四点 P,Q,R,S,α,β 的四条公切线构成完全四边形 $ABCD-EF$, AC 交 BD 于 O, AB,BC,CD,DA 分别与 α 相切于 G,H,K,L, AB,BC,CD,DA 分别与 β 相切于 G',H',K',L', 如图 541 所示，求证：

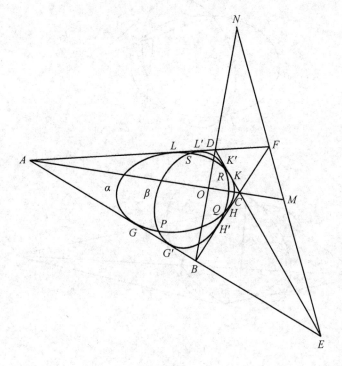

图 541

① 下列八条直线共点:$AC,PQ,RS,GH,G'H',KL,K'L',EF$,这个公共点记为 M;

② 下列八条直线共点:$BD,PS,QR,GL,G'L',HK,H'K',EF$,这个公共点记为 N;

③ E,F,M,N 四点共线;

④ 下列八条直线共点:$AC,BD,PR,QS,GK,G'K',HL,H'L'$,这个公共点是 O;

⑤ 直线 MN 关于 α 的极点是 O,MN 关于 β 的极点也是 O.

注:本命题明显成立.

命题 542 设两椭圆 α,β 相交于四点 A,B,C,D,一直线分别交 α,β 于 E,G 和 F,H,过这四点分别作所在椭圆的切线,其中,过 E,F 的两条切线相交于 P,过 G,H 的两条切线相交于 Q,如图 542 所示,求证:"点 P 在 AB 上"的充要条件是"点 Q 在 AB 上".

注:本命题的结论也可以是:"点 P 在 AC 上"的充要条件是"点 Q 在 AC 上",如图 542.1 所示.

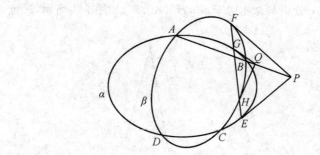

图 542

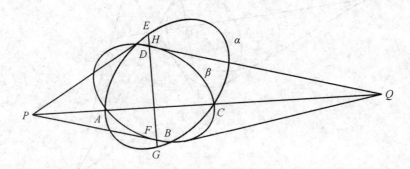

图 542.1

命题 543　设两椭圆 α,β 相交于四点，A,B 是其中两点，P 是 AB 上一点（P 在 α,β 外），过 P 分别作 α,β 的切线，切点依次为 E,F 和 G,H，如图 543 或图 543.1 所示，求证：AB,EF,GH 三线共点（此点记为 S）.

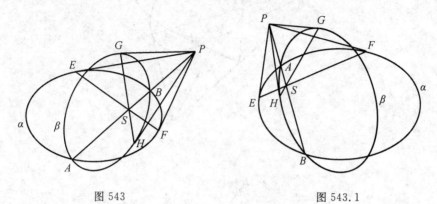

图 543　　　　　　　图 543.1

命题 544　设两椭圆 α,β 相交于四点，两直线 l_1,l_2 都是 α,β 的公切线，它们彼此平行，一直线与 l_1 平行，且分别交 α,β 于 A,B，过 A 且与 α 相切的直线记为 m_1，直线 m_2 与 m_1 平行，且与 α 相切于 C，过 B 且与 β 相切的直线记为 n_1，直线 n_2 与 n_1 平行，且与 β 相切于 D，如图 544 所示，求证：$CD \parallel AB$.

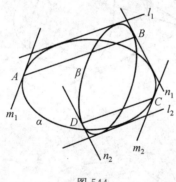

图 544

命题 545　设两椭圆 α,β 相交于四点，α,β 的两条公切线相交于 P（这两条公切线可以是相对的，如图 545 所示，也可以是相邻的两条，如图 545.1 所示），一直线过 P，且分别交 α,β 于 A,B 和 C,D，过 A,B 分别作 α 的切线，这两切线相交于 Q，过 C,D 分别作 β 的切线，这两切线相交于 R，求证：P,Q,R 三点共线.

命题 546　设两椭圆 α,β 有四个公共点，它们分别记为 A,B,C,D，一直线过 A，且分别交 α,β 于 E_1,F_1，另有一直线过 B，且分别交 α,β 于 E_2,F_2，设 E_1E_2 交 F_1F_2 于 M，求证：不论 A,B 是相对两点（如图 546 所示），或是相邻两点（如图 546.1 所示），点 M 总在直线 CD 上.

281

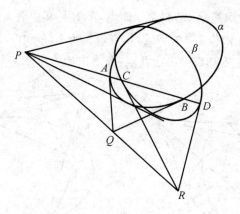

图 545

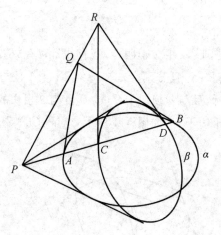

图 545.1

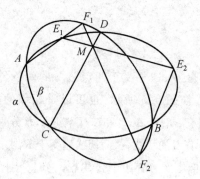

图 546

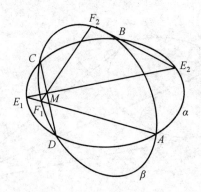

图 546.1

命题 547 设两椭圆 α,β 相交于四点,α,β 的四条公切线构成四边形 $ABCD$,设两直线 l_1,l_2 彼此平行,且均与 α 相切,l_1 交 CD 于 P,l_2 交 AB 于 Q,过 P,Q 分别作 β 的切线,这两切线依次记为 l_3,l_4,若 AD,BC 互相平行,如图 547 所示,求证:$l_3 \parallel l_4$.

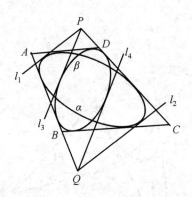

图 547

注:若本命题中,不是四边形 $ABCD$ 的对边 AD,BC 彼此平行,而是邻边(比如 AD 与 AB)彼此平行,那么,本命题仍然成立,请看下面的命题 547.1.

命题 547.1 设两椭圆 α,β 相交于四点,α,β 有四条公切线,分别记为 l_1,l_2,l_3,l_4,其中 $l_3 \parallel l_4$,如图 547.1 所示,两直线 m_1,m_2 彼此平行,且均与 α 相切,设 m_1 交 l_1 于 P,m_2 交 l_2 于 Q,再过 P,Q 分别作 β 的切线,这两切线依次记为 n_1,n_2,求证:$n_1 \parallel n_2$.

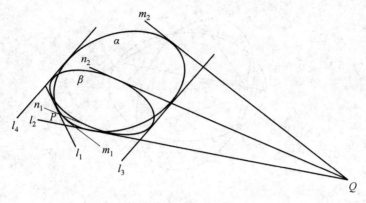

图 547.1

命题 548 设两椭圆 α,β 相交于四点，α,β 有四条公切线，构成完全四边形 $ABCD-EF$，设 P 是 AB 上一点，Q 是 CD 上一点，过 P,Q 分别作 α 的切线，这两切线相交于 G，过 P,Q 分别作 β 的切线，这两切线相交于 H，如图 548 所示，求证：F,G,H 三点共线.

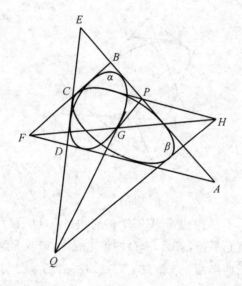

图 548

命题 549 设两椭圆 α,β 相交于四点，α,β 有四条公切线，构成四边形 $ABCD$，设 P 是 AB 上一点，Q 是 BC 上一点，过 P,Q 分别作 α 的切线，这两切线相交于 E，再过 P,Q 分别作 β 的切线，这两切线相交于 F，如图 549 所示，求证：D,E,F 三点共线.

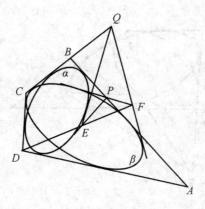

图 549

命题 550 设两椭圆 α,β 相交于四点,α,β 有四条公切线,它们构成四边形 $ABCD$,两直线 l_1,l_2 彼此平行,且均与 β 相切,设 l_1 交 BC 于 P,l_2 交 CD 于 Q,过 P,Q 分别作 α 的切线,这两切线相交于 R,如图 550 所示,求证:AR 与 l_1,l_2 都平行.

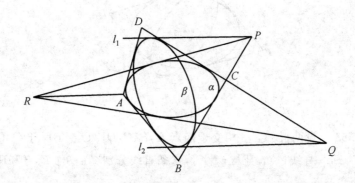

图 550

命题 551 设两椭圆 α,β 相交于四点,α,β 有四条公切线,它们构成梯形 $ABCD$,P 是 AB 上一点,Q 是 CD 上一点,过 P,Q 分别作 α 的切线,这两切线相交于 M,过 P,Q 分别作 β 的切线,这两切线相交于 N,如图 551 所示,求证:MN 与 AD,BC 都平行.

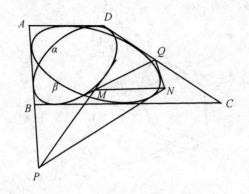

图 551

命题 552 设两椭圆 α,β 相交于四点,这两椭圆的四条公切线构成四边形 $ABCD$,如图 552 所示,求证:"四边形 $ABCD$ 是平行四边形"的充要条件是"α,β 的中心重合(此中心记为 O)".

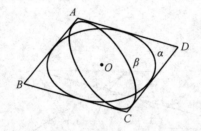

图 552

命题 553 设两椭圆 α,β 相交于四点 A,B,C,D,AC 交 BD 于 O,O 关于 α 的极线记为 z,一直线过 O,且与 z 平行,这条直线分别交 α,β 于 E,F 和 G,H,如图 553 所示,求证:

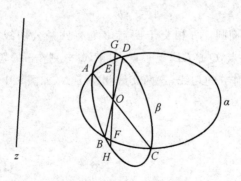

图 553

① O 关于 β 的极线也是 z;
② $EG = FH$.

注:本命题明显成立.

命题 553.1　设两椭圆 α,β 相交于四点 A,B,C,D, AC 交 BD 于 O, O 关于 α 的极线记为 z, 一直线过 O, 且分别交 α,β 于 E,F 和 G,H, 这条直线还交 z 于 P, 如图 553.1 所示, 求证: $\dfrac{EG}{PE \cdot PG} = \dfrac{FH}{PF \cdot PH}$.

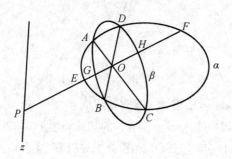

图 553.1

命题 554　设两椭圆 α,β 相交于四点, A,B 是这四点中任意两个, P 是 AB 上一点 (P 在 α,β 外), 过 P 作 α 的两条切线, 切点依次为 C,D, 过 P 作 β 的两条切线, 切点依次为 E,F, 设 CD 交 EF 于 Q, 如图 554 所示, 求证: Q 在 AB 上.

注:图 554 是"红、黄自对偶图形".

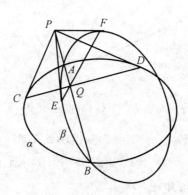

图 554

命题 555　设两椭圆 α,β 相交于四点, 在 α,β 的四条公切线中任选两条, 分别记为 l_1,l_2, l_1 交 l_2 于 P, 一直线过 P, 且分别交 α,β 于 A,B 和 C,D, 过 A,B 分别作 α 的切线, 这两切线相交于 Q, 过 C,D 分别作 β 的切线, 这两切线相交于 R, 如图 555 所示, 求证: P,Q,R 三点共线.

287

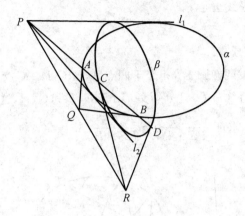

图 555

命题 556 设 l_1,l_2 都是椭圆 α,β 的公切线,$l_1 \parallel l_2$,一直线与 l_1 平行,且分别交 α,β 于 A,B 和 C,D,过 A,B 分别作 α 的切线,这两切线相交于 P,过 C,D 分别作 β 的切线,这两切线相交于 Q,如图 556 所示,求证:PQ 与 l_1,l_2 都平行.

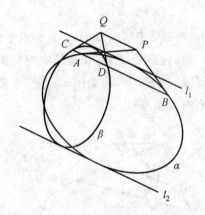

图 556

命题 557 设两椭圆 α,β 有两个交点 A,B,Z 是 AB 上一点,Z 关于 α,β 的极线分别记为 l_1,l_2,设 l_1 交 l_2 于 P,如图 557 所示,求证:P 在 AB 上.

注:本命题源于下面的命题 557.1.

命题 557.1 设两椭圆 α,β 的中心分别为 O_1,O_2,l_1,l_2 都是 α,β 的公切线,$l_1 \parallel l_2$,如图 557.1 所示,求证:O_1O_2 与 l_1,l_2 都平行.

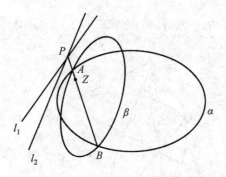

图 557

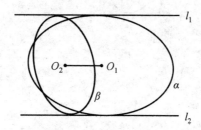

图 557.1

注:命题 557.1 与命题 557 的对偶关系如下:

命题 557.1	命题 557
无穷远直线	Z
l_1, l_2	A, B
O_1, O_2	l_1, l_2
$O_1 O_2$	P

命题 558　设两椭圆 α, β 相交于四点 A, B, C, D，AC 交 BD 于 O，一直线过 O，且分别交 α, β 于 E, F 和 G, H，过 E 作 α 的切线，同时，过 G 作 β 的切线，这两切线相交于 P，再过 F 作 α 的切线，同时，过 H 作 β 的切线，这两切线相交于 Q，如图 558 所示，求证:O, P, Q 三点共线.

注:本命题明显成立.

命题 558.1　设两椭圆 α, β 相交于四点 A', B', C', D'，$A'C'$ 交 $B'D'$ 于 O，α, β 的四条公切线构成完全四边形 $ABCD-EF$，M 是 EF 上一点，过 M 作 α 的两条切线，切点分别为 P, Q，再过 M 作 β 的两条切线，切点分别为 R, S，设 PR 交 QS 于 N，如图 558.1 所示，求证:

①N 在 EF 上;

②EF 是 O 关于 α 的极线,同时,它也是 O 关于 β 的极线.

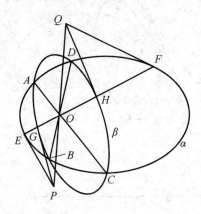

图 558

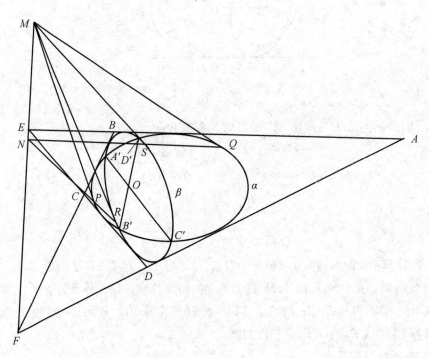

图 558.1

注:本命题是命题 558 的"黄表示".

命题 559 设两椭圆 α,β 相交于四点 A,B,C,D,AC 交 BD 于 O,α,β 的四条公切线构成四边形 $EFGH$,过 A,D 分别作 α 的切线,这两切线相交于 K_1,过

B,C 分别作 α 的切线,这两切线相交于 K_2,过 A,D 分别作 β 的切线,这两切线相交于 L_1,过 B,C 分别作 β 的切线,这两切线相交于 L_2,如图559所示,求证:下列七点共线:F,H,K_1,K_2,L_1,L_2,O.

注:类似的结论在直线 EG 上也有一次.

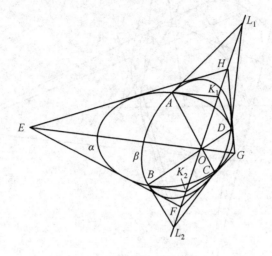

图 559

命题 560 设两椭圆 α,β 相交于四点 S,S',T,T',α,β 的四条公切线构成四边形 $EFGH$,EH 交 FG 于 M,EF 交 GH 于 N,过 M 作一直线,该直线分别交 α,β 于 A,A' 和 B,B',过这四点分别作它们所在椭圆的切线,所得四条切线两两相交于 P,P',Q,Q',过 P 分别作 α,β 的切线,切点依次为 A'',B'',如图560所示,求证:

①P,P' 都在直线 ST 上(直线 ST 记为 z');

②Q,Q' 都在直线 $S'T'$ 上(直线 $S'T'$ 记为 z);

③A,B'',N 三点共线,A'',B,N 三点也共线.

注:M,N 分别称为 α,β 的"外公心"和"内公心",直线 z 和 z' 分别称为 α,β 的"外公轴"和"内公轴".(参阅本套书上册命题441及命题442)

命题 561 设两椭圆 α,β 相交于四点 S,S',T,T',α,β 的四条公切线构成四边形 $MENG$,过 M 作一直线,该直线分别交 α,β 于 A,A' 和 B,B',如图561所示,过这四点分别作它们所在椭圆的切线,所得四条切线两两相交于 P,P',Q,Q',过 P 分别作 α,β 的切线(在图561中,这两切线均未画出),切点依次记为 A'',B'',求证:

①P,P' 都在直线 ST 上;

②Q,Q' 都在直线 $S'T'$ 上;

③A,B'',N 三点共线,A'',B,N 三点也共线.

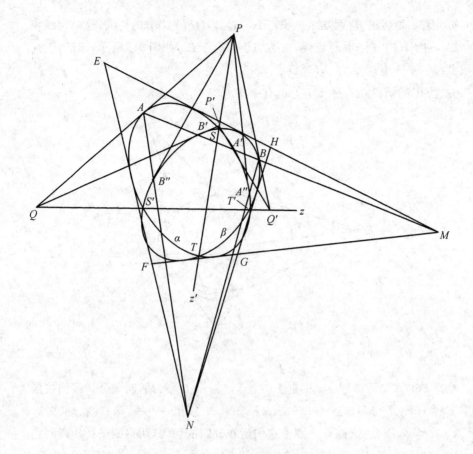

图 560

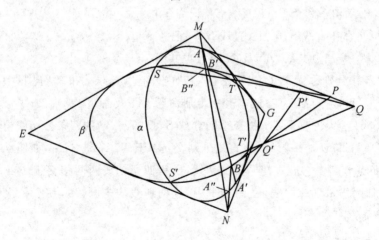

图 561

命题 562　设两椭圆 α,β 相交于四点 A,B,C,D,它们的四条公切线构成完全四边形 $EFGH-PQ$,如图 562 所示(该图 562 中,Q 未画出),α,β 在 EH,EF,FG,GH 上的切点分别记为 A_1,B_1,C_1,D_1 和 A_2,B_2,C_2,D_2,求证:

① AC,BD,EG,FH 四线共点,此点记为 O;

② $AD,A_1D_1,A_2D_2,BC,B_1C_1,B_2C_2,EG$ 七线共点,此点记为 M;

③ $AB,A_1B_1,A_2B_2,CD,C_1D_1,C_2D_2,FH$ 七线共点,此点记为 N(图 562 中,N 未画出);

④ P,Q,M,N 四点共线.

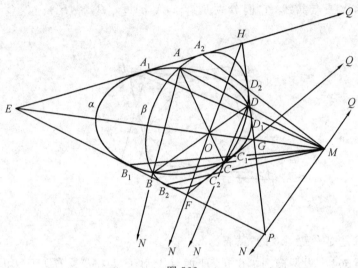

图 562

命题 563　设两椭圆 α,β 相交于四点 A,B,C,D,O 是平面上一点(O 不在 α,β 上),OA,OB,OC,OD 分别交 α 于 A',B',C',D',还分别交 β 于 A'',B'',C'',D'',设 $A'B'$ 交 $A''B''$ 于 P,$B'C'$ 交 $B''C''$ 于 Q,$C'D'$ 交 $C''D''$ 于 R,$D'A'$ 交 $D''A''$ 于 S,如图 563 所示,求证:O,P,Q,R,S 五点共线.

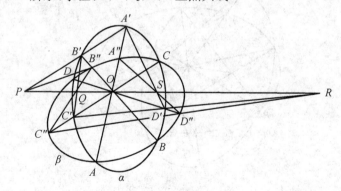

图 563

注:若记 $A'C'$ 与 $A''C''$ 的交点为 M,$B'D'$ 与 $B''D''$ 的交点为 N,那么,M,N 也都在直线 OP 上.

命题 563.1 设两椭圆 α,β 相交于四点,α,β 的四条公切线构成四边形 $ABCD$,作 α 的外切四边形 $A'B'C'D'$,使得 $A'B'$ // CD,$B'C'$ // DA,$C'D'$ // AB,$D'A'$ // BC,再作 β 的外切四边形 $A''B''C''D''$,使得 $A''B''$ // CD,$B''C''$ // DA,$C''D''$ // AB,$D''A''$ // BC,如图 563.1 所示,求证:

① $A'A''$ // $B'B''$ // $C'C''$ // $D'D''$;

② 有四次三点共线,它们分别是:(A,A',A''),(B,B',B''),(C,C',C''),(D,D',D'').

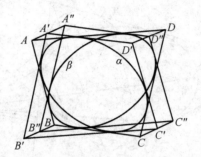

图 563.1

注:本命题是命题 563 的"黄表示".

**命题 564 设两椭圆 α,β 相交于四点 A,B,C,D,AC 交 BD 于 O,P 是平面上一点,AP,BP,CP,DP 分别交 α,β 于 A',B',C',D' 和 A'',B'',C'',D'',设 $A'C'$ 交 $B'D'$ 于 Q,$A''C''$ 交 $B''D''$ 于 R,如图 564 所示,求证:O,P,Q,R 四点共线.

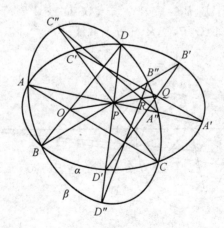

图 564

命题565 设两椭圆 α,β 相交于四点 A,B,C,D，P 是平面上一点，AP，BP，CP，DP 分别交 α,β 于 A',B',C',D' 和 A'',B'',C'',D''，设 $A'C'$ 交 $A''C''$ 于 Q，$B'D'$ 交 $B''D''$ 于 R，如图565所示，求证：

① Q 在 BD 上，R 在 AC 上；

② P,Q,R 三点共线.

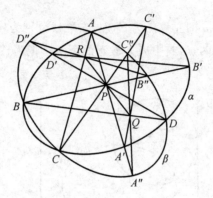

图 565

1.21

命题 566 设椭圆 α 的左焦点为 F,左、右准线分别为 f_1,f_2,圆 O 过 F 且与 f_1 相切,该圆交 α 于两点,其中离 F 较远的那一个记为 A,如图 566 所示,求证:OA 与 α 相切.

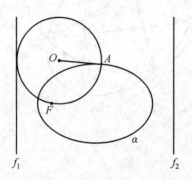

图 566

命题 567 设椭圆 α 的左、右焦点分别为 F_1,F_2,左、右准线分别为 f_1,f_2,圆 O_1 过 F_1 且与 f_1 相切,该圆交 α 于 A,B,圆 O_2 过 F_2 且与 f_2 相切,该圆交 α 于 C,D,如图 567 所示,求证:AB,CD 与 O_1O_2 成等角.

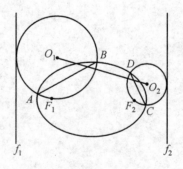

图 567

命题 568 设椭圆 α 的中心为 O,左、右焦点分别为 F_1,F_2,左、右准线分别为 f_1,f_2,圆 O_1 与圆 O_2 外切,圆 O_1 与 f_1 及 α 都相切,圆 O_2 与 f_2 及 α 都相切,这两圆与 α 的切点分别为 A,B,AO_1 交 BO_2 于 P,如图 568 所示,求证:

① P 在 α 上；
② $PO \perp F_1F_2$.

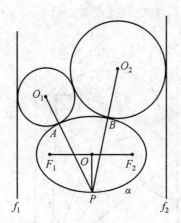

图 568

命题 569 设椭圆 α 的左、右准线分别为 f_1, f_2，P 是 α 上一点，过 P 作 α 的切线，这条切线分别交 f_1, f_2 于 A, B，圆 O 是以 AB 为直径的圆，圆 A 是以 A 为圆心、AP 为半径的圆，圆 B 是以 B 为圆心、BP 为半径的圆，如图 569 所示，求证：
① 下列三圆有一条公切线：圆 A，圆 B，圆 O；
② α 在圆 O 的内部.

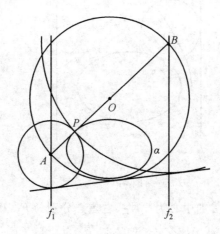

图 569

命题 570 设椭圆 α 的中心为 O,左、右准线分别为 f_1,f_2,A 是 f_1 上一点,以 A 为圆心作两个圆,一个与 α 外切,切点为 B,另一个与 α 内切,切点为 C,如图 570 所示,求证:A,B,C,D 四点共圆(此圆圆心记为 M).

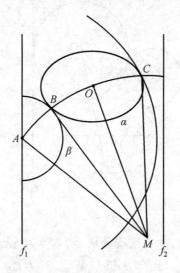

图 570

命题 571 设椭圆 α 的左准线为 f_1,动圆 O 与 f_1 相切,且与 α 外切,如图 571 所示,求证:这个动圆的圆心 O 的轨迹是抛物线.

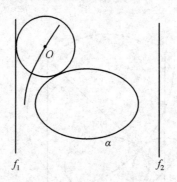

图 571

命题 572 设椭圆 α 的中心为 O,左、右焦点分别为 F_1,F_2,左、右准线分别为 f_1,f_2,AB 是 α 的长轴,AB 交 f_1 于 C,以 F_1 为圆心,CF_1 为半径作圆,该圆交 α 于 D,O 在 DF_1 上的射影为 E,如图 572 所示,求证:

① $DF_1 \perp DB$;

② $F_1A = F_1E.$

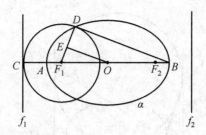

图 572

命题 573 设椭圆 α 的左、右焦点分别为 F_1, F_2，左、右准线分别为 f_1, f_2，P 是 α 上一点，P 在 F_1F_2 上的射影为 F_1，以 P 为圆心，PF_1 为半径作圆，该圆分别交 PF_1, PF_2 于 A, B，F_1F_2 交 f_1 于 C，交 AB 于 D，AF_2 交 BF_1 于 E，如图 573 所示，求证：

① CP 与 α 相切，CB 与圆 P 相切；
② $AD \parallel CP$；
③ $DE \perp F_1F_2$.

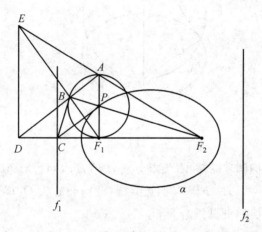

图 573

命题 574 设椭圆的左、右焦点分别为 F_1, F_2，左、右准线分别为 f_1, f_2，A 是 f_1 上一点，过 A 作 α 的切线，切点为 P，PF_1 交 f_2 于 B，如图 574 所示，求证：A, B, F_1, F_2 四点共圆.

命题 575 设椭圆 α 的左、右焦点分别为 F_1, F_2，n 是 α 的短轴，P 是 α 上一点，过 P 作 α 的切线和法线，它们分别交 n 于 A, B，如图 575 所示，求证：P, A, B, F_1, F_2 五点共圆（此圆圆心记为 M）.

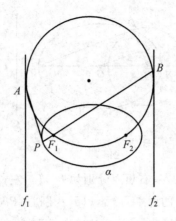

图 574

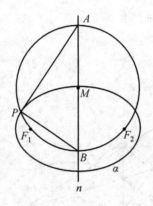

图 575

命题 576 设椭圆 α 的左、右焦点分别为 F_1, F_2，四边形 $ABCD$ 外切于 α，如图 576 所示，求证："A, D, F_1, F_2 四点共圆（此圆圆心为 O_1）" 的充要条件是 "B, C, F_1, F_2 四点共圆（此圆圆心为 O_2）".

命题 577 设椭圆 α 的左、右焦点分别为 F_1, F_2，右顶点为 M，过 F_2 任作一直线，这条直线交 α 于 A, B，设 $\triangle ABF_1$ 中，AB 边上的旁切圆圆心为 I，圆 I 与 AF_1, BF_2 分别相切于 C, D，AM, BM 分别交圆 I 于 E, F，设 CE 交 DF 于 S，如图 577 所示，求证：

① IA, IB 都是 α 的切线；

② $IF_2 \perp AB$；

③ S 是定点，与直线 AB 的位置无关；

④ S 在 F_1F_2 上.

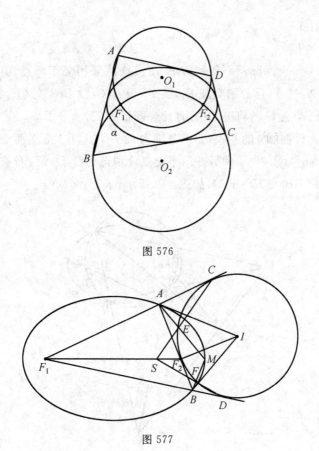

图 576

图 577

命题 578 设椭圆 α 的左、右焦点分别为 F_1, F_2,A 是 α 上一点,以 F_1 为圆心,AF_1 为半径的圆记为 β,以 F_2 为圆心,AF_2 为半径的圆记为 γ,过 A 且与 α 相切的直线分别交 β,γ 于 B,C,BF_1 交 CF_2 于 D,过 B,C 分别作 α 的切线,这两切线相交于 E,如图 578 所示,求证:

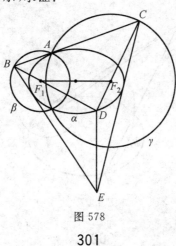

图 578

①D 在 α 上；

②$DE \perp F_1F_2$.

命题 578.1 设两圆圆心分别为 F_1,F_2，这两圆相交于两点，其中一个记为 A，动直线 BC 过 A，且分别交圆 F_1，圆 F_2 于 B,C，设 BF_1 交 CF_2 于 D，如图 578 所示，求证：动点 D 的轨迹是椭圆（此椭圆记为 α）.

命题 579 设椭圆 α 的左、右焦点分别为 F_1,F_2，A,B 是 α 上两点，以 AB 为直径作圆，该圆记为 β，β 与 α 的另外两个交点分别记为 C,D，设 AC 交 BD 于 E，AD 交 BC 于 F，AB 交 EF 于 N，如图 579 所示，求证：$\angle BNF_1 = \angle BNF_2$.

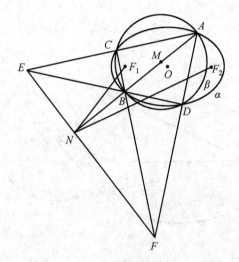

图 579

命题 580 设椭圆 α 的左、右焦点分别为 F_1,F_2，P 是 α 上一点，以 P 为圆心，以 PF_1 为半径的圆交 α 于 A,B，以 PF_2 为半径的圆交 α 于 C,D，设 AB 交 CD 于 E，如图 580 所示，求证：EP 与 α 相切.

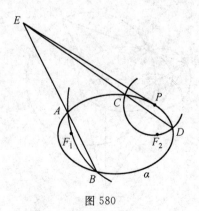

图 580

命题 581 设椭圆 α 的左、右顶点分别为 A,B,P 是 α 上一点,以 P 为圆心,分别以 PA,PB 为半径作圆,这两圆依次记为 α_1,α_2,以 A 为圆心,AP 为半径的圆记为 β_1,以 B 为圆心,BP 为半径的圆记为 β_2,α_1 分别交 β_1,β_2 于 C,D 和 C',D',CD 交 $C'D'$ 于 R,α_2 分别交 β_1,β_2 于 E,F 和 E',F',EF 交 $E'F'$ 于 S,设 β_1 交 β_2 于 Q,如图 581 所示,求证:P,Q,R,S 四点共线.

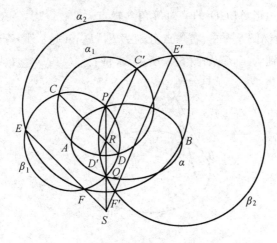

图 581

****命题 582** 设椭圆 α 的左、右焦点分别为 F_1,F_2,四边形 $ABCD$ 外切于 α,圆 O_1,O_2,O_3,O_4 依次经过下列三点:(F_1,A,B),(F_2,B,C),(F_1,C,D),(F_2,D,A),如图 582 所示,求证:

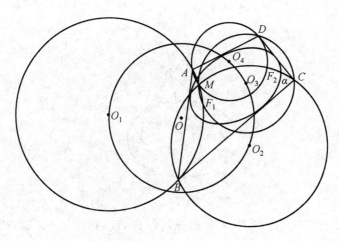

图 582

①这四个圆有一个公共点,此点记为M;

②O_1,O_2,O_3,O_4 四点共圆(此圆圆心记为O);

③若圆O_1',O_2',O_3',O_4'依次经过下列三点:(F_2,A,B),(F_1,B,C),(F_2,C,D),(F_1,D,A),则这四个圆也有一个公共点,此点记为N(在图582中,这四个圆均未画出);

④M,N 是四边形$ABCD$的一对等角共轭点.

命题 583 设椭圆α的左、右焦点分别为F_1,F_2,A是α外一点,过A作α的两条切线,切点分别为B,C,如图583所示,求证:$\angle BAF_1 = \angle CAF_2$.

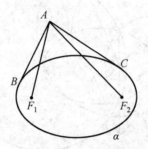

图 583

命题 584 设椭圆α的中心为O,左、右焦点分别为F_1,F_2,A是α外一点,AF_1,AF_2分别交α于B,C,AB,AC的中点分别记为D,E,BE交CD于G,如图584所示,求证:A,G,O三点共线.

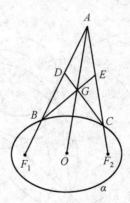

图 584

命题 585 设椭圆α的左、右焦点分别为F_1,F_2,P是α外一点,PF_1,PF_2分别交α于A,B,AF_2交BF_1于C,CP交α于D,DF_1交AC于M,DF_2交BC于N,如图585所示,求证:PD平分$\angle MPN$.

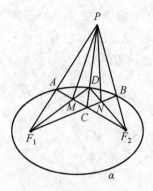

图 585

命题 586 设椭圆 α 的中心为 O,左、右焦点分别为 F_1,F_2,P 是 α 上一点,在 OP 的延长线上取两点 A,B,设 AF_1,AF_2,BF_1,BF_2 分别交 α 于 C,D,E,G,如图 586 所示,CF_2 交 DF_1 于 Q,EF_2 交 GF_1 于 R,求证:P,Q,R 三点共线.

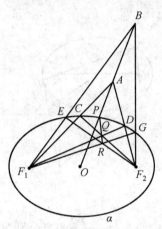

图 586

命题 587 设椭圆 α 的左、右焦点分别为 F_1,F_2,AB 是 α 的长轴,C,D 是 α 上两点,CF_2 交 DF_1 于 E,CF_1 交 DF_2 于 G,EG 交 CD 于 P,AC 交 BD 于 Q,如图 587 所示,求证:$PQ \perp AB$.

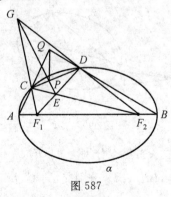

图 587

命题 588 设椭圆 α 的中心为 O,左、右焦点分别为 F_1,F_2,A 是 α 上一点,过 A 分别作 α 的切线和法线,前者记为 m,后者记为 n,F_1,F_2 在 n 上的射影分别记为 B,C,如图 588 所示,求证:$OB=OC$.

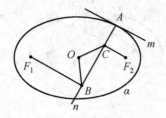

图 588

命题 589 设椭圆 α 的中心为 O,左、右焦点分别为 F_1,F_2,A 是 α 上一点,AF_1,AF_2 分别交 α 于 B,C,过 B,C 分别作 α 的切线,这两切线相交于 D,设 AO 交 α 于 E,如图 589 所示,求证:$DE \perp F_1F_2$.

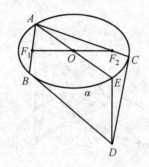

图 589

命题 590 设椭圆 α 的中心为 O,左、右焦点分别为 F_1,F_2,A 是 α 上一点,AF_1 交 α 于 B,AF_2 交 α 于 C,BC 交 F_1F_2 于 D,AO 交 α 于 E,如图 590 所示,求证:DE 是 α 的切线.

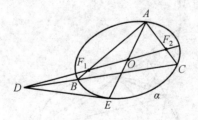

图 590

命题 591 设椭圆 α 的左、右焦点分别为 F_1,F_2,A 是 α 上一点,过 A 作 α 的法线,且交 α 于 B,AF_1,AF_2,BF_1,BF_2 分别交 α 于 C,D 和 E,F,设 DE 交 CF 于

S,如图 591 所示,求证:点 S 在 F_1F_2 上.

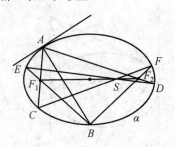

图 591

命题 592　设椭圆 α 的中心为 O,左、右焦点分别为 F_1,F_2,A,B 是 α 上两点,AF_1 交 BF_2 于 P,BF_1 交 AF_2 于 Q,过 A,B 分别作 α 的切线,这两切线相交于 C,CO 交 PQ 于 M,如图 592 所示,求证:$PM=MQ$.

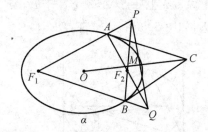

图 592

命题 593　设椭圆 α 的中心为 O,左、右焦点分别为 F_1,F_2,AB 是 α 的直径,AF_1,AF_2 分别交 α 于 C,D,过 B 作 α 的切线,这条切线交 CD 于 S,如图 593 所示,求证:点 S 在 F_1F_2 上.

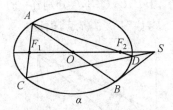

图 593

命题 594　设椭圆 α 的左、右焦点分别为 F_1,F_2,l_1,l_2 都是 α 的切线,它们都与 F_1F_2 垂直,A 是 α 上一点,过 A 作 α 的切线,这条切线分别交 l_1,l_2 于 B,C,BF_2 交 CF_1 于 H,BF_1 交 CF_2 于 D,如图 594 所示,求证:
①H 是 $\triangle BCD$ 的垂心;
②A,H,D 三点共线.

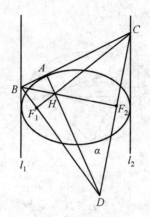

图 594

命题 595 设椭圆 α 的中心为 O,左、右焦点分别为 F_1, F_2,l_1, l_2 都是 α 的切线,它们都与 F_1F_2 垂直,A 是 α 上一点,AF_1 交 l_1 于 B,AF_2 交 l_2 于 C,CF_1 交 BF_2 于 D,设 AO 交 α 于 E,如图 595 所示,求证:$DE \perp F_1F_2$.

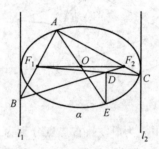

图 595

命题 596 设椭圆 α 的左、右准线分别为 f_1, f_2,A 是 α 上一点,过 A 作 α 的切线,这条切线分别交 f_1, f_2 于 B, C,过 B, C 分别作 α 的切线,这两切线交于 D,BD, CD 上的切点分别为 E, F,如图 596 所示,求证:

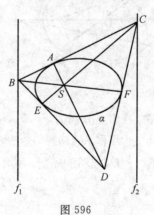

图 596

①AD,BF,CE 三线共点(此点记为 S);

②$AD \perp BC$.

命题 597　设椭圆 α 的中心为 O,左、右准线分别为 f_1,f_2,A 是 α 上一点,过 A 作 α 的切线,且分别交 f_1,f_2 于 B,C,过 B,C 分别作 α 的切线,这两切线相交于 D,过 D 作 f_1 的平行线,且交 α 于 E,如图 597 所示,求证:A,O,E 三点共线.

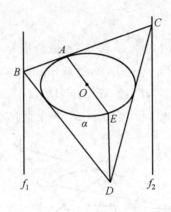

图 597

命题 598　设椭圆 α 的左、右准线分别为 f_1,f_2,A 是 α 外一点,过 A 作 α 的两条切线,切点分别为 B,C,AB 交 f_1 于 D,AC 交 f_2 于 E,过 D,E 分别作 α 的切线,切点依次为 F,G,如图 598 所示,求证:$BC \parallel DE \parallel FG$.

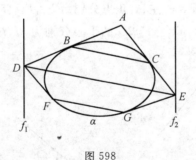

图 598

命题 599　设椭圆 α 的左、右准线分别为 f_1,f_2,A 是 α 上一点,过 A 作 α 的切线,且分别交 f_1,f_2 于 B,C,过 A 作 α 的法线,且交 α 于 D,设 BD,CD 分别交 α 于 E,F,如图 599 所示,求证:$\angle BAE = \angle CAF$.

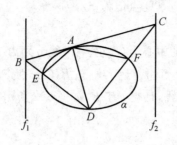

图 599

命题 600 设椭圆 α 的中心为 O,左、右准线分别为 f_1,f_2,A 是 α 上一点,过 A 作 α 的切线,且分别交 f_1,f_2 于 B,C,过 A 作 α 的法线,且交 α 于 D,过 D 作 α 的切线,且分别交 f_1,f_2 于 E,F,设 AE,AF,DB,DC 分别交 α 于 G,H 和 K,L,KL 交 GH 于 M,如图 600 所示,求证:OM 平分 $\angle KMG$.

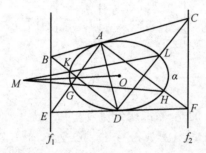

图 600

**命题 601 设椭圆 α 的左、右焦点分别为 F_1,F_2,四边形 $ABCD$ 外切于 α,$\triangle F_1AC$,$\triangle F_2AC$,$\triangle F_1BD$,$\triangle F_2BD$ 的垂心分别为 M,N,P,Q,如图 601 所示,求证:$MN \perp PQ$.

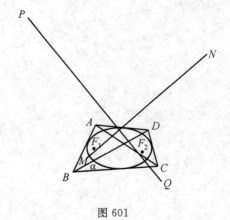

图 601

命题 602 设椭圆 α 的左、右焦点分别为 F_1, F_2,四边形 $ABCD$ 外切于 α, AC, BD 的中点分别为 M, N, $\triangle F_1 AB$, $\triangle F_1 BC$, $\triangle F_1 CD$, $\triangle F_1 DA$ 的垂心分别为 A', B', C', D', $\triangle F_2 AB$, $\triangle F_2 BC$, $\triangle F_2 CD$, $\triangle F_2 DA$ 的垂心分别为 A'', B'', C'', D'',如图 602 所示,求证:

① A', B'', C', D'' 四点共线,此线记为 l_1;
② A'', B', C'', D' 四点共线,此线记为 l_2;
③ $l_1 \parallel l_2$;
④ MN 与 l_1, l_2 都垂直.

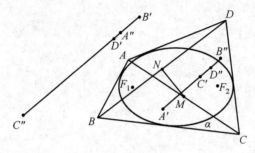

图 602

命题 603 设椭圆 α 的左、右焦点分别为 F_1, F_2, $\triangle ABC$ 外切于 α,三边 BC, CA, AB 上的切点分别为 A', B', C',设 AF_1, BF_1, CF_1 分别交对边于 A_1, B_1, C_1, AF_2, BF_2, CF_2 分别交对边于 A_2, B_2, C_2, $B_1 C_1$ 交 $B_2 C_2$ 于 A'', $C_1 A_1$ 交 $C_2 A_2$ 于 B'', $A_1 B_1$ 交 $A_2 B_2$ 于 C'',如图 603 所示,求证:

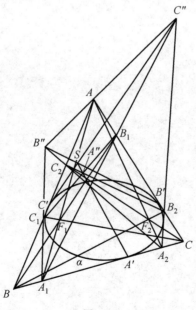

图 603

311

① 有三次三点共线(图中只画出一次三点共线),它们分别是:(A'', B'', C),(B'', C'', A),(C'', A'', B);

② $A'A''$,$B'B''$,$C'C''$ 三线共点(此点记为 S).

1.22

命题604 设椭圆 α 的中心为 O,左、右焦点分别为 F_1,F_2,左、右准线分别为 f_1,f_2,A 是 α 上一点,AF_1,AF_2 分别交 α 于 B,C,过 A 作 α 的切线,且分别交 f_1,f_2 于 D,E,DF_1,EF_2 分别交 α 于 G,H,如图604所示,求证:BH,CG 均经过点 O.

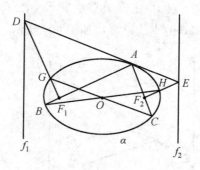

图 604

命题605 设椭圆 α 的左、右焦点分别为 F_1,F_2,左、右准线分别为 f_1,f_2,A 是 α 上一点,AF_1 交 f_1 于 D,AF_2 交 f_2 于 E,过 A 作 α 的切线,且分别交 f_1,f_2 于 B,C,BF_1,CF_2 分别交 α 于 G,H,如图605所示,求证:DG,EH 都与 α 相切.

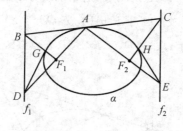

图 605

命题606 设椭圆 α 的左、右焦点分别为 F_1,F_2,左、右准线分别为 f_1,f_2,A 是 α 上一点,过 A 作 α 的切线,这条切线分别交 f_1,f_2 于 B,C,若 $AF_1 \perp AF_2$,如图606所示,求证:

313

① $AF_1 \perp BF_1, AF_2 \perp CF_2$;
② $AF_1 = BF_1, AF_2 = CF_2$.

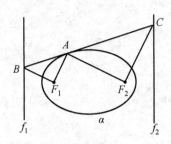

图 606

命题 607　设椭圆 α 的左、右焦点分别为 F_1, F_2，左、右准线分别为 f_1, f_2，A 是 α 上一点，在 f_1 上取一点 B，使得 $BF_1 \perp AF_1$，在 f_2 上取一点 C，使得 $CF_2 \perp AF_2$，过 A 且与 α 相切的直线记为 l，如图 607 所示，求证：$BC \parallel l$.

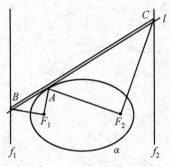

图 607

命题 608　设椭圆 α 的中心为 O，左、右焦点分别为 F_1, F_2，左、右准线分别为 f_1, f_2，A 是 α 上一点，过 A 作 α 的切线，这条切线分别交 f_1, f_2 于 B, C，BF_1，CF_2 分别交 α 于 P, Q，AF_1 交 OB 于 R，AF_2 交 OC 于 S，BC 交 F_1F_2 于 T，若 $AF_1 \perp AF_2$，如图 608 所示，求证：P, Q, R, S, T 五点共线.

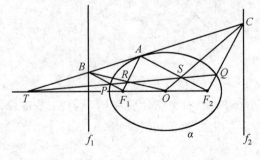

图 608

命题 609 设椭圆 α 的左、右焦点分别为 F_1,F_2，左、右准线分别为 f_1,f_2，一直线与 α 相切，且分别交 f_1,f_2 于 A,B，AF_1 交 BF_2 于 C，过 A,B 分别作 α 的切线，这两切线相交于 D，如图 609 所示，求证：$CD \perp F_1F_2$.

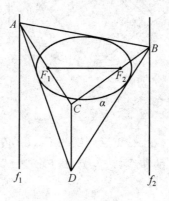

图 609

命题 610 设椭圆 α 的中心为 O，左、右焦点分别为 F_1,F_2，左、右准线分别为 f_1,f_2，AB 是 α 的直径，AF_1 交 f_1 于 C，AF_2 交 f_2 于 D，若 $AF_1 \perp AF_2$，如图 610 所示，求证：CD 与 α 相切，且切点为 B.

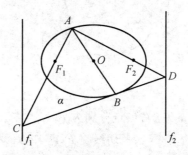

图 610

命题 611 设椭圆 α 的左、右焦点分别为 F_1,F_2，左、右准线分别为 f_1,f_2，A 是 α 上一点，使得 $AF_1 \perp AF_2$，过 A 作 α 的切线，且分别交 f_1,f_2 于 B,C，过 A 作 α 的法线，且交 α 于 D，设 BD,CD 分别交 α 于 E,F，如图 611 所示，求证：$\angle BAE = \angle CAF$.

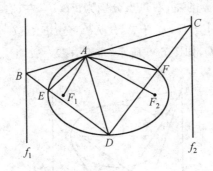

图 611

命题 612 设椭圆 α 的左、右焦点分别为 F_1, F_2,左、右准线分别为 f_1, f_2,F_1F_2 交 f_1 于 P,过 P 作 α 的切线,切点为 A,PA 交 f_2 于 B,如图 612 所示,求证:$AF_2 \perp BF_2$.

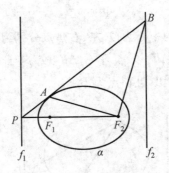

图 612

命题 613 设椭圆 α 的左、右焦点分别为 F_1, F_2,左、右准线分别为 f_1, f_2,A 是 α 上一点,过 A 作 α 的切线,这条切线交 F_1F_2 于 S,设 AF_2 交 f_1 于 B,AF_1 交 f_2 于 C,如图 613 所示,求证:B, C, S 三点共线.

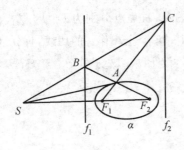

图 613

命题 614 设椭圆 α 的中心为 O,左、右焦点分别为 F_1,F_2,左、右准线分别为 f_1,f_2,A 是 α 上一点,过 A 作 α 的切线,且分别交 f_1,f_2 于 B,C,AF_1 交 f_2 于 E,AF_2 交 f_1 于 G,BE 交 CG 于 H,如图 614 所示,求证:H,A,O 三点共线.

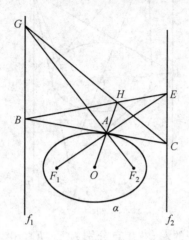

图 614

命题 615 设椭圆 α 的左、右焦点分别为 F_1,F_2,左、右准线分别为 f_1,f_2,一直线与 α 相切,且分别交 f_1,f_2 于 A,B,AF_1 交 BF_2 于 C,AC,BC 分别交 α 于 D,E,过 D,E 分别作 α 的切线,这两切线相交于 G,如图 615 所示,求证:$CG \perp AB$.

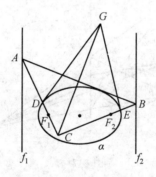

图 615

命题 616 设椭圆 α 的中心为 O,左、右焦点分别为 F_1,F_2,左、右准线分别为 f_1,f_2,一直线与 α 相切,且分别交 f_1,f_2 于 A,B,AF_1,BF_2 分别交 α 于 C,D,过 A,B 分别作 α 的切线,这两切线交于 P,过 C,D 分别作 α 的切线,这两切线交于 Q,如图 616 所示,求证:O,P,Q 三点共线.

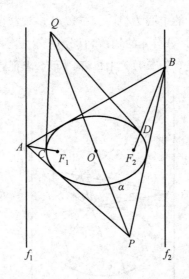

图 616

命题 617 设椭圆 α 的左、右焦点分别为 F_1, F_2，左、右准线分别为 f_1, f_2，P 是 α 上一点，PF_1, PF_2 分别交 f_1, f_2 于 A, C 和 B, D，过 P 且与 α 相切的直线分别交 f_1, f_2 于 E, G，设 AD 交 BC 于 H，如图 617 所示，求证：HP 平分 $\angle EHG$.

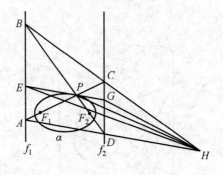

图 617

**命题 618 设椭圆 α 的中心为 O，左、右焦点分别为 F_1, F_2，左、右准线分别为 f_1, f_2，一直线与 α 相切，且分别交 f_1, f_2 于 A, B，设 AF_1 交 BF_2 于 P，AP, BP 分别交 α 于 C, D，过 C, D 分别作 α 的切线，这两切线相交于 Q，如图 618 所示，求证：$PQ \perp AB$.

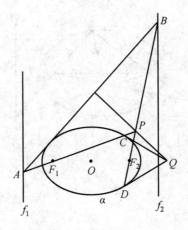

图 618

命题 619 设椭圆 α 的中心为 O,左、右焦点分别为 F_1,F_2,左、右准线分别为 f_1,f_2,P 是 α 上一点,过 P 作 α 的切线,这条切线分别交 f_1,f_2 于 A,B,AF_1 交 BF_2 于 C,AF_2 交 BF_2 于 D,设 CD 分别交 PF_1,PF_2 及 AB 于 G,H,E,如图 619 所示,求证:OE 平分 $\angle GOH$.

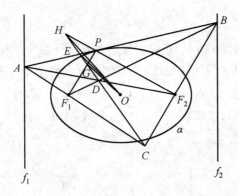

图 619

命题 620 设椭圆 α 的中心为 O,左、右焦点分别为 F_1,F_2,左、右准线分别为 f_1,f_2,A 是 α 上一点,AF_1 交 f_1 于 B,AF_2 交 f_2 于 C,CF_1 交 BF_2 于 D,设 AO 交 α 于 E,如图 620 所示,求证:$DE \perp F_1F_2$.

命题 621 设椭圆 α 的左、右焦点分别为 F_1,F_2,左、右准线分别为 f_1,f_2,A 是 α 上一点,在 f_1 上取一点 B,使得 $BF_1 \perp AF_1$,在 f_2 上取一点 C,使得 $CF_2 \perp AF_2$,设 BF_2 交 CF_1 于 D,如图 621 所示,求证:$AD \perp F_1F_2$.

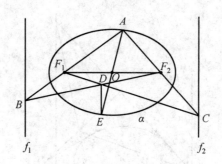

图 620

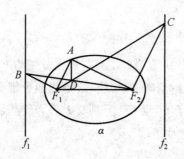

图 621

命题 622 设椭圆 α 的左、右焦点分别为 F_1, F_2，左、右准线分别为 f_1, f_2，A 是 α 外一点，过 A 作 α 的两条切线，这两切线分别交 f_1, f_2 于 B, C 和 D, E，如图 622 所示，过 B, D 分别作 α 的切线，这两切线相交于 G，过 C, E 分别作 α 的切线，这两切线相交于 H，求证：A, F_1, G 三点共线；A, F_2, H 三点也共线.

注：本命题明显成立.

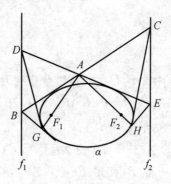

图 622

命题 623 设椭圆 α 的左、右焦点分别为 F_1,F_2，左、右准线分别为 f_1,f_2，左、右顶点分别为 A,B，P 是 α 上一点，使得 $PF_1 \perp PF_2$，过 A 作 PA 的垂线，同时，过 B 作 PB 的垂线，这两条线相交于 C，AC 交 f 于 D，BC 交 f 于 E，如图 623 所示，求证：$CD = CE$.

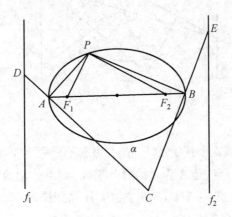

图 623

命题 624 设椭圆 α 的中心为 O，左、右焦点分别为 F_1,F_2，左、右准线分别为 f_1,f_2，AF_1 交 f_1 于 B，AF_2 交 f_2 于 C，BF_2 交 f_2 于 D，CF_1 交 f_1 于 E，DE 分别交 AB，AC 于 G，H，如图 624 所示，求证："C,O,G 三点共线"的充要条件是"B,O,H 三点共线".

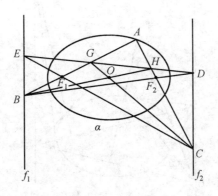

图 624

命题 625 设椭圆 α 的中心为 O，左、右焦点分别为 F_1,F_2，左、右准线分别为 f_1,f_2，过 F_1 作两条互相垂直的直线，它们分别交 f_1 于 A,B，过 F_2 作两条互相垂直的直线，它们分别交 f_2 于 C,D，AD 交 BC 于 P，BF_1 交 DF_2 于 Q，如图 625 所示，求证：P,Q,R 三点共线.

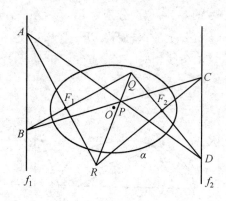

图 625

命题 626 设椭圆 α 的中心为 O，左、右焦点分别为 F_1, F_2，左、右准线分别为 f_1, f_2，A 是 f_1 上一点，过 A 作 α 的两条切线，切点分别为 B, C，BC 分别交 f_1, f_2 于 D, E，设 AF_2 交 f_2 于 G，F_2G 交 α 于 H，如图 626 所示，过 D, G 分别作 α 的切线，这两切线相交于 K，GK 与 α 相切于 M，求证：

①EH 与 α 相切；

②E, M, F_2 三点共线，且 $EF_2 \perp AG$；

③KO 垂直平分 DG.

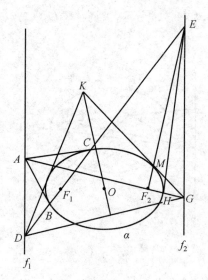

图 626

命题 627 设椭圆 α 的左、右焦点分别为 F_1, F_2,左、右准线分别为 f_1, f_2, P 是 f_1 上一点,PF_1, PF_2 分别交 α 于 A, B 和 C, D,AD 交 BC 于 Q,如图 627 所示,求证:PQ 平分 $\angle APC$.

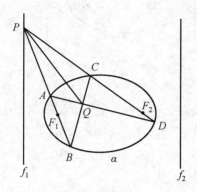

图 627

命题 628 设椭圆 α 的中心为 O,左、右焦点分别为 F_1, F_2,左、右准线分别为 f_1, f_2,A 是 f_1 上一点,B 是 f_2 上一点,AF_1 交 BF_2 于 P,AF_2 交 BF_1 于 Q,过 O 作 F_1F_2 的垂线,且交 PQ 于 M,如图 628 所示,求证:M 是 PQ 的中点.

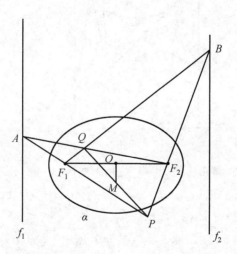

图 628

命题 629 设椭圆 α 的左、右焦点分别为 F_1, F_2,左、右准线分别为 f_1, f_2,A, B 是 α 的长轴的两端,P 是 α 上一点,PA 交 f_1 于 C,PB 交 f_2 于 D,过 C, D 分别作 α 的切线,这两切线相交于 Q,如图 629 所示,求证:$\angle CQF_1 = \angle DQF_2$.

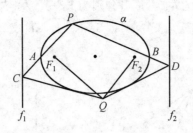

图 629

命题 630 设椭圆 α 的左、右焦点分别为 F_1,F_2，左、右准线分别为 f_1,f_2，A 是 f_1 上一点，过 A 作 α 的两条切线，这两切线分别交 f_2 于 B,C，过 B 作 α 的切线，这条切线交 AC 于 D，过 C 作 α 的切线，这条切线交 AB 于 E，如图 630 所示，求证：D,E,F_2 三点共线.

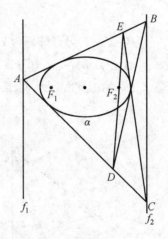

图 630

命题 630.1 设椭圆 α 的左、右焦点分别为 F_1,F_2，左、右准线分别为 f_1，f_2，一直线过 F_1，且交 α 于 A,B，AF_2，BF_2 分别交 α 于 C,D，设 AD 交 BC 于 E，如图 630.1 所示，求证：点 E 在 f_2 上.

注：本命题是命题 630 的"黄表示"，图 630.1 的 A,B,C,D,E 分别对偶于图 630 的 AB,AC,BD,CE,DE.

命题 631 设椭圆 α 的中心为 O，左、右焦点分别为 F_1,F_2，左、右准线分别为 f_1,f_2，A 是 f_1 上一点，AF_1,AF_2 分别交 α 于 B,C，BC 分别交 f_1,f_2 于 D,E，过 D,E 分别作 α 的切线，这两切线交于 P，如图 631 所示，求证：$PO \perp DE$.

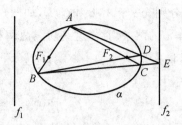

图 630.1

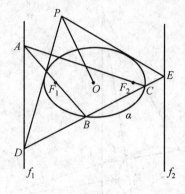

图 631

命题 632 设椭圆 α 的左、右焦点分别为 F_1, F_2,左、右准线分别为 f_1, f_2,一直线过 F_1,且分别交 f_1, f_2 于 A, B,过 A, B 各作 α 的两条切线,这些切线构成四边形 $ADBC$,如图 632 所示,设 CF_1, DF_2 分别交 α 于 P, Q 和 R, S,求证:四边形 $PQRS$ 是平行四边形.

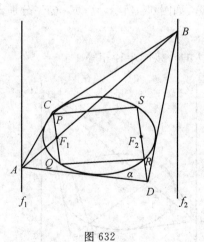

图 632

命题 633 设椭圆 α 的左、右焦点分别为 F_1, F_2,左、右准线分别为 f_1, f_2,

P 是 f_2 上一点,PF_1,PF_2 分别交 α 于 A,B 和 C,D,如图 633 所示,AD,BC 分别交 f_2 于 Q,R,过 Q,R 各作 α 的两条切线,这些切线两两相交产生四个交点,它们分别记为 M,N,S,T,求证：

① M,N 两点都在 PF_2 上；

② S,T,F_2 三点共线；

③ $ST \perp PF_2$.

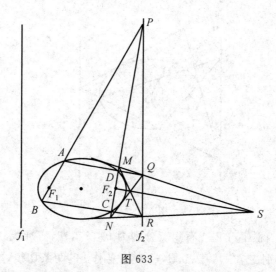

图 633

命题 634 设椭圆 α 的左、右焦点分别为 F_1,F_2,左、右准线分别为 f_1,f_2,一直线过 F_1,且分别交 f_1,f_2 于 P,Q,过 P,Q 各作 α 的两条切线,这些切线构成外切于 α 的四边形 $PBQA$,如图 634 所示,设 QF_1,QF_2 分别交 AB 于 C,D,求证：

① $AC = BD$；

② $\triangle QAC$ 和 $\triangle QBD$ 的外接圆半径相等.

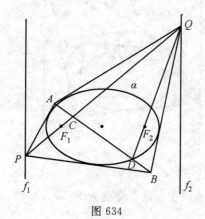

图 634

命题 635 设椭圆 α 的左、右焦点分别为 F_1, F_2，左、右准线分别为 f_1, f_2，P 是 f_1 上一点，PF_1, PF_2 分别交 f_2 于 Q, R，过 Q, R 各作 α 的两条切线，这些切线构成外切于 α 的四边形 $PBQA$，如图 635 所示，过 P, R 各作 α 的两条切线，这些切线构成外切于 α 的四边形 $PB'RA'$，求证：$A'B' = AB$.

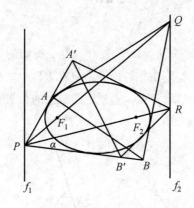

图 635

命题 636 设椭圆 α 的中心为 O，左、右焦点分别为 F_1, F_2，左、右准线分别为 f_1, f_2，P 是 f_1 上一点，PF_1, PF_2 分别交 α 于 A, B 和 C, D，AD 交 BC 于 E，PF_2 交 f_2 于 Q，EP, EB, EA, EQ 分别交直线 F_1F_2 于 M, N, S, T，如图 636 所示，求证：$MN = ST$.

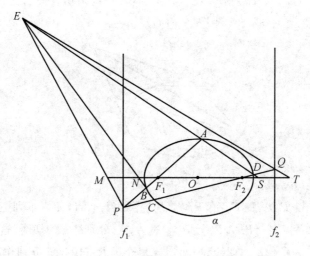

图 636

1.23

命题 637 设椭圆 α 的长轴为 AB,过 B 且与 α 相切的直线记为 l,P 是 α 上的动点,过 P 作 α 的切线,这条切线交 l 于 Q,Q 在 BP 上的射影为 R,QR 交 AB 于 S,如图 637 所示,求证:S 是定点,与点 P 在 α 上的位置无关.

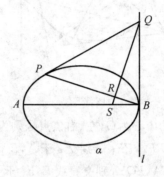

图 637

命题 638 设 A,B,C 是椭圆 α 上三点,$AB=AC$,过 B,C 分别作 α 的切线,这两切线相交于 D,DA 交 α 于 E,过 A 作 α 的切线,这条切线分别交 BD,CD 于 F,G,如图 638 所示,求证:EA 平分 $\angle FEG$.

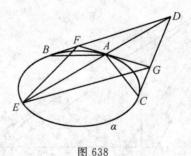

图 638

命题 639 设 P,A,B,C,A',B',C' 是椭圆 α 上七点,使得下列三对弦的长度相等:$PA=PA'$,$PB=PB'$,$PC=PC'$,过 A,A' 分别作 α 的切线,这两切线相交于 Q;过 B,B' 分别作 α 的切线,这两切线相交于 R;过 C,C' 分别作 α 的切线,这两切线相交于 S,如图 639 所示,求证:P,Q,R,S 四点共线.

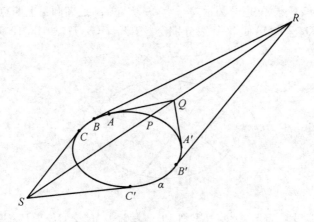

图 639

命题 640 设 AB 是椭圆 α 的长轴,圆 M 与 α 相交于四点 C,D,E,F,如图 640 所示,设 CE 交 DF 于 P,CE,DF 分别交 AB 于 Q,R,求证:$PQ=PR$.

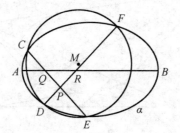

图 640

命题 641 设 A 是椭圆 α 外一点,过 A 作 α 的两条切线,切点分别为 P,Q,过 A 作 α 的割线,此线交 α 于 B,C,一直线过 A(该直线与 α 不相交),且分别交 BQ,CQ 于 D,E,过 D,E 各作 α 的一条切线,这两切线交于 R,如图 641 所示,求证:P,Q,R 三点共线.

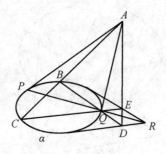

图 641

命题 642　设 O 是椭圆 α 内一点，A,B,C,D 是椭圆 α 上四点，$\angle AOB$，$\angle BOC$，$\angle COD$，$\angle DOA$ 的平分线分别交 α 于 E,F,G,H，如图 642 所示，求证：$EG \perp FH$.

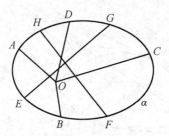

图 642

命题 643　设六边形 $ABCDEF$ 外切于椭圆 α，AC 交 DF 于 P，BD 交 AE 于 Q，BF 交 CE 于 R，如图 643 所示，求证：P,Q,R 三点共线.

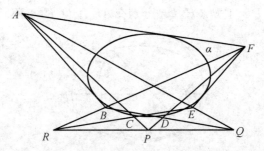

图 643

命题 644　设 $\triangle ABC$ 内接于椭圆 α，O 是 α 内一点，OA 交 BC 于 A'，OB 交 CA 于 B'，OC 交 AB 于 C'，OA，OB，OC 分别交 α 于 A'',B'',C''，设 $B'C'$ 交 $B''C''$ 于 P，$C'A'$ 交 $C''A''$ 于 Q，$A'B'$ 交 $A''B''$ 于 R，如图 644 所示，求证：P,Q,R 三点共线.

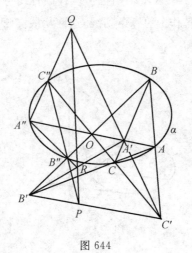

图 644

命题 645 设 O 是椭圆 α 内一点，A,B,C 是 α 上三点，延长 OA 到 A'，延长 OB 到 B'，延长 OC 到 C'，使得 $AA'=OA$，$BB'=OB$，$CC'=OC$，过 A 作 α 的切线，且交 $B'C'$ 于 P，过 B 作 α 的切线，且交 $C'A'$ 于 Q，过 C 作 α 的切线且交 $A'B'$ 于 R，如图 645 所示，求证：P,Q,R 三点共线．

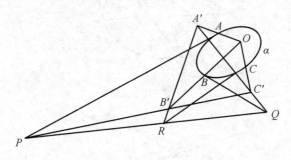

图 645

命题 646 设椭圆 α 的中心为 O，$\triangle ABC$ 的三边 BC,CA,AB 都与 α 相交于两点，这些交点分别记为 $A_1,A_2;B_1,B_2;C_1,C_2$，线段 A_1A_2，B_1B_2，C_1C_2 的中点分别为 D,E,F，设 OD,OE,OF 分别交 α 于 A',B',C'，如图 646 所示，求证：AA',BB',CC' 三线共点（此点记为 S）．

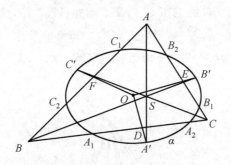

图 646

命题 647 设 P 是椭圆 α 外一点，过 P 作 α 的两条切线，切点分别为 A,B，过 P 作 α 的两条割线，这两条割线分别交 α 于 C,D 和 E,F，设 DE 交 CF 于 Q，AF 交 BD 于 R，如图 647 所示，求证：P,Q,R 三点共线．

命题 648 设六边形 $ABCDEF$ 外切于椭圆 α，AF,CD 上的切点分别为 G,H，过 G,H 两点的直线记为 l，AF 交 DE 于 K，CD 交 EF 于 L，AL 交 BK 于 P，BL 交 CK 于 Q，如图 648 所示，求证："M,N 两点均在 l 上"的充要条件是"P,Q 两点均在 l 上"．

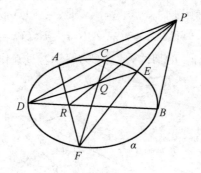

图 647

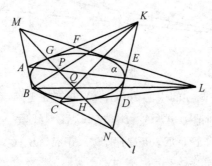

图 648

命题 649 设 $\triangle ABC$ 的三顶点 A,B,C 均在椭圆 α 外,过 A,B,C 各作 α 的两条切线,切点依次为 $A',A'';B',B'';C',C''$,如图 649 所示,求证:"AB',BC',CA' 三线共点(此点记为 M)"的充要条件是"CB'',BA'',AC'' 三线共点(此点记为 N)".

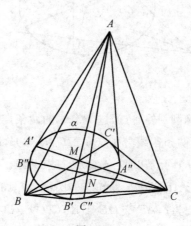

图 649

命题 650 设 A,B,C,D,E,F 是椭圆 α 上顺次六点,FB 交 AC 于 M,FD 交 EC 于 N,AN 交 EM 于 G,FG 交 α 于 H,HA 交 BF 于 M',HE 交 DF 于 N',AN'

交 EM' 于 K，如图 650 所示，求证：F,K,C 三点共线．

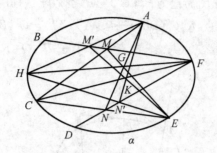

图 650

命题 651 设 A,B,C,D,E 是椭圆 α 上顺次五点，P 是 α 上一动点，该点在弧 AE 上，PB 交 AC 于 M，PD 交 AE 于 N，MD 交 CN 于 Q，PQ 交 α 于 R，如图 651 所示，求证：R 是 α 上的定点，其位置与点 P 的位置无关．

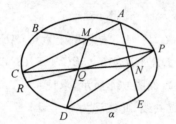

图 651

命题 652 设 Z,A,B,C,D,E,F 是 α 上七点，AB,CD,EF 三线共点于 S，ZE,ZF 分别交 AB 于 G,H，一直线过 G，且分别交 ZC,ZB 于 K,L，另有一直线过 H，且分别交 ZD,ZA 于 M,N，设 KL 交 MN 于 P，AM 交 BK 于 Q，AL 交 BN 于 R，如图 652 所示，求证：P,Q,R 三点共线．

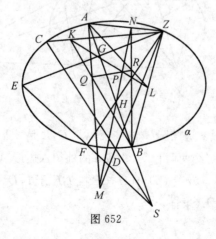

图 652

命题 653 设 A,B,C,A',B',C' 是椭圆 α 上六点,过 B 作 α 的切线,这条切线交 CC' 于 P,这样的作图简记为 $B(CC')=P$,类似于这样的作图再进行五次,即 $C(AA')=Q, A(BB')=R, C'(BB')=P', A'(CC')=Q', B'(AA')=R'$,如图 653 所示,求证:"$P,Q,R$ 三点共线"的充要条件是"P',Q',R' 三点共线".

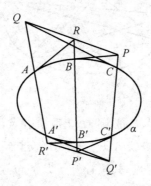

图 653

**命题 654 设 A,B,C,D,E,F 是椭圆上六点,AE 交 BD 于 O,AD 交 BE 于 P,AC 交 BF 于 Q,CE 交 DF 于 R,AF 交 BC 于 S,CD 交 EF 于 T,若 AB,CF,DE 三线共点(此点记为 M),如图 654 所示,求证:

① O,P,Q,R,S,T 六点共线,此线记为 l;

② l 是 M 的极线.

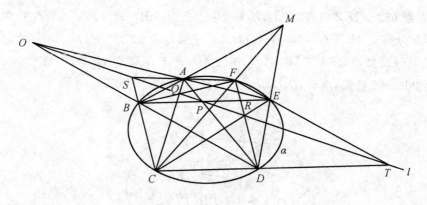

图 654

**命题 654.1 设 z 是椭圆 α 外一直线,P,Q,R 是 z 上三点,过 P,Q,R 各作 α 的两条切线,这些切线两两相交,构成 α 的外切六边形 $ABCDEF$,如图 654.1 所示,设 AF 交 BC 于 G,BA 交 CD 于 H,CB 交 DE 于 I,DC 交 EF 于 J,ED 交 FA 于 K,FE 交 AB 于 L,求证:

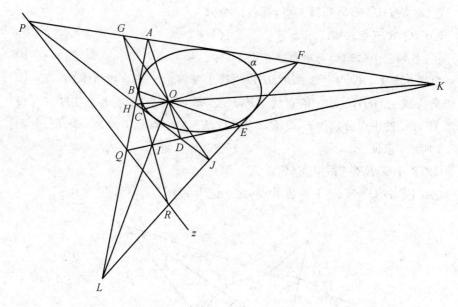

图 654.1

① 下列六条直线共点：AD, BE, CF, GJ, HK, IL，此点记为 O；
② O 是 z 关于 α 的极线.

注：本命题是命题 654 的"黄表示".

命题 655 设六边形 $ABCDEF$ 内接于椭圆 α，三条直线 AB, CD, EF 两两相交构成 $\triangle GHK$，另三条直线 AF, BC, DE 两两相交构成 $\triangle G'H'K'$，在 $\triangle GDE, \triangle HAF, \triangle KBC$ 及 $\triangle G'AB, \triangle H'CD, \triangle K'EF$ 中，自 G, H, K 及 G', H', K' 分别向对边作垂线，这些垂线依次记为 g, h, k 及 g', h', k'，若 g, h, k 三线共点，该点记为 P，如图 655 所示，求证：

① g', h', k' 也三线共点，此点记为 Q；

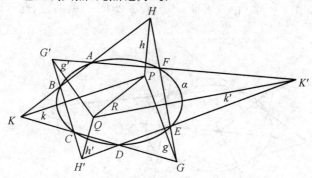

图 655

②GG',HH',KK' 三线共点,此点记为 R;

③P,Q,R 三点共线.

注:下列三个命题均与本命题相近.

命题 655.1 设六边形 $ABCDEF$ 内接于椭圆 α,三条直线 AB,CD,EF 两两相交构成 $\triangle GHK$,另三条直线 AF,BC,DE 两两相交构成 $\triangle G'H'K'$,设 DE,AF,BC 的中点分别为 P,Q,R,AB,CD,EF 的中点分别为 P',Q',R',如图 655.1 所示,求证:

①GP,HQ,KR 三线共点(此点记为 M);

②$G'P'$,$H'Q'$,$K'R'$ 三线也共点(此点记为 N).

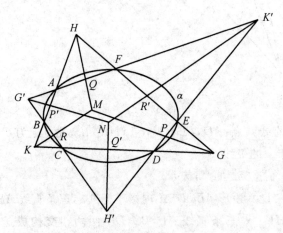

图 655.1

命题 655.2 设六边形 $ABCDEF$ 内接于椭圆 α,三条直线 AB,CD,EF 两两相交构成 $\triangle GHK$,另三条直线 AF,BC,DE 两两相交构成 $\triangle G'H'K'$,设 $\triangle GDE$,$\triangle HAF$,$\triangle KBC$ 及 $\triangle G'AB$,$\triangle H'CD$,$\triangle K'EF$ 的内心分别为 P,Q,R 及 P',Q',R',如图 655.2 所示,求证:PP',QQ',RR' 三线共点(此点记为 S).

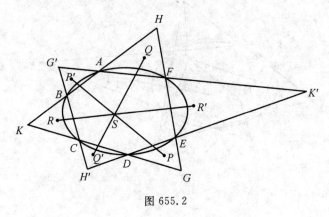

图 655.2

命题 655.3　设六边形 $ABCDEF$ 内接于椭圆 α，三条直线 AB, CD, EF 构成 $\triangle A''C''E''$，另三条直线 AF, BC, DE 构成 $\triangle B''D''F''$，六条直线 AC, BD, CE, DF, EA, FB 构成六边形 $A'B'C'D'E'F'$，如图 655.3 所示，求证：

① $A'A'', C'C'', E'E''$ 三线共点（此点记为 M）；

② $B'B'', D'D'', F'F''$ 三线共点（此点记为 N）。

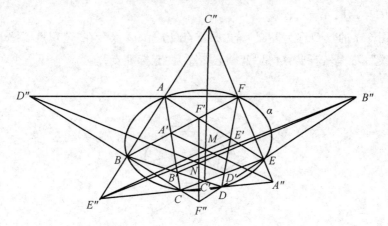

图 655.3

命题 656　设六边形 $ABCDEF$ 外切于椭圆 α，AB 交 DE 于 P，BC 交 EF 于 Q，CD 交 FA 于 R，如图 656 所示，求证：

① CP, AQ, ER 三线共点（此点记为 S）；

② FP, DQ, BR 三线共点（此点记为 S'）。

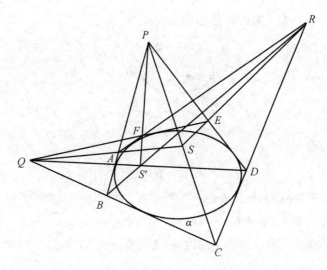

图 656

命题 657　设 A 是椭圆 α 上一点，t 是过 A 且与 α 相切的直线，过 A 作 t 的垂线，且交 α 于 B，在 α 上取两点 C,D，使得 $AC \perp AD$，CD 交 AB 于 O，O 关于 α 的极线记为 z，设 EF 是 α 的与 z 平行的弦，过 A 作 z 的垂线，且交 z 于 G，GO 交 EF 于 M，如图 657 所示，求证：

① 当 CD 在 α 上变动时，O 是定点；

② $ME = MF$．

注：图 657 的点 O 称为椭圆 α 的"弗雷奇（Fregier）点"，在"蓝观点"下（以 z 为"蓝假线"），α 是"蓝圆"，O 是"蓝圆心"，A 是"蓝标准点"．

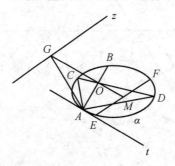

图 657

命题 657.1　设 Z 是椭圆 α 内一点，A 是 α 上一点，过 A 且与 α 相切的直线记为 t，B,C 是 t 上两动点，使得 $ZB \perp ZC$，过 B,C 分别作 α 的切线，这两切线相交于 P，如图 657.1 所示，求证：

① 当 B,C 在 t 上变动时，点 P 的轨迹是定直线，这条直线记为 l；

② $ZD \perp ZA$（D 是 l 与 t 的交点）．

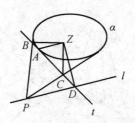

图 657.1

注：图 657.1 是图 657 的"黄表示"，图 657.1 的 l 对偶于图 657 的 O，所以，不妨称 l 为椭圆 α 的"弗雷奇（Fregier）线"．

需要指出的是：不论点 Z 在 α 的内部，还是在 α 上，或者在 α 外，命题 657.1 都是成立的．

命题 658　设椭圆 α 在 $\triangle ABC$ 内部，M 是 α 上一点，AM,BM,CM 分别交 α 于 A',B',C'，设 $B'C'$ 交 BC 于 P，$C'A'$ 交 CA 于 Q，$A'B'$ 交 AB 于 R，如图 658 所示，求证：P,Q,R 三点共线.

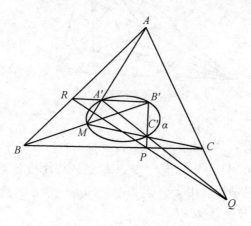

图 658

注：下面的命题 658.1 是本命题的"黄表示".

命题 658.1　设椭圆 α 在 $\triangle ABC$ 内部，直线 l 与 α 相切，且依次交 BC,CA，AB 于 P,Q,R，过 P,Q,R 分别作 α 的切线，这三条切线两两相交，构成 $\triangle A'B'C'$，如图 658.1 所示，求证：AA',BB',CC' 三线共点（此点记为 S）.

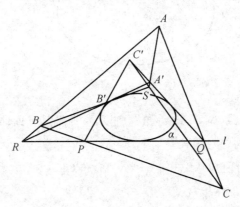

图 658.1

****命题 659**　设 O 是 $\triangle ABC$ 内一点，P,Q,R 三点分别在 AO,BO,CO 上，AR 分别交 BP,CQ 于 A_1,C_1，AQ 分别交 CP,BR 于 A_2,B_2，BP 交 CQ 于 B_1，CP 交 BR 于 C_2，如图 659 所示，求证：有且仅有一条圆锥曲线经过以下六点：A_1，A_2,B_1,B_2,C_1,C_2.

339

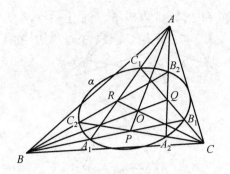

图 659

**命题 660　设 Z 是椭圆 α 外一点,过 Z 作 α 的两条切线,切点分别为 E, F,A,C 是 α 外两点,过 A,C 各作 α 的一条切线,这两切线相交于 B,再过 A,C 再各作 α 的一条切线,这两切线相交于 D,如图 660 所示,求证:"$\angle AZE = \angle CZF$" 的充要条件是 "$\angle BZF = \angle DZE$".

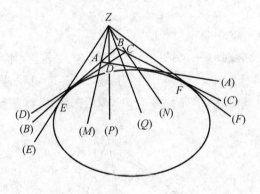

图 660

注:我们知道,"等截"对偶于"等角",所以,本命题是下面命题 660.1 的"黄表示",这两个命题之间的对偶关系如下:

命题 660.1	命题 660
E,F	ZE,ZF
M,N	ZA,ZC
A,B,C,D	DA,AB,BC,CD
P,Q	ZD,ZB

**命题 660.1　设 EF 是椭圆 α 的弦,M,N 是该弦上两点,一直线过 M,且交圆 O 于 A,B,另一直线过 N,且交圆 O 于 C,D,设 AD,BC 分别交 EF 于 P,Q,如图 660.1 所示,求证:"$EM = FN$" 的充要条件是 "$EQ = FP$".

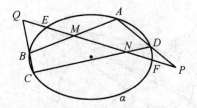

图 660.1

命题 661 设 A 是椭圆 α 上一点,过 A 且与 α 相切的直线记为 t,在 α 上取两点 B,C,使得 AB,AC 与 t 构成的角都是 $45°$,过 B,C 分别作 α 的切线,这两切线相交于 P,过 P 任作两直线,它们分别交 α 于 D,E 和 F,G,如图 661 所示,求证:

① AP 平分 $\angle BAC$(即 $PA \perp t$);

② $\angle DAF = \angle EAG$.

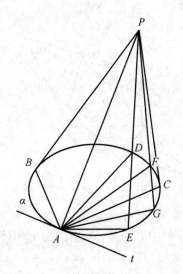

图 661

命题 662 设椭圆 α 的中心为 O,A 是 α 外一点,过 A 作 α 的两条切线,切点分别为 B,C,DE 是 α 的直径,过 C 作 OA 的平行线,并在此平行线上取一点 F,使得线段 CF 被 DE 所平分,设 FB 交 DE 于 G,AG 交 α 于 H,K,如图 662 所示,求证:G 是线段 HK 的中点.

注:此乃椭圆的"清宫定理".

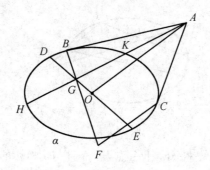

图 662

命题 662.1 设 $\triangle ABC$ 内接于圆 O,M,N 是圆 O 上两点,M 关于 BC,CA,AB 的对称点分别为 A',B',C',$A'N$ 交 BC 于 P,$B'N$ 交 CA 于 Q,$C'N$ 交 AB 于 R,如图 662.1 所示,求证:P,Q,R 三点共线.

注:此乃圆的"清宫定理".

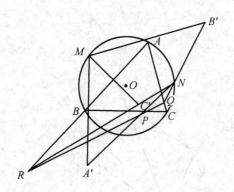

图 662.1

**命题 663 设椭圆 α 的中心为 O,六边形 $ABCDEF$ 外切于 α,FB,AC,BD,CE,DF,EA 的中点分别为 A',B',C',D',E',F',如图 663 所示,求证:$A'D',B'E',C'F'$ 三线共点于 O.

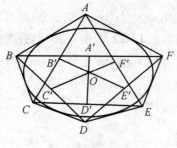

图 663

命题664 设椭圆α的中心为O,$\triangle ABC$内接于α,BC,CA,AB上的中点分别为D,E,F,平面上另有$\triangle A'B'C'$,设D',E',F'三点分别在$B'C'$,$C'A'$,$A'B'$上,使得$A'D' \parallel OD$,$B'E' \parallel OE$,$C'F' \parallel OF$,如图664所示,求证:$A'D'$,$B'E'$,$C'F'$三线共点(此点记为H).

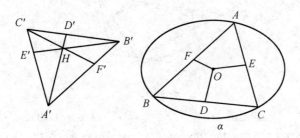

图664

注:在"特殊蓝几何"的观点下,在图664中,OD与BC"垂直",OE与CA"垂直",OF与AB"垂直",所以,在这种观点下,H是$\triangle A'B'C'$的"垂心".

** **命题665** 设椭圆α的中心为O,四边形$ABCD$是平行四边形,AB的中点为M,DM交α于E,F,EF的中点为N,过C作ON的平行线,且交DM于G,设CG的中点为P,如图665所示,求证:$BP \parallel DM$.

注:在这里,椭圆的作用就是引进"垂直"的定义.

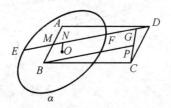

图665

命题666 设P是圆O内一定点,A,B是圆O上两动点,使得$AP \perp BP$,如图666所示,求证:AB的包络是椭圆,该椭圆记为α,α的两焦点是O,P.

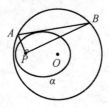

图666

命题667 设六边形 $ABCDEF$ 外切于椭圆 α，这个六边形的对边都彼此平行，CD,EF,AB 上的切点分别为 P,Q,R，AF 分别交 BC,DE 于 M,N，如图667所示，求证："M,P,R 三点共线"的充要条件是"N,P,Q 三点共线".

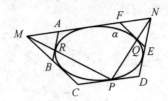

图 667

命题668 设 O 是椭圆 α 的焦点，A,B,C,D 是 α 上四点，直线 z 与 α 相切于 S，且分别与直线 AB,CD,BD,AC,BC,AD 相交于 P,P',Q,Q',R,R'，如图668所示，求证：

① "$\angle POQ = \angle P'OQ'$" 的充要条件是 "$\angle QOR = \angle Q'OR'$".

② 在①的条件成立时，OS 平分 $\angle POP'$（当然也平分 $\angle QOQ', \angle ROR'$）.

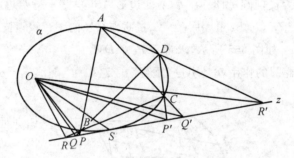

图 668

命题669 设 Z 是椭圆 α 上一点，过 Z 分别作 α 的切线 m 和法线 n，以 Z 为圆心作圆 β，β 与 α 相交于四点，设 α,β 的四条公切线构成完全四边形 $ABCD-EF$，如图669所示，求证：下列三个角：$\angle AZC, \angle BZD, \angle EZF$ 不是被 m 所平分，就是被 n 所平分.

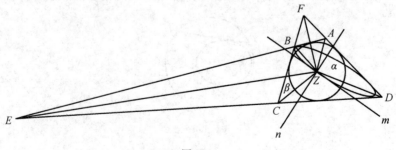

图 669

命题 670 设 Z 是椭圆 α 上一点,以 Z 为圆心作圆 β,β 与 α 有且仅有三个公共点,其中一个是 α,β 的切点,这个点记为 A,另两个都是 α,β 的交点,过 A 作 α,β 的公切线,这条公切线与 α,β 的另两条公切线分别相交于 B,C,过 Z 作 α 的法线 n,如图 670 所示,求证:n 平分 $\angle BZC$.

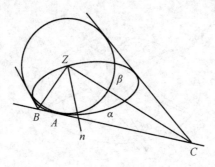

图 670

命题 671 设椭圆 α 上有六个点 A,B,C,A',B',C',使得 AA',BB',CC' 共点于 P,设 $A'C'$ 交 AB' 于 Q,AC 交 $A'B$ 于 R,如图 671 或图 671.1 所示,求证:P,Q,R 三点共线.

注:本命题对圆当然成立,如图 671.2 所示.

按帕斯卡(Blaise Pascal)定理,本命题明显成立.

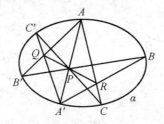

图 671

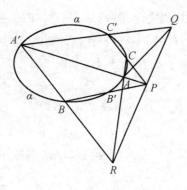

图 671.1

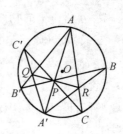

图 671.2

命题 672 设椭圆 α 上有八个点 A,B,C,D,A',B',C',D',使得 AA',BB',CC',DD' 共点于 P,设 AC 交 $B'D'$ 于 Q,$A'C'$ 交 BD 于 R,如图 672 或图 672.1 所示,求证:P,Q,R 三点共线.

注:本命题对圆当然成立,如图 672.2 所示.

本命题是命题 671 的推广.

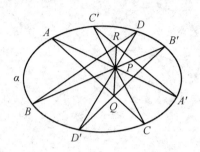

图 672

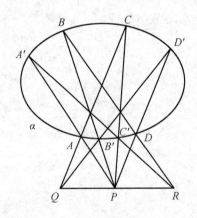

图 672.1

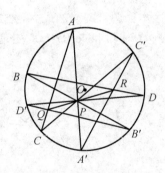

图 672.2

命题 673 设椭圆 α 的四条公切线构成完全四边形 $ABCD-EF$,一直线分别交 AB,BC,CD,DA 于 A',B',C',D',过 A',C' 分别作 α 的切线,这两切线相交于 G,过 B',D' 分别作 α 的切线,这两切线相交于 H,如图 673 所示,求证:$EH,FG,A'D'$ 三线共点(此点记为 S).

注:本命题是命题 672 的"黄表示".

命题 674 设椭圆 α 上有八个点 A,B,C,D,A',B',C',D',使得 AA',BB',CC',DD' 彼此平行,设 AC 交 $B'D'$ 于 P,$A'C'$ 交 BD 于 Q,如图 674 所示,求证:PQ 与 AA' 平行.

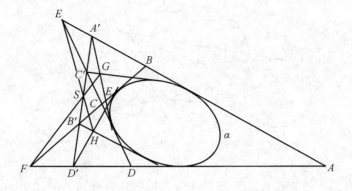

图 673

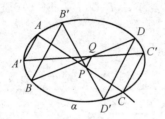

图 674

命题 675 设椭圆 α 上有六个点 A,B,C,A',B',C', 使得 AA',BB',CC' 彼此平行, 设 AC 交 BC' 于 P, $A'C'$ 交 $B'C$ 于 Q, 如图 675 所示, 求证: PQ 与 AA' 平行.

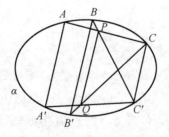

图 675

命题 676 设两圆 O_1,O_2 均与圆 O 外切, 切点分别为 M,N, AB,CD 都是圆 O_1,O_2 的公切线, A,B,C,D 都是切点, A,C 在圆 O_1 上, B,D 在圆 O_2 上, 设 AN,BM,CN,DM 分别交圆 O 于 E,F,G,H, 如图 676 所示, 求证: $EF \parallel AB$, $GH \parallel CD$.

注: 本命题源于本套书下册第 1 卷的命题 954.

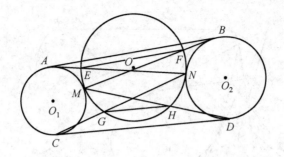

图 676

命题 676.1 设两圆 O_1,O_2 均与椭圆 α 外切,切点分别为 M,N,AB,CD 都是圆 O_1,O_2 的公切线,A,B,C,D 都是切点,A,C 在圆 O_1 上,B,D 在圆 O_2 上,设 AN,BM,CN,DM 分别交 α 于 E,F,G,H,如图 676.1 所示,求证:$EF \parallel AB$,$GH \parallel CD$.

注:本命题源于命题 676.

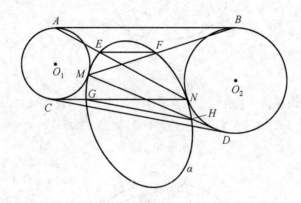

图 676.1

命题 676.2 设两椭圆 α,β 均与圆 O 外切,切点分别为 M,N,AB,CD 都是 α,β 的公切线,A,B,C,D 都是切点,A,C 在 α 上,B,D 在 β 上,设 AN,BM,CN,DM 分别交圆 O 于 E,F,G,H,若 α,β 的长轴互相平行,且离心率相同,如图 676.2 所示,求证:$EF \parallel AB$,$GH \parallel CD$.

注:本命题源于命题 676.

命题 676.3 设两椭圆 α,β 均与椭圆 γ 外切,切点分别为 M,N,AB,CD 都是 α,β 的公切线,A,B,C,D 都是切点,A,C 在 α 上,B,D 在 β 上,设 AN,BM,CN,DM 分别交 γ 于 E,F,G,H,若 α,β 的长轴互相平行,且离心率相同,如图 676.3 所示,求证:$EF \parallel AB$,$GH \parallel CD$.

注:本命题源于命题 676.

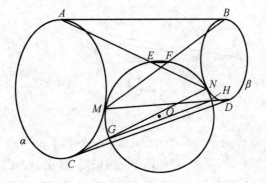

图 676.2

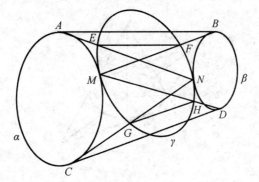

图 676.3

1.24

命题 677 设椭圆 α 的中心为 O，$\triangle ABC$ 外切于 α，一直线与 α 相切，且分别交 OA,OB,OC 于 A',B',C'，过 A' 作 α 的切线，且交 BC 于 P，过 B' 作 α 的切线，且交 CA 于 Q，过 C' 作 α 的切线，且交 AB 于 R，如图 677 所示，求证：O,P,Q,R 四点共线.

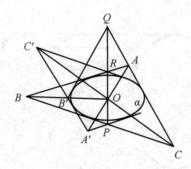

图 677

注：下列三个命题与本命题相近.

命题 677.1 设 $\triangle ABC$ 外切于椭圆 α，BC,CA,AB 上的切点分别为 D,E,F，一直线与 α 相切，交 BC 于 P，且分别交 α 的切线于 G,H，过 G 作 α 的切线，且交 AB 于 Q，过 H 作 α 的切线，且交 AC 于 R，如图 677.1 所示，求证：P,Q,R 三点共线.

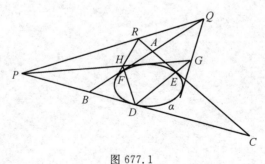

图 677.1

命题 677.2 设 $\triangle ABC$ 外切于椭圆 α，BC,CA,AB 上的切点分别为 D,E，F，一直线分别交 $\triangle ABC$ 的三边 BC,CA,AB（或三边的延长线）于 A',B',C'，

过 A' 作 α 的切线,且交 EF 于 P,过 B' 作 α 的切线,且交 FD 于 Q,过 C' 作 α 的切线,且交 DE 于 R,如图 677.2 所示,求证:P,Q,R 三点共线.

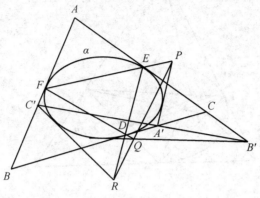

图 677.2

命题 677.3 设 $\triangle ABC$ 的三边(或三边的延长线)均与椭圆 α 相切,BC,CA,AB 上的切点分别为 D,E,F,一直线在 α 外,它分别交 EF,FD,DE 于 A',B',C',过 A' 作 α 的切线(这条切线上的切点与 D 分列于 EF 的两侧),且交 BC 于 P,过 B' 作 α 的切线(这条切线上的切点与 E 分列于 FD 的两侧),且交 CA 于 Q,过 C' 作 α 的切线(这条切线上的切点与 F 分列于 DE 的两侧),且交 AB 于 R,如图 677.3 所示,求证:P,Q,R 三点共线.

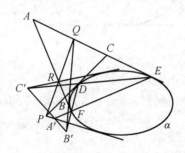

图 677.3

命题 678 设 $\triangle ABC$ 外切于椭圆 α,BC,CA,AB 上的切点分别为 D,E,F,M 是 α 内一点,AM 交 EF 于 D',BM 交 FD 于 E',CM 交 DE 于 F',如图 678 所示,求证:DD',EE',FF' 三线共点(此点记为 S).

注:下列两个命题与本命题相近.

命题 678.1 设 $\triangle ABC$ 外切于椭圆 α,三边 BC,CA,AB 上的切点分别为 D,E,F,M 是 α 内一点,AM,BM,CM 分别交 α 于 D',E',F',如图 678.1 所示,求证:DD',EE',FF' 三线共点(此点记为 S).

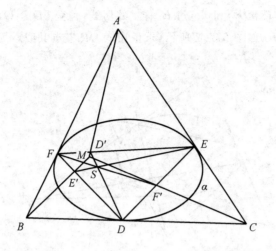

图 678

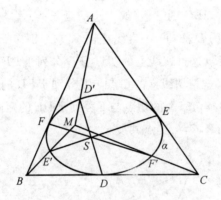

图 678.1

命题 678.2 设 $\triangle ABC$ 外切于椭圆 α，O 是 α 内一点，AO,BO,CO 分别交对边 BC,CA,AB 于 D,E,F，过这三点分别作 α 的切线，切点依次为 A',B',C'，如图 678.2 所示，求证：AA',BB',CC' 三线共点(此点记为 S).

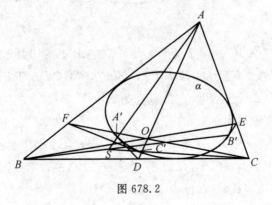

图 678.2

命题 679 设 $\triangle ABC$ 外切于椭圆 α，O 是 α 内一点，AO，BO，CO 分别交 α 于 D，E，F，过 D，E，F 分别作 α 的切线，这三条切线两两相交，构成 $\triangle A'B'C'$，如图 679 所示，求证：AA'，BB'，CC' 三线共点（此点记为 O'）.

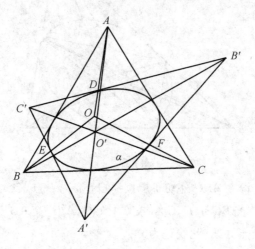

图 679

命题 680 设 $\triangle ABC$ 外切于椭圆 α，BC，CA，AB 上的切点分别为 D，E，F，O 是 α 内一点，过 OD，OE，OF 的中点依次作 BC，CA，AB 的平行线，这些直线两两相交构成 $\triangle D'E'F'$，如图 680 所示，求证：DD'，EE'，FF' 三线共点（此点记为 S）.

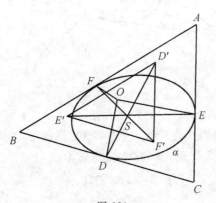

图 680

命题 681 设椭圆 α 的中心为 O，$\triangle ABC$ 外切于 α，M 是 α 内一点，AM 交 BC 于 D，BM 交 CA 于 E，CM 交 AB 于 F，设 AO 交 EF 于 D'，BO 交 FD 于 E'，CO 交 DE 于 F'，如图 681 所示，求证：DD'，EE'，FF' 三线共点（此点记为 S）.

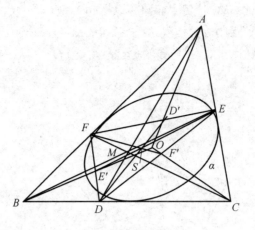

图 681

** **命题 682** 设 $\triangle ABC$ 外切于椭圆 α，O 是 α 内一点，OA，OB，OC 分别交 α 于 A'，B'，C'，$B'C'$ 交 BC 于 P，$C'A'$ 交 CA 于 Q，$A'B'$ 交 AB 于 R，如图 682 所示，求证：P,Q,R 三点共线（此线记为 l）.

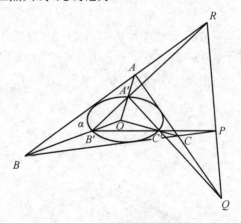

图 682

注：本命题的图形涉及十点十线，该图是自对偶图形，对偶关系如下：

$$A,B,C \leftrightarrow B'C',C'A',A'B'$$
$$A',B',C' \leftrightarrow BC,CA,AB$$
$$O \leftrightarrow l$$

命题 682.1 设 $\triangle ABC$ 外切于椭圆 α，O 是 α 内一点，延长 AO，BO，CO，且分别交 α 于 A'，B'，C'，设 $B'C'$ 交 BC 于 P，$C'A'$ 交 CA 于 Q，$A'B'$ 交 AB 于 R，如图 682.1 所示，求证：P,Q,R 三点共线.

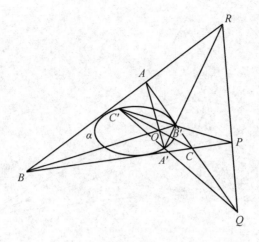

图 682.1

命题 683 设椭圆 α 的中心为 O,$\triangle ABC$ 外切于 α,三边 BC,CA,AB 上的切点分别为 D,E,F,AO 交 BC 于 A',BO 交 CA 于 B',CO 交 AB 于 C',设 AA' 交 $B'C'$ 于 D',BB' 交 $C'A'$ 于 E',CC' 交 $A'B'$ 于 F',如图 683 所示,求证:DD',EE',FF' 三线共点(此点记为 S).

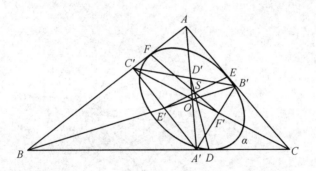

图 683

命题 684 设 $\triangle ABC$ 外切于椭圆 α,三边 BC,CA,AB 上的切点分别为 D,E,F,P 是 $\triangle ABC$ 内一点,AP,BP,CP 分别交 α 于 A_1,A_2;B_1,B_2;C_1,C_2,如图 684 所示,求证:有四次三线共点,它们分别是:(A_1D, B_1E, C_1F) (A_1D, B_2E, C_2F) (A_2D, B_1E, C_2F) (A_2D, B_2E, C_1F)(所共之点依次记为 K_1,K_2,K_3,K_4).

注:下面的命题 684.1 与本命题相近.

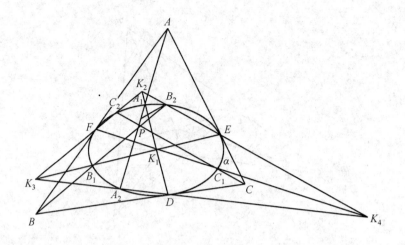

图 684

命题 684.1 设 △ABC 外切于椭圆 α, BC, CA, AB 上的切点分别为 D, E, F, M 是 △DEF 内一点, DM 交 EF 于 A′, EM 交 FD 于 B′, FM 交 DE 于 C′, 设 B′C′ 交 BC 于 P, C′A′ 交 CA 于 Q, A′B′ 交 AB 于 R, 如图 684.1 所示, 求证: P, Q, R 三点共线.

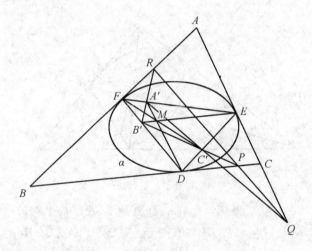

图 684.1

****命题 685** 设 △ABC 外切于椭圆 α, M, N 是 α 内两点, AM, AN 分别交 α 于 A_1, A_2 和 A_3, A_4, A_1A_4 交 A_2A_3 于 P, BM, BN 分别交 α 于 B_1, B_2 和 B_3, B_4, B_1B_4 交 B_2B_3 于 Q, CM, CN 分别交 α 于 C_1, C_2 和 C_3, C_4, C_1C_4 交 C_2C_3 于 R, 如图 685 所示, 求证: P, Q, R 三点共线.

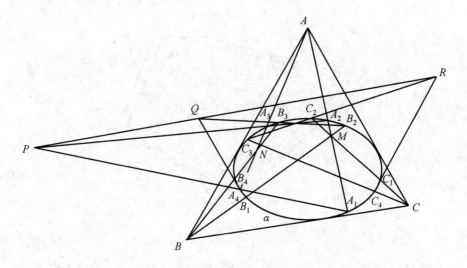

图 685

命题 686 设四边形 $ABCD$ 外切于椭圆 α, AB, BC, CD, DA 上的切点分别为 E,F,G,H, 下列四对直线：(BH,ED), (AF,CE), (BG,DF), (AG,CH) 的交点分别记为 P,Q,R,S, 如图 686 所示, 求证：P,R 两点均在 AC 上, Q,S 两点均在 BD 上.

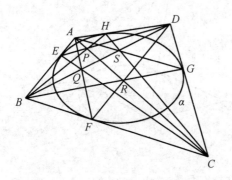

图 686

命题 687 设 O 是椭圆 α 的中心, 四边形 $ABCD$ 外切于 α, AB, BC, CD, DA 上的切点分别为 E,F,G,H, P 是 α 内一点, 现在, 在 α 上取四点：E',F',G',H', 使得 $PE' \parallel OE$, $PF' \parallel OF$, $PG' \parallel OG$, $PH' \parallel OH$, 过 E' 作 AB 的平行线, 同时, 过 F' 作 BC 的平行线, 过 G' 作 CD 的平行线, 过 H' 作 DA 的平行线, 这四条线构成四边形 $A'B'C'D'$, 如图 687 所示, 设 $A'C'$, $B'D'$ 的中点分别为 M,N, 求证：M,O,N 三点共线.

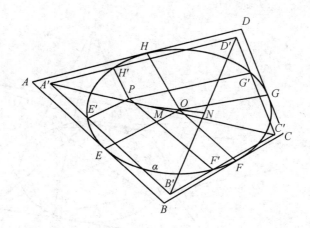

图 687

命题 688 设椭圆 α 的中心为 Z,$\triangle ABC$ 外切于 α,BC,CA,AB 上的切点分别为 D,E,F,AC 交 DF 于 G,过 E 且与 DF 平行的直线分别交 AB,BC 于 M,N,设 GN 交 DE 于 P,GM 交 EF 于 Q,如图 688 所示,求证:P,Q,Z 三点共线.

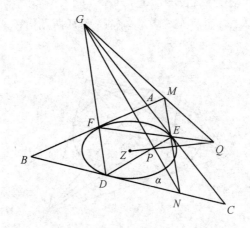

图 688

命题 689 设 $\triangle ABC$ 外切于椭圆 α,三边 BC,CA,AB 上的切点分别为 D,E,F,BC,CA,AB 上的中点分别为 A',B',C',过 A' 作 α 的切线,且交 EF 于 P,过 B' 作 α 的切线,且交 FD 于 Q,过 C' 作 α 的切线,且交 DE 于 R,如图 689 所示,求证:P,Q,R 三点共线.

命题 690 设椭圆 α 的中心为 O,$\triangle ABC$ 外切于 α,BC,CA,AB 上的切点分别为 D,E,F,过 O 作 BC 的平行线,且交 EF 于 P,过 O 作 CA 的平行线,且交 DF 于 Q,过 O 作 AB 的平行线,且交 DE 于 R,如图 690 所示,求证:P,Q,R 三点共线.

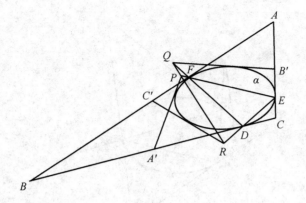

图 689

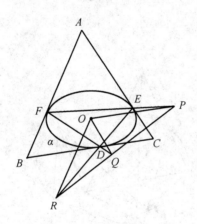

图 690

命题 691 设 $\triangle ABC$ 外切于椭圆 α，BC，CA，AB 上的切点分别为 D，E，F，作 α 的与 BC 平行的切线，这条切线交 EF 于 P，作 α 的与 CA 平行的切线，这条切线交 FD 于 Q，作 α 的与 AB 平行的切线，这条切线交 DE 于 R，如图 691 所示，求证：P，Q，R 三点共线.

命题 692 设 $\triangle ABC$ 内接于椭圆 α，O 是 α 内一点，OA 交 BC 于 A'，OB 交 CA 于 B'，OC 交 AB 于 C'，OA，OB，OC 分别交 α 于 A''，B''，C''，设 $B'C'$ 交 $B''C''$ 于 P，$C'A'$ 交 $C''A''$ 于 Q，$A'B'$ 交 $A''B''$ 于 R，如图 692 所示，求证：P，Q，R 三点共线.

命题 693 设椭圆 α 的中心为 O，$\triangle ABC$ 内接于 α，三边 BC，CA，AB 上的中点分别为 D，E，F，AO，BO，CO 分别交 α 于 D'，E'，F'，如图 693 所示，求证：DD'，EE'，FF' 三线共点（此点记为 S）.

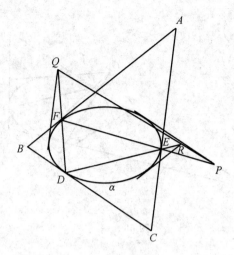

图 691

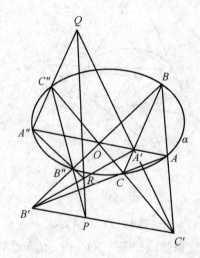

图 692

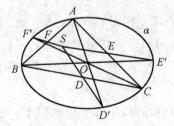

图 693

命题 694 设椭圆 α 的中心为 O,$\triangle ABC$ 内接于 α,三边 BC,CA,AB 上的中点分别为 D,E,F,AO,BO,CO 分别交 $\triangle ABC$ 的对边于 A',B',C',设 AA' 交 $B'C'$ 于 D',BB' 交 $C'A'$ 于 E',CC' 交 $A'B'$ 于 F',如图 694 所示,求证:DD',EE',FF' 三线共点(此点记为 S).

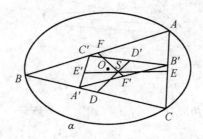

图 694

命题 695 设椭圆 α 的中心为 O,$\triangle ABC$ 内接于椭圆 α,三边 BC,CA,AB 的中点分别为 D,E,F,DO,EO,FO 分别交 α 于 A',B',C',设 AA',BB',CC' 两两相交,构成 $\triangle PQR$,如图 695 所示,求证:

①PA,QB,RC 三线共点,此点记为 S;
②PA',QB',RC' 三线共点,此点记为 T;
③S,O,T 三点共线.

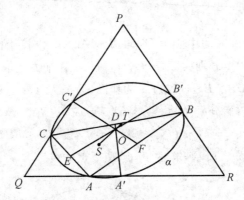

图 695

命题 696 设 $\triangle ABC$ 内接于椭圆 α,B_1,B_2,C_1,C_2 是 α 上四点,使得 $B_1B_2 \parallel AC$,$C_1C_2 \parallel AB$,设 BB_1 交 CC_1 于 P,BB_2 交 CC_2 于 Q,AP,AQ 分别交 α 于 A_1,A_2,如图 696 所示,求证:$A_1A_2 \parallel BC$.

命题 697 设 $\triangle ABC$ 内接于椭圆 α,直线 l 分别交 $\triangle ABC$ 的三边 BC,CA,AB 的延长线于 A',B',C',过 A' 作 α 的两条切线,同时,过 A 作 α 的切线,这条切线与前两条切线交于 A_1,A_2;过 B' 作 α 的两条切线,同时,过 B 作 α 的切线,

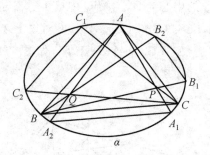

图 696

这条切线与前两条切线交于 B_1,B_2;过 C' 作 α 的两条条切线,同时,过 C 作 α 的切线,这条切线与前两条切线交于 C_1,C_2,如图 697 所示,求证:有四次三点共线,它们分别是:$(A_1,B_1,C_1),(A_1,B_2,C_2),(A_2,B_1,C_2),(A_2,B_2,C_1)$.

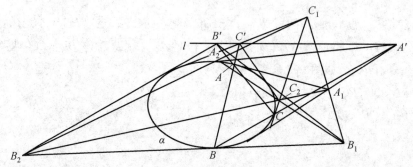

图 697

命题 698 设椭圆 α 的中心为 O,四边形 $ABCD$ 内接于椭圆 α,AB,BC,CD,DA,AC,BD 的中点分别为 E,F,G,H,M,N,在平面上取一点 S,过 S 作 OE 的平行线,且交 AB 于 E',这种过 S 的作图,简记为 $(OE \times AB)=E'$,仿此,还有下列五次作图,它们分别是:$(OG \times CD)=G'$,$(OF \times BC)=F'$,$(OH \times AD)=H'$,$(OM \times AC)=M'$,$(ON \times BD)=N'$,设 $E'G'$,$F'H'$,$M'N'$ 的中点分别为 P,Q,R,如图 698 所示,求证:P,Q,R 三点共线.

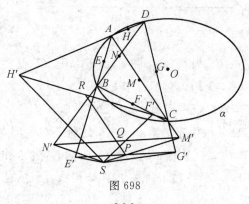

图 698

命题 699　设 $\triangle ABC$ 内接于椭圆 α，l_1,l_2 是两条与 α 不相交的直线，它们分别与 BC,CA,AB 相交于 P,Q,R 和 P',Q',R'，如图 699 所示，以 PP' 为对角线，作 α 的外切四边形 $PDP'D'$，以 QQ' 为对角线，作 α 的外切四边形 $QEQ'E'$，以 RR' 为对角线，作 α 的外切四边形 $RFR'F'$，求证：DD',EE',FF' 三线共点（此点记为 S）.

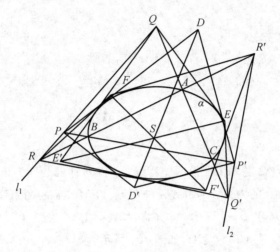

图 699

命题 700　设四边形 $ABCD$ 内接于椭圆 α，一直线交 α 于 E,F，且分别交 AB,CD,BD,AC 于 M,N,P,Q，如图 700 所示，求证：若点 O 平分下列三线段：EF,MN,PQ 中的两个，则必然平分第三个.

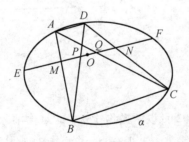

图 700

注：本命题是"蝴蝶定理"的推广（当 M,N 重合，且成为 EF 中点时，本命题就成了"蝴蝶定理"）.

抛物线

第 2 章

2.1

命题 701 设两抛物线 α, β 的对称轴分别为 $m, n, m \parallel n$,β 在 α 的内部,M, N 是 α 外两点,过 M 作 α 的两条切线,切点分别为 A, B,过 N 作 β 的两条切线,切点分别为 C, D,若 $MA \parallel NC$,且 $MB \parallel ND$,如图 701 所示,求证:AC, BD, MN 三线共点(此点记为 S).

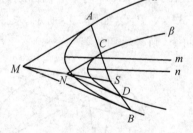

图 701

命题 702 设两抛物线 α, β 的对称轴分别为 $m, n, m \parallel n$,β 在 α 的内部,A 是 α 上一点,过 A 作 β 的两条切线,切点依次为 B, C,两直线 l_1, l_2 分别与 AB, AC 平行,这两直线相交于 D,DA 交 β 于 E,直线 l_3 过 A,且与 α 相切,直线 l_4 过 E,且与 β 相切,如图 702 所示,求证:$l_3 \parallel l_4$.

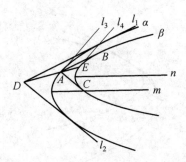

图 702

命题 703 设两抛物线 α,β 的对称轴分别为 $m,n,m \parallel n,\alpha$ 在 β 的内部,二者没有公共点,且开口方向相同,一直线与 α 相切于 A,且交 β 于 B,C,过 B,C 分别作 m 的平行线,且依次交 α 于 D,E,DE 交 BC 于 F,过 F 作 β 的切线,切点记为 G,如图 703 所示,求证:GA 与 m 平行.

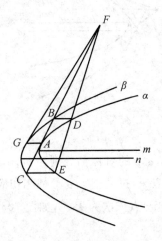

图 703

命题 704 设抛物线 α 在抛物线 β 的内部,它们的开口方向相同,且 α 与 β 相切于 A,过 A 且与 α,β 都相切的直线记为 l,B 是 l 上一点,过 B 作 α 的切线,切点为 C,过 B 作 β 的切线,同时,过 C 作 AB 的平行线,这两条线相交于 D,过 D 且与 BC 平行的直线记为 m,如图 704 所示,求证:m 与 β 相切.

命题 705 设两抛物线 α,β 的对称轴分别为 m,n,m 与 n 平行,β 在 α 的内部,二者有且仅有一个公共点 A,过 A 且与 α,β 都相切的直线记为 l,过 A 作 m 的平行线,并在这条线上取两点 P,Q,过 P 作 β 的一条切线,同时,过 Q 作 α 的一条切线,这两切线相交于 B,现在,过 P 作 β 的另一条切线,同时,过 Q 作 α 的另一条切线,这两切线相交于 C,如图 705 所示,求证:BC 与 l 平行.

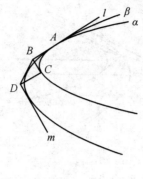

图 704

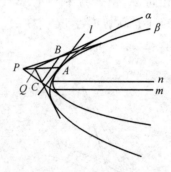

图 705

命题 706　设两抛物线 α,β 的对称轴分别为 m,n，m 与 n 平行，β 在 α 的内部，二者有且仅有一个公共点 A，过 A 且与 α,β 都相切的直线记为 l，P 是 l 上一点，过 P 分别作 α,β 的切线，切点依次为 B,C，如图 706 所示，求证：BC 与 m 平行.

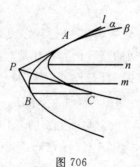

图 706

命题 707　设两抛物线 α,β 的对称轴分别为 m,n，m 与 n 平行，β 在 α 的内部，二者有且仅有一个公共点 A，过 A 且与 α,β 都相切的直线记为 l，在 α 上取两

点 B,C，在 β 上取两点 D,E，使得 $BC \parallel DE \parallel l$，设 BE 交 CD 于 F，如图 707 所示，求证：AF 与 m 平行.

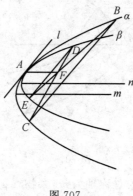

图 707

命题 708 设抛物线 β 在抛物线 α 的内部，它们的开口方向相同，且 α 与 β 相切于 M，α 的对称轴为 m，过 M 作 m 的平行线，并在其上取两点 A,C（这两点都在 α 外），过 A 作 α 的两条切线，同时，过 C 作 β 的两条切线，这四条切线构成完全四边形 $ABCD-EF$，过 M 且与 α,β 都相切的直线记为 l，如图 708 所示，求证：BD,EF 都与 l 平行.

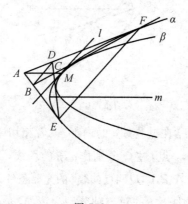

图 708

命题 709 设抛物线 α 的对称轴为 m，抛物线 β 在 α 的内部，开口方向与 α 相同，且与 α 相切于 A，一直线过 A，且分别与 α,β 相交于 B,C，设 D,E 两点分别在 α,β 上，使得 DE 平行于 m，设 BD 交 CE 于 F，如图 709 所示，求证：AF 与 m 平行.

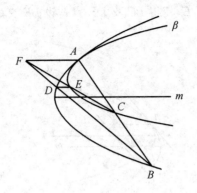

图 709

命题 710 设抛物线 α 的对称轴为 m,抛物线 β 在 α 的内部,开口方向与 α 相同,且与 α 相切于 A,过 A 作 α,β 的公切线,并在其上取一点 M,设两直线 l_1,l_2 彼此平行,且分别与 α,β 相切,过 M 作 α 的切线,且交 l_1 于 P,过 M 作 β 的切线,且交 l_2 于 Q,如图 710 所示,求证:PQ // AM.

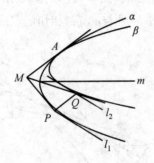

图 710

命题 711 设抛物线 β 在抛物线 α 的内部,二者相切于 P,α,β 的对称轴分别为 m,n,m // n,Q 是 α 外一点,过 Q 分别作 α,β 的切线,切点依次为 A,B 和 C,D,如图 711 所示,求证:"A,B,C,D 四点共线"的充要条件是"直线 PQ 与 m 平行".

命题 712 设两抛物线 α,β 的对称轴分别为 m,n,m // n,α,β 的开口方向相同,β 在 α 的内部,且与 α 相切于 P,过 P 且与 α,β 都相切的直线记为 l,作两条平行于 l 的直线,它们分别交 α 于 A,D 和 A',D',又分别交 β 于 B,C 和 B',C',如图 712 所示,设 BD' 交 $A'C$ 于 Q,求证:

① PQ 与 m 平行;

② "AB' 与 m 平行"的充要条件是"$C'D$ 与 m 平行";

③ "A',B,P 三点共线"的充要条件是"C,D',P 三点共线".

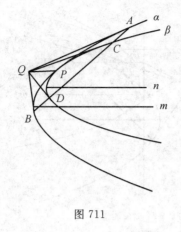

图 711

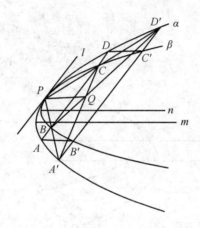

图 712

注：本命题源于本套书上册的命题 393（在那里，取 PB 为"蓝假线"）.

命题 713 设两抛物线 α,β 的对称轴分别为 $m,n,m \parallel n,\alpha,\beta$ 的开口方向相同，α 在 β 的内部，且与 β 相切于 M,α 的准线为 f,M 在 f 上的射影为 P，延长 PM 至 A，使得 $MA=MP$，一直线过 A，且分别交 α,β 于 B,C 和 D,E，过 B,C 分别作 α 的切线，这两切线相交于 Q，过 D,E 分别作 β 的切线，这两切线相交于 R，如图 713 所示，求证：P,Q,R 三点共线.

注：本命题源于本套书中册的命题 159（在那里，取 N 为"蓝假点"）.

命题 714 设两抛物线 α,β 的对称轴分别为 $m,n,m \parallel n,\alpha,\beta$ 的顶点分别为 A,B,α,β 的开口方向相同，且只有一个公共点 C，过 C 且与 α,β 都相切的直线记为 l_1，直线 l_2 与 m 垂直，且分别交 m,n 于 P,Q，在 m 上取一点 M，使得 $AM=AP$，现在，在 n 上取一点 N，使得 $BN=BQ$，如图 714 所示，求证：MN 与 l_1 平行.

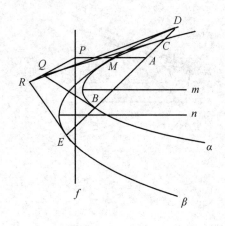

图 713

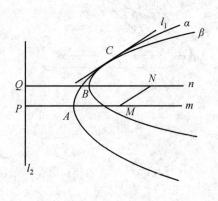

图 714

命题 715 设两抛物线 α,β 的对称轴分别为 $m,n,m \parallel n,\beta$ 在 α 内部,二者的开口方向相同,且只有一个公共点 C,P 是 β 内一点,过 P 作 m 的平行线,且分别交 α,β 于 A,B,过 A 且 α 相切的直线记为 l_1,过 B 且与 β 相切的直线记为 l_2,现在,在直线 PA 上取两点 M,N,使得 A 是线段 PM 的中点,且 B 是线段 PN 的中点,过 M 作 l_1 的平行线,同时,过 N 作 l_2 的平行线,这两线相交于 D,如图 715 所示,求证:$CD \parallel m$.

注:本命题是上面命题 714 的"异形黄表示".

命题 716 设两抛物线 α,β 的对称轴分别为 m,n,这两对称轴彼此平行,β 在 α 内部,二者的开口方向相同,且只有一个公共点 P,在 α 外取一点 M,使得

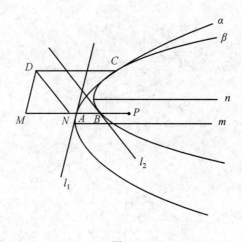

图 715

$MP \parallel m$,过 M 向 α,β 各作两条切线,它们依次记为 l_1,l_4 和 l_2,l_3,如图 716 所示,过 P 且与 α,β 都相切的直线记为 t,一直线与 t 平行,且分别交 l_1,l_2,l_3,l_4 于 A,B,C,D,求证:$AB=CD$.

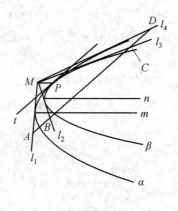

图 716

注:本命题是下面命题 716.1 的"异形黄表示".

命题 716.1 设两抛物线 α,β 有公共的对称轴 m,公共的顶点 A,二者开口方向相同,一直线与 m 垂直,且分别交 α,β 于 A,D 和 B,C,如图 716.1 所示,求证:$AB=CD$.

命题 717 设两抛物线 α,β 的对称轴分别为 m,n,这两对称轴彼此平行,α,β 的开口方向相同,β 在 α 内部,且二者相切于 P,α,β 的顶点分别为 A,B,如图 717 所示,求证:A,B,P 三点共线.

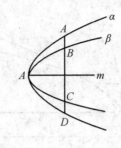

图 716.1

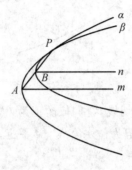

图 717

命题 718 设两抛物线 α,β 的对称轴分别为 m,n，这两对称轴彼此平行，α，β 的开口方向相同，β 在 α 内部，且二者相切于 P，过 P 作 α,β 的公切线，这条公切线记为 t，设 A,B 两点分别在 α,β 上，使得 AB 与 m 平行，过 A 作 α 的切线，同时，过 B 作 β 的切线，这两条线相交于 C，如图 718 所示，求证：C 在 t 上.

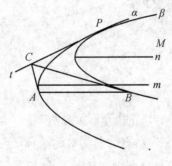

图 718

注：若以图 718 的 m 上的无穷远点（"红假点"）作为"黄假线"，那么，在"异形黄观点"下，图 718 的 α,β 均为"黄抛物线"，因此，本命题是上面命题 717 在"异形黄几何"中的表现，它们之间的对偶关系如下：

命题 717	命题 718
无穷远直线	m 上的无穷远点
m	AC 上的无穷远点
n	BC 上的无穷远点
P	t
A,B	AC,BC

命题 719 设两抛物线 α,β 的对称轴分别为 m,n，这两对称轴彼此平行，α,β 的开口方向相同，β 在 α 内部，且二者相切于 P，一直线过 P，且分别交 α,β 于 A,B，过 A 且与 α 相切的直线记为 l_1，过 B 且与 β 相切的直线记为 l_2，如图 719 所示，求证：$l_1 /\!/ l_2$.

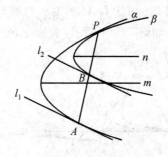

图 719

注：若以图 719 的 m 上的无穷远点（"红假点"）作为"黄假线"，那么，在"异形黄观点"下，图 719 的 α,β 均为"黄抛物线"，因此，本命题是上面命题 718 在"异形黄几何"中的表现，它们之间的对偶关系如下：

命题 718	命题 719
无穷远直线	m 上的无穷远点
t	P
C	AB
A,B	l_1,l_2

命题 720 设两抛物线 α,β 的对称轴分别为 m,n，这两对称轴彼此平行，α,β 的开口方向相同，β 在 α 内部，且二者相切于 A，过 A 作 α,β 的公切线，并在其上取一点 B，过 B 分别作 α,β 的切线，这两切线依次记为 l_1,l_2，另有两直线 l_3,l_4，它们彼此平行，其中 l_3 与 α 相切，l_4 与 β 相切，设 l_3 交 l_1 于 C，l_4 交 l_2 于 D，如图 720 所示，求证：$CD /\!/ AB$.

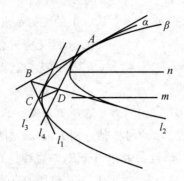

图 720

命题 720.1 设两双曲线 α,β 有一条公共的渐近线 t,β 在 α 内部,且与 β 相切于 A,一直线过 A,且分别交 α,β 于 B,C,另有一直线与 t 平行,且分别交 α,β 于 D,E,设 BD 交 CE 于 F,如图 720.1 所示,求证:AF 与 t 平行.

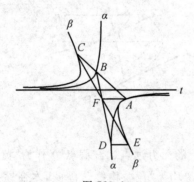

图 720.1

注:若将图 720.1 中 t 上的无穷远点视为"黄假线",那么,α,β 都是"黄抛物线",因此,本命题是上面命题 720 在"异形黄几何"中的表现. 这两个命题之间的对偶关系如下:

命题 720	命题 720.1
无穷远直线	t 上的无穷远点
α,β	α,β
m	α 的中心
n	β 的中心
AB	A
B	BC
l_1,l_2	B,C
l_3,l_4	D,E
CD	F

命题 721　设两抛物线 α,β 的焦点分别为 F,F'，对称轴分别为 m,n，这两对称轴彼此平行，α,β 的开口方向相同，β 在 α 内部，二者相切于 P，如图 721 所示，求证：F,F',P 三点共线.

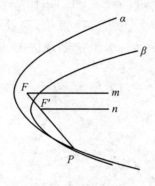

图 721

命题 721.1　设椭圆 β 在椭圆 α 内部，β 与 α 相切于 A,B 两点，过 A 且与 α,β 都相切的直线记为 t_1，过 B 且与 α,β 都相切的直线记为 t_2，过 A 且与 t_1 垂直的直线交 α 于 C，过 A 任作两条互相垂直的直线，这两直线中的一条分别交 α,β 于 D,E，另一条分别交 α,β 于 F,G，设 DF,EG 分别交 AC 于 O_1,O_2，设 O_1 关于 α 的极线为 l_1，O_2 关于 β 的极线为 l_2，如图 721.1 所示，求证：l_1,l_2,t_2 三线共点（此点记为 S）.

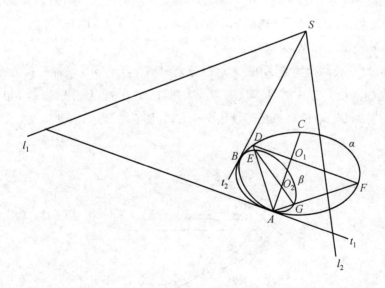

图 721.1

注：若将图 721.1 的 A 视为"黄假线"，那么，在"黄观点"下，图 721.1 的 α，

β 均为"黄抛物线",O_1,O_2 分别是 α,β 的"黄准线",l_1,l_2 分别是 α,β 的"黄焦点",t_2 是 α,β 的"黄切点",因此,本命题是命题 721 的"黄表示".

命题 721.2 设椭圆 β 在椭圆 α 内部,β 与 α 相切于 P,Q 两点,过 P,Q 分别作 α,β 的公切线,这两公切线相交于 A,在 AQ 上取一点 B,过 B 分别作 α,β 的切线,切点依次为 C,D,BC,BD 分别交 AP 于 E,F,设 G 是 AQ 上一点,GE 交 QC 于 O_1,GF 交 QD 于 O_2,如图 721.2 所示,求证:O_1,O_2,P 三点共线.

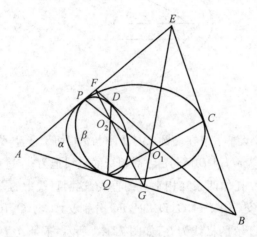

图 721.2

注:若将图 721.2 的 AB 视为"蓝假线",那么,在"蓝观点"下,图 721.2 的 α,β 均为"蓝抛物线",O_1,O_2 分别是 α,β 的"蓝焦点",P 是 α,β 的"蓝切点",因此,本命题是命题 721 的"蓝表示".

命题 722 设两抛物线 α,β 的对称轴分别为 m,n,$m \parallel n$,α,β 的开口方向相同,这两抛物线相交于 A,B,设两直线 l_1,l_2 都与 AB 平行,且分别与 α,β 相切,切点依次为 P,Q,α,β 的两条公切线相交于 R,如图 722 所示,求证:

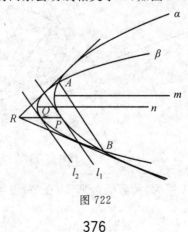

图 722

① P,Q,R 三点共线；

② 直线 PQ 与 m 平行.

命题 723　设两抛物线 α,β 的对称轴分别为 $m,n,m \parallel n,\alpha,\beta$ 的开口方向相同，且二者相交于 A,B，过 A,B 分别作 α 的切线，这两切线相交于 C，过 A,B 分别作 β 的切线，这两切线相交于 D，如图 723 所示，求证：CD 与 m 平行.

注：本命题源于本套书上册的命题 405（在那里，取 S 为"黄假线"）.

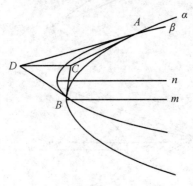

图 723

命题 724　设两抛物线 α,β 的对称轴分别为 $m,n,m \parallel n,\alpha,\beta$ 的开口方向相同，它们相交于 A,B 两点，α,β 的两条公切线分别与 α,β 相切于 C,D 和 E,F，如图 724 所示，求证：三直线 AB,CD,EF 彼此平行.

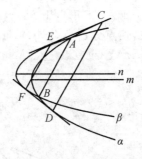

图 724

命题 725　设两抛物线 α,β 的对称轴分别为 $m,n,m \parallel n,\alpha,\beta$ 的开口方向相同，α,β 相交于两点，它们的两条公切线相交于 M，一直线过 M，且分别交 α,β 于 A,B 和 C,D，过 A,B,C,D 分别作所在抛物线的切线，这些切线依次记为 l_1,l_2,l_3,l_4，如图 725 所示，求证：$l_1 \parallel l_3,l_2 \parallel l_4$.

命题 726　设两抛物线 α,β 的顶点分别为 A,B，对称轴分别为 m,n，这两对称轴彼此平行，α,β 的开口方向相同，二者相交于两点，α,β 的两公切线相交于 P，如图 726 所示，求证：P,A,B 三点共线.

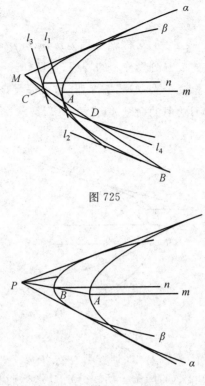

图 725

图 726

命题 727 设两抛物线 α,β 的对称轴分别为 m,n,$m \parallel n$,α,β 的开口方向相同,α,β 相交于 A,B 两点,α,β 的两条公切线相交于 M,P 是 AB 上一点(P 在 α,β 外),过 P 向 α,β 各作一切线,切点分别为 C,D,求证:下列两个结论必有一项成立:CD 与 m 平行(如图 727 所示),或 CD 过点 M(如图 727.1 所示).

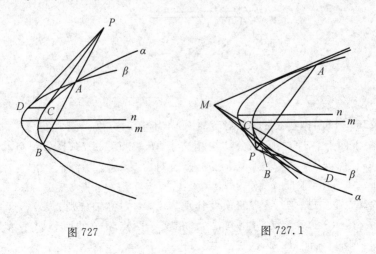

图 727 图 727.1

命题 728 设两抛物线 α,β 的对称轴分别为 m,n，$m \parallel n$，α,β 的开口方向相同，α,β 相交于 M,N 两点，过 M 作 m 的平行线，并在其上取一点 P（P 在 α 外），过 P 作 α 的两条切线，切点分别为 A,C，过 P 作 β 的两条切线，切点分别为 B,D，设 α,β 的两条公切线分别为 l_1,l_2，如图 728 所示，求证：

① 四边形 $ABCD$ 是平行四边形；

② AB,CD 均与 l_2 平行，AC,BD 均与 l_1 平行.

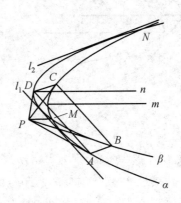

图 728

命题 729 设两抛物线 α,β 的对称轴分别为 m,n，$m \parallel n$，α,β 的开口方向相同，它们有两个交点 A,B，一直线过 A，且分别交 α,β 于 C,D，另有一直线过 B，且分别交 α,β 于 E,F，如图 729 所示，求证：$CE \parallel DF$.

注：本命题源于本套书中册的命题 155（在那里，取 t 为"蓝假线"）.

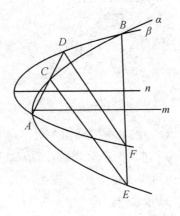

图 729

命题 730 设两抛物线 α,β 的对称轴分别为 m,n，$m \parallel n$，α,β 的开口方向相

同,它们有两个交点 A,B,一直线过 A,且分别交 α,β 于 C,D,另有一直线过 B,且分别交 α,β 于 E,F,若 $AD \parallel BE$,如图 730 所示,求证:$CD = EF$.

注:本命题源于本套书中册的命题 155(在那里,取 t 为"蓝假线").

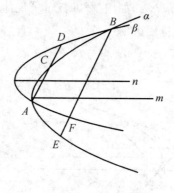

图 730

命题 731 设两抛物线 α,β 的对称轴分别为 $m,n,m \parallel n,\alpha,\beta$ 的开口方向相同,α,β 有两个交点 A,B,一直线过 A,且分别交 α,β 于 C,D,另有一直线与 m 平行,且分别交 α,β 于 E,F,设 CE 交 DF 于 M,如图 731 所示,求证:BM 与 m 平行.

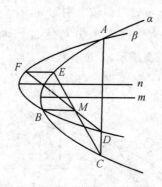

图 731

命题 732 设两抛物线 α,β 的对称轴分别为 $m,n,m \parallel n,\alpha,\beta$ 的开口方向相同,α,β 有两个交点,l_1,l_2 是 α,β 的两条公切线,A 是 l_1 上一点,B 是 l_2 上一点,过 A,B 分别作 α 的切线,这两切线相交于 C,现在,过 A,B 分别作 β 的切线,这两切线相交于 D,如图 732 所示,求证:CD 与 m 平行.

命题 733 设两抛物线 α,β 的对称轴分别为 $m,n,m \parallel n,\alpha,\beta$ 的开口方向相同,α,β 有两个交点,l_1,l_2 是 α,β 的两条公切线,设两直线 l_3,l_4 彼此平行,且 l_3

与 α 相切，l_4 与 β 相切，A 是 l_1 上一点，过 A 作 α 的切线，且交 l_3 于 B，过 A 作 β 的切线，且交 l_4 于 C，如图 733 所示，求证：BC 与 l_2 平行.

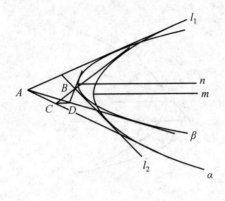

图 732

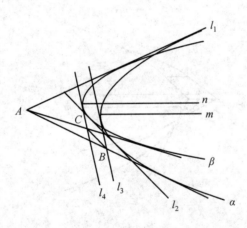

图 733

命题 734 设两抛物线 α, β 的对称轴分别为 $m, n, m \parallel n, \alpha, \beta$ 的开口方向相同，二者相交于两点，它们的一条公切线分别与 α, β 相切于 A, B，设两直线 l_1, l_2 彼此平行，且 l_1 与 α 相切，切点为 C，l_2 与 β 相切，切点为 D，如图 734 所示，求证：$AC \parallel BD$.

注：本命题源于本套书下册第 2 卷的命题 954.

命题 735 设两抛物线 α, β 的对称轴分别为 m, n，这两对称轴彼此平行，α, β 的开口方向相同，且二者相交于 A, B，过 A 且与 α 相切的直线记为 l_1，过 A 且与 β 相切的直线记为 l_2，C, D 两点分别在 α, β 上，过 C 且与 α 相切的直线交 l_1 于

E,过 D 且与 β 相切的直线交 l_2 于 F,如图 735 所示,求证:"$CD \parallel m$"的充要条件是"$EF \parallel m$".

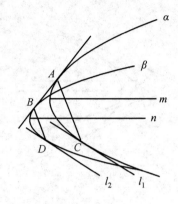

图 734

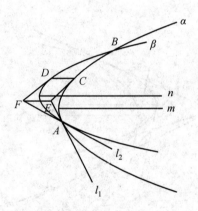

图 735

注:本命题是命题 734 在"异形黄几何"中的表现,它们之间的对偶关系如下:

命题 734	命题 735
无穷远直线	m 上的无穷远点 Z
AB	A
A,B	l_1,l_2
l_1,l_2	C,D
C,D	CE,DF
AC,BD	E,F

命题 736 设两抛物线 α,β 的对称轴分别为 m,n,它们彼此平行,α,β 的开口方向相同,且有两个交点,平行四边形 $ABCD$ 的两边 AB,BC 均与 α 相切,另两边 AD,CD 均与 β 相切,设 α,β 的两条公切线交于 O,如图 736 所示,求证:直线 BD 过 O.

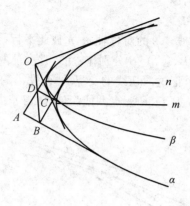

图 736

命题 737 设两抛物线 α,β 的对称轴分别为 m,n,这两对称轴彼此平行,α,β 的开口方向相同,且二者相交于 A,B,在 α 上取两点 C,D,在 β 上取两点 E,F,使得 CE,DF 均与 m 平行,设 CD 交 EF 于 S,如图 737 所示,求证:S 在 AB 上.

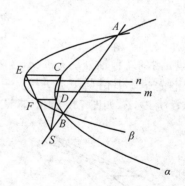

图 737

注:若以图 737 的 m 上的无穷远点("红假点")为"黄假线",那么,在"异形黄观点"下,图 737 的 α,β 均为"黄抛物线",因此,本命题是命题 736 在"异形黄几何"中的表现,它们之间的对偶关系如下:

命题 736	命题 737
无穷远直线	m 上的无穷远点
O	AB
BA, BC	C, D
DA, DC	E, F
BD	S

命题 738 设两抛物线 α, β 的对称轴 m, n 彼此平行,且开口方向相同, α, β 有两个交点,分别记为 A, B,过 A, B 分别作 α 的切线,记两切线的交点为 P,过 A, B 分别作 β 的两条切线,记这两切线的交点为 Q,设 α, β 的两条公切线的交点为 R,如图 738 所示,求证: P, Q, R 三点共线,且 PQ 与 m 平行.

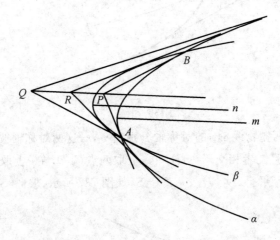

图 738

命题 739 设两抛物线 α, β 的对称轴分别为 m, n,这两对称轴彼此平行, α, β 的开口方向相同,且二者相交于 A, B 两点, C 是 AB 上一点(C 在 α, β 外),过 C 分别作 α, β 的切线,切点依次为 D, E,如图 739 所示,求证: DE 与 m 平行.

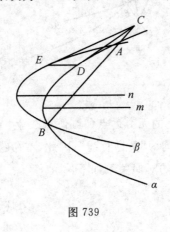

图 739

注：本命题源于本套书上册的命题791（在那里，取 A 为"黄假线"）.

命题 740　设两抛物线 α, β 的对称轴分别为 m, n，这两对称轴彼此平行，α, β 的开口方向相同，且二者相交于 A, B 两点，l 是 α, β 的一条公切线，AB 交 l 于 C，过 C 分别作 α, β 的切线，切点依次为 D, E，如图740所示，求证：DE 平行于 l.

注：本命题源于本套书上册的命题792（在那里，取 C 为"黄假线"）.

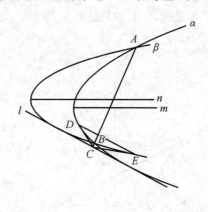

图 740

**命题 741　设两抛物线 α, β 的对称轴分别为 m, n，这两对称轴彼此平行，α, β 的开口方向相同，且二者相交于两点，有三对直线：$(l_1, l_2), (m_1, m_2), (n_1, n_2)$，每一对直线都彼此平行，其中 l_1, m_1, n_1 分别与 α 相切，切点依次为 A, C, E，而 l_2, m_2, n_2 则分别与 β 相切，切点依次为 B, D, F，如图741所示（图中 m_1, m_2, n_1, n_2 均未画出），求证：AB, CD, EF 三线共点（此点记为 S）.

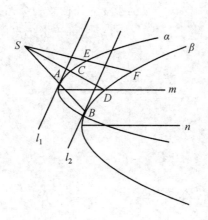

图 741

注：若以图741上 α, β 外的任意一个无穷远点（"红假点"）作为"黄假线"，那

么,在"异形黄观点"下,图741的α,β均为"黄双曲线",因此,本命题是下面命题741.1在"异形黄几何"中的表现.

命题 741.1　设双曲线α的两条渐近线为t_1,t_2,双曲线β的两条渐近线为t_2,t_3,t_1交t_3于M,M不在t_2上,设A,B是两个动点,它们分别在α,β上,但保持$AB \parallel t_2$,过A作α的切线,同时,过B作β的切线,这两次切线交于C,如图741.1所示,求证:当A,B变动时,点C的轨迹是一条直线(记为z),这条直线过M.

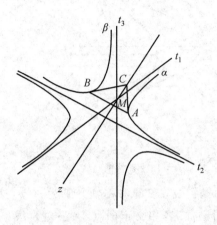

图 741.1

注:命题741.1与命题741之间的对偶关系如下:

命题 741.1	命题 741
无穷远直线	平面上α,β外任意一个无穷远点
t_2	m上的无穷远点
A,B	l_1,l_2
z	S

2.2

命题 742 设两抛物线 α,β 外离,它们的对称轴分别为 $m,n,m \parallel n,\alpha,\beta$ 的两条公切线分别与 α,β 相切于 A,B 和 C,D,如图 742 所示,求证:$AC \parallel BD$.

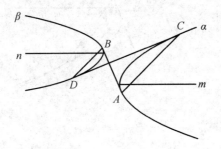

图 742

命题 743 设两抛物线 α,β 外离,它们的对称轴分别为 $m,n,m \parallel n$,作两条与 m 平行的直线,它们分别交 α,β 于 A,A' 和 B,B',设 AB 交 $A'B'$ 于 P,如图 743 所示,求证:

① 点 P 的轨迹是直线,该直线记为 z;

② $OO' \parallel m(O,O'$ 分别是 z 关于 α,β 的极点).

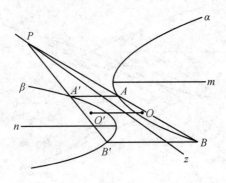

图 743

命题 744 设抛物线 α 在抛物线 β 外,它们的对称轴分别为 $m,n,m \parallel n,\alpha,\beta$ 的开口方向相反,两直线 l_1,l_2 彼此平行,且 l_1 与 α 相切于 A,l_2 与 β 相切于 B,

设 AB 分别交 α,β 于 C,D,过 C 且与 α 相切的直线记为 l_3,过 D 且与 β 相切的直线记为 l_4,如图 744 所示,求证:$l_3 \parallel l_4$.

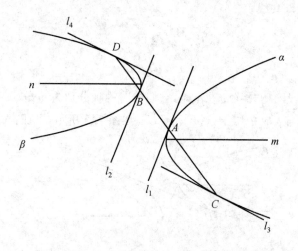

图 744

命题 745 设两抛物线 α,β 的对称轴分别为 $m,n,m \parallel n,\alpha,\beta$ 的开口方向相反,且没有公共点,A 是 α 上一点,过 A 且与 α 相切的直线记为 l_1,过 A 作 β 的两条切线,切点依次记为 B,C,设两直线 DE,DF 均与 α 相切,E,F 都是切点,且 $DE \parallel AB,DF \parallel AC$,过 D 作 l_1 的平行线,且交 AB 于 G,现在,作直线 l_2,它与 l_1 平行,且与 β 相切,l_2 交 DF 于 H,如图 745 所示,求证:GH 与 β 相切.

注:本命题源于本套书下册第 1 卷的命题 917(在那里,取 A 为"黄假线").

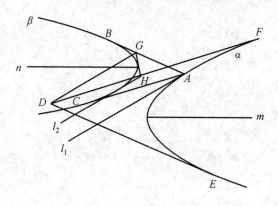

图 745

命题 746 设两抛物线 α,β 的对称轴分别为 $m,n,m \parallel n,\alpha,\beta$ 的顶点分别为 A,B,α,β 没有公共点,且开口方向相反,α,β 的两条公切线相交于 O,一直线过

O,且分别交 α,β 于 C,D 和 E,F,如图 746 所示,过 C,D 分别作 α 的切线,这两切线依次记为 l_1,l_3,过 E,F 分别作 β 的切线,这两切线依次记为 l_2,l_4,求证:

①A,O,B 三点共线;

②$l_1 \parallel l_2, l_3 \parallel l_4$.

注:本命题源于本套书上册的命题 752.

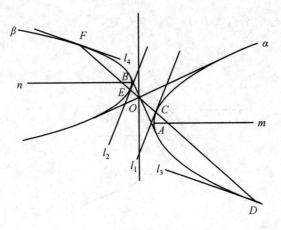

图 746

命题 747 设两抛物线 α,β 的对称轴分别为 m,n,这两对称轴彼此平行,α,β 的开口方向相反,且二者没有公共点,一直线与 α 相切,且交 β 于 A,B,过 A,B 分别作 β 的切线,这两切线相交于 C,直线 l 与 AC 平行,且与 α 相切,l 交 BC 于 D,另有一直线与 BC 平行,且与 α 相切,这条直线交 AC 于 E,过 C 作 DE 的平行线,且交 l 于 F,如图 747 所示,求证:直线 BF 与 α 相切.

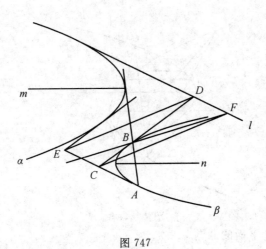

图 747

注:本命题源于本套书下册第 2 卷的命题 909.

命题 748 设两抛物线 α,β 的对称轴分别为 $m,n,m \parallel n,\alpha,\beta$ 的开口方向相反,且二者相交于 A,B 两点,两直线 l_1,l_2 均与 AB 平行,且 l_1 与 α 相切于 C,l_2 与 β 相切于 D,设两直线 l_3,l_4 也彼此平行,且 l_3 与 α 相切于 E,l_4 与 β 相切于 F,EF 交 CD 于 S,如图 748 所示,求证:

① CD 与 m 平行;

② S 是定点,与两平行线 l_3,l_4 的位置无关.

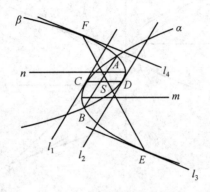

图 748

注:本命题源于本套书上册的命题 465(在那里,取 N 为"黄假线").

命题 749 设两抛物线 α,β 的对称轴分别为 m,n,这两对称轴彼此平行,α,β 的开口方向相反,且二者相交于两点,在 α 上取两点 A,C,在 β 上取两点 B,D,使得 $AB \parallel CD$,设 AC 交 β 于 E,F,BD 交 α 于 G,H,EH 分别交 α,β 于 M,N,FG 分别交 α,β 于 P,Q,如图 749 所示,求证:MQ,NP 均与 m 平行.

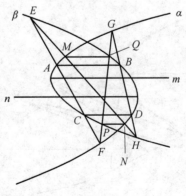

图 749

注:本命题源于下面的命题 749.1.

命题 749.1 设两椭圆 α,β 有且仅有三个公共点,其中有一个是 α,β 的切点,该点记为 Z,过 Z 作两条直线,它们分别交 α,β 于 A,B 和 C,D,设 AC 交 β 于 E,F,BD 交 α 于 G,H,EH 分别交 α,β 于 M,N,FG 分别交 α,β 于 P,Q,如图 749.1 所示,求证:M,Q,Z 三点共线,N,P,Z 三点也共线.

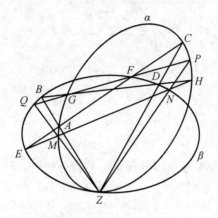

图 749.1

命题 750 设两抛物线 α,β 的对称轴分别为 m,n,这两对称轴彼此平行,α,β 的开口方向相反,且二者相交于两点,A 是 α 外一动点,作平行四边形 $ABCD$,使得 AB,AD 均与 α 相切,CB,CD 均与 β 相切,如图 750 所示,求证:

① 当 A 变动时,AC 恒过一定点,此定点记为 Z;

② Z 在 α,β 的公共区域内.

注:本命题是本套书上册命题 784 的"异形黄表示".

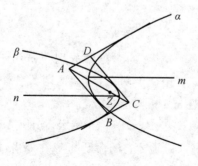

图 750

命题 751 设两抛物线 α,β 的对称轴分别为 m,n,这两对称轴彼此平行,α,β 的开口方向相反,且二者相交于 A,B 两点,两直线 l_1,l_2 均与 AB 平行,其中 l_1 与 α 相切于 C,l_2 与 β 相切于 D,如图 751 所示,求证:CD 与 m 平行.

注：本命题源于本套书上册的命题 781.

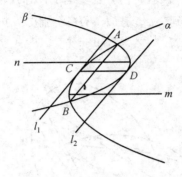

图 751

命题 752 设两抛物线 α,β 的对称轴分别为 m,n，这两对称轴彼此平行，α，β 的开口方向相反，且二者相交于 A,B，设 P 是 AB 上一点（P 在 α,β 外），过 P 分别作 α,β 的切线，切点依次为 C,D，如图 752 所示，求证：CD 与 m 平行.

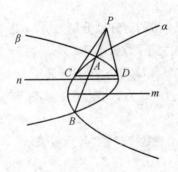

图 752

****命题 753** 设两抛物线 α,β 的对称轴分别为 m,n，这两对称轴彼此平行，α,β 的开口方向相同，二者相交于两点，它们的两条公切线分别记为 l_1,l_2，椭圆 γ 也与 l_1,l_2 都相切，且与 α 相切于 A，γ 与 β 除 l_1,l_2 外，它们还有两条公切线，依次记为 l_3,l_4，设 l_3 交 l_4 于 B，如图 753 所示，求证：AB 与 m 平行.

注：本命题源于本套书下册第 2 卷的命题 955（在那里，取 M 为"黄假线"）.

****命题 754** 设两抛物线 α,β 的对称轴分别为 m,n，这两对称轴彼此平行，α,β 的开口方向相同，β 在 α 内部，且二者相切于 P，双曲线 γ 的中心为 O，m 与 γ 相交，AB 是 γ 的直径，过 A 且与 γ 相切的直线记为 l，过 A,B 分别作 β 的切线，这两切线相交于 E，设 AE,BE 分别交 α 于 C,D，过 C,D 分别作 α 的切线，这两切线相交于 F，如图 754 所示，求证：EF 与 l 平行.

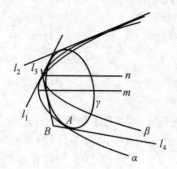

图 753

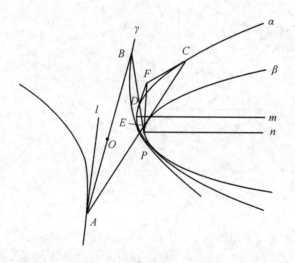

图 754

注:若将图 754 的 m 上的无穷远点视为"黄假线",那么,α,β 都是"黄抛物线",γ 是"黄椭圆",因此,本命题是下面命题 754.1 在"异形黄几何"中的表现. 这两个命题之间的对偶关系如下:

命题 754.1	命题 754
无穷远直线	m 上的无穷远点
α,β,γ	α,β,γ
A	l
B	过 B 且与 l 平行的直线
AC,BD	A,B

C,D	AC,BD
CD	E
CE,DF	C,D
E,F	CF,DF
EF	F
S	EF

**命题 754.1 设抛物线 α 外切于抛物线 β,切点为 M,椭圆 γ 内切于椭圆 β,切点也是 M,设 α 的对称轴为 m,作 γ 的两条切线,它们都与 m 平行,切点分别为 A,B,这两切线分别交 β 于 C,D,过 C,D 分别作 α 的切线,切点依次为 E,F,如图 754.1 所示,求证:AB,CD,EF 三线共点(此点记为 S).

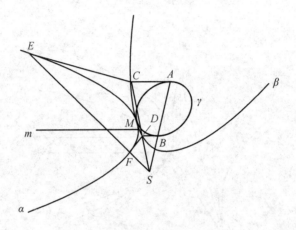

图 754.1

**命题 755 设三条抛物线 α,β,γ 的对称轴分别为 l,m,n,它们彼此平行,α,β,γ 的开口方向相同,β 在 α 内部,γ 在 β 内部,它们彼此之间都没有公共点,P 是 α 上一点,过 P 作 γ 的两条切线,切点分别为 A,B,PA,PB 分别交 α 于 C,D,过 C,D 分别作 β 的切线,切点依次为 E,F,如图 755 所示,求证:AB,CD,EF 三线共点(此点记为 S).

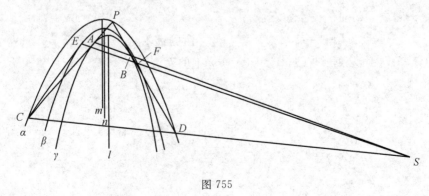

图 755

命题 756　设三条抛物线 α,β,γ 的对称轴分别为 l,m,n，它们彼此平行，α,β,γ 的开口方向相同，β 在 α 内部，γ 在 β 内部，它们彼此之间都没有公共点，一直线与 γ 相切，且交 β 于 A,B，过 A,B 分别作 β 的切线，这两切线相交于 P，设 AP,BP 分别交 α 于 C,D，过 C,D 依次作 α 的切线，这两切线相交于 Q，再过 A,B 分别作 γ 的切线，这两切线相交于 R，如图 756 所示，求证：P,Q,R 三点共线.

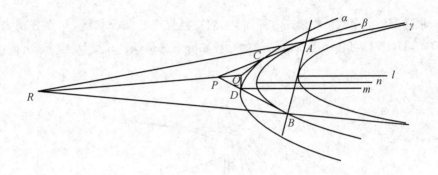

图 756

命题 757　设两抛物线 α,β 的对称轴分别为 m,n，这两对称轴彼此平行，α,β 的开口方向相同，β 在 α 内部，二者没有公共点，双曲线 γ 与 β 相切于 P，且 γ 的一支与 α 相交于 A,B，如图 757 所示，过 P 且与 β,γ 都相切的直线记为 t，过 A 且与 α 相切的直线记为 l_1，过 B 且与 α 相切的直线记为 l_2，直线 l_3 与 l_1 平行，且与 β 相切，直线 l_4 与 l_2 平行，且与 β 相切，设 l_3,l_4 分别交 t 于 M,N，求证："MA 与 γ 相切"的充要条件是"NB 与 γ 相切".

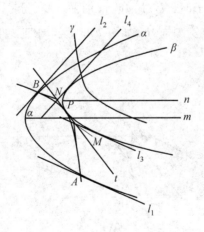

图 757

注：本命题源于本套书下册第 2 卷的命题 1000（在那里，取 A 为"黄假线"）.

2.3

命题 758 设两抛物线 α,β 外离,它们有且仅有三条公切线,切点分别为 A,B,C,D,E,F,如图 758 所示,α,β 的对称轴分别为 m,n,CE 交 DF 于 S,求证:$SA \parallel m$,$SB \parallel n$.

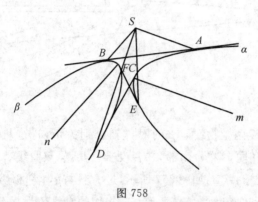

图 758

命题 759 设两抛物线 α,β 外离,它们的对称轴分别为 m,n,m 与 n 不平行,α,β 有三条公切线,分别记为 l_1,l_2,l_3,α,β 都在 l_1 的同侧,l_2,l_3 分别交 l_1 于 A,C,设 l_1 分别与 α,β 相切于 M,N,过 M 作 m 的平行线,同时,过 N 作 n 的平行线,这两平行线相交于 B,l_2 交 l_3 于 D,如图 759 所示,求证:四边形 $ABCD$ 是平行四边形.

注:本命题明显成立.

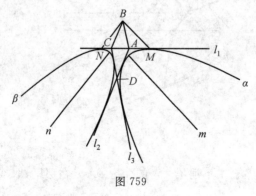

图 759

命题 760 设两抛物线 α,β 的对称轴分别为 m,n, AB,CD 是两相交椭圆 α,β 的公切线, A,B,C,D 都是切点, A,C 在 α 上, B,D 在 β 上, AB 交 CD 于 O, 直线 l 是 α,β 的第三条公切线, 如图 760 所示, 过 A 作 m 的平行线, 同时, 过 B 作 n 的平行线, 这两平行线相交于 P, 再过 C 作 m 的平行线, 同时, 过 D 作 n 的平行线, 这两平行线相交于 Q, 求证:

① O,P,Q 三点共线;

② PQ 与 l 平行.

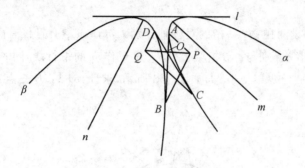

图 760

命题 761 设两抛物线 α,β 的对称轴分别为 m,n, 这两对称轴不平行, AB,CD 都是 α,β 的公切线, A,B,C,D 都是切点, 过 C 作 m 的平行线, 且交 AD 于 E, 过 D 作 n 的平行线, 且交 BC 于 F, 如图 761 所示, 求证: EF 与 AB 平行.

注: 本命题源于本套书下册第 2 卷的命题 905.

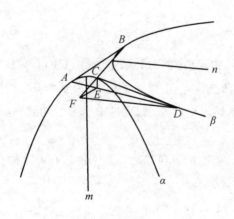

图 761

命题 762 设两抛物线 α,β 有且仅有两个公共点 A,B, 过 A,B 分别作 α 的切线, 这两切线相交于 C, 过 A,B 分别作 β 的切线, 这两切线相交于 D, 设 α,β 的

公切线为 l，如图 762 所示，求证：直线 CD 与 l 平行．

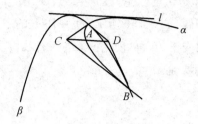

图 762

命题 763　设两抛物线 α,β 的对称轴分别为 m,n，α,β 有且仅有两个公共点 A,B，α,β 的公切线分别与 α,β 相切于 C,D，过 C 作 m 的平行线，同时，过 D 作 n 的平行线，这两平行线相交于 M，如图 763 所示，求证：M,A,B 三点共线．

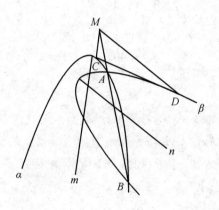

图 763

命题 764　设两抛物线 α,β 的对称轴不平行，它们有且仅有两个公共点，直线 t 是 α,β 的公切线，两直线 l_1,l_2 彼此平行，且分别与 α,β 相切，P 是 t 上一点，过 P 作 α 的切线，这条切线交 l_1 于 A，再过 P 作 β 的切线，这条切线交 l_2 于 B，如图 764 所示，求证：

① 不论两平行线 l_1,l_2 的方向如何，也不论 P 在 t 上的位置如何，动直线 AB 恒过一定点，此点记为 Z；

② Z 既在 α 内，又在 β 内．

命题 765　设两抛物线 α,β 的对称轴互不平行，α,β 有且仅有两个公共点，直线 l 是 α,β 的公切线，P 是 α 上的动点，过 P 作 α 的切线，且交 l 于 A，过 A 且与 β 相切的直线记为 m，直线 n 与 β 相切，且与 PA 平行，设 n 交 m 于 B，如图 765

所示,求证:

① 动直线 BP 恒过一个定点,此点记为 Z;

② 点 Z 既在 α 的内部,又在 β 的内部.

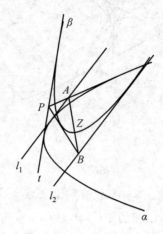

图 764

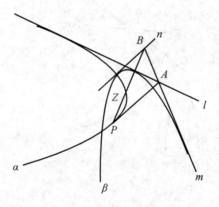

图 765

命题 766 设两抛物线 α,β 的对称轴不平行,这两抛物线相交于两点,A,B 是 α,β 的公切线上两点,过 A 作 α 的切线,这条切线记为 l_1;过 B 作 β 的切线,这条切线记为 l_2,一直线与 PA 平行,且与 α 相切,这条切线交 l_2 于 Q,另有一直线与 PB 平行,且与 α 相切,这条切线交 l_1 于 R,如图 766 所示,求证:P,Q,R 三点共线.

注:本命题源于本套书下册第 2 卷的命题 919.1.

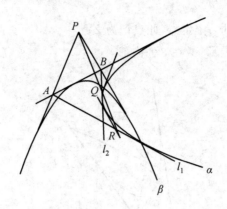

图 766

命题 767 设两抛物线 α,β 有且仅有两个交点 A,B，它们的对称轴分别为 m,n，它们的公切线分别与 α,β 相切于 C,D，过 C 作 m 的平行线 m'；过 D 作 n 的平行线 n'，设 m' 交 n' 于 S，如图 767 所示，求证：S,A,B 三点共线.

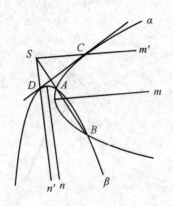

图 767

＊＊命题 767.1 设抛物线 α 的对称轴为 m，它也是双曲线 β 的渐近线，α,β 只有一个公共点 A，过 A 且与 α 相切的直线记为 l，过 A 且与 β 相切的直线交 m 于 Q，设 α,β 的两条公切线相交于 P，如图 767.1 所示，求证：PQ 与 l 平行.

注：若以图 767.1 中 m 上的无穷远点（"红假点"）为"黄假线"，那么，在"异形黄观点"下，图 767.1 的 α,β 均为"黄抛物线"，因此，本命题是命题 767 在"异形黄几何"中的表现，它们之间的对偶关系如下：

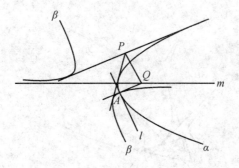

图 767.1

命题 767	命题 767.1
无穷远直线	m 上的无穷远点
A,B	α,β 的两条公切线
AB	P
C	l
D	AQ
S	PQ

命题 768 设两抛物线 α,β 有公共的顶点 O,它们的对称轴分别为 m,n,这两对称轴互相垂直,C 是 α 上一点,过 C 且与 β 相切的两条直线分别交 α 于 A,B,如图 768 所示,求证:直线 AB 与 β 相切.

注:本命题是 1982 年全国高考数学试题之一.

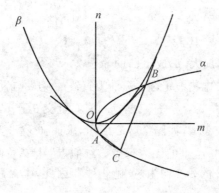

图 768

命题 768.1 设抛物线 α 的顶点为 O,O 也是等轴双曲线 β 的中心,β 的两渐近线为 t_1,t_2,其中 t_1 也是 α 的对称轴,一直线与 α 相切,且交 β 于 A,B,过 A,B 分别作 α 的切线,这两切线相交于 C,如图 768.1 所示,求证:C 在 β 上.

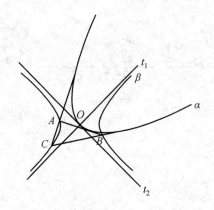

图 768.1

注:若以图 768.1 中 t_1 上的无穷远点("红假点")为"黄假线",那么,在"异形黄观点"下,图 768.1 的 α,β 均为"黄抛物线",因此,本命题是命题 768 在"异形黄几何"中的表现,它们之间的对偶关系如下:

命题 768	命题 768.1
无穷远直线	t_1 上的无穷远点
O	t_2
m	t_2 上的无穷远点
n	O
C	AB
A,B	AC,BC
AB	C

本命题的难度可以加大,形成下面的命题 768.2.

命题 768.2 设抛物线 α 的对称轴为直线 t_1,且 α 与直线 t_2 相切,双曲线 β 的两条渐近线恰好就是 t_1,t_2,一直线与 α 相切,且交 β 于 A,B,过 A,B 分别作 α 的切线,这两切线相交于 C,如图 768.2 所示,求证:C 在 β 上.

注:若以图 768.2 中 t_1 上的无穷远点("红假点")为"黄假线",那么,在"异形黄观点"下,图 768.2 的 α,β 均为"黄抛物线",因此,本命题也是命题 768 在"异形黄几何"中的表现.

本命题的难度还可以加大,从而形成下面的命题 768.3.

命题 768.3 设抛物线 α 的对称轴为直线 m,双曲线 β 的两条渐近线为 t_1,t_2,其中 t_1 与 m 平行,t_2 与 α 相切,一直线与 α 相切,且交 β 于 A,B,过 A,B 分别作 α 的切线,这两切线相交于 C,如图 768.3 所示,求证:C 在 β 上.

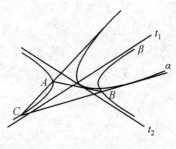

图 768.2

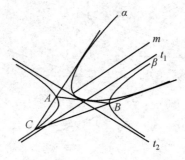

图 768.3

注:本命题可以认为是本套书上册命题 352 的"蓝表示"(在那里,取 PM 为"蓝假线"),也可以认为是本套书上册命题 352 的"黄表示"(在那里,取 P 为"黄假线"),同一个命题(指本套书上册命题 352)的"蓝表示"和"黄表示"的结果居然是同一个命题,这种现象不多见.

命题 769　设两抛物线 α,β 的顶点分别为 M,N,对称轴分别为 m,n,这两对称轴相交于 C,α,β 相交于 A,B 两点,过 M 作 α 的切线,同时,过 N 作 β 的切线,这两切线相交于 D,如图 769 所示,求证:"C 在 AB 上"的充要条件是"D 在 AB 上".

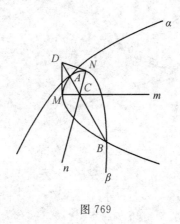

图 769

命题 770 设两抛物线 α,β 的对称轴分别为 m,n,α,β 有且仅有三个公共点,其中一个是 α,β 的切点,此点记为 A,另两个都是 α,β 的交点,设直线 BC 是 α,β 的公切线,B,C 分别是这条直线与 α,β 的切点,过 B 作 m 的平行线,同时,过 C 作 n 的平行线,这两平行线相交于 D,如图 770 所示,求证:直线 DA 与 α,β 都相切.

注:本命题源于本套书上册的命题 405(在那里,取 DF 为"蓝假线").

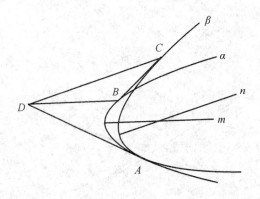

图 770

命题 771 设两抛物线 α,β 有且仅有三个公共点 A,B,P,其中 P 是 α,β 的切点,A,B 都是 α,β 的交点,过 A,B 分别作 α 的切线,这两切线相交于 Q,过 A,B 分别作 β 的切线,这两切线相交于 R,设直线 l 是 α,β 的不过 P 的公切线,如图 771 所示,求证:

① P,Q,R 三点共线;

② PQ 与 l 平行.

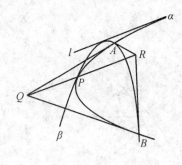

图 771

命题 772 设两抛物线 α,β 有且仅有三个公共点 P,Q,R,其中 P 是 α,β 的切点,Q,R 都是 α,β 的交点,α,β 的不过 P 的公切线分别与 α,β 相切于 A,B,过 A 作 m 的平行线,同时,过 B 作 n 的平行线,这两平行线相交于 S,如图 772 所

示,求证:

①SP 是 α,β 的公切线;

②Q,R,S 三点共线.

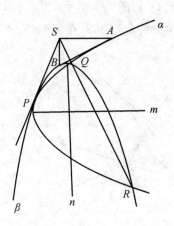

图 772

注:下面的命题 772.1 与本命题相近.

命题 772.1 设两抛物线 α,β 的对称轴分别为 m,n,这两抛物线有且仅有三个公共点,其中有一个公共点是 α,β 的切点,此点记为 P,过 P 且与 α,β 都相切的直线记为 l,A 是 l 上一点,过 A 分别作 α,β 的切线,切点依次为 B,C,过 B 作 m 的平行线,同时,过 C 作 n 的平行线,这两平行线相交于 D,如图 772.1 所示,求证:D 在 l 上.

注:本命题源于本套书下册第 2 卷的命题 954(在那里,取 A 为"黄假线").

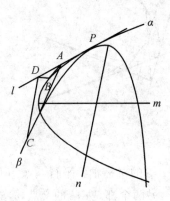

图 772.1

命题 773 设两抛物线 α,β 有且仅有三个公共点,其中有一个是 α,β 的切点,此点记为 P,过 P 且与 α,β 相切的直线记为 t_1,α,β 的另一条公切线记为 t_2,设 A,B 是 t_1 上两点,过 A,B 分别作 α 的切线,这两切线相交于 C,过 A,B 分别作 β 的切线,这两切线相交于 D,如图 773 所示,求证:CD 与 t_2 平行.

注:本命题源于本套书中册的命题 152(在那里,取 A 为"黄假线").

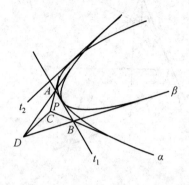

图 773

命题 774 设两抛物线 α,β 的对称轴不平行,α,β 有且仅有三个公共点,其中一个是 α,β 的切点,记为 P,另两个都是 α,β 的交点,直线 l 是 α,β 的公切线(此线不过 P),设两直线 m_1,m_2 彼此平行,且 m_1 与 α 相切,m_2 与 β 相切,A 是 l 上一点,过 A 作 α 的切线,且交 m_1 于 Q,过 A 作 β 的切线,且交 m_2 于 R,如图 774 所示,求证:P,Q,R 三点共线.

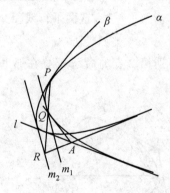

图 774

命题 775 设两抛物线 α,β 的对称轴不平行,α,β 有且仅有三个公共点,其中一个是 α,β 的切点,记为 P,另两个都是 α,β 的交点,α,β 的两条公切线相交于 A,两直线 l_1,l_2 彼此平行,且 l_1 与 α 相切,l_2 与 β 相切,M 是 AP 上一点,过 M 作

α 的切线,且交 l_1 于 B,过 M 作 β 的切线,且交 l_2 于 C,如图 775 所示,求证:A,B,C 三点共线.

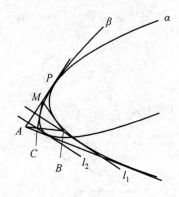

图 775

** **命题 776** 设双曲线 α 的中心为 O,抛物线 β 的对称轴为 m,m 过 O,且与 α 相交,α,β 的两条公切线分别记为 l_1,l_2,l_1 交 l_2 于 M,设 A 是 α,β 的交点之一,过 M 且与 m 平行的直线交 α 于 B,如图 776 所示,过 A,B 分别作 α 的切线,这两切线相交于 C,过 A 且与 β 相切的直线记为 n,求证:MC 与 n 平行.

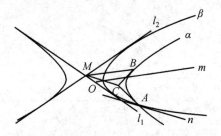

图 776

注:若将图 776 中 m 上的无穷远点视为"黄假线",那么,α 是"黄椭圆",β 是"黄抛物线",因此,本命题是下面命题 776.1 在"异形黄几何"中的表现. 这两个命题之间的对偶关系如下:

命题 776.1	命题 776
无穷远直线	m 上的无穷远点 Z
A,B	l_1,l_2
E	BC
C,D	AC,n
Q	CM

命题776.1 设椭圆 α 与抛物线 β 有且仅有两个交点 A,B,β 的对称轴为 n,直线 CD 与 α,β 均相切,切点分别为 C,D,一直线与 AB 平行,且与 α 相切,切点为 E,EC 交 AB 于 Q,如图 776.1 所示,求证:$DQ \parallel n$.

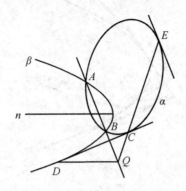

图 776.1

****命题777** 设抛物线 α 的对称轴为 m,椭圆 β 的中心为 O,β 在 α 内,且与 α 相切于 A,B 两点,两直线 l_1,l_2 彼此平行,其中 l_1 与 α 相切于 C,l_2 与 β 相切于 D,设 OD 交 AB 于 E,如图 777 所示,求证:CE 与 m 平行.

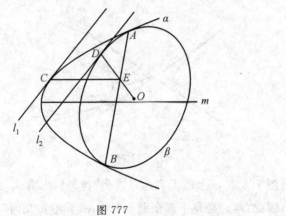

图 777

注:若以图 777 中 l_1 上的无穷远点("红假点")为"黄假线",那么,在"异形黄观点"下,图 777 的 α,β 均为"黄双曲线",因此,本命题是下面命题 777.1 在"异形黄几何"中的表现,它们之间的对偶关系如下:

	命题 777.1	命题 777
	无穷远直线	l_1 上的无穷远点
	α,β	α,β
	M,N	CE,DO
	PA,PB	A,B
	P	AB

命题 777.1 设两双曲线 α,β 的中心分别为 M,N,α,β 有且仅有两个公共点 A,B,且 A,B 都是它们的切点,过 A 作 α,β 的公切线,同时,过 B 作 α,β 的公切线,设两公切线交于 P,如图 777.1 所示,求证:M,N,P 三点共线.

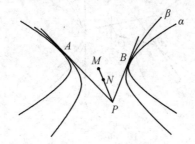

图 777.1

注:其实,只要两圆锥曲线都是有心曲线,命题 777.1 就都成立,如图 777.01(椭圆和椭圆),与图 777.02(椭圆和双曲线).

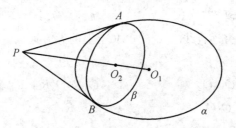

图 777.01

对于图 777.01,若将其表现在"异形黄几何"中,则得到下面的命题 777.2.

** 命题 777.2 设两双曲线的中心分别为 O_1,O_2,α 在 β 在内部,二者相切于 P,Q,在 α 上取一点 A,在 β 上取一点 B,使得 AO_1 与 BO_2 彼此平行,过 A 且与 α 相切的直线记为 l_1,过 B 且与 β 相切的直线记为 l_2,过 O_1 作 l_1 的平行线,同时,过 O_2 作 l_2 的平行线,这两平行线相交于 R,如图 777.2 所示,求证:P,Q,R 三点共线.

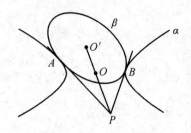

图 777.02

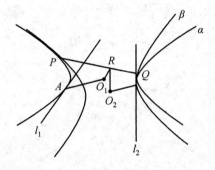

图 777.2

注：若将图 777.2 中 AO_1 上的无穷远点视为"黄假线"，那么，α,β 都是"黄椭圆"，因此，本命题是上面图 777.01 在"异形黄几何"中的表现. 这两个命题之间的对偶关系如下：

命题 777.01	命题 777.2
无穷远直线	AO_1 上的无穷远点
α,β	α,β
O_1,O_2	O_1R,O_2R
O_1O_2	R
PA,PB	P,Q

命题 778 设椭圆 β 在抛物线 α 的内部，且与 α 相切于 A,B 两点，过 A，B 分别作 α,β 的公切线，这两公切线相交于 C，设 D 是 α 外任意一点，过 D 作 α 的两条切线，这两切线分别记为 l_1,l_2，再过 D 作 β 的两条切线，这两切线分别记为 l_3,l_4，一直线与 CD 平行，且分别交 l_1,l_2,l_3,l_4 于 E,F,G,H，如图 778 所示，求证：$EG=FH$.

注：若以图 778 中 CD 上的无穷远点（"红假点"）作为"黄假线"，那么，在"异形黄观点"下，图 778 的 α,β 均为"黄双曲线"，因此，本命题是下面命题 778.1 在"异形黄几何"中的表现，它们之间的对偶关系如下：

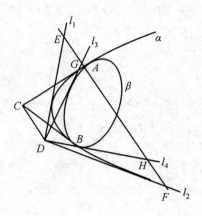

图 778

命题 778.1	命题 778
无穷远直线	CD 上的无穷远点
α,β	α,β
P,Q	AC,BC
PQ	C
AB	D
A,B,C,D	l_1,l_2,l_3,l_4

命题 778.1 设两双曲线 α,β 有且仅有两个公共点 P,Q，且 P,Q 都是它们的切点，一直线与 PQ 平行，且分别交 α,β 于 A,B 和 C,D，如图 778.1 所示，求证：$AC=BD$.

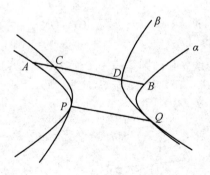

图 778.1

**命题 779 设双曲线 α 的实轴为 m，抛物线 β 在 α 的外部，且与 α 相切于 A,B，过 A,B 分别作 α,β 的公切线，这两公切线相交于 P，过 P 且与 m 平行的直线记为 n，在 n 上取一点 Q，过 Q 作 β 的一条切线，这条切线交 PA 于 C，过 Q 再

作 β 的一条切线,这条切线交 PB 于 D,过 C,D 分别作 α 的切线,这两切线相交于 R,如图 779 所示,求证:R 在 n 上.

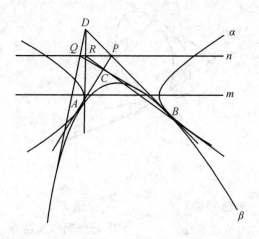

图 779

注:本命题是下面命题 779.1 在"异形黄几何"中的表现,它们之间的对偶关系如下:

命题 779.1	命题 779
无穷远直线	m 上的无穷远点 Z
α,β	β,α
A,B	PA,PB
CD	Q
C,D	QC,QD
E,F	CR,DR
EF	R

命题 779.1 设双曲线 α 和椭圆 β 有且仅有两个公共点 A,B,且 A,B 都是它们的切点,一直线与 AB 平行,且交 α 于 C,D,设 BC,AD 分别交 β 于 E,F,如图 779.1 所示,求证:$EF \parallel AB$.

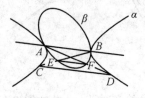

图 779.1

2.4

命题780 设两抛物线 α, β 相交于四点 A, B, C, D, α, β 的三条公切线分别记为 l_1, l_2, l_3, 如图780所示, l_1 交 l_3 于 S, AB 交 CD 于 P, AD 交 BC 于 Q, 过 A, C 分别作 α 的切线, 这两切线相交于 M, 过 A, C 分别作 β 的切线, 这两切线相交于 M' (点 M' 在图780中未画出), 过 B, D 分别作 β 的切线, 这两切线相交于 N, 过 B, D 分别作 α 的切线, 这两切线相交于 N' (点 N' 在图780中未画出), 求证:

① P, Q, M, M', N, N', S 七点共线;

② PQ 与 l_2 平行.

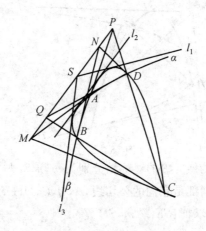

图 780

命题781 设两抛物线 α, β 相交于四点 A, B, C, D, 在 α, β 的三条公切线中, 靠近 A 的那一条记为 l, 一直线与 l 平行, 且分别交 α, β 于 P, Q 和 R, S, 过 P, Q 分别作 α 的切线, 同时, 过 R, S 分别作 β 的切线, 这四条切线构成四边形 $EFGH$, 如图781所示, 求证:

① E, A, C, G 四点共线;

② F, B, D, H 也四点共线.

命题782 设两抛物线 α, β 相交于四点, 这四点中, 有两个记为 A, B, 如图782所示, α, β 的两条公切线相交于 P, 一直线过 P, 且分别交 α, β 于 C, D 和

E, F,过 C 作 α 的切线,同时,过 F 作 β 的切线,这两切线相交于 M,再过 D 作 α 的切线,同时,过 E 作 β 的切线,这两切线相交于 N,求证:A, B, M, N 四点共线.

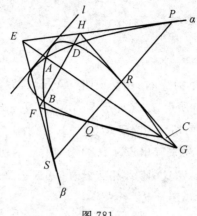

图 781

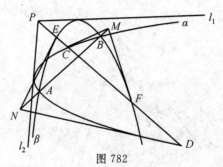

图 782

命题 783　设两抛物线 α, β 的对称轴分别为 m, n,m 与 n 不平行,α, β 相交于四点,AB, CD, EF 分别都是它们的公切线,A, B, C, D, E, F 都是切点,AD 交 BC 于 S,如图 783 所示,求证:$SE \parallel m, SF \parallel n$.

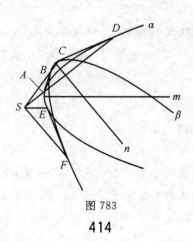

图 783

414

命题 784 设两抛物线 α,β 相交于四点，直线 l 是 α,β 的公切线，P 是 α,β 外一点，过 P 作 α 的两条切线，切点分别为 A,C，过 P 作 β 的两条切线，切点分别为 B,D，如图 784 所示，求证："$AB \parallel l$"的充要条件是"$CD \parallel l$".

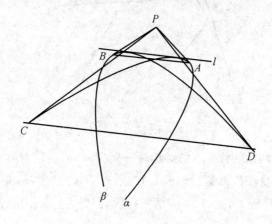

图 784

命题 785 设两抛物线 α,β 相交于四点 A,B,C,D，AB 交 CD 于 P，AD 交 BC 于 Q，如图 785 所示，求证：在 α,β 的三条公切线中，必定有一条（记为 l），与 PQ 平行.

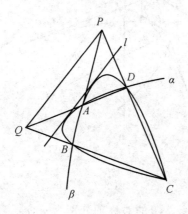

图 785

命题 786 设两抛物线 α,β 相交于四点，AB,CD,EF 均为 α,β 的公切线，A,B,C,D,E,F 均为切点，如图 786 所示，设 CD 交 EF 于 P，AC 交 BD 于 Q，求证：PQ 与 AB 平行.

注：本命题源于本套书下册第 2 卷的命题 964（在那里，取 D 为"黄假线"）.

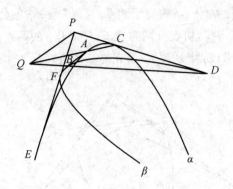

图 786

命题 787 设两抛物线 α,β 的对称轴分别为 m,n，这两对称轴不平行，α,β 相交于四点，AB,CD,EF 都是它们的公切线，A,B,C,D,E,F 都是切点，如图 787 所示，CD 交 EF 于 P，过 A 作 m 的平行线，同时，过 D 作 n 的平行线，这两直线相交于 Q，求证：PQ 平行于 AB。

注：本命题源于本套书下册第 2 卷的命题 964（在那里，取 A 为"黄假线"）。

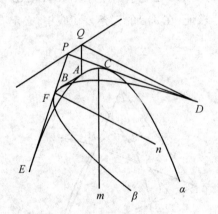

图 787

命题 788 设两抛物线 α,β 的对称轴分别为 m,n，这两对称轴不平行，α,β 相交于四点，AB,CD 都是它们的公切线，A,B,C,D 都是切点，如图 788 所示，AB 交 CD 于 P，过 A 作 m 的平行线，同时，过 C 作 n 的平行线，这两直线相交于 Q，再过 D 作 m 的平行线，同时，过 B 作 n 的平行线，这两直线相交于 R，求证：P，Q,R 三点共线。

注：本命题源于本套书下册第 2 卷的命题 965。

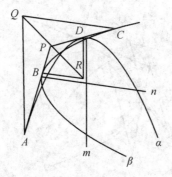

图 788

命题 789 设两抛物线 α,β 相交于四点,β 的对称轴为 n,α,β 的三条公切线分别记为 l_1,l_2,l_3,如图 789 所示,设 l_1 交 l_3 于 M,l_1 与 α,β 相切于 A,B,l_2 与 β 相切于 C,过 A 作 l_2 的平行线,且交 l_3 于 D,过 M 作 l_2 的平行线,且交 BD 于 E,过 E 作 n 的平行线,且交 β 于 F,求证:M,C,F 三点共线.

注:本命题源于本套书下册第 2 卷的命题 963(在那里,取 B 为"黄假线").

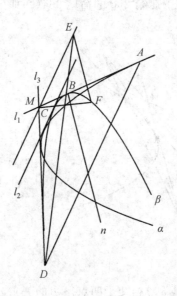

图 789

命题 790 设两抛物线 α,β 相交于四点,α,β 的三条公切线分别记为 l_1,l_2,l_3,如图 790 所示,设 l_2 与 α,β 分别相切于 A,B,l_3 与 α,β 分别相切于 C,D,l_1 交 l_3 于 E,EB 交 α 于 F,过 E 作 l_2 的平行线,且交 AF 于 G,GC 交 β 于 H,求证:HD 与 l_2 平行.

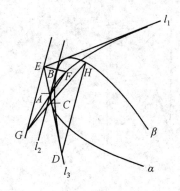

图 790

注:本命题源于本套书下册第 2 卷的命题 963(在那里,取 C 为"黄假线").

命题 791 设两抛物线 α,β 相交于四点,α,β 的三条公切线分别记为 l_1,l_2,l_3,如图 791 所示,设 l_1 交 l_3 于 M,l_2 与 α,β 相切于 A,B,l_3 与 α,β 分别相切于 C,D,AC 交 BD 于 E,求证:ME 与 l_2 平行.

注:本命题源于本套书下册第 2 卷的命题 964(在那里,取 C 为"黄假线").

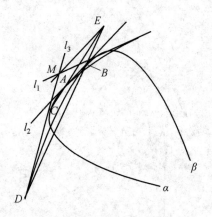

图 791

命题 792 设两抛物线 α,β 相交于四点,α,β 的三条公切线分别记为 l_1,l_2,l_3,其中 l_2 与 α,β 分别相切于 A,B,l_1 与 α,β 分别相切于 C,D,l_3 与 α,β 分别相切于 E,F,设 l_1 交 l_3 于 P,AE 交 BD 于 Q,AC 交 BF 于 R,如图 792 所示,求证:P,Q,R 三点共线.

注:本命题源于本套书下册第 2 卷的命题 965(在那里,取 C 为"黄假线").

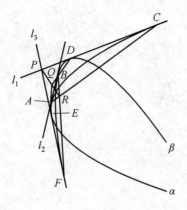

图 792

命题 793 设两抛物线 α,β 相交于四点,这两抛物线的对称轴分别为 m,n, α,β 的三条公切线分别记为 l_1,l_2,l_3,如图 793 所示,l_1 与 α,β 相切于 A,B,l_3 与 α,β 分别相切于 C,D,l_1 交 l_3 于 P,过 A 作 m 的平行线,同时,过 B 作 n 的平行线,这两直线相交于 Q,再过 C 作 m 的平行线,同时,过 D 作 n 的平行线,这两直线相交于 R,求证:

① P,Q,R 三点共线;

② PQ 与 l_2 平行.

注:本命题源于本套书下册第 2 卷的命题 965(在那里,取 A 为"黄假线").

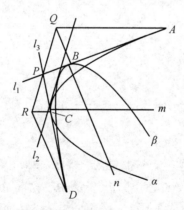

图 793

命题 794 设两抛物线 α,β 的对称轴分别为 m,n,这两抛物线相交于四点,P 是 α,β 外一点,过 P 分别作 α 的两条切线,切点依次为 A,B,过 P 分别作 β 的两条切线,切点依次为 C,D,过 A 作 m 的平行线,同时,过 D 作 n 的平行线,这两直线相交于 Q,再过 B 作 m 的平行线,同时,过 C 作 n 的平行线,这两直线相交于 R,如图 794 所示,求证:P,Q,R 三点共线.

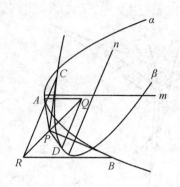

图 794

命题 794.1　设两抛物线 α,β 的对称轴分别为 m,n,这两抛物线相交于四点,它们有三条公切线,其中位于两侧的两条相交于 P,这两条中的一条分别与 α,β 相切于 A,B,另一条分别与 α,β 相切于 C,D,如图 794.1 所示,过 A 作 m 的平行线,同时,过 D 作 n 的平行线,这两直线相交于 Q,再过 B 作 m 的平行线,同时,过 C 作 n 的平行线,这两直线相交于 R,求证:P,Q,R 三点共线.

注:本命题源于本套书下册第 2 卷的命题 959(在那里,取 P 为"黄假线").

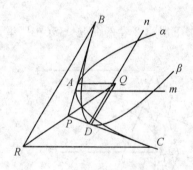

图 794.1

命题 795　设两抛物线 α,β 外离,椭圆 γ 既在 α 外,又在 β 外,α,γ 之间有四条公切线,分别记为 l_1,l_2,l_3,l_4,如图 795 所示,β,γ 之间也有四条公切线,其中三条分别是 l_1,l_2,l_3,第四条记为 l_5,另有两直线 m_1,m_2 彼此平行,其中 m_1 与 α 相切,且交 l_4 于 A,m_2 与 β 相切,且交 l_5 于 B,求证:AB 与 γ 相切.

命题 796　设两抛物线 α,β 的对称轴分别为 m,n,这两对称轴彼此平行,α 在 β 外,二者开口方向相反,α,β 的两条公切线分别记为 l_1,l_2,设椭圆 γ 在 α 外,它不仅与 l_1,l_2 都相切,而且还与 α 相切于 A,γ 与 β 除 l_1,l_2 外,还有两条公切线,这两公切线分别记为 l_3,l_4,设 l_3 交 l_4 于 B,如图 796 所示,求证:AB 与 m 平行.

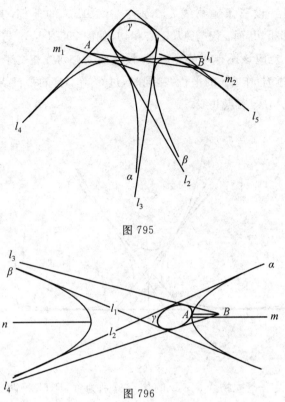

图 795

图 796

命题 797 设三条抛物线 α,β,γ 均与直线 m 相切,α 与 β 有且仅有三个公共点,其中有一个是 α,β 的切点,该点记为 P,γ 与 β 有且仅有三个公共点,其中有一个是 γ 与 β 的切点,该点记为 Q,α 与 γ 除 m 外,还有两条公切线,它们分别记为 l_1,l_2,设 l_1 交 l_2 于 R,如图 797 所示,求证:P,Q,R 三点共线.

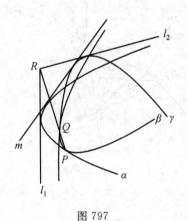

图 797

注:本命题源于本套书下册第 2 卷的命题 955(在那里,取 B 为"黄假线").

命题 798 设三条抛物线 α,β,γ 均在 $\triangle ABC$ 的外部,其中 β,γ 均与 $\triangle ABC$ 的三边都相切,而 α 仅与 AB,AC 相切,如图 798 所示,α 与 β 应该还有一条公切线,α 与 γ 也应该还有一条公切线,设这两条公切线相交于 A',且分别交 BC 于 B',C',再过 B' 作 AB 的平行线,同时,过 C' 作 AC 的平行线,这两直线相交于 S,求证:S,A,A' 三点共线.

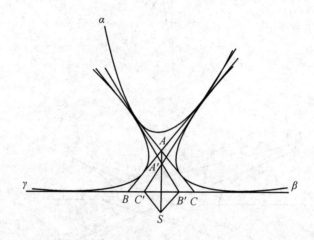

图 798

命题 799 设三条抛物线 α,β,γ 的焦点分别为 A,B,C,每两条抛物线都有且仅有两个公共点,这些公共点中,有一个是这三条抛物线的公共点,该点记为 M,每两条抛物线都有且仅有一条公切线,这三条公切线构成 $\triangle A'B'C'$,如图 799 所示,求证:AA',BB',CC' 三线共点(此点记为 S).

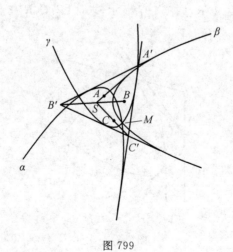

图 799

命题 800　设三条抛物线 α, β, γ 两两外离,它们的对称轴彼此不平行,每两条抛物线都有三条公切线,在 β, γ 的三条公切线中,有一条使得 β, γ 都在它的同一侧,这条公切线记为 l_1,称为 β, γ 的"外公切线",与此类似,γ, α 的"外公切线"记为 l_2,α, β 的"外公切线"记为 l_3,如图 800 所示,设 β, γ 的另两条公切线相交于 A',γ, α 的另两条公切线相交于 B',α, β 的另两条公切线相交于 C',求证:AA',BB',CC' 三线共点(此点记为 S).

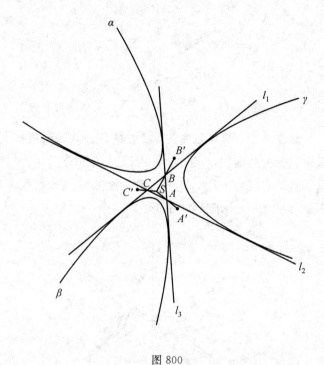

图 800

双曲线

第 3 章

3.1

命题 801 设两双曲线 α,β 有两条公共的渐近线 t_1,t_2,n 是它们的公共虚轴,P 是 α 上一点,过 P 分别作 t_1,t_2 的平行线,这两直线依次交 β 于 A,B,过 P 作 α 的切线,这条切线交 AB 于 S,如图 801 所示,求证:S 在 n 上.

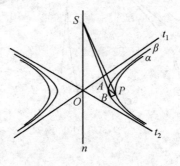

图 801

命题 802 设双曲线 α 与双曲线 β 是一对共轭双曲线,O 是它们的公共中心,t_1,t_2 是它们的公共渐近线,A 是 α 上一点,过 A 且与 α 相切的直线分别交 t_1,t_2 于 B,C,过 B,C 分别作 β 的切线,切点依次为 D,E,如图 802 所示,求证:

① $BD \mathbin{/\mkern-5mu/} CE \mathbin{/\mkern-5mu/} OA$;

② D,O,E 三点共线;

③ $BC \mathbin{/\mkern-5mu/} DE$.

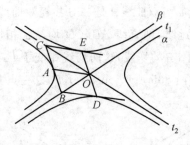

图 802

命题 803 设双曲线 α 与双曲线 β 是一对共轭双曲线,O 是它们的公共中心,t_1,t_2 是它们的公共渐近线,A 是 α 上一点,过 A 且与 β 相切的直线记为 l,过 A 分别作 t_1,t_2 的平行线,这两直线依次交 α 于 B,C,如图 803 所示,求证:BC 过 O,且与 l 平行.

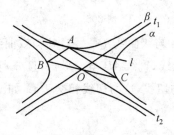

图 803

命题 804 设双曲线 α 与双曲线 β 是一对共轭双曲线,O 是它们的公共中心,t_1,t_2 是它们的公共渐近线,A,B 是 t_2 上两点,过 A 作 α 的一条切线,同时,过 B 作 β 的一条切线,这两切线相交于 C,再过 A 作 β 的一条切线,同时,过 B 作 α 的一条切线,这两切线相交于 D,如图 804 所示,求证:CD 平行于 t_1.

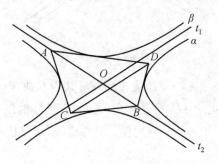

图 804

命题 805　设双曲线 α 与双曲线 β 是一对共轭双曲线, O 是它们的公共中心, t_1, t_2 是它们的公共渐近线, 两直线 AB, CD 均与 α 相切, 且分别交 t_1, t_2 于 A, B 和 C, D, 过 A, D 分别作 β 的切线, 这两切线相交于 P, 过 B, C 分别作 β 的切线, 这两切线相交于 Q, 如图 805 所示, 求证: O, P, Q 三点共线.

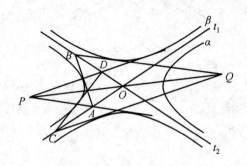

图 805

命题 806　设双曲线 α 与双曲线 β 是一对共轭双曲线, O 是它们的公共中心, t_1, t_2 是它们的公共渐近线, 直线 AB 与 t_1 平行, 且分别交 α, β 于 A, B, 过 A 作 α 的切线, 同时, 过 B 作 β 的切线, 这两切线相交于 C, 如图 806 所示, 求证: C 在 t_2 上.

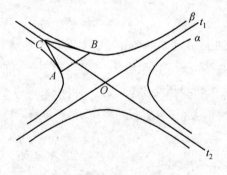

图 806

命题 807　设双曲线 α 与双曲线 β 是一对共轭双曲线, O 是它们的公共中心, t_1, t_2 是它们的公共渐近线, M 是 t_1 上一点, 过 M 分别作 α, β 的切线, 切点依次为 A, B, N 是 t_2 上一点, 过 N 分别作 α, β 的切线, 切点依次为 C, D, 如图 807 所示, 求证: $AC \mathbin{/\mkern-5mu/} BD$.

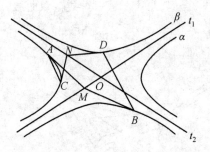

图 807

命题 808　设双曲线 α 与双曲线 β 是一对共轭双曲线,点 P 既在 α 外,也在 β 外,过 P 作 α 的两条切线,切点依次为 A,B,再过 P 作 β 的两条切线,切点依次为 C,D,如图 808 所示,求证:$AB \parallel CD$.

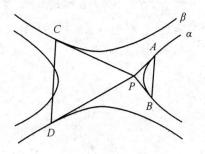

图 808

命题 809　设两双曲线 α,β 有公共的中心 P,以及公共的渐近线 t_1,t_2,C,D 两点分别在 t_1,t_2 上,过 C,D 分别作 α 的切线,这两切线相交于 Q,过 C,D 分别作 β 的切线,这两切线相交于 R,如图 809 或图 809.1 所示,求证:P,Q,R 三点共线.

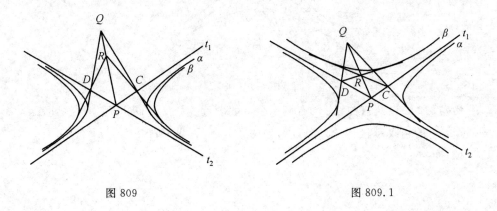

图 809　　　　　　　　　图 809.1

命题 810　设双曲线 α 与双曲线 β 是一对共轭双曲线，t_1, t_2 是这两双曲线的公共渐近线，P, A, B 是 α 上三点，AB 与 β 相切，P', A', B' 是 α 上另外三点，$P'A' \mathbin{/\mkern-6mu/} PA$，$P'B' \mathbin{/\mkern-6mu/} PB$，如图 810 所示，求证：$A'B'$ 与 β 相切.

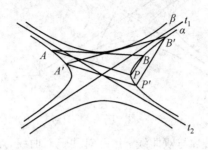

图 810

命题 811　设双曲线 α 与双曲线 β 是一对共轭双曲线，t_1, t_2 是这两双曲线的公共渐近线，P, P' 是 β 上两点，直线 AB 与 α 相切，过 P 作 α 的两条切线，这两切线交 AB 于 A, B，另一直线 $A'B'$ 也与 α 相切，过 P' 作 α 的两条切线，这两切线交 $A'B'$ 于 A', B'，如图 811 所示，求证："A, O, A' 三点共线"的充要条件是"B, O, B' 三点共线".

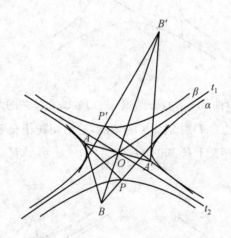

图 811

命题 812　设两双曲线 α, β 有两条公共的渐近线 t_1, t_2，A 是 t_1 上一点，过 A 分别作 α, β 的切线，切点依次为 B, C，如图 812 所示，求证：BC 与 t_2 平行.

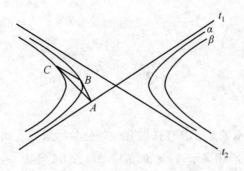

图 812

命题 813 设两双曲线 α,β 的渐近线方向相同(就是说,α 的两条渐近线与 β 的两条渐近线分别平行,即便这样,α,β 的离心率仍可不一样),α,β 有且仅有一个公共点 P,P 是 α,β 的切点,过 P 且与 α,β 均相切的直线记为 l,设 α,β 的两条公切线与 α 相切于 A,B,与 β 相切于 C,D,如图 813 所示,求证:AB,CD 均与 l 平行.

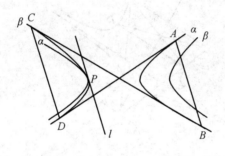

图 813

3.2

命题 814 设两双曲线 α,β 有且仅有一条公共的渐近线 t,作两条平行于 t 的直线,它们分别与 α,β 相交于 A,B 和 C,D,AD 交 BC 于 P,α,β 的两条公切线相交于 M,如图 814 所示,求证:

① 点 P 的轨迹是直线,该直线记为 z;
② $O_1O_2 \parallel t$(O_1,O_2 分别是 z 关于 α,β 的极点);
③ O_1,O_2,M 三点共线.

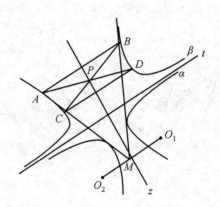

图 814

命题 815 设两双曲线 α,β 有且仅有一条公共的渐近线 t,有且仅有一个公共点 A,A 是 α,β 的切点,P 是 t 上任意一点,过 P 分别作 α,β 的切线,切点依次为 B,C,如图 815 所示,求证:A,B,C 三点共线.

注:以下三个命题与本命题相近.

命题 815.1 设双曲线 α 在双曲线 β 的外部,它们有且仅有一条公共的渐近线 t,以及一个公共点 A,A 是 α,β 的切点,直线 l 过 A,且与 α,β 都相切,P 是 l 上一点,过 P 分别作 α,β 的切线,切点依次为 B,C,如图 815.1 所示,求证:BC 与 t 平行.

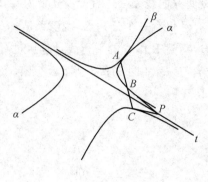

图 815

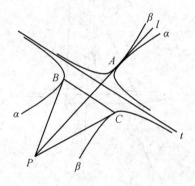

图 815.1

命题 815.2 设两双曲线 α,β 有一条公共的渐近线 t,α,β 有且仅有一个公共点 P,P 是 α,β 的切点,过 P 且与 α,β 都相切的直线记为 l,A,C 是 l 上两点,过 A 分别作 α,β 的切线,过 C 也分别作 α,β 的切线,这四条切线构成四边形 $ABCD$,如图 815.2 所示,求证:"$AB \parallel CD$" 的充要条件是 "$AD \parallel BC$".

注:本命题源于本套书上册的命题 396(在那里,取 Q 为"黄假线").

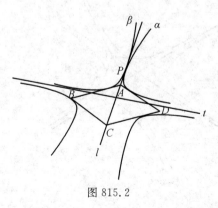

图 815.2

命题 815.3 设两双曲线 α,β 的渐近线分别为 t_1,t_2 和 t_1,t_3，其中 t_1 是 α,β 公共的渐近线，α,β 有且仅有一个公共点 A，该点是 α,β 的切点，一直线与 t_1 平行，它分别交 α,β 于 B,C，过 B 作 t_2 的平行线，同时，过 C 作 t_3 的平行线，这两直线相交于 D，设 t_2 交 t_3 于 E，如图 815.3 所示，求证：

① AD 是 α,β 的公切线；

② E 在 AD 上．

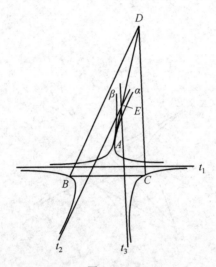

图 815.3

注：本命题源于本套书上册的命题 397（在那里，取 C 为"黄假线"）．

命题 816 设直线 m 是两双曲线 α,β 的一条公共的渐近线，α 的另一条渐近线为 t_1，β 的另一条渐近线为 t_2，t_1 交 t_2 于 P，过 P 分别作 α,β 的切线，切点依次为 A,B，如图 816 所示，求证：AB 与 m 平行．

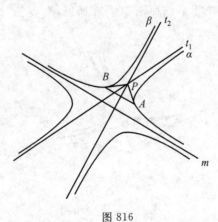

图 816

注:以下五个命题与本命题相近.

命题 816.1 设直线 t 是两双曲线 α,β 的公共的渐近线,α,β 有且仅有两条公切线,这两公切线相交于 M,过 M 作 t 的平行线,且分别交 α,β 于 A,B,过 A,B 分别作所在双曲线的切线,这两切线相交于 N,如图 816.1 所示,求证:N 在 t 上.

注:本命题源于本套书上册的命题 465(在那里,取 NP_1 为"蓝假线").

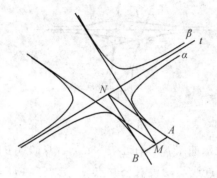

图 816.1

命题 816.2 设双曲线 α 的渐近线为 t_1,t_2,双曲线 β 的渐近线为 t_1,t_3,其中 t_1 是 α,β 公共的渐近线,α,β 没有公共点,一直线与 t_2 平行,且与 β 相切于 A,这直线与 α 相交于 B,过 B 作 t_1 的平行线,且交 β 于 C,过 C 作 t_3 的平行线,且交 AB 于 D,过 A 作 t_1 的平行线,且交 α 于 E,如图 816.2 所示,求证:DE 与 α 相切.

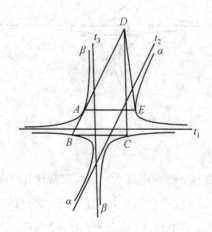

图 816.2

命题 816.3 设直线 t 是两双曲线 α,β 的公共的渐近线,α,β 有两条公切线,

分别记为 m_1, m_2，设 A, B 两点分别在 m_1, m_2 上，过 A 分别作 α, β 的切线，这两切线依次记为 l_1, l_2，再过 B 分别作 α, β 的切线，这两切线依次记为 l_3, l_4，如图 816. 3 所示，求证："$l_1 \parallel l_3$" 的充要条件是 "$l_2 \parallel l_4$".

注：本命题源于本套书中册的命题 155（在那里，取 S 为"黄假线"）.

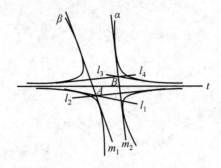

图 816.3

**命题 816.4 设双曲线 α 的渐近线为 t_1, t_2，双曲线 β 的渐近线为 t_1, t_3，其中 t_1 是 α, β 公共的渐近线，α, β 没有公共点，t_2 交 β 于 A, B，过 A, B 分别作 t_1 的平行线，且依次交 α 于 C, D，过 A 作 CD 的平行线，这条线交 β 于 E，如图 816.4 所示，求证：DE 与 t_3 平行.

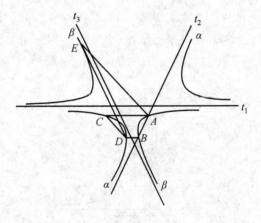

图 816.4

命题 816.5 设双曲线 α 的渐近线为 t_1, t_2，双曲线 β 的渐近线为 t_1, t_3，其中 t_1 是 α, β 公共的渐近线，α, β 没有公共点，一直线与 t_3 平行，且与 α 相切于 A，这条直线交 β 于 B，过 A 作 t_1 的平行线，且交 β 于 C，过 B 作 t_1 的平行线，且交 α 于 D，过 D 作 t_2 的平行线，且交 AC 于 E，设 BE 交 β 于 F，如图 816.5 所示，求证：CF 与 t_2 平行.

注:本命题源于本套书下册第 1 卷的命题 917(在那里,取 DF 为"蓝假线").

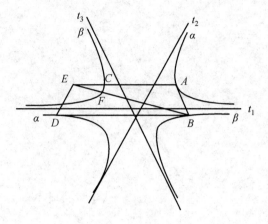

图 816.5

**命题 817　设双曲线 α 的两条渐近线分别为 t_1, t_2,双曲线 β 的两条渐近线分别为 t_1, t_3,其中 t_1 是这两双曲线的公共的渐近线,β 在 α 的内部,且与 α 相切于 A,过 A 且与 α, β 都相切的直线记为 l,如图 817 所示,求证:l, t_2, t_3 三线共点(此点记为 S).

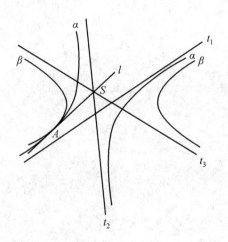

图 817

**命题 818　设直线 t 是两双曲线 α, β 的公共的渐近线,α, β 有且仅有两个公共点 A, B,过 A, B 分别作 α 的切线,这两切线相交于 P,过 A, B 分别作 β 的切线,这两切线相交于 Q,设 α, β 有且仅有两条公切线,这两条公切线相交于 R,如

图 818 所示,求证：
① P,Q,R 三点共线;
② PQ 与 t 平行.

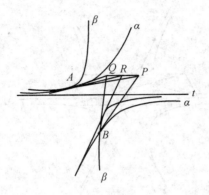

图 818

命题 819 设两双曲线 α,β 的渐近线分别为 t_1,t_2 和 t_1,t_3,其中 t_1 是 α, β 公共的渐近线,α,β 相交于 A,B 两点,t_2 交 t_3 于 P,过 P 分别作 α,β 的切线,切点依次为 C,D,如图 819 所示,求证:"CD 平行于 t_1"的充要条件是"P 在 AB 上".

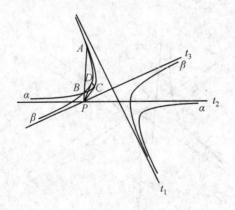

图 819

命题 820 设两双曲线 α,β 的渐近线分别为 t_1,t_2 和 t_1,t_3,其中 t_1 是 α, β 公共的渐近线,$t_2 \parallel t_3$,α,β 有一条公切线,这条公切线交 t_1 于 S,现在,作四条彼此平行的直线,其中两条分别与 α 相切,切点依次为 A,B,另两条分别与 β 相切,切点依次为 C,D,设 AC 交 BD 于 T,如图 820 所示,求证:

①AD,BC 均过 S；
②T 在 t_1 上.

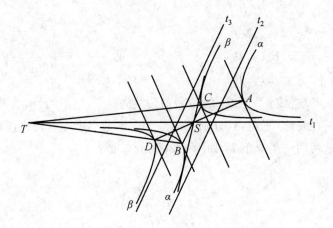

图 820

命题 821　设 O 是两双曲线 α,β 的公共的中心,直线 t 是 α,β 的公共的渐近线,A,B 是 t 上两点,过 A 分别作 α,β 的切线,切点依次为 C,D,过 B 分别作 α,β 的切线,切点依次为 E,F,如图 821 所示,求证:$CD \parallel EF$.

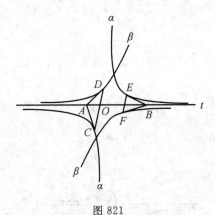

图 821

注:本命题源于本套书上册的命题 465,在那里,取 P_1 为"黄假线",那么,α,β 都是"黄双曲线",B_1C_1 是它们公共的"黄中心",N 是它们公共的"黄渐近线",这两个命题之间的对偶关系如下:

上册命题 465	本册命题 821
P_1	无穷远直线
B_1C_1	O
N	t
B_2C_2, B_3C_3	A, B
P_2, P_3	CD, EF

命题 822 设直线 t 是两双曲线 α, β 的公共的渐近线, α, β 没有公共点, 且 α 在 β 的外部, 一直线与 t 平行, 且分别交 α, β 于 A, B, 过 A 作 α 的切线, 同时, 过 B 作 β 的切线, 这两切线相交于 P, 如图 822 所示, 求证:

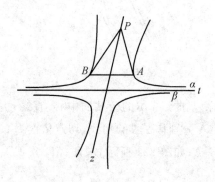

图 822

① 当直线 AB 变动时, 点 P 的轨迹是直线, 此直线记为 z;

② z 与 α, β 不相交.

注: 若 α 在 β 的内部, 如图 822.1 所示, 那么, 点 P 的轨迹就是直线 t.

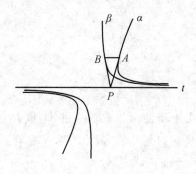

图 822.1

本命题源于本套书上册的命题 466(在那里, 取 BD 为"蓝假线").

命题 823 设直线 t_1 是两双曲线 α, β 的公共的渐近线, t_2 是 α 的另一条渐

近线，t_3 是 β 的另一条渐近线，α,β 有且仅有一个公共点 P，这个点是 α,β 的切点，一直线过 P，且分别交 α,β 于 A,B，过 A 作 t_2 的平行线，同时，过 B 作 t_3 的平行线，这两直线相交于 Q，如图 823 所示，求证：PQ 与 t_1 平行.

注：本命题源于本套书上册的命题 392（在那里，取 CD 为"蓝假线"）.

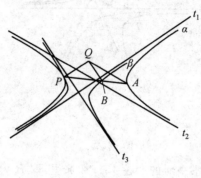

图 823

命题 824 设双曲线 α 的渐近线为 t_1,t_2，双曲线 β 的渐近线为 t_1,t_3，其中 t_1 是 α,β 公共的渐近线，α,β 有且仅有两个公共点 A,B，这两个公共点都是 α,β 的交点，设 t_2 交 t_3 于 P，过 P 分别作 α,β 的切线，切点依次为 C,D，若 P,A,B 三点共线，如图 824 所示，求证：CD 与 t_1 平行.

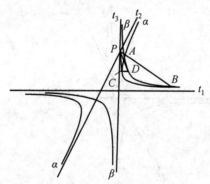

图 824

** 命题 825 设双曲线 α 的渐近线为 t_1,t_2，双曲线 β 的渐近线为 t_1,t_3，其中 t_1 是 α,β 公共的渐近线，t_2 交 t_3 于 M，t_2 交 β 于 A,B，过 A,B 分别作 t_1 的平行线，这两平行线依次交 α 于 C,D，过 A 作 CD 的平行线，且交 β 于 E，如图 825 所示，求证：

①C,M,D 三点共线；

②DE 与 t_3 平行.

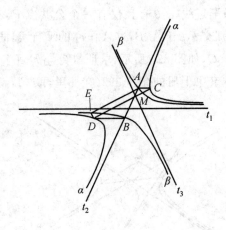

图 825

注:本命题源于本套书中册的命题 131(在那里,取 B 为"黄假线").

命题 826 设双曲线 α 的渐近线为 t_1, t_2,双曲线 β 的渐近线为 t_1, t_3,其中 t_1 是 α,β 公共的渐近线,t_2 交 t_3 于 A,设 t_2 交 β 于 B,C,过 B,C 分别作 t_1 的平行线,且依次交 α 于 D,E,如图 826 所示,求证:A,D,E 三点共线.

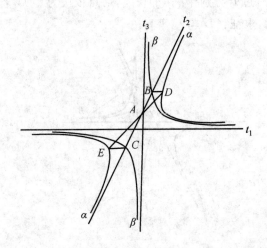

图 826

命题 827 设两双曲线 α,β 有一条公共的渐近线 t,α,β 有且仅有两个交点 A,B,过 A,B 分别作 α 的切线,这两切线依次记为 l_1,l_2,过 A,B 分别作 β 的切线,这两切线依次记为 l_3,l_4,若 $l_1 \parallel l_2$,且 $l_3 \parallel l_4$,如图 827 所示,求证:双曲线 α 的中心 O 也是双曲线 β 的中心.

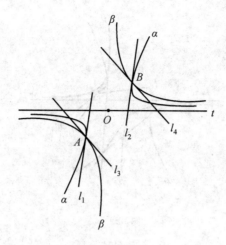

图 827

命题 828　设直线 t 是两双曲线 α,β 的公共的渐近线，α,β 有且仅有两个公共点 A,B，一直线与 t 平行，且分别交 α,β 于 C,D，另有一直线也与 t 平行，且分别交 α,β 于 E,F，如图 828 所示，求证：AB,CE,DF 三线共点（此点记为 S）.

注：本命题源于本套书中册的命题 152（在那里，取 DE 为"蓝假线"）.

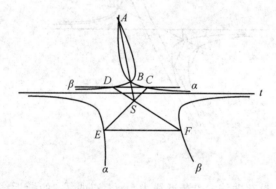

图 828

命题 829　设直线 t 是两双曲线 α,β 的公共的渐近线，l_1,l_2 是 α,β 的两条公切线，两直线 m_1,m_2 彼此平行，且 m_1 与 α 相切，m_2 与 α 相切，设 m_1 交 l_1 于 A，m_2 交 l_2 于 B，过 A 且与 β 相切的直线记为 n_1，过 B 且与 β 相切的直线记为 n_2，如图 829 所示，求证：$n_1 \parallel n_2$.

命题 830　设双曲线 α 的渐近线为 t_1,t_2，双曲线 β 的渐近线为 t_1,t_3，其中 t_1 是 α,β 公共的渐近线，$t_2 \parallel t_3$，α,β 有且仅有一个交点 P，一直线过 P，且分别交 α,β 于 A,B，另有一直线与 t_1 平行，且分别交 α,β 于 C,D，如图 830 所示，求证：$AC \parallel BD$.

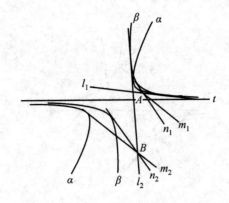

图 829

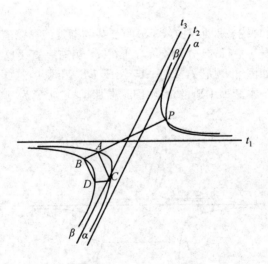

图 830

命题830.1 设双曲线 α 的渐近线为 t_1, t_2，双曲线 β 的渐近线为 t_1, t_3，其中 t_1 是 α, β 公共的渐近线，$t_2 \parallel t_3$，α, β 有且仅有一个交点 P，一直线过 P，且分别交 α, β 于 A, B，另有一直线与 t_2 平行，且分别交 α, β 于 C, D，设 AC 交 BD 于 S，如图 830.1 所示，求证：S 在 t_1 上.

命题831 设双曲线 α 的渐近线为 t_1, t_2，双曲线 β 的渐近线为 t_1, t_3，其中 t_1 是 α, β 公共的渐近线，α, β 有且仅有两个交点 A, B，一直线过 B，且交 α, β 于 C, D，过 C 作 t_2 的平行线，同时，过 D 作 t_3 的平行线，这两直线相交于 E，如图 831 所示，求证：AE 与 t_1 平行.

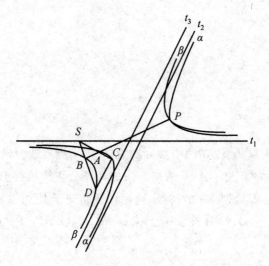

图 830.1

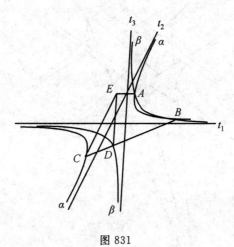

图 831

3.3

命题 832 设两双曲线 α,β 的中心分别为 O_1,O_2,渐近线分别为 t_1,t_2 和 t_3,t_4,$t_1 \parallel t_3$,$t_2 \parallel t_4$,α,β 相交于 A,B 两点,α,β 的两条公切线相交于 M,另两条公切线相交于 N,过 A,B 分别作 α 的切线,这两切线相交于 P,过 A,B 分别作 β 的切线,这两切线相交于 Q,如图 832 所示,求证:M,N,O_1,O_2,P,Q 六点共线.

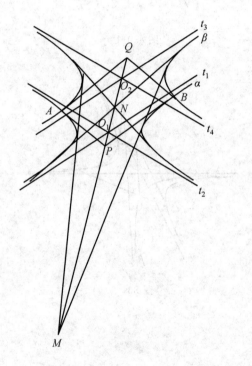

图 832

命题 832.1 设两双曲线 α,β 的渐近线分别为 t_1,t_2 和 t_3,t_4,$t_1 \parallel t_3$,$t_2 \parallel t_4$,α,β 的两条公切线相交于 R,两直线 l_1,l_2 彼此平行,且分别与 α,β 相切,切点依次为 A,B,如图 832.1 所示,求证:A,B,R 三点共线.

命题 832.2 设两双曲线 α,β 的渐近线分别为 t_1,t_2 和 t_3,t_4,$t_1 \parallel t_3$,$t_2 \parallel t_4$,α,β 的两条公切线相交于 M,α,β 相交于 A,B 两点,P 是直线 AB 上一点(P 在

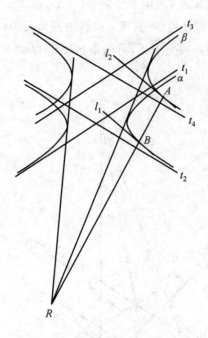

图 832.1

α 外,也在 β 外),过 P 各作 α,β 的两条切线,切点依次为 C,D 和 E,F,如图 832.2 所示,求证:C,E,M 三点共线,D,F,M 三点也共线.

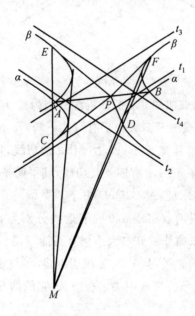

图 832.2

命题 833 设两双曲线 α,β 的中心分别为 O_1,O_2,α,β 的渐近线分别为 t_1, t_2 和 $t_3,t_4,t_1 \parallel t_3,t_2 \parallel t_4$(即便这样,这两双曲线的开口大小仍有可能不同),设 α,β 有四条公切线,其中两条相交于 P,另两条相交于 Q,如图 833 所示,求证:O_1,O_2,P,Q 四点共线.

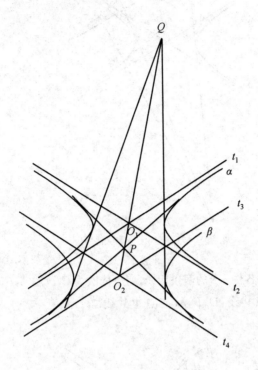

图 833

命题 833.1 设两双曲线 α,β 的渐近线分别为 t_1,t_2 和 $t_3,t_4,t_1 \parallel t_3,t_2 \parallel t_4$(即便这样,这两双曲线的开口大小仍有可能不同),$\alpha,\beta$ 的两个交点分别记为 M,N,过 M 作 α 的切线,且交 t_2 于 A,过 N 作 α 的切线,且交 t_1 于 B,取一点 C,使得 $MC \parallel t_1$,$NC \parallel t_2$,设 α,β 有四条公切线,其中两条相交于 D,另两条相交于 E,如图 833.1 所示,求证:A,B,C,D,E 五点共线.

**命题 833.2 设两双曲线 α,β 的渐近线分别为 t_1,t_2 和 $t_3,t_4,t_1 \parallel t_3$, $t_2 \parallel t_4$(即便这样这两双曲线的开口大小仍有可能不同),α,β 有四条公切线,设 l_1,l_2 是两条彼此平行的直线,且 l_1 与 α 相切于 Q,l_2 与 β 相切于 R,如图 833.2 所示,求证:在 α,β 的四条公切线中必定有两条,它们的交点 P 与 Q,R 共线.

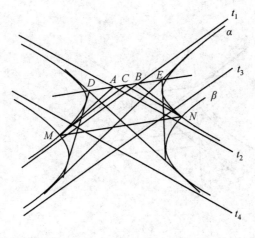

图 833.1

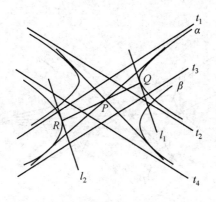

图 833.2

命题 834 设两双曲线 α,β 相交于两点 M,N,它们的渐近线分别为 t_1,t_2 和 t_3,t_4,$t_1 \parallel t_3,t_2 \parallel t_4$(即便这样,这两双曲线的开口大小仍可以不同,也就是说,它们的离心率可以不一样),设 α,β 有四条公切线,其中两条分别记为 l_1,l_2,这两条公切线分别与 α,β 相切于 A,C 和 B,D,如图 834 所示(在图 834 中,t_1,t_2,t_3,t_4 均未画出),α,β 的另两条公切线分别与 l_1,l_2 相交于 E,G 和 F,H,求证:下列五条直线彼此平行:MN,AB,CD,EF,GH.

命题 834.1 设两双曲线 α,β 相交于两点 M,N,它们的渐近线分别为 t_1,t_2 和 t_3,t_4(在图 834.1 中,t_1,t_2,t_3,t_4 均未画出),设 α,β 有四条公切线,其中两条分别记为 l_1,l_2,这两条公切线分别与 α,β 相切于 A,C 和 B,D,如图 834.1 所示,α,β 的另两条公切线分别与 l_1,l_2 相交于 E,G 和 F,H,求证:下列五条直线共点:MN,AB,CD,EF,GH(此点记为 S).

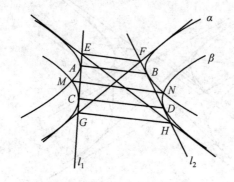

图 834

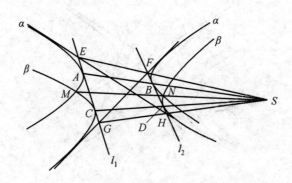

图 834.1

**命题 835 设两双曲线 α,β 的渐近线方向相同(即 α 的两条渐近线与 β 的两条渐近线分别平行),α,β 相交于 M,N 两点,两直线 l_1,l_2 彼此平行,且 l_1 与 α 相切于 A,l_2 与 β 相切于 B,直线 AB 分别交 α,β 于 C,D,设 MN 分别交 l_1,l_2 于 E,F,如图 835 所示,求证:

① FC 与 α 相切,ED 与 β 相切;

② $FC \parallel ED$.

注:本命题是本套书上册命题 434 的"黄表示",以那里的 M 为"黄假线". 这两个命题间的对偶关系如下:

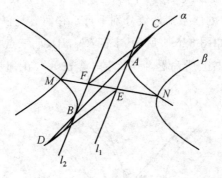

图 835

上册命题 434	本册命题 835
α,β	α,β
M	无穷远直线
N	MN
A,B	l_1,l_2
P	AB
A',B'	FC,ED

**命题 836 设两双曲线 α,β 的中心分别为 O_1,O_2,α,β 的渐近线方向相同（即 α 的两条渐近线与 β 的两条渐近线分别平行），它们有一个切点 P，此外没有别的公共点，四条直线 l_1,l_2,l_3,l_4 彼此平行，其中，l_1,l_2 均与 α 相切,切点分别为 A,B,l_3,l_4 均与 β 相切,切点分别为 C,D,如图 836 所示,求证：

① A,P,D 三点共线，B,P,C 三点也共线；

② O_1,P,O_2 三点共线.

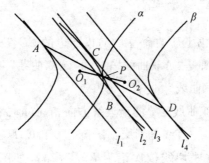

图 836

注：本命题是本套书上册命题 437 的"黄表示"（在那里,取 M 为"黄假线"）.

命题 836.1　设两双曲线 α,β 的中心分别为 O_1,O_2，α,β 的渐近线方向相同（即 α 的两条渐近线与 β 的两条渐近线分别平行），它们有且仅有两条公切线，这两条公切线相交于 P，如图 836.1 所示，求证：O_1,P,O_2 三点共线.

注：本命题是本套书上册命题 457.2 的"黄表示"（在那里，取 M 为"黄假线"）.

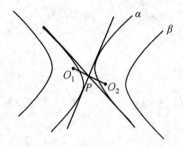

图 836.1

**命题 837　设两双曲线 α,β 的中心分别为 O,O'，它们的渐近线分别为 t_1,t_2 和 t_3,t_4，$t_1 /\!/ t_3$，$t_2 /\!/ t_4$，α,β 有且仅有三个公共点，其中一个是 α,β 的切点，该点记为 A，另两个都是 α,β 的交点，如图 837 所示，求证：O,O',A 三点共线.

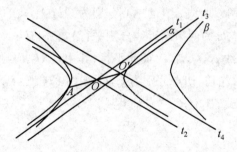

图 837

注：本命题源于本套书上册的命题 405，以那里的 CE,DF 的交点 Z 为"黄假线"，那么，那里的 α,β 都是"黄双曲线"，这两"黄双曲线"有一个"黄切点" t，CD,EF 分别是这两"黄双曲线"的"黄中心".

**命题 838　设两双曲线 α,β 的渐近线方向相同（即 α 的两条渐近线与 β 的两条渐近线分别平行），一直线分别交 α,β 于 A,B 和 C,D，过 A,B,C,D 分别作所在双曲线的切线，这些切线依次记为 l_1,l_2,l_3,l_4，如图 838 所示，求证："$l_1 /\!/ l_3$"的充要条件是"$l_2 /\!/ l_4$".

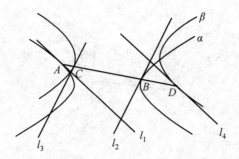

图 838

** 命题 839 设两双曲线 α,β 的渐近线方向相同(即 α 的两条渐近线与 β 的两条渐近线分别平行,即便这样,这两双曲线的开口大小仍有可能不同,也就是说,它们的离心率可以不一样), α,β 相交于 M,N 两点,作四边形 $ABCD$,使得 AD,CD 均与 α 相切,AB,BC 均与 β 相切,且 A,C 两点均在 MN 上,如图 839 所示,求证:"$AB \parallel CD$" 的充要条件是"$AD \parallel BC$".

注:本命题源于本套书上册的命题 435(在那里,取 M 为"黄假线").

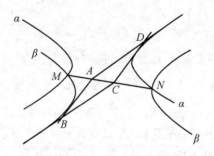

图 839

命题 840 设两双曲线 α,β 的渐近线分别为 t_1,t_2 和 $t_3,t_4,t_1 \parallel t_3,t_2 \parallel t_4$(即便这样,这两双曲线的开口大小仍有可能不同,也就是说,它们的离心率可以不一样),α,β 有两个交点 A,B,一直线与 t_1 平行,且分别交 α,β 于 C,D,另有一直线与 t_2 平行,且分别交 α,β 于 E,F,设 CE 交 DF 于 M,如图 840 所示,求证:A,B,M 三点共线.

命题 841 设两双曲线 α,β 的渐近线分别为 t_1,t_2 和 $t_3,t_4,t_1 \parallel t_3,t_2 \parallel t_4$(即便这样,这两双曲线的开口大小仍有可能不同,也就是说,它们的离心率可以不一样),α,β 有两个交点 A,B,一直线过 A,且分别交 α,β 于 C,D,另有一直线过 B,且分别交 α,β 于 E,F,如图 841 所示,求证:$CE \parallel DF$.

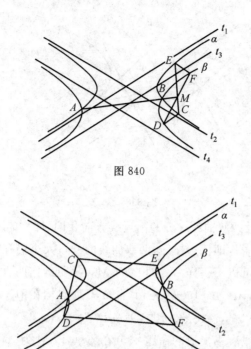

图 840

图 841

命题 842 设两双曲线 α,β 的渐近线分别为 t_1,t_2 和 t_3,t_4, $t_1\parallel t_3$, $t_2\parallel t_4$ (即便这样,这两双曲线的开口大小仍有可能不同,也就是说,它们的离心率可以不一样), α,β 有两个交点 A,B, P 是平面上一点,过 P 作 t_1 的平行线,且分别交 α,β 于 C,D, 过 P 作 t_2 的平行线,且分别交 α,β 于 E,F, 设 CE 交 DF 于 Q, 如图 842 所示,求证: Q 在 AB 上.

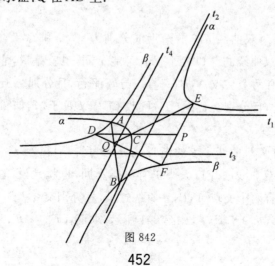

图 842

命题 842.1 设两双曲线 α,β 的渐近线分别为 t_1,t_2 和 $t_3,t_4,t_1 \parallel t_2$, $t_3 \parallel t_4$ (即便这样,这两双曲线的开口大小仍有可能不同,也就是说,它们的离心率可以不一样),α,β 有两个交点 A,B,P 是平面上一点,PA 分别交 α,β 于 C, D,PB 分别交 α,β 于 E,F,如图 842.1 所示,求证:$CE \parallel DF$.

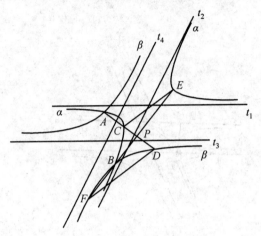

图 842.1

命题 842.2 设两双曲线 α,β 的渐近线分别为 t_1,t_2 和 $t_3,t_4,t_1 \parallel t_3$, $t_2 \parallel t_4$ (即便这样,这两双曲线的开口大小仍有可能不同,也就是说,它们的离心率可以不一样),α,β 有两个交点 A,B,过 A 作 t_1 的平行线,同时,过 B 作 t_2 的平行线,这两直线相交于 P,设两直线 l_1,l_2 均与 AB 平行,且 l_1 与 α 相切于 Q, l_2 与 α 相切于 R,如图 842.2 所示,求证:P,Q,R 三点共线.

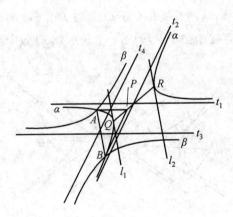

图 842.2

命题 842.3 设两双曲线 α,β 的渐近线分别为 t_1,t_2 和 t_3,t_4,$t_1 \parallel t_3$,$t_2 \parallel t_4$(即便这样,这两双曲线的开口大小仍有可能不同,也就是说,它们的离心率可以不一样),α,β 有两个交点 A,B,过 A 作 α 的切线,且分别交 t_1,t_2 于 C,D,再过 A 作 β 的切线,且分别交 t_3,t_4 于 E,F,如图 842.3 所示,求证:$CF \parallel DE$.

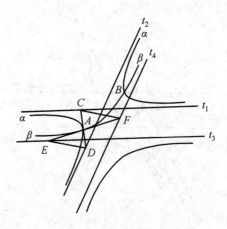

图 842.3

命题 843 设两双曲线 α,β 的渐近线分别为 t_1,t_2 和 t_3,t_4,$t_1 \parallel t_3$,$t_2 \parallel t_4$(即便这样,这两双曲线的开口大小仍有可能不同,也就是说,它们的离心率可以不一样),α,β 没有公共点,$MN,M'N'$ 是 α,β 的两条公切线,它们相交于 P,两直线 l_1,l_2 彼此平行,其中 l_1 与 α 相切于 C,l_2 与 β 相切于 D,另有两直线 m_1,m_2 彼此平行,其中 m_1 与 α 相切于 E,m_2 与 β 相切于 F,过 C 作 m_1 的平行线,同时,过 E 作 l_1 的平行线,这两直线相交于 Q,再过 D 作 m_2 的平行线,同时,过 F 作 l_2 的平行线,这两直线相交于 R,如图 843 所示,求证:P,Q,R 三点共线.

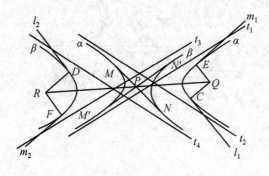

图 843

注：本命题源于本套书下册第 1 卷的命题 929（在那里，取 AB 为"蓝假线"）．

命题 844　设两双曲线 α,β 的渐近线分别为 t_1,t_2 和 t_3,t_4，$t_1 \parallel t_3$，$t_2 \parallel t_4$（即便这样，这两双曲线的开口大小仍有可能不同，也就是说，它们的离心率可以不一样），α,β 没有公共点，作动直线 AB，它与 t_1 平行，且分别交 α,β 于 A，B，另作动直线 CD，它与 t_2 平行，且分别交 α,β 于 C，D，设 AC 交 BD 于 P，如图 844 所示，求证：点 P 的轨迹是直线（此直线记为 z）．

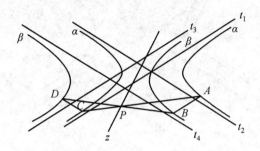

图 844

命题 844.1　设两双曲线 α,β 的渐近线分别为 t_1,t_2 和 t_3,t_4，$t_1 \parallel t_3$，$t_2 \parallel t_4$（即便这样，这两双曲线的开口大小仍有可能不同，也就是说，它们的离心率可以不一样），α,β 没有公共点，A 是 α 上一动点，过 A 作 t_1 的平行线，且交 β 于 B，又过 A 作 t_2 的平行线，且交 β 于 C，设过 A 且与 α 相切的直线交 BC 于 P，如图 844.1 所示，求证：点 P 的轨迹是直线（此直线记为 z）．

注：图 844.1 的直线 z 与图 844 的直线 z 是同一条直线．

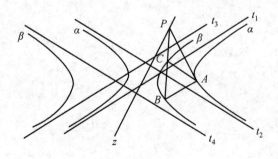

图 844.1

命题 845　设两双曲线 α,β 的渐近线分别为 t_1,t_2 和 t_3,t_4，$t_1 \parallel t_3$，$t_2 \parallel t_4$（即便这样，这两双曲线的开口大小仍有可能不同，也就是说，它们的离心率可以不一样),α,β 的中心分别为 O,O',设 OO' 分别交 α,β 于 A,B 和 C,D,过 A,B 分别作 α 的切线,它们记为 l_1,l_2,过 C,D 分别作 β 的切线,它们记为 l_3,l_4,如图 845 所示,求证:l_1,l_2,l_3,l_4 彼此平行.

注:本命题源于本套书上册的命题 365(在那里,取 AB 为"蓝假线").

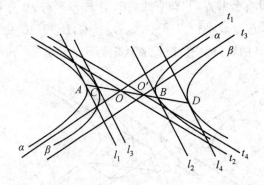

图 845

3.4

命题 846 设两双曲线 α,β 有且仅有两个公共点 P,A,其中 P 是 α,β 的切点,A 是 α,β 的交点,直线 t_1 是 α 的渐近线,直线 t_2 是 β 的渐近线,$t_1 \parallel t_2$,α,β 的两条不过 P 的公切线相交于 Q,设 PQ 分别交 t_1,t_2 于 B,C,如图 846 所示,求证:AB 与 α 相切,AC 与 β 相切.

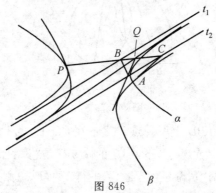

图 846

命题 847 设 t_1 是双曲线 α 的渐近线之一,t_2 是 β 的渐近线之一,$t_1 \parallel t_2$,α,β 有且仅有一个公共点 A,过 A 作 α 的切线,且交 t_1 于 P,过 A 作 β 的切线,且交 t_2 于 Q,设 α,β 的两条公切线 l_1,l_2 相交于 R,如图 847 所示,求证:P,Q,R 三点共线.

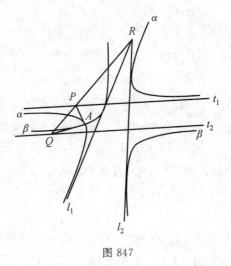

图 847

注：本命题源于下面的命题847.1.

命题 847.1　设两椭圆 α,β 相交于 P,Q 两点，AC,BD 是 α,β 的两条公切线，A,B,C,D 都是切点，如图 847.1 所示，设 AB 交 CD 于 R，求证：P,Q,R 三点共线.

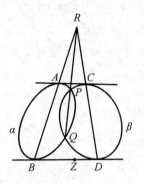

图 847.1

注：若在图 847.1 的 BD 上取一点 Z（Z 不在 PQ 上，也不能是 B 或 D），并视其为"黄假线"，那么，在"黄观点"下，那里的 α,β 都是"黄双曲线"，B,D 分别是它们的"黄渐近线"，这两"黄渐近线"是"黄平行"的，P,Q 则是这两"黄双曲线"的"黄公切线"，把这些理解用我们的语言叙述，就形成了上面的命题847，它们之间的对偶关系如下：

命题 847.1	命题 847
B,D	t_1,t_2
P,Q	l_1,l_2
A,C	AP,AQ
AB,CD	P,Q
R	PQ

命题 848　设直线 t_1 是双曲线 α 的一条渐近线，直线 t_2 是双曲线 β 的一条渐近线，$t_1 \parallel t_2$，α,β 有且仅有一个公共点 M，该点是 α,β 的交点，两直线 AB,CD 均与 t_1 平行，且分别交 α 于 A,C，交 β 于 B,D，另一直线过 M，且分别交 α,β 于 E,F，设 AE 交 BF 于 P，CE 交 DF 于 Q，直线 PQ 记为 z，z 关于 α,β 的极点依次记为 O_1,O_2，过 M 作 t_1 的平行线，且交 O_1O_2 于 G，交 z 于 H，如848所示，求证：M 是线段 GH 的中点.

注：若将 z 视为"蓝假线"，那么，在"蓝观点"下，α,β 都是"蓝圆"，O_1,O_2 分别是它们的"蓝圆心"，这两个"蓝圆"有两个"蓝交点"，这两个"蓝交点"中的一

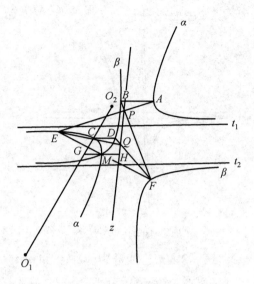

图 848

个是 M，另一个则是 t_1, t_2 上的无穷远点 N，所以，G 是"蓝线段"MN 的"蓝中点". 需要进一步指出的是：在"蓝观点"下，O_1O_2 与 MN 是"蓝垂直"的. 总之，"蓝种人"眼里的图 848，就如同我们眼里的图 848.1.

命题 848.1 设两圆 O_1, O_2 相交于 M, N 两点，MN 交 O_1O_2 于 G，如图 848.1 所示，求证：线段 MN 被 O_1O_2 所平分，且 $MN \perp O_1O_2$.

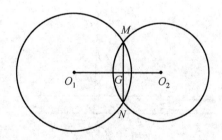

图 848.1

命题 849 设两双曲线 α, β 的渐近线分别为 t_1, t_2 和 $t_3, t_4, t_1 \parallel t_3, \alpha, \beta$ 有两个公共点 A, B，其中 A 是 α, β 的切点，B 是 α, β 的交点，一直线过 B，且分别交 α，β 于 C, D，过 C 作 t_2 的平行线，同时，过 D 作 t_4 的平行线，这两直线相交于 E，如图 849 所示，求证：AE 是 α, β 的公切线.

注：本命题源于本套书中册的命题155(在那里,取 MB 为"蓝假线").

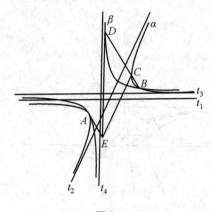

图 849

命题 850 设两双曲线 α,β 的渐近线分别为 t_1,t_2 和 t_3,t_4，$t_1 \parallel t_3$，α,β 有且仅有一个交点 A，过 A 作动直线，这条直线分别交 α,β 于 B,C，过 B 作 t_2 的平行线，同时，过 C 作 t_4 的平行线，这两直线相交于 P，如图850所示，求证：

① 当动直线 BC 绕 A 旋转时，点 P 的轨迹是直线，此直线记为 z；

② 直线 z 与 α,β 都不相交.

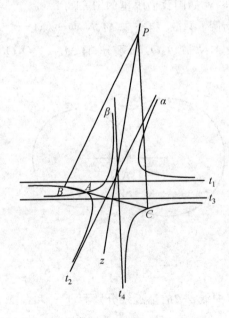

图 850

命题 851 设两双曲线 α,β 的渐近线分别为 t_1,t_2 和 t_3,t_4，$t_1 \parallel t_3$，α,β 有且仅有两个公共点 A,P，其中 P 是 α,β 的切点，A 是 α,β 的交点，一直线过 A，且分

别交 α,β 于 B,C，过 B 作 t_2 的平行线，同时，过 C 作 t_4 的平行线，这两直线相交于 Q，如图 851 所示，求证：PQ 是 α,β 的公切线．

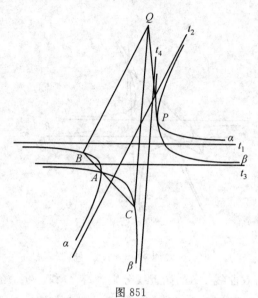

图 851

命题 852　设两双曲线 α,β 的渐近线分别为 t_1,t_2 和 t_3,t_4，$t_1 /\!/ t_3$，α,β 有且仅有两个公共点 P,Q，其中 P 是 α,β 的切点，Q 是 α,β 的交点，一直线过 P，且分别交 α,β 于 A,B，过 A 作 t_2 的平行线，同时，过 B 作 t_4 的平行线，这两直线相交于 R，如图 852 所示，求证：P,Q,R 三点共线．

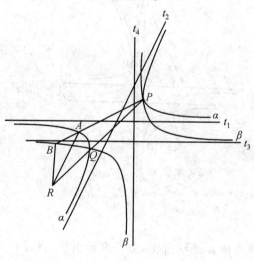

图 852

命题 853　设两双曲线 α,β 的渐近线分别为 t_1,t_2 和 t_3,t_4，$t_1 /\!/ t_3$，α,β 有且

仅有三个公共点 A,B,C,M 是 BC 上一点,过 M 作 t_2 的平行线,且交 α 于 D,过 M 作 t_4 的平行线,且交 β 于 E,如图 853 所示,求证:A,D,E 三点共线.

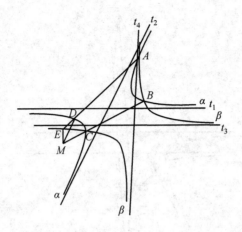

图 853

命题 854 设两双曲线 α,β 的渐近线分别为 t_1,t_2 和 $t_3,t_4,t_1 \parallel t_3$,$\alpha,\beta$ 有且仅有两个公共点 P,Q,其中 P 是 α,β 的切点,Q 是 α,β 的交点,一直线过 Q,且分别交 α,β 于 A,B,过 A 作 t_2 的平行线,同时,过 B 作 t_4 的平行线,这两直线相交于 S,如图 854 所示,求证:PS 是 α,β 的公切线.

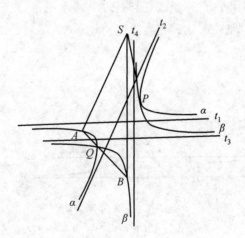

图 854

**命题 855 设直线 t_1 是双曲线 α 的一条渐近线,直线 t_2 是双曲线 β 的一条渐近线,$t_1 \parallel t_2$,α,β 有且仅有三个交点 A,B,C,一直线过 C,且交 α,β 于 P,Q,另有一直线与 t_1 平行,且分别交 α,β 于 P',Q',如图 855 所示,求证:AB,PP',

QQ' 三线共点（此点记为 S）.

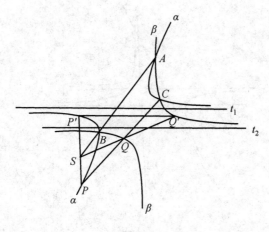

图 855

命题 856 设两双曲线 α,β 的渐近线分别为 t_1,t_2 和 t_3,t_4，$t_1 \parallel t_3$，α,β 有且仅有三个交点 A,B,C，一直线过 C，且交 α,β 于 P,Q，过 P 作 t_2 的平行线，同时，过 Q 作 t_4 的平行线，这两直线相交于 S，如图 856 所示，求证：S 在 AB 上.

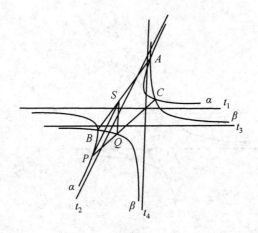

图 856

命题 857 设两双曲线 α,β 的渐近线分别为 t_1,t_2 和 t_3,t_4，$t_1 \parallel t_3$，α,β 有且仅有三个交点 A,B,C，P 是 BC 上一点，过 P 作 t_2 的平行线，且交 α 于 D，过 P 作 t_4 的平行线，且交 β 于 E，如图 857 所示，求证：A,D,E 三点共线.

**命题 858 设两双曲线 α,β 的渐近线分别为 t_1,t_2 和 t_3,t_4，$t_1 \parallel t_3$，$t_2 \parallel t_4$（即便这样，这两双曲线的开口大小仍有可能不同，也就是说，它们的离心率可以不一样），α,β 有两个交点 A,B，一直线与 AB 平行，且分别交 α,β 于 C,D 和

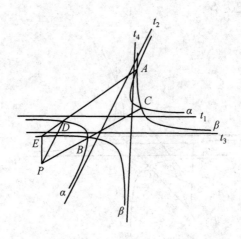

图 857

E,F,过 C 作 α 的切线,同时,过 F 作 β 的切线,这两切线相交于 P,再过 D 作 α 的切线,同时,过 E 作 β 的切线,这两切线相交于 Q,如图 858 所示,求证:$PQ \parallel AB$.

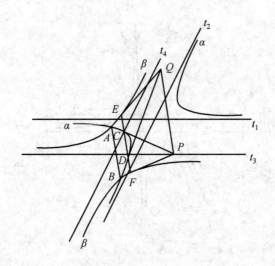

图 858

命题 859 设两双曲线 α,β 的渐近线分别为 t_1,t_2 和 t_3,t_4,$t_2 \parallel t_4$,α,β 只有一个交点 A,过 A 作动直线,这条直线分别交 α,β 于 B,C,过 B 作 t_1 的平行线,同时,过 C 作 t_3 的平行线,这两直线相交于 P,如图 859 所示,求证:

① 动点 P 的轨迹是直线,此直线为 z;
② z 与 α,β 都不相交.

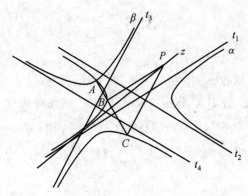

图 859

3.5

命题 860 设两双曲线 α,β 相交于 A,B,C,D 四点,过 A,B 分别作 α 的切线,这两切线相交于 E,过 B,C 分别作 β 的切线,这两切线相交于 F,过 C,D 分别作 α 的切线,这两切线相交于 G,过 D,A 分别作 β 的切线,这两切线相交于 H,如图 860 所示,求证:AC,BD,EG,FH 四线共点(此点记为 O).

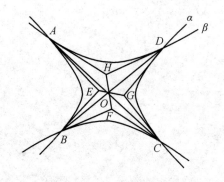

图 860

**命题 861 设两双曲线 α,β 有四个公共点,且有四条公切线,其中两条彼此平行,这两条分别记为 l_1,l_2,α,β 的渐近线分别为 t_1,t_2 和 t_3,t_4,设 t_1 交 t_4 于 C,t_2 交 t_3 于 D,如图 861 所示,求证:在 α,β 的四个交点中,一定有两个,分别记为 A,B,使得 A,B,C,D 四点共线.

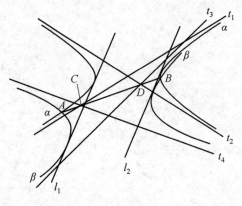

图 861

命题862 设两双曲线 α,β 相交于四点 A,B,C,D，一直线分别交 α,β 于 E,F 和 G,H，过 E,F 分别作 α 的切线，同时，过 G,H 分别作 β 的切线，这四条切线构成四边形 $PQRS$，其中，P 在 AC 上，如图862所示（此图中，点 F 未画出），求证：

① R 也在 AC 上；
② Q,S 均在 BD 上．

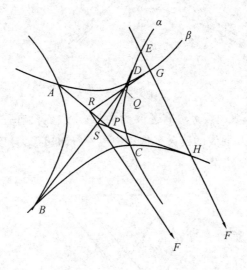

图 862

注：本命题是本套书上册命题434的"黄表示"，这两个命题之间的对偶关系如下：

上册命题434	本册命题862
α,β	α,β
M,N	AC,BD
A,B	PE,PH
P	EH
A',B'	RF,RG

命题863 设两双曲线 α,β 相交于四点 A,B,C,D，α,β 没有公切线，α 的两渐近线分别为 t_1,t_2，β 的两渐近线分别为 t_3,t_4，设 t_1 交 t_3 于 M，t_2 交 t_4 于 N，如图863所示，求证："M 在 AC 上"的充要条件是"N 在 AC 上"．

注：其实，若 M 在 AC 上，不仅可以证明 N 也在 AC 上，还可以证明 t_1,t_4 的交点，以及 t_2,t_3 的交点均在 BD 上．本命题是本套书上册命题434的"黄表示"（在那里，取 P 为"黄假线"）．

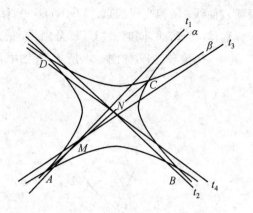

图 863

命题 864 设两双曲线 α,β 有公共的中心 O,它们没有任何公共点,如图 864 所示,求证:这两双曲线的四条公切线构成平行四边形,且以 O 为其中心.

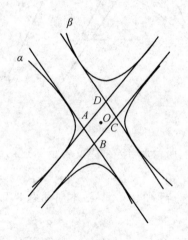

图 864

**命题 865 设两双曲线 α,β 的渐近线分别为 t_1,t_2 和 t_3,t_4,α 与 β 有且仅有三条公切线 l_1,l_2,m,其中 $l_1 \parallel l_2$,m 与 α,β 相切于同一点,此点记为 P,设 t_1 交 t_4 于 Q,t_2 交 t_3 于 R,t_2 交 t_4 于 A,t_1 交 t_3 于 B,如图 865 所示,求证:

① Q,R 两点都在 m 上;

② AB 与 l_1,l_2 都平行.

**命题 866 设两双曲线 α,β 的渐近线分别为 t_1,t_2 和 t_3,t_4,A,B 是 α,β 的两个交点,t_1 交 t_3 于 C,t_2 交 t_4 于 D,如图 866 所示,求证:"C 在 AB 上"的充要条件是"D 在 AB 上".

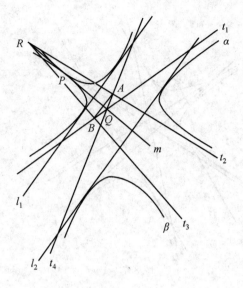

图 865

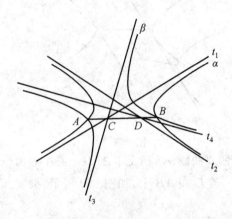

图 866

命题 867 设两双曲线 α,β 的渐近线分别为 t_1,t_2 和 t_3,t_4,两直线 l_1,l_2 都是 α,β 的公切线,它们彼此平行,设 t_1,t_2,t_3,t_4 两两相交,产生六个交点,A 是其中之一,过 A 分别作 α,β 的切线,切点依次为 P,Q,如图 867 所示,求证:直线 PQ 与 l_1,l_2 都平行.

命题 868 设两双曲线 α,β 的中心分别为 O_1,O_2,这两双曲线有四条公切线,其中的两条分别记为 l_1,l_2,如果 l_1,l_2 彼此平行,如图 868 所示,求证:直线 O_1O_2 与 l_1,l_2 都平行.

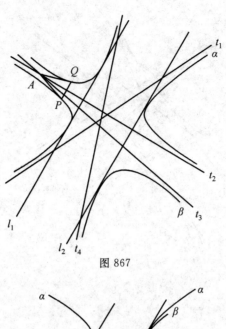

图 867

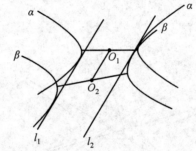

图 868

** 命题 869 设两双曲线 α,β 相交于 A,B，α 的中心为 O，过 O 作 β 的两条切线，切点分别为 C,D，若 O 在 AB 上，如图 869 所示，求证：$CD \parallel AB$.

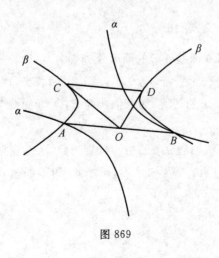

图 869

命题 870　设双曲线 α 在双曲线 β 的内部,这两双曲线有且仅有两个公共点,记为 A,B,它们都是 α,β 的切点,过 A,B 分别作 α,β 的公切线,这两公切线相交于 M,一直线过 M,且分别交 α,β 于 C,D 和 E,F,过 C,D,E,F 分别作它们所在双曲线的切线,如图 870 所示,求证:

① 这四条切线共点,此点记为 N;

② A,B,N 三点共线.

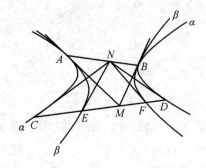

图 870

命题 871　设双曲线 α 的两条渐近线分别为 t_1,t_2,双曲线 β 的两条渐近线分别为 t_1,t_3,α,β 有且仅有一个公共点 P,该点是 α,β 的切点,设 t_2 交 t_3 于 Q,如图 871 所示,求证:PQ 是 α,β 的公切线.

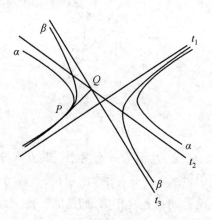

图 871

命题 872　设双曲线 α 在双曲线 β 的内部,这两双曲线有且仅有两个公共点 A,B,过 A 且与 α,β 都相切的直线记为 l_1,过 B 且与 α,β 都相切的直线记为 l_2,若 $l_1 \parallel l_2$,如图 872 所示,求证:

① α,β 的中心是同一个点,此点记为 O;

②O 是线段 AB 的中点.

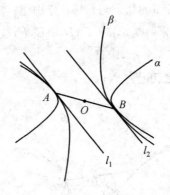

图 872

命题 873 设两双曲线 α,β 有且仅有三个公共点 S,A,B,其中 S 是 α,β 的切点,A,B 都是 α,β 的交点,过 A,B 分别作 α 的切线,这两切线相交于 P,过 A,B 分别作 β 的切线,这两切线相交于 Q,设 α,β 有且仅有三条公切线,其中不过 S 的那两条相交于 R,如图 873 所示,求证:S,P,Q,R 四点共线.

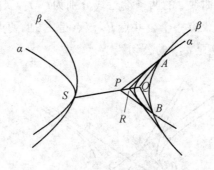

图 873

命题 874 设两双曲线 α,β 有且仅有两个公共点 A,B,过 A,B 分别作 α 的切线,这两切线相交于 P,过 A,B 分别作 β 的切线,这两切线相交于 Q,设 α,β 有且仅有两条公切线,这两公切线相交于 R,如图 874 所示,求证:P,Q,R 三点共线.

命题 875 设两双曲线 α,β 的渐近线分别为 t_1,t_2 和 t_3,t_4,α,β 有且仅有三个公共点 P,Q,R,其中 P 是 α,β 的切点,Q,R 都是 α,β 的交点,设 t_1 分别交 t_3,t_4 于 A,B,t_2 分别交 t_3,t_4 于 C,D,如图 875 所示,求证:B,C,P,Q 四点共线,A,D,P,R 四点也共线.

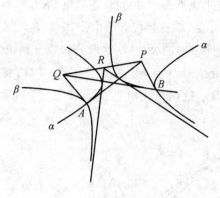

图 874

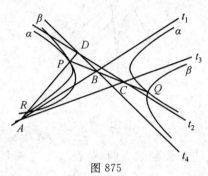

图 875

**命题 876 设直线 t_1 是双曲线 α 的渐近线之一,t_2 是 β 的渐近线之一,α,β 有且仅有两个公共点 A,B,这两个点都是 α,β 的切点,过 A,B 分别作 α,β 的公切线,这两公切线相交于 P,过 P 作 t_1 的平行线,且交 α 于 C,过 P 作 t_2 的平行线,且交 β 于 D,如图 876 所示,求证:$CD \parallel AB$.

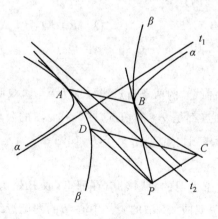

图 876

473

注:本命题源于本套书上册的命题 393(在那里,取 CF 为"蓝假线").

命题 877 设两双曲线 α,β 有且仅有两个公共点 M,N,这两个公共点都是 α,β 的切点,过 M,N 分别作 α,β 的公切线,这两公切线分别记为 l_1,l_2,l_1 交 l_2 于 P,设 A 是 l_1 上一点,B 是 l_2 上一点,过 A,B 分别作 α 的切线,这两切线相交于 Q,过 A,B 分别作 β 的切线,这两切线相交于 R,如图 877 所示,求证:P,Q,R 三点共线.

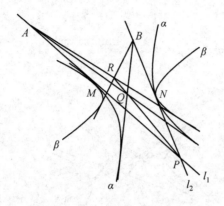

图 877

注:本命题是本套书上册命题 392 的"黄表示",这两个命题之间的对偶关系如下:

上册命题 392	本册命题 877
α,β	α,β
T_1,T_2	l_1,l_2
AB,CD	A,B
A,B,C,D	AQ,AR,BQ,BR
AC,BD	Q,R
P	QR

**命题 878 设双曲线 α 的两条渐近线分别为 t_1,t_2,双曲线 β 与 α 有且仅有两个公共点 A,B,这两点都是 α,β 的切点,过 B 作 α,β 的公切线,此线记为 l,过 A 分别作 t_1,t_2 的平行线,且依次交 β 于 C,D,如图 878 所示,求证:CD 与 l 平行.

注:本命题源于本套书上册的命题 396(在那里,取 BB' 为"蓝假线").

命题 879 设 O 是两双曲线 α,β 的公共中心,β 的两渐近线分别为 t_1,t_2,α,β 有且仅有两个公共点 A,B,这两点都是 α,β 的切点,过 A 作 t_1 的平行线,且交

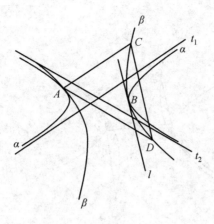

图 878

α 于 C, 过 B 作 t_2 的平行线, 且交 α 于 D, 如图 879 所示, 求证: CD 与 AB 平行.

注: 本命题源于本套书上册的命题 395 (在那里, 取 C 为"黄假线").

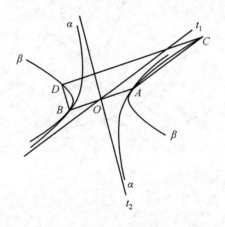

图 879

命题 880 设两双曲线 α, β 有且仅有两个公共点 A, B, 这两点都是 α, β 的切点, 设 C, D 是 β 上两点, AC, BD 分别交 α 于 E, F, 如图 880 所示, 求证: AB, CD, EF 三线共点 (此点记为 S).

命题 881 设两双曲线 α, β 有且仅有一个公共点 M, 它是 α, β 的切点, 过 M 且与 α, β 都相切的直线记为 l, A, B, C 是 l 上三点, 过 A, B 分别作 α 的切线, 这两切线相交于 P, 过 A, B 分别作 β 的切线, 这两切线相交于 Q, 再过 C 分别作 α, β 的切线, 这两切线依次交 PQ 于 R, S, 过 R 作 α 的切线, 同时, 过 S 作 β 的切线, 这两切线相交于 D, 如图 881 所示, 求证: D 在 l 上.

注: 本命题源于本套书上册的命题 485, 是其"黄表示".

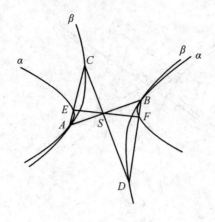

图 880

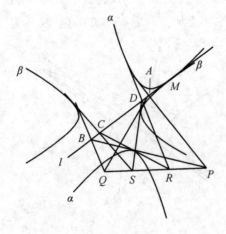

图 881

命题 882 设两双曲线 α,β 的中心分别为 O_1,O_2，这两条双曲线有且仅有两个交点和两条公切线 $l_1,l_2,l_1 \parallel l_2$，如图 882 所示，求证：$O_1,O_2$ 的连线与 l_1，l_2 都平行.

注：本命题源于本套书中册的命题 137（在那里，取 P 为"黄假线"）.

命题 883 设双曲线 α 的中心为 O，双曲线 β 与 α 有且仅有两个交点 A,B，过 O 作 β 的两条切线，切点依次为 C,D，若 A,O,B 三点共线，如图 883 所示，求证：CD 与 AB 平行.

注：本命题源于本套书中册的命题 137（在那里，取 CD 为"蓝假线"）.

命题 884 设双曲线 β 在双曲线 α 外，二者有且仅有一个公共点 A，该点是它们的切点，一直线过 A，且分别交 α,β 于 B,C，过 B 且与 α 相切的直线记为 l_1，

过 C 且与 β 相切的直线记为 l_2,设 l_1 交 β 于 D,E,AD,AE 分别交 α 于 F,G,若 $l_1 \parallel l_2$,如图 884 所示,求证:FG 与 l_1,l_2 都平行.

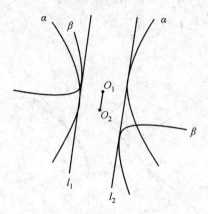

图 882

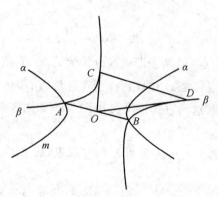

图 883

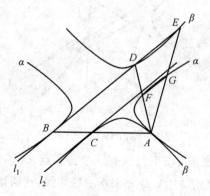

图 884

命题 885　设两双曲线 α,β 有且仅有两个公共点 A,B，这两点都是 α,β 的切点，过 A,B 分别作 α,β 的公切线，这两公切线依次记为 l_1,l_2，若 $l_1 \parallel l_2$，如图 885 所示，求证：α 的中心 O 也是 β 的中心.

注：本命题源于本套书上册的命题 391.

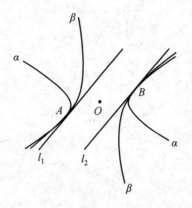

图 885

命题 886　设双曲线 α 的两条渐近线分别为 t_1,t_2，双曲线 β 与 α 有且仅有两个公共点 A,B，这两点都是 α,β 的切点，过 A 且与 α,β 都相切的直线记为 l，过 B 分别作 t_1,t_2 的平行线，这两直线依次交 β 于 C,D，如图 886 所示，求证：CD 与 l 平行.

注：本命题源于本套书上册的命题 396（在那里，取 BB' 为"蓝假线"）.

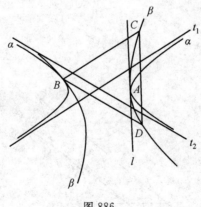

图 886

命题 887　设两双曲线 α,β 有且仅有三个公共点 A,B,P，其中 P 是 α,β 的切点，A,B 都是 α,β 的交点，过 A,B 分别作 α 的切线，这两切线相交于 Q，再过

A,B 分别作 β 的切线,这两切线相交于 R,如图 887 所示,求证:P,Q,R 三点共线.

注:本命题源于本套书上册的命题 405.

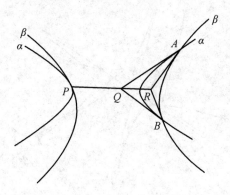

图 887

命题 888　设双曲线 α 的两条渐近线分别为 t_1,t_2,直线 t_3 是双曲线 β 的渐近线之一,t_3 分别交 t_1,t_2 于 A,B,过 A,B 分别作 α 的切线,这两切线与 α 依次相切于 C,D,若 α,β 有且仅有两条公切线 l_1,l_2,且 $l_1 /\!/ l_2$,如图 888 所示,求证:CD 与 t_3 平行.

注:本命题源于本套书中册的命题 139(在那里,取 AC 为"蓝假线").

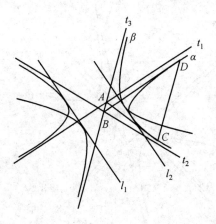

图 888

命题 889　设双曲线 α 的两条渐近线分别为 t_1,t_2,直线 t_3 是双曲线 β 的渐近线之一,t_3 分别交 t_1,t_2 于 M,N,α,β 有且仅有两条公切线,这两条公切线相交于 A,过 M,N 分别作 α 的切线,切点依次为 B,C,如图 889 所示,求证:A,B,C 三点共线.

注：本命题源于本套书中册的命题 139（在那里，取 CF 为"蓝假线"）.

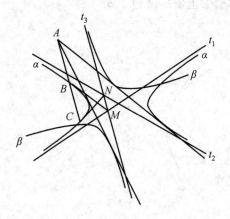

图 889

命题 890 设双曲线 α 的两条渐近线分别为 t_1, t_2，直线 t_3 是双曲线 β 的渐近线之一，t_3 分别交 t_1, t_2 于 A, B，α, β 有且仅有两个交点 M, N，A 恰好就在 MN 上，过 A, B 分别作 α 的切线，切点依次为 C, D，如图 890 所示，求证：CD 与 AB 平行.

注：本命题源于本套书中册的命题 139（在那里，取 D 为"黄假线"）.

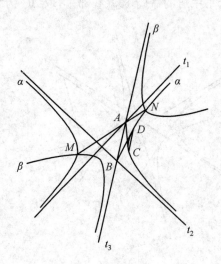

图 890

命题 891 设双曲线 α 的渐近线为 t_1, t_2，双曲线 β 的渐近线为 t_1, t_3，其中 t_1 是 α, β 公共的渐近线，t_2 交 t_3 于 C，α, β 有两个公共点 A, B，一直线与 t_1 平行，且分别交 α, β 于 M, N，过 M 作 t_2 的平行线，同时，过 N 作 t_3 的平行线，这两直线

相交于 D,过 M 作 α 的切线,同时,过 N 作 β 的切线,这两切线相交于 E,设 ME 交 t_2 于 F,NE 交 t_3 于 G,如图 891 所示,求证:

①A,B,C,D,E 五点共线;

②FG 与 t_1 平行.

注:本命题源于本套书中册命题 148.1(在那里,取 C 为"黄假线").

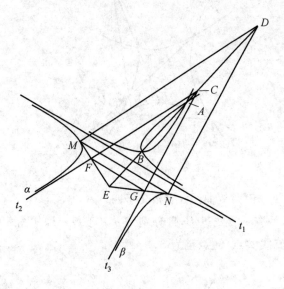

图 891

**命题 892 设两双曲线 α,β 的中心分别为 O_1,O_2,α 在 β 外,二者相切于 A,B,AB 的中点为 M,过 A,B 分别作 α,β 的公切线,这两公切线相交于 N,如图 892 所示,求证:O_1,O_2,M,N 四点共线.

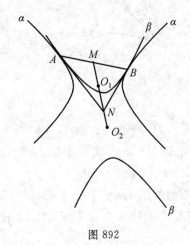

图 892

命题 893　设两双曲线 α,β 相交于四点 A,B,C,D，一直线过 A，且分别交 α,β 于 E,F，另有一直线过 B，且分别交 α,β 于 G,H，如图 893 所示，求证：CD，EG,FH 三线共点（此点记为 S）.

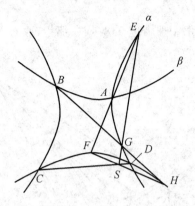

图 893

命题 893.1　设两双曲线 α,β 相交于四点 A,B,C,D，一直线过 D，且分别交 α,β 于 E,F，另有一直线过 B，且分别交 α,β 于 G,H，如图 893.1 所示，求证：AC,EG,FH 三线共点（此点记为 S）.

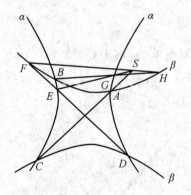

图 893.1

命题 894　设两双曲线 α,β 的渐近线分别为 t_1,t_2 和 t_3,t_4，α,β 相交于四点 A,B,C,D，设 t_2 交 t_4 于 E，t_1 交 t_3 于 F，t_1 交 t_2 于 G，t_3 交 t_4 于 H，若 $AB \parallel CD$，如图 894 所示，求证：$EF \parallel GH \parallel AB \parallel CD$.

命题 894.1　设两双曲线 α,β 相交于四点 A,B,C,D，$AB \parallel CD$，在 α 上取四点 A',B',C',D'，使得 $AA' \parallel BB' \parallel CC' \parallel DD'$，如图 894.1 所示，求证：$A'B' \parallel C'D'$.

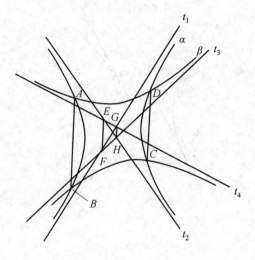

图 894

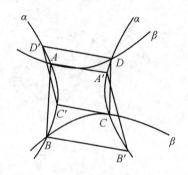

图 894.1

命题 895　设两双曲线 α,β 的中心分别为 O_1,O_2，α,β 有四条公切线，这四条公切线中，有两条是彼此平行的，分别记为 l_1,l_2，如图 895 所示，求证：O_1,O_2 的连线与 l_1,l_2 都平行.

****命题 896**　设双曲线 α 的中心为 O，双曲线 β 与 α 相交于 A,B，过 O 作 β 的两条切线，切点依次为 C,D，若 O 在 AB 上，如图 896 所示，求证：$CD \parallel AB$.

命题 897　设两双曲线 α,β 有两个交点 A,B，过 A,B 分别作 α 的切线，这两切线相交于 P，过 A,B 分别作 β 的切线，这两切线相交于 Q，PQ 交 β 于 C，过 C 作 β 的切线，这条切线交 α 于 D,E，过 D,E 分别作 α 的切线，这两切线相交于 R，如图 897 所示，求证：R 在 PQ 上.

注：本命题源于本套书中册的命题 969.2，是其"黄表示".

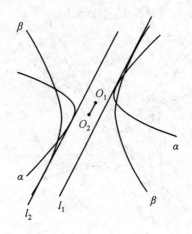

图 895

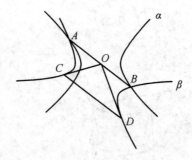

图 896

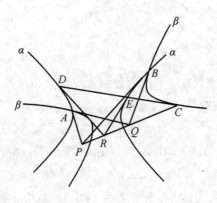

图 897

命题 898 设两双曲线 α, β 相交于 A, B 两点,过 A, B 分别作 α 的切线,它们依次记为 l_1, l_2,过 A, B 分别作 β 的切线,它们依次记为 m_1, m_2,设 α 的渐近线 t 交 β 于 C, D,过 C, D 分别作 β 的切线,它们依次记为 n_1, n_2,若 $l_1 \parallel l_2$,且 $m_1 \parallel$

m_2,如图 898 所示,求证:$n_1 \parallel n_2$.

注:根据对称性,本命题明显成立,因为在已知条件下,线段 AB 的中点既是 α 的中心,也是 β 的中心,因而,n_1 与 n_2 的平行是明显的.

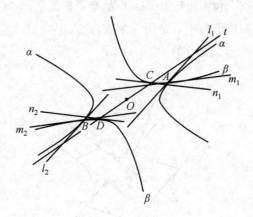

图 898

命题 899 设两双曲线 α,β 相交于四点,其中三个分别记为 A,B,C,过 A 作 α 的切线,同时,过 B 作 β 的切线,这两切线相交于 D,过 A 作 β 的切线,同时,过 B 作 α 的切线,这两切线相交于 E,再过 C 作 α 的切线,这条切线交 BD 于 F,如图 899 所示,求证:AC,EF,DG 三线共点(此点记为 S).

注:本命题源于本套书下册第 1 卷的命题 910,是其"黄表示".

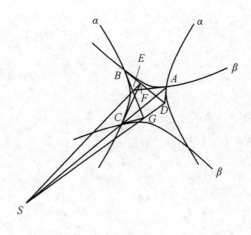

图 899

命题 900 设两双曲线 α,β 有四条公切线,这四条公切线分别与 α 相切于 A,B,C,D,且分别与 β 相切于 A',B',C',D',若 $AC' \parallel A'C$,$BD' \parallel B'D$,如图 900 所示,求证:

① 四边形 $AA'CC'$ 和四边形 $BB'DD'$ 都是平行四边形;

② 这两个平行四边形的中心是同一个点,此点记为 O;

③ O 既是 α 的中心,又是 β 的中心.

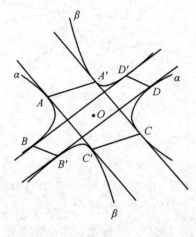

图 900

综合题

4.1

命题 901 设抛物线 α 与椭圆 β 有公共的焦点 Z, Z 关于 α 的准线记为 f(f 当然也是 β 的准线),A,B 是 α 上两点,AB 交 f 于 P,过 A,B 各作 β 的一条切线,这两切线相交于 Q,过 A,B 再各作 β 的一条切线,这两切线相交于 R,如图 901 所示,求证:P,Q,R 三点共线.

注:本命题是下面命题 901.1 的"黄表示".

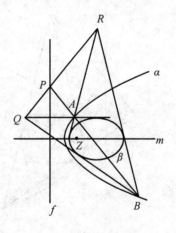

图 901

命题 901.1 设 α,β 是以 O 为圆心的同心圆,A 是平面上一点(它不在 α 上,也不在 β 上),过 A 作 α 的两条切线,且分别交 β 于 B,C 和 D,E,设 BE 交 CD 于 F,如图 901.1 所示,求证:F,A,O 三点共线.

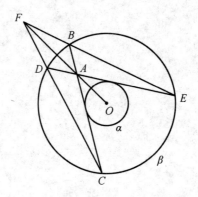

图 901.1

命题 902 设 O 是抛物线 α 与椭圆 β 的公共的焦点,且 α,β 关于 O 的准线也是相同的,这条准线记为 f,A,C 是 α 上两点,过 A,C 各作 β 的两条切线,这些切线构成完全四边形 $ABCD-EF$,设 AF 交 CE 于 D,如图 902 所示,求证:

① B,O,D 三点共线;

② P 在 f 上;

③ $OP \perp BD$.

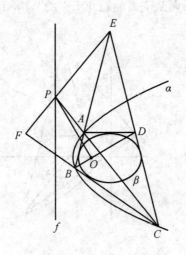

图 902

注:本命题是下面命题 902.1 的"蓝表示",因为命题 902.1 明显成立,所以本命题也明显成立.

命题902.1 设两圆 α,β 是同心圆，β 在 α 的内部，它们的公共圆心为 O，A，C 是 α 上两点，过 A,C 各作 β 的两条切线，这些切线构成完全四边形 $ABCD - EF$，设 AF 交 CE 于 D，如图 902.1 所示，求证：

① B,O,D 三点共线；

② $BD \perp AC$；

③ $AC \parallel EF$.

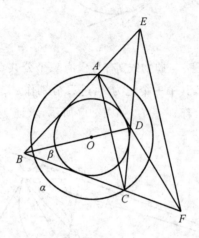

图 902.1

命题903 设抛物线 α 的对称轴为 m，椭圆 β 与 α 相交于 A,B,C,D 四点，一直线与 CD 平行，且与 β 相切于 F，两条公切线相交于 E，如图 903 所示，求证：EF 与 m 平行.

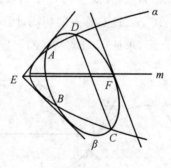

图 903

*命题 904 设抛物线 α 的对称轴为 m，圆 O 与 α 相交于 A,B,C,D 四点，α 与圆 O 的两条公切线相交于 E，过 E 且与 m 平行的直线交圆 O 于 F，如图 904 所示，求证：$OF \perp CD$.

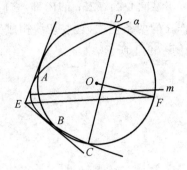

图 904

命题 905 设椭圆 α 与抛物线 β 有且仅有三个公共点,其中一个是切点,记为 A,另两个都是交点,其中一个记为 Z,过 Z 分别作 α,β 的切线 l_1,l_2,α,β 的三条公切线构成 $\triangle BCD$,若 $l_1 \perp l_2$,如图 905 所示,求证:$\angle AZB = \angle CZD$.

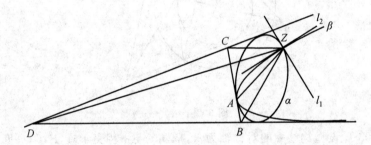

图 905

命题 906 设直线 m 是抛物线 α 的对称轴,椭圆 β 在 α 外,且与 α 相切于 A,过 A 且与 α,β 都相切的直线记为 l_1,直线 l_2 与 l_1 平行,且与 β 相切于 B,过 B 作 m 的平行线,且分别交 α,β 于 C,D,过 C 作 α 的切线,同时,过 D 作 β 的切线,这两切线相交于 E,如图 906 所示,求证:点 E 在直线 l_1 上.

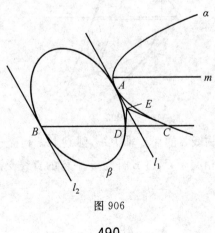

图 906

命题 907　设直线 m 是抛物线 α 的对称轴,椭圆 β 与 α 相切于 A,B,过 A 作 α,β 的公切线,这条直线记为 l_1,直线 l_2 与 l_1 平行,且与 β 相切于 C,如图 907 所示,求证:BC 与 m 平行.

注:本命题的椭圆可以换成双曲线,如图 907.1 所示.

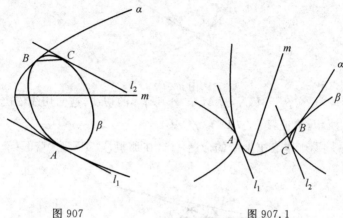

图 907　　　　　　　图 907.1

**命题 908　设抛物线 α 的对称轴为 m,椭圆 β 在 α 的内部,它们相切于 A,B 两点,过 B 作 m 的平行线,且交 β 于 C,如图 908 所示,求证:AC 是 β 的直径.

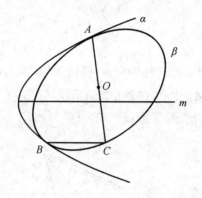

图 908

命题 909　设椭圆 α 与抛物线 β 相切于 A,B 两点,过 B 且与 α,β 都相切的直线记为 l_1,直线 l_2 与 l_1 平行,且与 α 相切,一直线与 β 相切,且分别交 l_1,l_2 于 C,D,过 C 作 AD 的平行线,如图 909 所示,求证:此平行线与 β 相切.

注:本命题源于本套书上册的命题 397(在那里,取 BD 为"蓝假线").

命题 910　设抛物线 α 的对称轴为 m,椭圆 β 与 α 相交于四点,这四点顺次记为 A,B,C,D,α,β 有四条公切线,取其中间的两条,设它们相交于 P,过 P

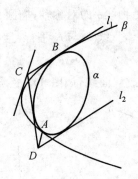

图 909

作 m 的平行线,且交 β 于 M,N,过 M,N 分别作 β 的切线,这两切线依次记为 l_1,l_2,如图 910 所示,求证:$l_1 \parallel BD, l_2 \parallel AC$.

注:本命题源于本套书上册的命题 411(在那里,取 PE 为"蓝假线").

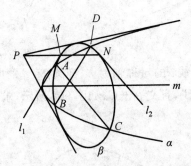

图 910

命题 911 设抛物线 α 的对称轴为 m,椭圆 β 在 α 的内部,且与 α 相切于 A,过 A 作 m 的平行线,且交 β 于 B,过 B 作 β 的切线,且交 α 于 C,D,设 AC,AD 分别交 β 于 E,F,如图 911 所示,求证:EF 与 CD 平行.

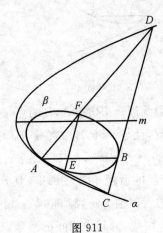

图 911

命题 912 设椭圆 β 在抛物线 α 的内部,二者有两个切点 A,B,过 A 作 α,β 的公切线,并在其上取一点 C,过 C 且与 α 相切的直线记为 l_1,设直线 l_2 与 AC 平行,且与 β 相切,过 B 作 l_1 的平行线,且交 l_2 于 D,如图 912 所示,求证:CD 与 β 相切.

注:本命题源于本套书上册的命题 396(在那里,取 C 为"黄假线").

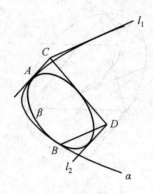

图 912

命题 913 设抛物线 α 的对称轴为 m,椭圆 β 与 α 相交于 A,B,P 是 AB 上一点(P 在 α,β 外),过 P 作 α 的两条切线,切点分别为 C,D,过 P 作 β 的一条切线,切点为 E,设直线 l 与 PE 平行,且与 α 相切于 F,若 CE 与 m 平行,如图 913 所示,求证:D,E,F 三点共线.

注:本命题源于本套书中册的命题 139(在那里,取 E 为"黄假线").

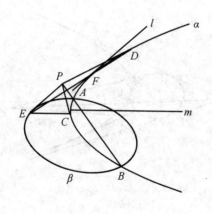

图 913

命题 914 设抛物线 α 的对称轴为 m,椭圆 β 与 α 相交于 A,B,两直线 l_1,l_2 均与 AB 平行,且分别与 α,β 相切,切点依次为 C,D,设 CD 交 α 于 E,过 E 且与 α 相切的直线交 l_2 于 F,过 F 作 α 的切线,切点记为 G,如图 914 所示,求证:

DG 与 m 平行.

注:本命题源于本套书中册的命题 139(在那里,取 B 为"黄假线").

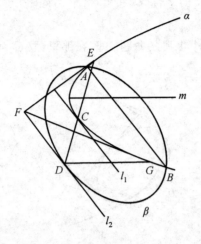

图 914

命题 915 设椭圆 α 在抛物线 β 外,二者有一个公共点 A,它是 α,β 的切点,过 A 作 α,β 的公切线,并在其上取两点 B,C,过 B,C 分别作 α 的切线,这两切线相交于 Q,过 B,C 分别作 β 的切线,这两切线相交于 R,设 α,β 的两条公切线相交于 P,如图 915 所示,求证:P,Q,R 三点共线.

注:本命题源于本套书中册的命题 152(在那里,取 F 为"黄假线").

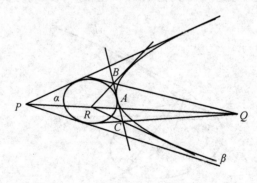

图 915

4.2

命题 916 设椭圆 β 在双曲线 α 外部，二者相切于 A, B 两点，直线 CD 与 β 相切，且交 α 于 C, D，过 D 作 AB 的平行线，且交 α 于 E，直线 $C'D'$ 与 β 相切，且交 α 于 C', D'，过 D' 作 AB 的平行线，且交 α 于 E'，如图 916 所示，求证：AB, CE, $C'E'$ 三线共点(此点记为 S)。

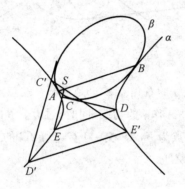

图 916

命题 917 设双曲线 α 和椭圆 β 有且仅有三个公共点，其中一个记为 A，它是 α, β 的切点，另两个都是 α, β 的交点，过 A 且与 α, β 都相切的直线记为 l, P 是 l 上一动点，过 P 分别作 β, α 的两条切线，切点分别为 B, C，如图 917 所示，求证：BC 恒过一个定点(此点记为 Z)，这个定点与点 P 的位置无关。

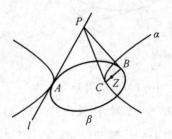

图 917

命题918 设椭圆 α,与双曲线 β 有且仅有三个公共点,其中一个记为 P,它是 α,β 的切点,另两个记为 A,B,它们都是 α,β 的交点,过 A,B 分别作 β 的切线,这两切线分别交 α 于 C,D,过 A,B 分别作 α 的切线,这两切线分别交 β 于 E,F,过 C,D 分别作 α 的切线,这两切线相交于 Q,过 E,F 分别作 β 的切线,这两切线相交于 R,如图918所示,求证:P,Q,R 三点共线.

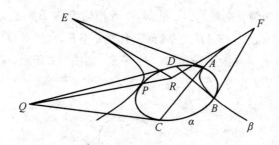

图918

命题919 设双曲线 α 的右焦点 Z 也是椭圆 β 的焦点,α 的左支交 β 于 A,B,α 的右支交 β 于 C,D,过 A 作 α 的切线,同时,过 B 作 β 的切线,这两切线相交于 E,过 E 作 β 的切线,切点为 F,AF 交 α 于 G,$\angle FZG$ 的平分线交 FG 于 H,如图919所示,求证:$ZA \perp ZH$.

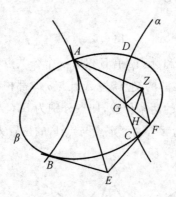

图919

注:本命题是下面命题919.1的"黄表示".

命题919.1 设两圆 O_1,O_2 外离,两条内公切线分别记为 l_1,l_2,l_1 与圆 O_1 相切于 A,l_2 与圆 O_2 相切于 B,AB 交圆 O_2 于 C,过 C 作圆 O_2 的切线,且交 l_1 于 D,过 D 作圆 O_1 的切线,切点为 E,如图919.1所示,求证:l_1 平分 $\angle CDE$.

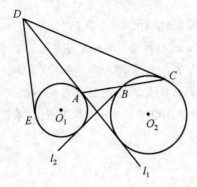

图 919.1

注:命题 919.1 和命题 919 的对偶关系如下:

命题 919.1	命题 919
圆 O_1,圆 O_2	α,β
l_1,l_2	A,B
A,B,C	AE,BE,EF
D	AF
DC,DE	F,G

命题 920 设双曲线 α 与椭圆 β 相交于四点 A,B,C,D,过 A 作 β 的切线,同时,过 D 作 α 的切线,这两切线相交于 E,再过 A 作 α 的切线,同时,过 D 作 β 的切线,这两切线相交于 F,另外,过 C,D 分别作 α 的切线,这两切线相交于 H,如图 920 所示,求证:AC,EG,FH 三线共点(此点记为 S).

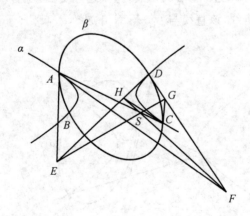

图 920

命题 921　设椭圆 α 与双曲线 β 有公共的焦点 Z，α 交 β 于四点，在这四点中，位于 β 左支上的两个交点分别记为 M, N，在直线 MN 上取两点 P, Q（P, Q 均在 α, β 外），过 P, Q 各作 α 的一条切线，这两切线相交于 A，过 P, Q 再各作 α 的一条切线，这两切线相交于 B，PA 交 BQ 于 C，PB 交 AQ 于 D，过 P, Q 各作 β 的一条切线，这两切线相交于 A'，过 P, Q 再各作 β 的一条切线，这两切线相交于 B'，PA' 交 $B'Q$ 于 C'，PB' 交 $A'Q$ 于 D'，如图 921 所示，求证：下列四直线：AA'，BB'，CC'，DD' 均过 Z.

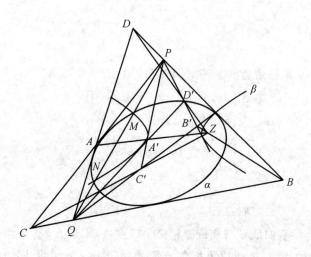

图 921

命题 922　设椭圆 α 与双曲线 β 有且仅有两个交点 A, B，P 是 β 上一动点，PA, PB 分别交 α 于 C, D，过 P 作 β 的切线，这条切线交 CD 于 Q，如图 922 所示，求证：点 Q 的轨迹是直线，该直线与 α, β 均不相交.

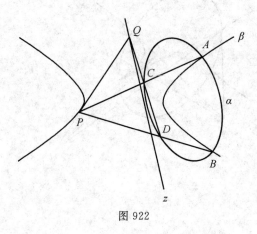

图 922

命题 923　设椭圆 α 在双曲线 β 外,且与 α 相切于 A,B 两点,过 A,B 分别作 α,β 的公切线,这两公切线相交于 C,设 D 是 β 上一点,过 D 且与 β 相切的直线分别交 AC,BC 于 E,F,过 E,F 分别作 α 的切线,这两切线交于 G,如图 923 所示,求证:C,D,G 三点共线.

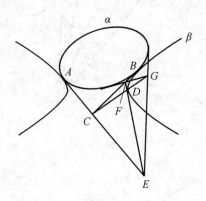

图 923

命题 924　设双曲线 α 与椭圆 β 相切于 A,B 两点,β 在 α 外,t_1,t_2 是 α 的两条渐近线,在 β 上取两点 C,D,使得 $AC \parallel t_1$,$BD \parallel t_2$,如图 924 所示,求证:$CD \parallel AB$.

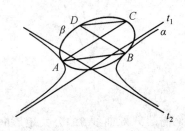

图 924

命题 925　设椭圆 α 在双曲线 β 的外部,它们相切于 A,B 两点,过 A,B 分别作 α,β 的公切线,这两公切线相交于 C,设 D 是 α,β 外一点,过 D 作 α 的两条切线 l_1,l_2,再过 D 作 β 的两条切线 l_3,l_4,如图 925 所示,记直线 CD 与 l_1,l_2,l_3,l_4 所成的角分别为 $\theta_1,\theta_2,\theta_3,\theta_4$,求证:"$\theta_1=\theta_2$" 的充要条件是 "$\theta_3=\theta_4$".

命题 926　设椭圆 α 在双曲线 β 的外部,它们相切于 A,B 两点,过 A,B 分别作 α,β 的公切线,这两公切线相交于 C,设 D 是 α,β 外一点,过 D 作 α 的两条切线 l_1,l_2,再过 D 作 β 的两条切线 l_3,l_4,如图 926 所示,记直线 CD 与 l_1,l_2,l_3,l_4 所成的角分别为 $\theta_1,\theta_2,\theta_3,\theta_4$,求证:$\dfrac{\sin(\theta_1-\theta_3)}{\sin\theta_1 \cdot \sin\theta_3}=\dfrac{\sin(\theta_2-\theta_4)}{\sin\theta_2 \cdot \sin\theta_4}$.

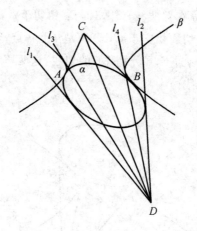

图 925

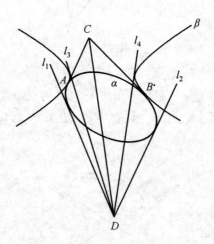

图 926

命题 927 设 $ABCD$ 是椭圆 α、双曲线 β 的公共矩形框，AD,BC 与 α,β 都相切，P,Q 两点分别在 AD,BC 上，过 P,Q 各作 α 的一条切线，这两切线相交于 M，再过 P,Q 各作 β 的一条切线，这两切线相交于 N，如图 927 所示，求证：MN 与 CD 垂直.

命题 928 设 $ABCD$ 是椭圆 α、双曲线 β 的公共矩形框，AB,CD 与 α,β 都相切，P,Q 两点分别在 AB,CD 上，过 P,Q 各作 α 的一条切线，这两切线相交于 M，再过 P,Q 各作 β 的一条切线，这两切线相交于 N，如图 928 所示，求证：MN 与 AB 平行.

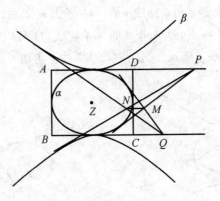

图 927

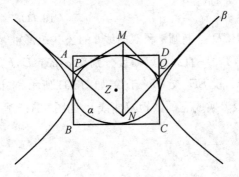

图 928

** 命题 929　设椭圆 α 和双曲线 β 是一对"蓝轭共双曲线"（因而，它们有公共的矩形框），A 是 β 上一点，过 A 作 α 的两条切线，这两切线上的切点分别为 B,C，如图 929 或图 929.1 所示，求证：直线 BC 与 β 相切.

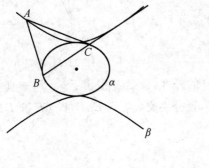

图 929

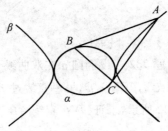

图 929.1

命题 930　设椭圆 α 和双曲线 β 是一对"蓝共轭双曲线"(因而,它们有公共的矩形框),A 是 α 上一点,过 A 作 β 的两条切线,这两切线上的切点分别为 B,C,如图 930 或图 930.1 所示,求证:直线 BC 与 α 相切.

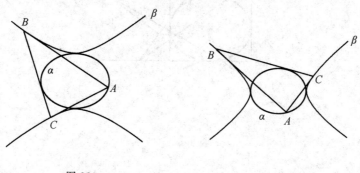

图 930　　　　　　　图 930.1

命题 931　设 $ABCD$ 是椭圆 α 和双曲线 β 的公共矩形框,AB,CD 与 α,β 都相切,切点分别为 T_1,T_2,一直线过 T_1,且分别交 α,β 于 E,F,另一直线过 T_2,且分别交 α,β 于 E',F',设 EE' 交 FF' 于 G,如图 931 所示,求证:G 在 T_1T_2 上.

注:如果把双曲线 β 换成它的共轭双曲线 γ,如图 931.1 所示,那么,结论一样成立.

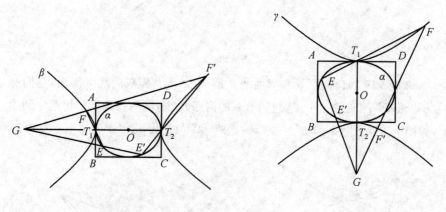

图 931　　　　　　　图 931.1

命题 932　设椭圆 α 在双曲线 β 的外部,且二者相切于 A,B,一直线过 A,且分别交 α,β 于 C,D,另一直线过 B,且分别交 α,β 于 E,F,设 CE 交 DF 于 P,如图 932 所示,求证:P 在直线 AB 上.

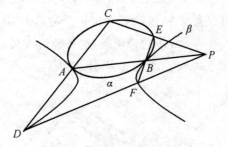

图 932

命题 933 设椭圆 α 与双曲线 β 有公共的矩形框 $ABCD$, AD, BC 分别与 α 相切于 M, N, BC 交 β 于 E, F, AC 交 α 于 G, H, 过 G, H 分别作 α 的切线, 这两切线分别记为 l_1, l_2, 如图 933 或图 933.1 所示, 求证:

① ME, MF 都与 β 相切;

② l_1, l_2 都与 BD 平行.

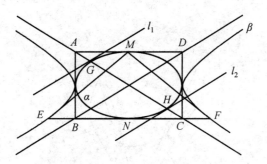

图 933

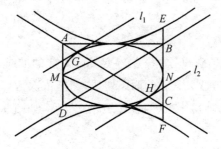

图 933.1

命题 934　设 Z 是双曲线 α 上一点,过 Z 且与 α 相切的直线记为 t,椭圆 β 以 Z 为焦点,β 与 α 有且仅有三个公共点,其中一个是 α,β 的切点,此点记为 A,另两个都是 α,β 的交点,过 A 作 α,β 的公切线,这条公切线与 α,β 的另两条公切线分别相交于 B,C,如图 934 所示,求证:t 平分 $\angle BZC$.

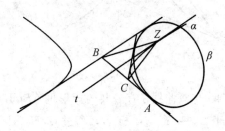

图 934

命题 935　设椭圆 α 与双曲线 β 相交于四点 A,B,C,D,直线 l 分别交 α,β 于 E,F 和 G,H,过 E,F 分别作 α 的切线,同时,过 G,H 分别作 β 的切线,若这四条切线共点于 Z,如图 935 所示,求证:A,B,Z 三点共线,C,D,Z 三点也共线.

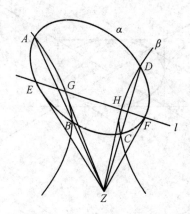

图 935

命题 936　设 Z 是椭圆 α 的焦点,f 是与 Z 对应的准线,双曲线 β 在 α 外,且与 α 相切于 A,B 两点,过 Z 作 β 的两条切线,切点依次为 C,D,CD 交 AB 于 S,过 A,B 分别作 α,β 的公切线,这两公切线相交于 T,如图 936 所示,求证:

①S 在 f 上;

②$ZS \perp ZT$;

③$\angle AZT = \angle BZT$.

注:本命题源于下面的命题 936.1,是其"黄表示".

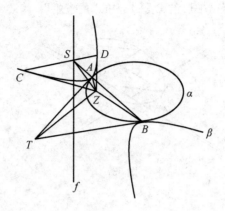

图 936

命题 936.1 设双曲线 α 的中心为 P,圆 Q 在 α 外,且与 α 相切于 A,B 两点,过 A,B 分别作 α 与圆 Q 的公切线,这两公切线相交于 R,如图 936.1 所示,求证:

① P,Q,R 三点共线;

② $AB \perp PQ$;

③ $\angle APQ = \angle BPQ$.

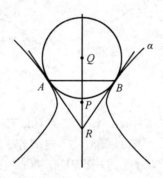

图 936.1

命题 937 设双曲线 α 的两条渐近线分别为 t_1,t_2,椭圆 β 在 α 外,β 与 α 相切于 A,B,过 A 作 t_1 的平行线,且交 β 于 C,过 B 作 t_2 的平行线,且交 β 于 D,如图 937 所示,求证:CD 与 AB 平行.

注:本命题源于本套书上册的命题 392(在那里,取 AC 为"蓝假线").

命题 938 设双曲线 α 的中心为 Z,另有椭圆 β 及一点 Z,Z 关于 β 的极线为 z,P 是 z 上一点,两直线 l_1,l_2 都与 ZP 平行,且都与 α 相切,过 P 作 β 的两条切线,这两切线与 l_1,l_2 相交于四点 A,B,C,D,如图 938 或图 938.1 所示,求证:AD,BC 都与 z 平行.

注：本命题是本套书中册的命题 135 的"黄表示".

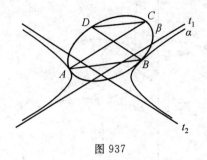

图 937

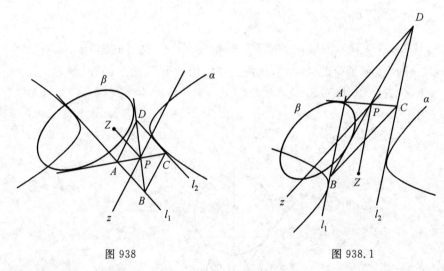

图 938　　　　　　　　　图 938.1

命题 939　设椭圆 β 在双曲线 α 外，二者有且仅有一个公共点 A，该点是它们的切点，一直线过 A，且分别交 α,β 于 B,C，过 B 作 β 的切线，这条切线交 α 于 D,E，AD,AE 分别交 β 于 F,G，设 FG 交 DE 于 H，如图 939 所示，求证：CH 与 α 相切.

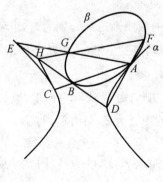

图 939

命题 940 设双曲线 α 的虚轴为 n，椭圆 β 在 α 的内部，二者有两个切点 A，B，两直线 l_1, l_2 彼此平行，且均与 β 相切，切点依次为 C, D，设 CD 交 α 于 E, F，交 AB 于 P，如图 940 所示，求证：

① P 在 n 上；

② $\dfrac{CE}{PC \cdot PE} = \dfrac{DF}{PD \cdot PF}$。

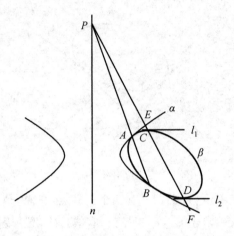

图 940

命题 941 设双曲线 α 的两条渐近线分别为 t_1, t_2，椭圆 β 与 α 有且仅有两个交点 A, B，这两点都在 α 的左支上，过 A, B 分别作 β 的切线，这两切线依次记为 l_1, l_2，过 A 作 t_1 的平行线，且交 β 于 C，过 B 作 t_2 的平行线，且交 β 于 D，过 C 作 l_2 的平行线，同时，过 D 作 l_1 的平行线，这两直线相交于 E，若 β 上存在点 P，使得 $PA \parallel t_2, PB \parallel t_1$，如图 941 所示，求证：$E$ 在 β 上。

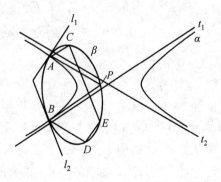

图 941

注：本命题源于本套书中册的命题 141(在那里,取 E 为"黄假线").

命题 942 设椭圆 α 在双曲线 β 外, α 与 β 相切于 A,B,过 A,B 分别作 α,β 的公切线,这两公切线相交于 P,一直线分别交 α,β 于 C,D 和 E,F,过 C,D 分别 α 的切线,这两切线相交于 Q,再过 E,F 分别作 β 的切线,这两切线相交于 R,如图 942 所示,求证:P,Q,R 三点共线.

注：本命题源于本套书中册的命题 159.

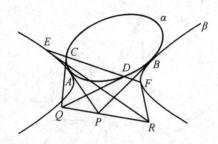

图 942

命题 943 设椭圆 α 与双曲线 β 有四个公共点,它们分别记为 A,B,C,D,一直线过 A,且分别交 α,β 于 E_1,F_1,另有一直线过 B,且分别交 α,β 于 E_2,F_2,设 E_1E_2 交 F_1F_2 于 M,求证:不论 A,B 是相对两点(如图 943 所示),或是相邻两点(如图 943.1 所示),点 M 总在直线 CD 上.

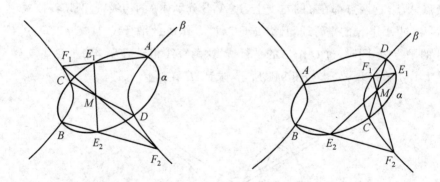

图 943   图 943.1

命题 944 设双曲线 α 的渐近线为 t_1,t_2,椭圆 β 与 α 有且仅有三个公共点 P,A,B,其中 P 是 α,β 的切点,A,B 都是 α,β 的交点,过 P 且与 α,β 都相切的直线记为 l,一直线与 l 平行,且交 β 于 C,D,如图 944 所示,求证:"$AC \parallel t_1$"的充要条件是"$BD \parallel t_2$".

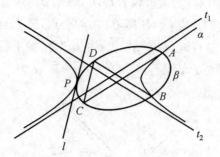

图 944

命题 945 设双曲线 α 的渐近线为 t_1, t_2,椭圆 β 与 α 有且仅有三个公共点 P, A, B,其中 P 是 α, β 的切点,A, B 都是 α, β 的交点,过 P 作 t_1 的平行线,且交 β 于 C,过 B 作 t_2 的平行线,且交 β 于 D,如图 945 所示,求证:$CD \parallel PA$.

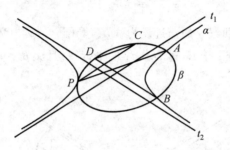

图 945

命题 946 设双曲线 α 的渐近线为 t_1, t_2,椭圆 β 与 α 有且仅有三个公共点 P, A, B,其中 P 是 α, β 的切点,A, B 都是 α, β 的交点,过 P 且与 α, β 都相切的直线记为 l,过 A 作 t_2 的平行线,且交 β 于 C,过 B 作 t_1 的平行线,且交 β 于 D,如图 946 所示,求证:CD 与 l 平行.

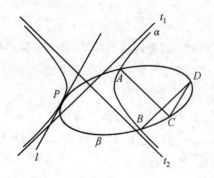

图 946

命题 947 设双曲线 α 的渐近线为 t_1,t_2,椭圆 β 与 α 有且仅有三个公共点 P,A,B,其中 P 是 α,β 的切点,A,B 都是 α,β 的交点,过 P 且与 α,β 都相切的直线记为 l,过 P 作 t_2 的平行线,且交 β 于 C,过 B 作 t_1 的平行线,且交 β 于 D,如图 947 所示,求证:CD 与 PA 平行.

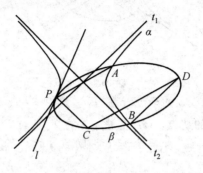

图 947

命题 948 设双曲线 α 的渐近线为 t_1,t_2,椭圆 β 与 α 相交于 A,B,C,D,过 A 作 t_2 的平行线,且交 β 于 E,过 B 作 t_1 的平行线,且交 β 于 F,如图 948 所示,求证:$EF \mathbin{/\mkern-5mu/} CD$.

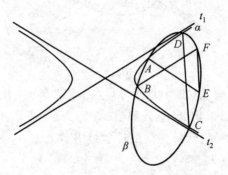

图 948

****命题 949** 设双曲线 α 的渐近线为 t_1,t_2,椭圆 β 与 α 相交于 A,B,过 A 分别作 t_1,t_2 的平行线,且依次交 β 于 C,D,过 B 分别作 t_1,t_2 的平行线,且依次交 β 于 E,F,如图 949 所示,求证:$DE \mathbin{/\mkern-5mu/} CF$.

命题 950 设椭圆 α 在双曲线 β 外部,二者相切于 A,B 两点,一直线过 A,且分别交 α,β 于 C,E,另有一直线过 B,且分别交 α,β 于 D,F,如图 950 所示,求证:AB,CD,EF 三线共点(此点记为 S).

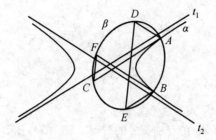

图 949

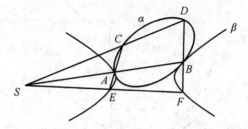

图 950

4.3

命题 951 设抛物线 α 在双曲线 β 的外部, AB, CD, EF, GH 都是它们的公切线, A, B, C, D, E, F, G, H 都是切点, AB 交 CD 于 M, EF 交 GH 于 N, AE 交 CG 于 P, BF 交 DH 于 Q, 如图 951 所示, 求证: M, N, P, Q 四点共线.

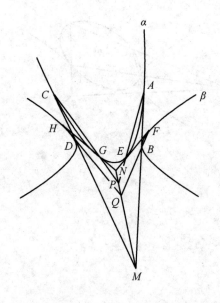

图 951

命题 952 设抛物线 β 的对称轴为 m, 双曲线 α 的一条渐近线为 t, t 与 m 平行, α, β 相交于 A, B, D 三点, 过 A 作 m 的平行线, 且交 BD 于 O, 过 B 且与 β 相切的直线记为 l, 过 B 作 α 的切线, 这条切线交 t 于 Q, 过 A, D 分别作 α 的切线, 这两切线相交于 S, 过 A, D 分别作 β 的切线, 这两切线相交于 S', 如图 952 所示, 求证:

① O, Q, S, S' 四点共线;

② SS' 与 l 平行.

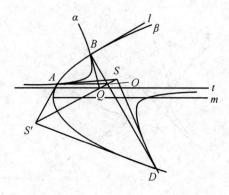

图 952

命题 953 设抛物线 α 的对称轴为 m,顶点为 O,O 也是双曲线 β 的顶点,β 的实轴为 n,$m \perp n$,设 α,β 有四条公切线,它们分别记为 l_1,l_2,l_3,l_4,l_1 依次交 l_3,l_4 于 A,B,l_2 依次交 l_3,l_4 于 C,D,如图 953 所示,求证:$\angle AOB = \angle COD$.

注:本命题源于本套书上册的命题 794.

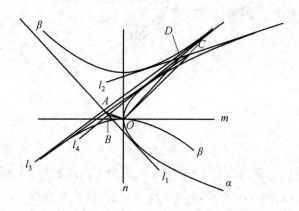

图 953

命题 954 设直线 t 是双曲线 α 的渐近线之一,抛物线 β 以 t 为其对称轴,β 与 α 相切于 A,相交于 B,过 B 作 α 的切线,这条切线交 t 于 C,过 B 作 β 的切线,这条切线记为 l,如图 954 所示,求证:l 与 AC 平行.

注:本命题源于本套书上册的命题 405(在那里,取 F 为"黄假线").

命题 955 设抛物线 α 的对称轴为 m,双曲线 β 的中心为 O,α 与 β 有且仅有一个公共点 A,A 是 α,β 的切点,在 β 上取一点 B,使得 AB 与 m 平行,设 BO

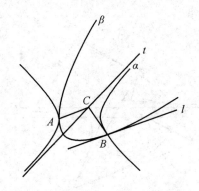

图 954

交 β 于 C,直线 l_1 过 B 且与 β 相切,直线 l_2 与 l_1 平行,且与 α 相切于 D,如图 955 所示,求证:A,C,D 三点共线.

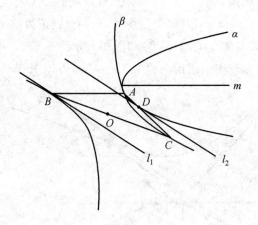

图 955

** **命题 956** 设双曲线 α 与抛物线 β 有四个交点及四条公切线,A,B 是四个交点中的两个,如图 956 所示,β 的对称轴记为 m,三条直线 l_1,l_2,l_3 彼此平行,其中 l_1,l_2 均与 α 相切,l_3 与 β 相切,这三条直线上的切点依次记为 C,D,E,设 CD 交 AB 于 F,求证:EF 与 m 平行.

** **命题 957** 设直线 t 是双曲线 α 的渐近线之一,抛物线 β 的对称轴为 m,m 与 t 平行,α 与 β 相交于 A,且相切于 B,过 A 且与 β 相切的直线记为 n,过 A 且与 α 相切的直线交 t 于 C,作 α,β 的两条公切线,这两公切线相交于 D,如图 957 所示,求证:

① B,C,D 三点共线;

② BD 与 n 平行.

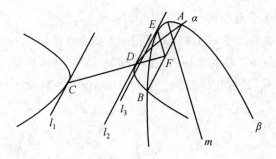

图 956

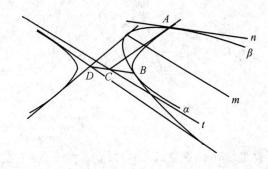

图 957

命题 958 设直线 t 是双曲线 α 的渐近线之一,抛物线 β 的对称轴为 m,m 与 t 平行,α 与 β 相交于 A,且相切于 B,两直线 C_1D_1,C_2D_2 都是 α,β 的公切线,C_1,D_1,C_2,D_2 都是切点,如图 958 所示,设两直线 C_1C_2,D_1D_2 相交于 M,求证:

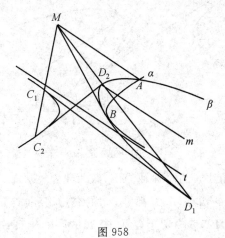

图 958

515

① 直线 MA 与 m 平行;
② 直线 MB 与 α,β 都相切.

命题 959 设双曲线 α 与抛物线 β 相交于四点 A,B,C,D,抛物线 β 的对称轴为 m,α,β 的两条公切线相交于 P,过 P 作 m 的平行线,且交 α 于 M,N,过 M,N 分别作 α 的切线,这两切线分别记为 l_1,l_2,如图 959 所示,求证:$l_1 \parallel AC$,$l_2 \parallel BD$.

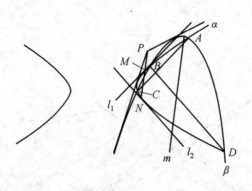

图 959

命题 960 设直线 m 是抛物线 α 的对称轴,直线 t 是双曲线 β 的渐近线之一,$t \parallel m$,α 与 β 相切于 A,另外还相交于 B,过 B 作 β 的切线,这条切线交 t 于 C,过 B 作 α 的切线,这条切线记为 l,如图 960 所示,求证:l 与 AC 平行.

注:本命题源于本套书上册的命题 405(在那里,取 D 为"黄假线").

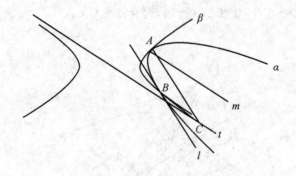

图 960

命题 961 设抛物线 α 的对称轴为 m,双曲线 β 与 α 有且仅有三个公共点 P,A,B,其中 P 是 α,β 的切点,A,B 都是 α,β 的交点,直线 l_1 过 P,且与 α,β 都相切,直线 l_2 与 l_1 平行,且与 β 相切于 Q,如图 961 所示,求证:"PQ 平行于 m"的

充要条件是"l_1 平行于 AB".

注:本命题源于本套书上册的命题 465(在那里,取 C_1 为"黄假线").

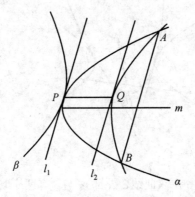

图 961

命题 962 设双曲线 α 的两渐近线分别为 t_1, t_2,A 是 α 上一点,两直线 l_1, l_2 均过 A,且使得 $l_1 \parallel t_1, l_2 \parallel t_2$,抛物线 β 与 l_1, l_2 均相切,设 P 是 α 上一点(P 在 β 外),过 P 作 β 的两条切线,这两条切线分别交 α 于 Q, R,如图 962 所示,求证:直线 QR 与 β 相切.

注:本命题源于本套书上册的命题 351(在那里,取 $A'B'$ 为"蓝假线").

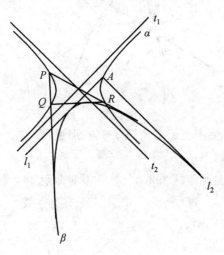

图 962

命题 963 设双曲线 α 在抛物线 β 外,二者相切于 A, B 两点,过 A, B 分别作 α, β 的公切线,这两公切线相交于 P,设直线 l 关于 α, β 的极点分别为 Q, R(直线 l 不同时经过 A, B),如图 963 所示,求证:P, Q, R 三点共线.

注：本命题是本套书上册的命题 386 的"黄表示".

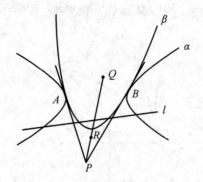

图 963

命题 964　设抛物线 β 在双曲线 α 外部，α 与 β 有两个切点 A,B，过 A,B 分别作 α,β 的公切线，这两公切线相交于 P，设 C 是线段 AB 上一点，过 C 作 α 的两条切线，切点依次为 D,E，过 P 作 CD 的平行线，且交 CE 于 F，过 F 作 β 的切线，切点为 G，如图 964 所示，求证：$FG \parallel AB$.

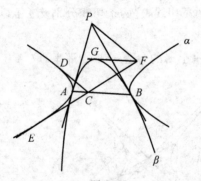

图 964

注：本命题源于本套书上册的命题 393（在那里，取 D 为"黄假线"）. 这两个命题之间的对偶关系如下：

上册命题 393	本册命题 964
D	无穷远直线
A,B	PA,PB
P	AB
C	FG
E,F	CD,CE
Q	DF

命题 965 设抛物线 α 的对称轴为 m,双曲线 β 在 α 的外部,且与 α 相切于 A,B,过 A 且与 α,β 均相切的直线记为 l,P 是 l 上一动点,过 P 作 m 的平行线,且交 α 于 Q,BQ 交 β 于 R,PR 交 β 于 C,如图 965 所示,求证:

① C 是定点,与 P 在 l 上的位置无关;

② BC 与 m 平行.

注:本命题源于本套书上册的命题 396(在那里,取 B 为"蓝假点",则 α 是"蓝抛物线",β 是"蓝椭圆",不过,β 换成"蓝双曲线",命题也成立).

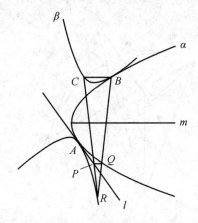

图 965

**命题 966 设双曲线 α 的两渐近线分别为 t_1,t_2,抛物线 β 与 α 相交于两点,这两点中的一个记为 A,直线 l_1 与 t_1 平行,且与 β 相切,直线 l_2 与 t_2 平行,也与 β 相切,l_1 交 l_2 于 P,过 A 作 β 的切线,这条切线交 α 于 B,过 B 作 α 的切线,若这条切线恰好也与 β 相切,如图 966 所示,求证:P 在 α 上.

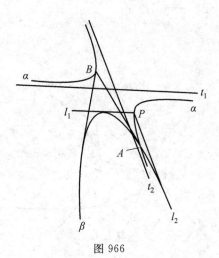

图 966

注:本命题源于本套书上册的命题 352(在那里,取 A 为"黄假线").

命题 967 设双曲线 α 与抛物线 β 相交于四点,其中的一个记为 A,β 的对称轴为 m,一直线与 m 平行,且与 α 交于 B,C,与 β 交于 D,过 A,B 分别作 α 的切线,这两切线相交于 E,过 C 作 α 的切线,这条切线交 AE 于 F,再过 A,D 分别作 β 的切线,这两切线相交于 G,设 GF 交 BC 于 H,如图 967 所示,求证:EH 与 AG 平行.

注:本命题源于本套书下册第 2 卷的命题 959(在那里,取 CH 为"蓝假线").

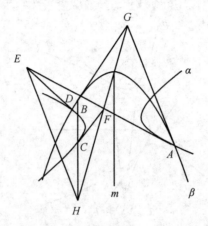

图 967

命题 968 设抛物线 α 的对称轴为 m,双曲线 β 与 α 有且仅有两个交点,α,β 的两条公切线分别记为 l_1,l_2,这两公切线相交于 P,过 P 且与 m 平行的直线交 α 于 A,交 β 于 B,C,过 B,C 分别作 β 的切线,这两切线相交于 Q,过 A 且与 α 相切的直线记为 l_3,如图 968 所示,求证:l_3 与 PQ 平行.

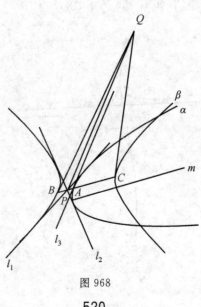

图 968

注:本命题源于本套书中册的命题 137(在那里,取 F 为"黄假线").

命题 969　设双曲线 α 的渐近线为 t_1, t_2,抛物线 β 的对称轴为 m,α, β 有且仅有一个公共点 A,A 是 α, β 的切点,过 A 分别作 t_1, t_2 的平行线,这两直线依次交 β 于 B, C,过 A 作 m 的平行线,且交 α 于 D,交 BC 于 E,过 E 作 t_2 的平行线,且交 α 于 F,如图 969 所示,求证:B, D, F 三点共线.

注:本命题源于本套书中册的命题 131(在那里,取 A 为"黄假线").

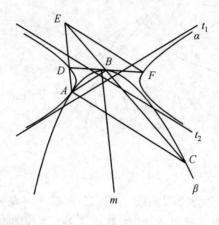

图 969

命题 970　设双曲线 α 的渐近线为 t_1, t_2,抛物线 β 的对称轴为 m,β 在 α 的外部,且与 α 相切于 A,过 A 作 m 的平行线,且交 α 于 B,过 A 分别作 t_1, t_2 的平行线,且依次交 β 于 C, D,过 B 且与 α 相切的直线记为 l,如图 970 所示,求证:l 与 CD 平行.

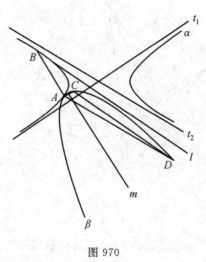

图 970

命题 971 设双曲线 α 在抛物线 β 的外部,二者相切于 A,B,两直线 l_1,l_2 彼此平行,且均与 α 相切,其中 l_1 过 A,设 C 是 l_2 上一点,直线 l_3 与 BC 平行,且与 β 相切,l_3 交 l_1 于 D,如图 971 所示,求证:CD 与 α 相切.

注:本命题源于本套书上册的命题 396(在那里,取 B 为"黄假线").

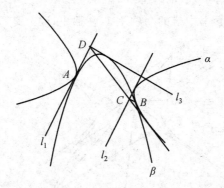

图 971

**命题 972 设直线 t 是双曲线 α 的渐近线之一,m 是抛物线 β 的对称轴,$m \parallel t$,β 与 α 有且仅有两个公共点 A,B,其中 A 是 α,β 的切点,B 是 α,β 的交点,过 A 作两条直线,其中一条分别交 α,β 于 C,D,另一条分别交 α,β 于 E,F,设 CE 交 DF 于 G,如图 972 所示,求证:BG 与 t 平行.

注:本命题源于本套书中册的命题 148.1(在那里,取 F 为"黄假线").

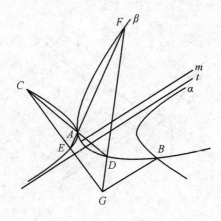

图 972

命题 973 设双曲线 α 在抛物线 β 外,二者有且仅有一个公共点 P,P 是 α,β 的切点,α,β 有两条公切线,分别记为 l_1,l_2(l_1,l_2 都不过 P),设 A 是 l_1 上一点,

过 A 分别作 α,β 的切线,这两切线依次记为 l_3,l_4,作直线 l_5,它与 l_2 平行,且与 α 相切,设 l_5 交 l_3 于 Q,如图 973 所示,求证:PQ 与 l_4 平行.

注:本命题源于本套书中册的命题 155(在那里,取 D 为"黄假线").

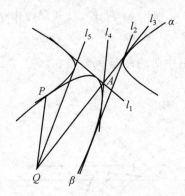

图 973

** 命题 974　设抛物线 α 的对称轴为 m,双曲线 β 的中心为 O,α 与 β 相交于 A,B 两点,过 A,B 分别作 α 的切线,这两切线相交于 C,再过 A,B 分别作 β 的切线,这两切线相交于 D,如图 974 所示,求证:"CD 与 m 平行"的充要条件是"O 在 CD 上".

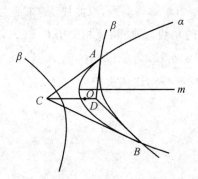

图 974

注:本命题源于本套书中册的命题 969.2(在那里,取 E 为"黄假线").

上册命题 969.2	本册命题 974
无穷远直线	E
A,B,C,D	AC,BC,AD,BD
AB,CD	C,D
P	CD
FG	O

**命题 975　设抛物线 α 的对称轴为 m，直线 l 是双曲线 β 的渐近线之一，$l \parallel m$，α 与 β 相交于四点，其中之一记为 A，过 A 且与 α 相切的直线交 β 于 B，过 A 且与 β 相切的直线交 l 于 C，过 C 作 AB 的平行线，且交 α 于 D，过 D 作 α 的切线，且交 β 于 E, F，过 E, F 分别作 β 的切线，这两切线相交于 G，如图 975 所示，求证：G 在 CD 上.

注：本命题源于本套书中册的命题 969.2（在那里，取 A 为"黄假点"）.

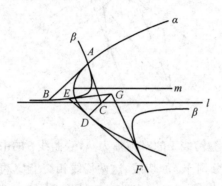

图 975

命题 976　设抛物线 α 的对称轴为 m，双曲线 β 的中心为 O，α 与 β 相交于 A, B 两点，过 A, B 分别作 α 的切线，这两切线相交于 C，过 A, B 分别作 β 的切线，这两切线相交于 D，CD 交 α 于 E，交 β 于 F, G，过 E 且与 α 相切的直线记为 l_1，过 F, G 分别作 β 的切线，这两条切线依次记为 l_2, l_3，若 O 在 CD 上，如图 976 所示，求证：

① CD 与 m 平行；

② l_1, l_2, l_3 彼此平行.

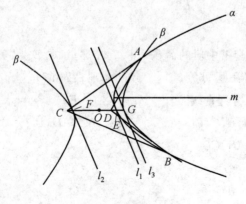

图 976

命题 977 设双曲线 α 的中心为 O,两渐近线分别为 t_1,t_2,抛物线 β 与 α 相切于 A,过 A 作 α,β 的公切线,这条公切线分别交 t_1,t_2 于 B,C,直线 l_1 与 t_1 平行,且与 β 相切,直线 l_2 与 t_2 平行,且与 β 相切,过 B 作 α 的切线,且交 l_2 于 P,过 C 作 β 的切线,且交 l_1 于 Q,如图 977 所示,求证:O,P,Q 三点共线.

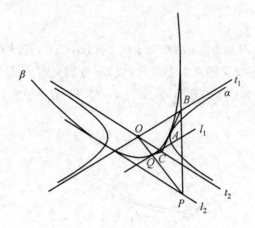

图 977

命题 978 设抛物线 α 的对称轴为 m,双曲线 β 的渐近线为 t_1,t_2,β 在 α 外,且与 α 相切于 A,过 A 作 m 的平行线,且交 β 于 B,过 A 分别作 t_1,t_2 的平行线,且依次交 α 于 C,D,设 CD 交 AB 于 E,BD 交 β 于 F,如图 978 所示,求证:EF 与 t_1 平行.

注:本命题源于本套书下册第 1 卷的命题 917(在那里,取 BC 为"蓝假线").

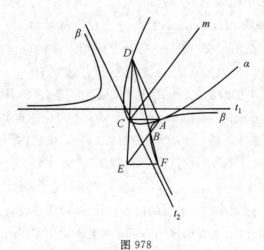

图 978

4.4

**命题979 设两双曲线 α,β 相交于四点 A,B,C,D，椭圆 γ 与 α 相交于四点 E,F,G,H，γ 与 β 相交于四点 I,J,K,L，设 EF 分别交 IJ,KL 于 P,Q，GH 分别交 KL,IJ 于 R,S，如图979所示，求证：P,R 两点均在 AC 上，Q,S 两点均在 BD 上.

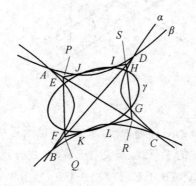

图979

命题980 设三个椭圆 α,β,γ 两两外离，β,γ 的内、外公心分别为 M_1,N_1；γ,α 的内、外公心分别为 M_2,N_2；α,β 的内、外公心分别为 M_3,N_3，设三条直线 M_1N_1,M_2N_2,M_3N_3 两两相交，构成 $\triangle P_1P_2P_3$，如图980所示，若 M_1,M_2,M_3 三点共线，求证：N_1P_1,N_2P_2,N_3P_3 三线共点(此点记为 S).

命题981 设三个椭圆 α,β,γ 中，每两椭圆都有两条外公切线，且每两条外公切线都相交，交点分别记为 M_1,M_2,M_3，设 M_1,M_2,M_3 三点共线，该线记为 z，z 关于 α,β,γ 的极点分别记为 A,B,C，如图981所示，求证：有三次三点共线，它们依次是：$(B,C,M_1),(C,A,M_2),(A,B,M_3)$.

命题982 设三个椭圆 α,β,γ 两两外离，它们的中心分别为 O_1,O_2,O_3，过 O_2 作 γ 的两条切线，同时，过 O_3 作 β 的两条切线，这两条切线与前两条切线相交于 A,A'，如图981所示，类似地，对于 γ 和 α 产生 B,B'，对于 α 和 β 产生 C,C'，若 A,A',O_1 三点共线，B,B',O_2 三点也共线，如图982所示，求证：

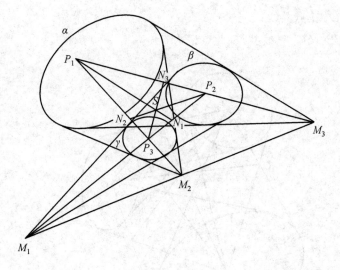

图 980

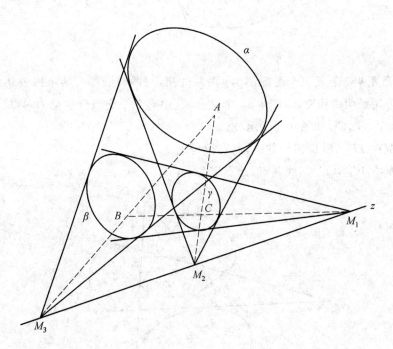

图 981

①C, C', O_3 三点共线；

②AA', BB', CC' 三线共点(此点记为 S).

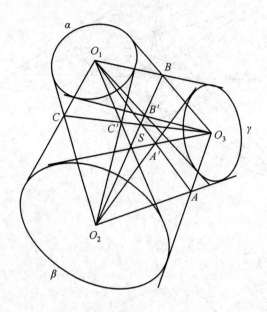

图 982

**命题 983 设三个椭圆 α, β, γ 两两外离，每两椭圆都有两条内公切线，这些内公切线两两相交，共产生 15 个交点，其中有 9 个交点分别记为 $A, B, C, D, E, F, A', B', C'$，如图 983 所示，求证：

①AO_1, BO_2, CO_3 三线共点，此点记为 P；

②AA', BB', CC' 三线共点，此点记为 Q；

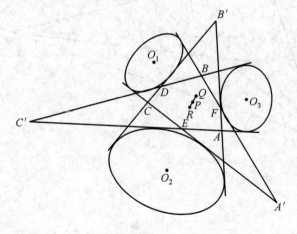

图 983

③AD, BE, CF 三线共点,此点记为 R;

④P, Q, R 三点共线.

注:参阅本套书上册的命题 425.

命题 984 设三个椭圆 $\alpha_1, \alpha_2, \alpha_3$ 两两相交,每两个椭圆都有四个交点,A,A' 是 α_2 与 α_3 的四个交点中相对的两个,B, B' 是 α_3 与 α_1 的四个交点中相对的两个,C, C' 是 α_1 与 α_2 的四个交点中相对的两个,如图 984 所示,求证:"A, B, C 三点共线"的充要条件是"A', B', C' 三点共线".

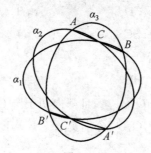

图 984

**命题 985 设双曲线 α 的右焦点 Z 也是椭圆 β 的焦点,α 的左支交 β 于 A,B,α 的右支交 β 于 C, D,AB 交 CD 于 P,有一个圆,它以 Z 为圆心,且与 α, β 都相切,过 A, B 各向该圆作两切线,这四条切线两两相交,构成四边形 $EFGH$,如图 985 所示,求证:

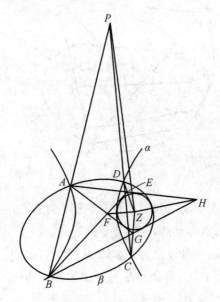

图 985

①D,E,Z 三点共线,C,G,Z 三点也共线;

②$\angle PZF = \angle PZH$.

注:本命题是下面命题 985.1 的"黄表示",命题 985 和命题 985.1 的对偶关系如下:

命题 985.1	命题 985
圆 O	圆 Z
圆 O_1,圆 O_2	α,β
AB,CD	A,B
AD,BC	E,G
O_1O_2	P
AC,BD	F,H

命题 985.1 设两圆 O_1,O_2 外离,且都内切于圆 O,这两圆的两条内公切线分别交圆 O 于 A,B 和 C,D,O_1O_2 分别交 AC,BD 于 E,F,如图 985.1 所示,求证:

① 两圆 O_1,O_2 的两条外公切线分别与 AD,BC 平行;

②$\angle AEF = \angle DFE$.

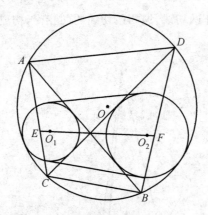

图 985.1

命题 986 设双曲线 α 的右焦点 Z 也是椭圆 β 的焦点,α 的左支与 β 相切于 A,α 的右支交 β 于 B,C,有一个圆,它以 Z 为圆心,且与 α,β 都相切,切点分别为 D,E,过 A 且与圆 Z 相切的直线记为 l,如图 986 所示,过 D,E 分别作圆 Z 的切线,这两切线依次交 l 于 F,G,求证:FB 与 α 相切,GB 与 β 相切.

注:本命题源于下面的命题 986.1.

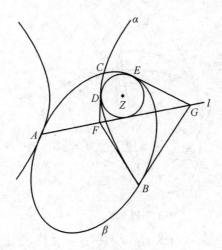

图 986

命题 986.1 设两圆 O_1,O_2 外切于 A,且都内切于圆 O,切点依次为 B,C,过 A 作圆 O_1 和圆 O_2 的公切线,这条公切线交圆 O 于 D,BD 交圆 O_1 于 E,CD 交圆 O_2 于 F,如图 986.1 所示,求证:

① EF 是圆 O_1 和圆 O_2 的外公切线;

② B,E,F,C 四点共圆(该圆圆心记为 O').

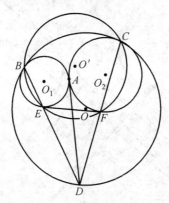

图 986.1

命题 987 设三个椭圆 α,β,γ 中,每两个都相交于四点,这些交点中,有两个记为 A,B,它们是这三个椭圆的公共交点,除 A,B 外,α,β 还交于 C,D,β,γ 还交于 E,F,γ,α 还交于 G,H,如图 987 所示,求证:在三条直线 CD,EF,GH 中,只要有两条彼此平行,就必然三条都彼此平行.

注:本命题源于本套书上册的命题 419.

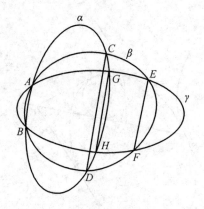

图 987

命题 988　设三条双曲线 α,β,γ 有两条公切线,记为 l_1,l_2,除 l_1,l_2 外,这三条双曲线两两之间还各有两条公切线,其中 β,γ 的两条公切线相交于 P,γ,α 的两条公切线相交于 Q,α,β 的两条公切线相交于 R,如图 988 所示,求证:P,Q,R 三点共线.

注:本命题源于本套书上册的命题 419.

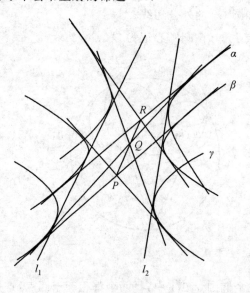

图 988

命题 989　设三条抛物线 α,β,γ 的对称轴彼此平行,每两条抛物线都有且仅有两条公切线,其中 β,γ 的两条公切线相交于 P,γ,α 的两条公切线相交于 Q,α,β 的两条公切线相交于 R,如图 989 所示,求证:P,Q,R 三点共线.

注:本命题是本套书上册命题 429 的"蓝表示"(在那里,取 l 为"蓝假线").

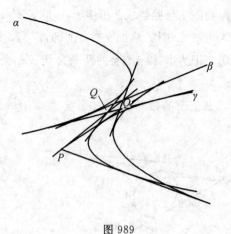

图 989

**命题 990 设 $\triangle ABC$ 的三边 BC,CA,AB 所在的直线分别为 t_1,t_2,t_3，以 A 为中心，且以 t_2,t_3 为渐近线的双曲线记为 α，以 B 为中心，且以 t_3,t_1 为渐近线的双曲线记为 β，以 C 为中心，且以 t_1,t_2 为渐近线的双曲线记为 γ，设 β 交 γ 于 P,P'，γ 交 α 于 Q,Q'，α 交 β 于 R,R'，如图 990 所示，求证：

① PP',QQ',RR' 三线共点（此点记为 S）；

② P,A,P' 三点共线，Q,B,Q' 三点共线，R,C,R' 三点共线.

注：本命题源于本套书上册的命题 427（在那里，取 M 为"黄假线"）.

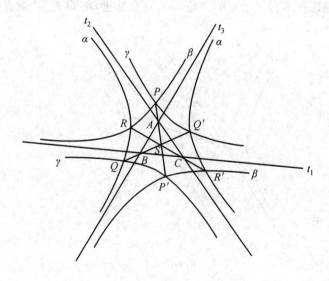

图 990

**命题991 设抛物线 α 与抛物线 β 相切于 A,除 A 外 α,β 没有其他的公共点,直线 l 不过 A,但与 α,β 都相切,椭圆 γ 在 α 内部,它与 α 相切于两点,其中一个切点是 A,另一个切点记为 B,设 β 与 γ 的两条公切线相交于 C,如图991所示,求证:BC 与 l 平行.

注:本命题源于本套书上册的命题429(在那里,将 α,β 的公切线视为"蓝假线").

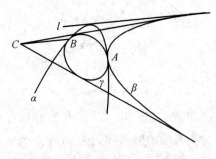

图 991

**命题992 设两双曲线 α,β 的渐近线分别为 t_1,t_2 和 t_3,t_4,这两双曲线的渐近线方向相同(即 $t_1\parallel t_3$,$t_2\parallel t_4$,即便这样,α,β 的离心率仍可以不一样),α,β 有两个交点 A,B,椭圆 γ 经过 A,B,且分别与 α,β 相切于 C,D,如图992所示,求证:CD 是 γ 的直径.

注:本命题源于本套书上册的命题402.1(在那里,将 Q 视为"黄假线").

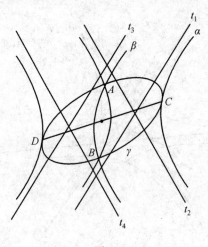

图 992

**命题993 设三条抛物线 α,β,γ 的对称轴彼此平行,且开口方向相同,β 交 γ 于 A,B,γ 交 α 于 C,D,α 交 β 于 E,F,如图993所示,求证:AB,CD,EF 三

线共点(此点记为 S).

注:本命题源于本套书上册的命题 429.

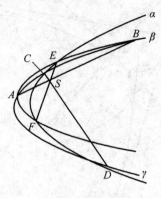

图 993

命题 994　设两椭圆 α,β 均与直线 t 相切于同一点 P,α 还与 β 相交于 A,B,抛物线 γ 也与 t 相切于 P,γ 还分别与 α,β 相交于 C,D 和 E,F,如图 994 所示,求证:AB,CD,EF 三线共点(此点记为 S).

注:本命题源于本套书上册的命题 429.

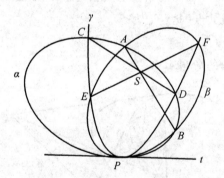

图 994

**命题 995　设两抛物线 α,β 与直线 t 相切于 P,且在 t 的同一侧,α,β 的另一条公切线记为 l,椭圆 γ 也与 t 相切于 P,但位于 α,β 的另一侧,设 α 与 γ 的两条公切线相交于 A,β 与 γ 的两条公切线相交于 B,如图 995 所示,求证:直线 AB 与 l 平行.

注:本命题源于本套书上册的命题 429.

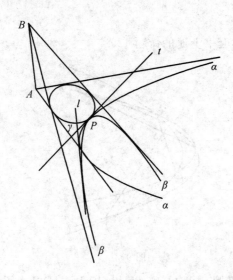

图 995

命题 996 设三个椭圆 α,β,γ 有公共的焦点 Z,它们两两相交于两点,β 交 γ 于 A,B,γ 交 α 于 C,D,α 交 β 于 E,F,设 β 与 γ 的两条公切线相交于 P,γ 与 α 的两条公切线相交于 Q,α 与 β 的两条公切线相交于 R,如图 996 所示,求证:

① AB,CD,EF 三线共点(此点记为 S);

② P,Q,R 三点共线.

注:参阅本套书上册的命题 426.

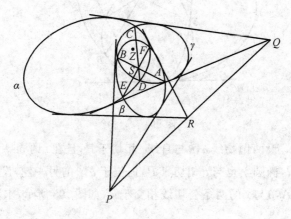

图 996

**命题 997 设两抛物线 α,β 有三条公切线 l_1,l_2,l_3,椭圆 γ 与 l_1,l_3 都相切,且与 α,β 各有四个交点,α,γ 间另有两条公切线,这两条公切线相交于 P,β,γ 之间也另有两条公切线,这两条公切线相交于 Q,如图 997 所示,求证:PQ 与 l_2

平行.

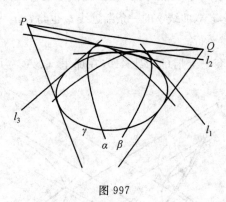

图 997

注：本命题源于本套书上册的命题 419（在那里，取 D 为"黄假线"）. 这两个命题之间的对偶关系如下：

上册命题 419	命题 997
α,β,γ	α,β,γ
A,B,C	l_1,l_3,l_2
EF,GH	P,Q
S	PQ

命题 998 设两双曲线 α,β 的渐近线分别为 t_1,t_2 和 t_3,t_4，$t_1 \parallel t_3$，$t_2 \parallel t_4$（即便这样，这两双曲线的开口大小仍有可能不同，也就是说，它们的离心率可以不一样），α,β 有两个交点 A,B，双曲线 γ 过 A,B 两点，且交 α 于 C,D，交 β 于 E,F，如图 998 所示，求证：$CD \parallel EF$.

注：本命题源于本套书上册的命题 419（在那里，取 CD 为"蓝假线"）.

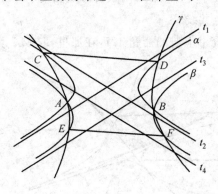

图 998

命题 998.1 设两双曲线 α,β 的渐近线分别为 t_1,t_2 和 t_3,t_4，$t_1 \parallel t_3$，$t_2 \parallel t_4$（即便这样，这两双曲线的开口大小仍有可能不同，也就是说，它们的离

心率可以不一样),α,β 有两个交点 A,B,设双曲线 γ 也过 A,且交 α 于 C,D,交 β 于 E,F,CD 交 EF 于 G,若双曲线 γ 的一条渐近线 t_5 也与 t_1,t_3 平行,如图 998.1 所示,求证:BG 与 t_2,t_4 都平行.

注:本命题源于本套书上册的命题 419(在那里,取 AC 为"蓝假线").

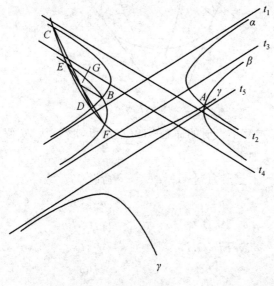

图 998.1

命题 999 设两抛物线 α,β 的对称轴分别为 m,n,$m \parallel n$,α,β 的开口方向相反,α 在 β 外,双曲线 γ 与 α,β 各有一个切点,它们记为 A,B,直线 l_1 过 A,且与 α,γ 都相切,直线 l_2 过 B,且与 β,γ 都相切,设 β 与 γ 的两条公切线相交于 P,γ 与 α 的两条公切线相交于 Q,α 与 β 的两条公切线相交于 R,若 $l_1 \parallel l_2$,如图 999 所示,求证:P,Q,R 三点共线.

注:本命题源于本套书上册的命题 427(在那里,取 MA 为"蓝假线").

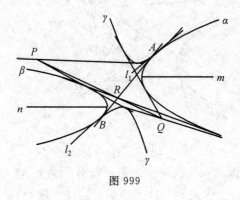

图 999

命题1000　设两抛物线 α,β 的对称轴分别为 $m,n,m \parallel n,\alpha,\beta$ 的开口方向相反，α,β 相交于 A,B 两点，双曲线 γ 与 α 有且仅有三个公共点 P,C,D，其中 P 是 γ 与 α 的切点，C,D 都是 γ 与 α 的交点，同样的，双曲线 γ 与 β 有且仅有三个公共点 Q,E,F，其中 Q 是 γ 与 β 的切点，E,F 都是 γ 与 β 的交点，若 PQ 与 m 平行，如图1000所示，求证：AB,CD,EF 三线共点（此点记为 S）．

注：本命题源于本套书上册的命题427（在那里，取 C 为"黄假线"）．

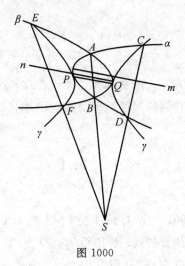

图1000

直线和圆

本章所录 300 道命题都是关于直线和圆的,熟悉这些命题对了解欧氏几何的对偶原理及其应用是有益的.

5.1

命题 1001 设直线 l 分别交 $\triangle ABC$ 的三边 BC,CA,AB(或三边的延长线)于 P,Q,R,BQ 交 CR 于 A',CR 交 AP 于 B',AP 交 BQ 于 C',如图 1001 所示,求证:AA',BB',CC' 三线共点(此点记为 S).

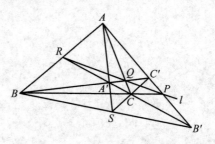

图 1001

命题 1002 设两直线分别与 $\triangle ABC$ 的三边 BC,CA,AB(或三边的延长线)相交于 A',B',C' 及 A'',B'',C'',$B'C'$ 交 $B''C'$ 于 P,$C'A''$ 交 $C''A'$ 于 Q,$A'B''$ 交 $A''B'$ 于 R,如图 1002 所示,求证:P,Q,R 三点共线.

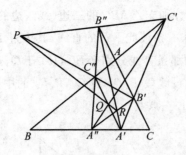

图 1002

命题 1003 设直线 l 分别交 $\triangle ABC$ 的三边 BC, CA, AB（或三边的延长线）于 D, E, F，EF, FD, DE 的中点分别为 A', B', C'，设 AA' 交 BC 于 P，BB' 交 CA 于 Q，CC' 交 AB 于 R，如图 1003 所示，求证：P, Q, R 三点共线.

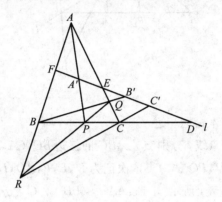

图 1003

命题 1004 设直线 l 分别交 $\triangle ABC$ 的三边 BC, CA, AB（或三边的延长线）于 A', B', C'，D, E, F 三点分别在 BC, CA, AB 上，AA' 交 EF 于 P，BB' 交 FD 于 Q，CC' 交 DE 于 R，如图 1004 所示，求证：P, Q, R 三点共线.

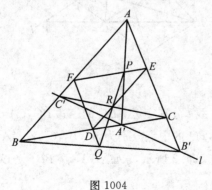

图 1004

命题 1005　设直线 l 分别交 $\triangle ABC$ 的三边（或三边的延长线）BC,CA,AB 于 P,Q,R，过 P,Q,R 各作一条彼此平行的直线，其中过 P 的那条直线分别交 AB,AC 于 P_1,P_2；过 Q 的那条直线分别交 BC,BA 于 Q_1,Q_2；过 R 的那条直线分别交 CA,CB 于 R_1,R_2，设线段 P_1P_2,Q_1Q_2,R_1R_2 的中点分别为 D,E,F，如图 1005 所示，求证：D,E,F 三点共线.

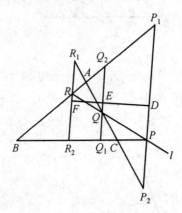

图 1005

注：下列命题均与本命题相近.

命题 1005.1　设直线 l 分别交 $\triangle ABC$ 的三边 BC,CA,AB（或三边的延长线）于 P,Q,R，QR,RP,PQ 的中点依次记为 D,E,F，AD,BE,CF 两两相交构成 $\triangle A'B'C'$，如图 1005.1 所示，求证：$AA' \parallel BB' \parallel CC' \parallel l$.

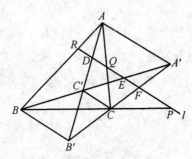

图 1005.1

命题 1005.2　设直线 l 分别交 $\triangle ABC$ 的三边 BC,CA,AB（或三边的延长线）于 P,Q,R，QR,RP,PQ 的中点分别为 A',B',C'，设 AA',BB',CC' 两两相交构成 $\triangle A''B''C''$，如图 1005.2 所示，求证：$AA'' \parallel BB'' \parallel CC''$.

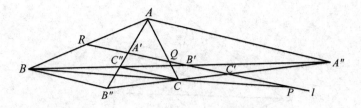

图 1005.2

命题 1005.3 设直线 l 分别交 △ABC 的三边 BC, CA, AB(或三边的延长线)于 P, Q, R,l 关于 BC, CA, AB 的对称直线两两相交构成 △$A'B'C'$,如图 1005.3 所示,求证:AA', BB', CC' 三线共点(此点记为 S)。

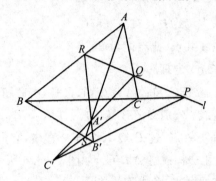

图 1005.3

命题 1005.4 设直线 l 分别交 △ABC 的三边 BC, CA, AB(或三边的延长线)于 P, Q, R,分别作 $\angle BPQ, \angle CQR, \angle BRP$ 的平分线,这三直线两两相交,构成 △$A'B'C'$,如图 1005.4 所示,求证:AA', BB', CC' 三线共点(此点记为 S)。

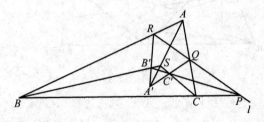

图 1005.4

命题 1005.5 设一直线 l 分别交 △ABC 的三边 BC, CA, AB(或三边的延长线)于 P, Q, R,过这三点分别作其所在边的垂线,所得三直线两两相交,构成 △$A'B'C'$,设 △ABC 和 △$A'B'C'$ 的垂心分别为 H 和 H',如图 1005.5 所示,求证:

① 线段 HH' 被直线 PQ 所平分;

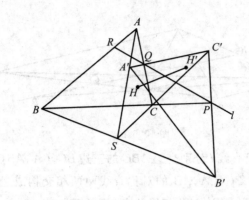

图 1005.5

②$AH \perp A'H', BH \perp B'H', CH \perp C'H'$；

③AA', BB', CC' 三线共点(此点记为 S).

注：此乃"桑达(Sondat)定理".

若 H 和 H' 分别是 $\triangle ABC$ 和 $\triangle A'B'C'$ 的重心，本命题依然成立.

命题 1005.6 设直线 l 分别交 $\triangle ABC$ 的三边 BC, CA, AB(或三边的延长线)于 P, Q, R，O 是平面上一点，过 P, Q, R 各作一直线，它们依次与 OA, OB, OC 平行，这三直线两两相交构成 $\triangle A'B'C'$，如图 1005.6 所示，求证：

①AA', BB', CC' 三线共点，此点记为 S；

②点 S 在 l 上.

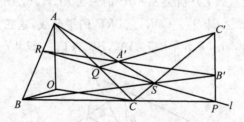

图 1005.6

命题 1005.7 设直线 l 分别交 $\triangle ABC$ 的三边 BC, CA, AB(或三边的延长线)于 P, Q, R，过这三点各作一直线，它们两两相交，构成 $\triangle A'B'C'$，如图 1005.7 所示，设 AB 交 $A'C'$ 于 D，$A'B'$ 交 AC 于 D'，DD' 交 BC 于 P'；设 BC 交 $B'A'$ 于 E，$B'C'$ 交 BA 于 E'，EE' 交 CA 于 Q'；设 CA 交 $C'B'$ 于 F，$C'A'$ 交 BC 于 F'，FF' 交 AB 于 R'，求证：P', Q', R' 三点共线.

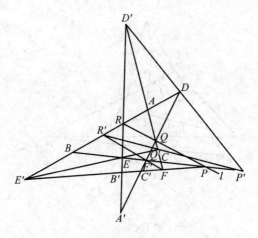

图 1005.7

命题 1005.8 设直线 l 分别交 $\triangle ABC$ 的三边 BC, CA, AB（或三边的延长线）于 P, Q, R，三直线 AP, BQ, CR 两两相交，构成 $\triangle A'B'C'$，分别作 AP, BQ, CR 的垂直平分线，这三直线两两相交，构成 $\triangle A''B''C''$，如图 1005.8 所示，求证：$A'A'', B'B'', C'C''$ 三线共点（此点记为 S）.

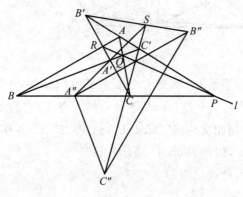

图 1005.8

命题 1005.9 设 O 是 $\triangle ABC$ 内一点，直线 l 分别交 $\triangle ABC$ 的三边 BC, CA, AB（或三边的延长线）于 P, Q, R，过 P 作 OA 的垂线，过 Q 作 OB 的垂线，过 R 作 OC 的垂线，这三次垂线两两相交，构成 $\triangle A'B'C'$，如图 1005.9 所示，求证：AA', BB', CC' 三线共点（此点记为 S）.

命题 1005.10 设 O 是 $\triangle ABC$ 内一点，直线 l 分别交 $\triangle ABC$ 的三边 BC，CA, AB（或三边的延长线）于 P, Q, R，过 P 作 OA 的平行线，过 Q 作 OB 的平行线，过 R 作 OC 的平行线，这三次平行线两两相交，构成 $\triangle A'B'C'$，如图 1005.10 所示，求证：AA', BB', CC' 三线共点（此点记为 S）.

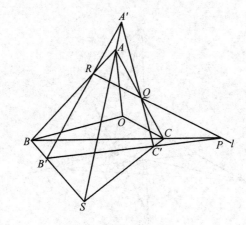

图 1005.9

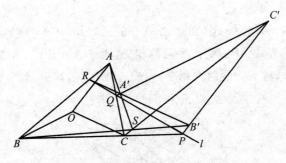

图 1005.10

命题 1005.11 设直线 l 分别交 $\triangle ABC$ 的三边 BC, CA, AB(或三边的延长线)于 P, Q, R, O 是平面上一点,过 P, Q, R 各作一直线,它们依次与 OA, OB, OC 平行,这三直线两两相交构成 $\triangle A'B'C'$,过 A', B', C' 各作一直线,它们依次与 BC, CA, AB 平行,如图 1005.11 所示,求证:

① 这三直线共点,此点记为 O';

② OO' 被 l 所平分.

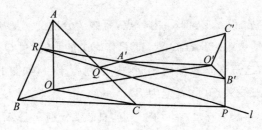

图 1005.11

命题 1006 设直线 l 分别交 $\triangle ABC$ 的三边 BC,CA,AB（或三边的延长线）于 P,Q,R,O 是 l 上一点，P,Q,R 关于 O 的对称点分别记为 P',Q',R'，如图 1006 所示，求证：AP',BQ',CR' 三线共点（此点记为 S）.

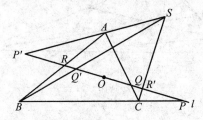

图 1006

注：下面的命题 1006.1 与本命题相近.

****命题 1006.1** 设 $\triangle ABC$ 内接于圆 O，直线 l 分别交 $\triangle ABC$ 的三边 BC,CA,AB（或三边的延长线）于 P,Q,R，这三点关于 O 的对称点分别记为 P',Q',R'，如图 1006.1 所示，求证：

①AP',BQ',CR' 三线共点（此点记为 S）；

②S 在圆 O 上.

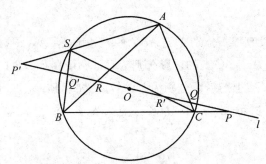

图 1006.1

命题 1007 设直线 l 分别交 $\triangle ABC$ 的三边 BC,CA,AB（或三边的延长线）于 P,Q,R，设 B,C 关于 P 的对称点分别为 B',C''，C,A 关于 Q 的对称点分别为 C',A''，A,B 关于 R 的对称点分别为 A',B''，设 $B'C''$ 交 $B''C'$ 于 P'，$C'A''$ 交 $C''A'$ 于 Q'，$A'B''$ 交 $A''B'$ 于 R'，如图 1007 所示，求证：P',Q',R' 三点共线.

注：下面的命题 1007.1 与本命题相近.

****命题 1007.1** 设 $\triangle ABC$ 的三边 BC,CA,AB（或三边的延长线）都与直线 l 相交，A,B,C 三点关于 l 的对称点分别为 A',B',C'，M 是 l 上一点，设 $A'M$ 交 BC 于 A''，$B'M$ 交 CA 于 B''，$C'M$ 交 AB 于 C''，如图 1007.1 所示，求证：A'',B'',C'' 三点共线.

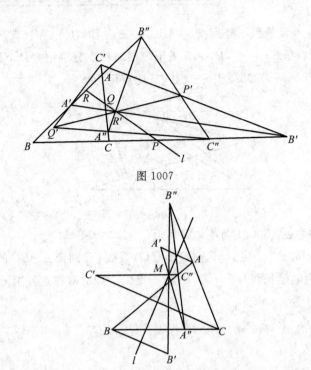

图 1007

图 1007.1

命题 1008 设直线 l 分别交 $\triangle ABC$ 的三边 BC, CA, AB(或三边的延长线)于 P, Q, R,P 在 AB, AC 上的射影分别为 D, D',Q 在 BC, BA 上的射影分别为 E, E',R 在 CA, CB 上的射影分别为 F, F',设 DD', EE', FF' 的中点分别为 G, H, K,如图 1008 所示,求证:G, H, K 三点共线.

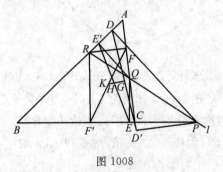

图 1008

**命题 1009 设直线 l 分别交 $\triangle ABC$ 的三边 BC, CA, AB(或三边的延长线)于 P, Q, R,Z 是平面上一点,取三点 A', B', C',使得 $ZA' \perp ZP, ZB' \perp ZQ$,$ZC' \perp ZR$,过 Z 作 ZA 的垂线,这条垂线交 $B'C'$ 于 P',过 Z 作 ZB 的垂线,这垂线交 $C'A'$ 于 Q',过 Z 作 ZC 的垂线,这条垂线交 $A'B'$ 于 R',如图 1009 所示,求证:P', Q', R' 三点共线(此线记为 l').

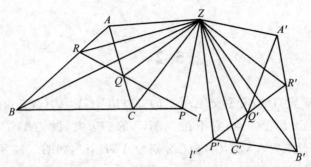

图 1009

命题 1010 设直线 l 分别交 $\triangle ABC$ 的三边 BC, CA, AB（或三边的延长线）于 P, Q, R，过 A 作 l 的垂线，且交 BC 于 A'，过 B 作 l 的垂线，且交 CA 于 B'，过 C 作 l 的垂线，且交 AB 于 C'，设 BC 交 $B'C'$ 于 P'，CA 交 $C'A'$ 于 Q'，AB 交 $A'B'$ 于 R'，如图 1010 所示，求证：

① P', Q', R' 三点共线，此线记为 l'；

② $l' \parallel l$.

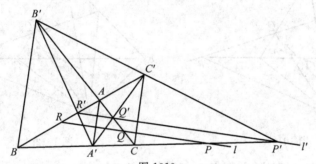

图 1010

命题 1011 设直线 l 分别交 $\triangle ABC$ 的三边 BC, CA, AB（或三边的延长线）于 P, Q, R，一直线过 A，且分别交 BC, QR 于 D, E，由下列四条直线：CR, CE, QB, QD 所构成的四边形记为 $FGHK$，如图 1011 所示，求证：

① G, K, P 三点共线；

② H, F, A 三点共线.

注：注意 $\triangle CER$ 和 $\triangle QDB$ 的位置关系.

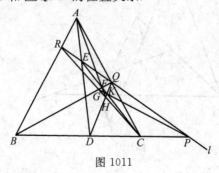

图 1011

5.2

命题1012 设直线l分别交$\triangle ABC$的三边BC,CA,AB(或三边的延长线)于P,Q,R,M是平面上一点,它不在$\triangle ABC$的三边上,设$\triangle AMP,\triangle BMQ,\triangle CMR$的重心分别为$A',B',C'$,垂心分别为$A'',B'',C''$,如图1012所示,求证:

① A',B',C'三点共线;

② A'',B'',C''三点也共线.

注:事实上,若$\triangle AMP,\triangle BMQ,\triangle CMR$的内心分别为$A''',B''',C'''$,那么,$A''',B''',C'''$这三点也是共线的(如图1012.1所示).

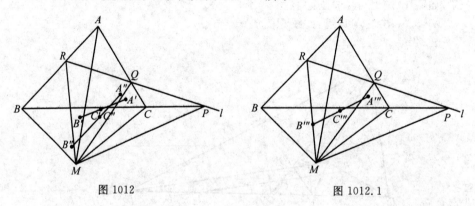

图1012   图1012.1

命题1013 设直线l分别交$\triangle ABC$的三边BC,CA,AB(或三边的延长线)于P,Q,R,$\triangle AQR,\triangle BRP,\triangle CPQ,\triangle ABC$的垂心分别为$A',B',C',H$,如图1013所示,求证:

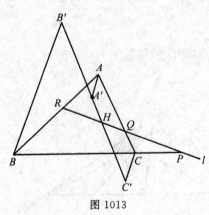

图1013

①A', B', C', H 四点共线；

②$AA' \parallel BB' \parallel CC'$.

命题 1014 设直线 l 分别交 $\triangle ABC$ 的三边 BC, CA, AB（或三边的延长线）于 P, Q, R，$\triangle AQR, \triangle BRP, \triangle CPQ$ 的外心分别为 O_1, O_2, O_3，如图 1014 所示，求证：

①$\triangle AQR, \triangle BRP, \triangle CPQ$ 的外接圆共点，该点记为 M；

②M, O_1, O_2, O_3 四点共圆.

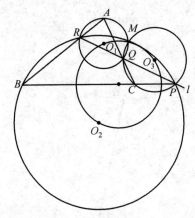

图 1014

命题 1015 设直线 DE 分别交 $\triangle ABC$ 的三边 BC, CA, AB（或三边的延长线）于 D, E, F，$\triangle AEF, \triangle BFD, \triangle CDE$ 的内心分别为 O_1, O_2, O_3，AO_1 交 BC 于 P，BO_2 交 CA 于 Q，CO_3 交 AB 于 R，如图 1015 所示，求证：P, Q, R 三点共线.

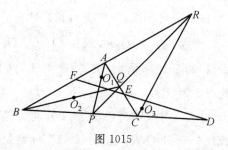

图 1015

命题 1016 设直线 DE 分别交 $\triangle ABC$ 的三边 BC, CA, AB（或三边的延长线）于 D, E, F，$\triangle AEF, \triangle BFD, \triangle CDE$ 的外心分别为 O_1, O_2, O_3，如图 1016 所示，求证：AO_1, BO_2, CO_3 三线共点（此点记为 S）.

命题 1017 设直线 l 分别交 $\triangle ABC$ 的三边 BC, CA, AB（或三边的延长线）于 P, Q, R，$\triangle ABC, \triangle AQR, \triangle BRP, \triangle CPQ$ 的垂心依次为 H, H_1, H_2, H_3，如图 1017 所示，求证：这四个垂心共线.

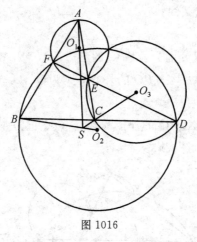

图 1016

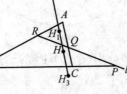

图 1017

命题 1018 设 $\triangle ABC$ 内接于圆 O,直线 l 过 O,且分别交 $\triangle ABC$ 的三边 BC, CA, AB（或三边的延长线）于 P, Q, R,设圆 O_1, O_2, O_3 分别是 $\triangle AOP$, $\triangle BOQ, \triangle COR$ 的外接圆,如图 1018 所示,求证：三圆 O_1, O_2, O_3 除了公共点 O 外,还有一个公共点（此点记为 M）.

命题 1019 设 $\triangle ABC$ 内接于圆 O,直线 l 分别交 $\triangle ABC$ 的三边 BC, CA, AB（或三边的延长线）于 P, Q, R,圆 A', B', C' 分别是 $\triangle AQR, \triangle BRP$, $\triangle CPQ$ 的外接圆,如图 1019 所示,求证：

① 四圆 O, A', B', C' 有一个公共的交点,此点记为 M（M 称为"密克 (Miquel) 点"）；

② O, A', B', C' 四点共圆,此圆圆心记为 O'；

③ AA', BB', CC' 三线共点,此点记为 S；

④ 点 S 既在圆 O 上,又在圆 O' 上.

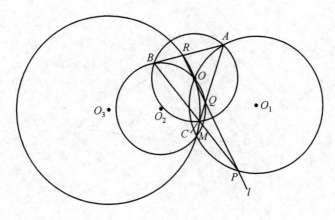

图 1018

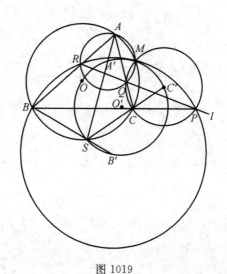

图 1019

命题1020 设直线 l 分别交 $\triangle ABC$ 的三边 BC,CA,AB（或三边的延长线）于 P,Q,R,O,Z 是平面上两点，OA 交 ZP 于 D，OB 交 ZQ 于 E，OC 交 ZR 于 F，ZA 交 EF 于 M，ZB 交 FD 于 N，ZC 交 DE 于 L，如图 1020 所示，求证：M,N,L 三点共线．

命题1021 设直线 l 分别交 $\triangle ABC$ 的三边 BC,CA,AB（或三边的延长线）于 P,Q,R,O,Z 是平面上两点，OA 交 ZP 于 D，OB 交 ZQ 于 E，OC 交 ZR 于 F，EF 交 BC 于 M，FD 交 CA 于 N，DE 交 AB 于 L，如图 1021 所示，求证：M,N,L 三点共线．

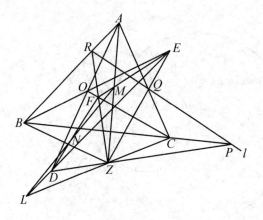

图 1020

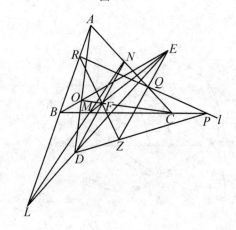

图 1021

命题 1022　设直线 l 分别交 $\triangle ABC$ 的三边 BC,CA,AB（或三边的延长线）于 P,Q,R,O 是 $\triangle ABC$ 内一点，AO,BO,CO 分别交 l 于 A',B',C'，设 BC' 交 $B'C$ 于 P'，CA' 交 $C'A$ 于 Q'，AB' 交 $A'B$ 于 R'，如图 1022 所示，求证：有三次三点共线，它们分别是：$(P',Q,R'),(Q',R,P'),(R',P,Q')$.

命题 1023　设直线 l 分别交 $\triangle ABC$ 的三边 BC,CA,AB（或三边的延长线）于 P,Q,R,O 是 $\triangle ABC$ 内一点，PO 分别交 AB,AC 于 M,N，QO,RO 分别交 BC 于 N',M'，如图 1023 所示，求证：MM',NN',AO 三线共点（此点记为 S）.

命题 1024　设 O 是 $\triangle ABC$ 所在平面上一点，直线 l 分别交 $\triangle ABC$ 的三边 BC,CA,AB（或三边的延长线）于 P,Q,R,OP 分别交 AB,AC 于 A_1,A_2，OQ 分别交 BC,BA 于 B_1,B_2，OR 分别交 CA,CB 于 C_1,C_2，设 B_1C_1 交 B_2C_2 于 A'，C_1A_1 交 C_2A_2 于 B'，A_1B_1 交 A_2B_2 于 C'，如图 1024 所示，求证：A',B',C' 三点共线.

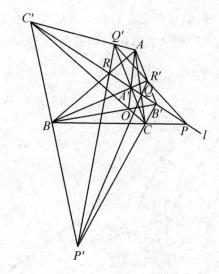

图 1022

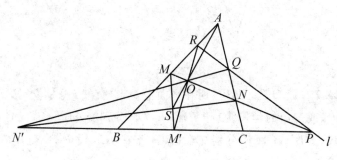

图 1023

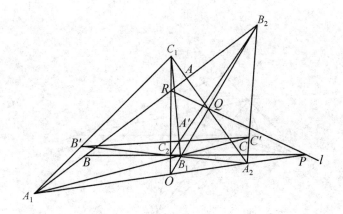

图 1024

注：下面两命题与本命题相近.

命题 1024.1 设 O 是 $\triangle ABC$ 所在平面上一点，直线 l 分别交 OA, OB, OC

于 P,Q,R,设 PB 交 QC 于 A_1,PC 交 QA 于 A_2,QC 交 RA 于 B_1,QA 交 RB 于 B_2,RA 交 PB 于 C_1,RB 交 PC 于 C_2,如图 1024.1 所示,求证:A_1A_2,B_1B_2,C_1C_2 三线共点(此点记为 S).

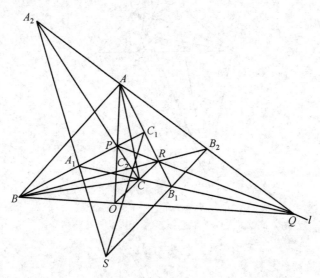

图 1024.1

命题 1024.2 设 O 是 $\triangle ABC$ 所在平面上一点,直线 l 分别交 $\triangle ABC$ 的三边 BC,CA,AB(或三边的延长线)于 P,Q,R,OP 分别交 AB,AC 于 A',A'',OQ 分别交 BC,BA 于 B',B'',OR 分别交 CA,CB 于 C',C'',设 $B'C'$ 交 $B''C''$ 于 P',$C'A'$ 交 $C''A''$ 于 Q',$A'B'$ 交 $A''B''$ 于 R',如图 1024.2 所示,求证:P',Q',R' 三点共线.

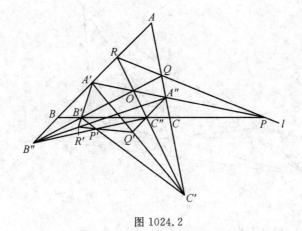

图 1024.2

5.3

命题 1025 设两直线 l_1,l_2 分别交 $\triangle ABC$ 的三边 BC,CA,AB（或三边的延长线）于 A',B',C' 和 A'',B'',C''，$A''C'$ 交 $A'B''$ 于 M，$A''B'$ 交 $A'C''$ 于 N，如图 1025 所示，求证：A,M,N 三点共线（类似的三点共线还有两次）.

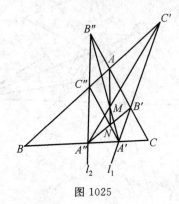

图 1025

注：下面两命题与本命题相近.

命题 1025.1 设两直线 l_1,l_2 分别交 $\triangle ABC$ 的三边 BC,CA,AB（或三边的延长线）于 A_1,B_1,C_1 和 A_2,B_2,C_2，如图 1025.1 所示，设 BB_1 交 CC_1 于 M_1，BB_2 交 CC_2 于 M_2，AA_1 交 CC_1 于 N_1，AA_2 交 CC_2 于 N_2，M_1M_2 交 N_1N_2 于 S，求证：点 S 在 AB 上.

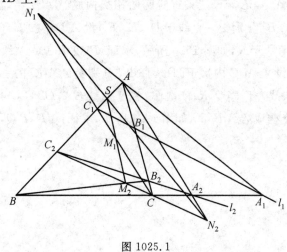

图 1025.1

命题 1025.2 设两直线 l_1, l_2 分别交 $\triangle ABC$ 的三边 BC, CA, AB(或三边的延长线)于 P_1, Q_1, R_1 和 P_2, Q_2, R_2,如图 1025.2 所示,设 Q_1R_2 交 Q_2R_1 于 A',R_1P_2 交 R_2P_1 于 B',P_1Q_2 交 P_2Q_1 于 C',AA', BB', CC' 两两相交,构成 $\triangle A''B''C''$,求证:AA'', BB'', CC'' 三线共点(此点记为 S)。

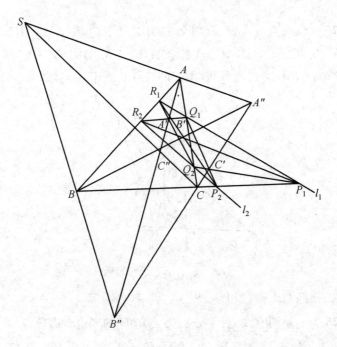

图 1025.2

**命题 1026 设一直线分别交 $\triangle ABC$ 的三边 BC, CA, AB(或三边的延长线)于 D, E, F,AD, BE, CF 三条直线两两相交构成 $\triangle A'B'C'$,$\triangle A'B'C'$ 的三边 $B'C', C'A', A'B'$ 分别交一直线于 D', E', F',设 $A'D'$ 交 BC 于 P,$B'E'$ 交 CA 于 Q,$C'F'$ 交 AB 于 R,如图 1026 所示,求证:P, Q, R 三点共线。

命题 1027 设 $\triangle ABC$ 内接于圆 O,直线 l 分别交 $\triangle ABC$ 的三边 BC, CA, AB(或三边的延长线)于 P, Q, R,依次作 l 关于直线 OA, OB, OC 的对称直线,这三直线两两相交构成 $\triangle A'B'C'$,如图 1027 所示,求证:$A'P, B'Q, C'R$ 三线共点(此点记为 S)。

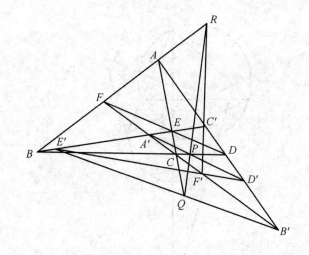

图 1026

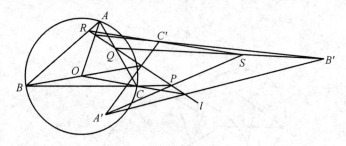

图 1027

命题 1028 设 $\triangle ABC$ 内接于圆 O,一直线 l 分别交 $\triangle ABC$ 的三边 BC, CA, AB(或三边的延长线)于 P, Q, R, l 关于 BC, CA, AB 的对称直线两两相交,构成 $\triangle A'B'C'$,如图 1028 所示,求证:

① AA', BB', CC' 三线共点(此点记为 S);

② 点 S 在圆 O 上;

③ 点 S 是 $\triangle A'B'C'$ 的内心.

注:注意下列命题.

命题 1028.1 设 $\triangle ABC$ 内接于圆 O,一直线 l 过 O,且分别交 $\triangle ABC$ 的三边 BC, CA, AB(或三边的延长线)于 P, Q, R, l 关于 BC, CA, AB 的对称直线两两相交,构成 $\triangle A'B'C'$,这个三角形的外接圆圆心记为 O',如图 1028.1 所示,求证:圆 O' 与圆 O 直交.

注:在两相交圆的交点处,两圆的半径若是互相垂直的,那么,称这两圆"垂直相交",简称"直交".

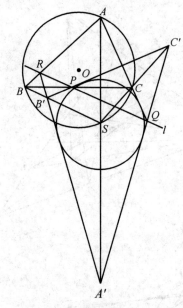

图 1028

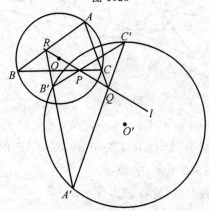

图 1028.1

命题 1028.2 设 O 是 $\triangle ABC$ 内一点,直线 l 过 O,但不过 A,B,C,OA 关于 l 的对称直线交 BC 于 A',OB 关于 l 的对称直线交 CA 于 B',OC 关于 l 的对称直线交 AB 于 C',如图 1028.2 所示,求证:A',B',C' 三点共线.

****命题 1028.3** 设 $\triangle ABC$ 外切于圆 O,直线 l 过 O,但不过 A,B,C,OA 关于 l 的对称直线交 BC 于 A',OB 关于 l 的对称直线交 CA 于 B',OC 关于 l 的对称直线交 AB 于 C',如图 1028.3 所示,求证:

① A',B',C' 三点共线;

② 直线 $A'B'$ 与圆 O 相切.

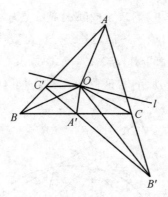

图 1028.2

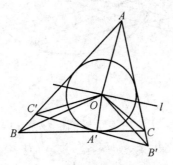

图 1028.3

命题 1029 设 △ABC 内接于圆 O,直线 l 分别交 △ABC 的三边 BC, CA,AB(或三边的延长线)于 P,Q,R,M 是 △ABC 内一点,分别以 P,Q,R 为圆心,以 PM,QM,RM 为半径作圆,这三个圆依次交圆 O 于 A',A'';B',B'';C',C'', 如图 1029 所示,求证:$A'A''$,$B'B''$,$C'C''$ 三线共点(此点记为 S).

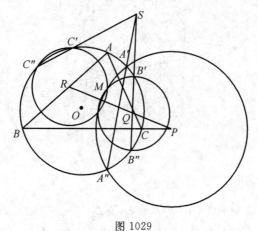

图 1029

命题 1030 设 $\triangle ABC$ 内接于椭圆 α，直线 l 与 α 没有公共点，l 分别交 $\triangle ABC$ 的三边 BC, CA, AB（或三边的延长线）于 A', B', C'，设 M, N 是 α 上两点，MA', MB', MC' 分别交 α 于 A'', B'', C''，NA'' 交 BC 于 P，NB'' 交 CA 于 Q，NC'' 交 AB 于 R，如图 1030 所示，求证：P, Q, R 三点共线.

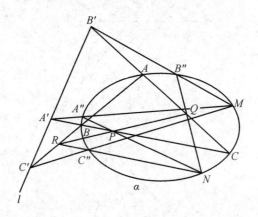

图 1030

命题 1030.1 设 $\triangle ABC$ 内接于椭圆 α，O 是 α 内一点，直线 l_1, l_2 都是 α 的切线，OA, OB, OC 分别交 l_1 于 A', B', C'，过 A', B', C' 分别作 α 的切线，且依次交 l_2 于 A'', B'', C''，如图 1030.1 所示，求证：AA'', BB'', CC'' 三线共点（此点记为 S）.

注：本命题是命题 1030 的"黄表示".

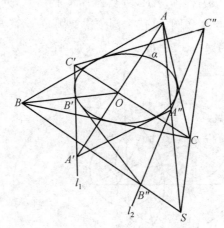

图 1030.1

命题 1031 设 O 是 $\triangle ABC$ 的重心，直线 l 分别交 $\triangle ABC$ 的三边 BC, CA, AB（或三边的延长线）于 P, Q, R，$\triangle AOP, \triangle BOQ, \triangle COR$ 的重心依次记

为 G_1,G_2,G_3,如图 1031 所示,求证:G_1,G_2,G_3 三点共线.

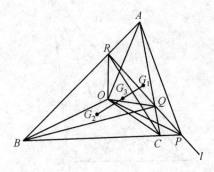

图 1031

命题 1032 设 H 是 $\triangle ABC$ 的垂心,直线 l 分别交 $\triangle ABC$ 的三边 BC,CA, AB(或三边的延长线)于 P,Q,R,A 在 PH 上的射影为 A',B 在 QH 上的射影为 B',C 在 RH 上的射影为 C',设 BC 交 $B'C'$ 于 P',CA 交 $C'A'$ 于 Q',AB 交 $A'B'$ 于 R',如图 1032 所示,求证:

① AA',BB',CC' 三线共点,此点记为 S;

② P',Q',R' 三点共线;

③ $HS \perp l$.

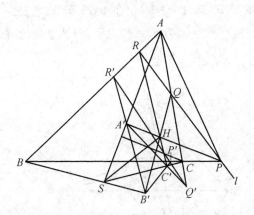

图 1032

命题 1032.1 设 H 是 $\triangle ABC$ 的垂心,O 是 $\triangle ABC$ 内一点,过 H 作 OA 的垂线,且交 BC 于 P,过 H 作 OB 的垂线,且交 CA 于 Q,过 H 作 OC 的垂线,且交 AB 于 R,如图 1032.1 所示,求证:

① P,Q,R 三点共线;

② $OH \perp PQ$.

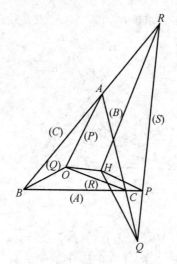

图 1032.1

注:本命题是命题 1032 的"黄表示",带括号的字母指出了图 1032.1 的直线对应着图 1032 的哪个点,需要指出的是,图 1032.1 的无穷远直线对应着图 1032 的 H,这一点很重要.

**命题 1033　设 H 是 $\triangle ABC$ 的垂心,直线 l 分别交 $\triangle ABC$ 的三边 BC, CA, AB(或三边的延长线)于 P,Q,R,如图 1033 所示,求证:

① 下列三直线共点(此点记为 S):过 A 且与 HP 垂直的直线,过 B 且与 HQ 垂直的直线,过 C 且与 HR 垂直的直线;

② $SH \perp l$.

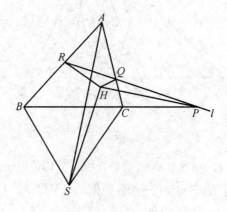

图 1033

**命题 1033.1　设 Z 是 $\triangle ABC$ 的垂心,O 是平面上一点,过 Z 作 OA 的垂线,且交 BC 于 P,过 Z 作 OB 的垂线,且交 CA 于 Q,过 Z 作 OC 的垂线,且交

AB 于 R，如图 1033.1 所示，求证：

① P, Q, R 三点共线；

② $OZ \perp PQ$.

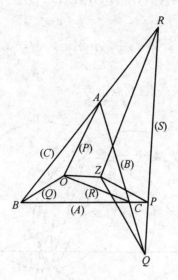

图 1033.1

注：本命题是命题 1033 的"黄表示"，带括号的字母指出了图 1033.1 的直线对偶于图 1033 的哪个点，需要指出的是，图 1033.1 的无穷远直线对应着图 1033 的 H，这一点很重要.

命题 1034 设 $\triangle ABC$ 内接于圆 O，一直线 l 过 $\triangle ABC$ 的垂心，且分别交 $\triangle ABC$ 的三边 BC, CA, AB（或三边的延长线）于 P, Q, R，如图 1034 所示，求证：l 关于 BC, CA, AB 的对称直线共点（此点记为 S），且该点在圆 O 上.

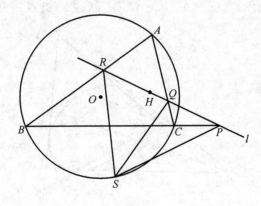

图 1034

命题 1035 设直线 l 分别交 $\triangle ABC$ 的三边 BC, CA, AB（或三边的延长线）于 P, Q, R，以 AP, BQ, CR 为直径的圆分别记为 α, β, γ，圆 O 是 $\triangle ABC$ 的外接圆，它与 α, β, γ 的交点分别为 $A, A'; B, B'; C, C'$，设 $\triangle ABC$ 的垂心为 H，如图 1035 所示，求证：

① 三圆 α, β, γ 有两个公共点，它们分别记为 M, N；

② M, H, N 三点共线；

③ AA', BB', CC' 三线共点（此点记为 S）．

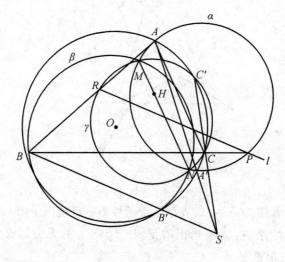

图 1035

命题 1036 设 $\triangle ABC$ 外切于椭圆 α，直线 l 分别交 $\triangle ABC$ 的三边 BC, CA, AB（或三边的延长线）于 P, Q, R，过 P, Q, R 分别作 α 的切线，切点依次为 A', B', C'，如图 1036 所示，求证：AA', BB', CC' 三线共点（此点记为 S）．

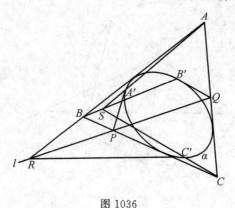

图 1036

注：下面的命题与本命题相近．

命题 1036.1 设 $\triangle ABC$ 外切于椭圆 α，直线 l 分别交 $\triangle ABC$ 的三边 BC，CA，AB（或三边的延长线）于 A'，B'，C'，过 A'，B'，C' 各作 α 的一条切线，这三条切线两两相交构成 $\triangle DEF$，设 BF 交 CE 于 P，AF 交 CD 于 Q，AE 交 BD 于 R，如图 1036.1 所示，求证：P，Q，R 三点均在 l 上．

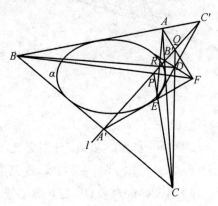

图 1036.1

命题 1036.2 设 $\triangle ABC$ 外切于椭圆 α，直线 l 分别交 $\triangle ABC$ 的三边 BC，CA，AB（或三边的延长线）于 P，Q，R，O 是 $\triangle ABC$ 内一点，OP，OQ，OR 分别交 α 于 A'，B'，C'，如图 1036.2 所示，求证：AA'，BB'，CC' 三线共点（此点记为 S）．

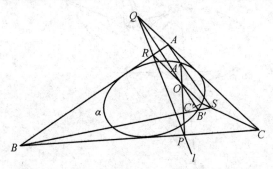

图 1036.2

命题 1037 设 $\triangle ABC$ 内接于椭圆 α，直线 l 在 α 外，BC，CA，AB 分别交 l 于 P，Q，R，过 P，Q，R 各作 α 的一条切线，它们两两相交构成 $\triangle A'B'C'$，过 P，Q，R 再各作 α 的一条切线，它们两两相交构成 $\triangle A''B''C''$，如图 1037 所示，求证：

①AA'，BB'，CC' 三线共点（此点记为 S）；

②AA''，BB''，CC'' 三线共点（此点记为 T）．

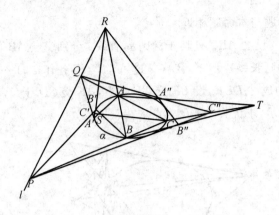

图 1037

注:下面的命题与本命题相近.

命题1037.1 设 $\triangle ABC$ 内接于椭圆 α,直线 l 分别交 $\triangle ABC$ 三边 BC, CA, AB 的延长线于 P, Q, R,过 P, Q, R 各作 α 的一条切线,这三条切线上的切点依次记为 A', B', C'(A' 与 A 分居于 BC 的两侧,B' 与 B 分居于 CA 的两侧,C' 与 C 分居于 AB 的两侧),如图 1037.1 所示,设 BC 交 $B'C'$ 于 P',CA 交 $C'A'$ 于 Q', AB 交 $A'B'$ 于 R',求证:P', Q', R' 三点共线.

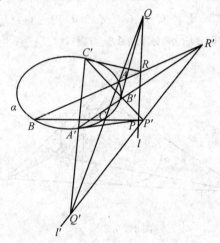

图 1037.1

命题1037.2 设 $\triangle ABC$ 内接于椭圆 α,直线 l 分别交 $\triangle ABC$ 三边 BC, CA, AB 的延长线于 P, Q, R,过 P, Q, R 各作 α 的一条切线,这三条切线两两相交构成 $\triangle A'B'C'$,如图 1037.2 所示,求证:AA', BB', CC' 三线共点(此点记为 S).

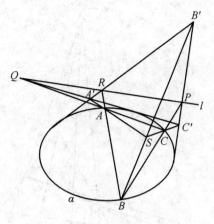

图 1037.2

命题 1038 设 $\triangle ABC$ 内接于圆 O，直线 l 分别交 $\triangle ABC$ 的三边 BC, CA, AB（或三边的延长线）于 P, Q, R，过 P, Q, R 分别作它们各自所在边的垂线，这三条垂线两两相交构成 $\triangle A'B'C'$，这个三角形的外接圆为圆 O'，如图 1038 所示，求证：

① AA', BB', CC' 三线共点，此点记为 S；

② 点 S 既在圆 O 上，又在圆 O' 上.

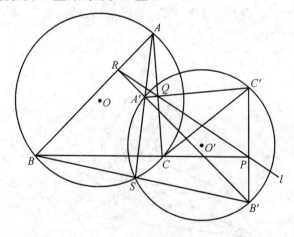

图 1038

命题 1039 设 O 是 $\triangle ABC$ 外一点，直线 z 不过 O，该直线分别交 BC, CA, AB 的延长线于 A', B', C'，$\triangle ABC$ 内有两点 M, M'，AM, AM', BM, BM', CM, CM' 分别交 z 于 P, P', Q, Q', R, R'，如图 1039 所示，求证:在下列三对角中，"某一对角相等"的充要条件是"其余两对角相等"：$(\angle A'OQ, \angle C'OQ')$, $(\angle A'OR, \angle B'OR'), (\angle C'OP, \angle B'OP')$.

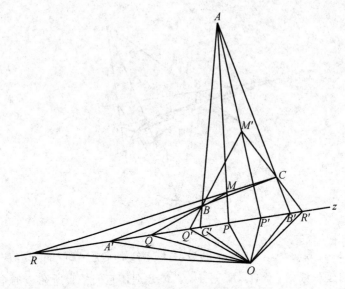

图 1039

注:本命题是"等角共轭定理"在蓝几何中的表现.

命题 1040 设 M,N 是 $\triangle ABC$ 所在平面上两点,AM,AN 分别交 BC 于 D,D',BM,BN 分别交 CA 于 E,E',CM,CN 分别交 AB 于 F,F',设 $E'F'$ 交 EF 于 A',$F'D'$ 交 FD 于 B',$D'E'$ 交 DE 于 C',如图 1040 所示,求证:AA',BB',CC' 三线共点(此点记为 S).

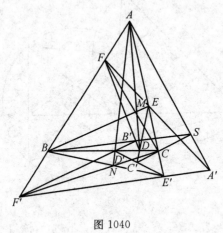

图 1040

注：下面两命题与本命题相近.

**命题 1040.1　设 M,N 是 $\triangle ABC$ 所在平面上两点，AM,AN 分别交 BC 于 D,D'，BM,BN 分别交 CA 于 E,E'，CM,CN 分别交 AB 于 F,F'，设 $E'F'$ 交 EF 于 A'，$F'D'$ 交 FD 于 B'，$D'E'$ 交 DE 于 C'，若 $AA' \parallel BB' \parallel CC'$，如图 1040.1 所示，求证："$M$ 是 $\triangle ABC$ 的重心"的充要条件是"N 是 $\triangle ABC$ 的垂心".

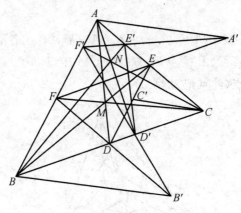

图 1040.1

命题 1040.2　设 M,N 是 $\triangle ABC$ 内两点，N 在 AM,BM,CM 上的射影分别为 A',B',C'，$B'C'$ 交 BC 于 P，$C'A'$ 交 CA 于 Q，$A'B'$ 交 AB 于 R，如图 1040.2 所示，求证：P,Q,R 三点共线.

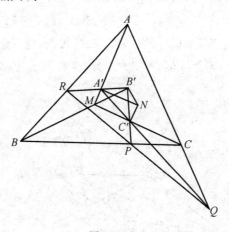

图 1040.2

5.4

命题 1041 设 O 是 $\triangle ABC$ 内一点,在 OA,OB,OC 上各取一点 A',B',C',如图 1041 所示,设 BC' 交 $B'C$ 于 P,CA' 交 $C'A$ 于 Q,AB' 交 $A'B$ 于 R,求证:AP,BQ,CR 三线共点(此点记为 O').

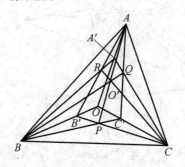

图 1041

***命题 1042** 设 M 是 $\triangle ABC$ 内一点,AM 交 BC 于 D,BM 交 CA 于 E,CM 交 AB 于 F,N 是 $\triangle DEF$ 内一点,DN 交 EF 于 A',EN 交 FD 于 B',FN 交 DE 于 C',如图 1042 所示,求证:AA',BB',CC' 三线共点(此点记为 S).

注:在特殊情况下,S 会与 M,N 共线,例如,当 M 是 $\triangle ABC$ 的内心,N 是 $\triangle DEF$ 的内心时,M,N,S 就三点共线了.

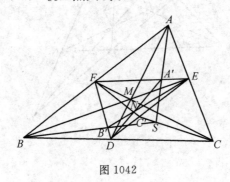

图 1042

下面的命题 1042.1 与本命题相近.

***命题 1042.1** 设 O 是 $\triangle ABC$ 内一点,AO,BO,CO 分别交对边于 D,E,

F,O 关于 EF,FD,DE 的对称点分别为 A',B',C'，如图 1042.1 所示，求证：AA',BB',CC' 三线共点（此点记为 S）.

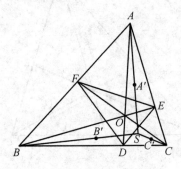

图 1042.1

命题 1043 设 O 是 $\triangle ABC$ 内一点，AO,BO,CO 分别交对边于 A',B',C'，$\triangle AOC',\triangle BOC',\triangle BOA',\triangle COA',\triangle COB',\triangle AOB'$ 的垂心分别为 D,D'；E,E'；F,F'，如图 1043 所示，求证：$\triangle DEF \cong \triangle D'E'F'$.

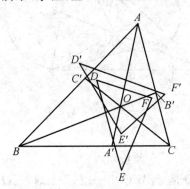

图 1043

注：下面的命题 1043.1 与本命题相近.

命题 1043.1 设 O 是 $\triangle ABC$ 内一点，AO,BO,CO 分别交对边于 D,E,F，$\triangle AOE,\triangle AOF,\triangle BOF,\triangle BOD,\triangle COD,\triangle COE$ 的外心分别记为 O_1,O_2,O_3,O_4,O_5,O_6，如图 1043.1 所示，求证：

① $O_1O_2 \perp AO, O_3O_4 \perp BO, O_5O_6 \perp CO$；

② 三条线段 O_1O_2, O_3O_4, O_5O_6 的垂直平分线共点（此点记为 S）.

命题 1044 设 O 是 $\triangle ABC$ 内一点，AO,BO,CO 分别交 $\triangle ABC$ 的对边于 D,E,F，分别以 D,E,F 为圆心，且分别以 OD,OE,OF 为半径作圆，这三个圆除公共交点 O 外，还两两相交于 A',B',C'，如图 1044 所示，求证：AA',BB',CC' 三线共点（此点记为 S）.

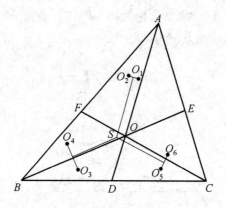

图 1043.1

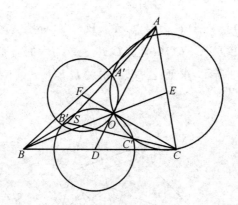

图 1044

注:下面的命题 1044.1 与本命题相近.

命题 1044.1 设 O 是 $\triangle ABC$ 内一点,AO,BO,CO 分别交对边于 D,E,F,以 A 为圆心,AO 为半径的圆记为 (A,AO),设三个圆 $(A,AO),(B,BO),(C,CO)$ 两两相交,除 O 外,其余的交点分别记为 A',B',C',又设三个圆 $(D,DO),(E,EO),(F,FO)$ 两两相交,除 O 外,其余的交点分别记为 A'',B'',C'',如图 1044.1 所示,求证:

①AA',BB',CC' 三线共点(此点记为 O');

②AA'',BB'',CC'' 三线共点(此点记为 S).

命题 1045 设 P 是 $\triangle ABC$ 内一点,$\triangle PBC,\triangle PCA,\triangle PAB$ 的内心分别为 I_1,I_2,I_3,重心分别为 G_1,G_2,G_3,如图 1045 所示,求证:

①AI_1,AI_2,AI_3 三线共点,此点记为 Q;

②AG_1,AG_2,AG_3 三线共点,此点记为 R;

③P,Q,R 三点共线.

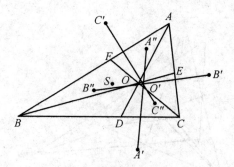

图 1044.1

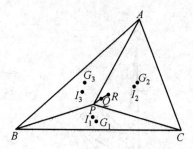

图 1045

注:下面的命题 1045.1 与本命题相近.

**命题 1045.1 设 O 是 $\triangle ABC$ 内一点,$\triangle BOC$,$\triangle COA$,$\triangle AOB$ 的内切圆圆心分别为 A',B',C',如图 1045.1 所示,求证:O 是 $\triangle A'B'C'$ 的垂心.

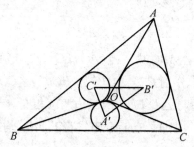

图 1045.1

命题 1046 设 O 是 $\triangle ABC$ 内一点,$\triangle BOC$,$\triangle COA$,$\triangle AOB$ 的垂心分别为 A',B',C',设 BC 交 $B'C'$ 于 A'',CA 交 $C'A'$ 于 B'',AB 交 $A'B'$ 于 C'',如图 1046 所示,求证:AA'',BB'',CC'' 三线共点(此点记为 S).

**命题 1047 设 O,Z 是 $\triangle ABC$ 所在平面上两点,$\angle OZA$ 的平分线交 OA 于 A',$\angle OZB$ 的平分线交 OB 于 B',$\angle OZC$ 的平分线交 OC 于 C',设 $B'C'$ 交 BC 于 P,$C'A'$ 交 CA 于 Q,$A'B'$ 交 AB 于 R,如图 1047 所示,求证:P,Q,R 三点共线.

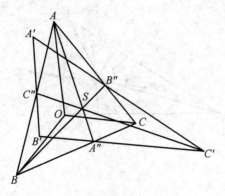

图 1046

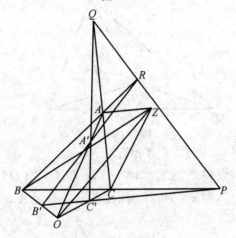

图 1047

命题 1048 设 O 是 $\triangle ABC$ 内一点，AO,BO,CO 分别交 $\triangle ABC$ 的对边于 A',B',C',DD',EE',FF' 分别是 $\angle AOB',\angle BOC',\angle COA'$ 的平分线，如图 1048 所示，$\triangle DEF$ 的三边与 $\triangle D'E'F'$ 的三边两两相交，产生六个交点，它们分别记为 P,Q,R,P',Q',R'，求证：三直线 PP',QQ',RR' 均过点 O.

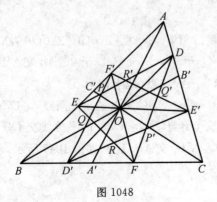

图 1048

命题 1049　设 I 是 $\triangle ABC$ 的内心，O 是 $\triangle ABC$ 内一点，$\angle BOC$ 的平分线交 BC 于 A'；$\angle COA$ 的平分线交 CA 于 B'；$\angle AOB$ 的平分线交 AB 于 C'，如图 1049 所示，求证：

① AA'，BB'，CC' 三线共点，此点记为 S；

② O，I，S 三点共线.

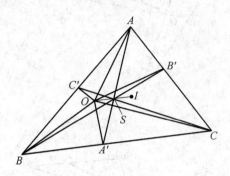

图 1049

命题 1050　设 O 是 $\triangle ABC$ 内一点，作 $\triangle A'B'C'$，使得 $B'C' \parallel OA$，$C'A' \parallel OB$，$A'B' \parallel OC$，如图 1050 所示，求证：在 $\triangle A'B'C'$ 内，存在一点 O'，使得 $O'A' \parallel BC$，$O'B' \parallel CA$，$O'C' \parallel AB$.

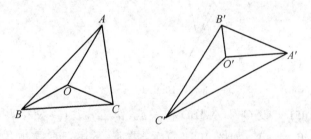

图 1050

注：下面两命题分别是本命题的"蓝表示"和"黄表示".

命题 1050.1　设 O 是 $\triangle ABC$ 内一点，直线 z 分别交 OA，OB，OC，BC，CA，AB 于 P，Q，R，P'，Q'，R'，过 P，Q，R 各作一直线，这三直线两两相交，构成 $\triangle A'B'C'$，如图 1050.1 所示，求证：$A'P'$，$B'Q'$，$C'R'$ 三线共点（此点记为 O'）.

命题 1050.2　设直线 l 分别交 $\triangle ABC$ 的三边 BC，CA，AB（或三边的延长线）于 P，Q，R，Z 是平面上一点，在 ZP，ZQ，ZR 上各取一点 A'，B'，C'，设 ZA 交 $B'C'$ 于 P'，ZB 交 $C'A'$ 于 Q'，ZC 交 $A'B'$ 于 R'，如图 1050.2 所示，求证：P'，Q'，R' 三点共线（此线记为 l'）.

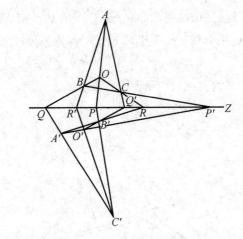

图 1050.1

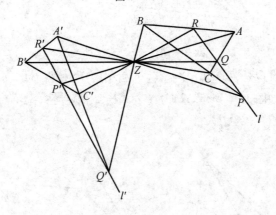

图 1050.2

命题 1051 设 O 是 $\triangle ABC$ 内一点，作 $\triangle A'B'C'$，使得 $B'C' \perp OA$，$C'A' \perp OB$，$A'B' \perp OC$，如图 1051 所示，求证：下述三直线共点（此点记为 O'）：过 A' 且与 BC 垂直的直线，过 B' 且与 CA 垂直的直线，过 C' 且与 AB 垂直的直线.

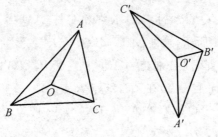

图 1051

命题 1052 设 O 是 $\triangle ABC$ 内一点，O 在 BC, CA, AB 上的射影分别为 D, E, F，过 A 作 EF 的平行线，同时，过 B 作 FD 的平行线，过 C 作 DE 的平行线，这三次平行线两两相交，构成 $\triangle D'E'F'$，如图 1052 所示，求证：DD', EE', FF' 三线共点(此点记为 S).

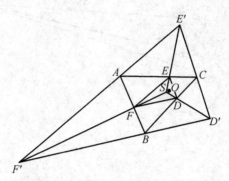

图 1052

注：下面的命题 1052.1 与本命题相近.

命题 1052.1 设 O 是 $\triangle ABC$ 内一点，它在 BC, CA, AB 上的射影分别为 D, E, F，A' 是 OD 上一点，过 A' 作 OC 的垂线，且交 OE 于 B'，过 A' 作 OB 的垂线，且交 OF 于 C'，如图 1052.1 所示，求证：

① $B'C' \perp OA$；

② AA', BB', CC' 三线共点(此点记为 S).

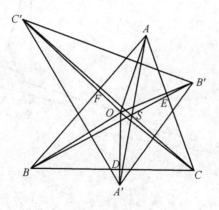

图 1052.1

命题 1053 设 O 是 $\triangle ABC$ 内一点，它在 BC, CA, AB 上的射影分别为 A', B', C'，O 在 $B'C', C'A', A'B'$ 上的射影分别为 A'', B'', C''，$B'C'$ 交 $B''C''$ 于 P，$C'A'$ 交 $C''A''$ 于 Q，$A'B'$ 交 $A''B''$ 于 R，如图 1053 所示，求证："AA'', BB'', CC'' 三

线共点(此点记为 S)"的充要条件是"P,Q,R 三点共线".

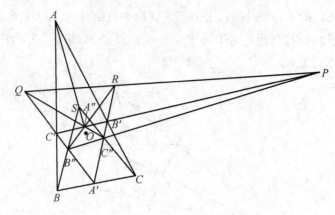

图 1053

注：下面的命题 1053.1 与本命题相近.

命题 1053.1 设 O 是 $\triangle ABC$ 内一点，它在 BC,CA,AB 上的射影分别为 A',B',C',O 在 $B'C',C'A',A'B'$ 上的射影分别为 A'',B'',C'',BC 交 $B''C''$ 于 P，CA 交 $C''A''$ 于 Q，AB 交 $A''B''$ 于 R，如图 1053.1 所示，求证："AA'',BB'',CC'' 三线共点(此点记为 S)"的充要条件是"P,Q,R 三点共线".

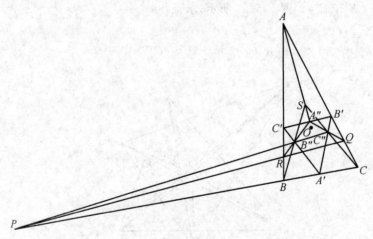

图 1053.1

命题 1054 设 O 是 $\triangle ABC$ 内一点，AO 的垂直平分线分别交 AC,AB 于 D,E，BO 的垂直平分线分别交 BA,BC 于 F,G，CO 的垂直平分线分别交 CB,CA 于 H,K，设 DE,FG,HK 的中点依次为 P,Q,R，如图 1054 所示，求证：AP,BQ,CR 三线共点(此点记为 S).

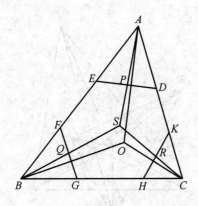

图 1054

命题 1055 设 O 是 $\triangle ABC$ 内一点,过 O 作 BC 的垂线,同时,过 A 作 OC 的垂线,这两垂线相交于 D,过 D 作 OB 的垂线,同时,过 O 作 AB 的垂线,这两垂线相交于 E,如图 1055 所示,求证:$CE \perp OA$.

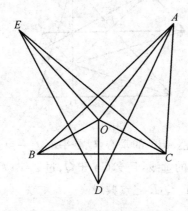

图 1055

命题 1056 设 O 是 $\triangle ABC$ 内一点,O 在 BC,CA,AB 上的射影分别为 D,E,F,在 OD 上取一点 A',过 A' 作 OB 的垂线,且交 OF 于 C',同时,过 A' 作 OC 的垂线,且交 OE 于 B',如图 1056 所示,求证:

① $B'C' \perp OA$;

② AA',BB',CC' 三线共点(此点记为 S).

命题 1057 设 Z 是 $\triangle ABC$ 的垂心,AD,BE,CF 分别是 BC,CA,AB 上的高,一直线分别交 AD,BE,CF 于 D',E',F',过 D' 作 BC 的平行线,同时,过 E' 作 CA 的平行线,这两直线相交于 G,过 F' 作 AB 的平行线,且交 $D'G$ 于 H,如图 1057 所示,求证:$\angle GZH = \angle BZC$.

注:参阅本套书下册第 1 卷的命题 1071.

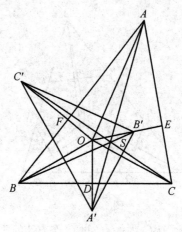

图1056

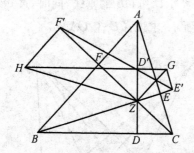

图1057

命题1058 设 Z 是 $\triangle ABC$ 的垂心，O 是平面上一点，过 Z 作 OA 的垂线，且交 BC 于 P；过 Z 作 OB 的垂线，且交 CA 于 Q；过 Z 作 OC 的垂线，且交 AB 于 R，如图1058所示，求证：P,Q,R 三点共线.

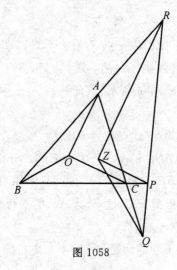

图1058

注：参阅本套书下册第1卷命题 1095,1096.

命题 1059 设 G 是 $\triangle ABC$ 的重心，O 是 $\triangle ABC$ 内一点，OA，OB，OC 的中点分别为 A'，B'，C'，$A'G$ 交 BC 于 A''，$B'G$ 交 CA 于 B''，$C'G$ 交 AB 于 C''，如图 1059 所示，求证：

① AA''，BB''，CC'' 三线共点，此点记为 S；

② O，G，S 三点共线.

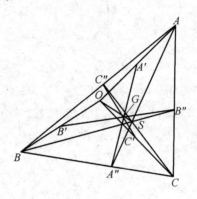

图 1059

命题 1060 设 O 是 $\triangle ABC$ 内一点，AO 交 BC 于 D，BO 交 AC 于 E，DE 交 CO 于 P，设 M 是 AB 上一点，MC 交 AD 于 Q，MO 交 AC 于 R，如图 1060 所示，求证：B，P，Q，R 四点共线.

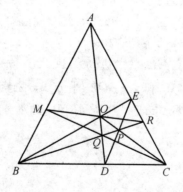

图 1060

命题 1061 设 O 是 $\triangle ABC$ 内一点，AO 交 BC 于 A'，一直线过 O，且分别交 AB，AC 于 M，N，设 BO 交 $A'N$ 于 B'，CO 交 $A'M$ 于 C'，如图 1061 所示，求证：A，B'，C' 三点共线.

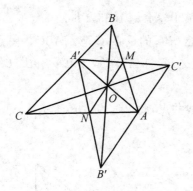

图 1061

命题 1062 设 Z 是 $\triangle ABC$ 内一点,BZ 交 AC 于 D,CZ 交 AB 于 E,$\angle CZD$ 的平分线交 BC 于 G,$\angle DZE$ 的平分线交 BA 于 H,过 A 作 BC 的平行线,且交 GH 于 K,如图 1062 所示,求证:$\angle AZK = DZG$.

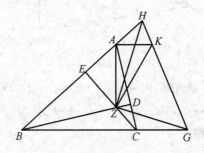

图 1062

注:下面的命题 1062.1 与本命题相近.

****命题 1062.1** 设 $\triangle ABC$ 的三边 BC,CA,AB(或三边的延长线)与直线 l 分别相交于 P,Q,R,$\angle PAR$ 和 $\angle PAQ$ 的平分线分别交 l 于 B',C',设 BB' 交 CC' 于 T,如图 1062.1 所示,求证:AT 是 $\angle BAC$ 的平分线.

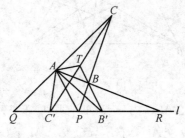

图 1062.1

命题 1063 设 O 是 $\triangle ABC$ 内一点,BO 交 AC 于 D,CO 交 AB 于 E,P 是 AO 上一点,PD,PE 分别交 BC 于 F,G,BD 分别交 PE,AG 于 M,K,CE 分别

PD,AF 于 N,H,设 HK 分别交 AB,AC 于 P,Q,如图 1063 所示,求证:PM,QN,AO 三线共点(此点记为 S).

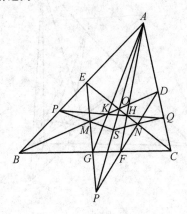

图 1063

注:下面的命题 1063.1 与本命题相近.

命题 1063.1 设 O 是 $\triangle ABC$ 的内心,BO 交 AC 于 D,CO 交 AB 于 E,$\angle BDC$,$\angle BEC$ 的平分线分别交 BC 于 F,G,AF 交 CE 于 H,AG 交 BD 于 K,EG 交 BO 于 M,DF 交 CO 于 N,MN 分别交 AB,AC 于 P,Q,如图 1063.1 所示,求证:PK,QH,AO 三线共点(此点记为 S).

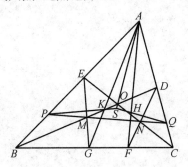

图 1063.1

命题 1064 设 Z 是 $\triangle ABC$ 内一点,BZ 交 AC 于 D,CZ 交 AB 于 E,DE 交 BC 于 F,$\angle CZD$ 的平分线交 BC 于 G,$\angle DZE$ 的平分线交 BA 于 H,如图 1064 所示,求证:

①AG,FH,BD 三线共点(此点记为 S);

②AF,GH,EC 三线共点(此点记为 T).

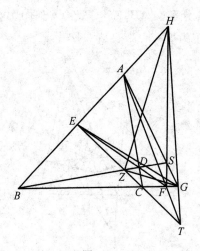

图 1064

5.5

命题 1065 设 P, P' 是 $\triangle ABC$ 的一对等截共轭点,Q, Q' 是 $\triangle ABC$ 的另一对等截共轭点,PQ' 交 $P'Q$ 于 R,PQ 交 $P'Q'$ 于 R',如图 1065 所示,求证:R, R' 也是 $\triangle ABC$ 的一对等截共轭点.

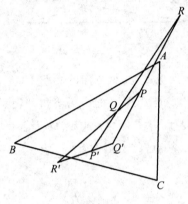

图 1065

注:下面的命题 1065.1 与本命题相近.

命题 1065.1 设 P, P' 是 $\triangle ABC$ 的一对等角共轭点,Q, Q' 是 $\triangle ABC$ 的另一对等角共轭点,PQ' 交 $P'Q$ 于 R,PQ 交 $P'Q'$ 于 R',如图 1065.1 所示,求证:R, R' 也是 $\triangle ABC$ 的一对等角共轭点.

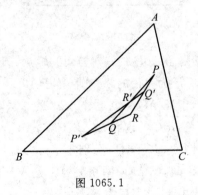

图 1065.1

** 命题 1066　设 P,Q 是 $\triangle ABC$ 的一对等截共轭点，AP 分别交 BQ,CQ 于 D,E，BP 分别交 CQ,AQ 于 F,G，CP 分别交 AQ,BQ 于 H,K，如图 1066 所示，求证：DG,EH,FK 三线共点（此点记为 S）.

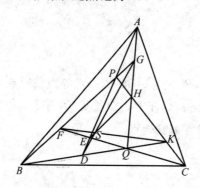

图 1066

注：本命题对等角共轭点也成立，见下面的命题 1066.1.

** 命题 1066.1　设 P,Q 是 $\triangle ABC$ 的一对等角共轭点，AP 分别交 BQ,CQ 于 D,E，BP 分别交 CQ,AQ 于 F,G，CP 分别交 AQ,BQ 于 H,K，如图 1066.1 所示，求证：DG,EH,FK 三线共点（此点记为 S）.

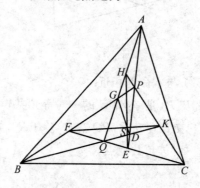

图 1066.1

命题 1067　设 P,Q 是 $\triangle ABC$ 的一对等角共轭点，圆 O_1 过 B,C,P 三点，圆 O_2 过 B,C,Q 三点，以 AP 为直径的圆交圆 O_1 于 M，以 AQ 为直径的圆交圆 O_2 于 N，如图 1067 所示，求证：M,N 也是 $\triangle ABC$ 的一对等角共轭点.

命题 1068　设 O 是 $\triangle ABC$ 的内心，在 BC,CA,AB 上各取两点，它们分别是 $A_1,A_2;B_1,B_2;C_1,C_2$，使得 AO,BO,CO 分别是 $\angle A_1AA_2,\angle B_1BB_2,\angle C_1CC_2$ 的平分线，设三直线 A_1B_2,B_1C_2,C_1A_2 两两相交构成 $\triangle A'B'C'$，如图 1068 所示，求证：AA',BB',CC' 三线共点（此点记为 S）.

注：下列四个命题与本命题相近.

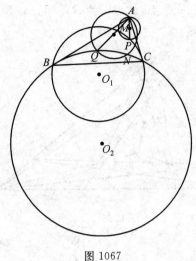

图 1067

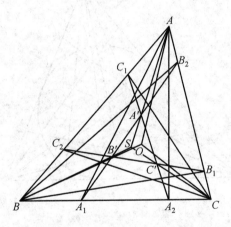

图 1068

命题 1068.1 设 $\triangle ABC$ 的三边 BC, CA, AB 上各有两点,它们分别是 $A_1, A_2; B_1, B_2; C_1, C_2$,使得 $\angle BAA_1 = \angle CAA_2, \angle CBB_1 = \angle ABB_2, \angle ACC_1 = \angle BCC_2$,设三直线 A_1B_2, B_1C_2, C_1A_2 两两相交构成 $\triangle A'B'C'$,如图 1068.1 所示,求证:AA', BB', CC' 三线共点(此点记为 S).

命题 1068.2 设 $\triangle ABC$ 外切于圆 O,在三边 BC, CA, AB 上各有两点,它们分别是 $A_1, A_2; B_1, B_2; C_1, C_2$,使得 $\angle BAA_1 = \angle CAA_2, \angle CBB_1 = \angle ABB_2, \angle ACC_1 = \angle BCC_2$,设 $AA_1, AA_2, BB_1, BB_2, CC_1, CC_2$ 这六条直线产生六个交点,它们分别记为 A', B', C' 以及 A'', B'', C'',如图 1068.2 所示,求证:

① AA', BB', CC' 三线共点,此点记为 P;

② AA'', BB'', CC'' 三线共点,此点记为 Q;

③$A'A''$, $B'B''$, $C'C''$ 三线共点,此点记为 R;

④O, P, Q, R 四点共线.

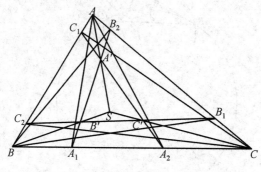

图 1068.1

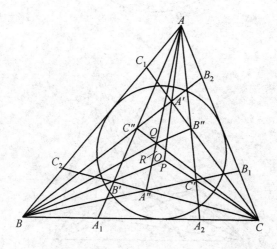

图 1068.2

命题 1068.3 设 $\triangle ABC$ 的三边 BC, CA, AB 上各有两点,它们分别是 A_1, A_2; B_1, B_2; C_1, C_2, 使得 $\angle BAA_1 = \angle ABB_2$, $\angle CBB_1 = \angle BCC_2$, $\angle ACC_1 = \angle CAA_2$, 设 BB_2 交 CC_1 于 A', CC_2 交 AA_1 于 B', AA_2 交 BB_1 于 C', 如图 1068.3 所示,求证:AA', BB', CC' 三线共点(此点记为 S).

命题 1068.4 设 $\triangle ABC$ 的三边 BC, CA, AB 上各有两点,它们分别是 A_1, A_2; B_1, B_2; C_1, C_2, 使得 $\angle BAA_1 = \angle ABB_2$, $\angle CBB_1 = \angle BCC_2$, $\angle ACC_1 = \angle CAA_2$, 设三直线 A_1B_2, B_1C_2, C_1A_2 两两相交构成 $\triangle A'B'C'$, 如图 1068.4 所示,求证:AA', BB', CC' 三线共点(此点记为 S).

命题 1069 设 D, E, F 是 $\triangle ABC$ 内三点,使得 $\angle EAC = \angle FAB$, $\angle FBA = \angle DBC$, $\angle DCB = \angle ECA$, 设 BF 交 CE 于 D', CD 交 AF 于 E', AE 交 BD 于 F', 如图 1069 所示,求证:DD', EE', FF' 三线共点(此点记为 S).

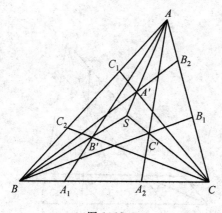

图 1068.3

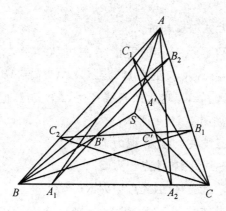

图 1068.4

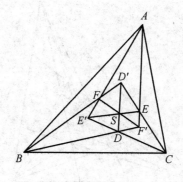

图 1069

命题 1070 设 $\triangle ABC$ 的三边 BC, CA, AB 上各有两点,它们分别是 A_1, A_2; B_1, B_2; C_1, C_2,使得 $BA_1 = CA_2, CB_1 = AB_2, AC_1 = BC_2$,设三直线 A_1B_2, B_1C_2, C_1A_2 两两相交构成 $\triangle A'B'C'$,如图 1070 所示,求证:AA', BB', CC' 三线

共点(此点记为 S).

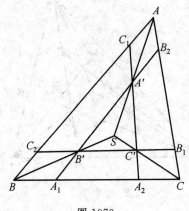

图 1070

注：下列六个命题与本命题相近.

命题1070.1 设 O 是 $\triangle ABC$ 的重心，在三边 BC, CA, AB 上各有两点，它们分别是 $A_1, A_2; B_1, B_2; C_1, C_2$，使得 $BA_1 = CA_2, CB_1 = AB_2, AC_1 = BC_2$，设 $AA_1, AA_2, BB_1, BB_2, CC_1, CC_2$ 这六条直线产生六个交点，它们分别记为 A', B', C' 以及 A'', B'', C''，如图 1070.1 所示，求证：

① AA', BB', CC' 三线共点，此点记为 P；
② AA'', BB'', CC'' 三线共点，此点记为 Q；
③ $A'A'', B'B'', C'C''$ 三线共点，此点记为 R；
④ O, P, Q, R 四点共线.

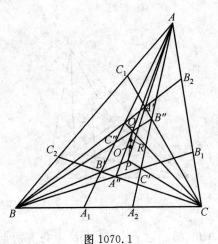

图 1070.1

命题 1070.2 设 $\triangle ABC$ 的三边 BC, CA, AB 上各有两点,它们分别是 $A_1, A_2; B_1, B_2; C_1, C_2$,使得 $AB_2 = AC_1, BC_2 = BA_1, CA_2 = CB_1$,设三直线 A_1B_2, B_1C_2, C_1A_2 两两相交构成 $\triangle A'B'C'$,如图 1070.2 所示,求证:AA', BB', CC' 三线共点(此点记为 S).

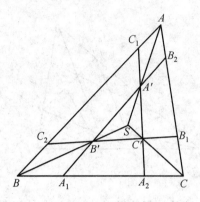

图 1070.2

命题 1070.3 设 $\triangle ABC$ 的三边 BC, CA, AB 上各有两点,它们分别是 $A_1, A_2; B_1, B_2; C_1, C_2$,使得 $AB_2 = AC_1, BC_2 = BA_1, CA_2 = CB_1$,设 $AA_1, AA_2, BB_1, BB_2, CC_1, CC_2$ 这六条直线产生六个交点,它们分别记为 A', B', C' 以及 A'', B'', C'',如图 1070.3 所示,求证:

① AA', BB', CC' 三线共点,此点记为 P;

② AA'', BB'', CC'' 三线共点,此点记为 Q;

③ $A'A'', B'B'', C'C''$ 三线共点,此点记为 R;

④ P, Q, R 三点共线.

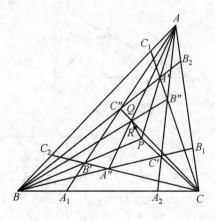

图 1070.3

命题1070.4 设$\triangle ABC$的三边BC,CA,AB上各有两点,按逆时针方向依次记为A',A'',B',B'',C',C'',使得$BA'=A''C,CB'=B''A,AC'=C''B$,设$B'C'$交$B''C''$于$P,C'A'$交$C''A''$于$Q,A'B'$交$A''B''$于$R$,如图1070.4所示,求证:$AP$, BQ,CR三线共点(此点记为S).

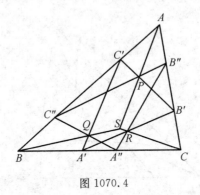

图 1070.4

命题1070.5 设$\triangle ABC$的三边BC,CA,AB上各有两点,它们分别是A_1, $A_2;B_1,B_2;C_1,C_2$,使得$AB_2=AC_1,BC_2=BA_1,CA_2=CB_1$,设$A_1A_2,B_1B_2$, C_1C_2的中点分别为D,E,F,如图1070.5所示,求证:AD,BE,CF三线共点(此点记为S).

注:点S称为$\triangle ABC$的"斯皮克(Spieker)点"(参阅本套书下册第1卷的命题1046).

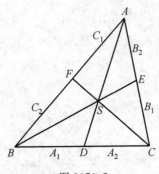

图 1070.5

命题1070.6 设$\triangle ABC$的三边BC,CA,AB上各有两点,它们分别是$A_1,A_2;B_1,B_2;C_1,C_2$,三直线B_1C_2,C_1A_2,A_1B_2两两相交构成$\triangle A'B'C'$,设A_1A_2,B_1B_2,C_1C_2的中点分别为$M_1,M_2,M_3,B'C',C'A',A'B'$的中点分别为$N_1,N_2,N_3$,如图1070.6所示,求证:$M_1N_1,M_2N_2,M_3N_3$三线共点(此点记为$S$).

注:参阅本套书下册第1卷的命题1010.

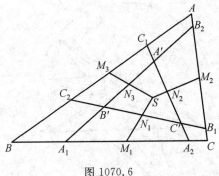

图 1070.6

命题 1071 设 C,D,E,F 四点均在 $\triangle ZAB$ 的边 AB 上，使得 $\angle AZC = \angle BZF$，且 $\angle AZD = \angle BZE$，一直线过 D，且分别交 ZC,ZB 于 G,H，另有一直线过 E，且分别交 ZF,ZA 于 M,N，设 GH 交 MN 于 P, AM 交 BG 于 Q, AH 交 BN 于 R，如图 1071 所示，求证：P,Q,R 三点共线.

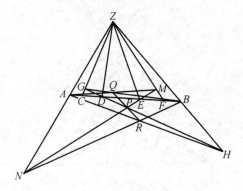

图 1071

命题 1072 设 $\triangle ABC$ 内接于圆 O，BC,CA,AB 上各取两点，它们依次记为 A_1,A_2,B_1,B_2,C_1,C_2，使得 OA,OB,OC 分别平分 $\angle C_1OB_2, \angle B_1OA_2$，$\angle A_1OC_2$，设 C_1B_2, B_1A_2, A_1C_2 两两相交构成 $\triangle A'B'C', BC$ 交 $B'C'$ 于 P, CA 交 $C'A'$ 于 Q, AB 交 $A'B'$ 于 R，如图 1072 所示(图中 P,Q,R 三点均未画出)，求证：

① P,Q,R 三点共线；

② AA',BB',CC' 三线共点(此点记为 S).

命题 1073 设 $\triangle ABC$ 的重心为 G，三边 BC,CA,AB 的三等分点分别是 $A_1,A_2;B_1,B_2;C_1,C_2$，设 $AA_1,AA_2,BB_1,BB_2,CC_1,CC_2$ 这六条直线产生六个交点，它们分别记为 A',B',C' 以及 A'',B'',C''，如图 1073 所示，求证：有三次四点共线，它们分别是：$(A,A',A'',G),(B,B',B'',G),(C,C',C'',G)$.

注：下面的命题 1073.1 与本命题相近.

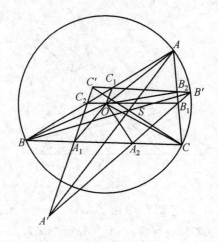

图 1072

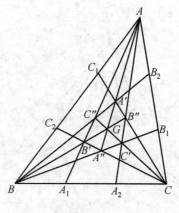

图 1073

命题 1073.1 设 $\triangle ABC$ 三边 BC,CA,AB 上的三等分点分别为 A_1,A_2, B_1,B_2,C_1,C_2,如图 1073.1 所示,设 BB_1 交 CC_2 于 A',CC_1 交 AA_2 于 B',AA_1 交 BB_2 于 C',求证:

①$B'C' \ /\!/ \ BC, C'A' \ /\!/ \ CA, A'B' \ /\!/ \ AB$;

②AA',BB',CC' 三线共点,此点记为 S;

③S 是 $\triangle ABC$ 的重心,也是 $\triangle A'B'C'$ 的重心.

命题 1074 设 $\triangle ABC$ 内接于椭圆 α, $\triangle A'B'C'$ 的三边 $B'C',C'A',A'B'$ 分别与 BC,CA,AB 平行,且依次交 α 于 G,H,K,L,M,N,设 BK 交 CN 于 D, CM 交 AH 于 E,AG 交 BL 于 F,BL 交 CM 于 D',AG 交 CN 于 E',AH 交 BK 于 F',如图 1074 所示,求证:DD',EE',FF' 三线共点(此点记为 S).

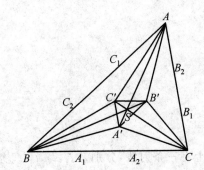

图 1073.1

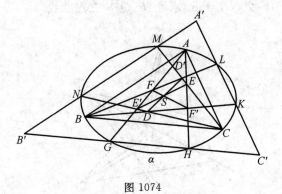

图 1074

5.6

命题 1075　设点 P 上有三条射线，分别是 l_1, l_2, l_3，每条射线上各有两点，分别记为 $A, B; C, D; E, F$，如图 1075 所示，AC 交 DF 于 M，CE 交 BD 于 N，设 MB 交 NF 于 Q，ME 交 NA 于 R，求证：P, Q, R 三点共线.

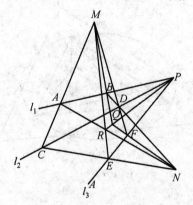

图 1075

命题 1076　设 $\triangle ABC$ 和 $\triangle A'B'C'$ 的对应边相交，产生三个交点 P, Q, R，这三点共线，CA 交 $C'B'$ 于 D，CB 交 $C'A'$ 于 D'，DD' 交 AB 于 X；BA 交 $B'C'$ 于 E，BC 交 $B'A'$ 于 E'，EE' 交 CA 于 Y；AB 交 $A'C'$ 于 F，AC 交 $A'B'$ 于 F'，FF' 交 BC 于 Z，如图 1076 所示，求证：X, Y, Z 三点共线.

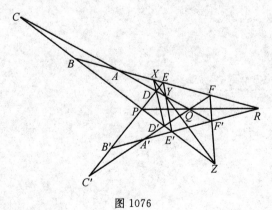

图 1076

命题 1077 设 $\triangle ABC$ 的内心为 R，P 是 $\triangle ABC$ 内一点，AP 交 BC 于 D，BP 交 CA 于 E，CP 交 AB 于 F，$\triangle AFE$，$\triangle BDF$，$\triangle CEF$ 的内心分别为 O_1,O_2,O_3，如图 1077 所示，求证：

① DO_1,EO_2,FO_3 三线共点，该点记为 Q；

② P,Q,R 三点共线。

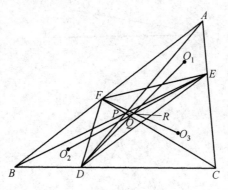

图 1077

命题 1078 设 Z 是 $\triangle ABC$ 的垂心，M 是平面上一点，过 Z 作 BC 的平行线，此线分别交 MB,MC 于 A_1,A_2；过 Z 作 CA 的平行线，此线分别交 MC,MA 于 B_1,B_2；过 Z 作 AB 的平行线，此线分别交 MA,MB 于 C_1,C_2，设 B_1C_2 交 BC 于 P；C_1A_2 交 CA 于 Q；A_1B_2 交 AB 于 R，如图 1078 所示，求证：Z,P,Q,R 四点共线。

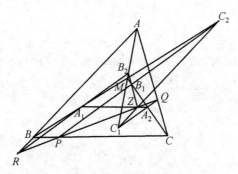

图 1078

命题 1079 设 $\triangle ABC$ 的重心为 M，垂心为 H，$\triangle HBC$，$\triangle HCA$，$\triangle HAB$ 的重心分别为 M_1,M_2,M_3，如图 1079 所示，求证：M 是 $\triangle M_1M_2M_3$ 的垂心。

注：下列三个命题与本命题相近。

命题 1079.1 设 $\triangle ABC$ 的重心为 M，垂心为 H，$\triangle MBC$，$\triangle MCA$，$\triangle MAB$ 的垂心分别为 H_1,H_2,H_3，如图 1079.1 所示，求证：H 是 $\triangle H_1H_2H_3$ 的重心。

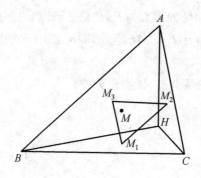

图 1079

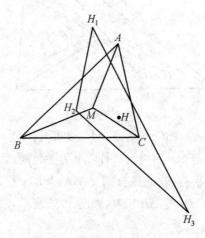

图 1079.1

命题 1079.2 设 △ABC 的三边 BC, CA, AB 的中点分别为 D, E, F, △ABC 的重心为 G, 垂心为 H, △DEF 的垂心为 H′, 如图 1079.2 所示, 求证:
① H, G, H′ 三点共线, 且 $GH:GH' = 2:1$;
② H, H′ 是 △ABC 的一对等角共轭点.

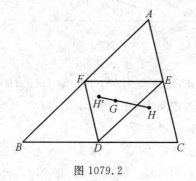

图 1079.2

命题 1079.3 设 M,H 分别是 $\triangle ABC$ 的重心和垂心，BC,CA,AB 上的中点分别为 D,E,F，H 在 BC,CA,AB 上的射影分别为 G,K,L，设 DH 交 MG 于 P，EH 交 MK 于 Q，FH 交 ML 于 R，如图 1079.3 所示，求证：AP,BQ,CR 三线共点（此点记为 S）.

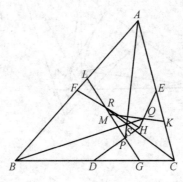

图 1079.3

命题 1080 设 H 是 $\triangle ABC$ 的垂心，O_1,O_2,O_3 分别是 $\triangle HBC,\triangle HCA,\triangle HAB$ 的内心，如图 1080 所示，求证：AO_1,BO_2,CO_3 三线共点.

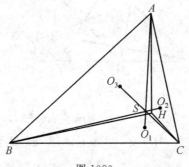

图 1080

命题 1081 设 H 是 $\triangle ABC$ 的垂心，以 A 为圆心，AH 为半径作圆，该圆分别交 AB,AC 于 A_1,A_2；以 B 为圆心，BH 为半径作圆，该圆分别交 BC,BA 于 B_1,B_2；以 C 为圆心，CH 为半径作圆，该圆分别交 CA,CB 于 C_1,C_2，如图 1081 所示，设 B_2C_1 交 BC 于 P，C_2A_1 交 CA 于 Q，A_2B_1 交 AB 于 R，求证：P,Q,R 三点共线.

命题 1082 设 $\triangle ABC$ 的垂心为 H，AH 的垂直平分线分别交 AC,AB 于 D,E，BH 的垂直平分线分别交 BA,BC 于 F,G，CH 的垂直平分线分别交 CB,CA 于 L,K，如图 1082 所示，求证：

① DG,EL,FK 三线共点，此点记为 S；

② S 是三条线段 DG,EL,FK 公共的中点.

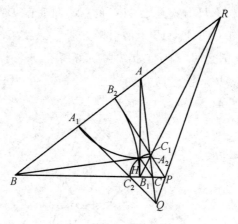

图 1081

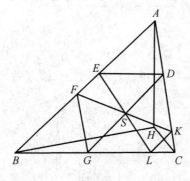

图 1082

命题 1083 设 H 是 $\triangle ABC$ 的垂心,BH 交 AC 于 D,CH 交 AB 于 E,O 是 DE 上一点,M 是 BC 的中点,MD 交 BO 于 P,ME 交 CO 于 Q,如图 1083 所示,求证:

① P,A,Q 三点共线;

② $OH \perp PQ$.

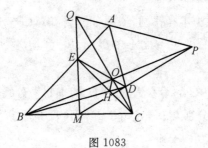

图 1083

命题1084 设 H 是 $\triangle ABC$ 的垂心，D,E,F 分别是三边 BC,CA,AB 的中点，以 D 为圆心，DH 为半径的圆交 BC 于 A_1,A_2；以 E 为圆心，EH 为半径的圆交 CA 于 B_1,B_2；以 F 为圆心，FH 为半径的圆交 AB 于 C_1,C_2，如图1084所示，求证：A_1,A_2,B_1,B_2,C_1,C_2 六点共圆.

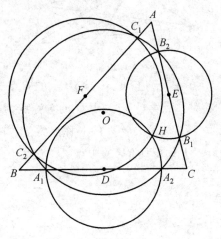

图 1084

命题1085 设 $\triangle ABC$ 中，三边 BC,CA,AB 的中点分别为 D,E,F，M 是 $\triangle ABC$ 内一点，DM 交 EF 于 A'，EM 交 FD 于 B'，FM 交 ED 于 C'，如图1085所示，求证：AA',BB',CC' 三线共点（此点记为 N）.

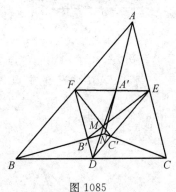

图 1085

命题1086 设 $\triangle ABC$ 中，三边 BC,CA,AB 的中点分别为 D,E,F，M 是 $\triangle ABC$ 内一点，AM,BM,CM 分别交对边于 D',E',F'，AD' 交 $E'F'$ 于 A'，BE' 交 $F'D'$ 于 B'，CF' 交 $D'E'$ 于 C'，如图1086所示，求证：$A'D,B'E,C'F$ 三线共点（此点记为 N）.

注：参阅本套书下册第2卷的命题1035.1.

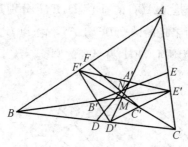

图 1086

命题 1087 设 $\triangle ABC$ 中,三边 BC,CA,AB 上的中点分别为 D,E,F,P 是平面上一点,P 关于 F 的对称点为 Q,Q 关于 D 的对称点为 R,R 关于 E 的对称点为 S,S 关于 F 的对称点为 X,X 关于 D 的对称点为 Y,如图 1087 所示,求证:

① A,B,C 分别是线段 PS,QX,RY 的中点;

② $PS \parallel QX \parallel RY$;

③ E 是 PY 的中点.

注:本命题对五边形、七边形等均成立.

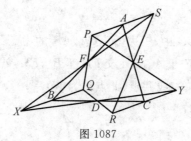

图 1087

命题 1088 设 $\triangle ABC$ 的三边 BC,CA,AB 的中点分别为 D,E,F,$\triangle ABC$ 的重心为 G,P 是 $\triangle ABC$ 内一点,AP,BP,CP 的中点分别为 D',E',F',如图 1088 所示,求证:

① DD',EE',FF' 三线共点,此点记为 S;

② G,S,P 三点共线.

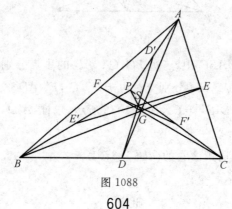

图 1088

命题 1089 设 $\triangle ABC$ 的三边 BC, CA, AB 的中点分别为 A', B', C', O 是平面内一点，OA, OB, OC 的中点分别为 A'', B'', C''，如图 1089 所示，求证：$A'A'', B'B'', C'C''$ 三线共点(此点记为 S).

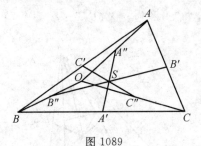

图 1089

命题 1090 设 D 是 $\triangle ABC$ 中 BC 边上一点，P 是 AD 上一点，BP 交 AC 于 E, CP 交 AB 于 F，一直线过 P，且分别交 BC, EF 于 G, H，如图 1090 所示，求证："AD 平分 $\angle BAC$" 的充要条件是 "AD 平分 $\angle GAH$".

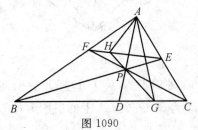

图 1090

命题 1091 设 D 是 $\triangle ABC$ 中 BC 边上一点，P 是 AD 上一点，BP 交 AC 于 E, CP 交 AB 于 F，一直线过 P，且分别交 BC, EF 于 G, H, AH 交 BC 于 K, O 是平面上一点，如图 1091 所示，求证："OD 平分 $\angle BOC$" 的充要条件是 "OD 平分 $\angle GOK$".

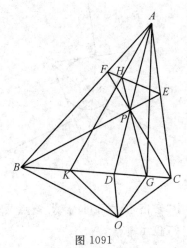

图 1091

命题 1092　设 D 是 $\triangle ABC$ 中 BC 边上一点，P 是 AD 上一点，过 P 的两直线分别交 AB，AC 于 E，F 和 G，H，如图 1092 所示，过 P 另有一直线，它分别交 EH，FG 于 K，L，设 AK，AL 分别交 BC 于 M，N，O 是平面上一点，求证："OD 平分 $\angle BOC$" 的充要条件是 "OD 平分 $\angle MON$".

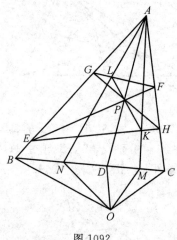

图 1092

命题 1093　设 $\triangle ABC$ 外切于圆 O，O_1，O_2，O_3 分别是三边 BC，CA，AB 上的旁心，O_1 在 BC 上的射影为 D，O_2 在 CA 上的射影为 E，O_3 在 AB 上的射影为 F，设 $\triangle ABC$ 的重心为 M，如图 1093 所示，求证：

① AD，BE，CF 三线共点，此点记为 N；

② I，M，N 三点共线，且 $IM:MN = 1:2$.

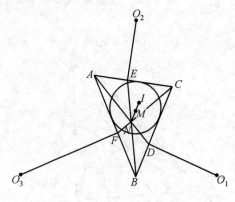

图 1093

注：本命题的点 N 称为 "奈格尔 (Nagel) 点". 该点又名 "界心"，它与 "热尔岗 (Gergonne) 点" 是一对等截共轭点.

命题 1094 设三圆 O_1, O_2, O_3 分别是 $\triangle ABC$ 中三边 BC, CA, AB 上的旁切圆，AB 与这三个圆依次相切于 D, E, F，AC 与这三个圆依次相切于 G, H, K，EG 交圆 O_2 于 M，DH 交圆 O_3 于 N，DK 交 FG 于 P，BM 交 CN 于 Q，如图 1094 所示，求证：A, P, Q 三点共线.

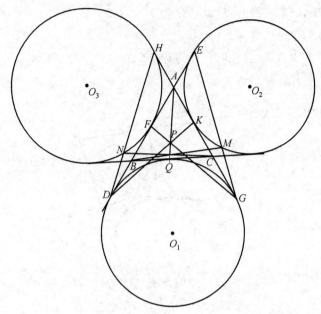

图 1094

命题 1095 设三圆 O_1, O_2, O_3 分别是 $\triangle ABC$ 中三边 BC, CA, AB 上的旁切圆，AB, AC 分别与圆 O_1 相切于 D, E，BC 分别与圆 O_2, O_3 相切于 F, G，设 EF 交 DG 于 H，如图 1095 所示，求证：$AH \perp BC$.

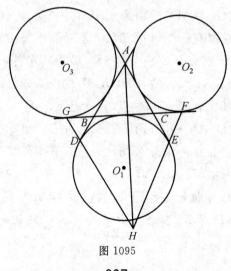

图 1095

命题 1096　设圆 O_1,O_2,O_3 分别是 $\triangle ABC$ 中三边 BC,CA,AB 上的旁切圆,这三圆中的每两圆都还有一条外公切线,这三条外公切线两两相交构成 $\triangle A'B'C'$,如图 1096 所示,设 A 在 $B'C'$ 上的射影为 A'',B 在 $C'A'$ 上的射影为 B'',C 在 $A'B'$ 上的射影为 C'',求证:

①AA'',BB'',CC'' 三线共点(此点记为 P);

②AA',BB',CC' 三线共点(此点记为 Q);

③$A'A'',B'B'',C'C''$ 三线共点(此点记为 R);

④P,Q,R 三点共线.

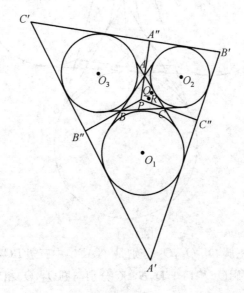

图 1096

命题 1097　设圆 O_1,O_2,O_3 分别是 $\triangle ABC$ 中三边 BC,CA,AB 上的旁切圆,这三圆中的每两圆都有一条外公切线,这三条外公切线两两相交构成 $\triangle A'B'C'$,设 AB,AC 分别交 $B'C'$ 于 A_1,A_2,BC,BA 分别交 $C'A'$ 于 B_1,B_2,CA,CB 分别交 $A'B'$ 于 C_1,C_2,A_1A_2,B_1B_2,C_1C_2 的中点分别为 A'',B'',C'',如图 1097 所示,求证:AA'',BB'',CC'' 三线共点(此点记为 S).

命题 1098　设圆 O_1,O_2,O_3 分别是 $\triangle ABC$ 中三边 BC,CA,AB 上的旁切圆,这三圆中的每两圆都有一条外公切线,这三条外公切线两两相交构成 $\triangle A'B'C'$,如图 1098 所示,设 AB,AC 分别交 $B'C'$ 于 A_1,A_2,BC,BA 分别交 $C'A'$ 于 B_1,B_2,CA,CB 分别交 $A'B'$ 于 C_1,C_2,设 B_1B' 交 C_2C' 于 P,C_1C' 交 A_2A' 于 Q,A_1A' 交 B_2B' 于 R,求证:$A'P,B'Q,C'R$ 三线共点(此点记为 S).

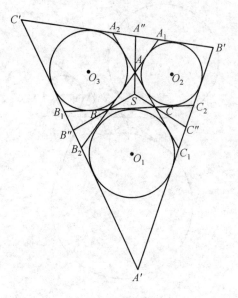

图 1097

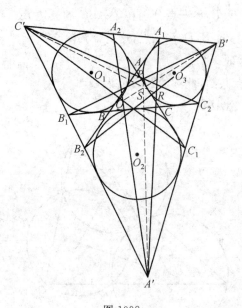

图 1098

命题 1099 设 $\triangle ABC$ 内接于圆 O,圆 O_1 与 AB,AC 都相切,且与圆 O 外切于 A',类似地,还有 B',C' 两点,如图 1099 所示,求证:AA',BB',CC' 三线共点,此点记为 S.

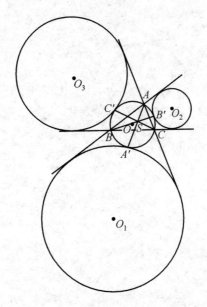

图 1099

命题 1100 设 D,E,F 三点分别在 $\triangle ABC$ 的三边 BC,CA,AB 上,圆 O_1 过 A,E,F 三点,圆 O_2 过 B,D,F 三点,这两个圆除交点 F 外,另一个交点记为 S,如图 1100 所示,求证:

① C,D,S,E 四点共圆,此圆的圆心记为 O_3;

② $\triangle O_1O_2O_3 \backsim \triangle ABC$.

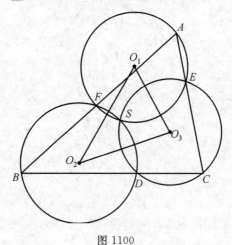

图 1100

命题 1101 设 $\triangle ABC$ 外切于圆 O, AO 的垂直平分线分别交 AC,AB 于 D, E, BO 的垂直平分线分别交 BA,BC 于 F, G, CO 的垂直平分线分别交 CB,CA 于 H, K,如图 1101 所示,求证:

① DG, EH, FK 三线共点,此点就是 O;
② 有三次三点共线,它们分别是:$(D,O,G),(E,O,H),(F,O,K)$.

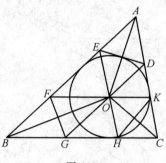

图 1101

命题 1102 设 $\triangle ABC$ 中三边 BC, CA, AB 上的高分别是 AD, BE, CF,P 是平面上一点,P 在 BC, CA, AB 上的射影分别为 A', B', C',P 在 AD, BE, CF 上的射影分别为 A'', B'', C'',如图 1102 所示,求证:$A'A'', B'B'', C'C''$ 三线共点(此点记为 S).

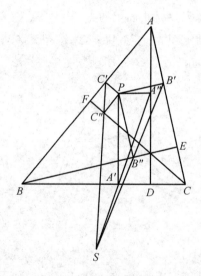

图 1102

命题 1103 设三个矩形 $BCDE, CAFG, ABHK$ 都在 $\triangle ABC$ 的外部,如图 1103 所示,求证:三条线段 DG, EH, FK 的垂直平分线共点(此点记为 S).

命题 1104 设 O 是直线 x 外一点,A, B, C, A', B', C' 是 x 上六点,使得 $AO \perp A'O, BO \perp B'O, \angle AOC = \angle BOC'$,一直线过 A',且分别交 OA, OC 于 D, E,另有一直线过 B',且分别交 OB, OC' 于 F, G,设 DF 交 x 于 P,DG 交 EF 于 Q,如图 1104 所示,求证:$OP \perp OQ$.

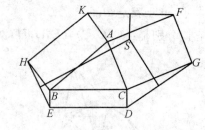

图 1103

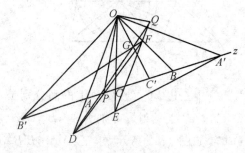

图 1104

命题 1105 设 A,B,C,D 是平面上四点,其中任意三点不共线,BO 交 AC 于 D,CO 交 AB 于 E,M 是 AO 上一点,BM 交 CE 于 F,CM 交 BD 于 G,EG 交 FD 于 S,如图 1105 所示,求证:点 S 在 OA 上.

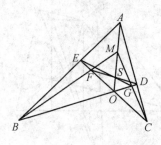

图 1105

命题 1106 设 $\triangle ZAB,\triangle ZCD$ 都是直角三角形,Z 是直角顶点,ZA 交 CD 于 E,ZC 交 AB 于 F,设 AC,EF 分别交 BD 于 G,H,如图 1106 所示,求证:$\angle DZG = \angle BZH$.

命题 1107 设 A',B',C' 是 $\triangle ABC$ 外三点,使得 $\triangle BCA',\triangle CAB',\triangle ABC'$ 是彼此相似的等腰三角形,设 BC 交 $B'C'$ 于 P,CA 交 $C'A'$ 于 Q,AB 交 $A'B'$ 于 R,如图 1107 所示,求证:

①AA',BB',CC' 三线共点(此点记为 S);

②P,Q,R 三点共线.

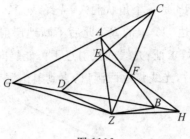

图 1106

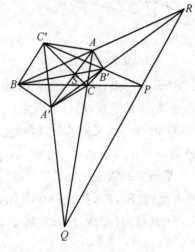

图 1107

命题 1108 设三点 A',B',C' 分别在 $\triangle ABC$ 的三边 BC,CA,AB（或三边的延长线）上，使得 $AA' \parallel BB' \parallel CC'$，设 $B'C'$ 交 BC 于 P，$C'A'$ 交 CA 于 Q，$A'B'$ 交 AB 于 R，如图 1108 所示，求证：P,Q,R 三点共线.

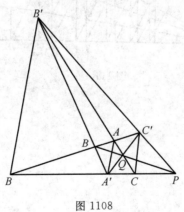

图 1108

命题 1109 设 $\angle AOB$ 是一个角状洞穴,光线从 OA 上一点 P_1 处射出,到达 OB 上的 P_2,反射后到达 OA 上的 P_3,此后不断地反射,投射点依次为 P_4,P_5,P_6,$\cdots$,如图 1109 所示,求证:光线的投射点不可能趋向于洞底(指点 O),恰好相反,经过有限次反射后,光线将返回洞口,直到射出洞口.

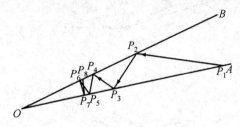

图 1109

命题 1110 设 P_1 是 $\angle AOB$ 内一点,一只小虫从 P_1 出发,向 OA 直奔而去(所谓"直奔",就是向 OA 作垂线,沿此垂线,向垂足奔去),到达 OA 上的 A_1 后,转身向 OB 直奔而去,到达 OB 的 A_2 后,又向 OA 直奔而去,如此往返,产生一条折线 $A_1A_2A_3\cdots$,现在,另有一只小虫也从 P_1 出发,不过出发后,它不是向 OA,而是向 OB 直奔而去,于是该虫的轨迹产生了另一条折线 $B_1B_2B_3\cdots$,上述两条折线反复相交,产生两个点列:$P_1,P_2,P_3,\cdots$ 和 $Q_1,Q_2,Q_3,\cdots$,如图 1110 所示,求证:点列 $P_1,P_2,P_3,\cdots$ 共线,且此线过 O;点列 $Q_1,Q_2,Q_3,\cdots$ 也共线,且此线也过 O.

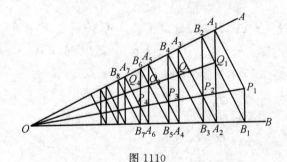

图 1110

5.7

命题 1111 设 $\triangle ABC$ 外切于圆 O,BC,CA,AB 上的切点分别为 D,E,F, $\triangle DEF$ 的重心为 G($\triangle DEF$ 称为 $\triangle ABC$ 的"切点三角形"),如图 1111 所示,求证:

① AD,BE,CF 三线共点,此点记为 G'(G' 称为 $\triangle ABC$ 的"热尔岗点");

② G 与 G' 是 $\triangle ABC$ 的一对等角共轭点.

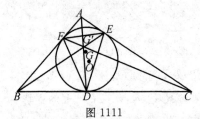

图 1111

注:此乃"默刁(Mathlew)定理".

若 G 与 G' 是 $\triangle ABC$ 的一对等角共轭点,其中 G 是 $\triangle ABC$ 的重心,那么,另一点 G' 则称为该三角形的"类似重心"或"陪位中心",所以,本命题的结论 ② 可以改述为:"$\triangle ABC$ 的热尔岗点是其切点三角形的类似重心".

下面的命题 1111.1 与本命题相近.

命题 1111.1 设 $\triangle ABC$ 外切于圆 I,BC,CA,AB 上的切点分别为 D,E, F,G 是 $\triangle ABC$ 的热尔岗点,如图 1111.1 所示,求证:

① 存在一点 S,使得 $SD \parallel AI$,$SE \parallel BI$,$SF \parallel CI$;

② I,G,S 三点共线.

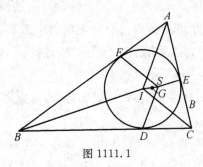

图 1111.1

命题 1112　设 $\triangle ABC$ 外切于圆 I，分别以 B,C 为圆心，各作一个与圆 I 外切的圆，如图 1112 所示，求证：这两圆的两条外公切线中，有一条与 AI 垂直（图 1112 中，这条外公切线记为 l）．

图 1112

命题 1113　设 $\triangle ABC$ 外切于圆 O，BC,CA,AB 上的切点分别为 D,E,F，BC,CA,AB 上的中点分别为 P,Q,R，P 在 EF 上的射影为 P'，Q 在 FD 上的射影为 Q'，R 在 DE 上的射影为 R'，如图 1113 所示，求证：PP',QQ',RR' 三线共点（此点记为 S）．

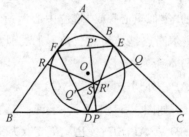

图 1113

命题 1114　设 $\triangle ABC$ 外切于圆 O，BC,CA,AB 上的切点分别为 D,E,F，EF,FD,DE 的中点分别为 P,Q,R，P 在 BC 上的射影为 P'，Q 在 CA 上的射影为 Q'，R 在 AB 上的射影为 R'，如图 1114 所示，求证：PP',QQ',RR' 三线共点（此点记为 S'）．

注：若将图 1113 与图 1114 合并成一张图，那么，可以证明：S,O,S' 三点共线．

命题 1115　设 $\triangle ABC$ 内接于圆 O，O 关于 BC,CA,AB 的对称点分别记为 A',B',C'，如图 1115 所示，求证：AA',BB',CC' 三线共点（此点记为 S）．

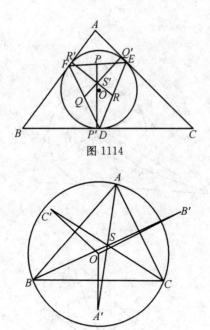

图 1114

图 1115

命题 1115.1 设 $\triangle ABC$ 外切于圆 O,O 关于 BC,CA,AB 的对称点分别记为 A',B',C',如图 1115.1 所示,求证:AA',BB',CC' 三线共点(此点记为 S).

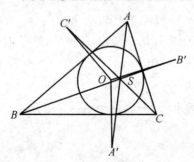

图 1115.1

* **命题 1116** 设 $\triangle ABC$ 外切于圆 I,H 是 $\triangle ABC$ 的垂心,AH,BH,CH 的中点分别为 A',B',C',$A'I$ 交 BC 于 A'',$B'I$ 交 CA 于 B'',$C'I$ 交 AB 于 C'',如图 1116 所示,求证:AA'',BB'',CC'' 三线共点(此点记为 S).

* **命题 1117** 设 $\triangle ABC$ 外切于圆 O,H 是 $\triangle ABC$ 的垂心,AH,BH,CH 分别交圆 O 于 A',B',C',$A'O$ 交 BC 于 A'',$B'O$ 交 CA 于 B'',$C'O$ 交 AB 于 C'',如图 1117 所示,求证:

① AA'',BB'',CC'' 三线共点,此点记为 S;

② S,O,H 三点共线.

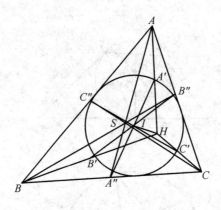

图 1116

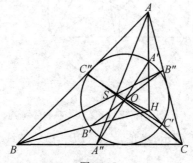

图 1117

*命题 1118** 设 $\triangle ABC$ 外切于圆 O,G 是 $\triangle ABC$ 的重心,AG,BG,CG 分别交圆 O 于 A',B',C',$A'O$ 交 BC 于 A'',$B'O$ 交 CA 于 B'',$C'O$ 交 AB 于 C'',如图 1118 所示,求证:

①AA'',BB'',CC'' 三线共点,此点记为 S;

②S,O,G 三点共线.

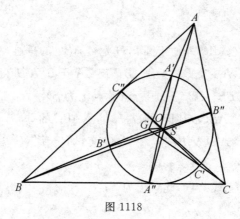

图 1118

命题 1119 设 $\triangle ABC$ 外切于圆 O，三边 BC, CA, AB 上的切点分别为 D, E, F，D 关于 OA 的对称点是 D'，E 关于 OB 的对称点是 E'，F 关于 OC 的对称点是 F'，设 DE 交 $D'E'$ 于 P，DF 交 $D'F'$ 于 Q，如图 1119 所示，求证：P, A, Q 三点共线.

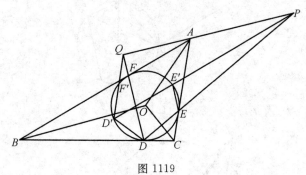

图 1119

命题 1120 设锐角 $\triangle ABC$ 内接于圆 O，在下列三段劣弧 BC, CA, AB 上各取两点，它们依次记为 $A_1, A_2, B_1, B_2, C_1, C_2$，使得下列六段弧长相等：$AB_2, AC_1, BC_2, BA_1, CA_2, CB_1$，设 BC 交 B_2C_1 于 P，CA 交 C_2A_1 于 Q，AB 交 A_2B_1 于 R，如图 1120 所示，求证：P, Q, R 三点共线.

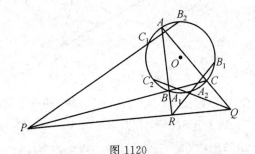

图 1120

命题 1121 设 $\triangle ABC$ 内接于圆 O，A', B', C' 分别是弧 BC, CA, AB 的中点（A' 与 A 分列于 BC 的两侧，B' 与 B 分列于 CA 的两侧，C' 与 C 分列于 AB 的两侧），设 BC' 交 $B'C$ 于 P，CA' 交 $C'A$ 于 Q，AB' 交 $A'B$ 于 R，如图 1121 所示，求证：

① P, Q, R 三点共线，此线记为 z；

② AA', BB', CC' 三线共点，此点记为 M；

③ AP, BQ, CR 三线共点，此点记为 N；

④ OM 与 z 垂直.

命题 1122 设 $\triangle ABC$ 内接于圆 O，M 是平面上一点，BC 的垂直平分线交 AM 于 A'，CA 的垂直平分线交 BM 于 B'，AB 的垂直平分线交 CM 于 C'，设 BC

交 $B'C'$ 于 P, CA 交 $C'A'$ 于 Q, AB 交 $A'B'$ 于 R, 如图 1122 所示, 求证: P, Q, R 三点共线.

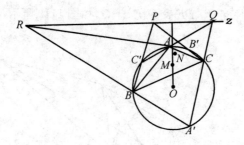

图 1121

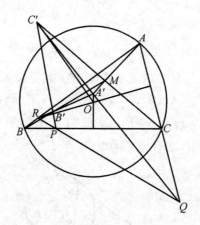

图 1122

命题 1123 设 $\triangle ABC$ 内接于圆 O, H 是 $\triangle ABC$ 的垂心, AH, BH, CH 分别交圆 O 于 A', B', C', $A'O$ 交 BC 于 A'', $B'O$ 交 CA 于 B'', $C'O$ 交 AB 于 C'', 如图 1123 所示, 求证: AA'', BB'', CC'' 三线共点(此点记为 S).

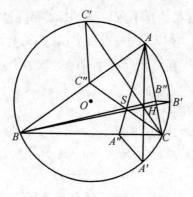

图 1123

命题 1124 设 $\triangle ABC$ 内接于圆 O,H 是 $\triangle ABC$ 的垂心,AO,BO,CO 分别交圆 O 于 A',B',C',$A'H$ 交 BC 于 A'',$B'H$ 交 CA 于 B'',$C'H$ 交 AB 于 C'',如图 1124 所示,求证:

① AA'',BB'',CC'' 三线共点,此点记为 G;

② G 是 $\triangle ABC$ 的重心.

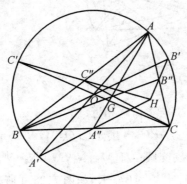

图 1124

注:下面的命题 1124.1 与本命题相近.

命题 1124.1 设 $\triangle ABC$ 内接于圆 O,P 是 $\triangle ABC$ 内一点,AP,BP,CP 分别交圆 O 于 A',B',C',A' 在 BC 上的射影为 A'',B' 在 CA 上的射影为 B'',C' 在 AB 上的射影为 C'',如图 1124.1 所示,求证:AA'',BB'',CC'' 三线共点(此点记为 S).

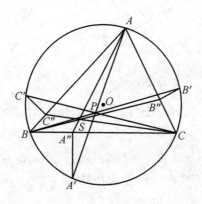

图 1124.1

**命题 1125 设 $\triangle ABC$ 内接于圆 O,M,N 是 $\triangle ABC$ 内两点,AM,AN,BM,BN,CM,CN 分别交圆 O 于 M_1,N_1,M_2,N_2,M_3,N_3,设 M_2N_3 交 M_3N_2 于 P,M_3N_1 交 M_1N_3 于 Q,M_1N_2 交 M_2N_1 于 R,如图 1125 所示,求证:M,N,P,Q,

R 五点共线.

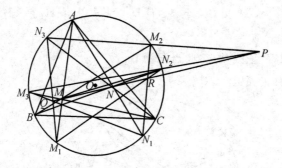

图 1125

注:下面的命题 1125.1 与本命题相近.

命题 1125.1 设 △ABC 内接于圆 O,M,N 是 △ABC 内两点,AM,AN,BM,BN,CM,CN 分别交圆 O 于 M_1,N_1,M_2,N_2,M_3,N_3,设 M_1N_1 交 BC 于 P,M_2N_2 交 CA 于 Q,M_3N_3 交 AB 于 R,如图 1125.1 所示,求证:M,N,P,Q,R 五点共线.

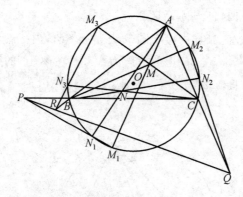

图 1125.1

命题 1126 设完全四边形 $ABCD-EF$ 的四边 AB,BC,CD,DA 均与圆 O 相切,求证:

① $\angle AOB = \angle COD$(图 1126),或 $\angle AOB + \angle COD = 180°$(图 1126.1);

② $\angle BOE = \angle DOF$(图 1126),或 $\angle BOE + \angle DOF = 180°$(图 1126.1).

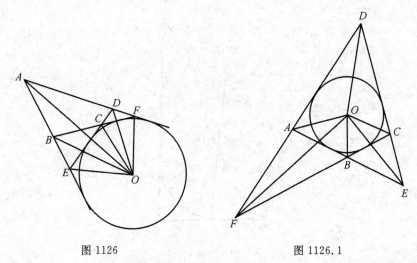

图 1126　　　　　　　图 1126.1

命题 1127　设四边形 $ABCD$ 外切于圆 O,AB,BC,CD,DA 的切点分别为 E,F,G,H,AC 交 BD 于 M,由下列三点:(E,M,H),(E,M,F),(F,M,G),(G,M,H) 所确定的圆的圆心依次为 O_1,O_2,O_3,O_4,如图 1127 所示,求证:O_1O_3 与 O_2O_4 互相垂直平分.

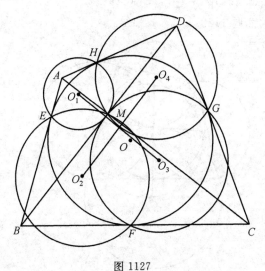

图 1127

命题 1128　设四边形 $ABCD$ 外切于圆 O,AB,BC,CD,DA 的中点分别为 E,F,G,H,由下列三点:(E,O,H),(E,O,F),(F,O,G),(G,O,H) 所确定的圆的圆心依次为 O_1,O_2,O_3,O_4,如图 1128 所示,求证:EG,FH,O_1O_3,O_2O_4 四线共点(此点记为 S).

623

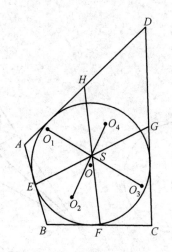

图 1128

命题 1129 设四边形 $ABCD$ 外切于圆 O,$\triangle OAB$,$\triangle OBC$,$\triangle OCD$,$\triangle ODA$ 的外接圆圆心分别为 O_1,O_2,O_3,O_4,如图 1129 所示,求证:

① O_1,O_2,O_3,O_4 四点共圆(此圆的圆心记为 O');

② O_1,O,O_3 三点共线,O_2,O,O_4 三点也共线.

注:注意下面的命题 1129.1.

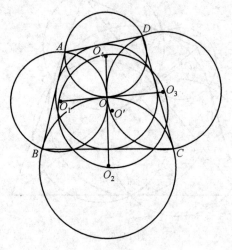

图 1129

命题 1129.1 设四边形 $ABCD$ 外切于圆 O,M 是这个四边形内一点,$\triangle MAB$,$\triangle MBC$,$\triangle MCD$,$\triangle MDA$ 的外接圆圆心分别记为 O_1,O_2,O_3,O_4,如图 1129.1 所示,求证:O_1,O_2,O_3,O_4 四点共圆(该圆圆心记为 O').

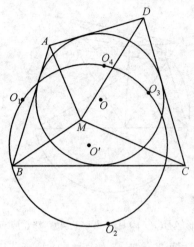

图 1129.1

命题 1130 设四边形 $ABCD$ 内接于圆 O,A,C 在 BD 上的射影分别为 A',C',B,D 在 AC 上的所以分别为 B',D',AA' 交 DD' 于 P,BB' 交 CC' 于 Q,$A'B'$ 交 $C'D'$ 于 R,如图 1130 所示,求证:

① $A'D' \parallel BC$,$B'C' \parallel AD$;

② $A'B' \parallel CD$,$C'D' \parallel AB$;

③ P,Q,R 三点共线.

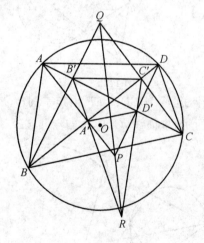

图 1130

命题 1131 设四边形 $ABCD$ 内接于圆 O,AC 交 BD 于 M,M 在 AB,BC,CD,DA 上的射影分别为 E,F,G,H,EG 交 FH 于 N,EF 交 GH 于 P,EH 交 FG 于 Q,如图 1131 所示,求证:$MN \perp PQ$.

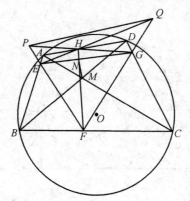

图 1131

命题 1132 设四边形 $ABCD$ 内接于圆 O,AB 交 CD 于 E,AD 交 BC 于 F,作圆 OAB 和圆 OCD,设这两圆交于 G,如图 1132 所示,求证:

① O,E,G 三点共线;

② $OG \perp FG$.

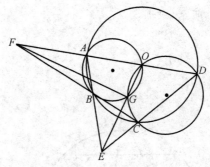

图 1132

命题 1133 设完全四边形 $ABCD-EF$ 内接于圆 O,EF 的中点为 M,AM 交圆 O 于 G,如图 1133 所示,求证:C,G,E,F 四点共圆.

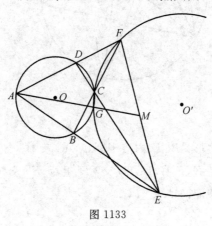

图 1133

命题1134 设四边形 $ABCD$ 内接于圆 O，AC 交 BD 于 P，以 B 为圆心，BP 为半径作弧，使交 AB 于 E，交圆 O 于 F，如图1134所示，现在，以 C 为圆心，CP 为半径作弧，使交 CD 于 G，交圆 O 于 H，设 BG 交 CE 于 Q，BH 交 CF 于 R，求证：P,Q,R 三点共线．

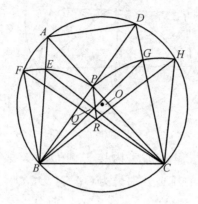

图 1134

命题1135 设四边形 $ABCD$ 内接于圆 O，AC 交 BD 于 P，P 在 AB,BC,CD,DA 上的射影分别为 E,F,G,H，PA,PB,PC,PD 的中点分别记为 K,L,M,N，如图1135所示，求证：
① EG 与 FH 垂直相交，交点记为 R；
② K,L,M,N 四点共圆，该圆的圆心记为 Q；
③ O,P,Q,R 四点共线，且 Q 是 OP 的中点．

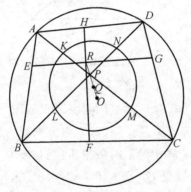

图 1135

命题1136 设四边形 $ABCD$ 内接于圆 O，AC 交 BD 于 P，$\triangle ABP$，$\triangle BCP$，$\triangle CDP$，$\triangle DAP$ 的外心分别记为 O_1,O_2,O_3,O_4，O_1O_3 交 O_2O_4 于 Q，如图1136所示，求证：
① O_1O_3 与 O_2O_4 互相垂直平分；
② O,P,Q 三点共线．

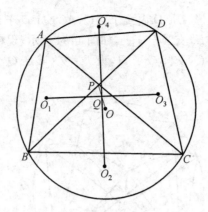

图 1136

命题 1137 设四边形 $ABCD$ 内接于圆 O, AC 交 BD 于 M, $\triangle ABC$, $\triangle BCD$, $\triangle CDA$, $\triangle DAB$ 的外心分别记为 O_1, O_2, O_3, O_4, 如图 1137 所示, 求证: 四边形 $O_1O_2O_3O_4$ 是矩形.

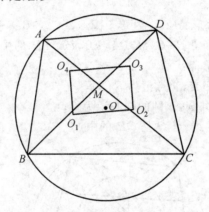

图 1137

命题 1138 设四边形 $ABCD$ 内接于圆 O, AC 交 BD 于 P, AC, BD 将圆 O 分成四个区域, 在这四个区域中各作一圆, 它们分别记为圆 O_1, O_2, O_3, O_4, 每一个圆都与 PA, PB, PC, PD 中的某两条相切, 且与圆 O 也相切, 切点依次为 E, F, G, H, 如图 1138 所示, 设 EG 交 FH 于 Q, 求证: O, P, Q 三点共线.

命题 1139 设四边形 $ABCD$ 内接于圆 O, AC 交 BD 于 P, $\triangle ABM$, $\triangle BCM$, $\triangle CDM$, $\triangle DAM$ 的内心分别记为 O_1, O_2, O_3, O_4, $\triangle ABO$, $\triangle BCO$, $\triangle CDO$, $\triangle DAO$ 的内心分别记为 O_1', O_2', O_3', O_4', 如图 1139 所示, 求证:

① $O_1'O_3'$ 与 $O_2'O_4'$ 互相垂直平分;

② $O_1O_3 \parallel O_1'O_3'$, $O_2O_4 \parallel O_2'O_4'$.

注: 下面两命题与本命题相近.

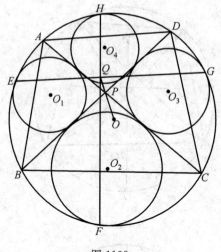

图 1138

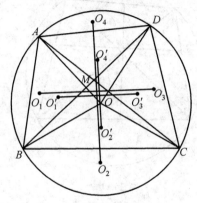

图 1139

命题 1139.1 设四边形 $ABCD$ 内接于圆 O，AC 交 BD 于 P，$\triangle ABO$，$\triangle BCO$，$\triangle CDO$，$\triangle DAO$ 的内心分别记为 O_1, O_2, O_3, O_4，O_1O_3 交 O_2O_4 于 Q，如图 1139.1 所示，求证：

①$O_1O_3 \perp O_2O_4$；

②O, P, Q 三点共线．

命题 1139.2 设四边形 $ABCD$ 内接于圆 O，AC 交 BD 于 M，$\triangle ABM$，$\triangle BCM$，$\triangle CDM$，$\triangle DAM$ 的内心分别记为 O_1, O_2, O_3, O_4，O_1 在 AB 上的射影为 E，O_2 在 BC 上的射影为 F，O_3 在 CD 上的射影为 G，O_4 在 DA 上的射影为 H，如图 1139.2 所示，求证：

①EG 与 FH 垂直相交，交点记为 P；

②O, M, P 三点共线．

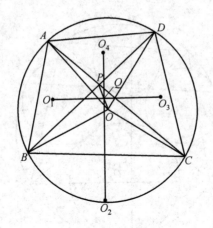

图 1139.1

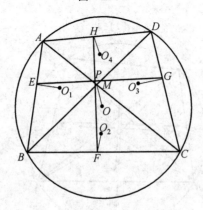

图 1139.2

命题 1140 设完全四边形 $ABCD-EF$ 内接于圆 O，EF 的中点为 M，MA，MC 分别交圆 O 于 P,Q，如图 1140 所示，求证：

① C,P,E,F 四点共圆，此圆圆心记为 O'；

② A,Q,E,F 四点也共圆，此圆圆心记为 O''；

③ 两圆 O',O'' 是等圆.

注：下面的命题 1140.1 与本命题相近.

命题 1140.1 设完全四边形 $ABCD-EF$ 内接于圆 O，AC 交 BD 于 M，过 M 作 OM 的垂线，且交圆 O 于 G,H，设 EG 交 FH 于 P，EH 交 FG 于 Q，如图 1140.1 所示，求证：

① P,Q 两点均在圆 O 上；

② P,M,Q 三点共线.

注：下面的命题 1140.2 是命题 1140.1 的"黄表示".

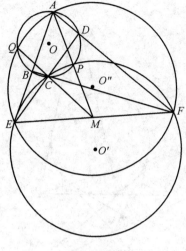

图 1140

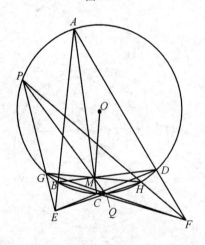

图 1140.1

命题 1140.2 设完全四边形 $ABCD-EF$ 外切于圆 O,AC 交 BD 于 M,OM 交 EF 于 N,过 N 作圆 O 的两条切线,这两切线分别交 BD 于 G,H,交 AC 于 K,L,如图 1140.2 所示,求证:

①KG,LH 均与圆 O 相切;

②KG,LH,EF 三线共点(此点记为 S).

命题 1141 设四边形 $ABCD$ 内接于圆 O,AB,BC,CD,DA 的中点分别为 E,F,G,H,M 是四边形 $ABCD$ 内一点,由下列三点:$(E,M,H),(E,M,F)$,$(F,M,G),(G,M,H)$ 所确定的圆的圆心依次为 O_1,O_2,O_3,O_4,如图 1141 所示,求证:EG,FH,O_1O_3,O_2O_4 四线共点(此点记为 S).

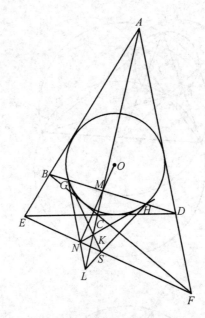

图 1140.2

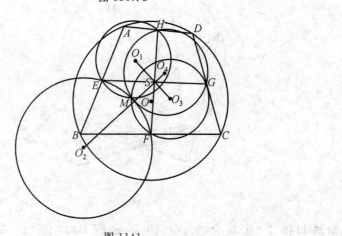

图 1141

命题 1142 设四边形 $ABCD$ 内接于圆 O, AB, BC, CD, DA 的中点分别为 E, F, G, H, AC 交 BD 于 M, 由下列三点: $(E, M, H), (E, M, F), (F, M, G), (G, M, H)$ 所确定的圆的圆心依次为 O_1, O_2, O_3, O_4, 如图 1142 所示, 求证:

① O_1, O_2, O_3, O_4 四点共圆, 且此圆的圆心就是点 M;

② 上述五个圆(指圆 O_1, O_2, O_3, O_4 以及圆 M) 是相等的圆.

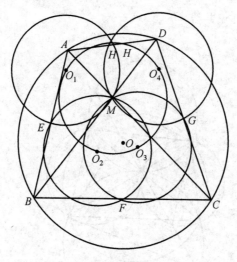

图 1142

命题 1143 设四边形 $ABCD$ 内接于圆 O，AC 交 BD 于 M，$\triangle MAB$，$\triangle MBC$，$\triangle MCD$，$\triangle MDA$ 的垂心和外心分别为 A',B',C',D' 和 A'',B'',C'',D''，$A''C''$ 交 $B''D''$ 于 N，如图 1143 所示，求证：

① 四边形 $A'B'C'D'$ 和 $A''B''C''D''$ 都是平行四边形，而且是对应边都平行的全等平行四边形；

② O,M,N 三点共线；

③ A',A'',C',C'' 四点共圆，B',B'',D',D'' 四点也共圆.

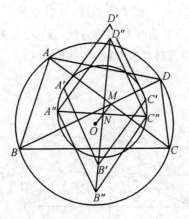

图 1143

命题 1144 设四边形 $ABCD$ 内接于圆 O，AC 交 BD 于 M，四个圆 O_1,O_2,O_3,O_4 分别是 $\triangle AMB$，$\triangle BMC$，$\triangle CMD$，$\triangle DMA$ 的外接圆，AP,AQ 分别是圆 O_1,O_4 的直径，CR,CS 分别是圆 O_2,O_3 的直径，如图 1144 所示，求证：

① M, P, Q, R, S 五点共线；
② $PR = QS$.

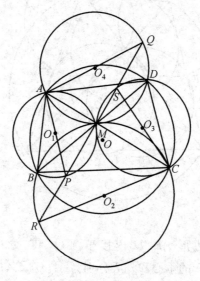

图 1144

命题 1145 设四边形 $ABCD$ 内接于圆 O，AC 交 BD 于 M，$\angle DAB$，$\angle ABC$，$\angle BCD$，$\angle CDA$ 的平分线分别为 AB'，BD'，CD'，DB'，它们构成四边形 $A'B'C'D'$，如图 1145 所示，求证：

① $A'C' \perp B'D'$；

② 下列四条直线共点（此点记为 O'）：过 A' 且垂直于 AB 的直线，过 B' 且垂直于 DA 的直线，过 C' 且垂直于 CD 的直线，过 D' 且垂直于 BC 的直线；

③ A'，B'，C'，D' 四点共圆，且该圆的圆心就是 O'；

④ M, O, O' 三点共线.

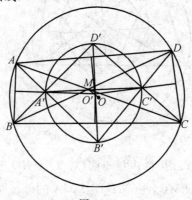

图 1145

命题 1146 设四边形 $ABCD$ 内接于圆 O，圆 O_1 与三边 DA, AB, BC 都相切，圆 O_2 与三边 AB, BC, CD 都相切，圆 O_3 与三边 BC, CD, DA 都相切，圆 O_4 与三边 CD, DA, AB 都相切，设圆 O_1 分别与圆 O_2, O_4 相交于 E, F 和 G, H，圆 O_3 分别与圆 O_2, O_4 相交于 M, N 和 K, L, EF, GH, KL, MN 四线构成四边形 $P_1P_2P_3P_4$，如图 1146 所示，求证：

① $O_1O_3 \perp O_2O_4$；

② $P_1P_3 \perp P_2P_4$。

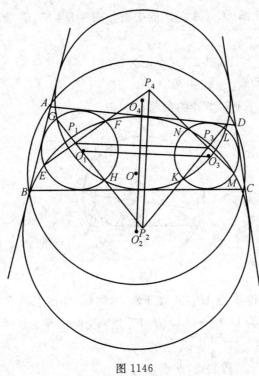

图 1146

5.8

命题 1147 设 $\triangle ABC$ 内接于圆 O,且外切于圆 I,BC,CA,AB 上的切点分别为 D,E,F,三个优弧 BC,CA,AB 的中点分别为 D',E',F',如图 1147 所示,求证:

① DD',EE',FF' 三线共点,此点记为 S;

② O,I,S 三点共线.

注:参阅本套书下册第 2 卷的命题 1204.1.

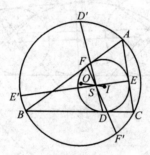

图 1147

命题 1148 设锐角 $\triangle ABC$ 内接于圆 O,同时,外切于圆 I,三个优弧 BC,CA,AB 的中点分别为 D,E,F,DI,EI,FI 分别交圆 O 于 A',B',C',如图 1148 所示,求证:

① AA',BB',CC' 三线共点,此点记为 S;

② O,I,S 三点共线.

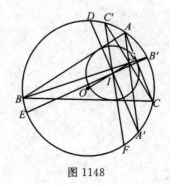

图 1148

命题1149 设 $\triangle ABC$ 内接于圆 O，且外切于圆 I，BI 交 AC 于 D，CI 交 AB 于 E，DE 交圆 O 于 F，FI 交圆 O 于 G，设 BI, CI 的中点分别为 M, N，如图1149所示，求证：M, N, G 三点共线．

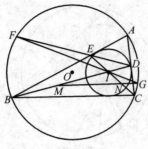

图 1149

命题1150 设 $\triangle ABC$ 内接于圆 O，且外切于圆 I，AC, AB 上的高分别为 BD, CE，M, N 分别是 BD, CE 的中点，AC, AB 的中点分别为 M', N'，MM' 交 NN' 于 S，如图1150所示，求证：O, I, S 三点共线．

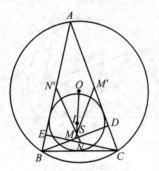

图 1150

命题1151 设 $\triangle ABC$ 内接于圆 O，且外切于圆 I，AC, AB 上的高分别为 BD, CE，BI 交 AC 于 F，CI 交 AB 于 G，如图1151所示，求证："D, I, E 三点共线"的充要条件是"F, O, G 三点共线"．

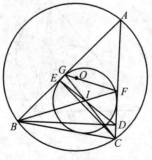

图 1151

命题 1152 设 $\triangle ABC$ 内接于圆 O,且外切于圆 I,BC,CA,AB 上的切点分别为 D,E,F,DE,DF 分别交圆 O 于 G,H,AD 交圆 O 于 M,如图 1152 所示,求证:点 M 是弧 GH 的中点.

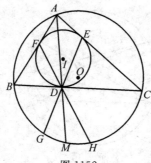

图 1152

命题 1153 设 $\triangle ABC$ 内接于圆 O,且外切于圆 I,BC,CA,AB 上的切点分别为 D,E,F,EF 交圆 O 于 G,H,BI,CI 分别交 EF 于 K,L,设 BC 的中点为 M,如图 1153 所示,求证:$\angle GML = \angle KDH$.

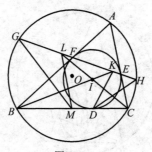

图 1153

命题 1154 设 $\triangle ABC$ 内接于圆 O,且外切于圆 I,三边 BC,CA,AB 的切点分别为 D,E,F,$\triangle ABC$ 的垂心为 H,AH 的中点为 M,M 关于 EF 的对称点为 N,如图 1154 所示,求证:O,I,N 三点共线.

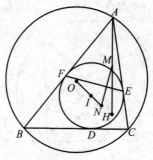

图 1154

注:下面的命题 1154.1 与本命题相近.

命题 1154.1 设 $\triangle ABC$ 内接于圆 O,且外切于圆 I,BC,CA,AB 上的切点分别为 D,E,F,E 在 DF 上的射影为 G,F 在 DE 上的射影为 H,BG 交 CH 于 P,如图 1154.1 所示,求证:P,I,O 三点共线.

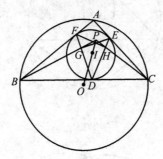

图 1154.1

命题 1155 设 $\triangle ABC$ 内接于圆 O,且外切于圆 I,该三角形 BC 边上的旁切圆圆心为 I',I' 在 IO 上的射影为 D,$I'D$ 交 BC 于 E,如图 1155 所示,求证:$EA = EI'$.

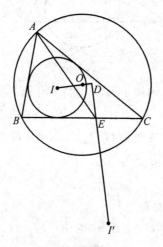

图 1155

注:下面的命题 1155.1 与本命题相近.

命题 1155.1 设 $\triangle ABC$ 内接于圆 O,且外切于圆 I,圆 O 的弧 BC 的中点为 M,如图 1155.1 所示,求证:$MB = MC = MI$.

命题 1156 设 $\triangle ABC$ 内接于圆 O,且外切于圆 I,圆 O_1 与 AB,AC 均相切,且与圆 O 内切于 S,P 是圆 O 上一点,过 P 作圆 I 的两条切线,这两条切线分别交 BC 于 Q,R,如图 1156 所示,求证:P,Q,R,S 四点共圆(此圆圆心记为 O_2).

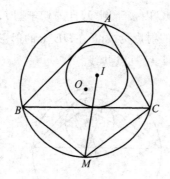

图 1155.1

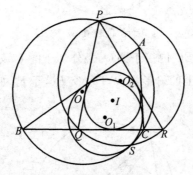

图 1156

命题 1157 设 $\triangle ABC$ 内接于圆 O,且外切于圆 I,$\triangle ABC$ 的三个旁心分别为 A',B',C',如图 1157 所示,$B'C',C'A',A'B'$ 分别交圆 O 于 D,E,F,过 A' 作 BC 的垂线,同时,过 B' 作 CA 的垂线,过 C' 作 AB 的垂线,求证:

① 这三次垂线共点,此点记为 S;

② O,I,S 三点共线;

③ S 是 $\triangle A'B'C'$ 的外心;

④ D,E,F 分别是 $B'C',C'A',A'B'$ 的中点.

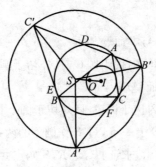

图 1157

命题 1158　设 $\triangle ABC$ 内接于圆 O，且外切于圆 I，OA，OB，OC 的中点分别为 A'，B'，C'，$A'I$ 交 BC 于 A''，$B'I$ 交 CA 于 B''，$C'I$ 交 AB 于 C''，如图 1158 所示，求证：AA''，BB''，CC'' 三线共点（此点记为 S）．

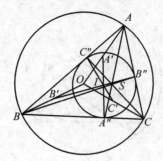

图 1158

命题 1159　设 $\triangle ABC$ 内接于圆 O，且外切于圆 I，OA，OB，OC 分别交圆 I 于 A'，B'，C'，$A'I$，$B'I$，$C'I$ 分别交圆 I 于 A''，B''，C''，如图 1159 所示，求证：AA''，BB''，CC'' 三线共点（此点记为 S）．

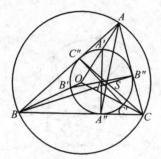

图 1159

命题 1160　设 $\triangle ABC$ 内接于圆 O，且外切于圆 I，OA，OB，OC 分别交圆 O 于 A'，B'，C'，$A'I$ 交 BC 于 A''，$B'I$ 交 CA 于 B''，$C'I$ 交 AB 于 C''，如图 1160 所示，求证：AA''，BB''，CC'' 三线共点（此点记为 S）．

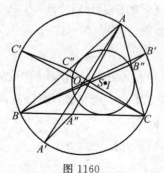

图 1160

命题 1161 设 $\triangle ABC$ 内接于圆 O,且外切于圆 I,BC,CA,AB 分别与圆 I 相切于 D,E,F,D 在 EF 上的射影为 G,AO 交圆 O 于 H,如图 1161 所示,求证：G,I,H 三点共线.

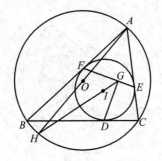

图 1161

命题 1162 设 $\triangle ABC$ 内接于圆 O,且外切于圆 I,BC,CA,AB 分别与圆 I 相切于 D,E,F,设 ID,IE,IF 分别交圆 O 于 A',B',C',如图 1162 所示,求证：

① AA',BB',CC' 三线共点,此点记为 S；

② O,I,S 三点共线.

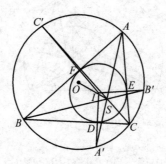

图 1162

命题 1163 设 $\triangle ABC$ 内接于圆 O,且外切于圆 I,BC,CA,AB 分别与圆 I 相切于 D,E,F,设 OD,OE,OF 的中点分别为 A',B',C',如图 1163 所示,求证：

① AA',BB',CC' 三线共点,此点记为 S；

② O,I,S 三点共线.

命题 1164 设 $\triangle ABC$ 中三边 BC,CA,AB 的中点分别为 D,E,F,圆 O 是 $\triangle DEF$ 的外接圆,圆 O' 是 $\triangle DEF$ 的内切圆,EF,FD,DE 分别与圆 O' 相切于 A',B',C',如图 1164 所示,求证：

① AA',BB',CC' 三线共点,此点记为 S；

② O,O',S 三点共线.

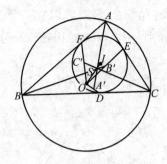

图 1163

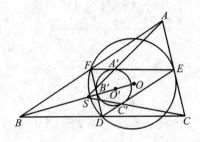

图 1164

注:点 S 称为 $\triangle ABC$ 的"斯皮克点"(参阅本套书下册的命题 1046).

命题 1165 设 $\triangle ABC$ 内接于圆 O,且外切于圆 I,BC,CA,AB 分别与圆 I 相切于 D,E,F,圆 O_1 分别与 AB,AC 相切,圆 O_2 分别与 BC,BA 相切,圆 O_3 分别与 CB,CA 相切,且三个圆 O_1,O_2,O_3 有一个公共的交点 M,如图 1165 所示,求证:

① O_1D,O_2E,O_3F 三线共点,此点记为 S;

② O,I,S 三点共线.

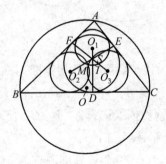

图 1165

注:下面的命题 1165.1 与本命题相近.

命题 1165.1 设 $\triangle ABC$ 内接于圆 O,且外切于圆 I,BC,CA,AB 分别与圆

I 相切于 D,E,F,圆 O_1,O_2,O_3 是三个等圆,它们有一个公共的交点 M,且圆 O_1 分别与 AB,AC 相切,圆 O_2 分别与 BC,BA 相切,圆 O_3 分别与 CB,CA 相切,如图 1165.1 所示,求证:

① O_1D,O_2E,O_3F 三线共点,此点记为 S;

② O,I,S,M 四点共线.

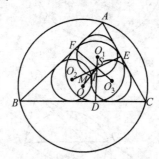

图 1165.1

命题 1166 设 $\triangle ABC$ 内接于圆 O,且外切于圆 I,直线 DE 与 BC 平行,且与圆 I 相切,D,E 是这条直线上两点,使得 $DI \perp EI$,过 A,D,E 三点的圆分别交 DI,EI 于 P,Q,如图 1166 所示,求证:O,P,Q 三点共线.

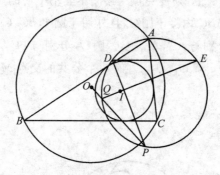

图 1166

命题 1167 设 $\triangle ABC$ 内接于圆 O,且外切于圆 I,在 BC,CA,AB 上各取一点,它们依次记为 A_1,B_1,C_1,使得 $B_1C_1 \perp AB$,$C_1A_1 \perp BC$,$A_1B_1 \perp CA$,在 BC,CA,AB 上又各取一点,它们依次记为 A_2,B_2,C_2,使得 $B_2C_2 \perp CA$,$C_2A_2 \perp AB$,$A_2B_2 \perp BC$,如图 1167 所示,求证:

① A_1,B_1,C_1,A_2,B_2,C_2 六点共圆,该圆圆心记为 M;

② O,I,M 三点共线.

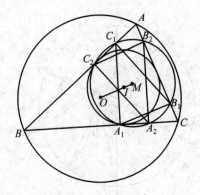

图 1167

命题 1168 设 $\triangle ABC$ 内接于圆 O，且外切于圆 I，在 BC,CA,AB 上各有两点，它们依次记为（按逆时针方向）A',A'',B',B'',C',C''，使得 $A'A''=B'B''=C'C''$，$\triangle A'B'C'$ 和 $\triangle A''B''C''$ 的重心分别记为 M' 和 M''，如图 1168 所示，求证：$M'M'' \perp OI$.

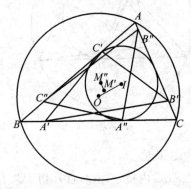

图 1168

命题 1169 设 $\triangle ABC$ 内接于圆 O，且外切于圆 I，BC,CA,AB 分别与圆 I 相切于 D,E,F，AI 交圆 O 于 A'，$A'O$ 交圆 O 于 A''；BI 交圆 O 于 B'，$B'O$ 交圆 O 于 B''；CI 交圆 O 于 C'，$C'O$ 交圆 O 于 C''，如图 1169 所示，求证：

① $A''D,B''E,C''F$ 三线共点，此点记为 S；

② O,I,S 三点共线.

**命题 1170 设 $\triangle ABC$ 内接于圆 O，且外切于圆 I，BC,CA,AB 与圆 I 分别相切于 D,E,F，设 DO 交 EF 于 A'，EO 交 FD 于 B'，FO 交 DE 于 C'，如图 1170 所示，求证：AA',BB',CC' 三线共点（此点记为 S）.

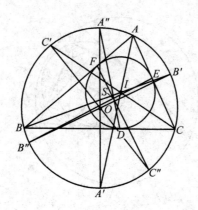

图 1169

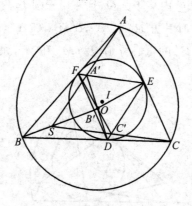

图 1170

注：下面两命题与本命题相近．

＊＊命题 1170.1 设 $\triangle ABC$ 内接于圆 O，且外切于圆 I，BC，CA，AB 与圆 I 分别相切于 D，E，F，设 AO 交 EF 于 D'，BO 交 FD 于 E'，CO 交 DE 于 F'，如图 1170.1 所示，求证：DD'，EE'，FF' 三线共点（此点记为 S）．

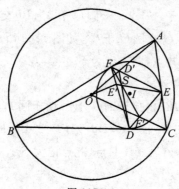

图 1170.1

命题 1170.2 设 $\triangle ABC$ 内接于圆 O,且外切于圆 I,BC,CA,AB 与圆 I 分别相切于 D,E,F,设 OD,OE,OF 分别交圆 I 于 A',B',C',如图 1170.2 所示,求证:AA',BB',CC' 三线共点(此点记为 S).

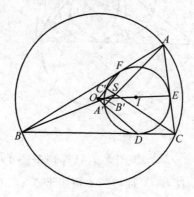

图 1170.2

命题 1171 设 $\triangle ABC$ 内接于圆 O,且外切于圆 I,作两圆 α,β,使得它们与圆 O 都是内切关系,且与圆 I 也都是内切关系,设 α,β 相交于 D,D',如图 1171 所示,求证:

① DD' 过定点,这个定点记为 S,它与 α,β 的位置无关;

② O,I,S 三点共线.

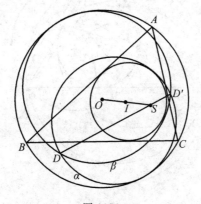

图 1171

命题 1172 设 $\triangle ABC$ 内接于圆 O,且外切于圆 I,作圆 O_1,使得该圆与 AB,AC 均相切,且与圆 O 相切于 A';作圆 O_2,使得该圆与 BC,BA 均相切,且与圆 O 相切于 B';作圆 O_3,使得该圆与 CA,CB 均相切,且与圆 O 相切于 C',如图 1172 所示,求证:

① AA',BB',CC' 三线共点,此点记为 S;

② O,I,S 三点共线.

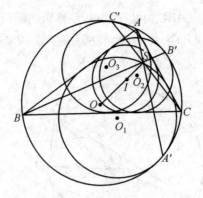

图 1172

**命题 1173 设 $\triangle ABC$ 内接于圆 O,且外切于圆 I,BC,CA,AB 分别与圆 I 相切于 D,E,F,圆 O_1 过 B,C,且与圆 I 相切于 A';圆 O_2 过 C,A,且与圆 I 相切于 B';圆 O_3 过 A,B,且与圆 I 相切于 C',如图 1173 所示,求证:

① AA',BB',CC' 三线共点,此点记为 T;

② $A'D,B'E,C'F$ 三线共点,此点记为 S;

③ O,I,S 三点共线.

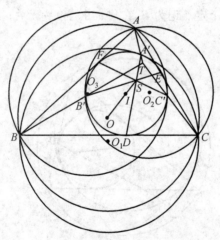

图 1173

**命题 1174 设 $\triangle ABC$ 内接于圆 O,且外切于圆 I,BC,CA,AB 上的切点分别为 D,E,F,AD,BE,CF 分别交圆 I 于 D',E',F',过 D',E',F' 分别作圆 I 的切线,这些切线两两相交构成 $\triangle A'B'C'$,圆 O' 是 $\triangle A'B'C'$ 的外接圆,圆 O' 与圆 O 相交于 Q,R,设 $\triangle ABC$ 的三边与 $\triangle A'B'C'$ 的三边两两相交,产生六个交点,它们分别记为 G,H,K,G',H',K',如图 1174 所示,求证:

①AD, BE, CF 三线共点,此点记为 P(点 P 称为 $\triangle ABC$ 的"热尔岗点");

②A' 在 AD 上,B' 在 BE 上,C' 在 CF 上,也就是说,P 也是 $\triangle A'B'C'$ 的"热尔岗点";

③圆 O' 与圆 O 是等圆;

④I, P, Q, R 四点共线;

⑤有三次三点共线,它们分别是:(G, P, G'),(H, P, H'),(K, P, K').

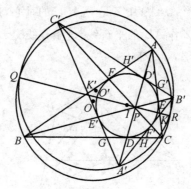

图 1174

命题 1175 设 $\triangle ABC$ 内接于圆 O,且外切于圆 I,BC, CA, AB 与圆 I 分别相切于 D, E, F,下列三个圆:(A, I, D),(B, I, E),(C, I, F) 的圆心分别记为 O_1, O_2, O_3,如图 1175 所示,求证:

①三个圆 O_1, O_2, O_3 除 I 外,另有一个公共的交点,此点记为 M(也就是说,O_1, O_2, O_3 三点共线);

②O, I, M 三点共线.

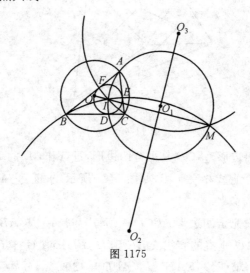

图 1175

5.9

命题 1176 设四边形 $ABCD$ 中 Z 是 $\triangle ABC$ 的垂心,过 Z 作 AC 的平行线,这条直线交 CD 于 E;过 Z 作 AB 的平行线,这条直线交 BD 于 F,EF 交 BC 于 G,如图 1176 所示,求证:$ZG \perp ZD$.

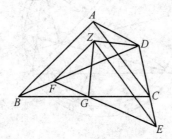

图 1176

命题 1177 设 P 是四边形 $ABCD$ 内一点,$\triangle PAB$,$\triangle PBC$,$\triangle PCD$,$\triangle PDA$ 的重心分别为 E,F,G,H,如图 1177 所示,求证:四边形 $EFGH$ 是平行四边形.

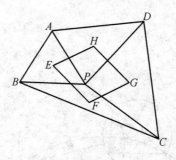

图 1177

命题 1178 设四边形 $ABCD$ 是平行四边形,过 A 作 CD 的垂线,同时,过 C 作 AD 的垂线,这两条直线相交于 P,如图 1178 所示,求证:$\angle APB = \angle CPD$.

注:注意下列三个命题.

命题 1178.1 设完全四边形 $ABCD-EF$ 中,过 A 且与 AB 垂直的直线交 EF 于 G,过 A 且与 AD 垂直的直线交 EF 于 H,BH 交 DG 于 P,PC 交 EF 于 K,如图 1178.1 所示,求证:$\angle KAH + \angle APD = 180°$.

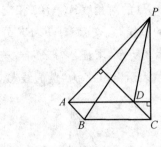

图 1178

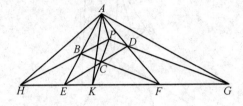

图 1178.1

注:本命题是命题 1178 的"蓝表示",A 是"蓝标准点".

命题 1178.2 设完全四边形 $ABCD-EF$ 中,过 C 且与 BC 垂直的直线交 EF 于 G,过 C 且与 CD 垂直的直线交 EF 于 H,BG 交 DH 于 P,AP 交 EF 于 K,如图 1178.2 所示,求证:$\angle PCG = \angle HCK$.

注:本命题也是命题 1178 的"蓝表示",不过,以 C 为"蓝标准点".

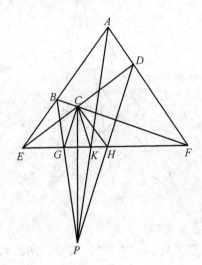

图 1178.2

命题 1178.3　设四边形 $ABCD$ 的对角线 AC,BD 相交于 Z，过 Z 作 BD 的垂线，且交 AD 于 E，过 Z 作 AC 的垂线，且交 BC 于 F，EF 分别交 AB,CD 于 G,H，设 FZ 交 CD 于 K，如图 1178.3 所示，求证：$\angle EZG = \angle HZK$.

注：本命题是命题 1178 的"黄表示"（以 Z 为"黄假线"）.

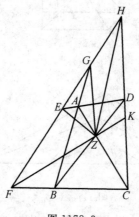

图 1178.3

命题 1179　设 Z 是完全四边形 $ABCD-EF$ 内一点，使得 $\angle BZE = \angle DZF$，G 是 AZ 延长线上一点，如图 1179 所示，求证：$\angle EZG = \angle CZF$.

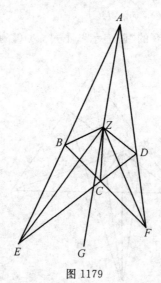

图 1179

命题 1180　设梯形 $EFGH$ 内接于平行四边形 $ABCD$，EF 分别交 DA,DC 于 P,Q，GH 分别交 BC,BA 于 R,S，如图 1180 所示，求证：$PS \parallel QR$.

命题 1181　设 Z 是完全四边形 $ABCD-EF$ 内一点，AZ 交 CD 于 G，FG 交 ZB 于 H，EH 交 AB 于 K，如图 1181 所示，求证：K,Z,C 三点共线.

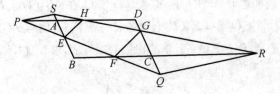

图 1180

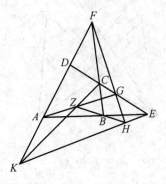

图 1181

命题 1182 设 E 是四边形 $ABCD$ 中 BD 上一点,使得 $AE \parallel CD$,F 是 AC 上一点,使得 $DF \parallel AB$,如图 1182 所示,求证:$EF \parallel BC$.

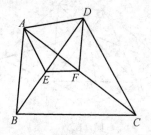

图 1182

命题 1183 设 P 是四边形 $ABCD$ 中 CB 延长线上一点,一直线过 P 且分别交 AB,CD 于 Q,R,AR 交 BD 于 E,DQ 交 AC 于 F,如图 1183 所示,求证:P,E,F 三点共线.

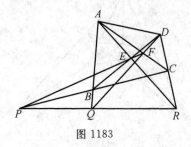

图 1183

命题1184　设四边形$ABCD$中AC交BD于O,在AB,CD上各取一点E,F,使得$BE=BO,CF=CO$,在AB,CD上再各取一点G,H,使得$AG=AO,DH=DO$,设BF交CE于P,BH交CG于Q,如图1184所示,求证:O,P,Q三点共线.

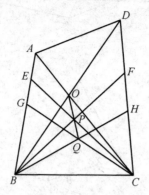

图 1184

命题1185　设四边形$ABCD$的对角线AC,BD相交于O,AB,BC,CD,DA的中点分别为E,F,G,H,在OH上取一点P,如图1185所示,PA交OE于Q,QB交OF于R,RC交OG于S,求证:P,D,S三点共线.

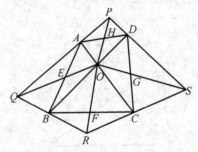

图 1185

命题1186　设完全四边形$ABCD-EF$中,AC交BD于Z,在CD上取两点G,H,使得$ZG\perp ZA,ZH\perp ZB$,设AG交BH于K,FK交CD于M,如图1186所示,求证:$ZM\perp ZE$.

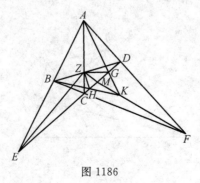

图 1186

命题 1187 设平行四边形 $ABCD$ 中 C 在 AB,AD 上的射影分别是 E,F, EF 交 BD 于 G, 如图 1187 所示, 求证: $GC \perp AC$.

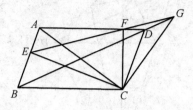

图 1187

命题 1188 设四边形 $ABCD$ 的对角线 AC,BD 相交于 M, $\triangle MAB$ 和 $\triangle MCD$ 的垂心分别为 H,H', AD,BC 的中点分别为 E,F, 如图 1188 所示, 求证: $EF \perp HH'$.

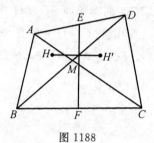

图 1188

命题 1189 设 P 是矩形 $ABCD$ 内一点, P 在 BC,CD 上的射影分别为 E,F, BF 交 DE 于 Q, 如图 1189 所示, 求证: A,P,Q 三点共线.

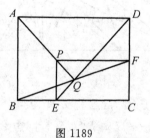

图 1189

注: 下面的命题 1189.1 是本命题的"黄表示", 图 1189 和图 1189.1 的对偶关系用带括号的字母显示在图 1189.1 中.

命题 1189.1 设四边形 $ABCD$ 中, $AC \perp BD$, M,N 两点分别在 AC,BD 上, MN 交 AB 于 P, BC 交 DM 于 Q, AD 交 CN 于 R, 如图 1189.1 所示, 求证: P,Q,R 三点共线.

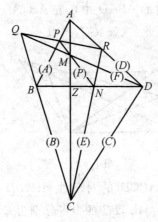

图 1189.1

命题 1190 设四边形 $ABCD$ 的对角线 AC,BD 相交于 Z,一直线过 Z,且分别交 AB,CD 于 E,G,另有一直线也过 Z,且分别交 BC,DA 于 F,H,设 AF 交 DE 于 P,BG 交 DF 于 Q,AD 交 FG 于 M,BC 交 EH 于 N,如图 1190 所示,求证:

① P,Z,Q 三点共线;

② M,Z,N 三点也共线.

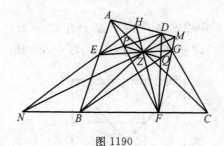

图 1190

注:本命题明显成立,这是因为:若将 Z 视为"黄假线",那么,在"黄观点"下,"$A \parallel C$","$B \parallel D$",A,B,C,D 构成"黄平行四边形",其四个"黄顶点"分别是 AB,BC,CD,DA,同理,E,F,G,H 也构成"黄平行四边形",其四个"黄顶点"分别是 EF,FG,GH,HE,如图 1190.1 所示,依据题意,四条"黄欧线"E,F,G,H 应该分别经过"黄顶点"AB,BC,CD,DA,因而,由 DF,BG 所决定的虚线与 BH,DE 所决定的虚线,用我们的话说,应当是平行的.另外,AD,FG 所决定的直线与 BC,EH 所决定的直线平行,也是明显的事实,这两次平行就是命题 1190 结论的由来,而且,类似于这样的结论还可以从图 1190.1 中获得很多.

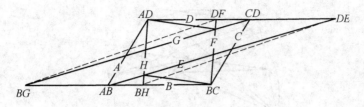

图 1190.1

** 命题 1191   设四边形 $ABCD$ 的四条边上各有一点,它们分别记为 E, F,G,H,这四点使得 $AE=AH$, $BE=BF$, $CF=CG$, $DG=DH$, 如图 1191 所示,求证:

① 四边形 $ABCD$ 存在内切圆,该圆圆心为 O;

② E,F,G,H 四点共圆,该圆的圆心也是 O.

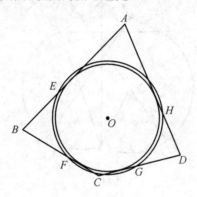

图 1191

命题 1192   设梯形 $ABCD$ 中,$AD \parallel BC$, AB, CD 的中点分别为 M,N, AB 的垂直平分线交 CD 于 M', CD 的垂直平分线交 AB 于 N', 如图 1192 所示,求证:

① M,N,M',N' 四点共圆(此圆圆心记为 O);

② $\angle AM'B = \angle CN'D$.

命题 1193   设四边形 $ABCD$ 是筝形(四边形的对角线互相垂直称为"筝形"), AB,BC,CD,DA 的中点分别为 A',B',C',D', 依次以 AB,BC,CD,DA 为直径作半圆(这些半圆均在四边形 $ABCD$ 外),设半圆 A', C' 分别交 $A'C'$ 于 A'', C'', 半圆 B', D' 分别交 $B'D'$ 于 B'', D'', 如图 1193 所示,求证:

① $A'C'$ 与 $B'D'$ 相等,且互相平分;

② $A''C''$ 与 $B''D''$ 相等.

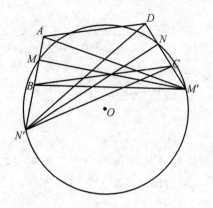

图 1192

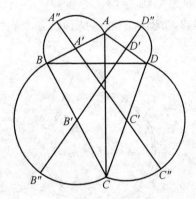

图 1193

命题 1194 设完全四边形 $ABCD-EF$ 内接于圆 O,AC 交 BD 于 M,EF 的中点为 N,MN 交圆 O 于 G,圆 O' 过 E,F,G 三点,如图 1194 所示,求证:圆 O' 与圆 O 相切.

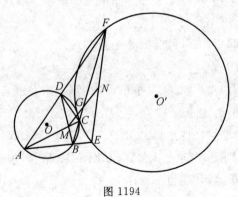

图 1194

命题 1195 设四边形 $ABCD$ 中 AC 交 BD 于 P, P 在 AB, BC 上的射影分别为 E, F, EP 交 CD 于 G, FP 交 AD 于 H, 设 AF 交 CE 于 Q, CH 交 AG 于 R, 如图 1195 所示, 求证: P, Q, R 三点共线.

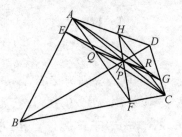

图 1195

命题 1196 设四边形 $ABCD$ 中 AC 交 BD 于 O, $\angle AOB$ 的平分线分别交 AB, CD 于 E, G, $\angle BOC$ 的平分线分别交 BC, AD 于 F, H, 下列四对直线: (BH, ED), (AF, CE), (BG, DF), (AG, CH) 的交点分别记为 P, Q, R, S, 如图 1196 所示, 求证: P, R 两点均在 AC 上, Q, S 两点均在 BD 上.

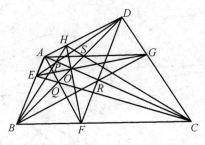

图 1196

5.10

**命题 1197 设四个等圆的圆心分别为 Z,A,B,C,点 A,B,C 均在圆 Z 上,圆 A,B,C 分别与圆 Z 相交于 $A_1,A_2;B_1,B_2;C_1,C_2$,如图 1197 所示,设 ZA_1 交 AB 于 D,ZA_2 交 AC 于 E,ZB_1 交 BC 于 F,ZB_2 交 BA 于 G,ZC_1 交 CA 于 H,ZC_2 交 CB 于 K(在图 1197 中,直线 $ZA_1,ZA_2,ZB_1,ZB_2,ZC_1,ZC_2$ 均未画出),设 BC 交 DE 于 P,CA 交 FG 于 Q,AB 交 HK 于 R,求证:

① DE,FG,HK 三线共点(此点记为 S);

② P,Q,R 三点共线(此线记为 z);

③ $\angle PZQ = \angle PZR = 60°$.

注:本命题是下面命题 1197.1 的"黄表示".

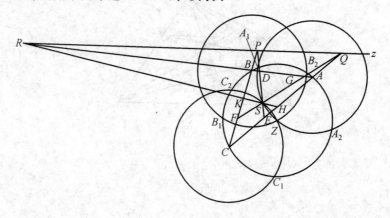

图 1197

命题 1197.1 设 A',B',C' 是 $\triangle ABC$ 外三点,使得 $\triangle ABC'$,$\triangle BCA'$,$\triangle CAB'$ 都是正三角形,如图 1197.1 所示,求证:AA',BB',CC' 三线共点(此点记为 S).

注:本命题的点 S 称为 $\triangle ABC$ 的"费马(Fermat)点",本命题与命题 1197 的对偶关系如下:

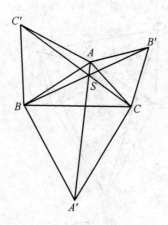

图 1197.1

命题 1197.1	命题 1197
A,B,C	BC,CA,AB
A',B',C'	DE,FG,HK
AA',BB',CC'	P,Q,R
S	z

*命题 1198 设 A',B',C' 是 $\triangle ABC$ 外三点,使得 $\triangle ABC'$,$\triangle BCA'$,$\triangle CAB'$ 都是正三角形,$B'C'$,$C'A'$,$A'B'$ 的中点分别为 A'',B'',C'',如图 1198 所示,求证:AA'',BB'',CC'' 三线共点(此点记为 S).

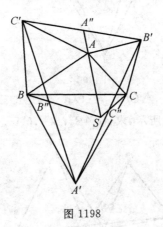

图 1198

*命题 1199 设 A',B',C' 是 $\triangle ABC$ 外三点,使得 $\triangle ABC'$,$\triangle BCA'$,$\triangle CAB'$ 都是正三角形,如图 1199 所示,求证:下列三直线共点(此点记为 S):过 A 且垂直于 $B'C'$ 的直线,过 B 且垂直于 $C'A'$ 的直线,过 C 且垂直于 $A'B'$ 的直线.

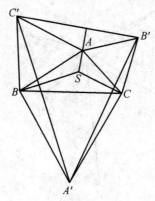

图 1199

*命题 1200 设 A', B', C' 是 $\triangle ABC$ 外三点，使得 $\triangle ABC'$, $\triangle BCA'$, $\triangle CAB'$ 都是正三角形，如图 1200 所示，求证：下列三直线共点（此点记为 S）：$\angle B'AC'$ 的平分线，$\angle C'BA'$ 的平分线，$\angle A'CB'$ 的平分线.

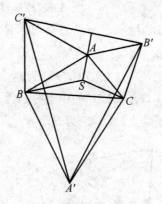

图 1200

命题 1201 设 $\triangle OAA'$, $\triangle OBB'$, $\triangle OCC'$ 都是正三角形，它们有且仅有一个公共的顶点 O，如图 1201 所示，求证：AB', BC', CA' 三线共点.

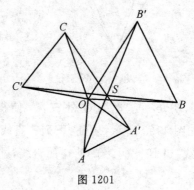

图 1201

命题 1202　设 $\triangle OAB, \triangle OCD, \triangle OEF$ 都是正三角形，O 是这三个正三角形的公共顶点，AB, BC, CD, DE, EF, FA 的中点分别为 G, H, I, J, K, L，如图 1202 所示，求证：GJ, HK, IL 三线共点(此点记为 S).

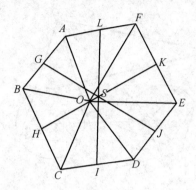

图 1202

命题 1203　设 $\triangle ABC, \triangle A'B'C', \triangle A''B''C''$ 都是正三角形，它们的中心分别为 P, Q, R，$\triangle AA'A'', \triangle BB'B'', \triangle CC'C''$ 的重心分别为 P', Q', R'，如图 1203 所示，求证：

①$\triangle P'Q'R'$ 是正三角形；(此乃"爱可尔斯(Echols,1932 年)定理")

②$\triangle P'Q'R'$ 的中心是 $\triangle PQR$ 的重心.

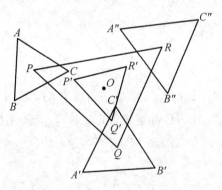

图 1203

**命题 1204　设 $\triangle ABC$ 和 $\triangle A'B'C'$ 都是正三角形，它们的外接圆分别是圆 O_1 和圆 O_2，线段 O_1O_2 的中点为 M，过 M 任作一直线，这直线交圆 O_1 于 P，交圆 O_2 于 P'，如图 1204 所示，设 PA 交 $P'A'$ 于 D，PB 交 $P'B'$ 于 E，PC 交 $P'C'$ 于 F，求证：$\triangle DEF$ 是正三角形.

**命题 1205　设三个正方形 $ABCD, AEFG, AHKL$ 有公共的顶点 A，这三个正方形的中心分别为 O_1, O_2, O_3，GH, LB, DE 的中点分别为 P, Q, R，如图 1205 所示，求证：

① $O_1P \perp QR, O_2Q \perp RP, O_3R \perp PQ$;
② $O_1P = QR, O_2Q = RP, O_3R = PQ$;
③ O_1P, O_2Q, O_3R 三线共点(在图 1205 中, O_2Q, O_3R 均未画出).

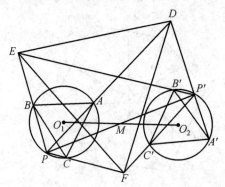

图 1204

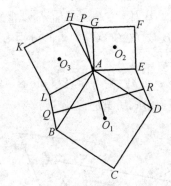

图 1205

命题 1206 设 E, F, G, H, I, J, K, L 是四边形 $ABCD$ 外八个点, 使得四边形 $ABEF, BCGH, CDIJ, ADKL$ 都是正方形, 设 FL, EH, GJ, IK 的中点分别是 P, Q, R, S, 如图 1206 所示, 求证: $AP // CR, BQ // DS$.

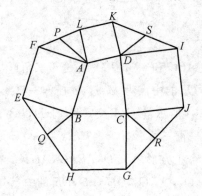

图 1206

命题 1207 设四边形 $ABCD$ 是任意四边形,以其四边为边,向该四边形外侧分别作正方形,这些正方形的顶点(除 A,B,C,D 外)构成八边形 $EFGHIJKL$,这个八边形的各边中点依次记为 M,N,P,Q,M',N',P',Q',如图 1207 所示,求证:$MM' \perp PP'$,$NN' \perp QQ'$.

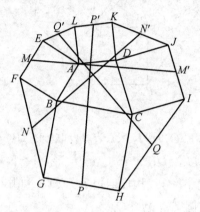

图 1207

命题 1208 设四边形 $ABCD$ 是任意四边形,以其四边为边,向该四边形外侧分别作正方形,这些正方形的顶点(除 A,B,C,D 外)构成八边形 $EFGHIJKL$,EH,LI 的中点分别记为 M,N,如图 1208 所示,求证:四边形 $AMCN$ 是正方形.

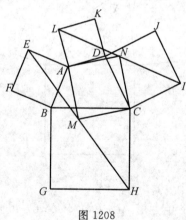

图 1208

命题 1209 设 E,F,G,H,I,J,K,L 是四边形 $ABCD$ 外八个点,使得四边形 $ABEF$,$BCGH$,$CDIJ$,$ADKL$ 都是正方形,设 A 在 FL 上的射影为 P,B 在 EH 上的射影为 Q,C 在 GJ 上的射影为 R,D 在 IK 上的射影为 S,如图 1209 所示,求证:AC,BQ,DS 三线共点(此点记为 M),BD,AP,CR 三线也共点(此点记为 N).

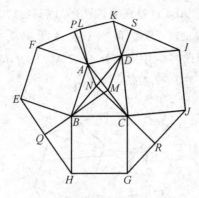

图 1209

**命题 1210 设 E,F,G,H,I,J,K,L 是四边形 $ABCD$ 外八个点,使得四边形 $ABEF,BCGH,CDIJ,ADKL$ 都是正方形,设下列四个角: $\angle FAL$, $\angle EBH, \angle GCJ, \angle IDK$ 的平分线构成四边形 $PQRS$,如图 1210 所示,求证:四边形 $PQRS$ 有外接圆(该圆圆心记为 O).

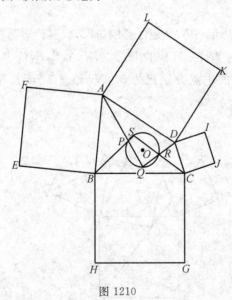

图 1210

**命题 1211 设四个正方形 $ABEF,BCHG,CDIJ,DAKL$ 都在四边形 $ABCD$ 的外侧,它们的中心分别为 O_1,O_2,O_3,O_4,设 O_1O_4,O_2O_3 的中点分别为 M,N,EG,IL 的中点分别为 P,Q,如图 1211 所示,求证: $MN \perp PQ$.

**命题 1212 设四个正方形 $ABEF,BCHG,CDIJ,DAKL$ 都在四边形 $ABCD$ 的外侧,它们的中心分别为 $O_1,O_2,O_3,O_4,EG,IL,HJ,FK$ 的中点分别为 P,Q,R,S,如图 1212 所示,求证:

①$O_1O_3 \perp O_2O_4$;
②$PQ \perp RS$;
③O_1O_3, O_2O_4, PQ, RS 四线共点(此点记为 O);
④$AS = CR, BP = DQ$;
⑤$AS \parallel CR, BP \parallel DQ$.

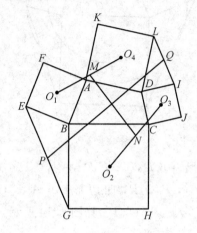

图 1211

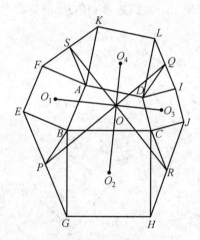

图 1212

命题 1213 设四个正方形 $ABEF, BCHG, CDIJ, DAKL$ 都在四边形 $ABCD$ 的外侧,它们的中心分别为 O_1, O_2, O_3, O_4, EG, IL, HJ, FK 的中点分别为 P, Q, R, S, 如图 1213 所示, 求证:

①O_1, O_2, O_3, O_4 四点共圆,此圆圆心记为 O;
②P, Q, R, S 四点共圆,且此圆圆心也是 O.

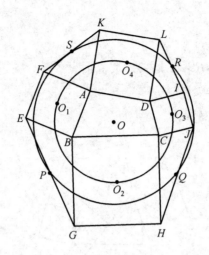

图 1213

命题 1214 设四边形 $ABCD, A'B'C'D', A''B''C''D'', A'''B'''C'''D'''$ 都是正方形,它们的中心分别为 O,P,Q,R,四边形 $AA'A''A''', BB'B''B''', CC'C''C''',DD'D''D'''$ 的重心分别记为 O',P',Q',R',如图 1214 所示,求证:

① 四边形 $O'P'Q'R'$ 是正方形;

② 正方形 $O'P'Q'R'$ 的中心是四边形 $OPQR$ 的重心.

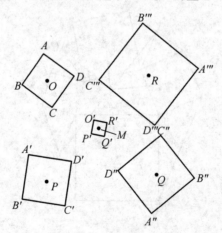

图 1214

注:所谓四边形的"重心",是指该四边形的两组对边的中点连线的交点.

**命题 1215 设四边形 $ABCD, A'B'C'D'$ 都是正方形,它们的中心分别为 O,O',分别以 AA', BB', CC', DD' 为边作正方形,它们依次记为 $AA'A''A''',BB'B''B''',CC'C''C''',DD'D''D'''$,如图 1215 所示,这四个正方形的中心分别记为 O_1, O_2, O_3, O_4,求证:

① 四边形 $A''B''C''D''$，$A'''B'''C'''D'''$ 都是正方形，这两个正方形的中心分别记为 O'',O'''；

② 四边形 $OO'O''O'''$ 是正方形；

③ 四边形 $O_1O_2O_3O_4$ 是正方形；

④ 正方形 $O_1O_2O_3O_4$ 和正方形 $OO'O''O'''$ 的中心是同一个点（此点记为 M）.

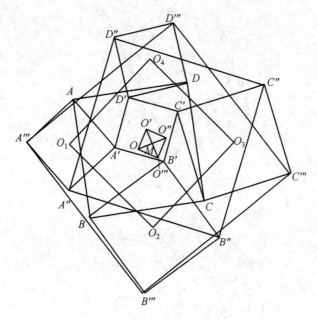

图 1215

命题 1216 设六边形 $AA'BB'CC'$ 内接于圆 O，三直线 AA',BB',CC' 两两相交构成 $\triangle DEF$，另三直线 $B'C,C'A,A'B$ 两两相交构成 $\triangle D'E'F'$，如图 1216 所示，求证：

① 下列三直线共点（此点记为 P）：过 D 且与 AC' 垂直的直线，过 E 且与 BA' 垂直的直线，过 F 且与 CB' 垂直的直线；

② 下列三直线共点（此点记为 Q）：过 D' 且与 BB' 垂直的直线，过 E' 且与 CC' 垂直的直线，过 F' 且与 AA' 垂直的直线；

③ O,P,Q 三点共线.

命题 1217 设六边形 $ABCDEF$ 内接于圆 O，A 在 BF 上的射影为 A'，B 在 AC 上的射影为 B'，C 在 BD 上的射影为 C'，D 在 CE 上的射影为 D'，E 在 DF 上的射影为 E'，F 在 AE 上的射影为 F'，设 $AB,A'B',DE,D'E'$ 的中点分别为 M,N,P,Q，如图 1217 所示，求证：

① $MN \parallel PQ$；

② MN, PQ 均与 CF 垂直；

③ 六边形 $A'B'C'D'E'F'$ 的对边互相平行；

④ 六边形 $A'B'C'D'E'F'$ 的对边中点连线共点(此点记为 S).

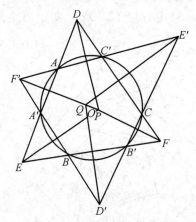

图 1216

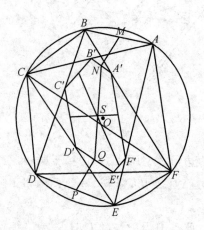

图 1217

命题 1218 设椭圆 α 的中心为 O，六边形 $DEFGHK$ 内接于 α，FG 交 HK 于 A，HK 交 DE 于 B，DE 交 FG 于 C，GH, KD, EF 的中点分别为 A', B', C'，如图 1218 所示，求证：下列三直线共点(此点记为 S)：过 A 且与 OA' 平行的直线，过 B 且与 OB' 平行的直线，过 C 且与 OC' 平行的直线.

命题 1219 设六边形 $ABCDEF$ 内接于椭圆 α，AB, BC, CD, DE, EF, FA 的中点分别为 P, Q, R, P', Q', R'，如图 1219 所示，求证：PP', QQ', RR' 三线共点(此点记为 S).

注:参阅本套书下册第 1 卷的命题 70.

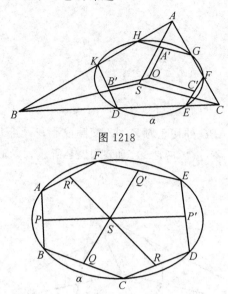

图 1218

图 1219

**命题 1220 设六边形 $AA'BB'CC'$ 内接于圆 O,三直线 AA',BB',CC' 两两相交构成 $\triangle DEF$,另三直线 $B'C,C'A,A'B$ 两两相交构成 $\triangle D'E'F'$,设 $\triangle DAC',\triangle EBA',\triangle FCB',\triangle D'BB',\triangle E'CC',\triangle F'AA'$ 的外接圆圆心分别为 $O_1,O_2,O_3,O_1',O_2',O_3'$,如图 1220 所示,求证:

① 下列六直线共点(此点记为 P):$DD',EE',FF',O_1O_1',O_2O_2',O_3O_3'$;

② DO_1,EO_2,FO_3 三线共点(此点记为 Q);

③ $D'O_1',E'O_2',F'O_3'$ 三线共点(此点记为 R).

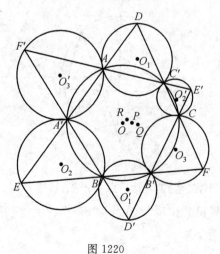

图 1220

5.11

命题1221 设 $\triangle ABC$ 外切于圆 Z，AZ 交圆 O 于 D,E，过 D,E 分别作圆 Z 的切线，这两切线依次交 BC 于 P,Q，如图 1221 所示，求证：ZP,ZQ 分别是 $\angle BZC$ 的内、外平分线.

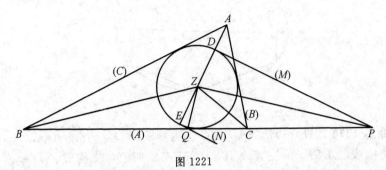

图 1221

注：本命题是下面命题 1221.1 的"黄表示"。图 1221 中带括号字母的直线，对偶于图 1221.1 中有着相应字母的点.

命题1221.1 设 $\triangle ABC$ 内接于圆 O，直径 MN 与 BC 垂直，如图 1221.1 所示，求证：AM 和 AN 分别是 $\angle BAC$ 的内、外平分线.

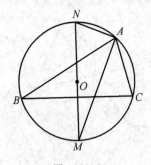

图 1221.1

命题1222 设 A,B,C 是圆 O 上三点，分别作 OA,OB,OC 的垂直平分线，这三条垂直平分线两两相交构成 $\triangle A'B'C'$，如图 1222 所示，求证：AA',BB',CC' 三线共点（此点记为 S）.

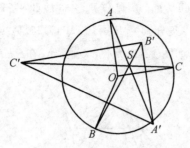

图 1222

命题 1223 设 A_1A_2, B_1B_2, C_1C_2 是圆 O 的三条相等的弦,劣弧 A_1A_2, B_1B_2, C_1C_2 的中点分别为 A,B,C,设三直线 A_1A_2, B_1B_2, C_1C_2 两两相交构成 $\triangle A'B'C'$,如图 1223 所示,求证:AA', BB', CC' 三线共点(此点记为 S).

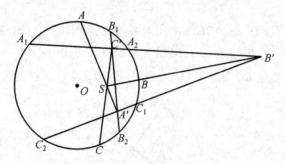

图 1223

命题 1224 设 $\triangle ABC$ 外切于圆 O,BC, CA, AB 上的切点分别为 D, E, F,顶点 A, B, C 在对边上的射影分别为 A', B', C',过 A' 作圆 O 的切线,且交 EF 于 P,过 B' 作圆 O 的切线,且交 DF 于 Q,过 C' 作圆 O 的切线,且交 DE 于 R,如图 1224 所示,求证:P, Q, R 三点共线.

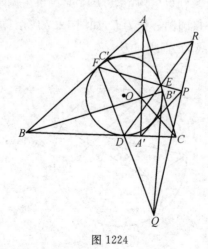

图 1224

命题 1225　设 AB,CD,EF 是圆 O 内三条彼此平行的弦,M 是平面上一点,过 M 作两直线,其中一条分别交 PA,PD 于 G,K,另一条分别交 PC,PB 于 H,L,设 GH 交 KL 于 N,如图 1225 所示,求证:"M 在 PE 上"的充要条件是"N 在 PF 上".

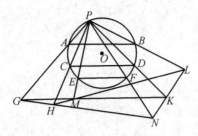

图 1225

命题 1226　设四边形 $ABCD$ 的两对角线 AC,BD 的中点分别是 M,N,P 是四边形 $ABCD$ 内一点,P 在 AB,BC,CD,DA 上的射影分别是 A',B',C',D',若这四点共圆,圆心为 O,如图 1226 所示,求证:M,O,N 三点共线.

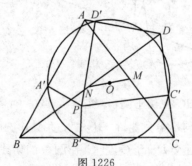

图 1226

命题 1227　设 A,M 是圆 O 内两定点,B,C 是圆 O 上两动点,但保持 B,M,C 三点共线,$\triangle ABC$ 的外接圆圆心记为 P,如图 1227 所示,求证:

① 点 P 的轨迹是直线,此直线记为 l;

② $AM \perp l$.

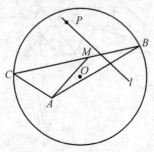

图 1227

命题 1228 设 O 是四边形 $ABCD$ 内一点，它在 AB,BC,CD,DA 上的射影分别为 E,F,G,H，如图 1228 所示，求证："E,F,G,H 四点共圆"的充要条件是"$\dfrac{1}{OE}+\dfrac{1}{OG}=\dfrac{1}{OF}+\dfrac{1}{OH}$".

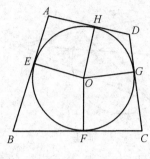

图 1228

命题 1229 设 $\triangle ABC$ 外切于圆 O，BC,CA,AB 上的切点分别为 D,E,F，D 在 EF 上的射影为 G，$\triangle ABC$ 的垂心为 H，过 H 作 OG 的平行线，且分别交 DG,EG 于 M,N，如图 1229 所示，求证：$HM=HN$.

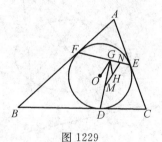

图 1229

命题 1230 设 $\triangle ABC$ 外切于圆 O，BC,CA,AB 上的切点分别为 D,E,F，过 O 作 AB 的平行线，且交 DE 于 G，过 O 作 AC 的平行线，且交 DF 于 H，过 O 作 OA 的垂线，且交 BC 于 K，如图 1230 所示，求证：AK 平分线段 GH.

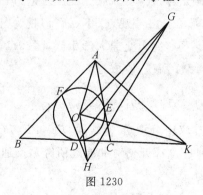

图 1230

命题 1231 设 P 是圆 O 外一点,过 P 作圆 O 的两条割线 PBA 和 PDC, AD 交 BC 于 Q, PQ 交圆 O 于 E,F,如图 1231 所示,求证:$\dfrac{1}{PE}+\dfrac{1}{PF}=\dfrac{2}{PQ}$.

注:本命题称为"圆的三割线定理".

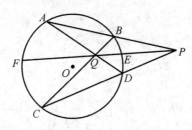

图 1231

命题 1231.1 设 P 是椭圆 α 外一点,过 P 作 α 的两条割线 PBA 和 PDC,AD 交 BC 于 Q,PQ 交 α 于 E,F,如图 1231.1 所示,求证:$\dfrac{1}{PE}+\dfrac{1}{PF}=\dfrac{2}{PQ}$.

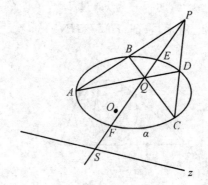

图 1231.1

注:本命题不妨称为"椭圆的三割线定理",其证明如下:

设 O 是图 1231.1 椭圆 α 内一点,O 关于 α 的极线记为 z,EF 交 z 于 S,我们知道,若以 z 为"蓝假线",那么,在"蓝观点"下,α 可以视为"蓝圆",O 是其"蓝圆心"(参阅《欧氏几何对偶原理研究》,交通大学出版社,2011,第 33 页的 2.15),对于这个"蓝圆",按命题 1231 所说,应该有

$$\dfrac{1}{bl(PE)}+\dfrac{1}{bl(PF)}=\dfrac{2}{bl(PQ)}$$

其中 $bl(PE),bl(PF),bl(PQ)$ 分别是"蓝线段"PE,PF,PQ 的"蓝长度",按照"蓝长度"的计算规定(参阅《欧氏几何对偶原理研究》,交通大学出版社,2011,第 27 页的 2.8),上式化为

$$\frac{SP \cdot SE}{PE} + \frac{SP \cdot SF}{PF} = \frac{SP \cdot SQ}{PQ}$$

$$\Rightarrow \frac{SE}{PE} + 1 + \frac{SF}{PF} + 1 = \frac{SQ}{PQ} + 2$$

$$\Rightarrow \frac{SP}{PE} + \frac{SP}{PF} = \frac{2 \cdot SP}{PQ}$$

$$\Rightarrow \frac{1}{PE} + \frac{1}{PF} = \frac{2}{PQ} \quad （证毕）$$

这也是"对偶法"证题的范例之一.

﹡﹡命题 1232 设 AA',BB',CC' 是圆 O 的任意三弦,它们两两相交构成 $\triangle A''B''C''$,设 $AA',A'A''$ 分别交圆 O 于 $A_1,A_2,BB',B'B''$ 分别交圆 O 于 B_1,B_2,$CC',C'C''$ 分别交圆 O 于 C_1,C_2,设 A_1A_2,B_1B_2,C_1C_2 两两相交构成 $\triangle A'''B'''C'''$,如图 1232 所示,求证:$A''A''',B''B''',C''C'''$ 三线共点(此点记为 S).

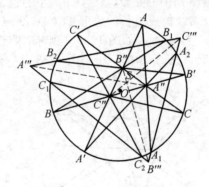

图 1232

命题 1233 设两圆 α,β 外离,它们的四条公切线构成完全四边形 $ABCD-EF$,AC 分别交 BD,EF 于 O,O',BD 交 α 于 M,N,EF 交 β 于 M',N',两直线 BD,EF 分别记为 l,l',如图 1233 所示,求证:

① 直线 OM',ON' 均与 β 相切;

② 直线 $O'M,O'N$ 均与 α 相切.

注:本命题的结论等价于:O 关于 α 的极线是 l',O' 关于 β 的极线是 l,我们称 O,O' 是两圆 α,β 的"对极点",称 l,l' 是两圆 α,β 的"对极线",对于任两外离的圆来说,它们的"对极点"和"对极线"都是唯一的.

若视 l' 为"蓝假线",那么,在"蓝观点"下,β 是"蓝双曲线",O 是其"蓝中心",OM',ON' 是其"蓝渐近线",这时,α 是"蓝椭圆",O 是其"蓝中心",β 与 α 没有公共点,所以,"蓝种人"眼里的图 1233,就如同我们眼里的图 1233.1 一样(请看下面的命题 1233.1).

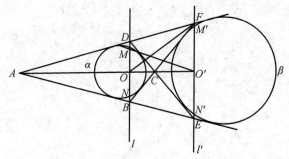

图 1233

如果换一个观点,将 O 视为"黄假线",那么,在"黄观点"下,β 是"黄双曲线",l' 是其"黄中心",M',N' 是其"黄渐近线",这时,α 是"黄椭圆",l' 是其"黄中心",β 与 α 有四个公共点,所以,"黄种人"眼里的图 1233,就如同我们眼里的图 1233.2 一样(请看下面的命题 1233.2).

命题 1233.1 设椭圆 α 的中心是 O,双曲线 β 的中心也是 O,α 在 β 外,二者没有公共点,α,β 的四条公切线构成平行四边形 $ABCD$,设 M 是 BD 与 α 的交点之一,过 M 且与 α 相切的直线记为 l,如图 1233.1 所示,求证:l 与 AC 平行.

注:图 1233.1 中,各点、线所标示的字母与图 1233 是一致的.

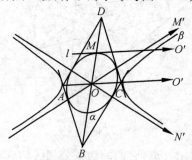

图 1233.1

命题 1233.2 设椭圆 α 的中心是 O,双曲线 β 的中心也是 O,α 与 β 有四个公共点 A,B,C,D,过 O 作 AD 的平行线,此线交 α 于 M,过 M 且与 α 相切的直线记为 l,如图 1233.2 所示,求证:l 与 AB 平行.

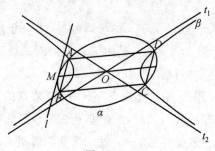

图 1233.2

注：本命题是命题 1233 的"黄表示"，它们之间的对偶关系如下：

命题 1233	命题 1233.2
α,β	α,β
O	无穷远直线
l'	O
M',N'	β 的两渐近线 t_1,t_2
A,B,C,D	AD,AB,CD,CB
O'	直线 MO 上的无穷远点
M	l

命题 1233.3 设两椭圆 α,β 外离，它们的四条公切线构成完全四边形 $ABCD-EF$，AC 分别交 BD,EF 于 O,O'，BD 交 α 于 M,N，EF 交 β 于 M',N'，如图 1233.3 所示，求证：

① 直线 OM',ON' 均与 β 相切；
② 直线 $O'M,O'N$ 均与 α 相切．

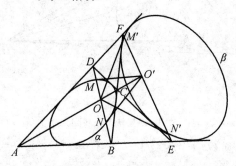

图 1233.3

注：本命题的结论等价于：O 关于 α 的极线是 l'，O' 关于 β 的极线是 l，我们称 O,O' 是两椭圆 α,β 的"对极点"，称 l,l' 是两椭圆 α,β 的"对极线"，对于任两外离的椭圆来说，它们的"对极点"和"对极线"都是唯一的．

命题 1234 设两圆 α,β 外离，它们的两外公切线相交于 M，两内公切线相交于 N，MN 分别交 α,β 于 A,C 和 A',C'，α,β 的两条外公切线分别与 α,β 相切于 B,D 和 B',D'，如图 1234 所示，求证：$AB \parallel A'B'$，$BC \parallel B'C'$，$CD \parallel C'D'$，$DA \parallel D'A'$．

****命题 1234.1** 设椭圆 α 与双曲线 β 相交于四点 A,B,C,D，AB 交 CD 于 M，过 M 作 α 的两条切线，这两切线分别记为 l_1,l_2，过 M 作 β 的两条切线，这两切线分别记为 l_3,l_4，过 A 作 α 的切线，且分别交 l_1,l_2 于 P,Q，过 A 作 β 的切线，

且分别交 l_3,l_4 于 P',Q',过 B 作 α 的切线,且分别交 l_1,l_2 于 R,S,过 B 作 β 的切线,且分别交 l_3,l_4 于 R',S',如图 1234.1 所示,求证:PP',QQ',RR',SS' 四线共点(此点记为 Z).

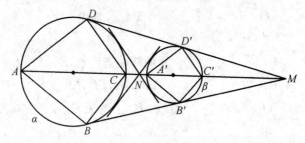

图 1234

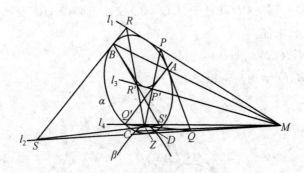

图 1234.1

注:本命题是命题 1234 的"黄表示",因而,明显成立.

命题 1235 设两圆 O_1,O_2 相交于 A,B,C 是圆 O_1 上一点,AC 交圆 O_2 于 D,BD 交圆 O_1 于 E,如图 1235 所示,求证:$CE \perp DO_2$.

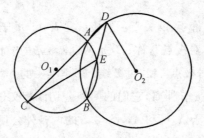

图 1235

命题 1236 设两圆 O_1,O_2 相交于 A,B,C 是圆 O_1 上一点,D 是圆 O_2 上一点,使得 $AC \parallel BD$,设 CD 分别交圆 O_1,O_2 于 E,F,如图 1236 所示,求证:$AF \parallel BE$.

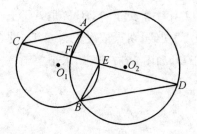

图 1236

命题 1236.1　设两椭圆 α,β 相交于 M,N，z 是 α,β 的"外公轴"，S 是 z 上一点，SM 交 β 于 A，SN 交 α 于 B，AB 分别交 α,β 于 C,D，设 CM 交 DN 于 T，如图 1236.1 所示，求证：T 在 z 上.

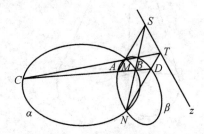

图 1236.1

注：本命题是命题 1236 的"蓝表示".

所谓两椭圆 α,β 的"外公轴"，是指这样一条直线：设 AB,CD 是两相交椭圆 α,β 的公切线，如图 1236.2 所示，A,B,C,D 都是切点，A,C 在 α 上，B,D 在 β 上，AC 交 BD 于 P，过 P 作 α 的一条切线，切点为 E，过 P 作 β 的一条切线，切点为 F，设 EF 交 α 于 G，AG 交 BF 于 Q，直线 PQ 记为 z，这条直线 z 就称为两椭圆 α,β 的"外公轴"（可参阅本套书上册，哈尔滨工业大学出版社出版，2013，第 156 页的命题 441）. 若以"外公轴"z 为"蓝假线"，那么，在"蓝观点"下，图 1236.1 的 α,β 都是"蓝圆".

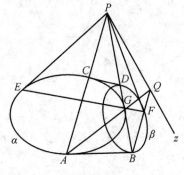

图 1236.2

命题 1237 设两圆 O_1,O_2 相交于 A,B,P 是 AB 上一点(P 在圆 O_1,O_2 外),过 P 分别作圆 O_1,O_2 的切线,切点依次记为 C,D,设 CD 分别交圆 O_1,O_2 于 E,F,设 O_1E 交 O_2F 于 Q,如图 1237 所示,求证:

① $O_1E \perp PD, O_2F \perp PC$;

② Q 在 AB 上.

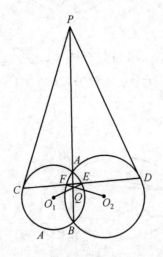

图 1237

命题 1238 设两圆 O_1,O_2 相交于 A,B,过 A 作圆 O_1 的切线,同时,过 B 作圆 O_2 的切线,这两切线相交于 C,过 C 分别作圆 O_1,O_2 的切线,切点分别为 D,E,DE 交 AB 于 M,如图 1238 所示,求证:M 是 DE 的中点.

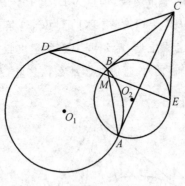

图 1238

命题 1239 设圆 O 与圆 O' 相交于 A,B,O 在圆 O' 上,P 是圆 O 上一点,M 是圆 O' 上一点,PA,PB 的中点分别为 C,D,OC 交 AM 于 Q,OD 交 BM 于 R,如图 1239 所示,求证:P,Q,R 三点共线.

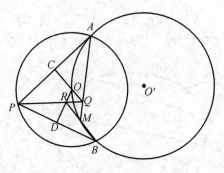

图 1239

命题 1240 设圆 O_1 与 O_2 相交于 A,B,这两圆的两条外公切线分别记为 CD,EF,C,D,E,F 都是切点,如图 1240 所示,设 CE,DF 的中点分别为 G,H,求证: $\angle O_1AG = \angle O_2AH$.

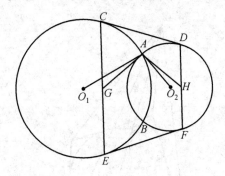

图 1240

****命题 1241** 设 EF 是圆 O 的弦,M,N 是该弦上两点,一直线过 M,且交圆 O 于 A,B,另一直线过 N,且交圆 O 于 C,D,设 AD,BC 分别交 EF 于 P,Q,如图 1241 所示,求证:"$EM = FN$" 的充要条件是"$EP = FQ$".

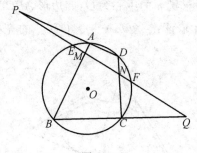

图 1241

注:注意下列三个命题.

****命题 1241.1** 设 EF 是椭圆 α 的弦,M,N 是该弦上两点,一直线过 M,

683

且交圆 O 于 A,B,另一直线过 N,且交圆 O 于 C,D,设 AD,BC 分别交 EF 于 P, Q,如图 1241.1 所示,求证:"$EM=FN$" 的充要条件是"$EQ=FP$".

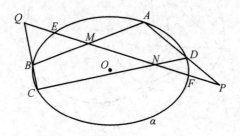

图 1241.1

命题 1241.2 设四边形 $ABCD$ 外切于圆 O,Z 是圆 O 外一点,如图 1241.2 所示,求证:"$\angle OZA = \angle OZC$" 的充要条件是"$\angle AZB = \angle CZD$".

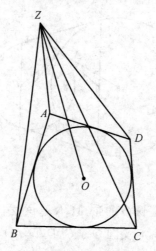

图 1241.2

****命题 1241.3** 设椭圆 α 的中心为 O,四边形 $ABCD$ 外切于 α,Z 是 α 外一点,如图 1241.3 所示,求证:"$\angle OZA = \angle OZC$" 的充要条件是"$\angle AZB = \angle CZD$".

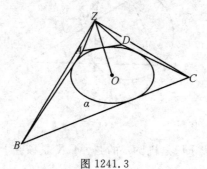

图 1241.3

命题 1242　设两圆 O_1, O_2 相交于 A, B，过 A 任作两直线，其中一条分别交 O_1, O_2 于 C, D，另一条分别交 O_1, O_2 于 E, F，设 BD, BF 分别交 O_1, O_2 于 G, H，如图 1242 所示，求证：$GE \parallel CH$.

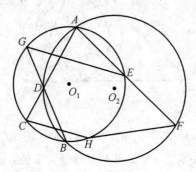

图 1242

命题 1243　设 A 是圆 O 外一点，过 A 作圆 O 的两条切线，切点分别为 B, C，过 A 作圆 O'，此圆与圆 O 相交，D 是这两圆的交点之一，设 AB, AC 分别交圆 O' 于 E, F，BF 交 EC 于 P，OD 交圆 O' 于 G，如图 1243 所示，求证："点 P 在圆 O 上"的充要条件是"D 是线段 OG 的中点".

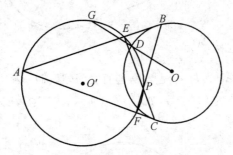

图 1243

**命题 1244　设 $\triangle ABC$ 外切于圆 O，BC, CA, AB 上的切点分别为 D, E, F，$\triangle AEF, \triangle BFD, \triangle CDE$ 的垂心分别为 D', E', F'，$\triangle D'E'F'$ 的外心记为 O'，如图 1244 所示，求证：

① $D'E' \parallel DE$，$E'F' \parallel EF$，$F'D' \parallel FD$；

② O 是 $\triangle D'E'F'$ 的垂心；

③ O' 是 $\triangle DEF$ 的垂心；

④ $\triangle D'E'F' \cong \triangle DEF$.

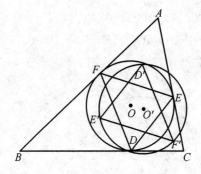

图 1244

命题 1245 设圆 O 是 $\triangle ABC$ 的内切圆，圆 O' 是 BC 边上的旁切圆，该圆与 BC 相切于 D，BC 的中点为 E，如图 1245 所示，求证：$AD \parallel OE$.

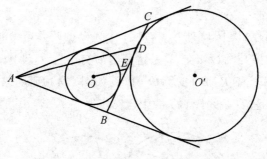

图 1245

命题 1246 设 AB，CD 都是圆 O 的直径，P 是圆 O 内一点，AP 交圆 O 于 E，CP 交 BD 于 F，DP 交 BC 于 G，如图 1246 所示，求证：G，E，B，F 四点共圆（此圆圆心记为 O'）.

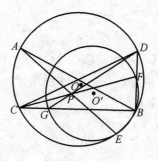

图 1246

命题 1247 设 $\triangle ABC$ 的内心为 I，过 A 作 AI 的垂线，同时，过 B 作 BI 的垂线，过 C 作 CI 的垂线，这三次垂线两两相交构成 $\triangle A'B'C'$，过 A' 作 BC 的垂线，同时，过 B' 作 CA 的垂线，过 C' 作 AB 的垂线，如图 1247 所示，求证：

(1) 这三次垂线共点,该点记为 O;
(2) O 是 $\triangle A'B'C'$ 的外心;
(3) I 是 $\triangle A'B'C'$ 的垂心.

注:图 1247 的点 O 称为 $\triangle ABC$ 的 "Bevan 点".

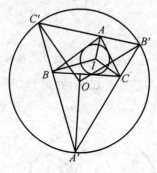

图 1247

5.12

命题 1248 设圆 O_1,O_2 均内切于圆 O,圆 O_1 与圆 O_2 互相外切,切点为 A,直线 CD 是圆 O_1 与圆 O_2 的一条外公切线,如图 1248 所示,过 O 作 CD 的垂线,该垂线交圆 O 于 B,求证:$AB \perp O_1O_2$.

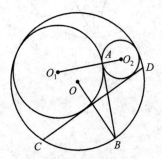

图 1248

命题 1249 设圆 O_1,O_2 均内切于圆 O,切点分别为 A,B,圆 O_1 和圆 O_2 外切于 C,过 O 作 O_1O_2 的平行线,这条直线交圆 O 于 D,E,设 DO_1 交 EO_2 于 F,如图 1249 所示,求证:

① A,F,B 三点共线;

② CF 是圆 O_1 和圆 O_2 的公切线.

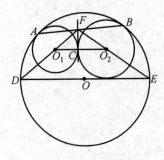

图 1249

命题 1250 设两圆 O_1,O_2 相交,A 是它们的交点之一,圆 O_1,O_2 均内切于圆 O,切点分别为 B,C,一直线过 A,且交圆 O 于 D,E,还分别交圆 O_1,O_2 于 F,G,如图 1250 所示,求证:$DF = EG$.

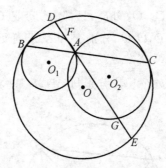

图 1250

命题 1251 设圆 O_1 与圆 O_2 相交于 A,B,这两圆都在圆 O 内,且分别与圆 O 相切于 C,D,CA,DA 分别交圆 O 于 E,F,设 $\angle CAD$ 的平分线与 $\angle EBF$ 的平分线相交于 G,如图 1251 所示,求证:点 G 在 CD 上.

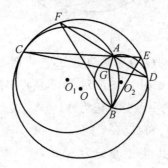

图 1251

命题 1252 设两圆 O_1,O_2 互相外离,这两圆都内切于圆 O,圆 O_1,O_2 的两条内公切线分别与这两圆相切于 A,B 和 C,D,AB,CD 分别交圆 O 于 E,F 和 G,H,设 AH 交 DF 于 M,EC 交 GB 于 N,如图 1252 所示,求证:$MN \perp O_1O_2$.

注:下面的命题 1252.1 与本命题相近.

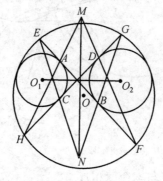

图 1252

命题 1252.1　设两圆 O_1, O_2 外离,且都内切于圆 O,这两圆的两条内公切线分别交圆 O 于 A,B 和 C,D,O_1O_2 分别交 AC,BD 于 E,F,如图 1252.1 所示,求证:

① 两圆 O_1, O_2 的两条外公切线分别与 AD,BC 平行;

② $\angle AEF = \angle DFE$.

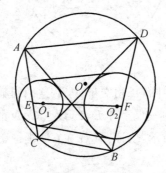

图 1252.1

命题 1253　设三圆 O_1, O_2, O_3 两两相交,产生四个交点 M, A, B, C,其中 M 是这三个圆的公共交点,如图 1253 所示,B, C 两点将圆 O_1 分成两段弧,一段劣弧,一段优弧,这两段弧的中点分别记为 A' 和 A'',类似的情况也发生在圆 O_2 和圆 O_3 上,于是还有 B', B'' 和 C', C'',求证:

① AA', BB', CC' 三线共点(此点记为 S);

② AA'', BB'', CC'' 三线共点(此点记为 T).

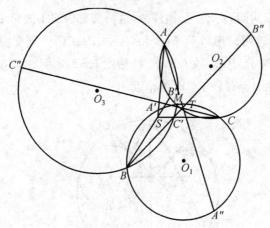

图 1253

注:下面的命题 1253.1 与本命题相近.

命题 1253.1　设三圆 O_1, O_2, O_3 两两相交,作每两圆的外围公切线,这三条公切线两两相交构成 $\triangle ABC$，BC，CA，AB 上的切点分别记为 A_1，A_2，B_1，B_2，C_1，C_2，如图 1253.1 所示，设三直线 B_2C_1，C_2A_1，A_2B_1 两两相交构成 $\triangle A'B'C'$，求证：AA'，BB'，CC' 三线共点(此点记为 S).

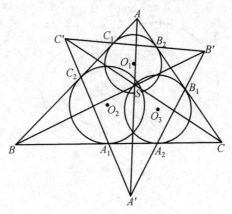

图 1253.1

命题 1254 设 $\triangle ABC$ 的三边 BC，CA，AB 上各有一点，分别记为 D，E，F，圆 AEF，BFD，CDE 的圆心分别记为 O_1，O_2，O_3，如图 1254 所示，求证：$\triangle O_1O_2O_3 \sim \triangle ABC$.

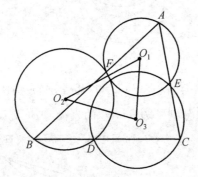

图 1254

命题 1255 设两圆 O_1，O_2 相交于 A，B，以 AB 为直径的圆记为圆 O，在圆 O 上取两点 C，D，使得 $\angle BAC = \angle BAD$，取一点 K，使得 $AK \perp AB$，一直线过 K，且分别交 AC，AD 于 E，F，设 AC 交 OF 于 G，AD 交 OE 于 H，如图 1255 所示，求证：G，H，K 三点共线.

注：下列两命题均与本命题相近.

命题 1255.1 设三圆 O_1，O_2，O_3 有两个公共的交点 A，B，过 B 且与圆 O_1 相切的直线记为 l，一直线与 l 平行，且与圆 O_3 相切于 C，这条切线交圆 O_2 于 D，E，设 BC 交圆 O_1 于 F，如图 1255.1 所示，求证：$\angle CFD = \angle CFE$.

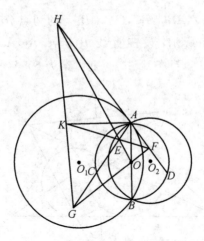

图 1255

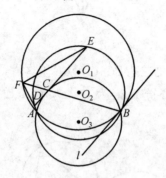

图 1255.1

命题 1255.2 设三圆的圆心 O_1, O_2, O_3 共线,A, B 是这三圆的公共点,PQ 是圆 O_1 的直径,AA', BB' 分别是圆 O_2, O_3 的直径,AB' 交 BQ 于 D,AQ 交 BA' 于 E,PD, PE 分别交圆 O_1 于 F, G,如图 1255.2 所示,求证:$FG \parallel AB$.

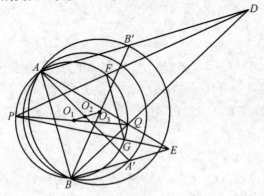

图 1255.2

命题1256 设圆 O_1 内切于圆 O_2，切点为 P，过 P 作这两圆的公切线，并在其上取两点 M,N，过 M 分别作这两圆的切线，切点依次记为 A,B，过 N 分别作这两圆的切线，切点依次记为 C,D，如图1256所示，求证：A,B,C,D 四点共圆.

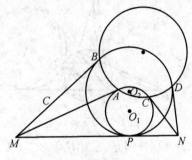

图 1256

命题1257 设两圆 O_1,O_2 外离，这两圆均与圆 O 外切，切点分别为 M,N，$\triangle ABC$ 内接于圆 O，且 CA,CB 均与圆 O_1 相切，BA,BC 均与圆 O_2 相切，BC 分别与圆 O_1,O_2 相切于 P,Q，O_1B 交 O_2C 于 D，如图1257所示，求证：

① AD 平分 $\angle BAC$；

② AD,MQ,NP 三线共点（此点记为 S）.

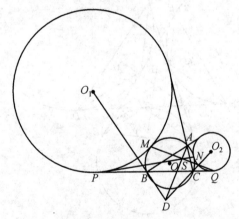

图 1257

注：下面的命题 1257.1 与本命题相近.

命题1257.1 设 $\triangle ABC$ 内接于圆 O，圆 O_1 与 BC,CA 均相切，切点依次为 D,F，圆 O_1 还与圆 O 相切；圆 O_2 与 CB,BA 均相切，切点依次为 E,G，圆 O_2 还与圆 O 相切，设 AD 交 BF 于 M，AE 交 CG 于 N，如图1257.1所示，求证：$MN \parallel BC$.

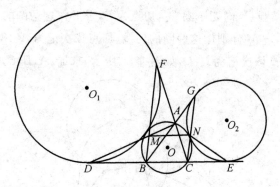

图 1257.1

命题 1258 设圆 O_1, O_2, O_3 分别是 △ABC 中 BC, CA, AB 边上的旁切圆,这三个圆与 BC, CA, AB 的切点依次为 $D_1, E_1, F_1, D_2, E_2, F_2, D_3, E_3, F_3$,如图 1258 所示,设 $\triangle D_1 E_1 F_1, \triangle D_2 E_2 F_2, \triangle D_3 E_3 F_3$ 的重心分别为 M_1, M_2, M_3,求证:AM_1, BM_2, CM_3 三线共点(此点记为 S).

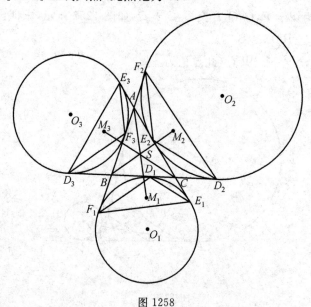

图 1258

**命题 1259 设三圆 O_1, O_2, O_3 两两外离,每两圆都有两条内公切线,它们分别记为 l_{12}, l_{23}, l_{31} 和 m_{12}, m_{23}, m_{31},如图 1259 所示,若 l_{12}, l_{23}, l_{31} 三线共点(此点记为 S),求证:m_{12}, m_{23}, m_{31} 三线也共点(此点记为 T).

注:下列两命题与本命题相近.

**命题 1259.1 设三圆两两外离,圆心分别为 A, B, C,圆 B 与圆 C 的两条内公切线分别记为 l_1, l_2,圆 C 与圆 A 的两条内公切线分别记为 m_1, m_2,圆 A

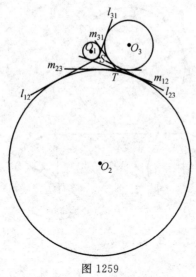

图 1259

与圆 B 的两条内公切线分别记为 n_1,n_2,如图 1259.1 所示,求证:

① "l_1,m_1,n_1 三线共点(此点记为 P)" 的充要条件是 "l_2,m_2,n_2 三线共点(此点记为 Q)".

② 若满足条件①,则 P,Q 是 $\triangle ABC$ 的一对等角共轭点.

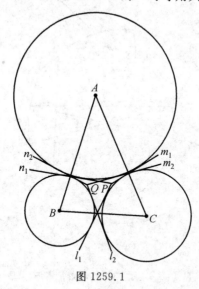

图 1259.1

命题 1259.2 设三圆 O_1,O_2,O_3 两两外离,每两圆之间都各作两条外公切线,所有切点分别记为 $A_1,A_2,A_3,A_4,B_1,B_2,B_3,B_4,C_1,C_2,C_3,C_4$,如图 1259.2 所示,设 A_1A_3 交 A_2A_4 于 M_1,B_1B_3 交 B_2B_4 于 M_2,C_1C_3 交 C_2C_4 于 M_3,求证:$O_1M_1 \mathbin{/\mkern-2mu/} O_2M_2 \mathbin{/\mkern-2mu/} O_3M_3$.

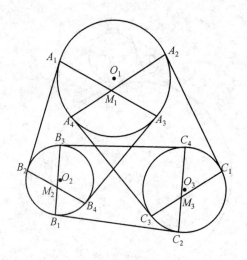

图 1259.2

命题 1260 设 H 是 $\triangle ABC$ 的垂心,P 是平面上一点,AP 交 BC 于 D,BP 交 CA 于 E,CP 交 AB 于 F,分别以 AD,BE,CF 为直径作圆 α,β,γ,设这三圆两两相交于 A',A'',B',B'',C',C'',如图 1260 所示,求证:$A'A''$,$B'B''$,$C'C''$ 均过 H.

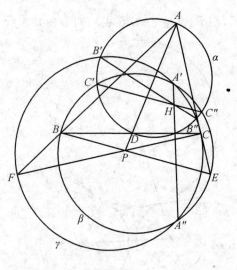

图 1260

命题 1261 设 P,Q,R 是 $\triangle ABC$ 内共线的三点,AP,AQ,AR 分别交 BC 于 A_1,A_2,A_3,BP,BQ,BR 分别交 CA 于 B_1,B_2,B_3,CP,CQ,CR 分别交 AB 于 C_1,C_2,C_3,过 A_1,B_1,C_1 的圆记为 α,过 A_2,B_2,C_2 的圆记为 β,过 A_3,B_3,C_3 的圆记为 γ,设 β 交 γ 于 D,D',γ 交 α 于 E,E',α 交 β 于 F,F',如图 1261 所示,求证:DD',EE',FF' 三线共点(此点记为 S).

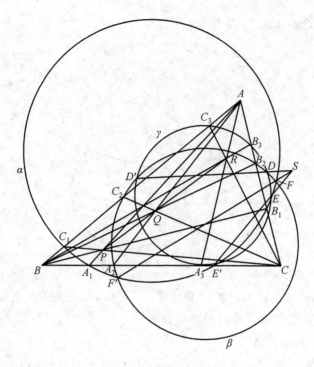

图 1261

命题 1262 设 M, N 是 $\triangle ABC$ 的一对等角共轭点,以 AM 为直径作圆,同时,过 B, M, C 三点作圆,这两圆相交于 P,再以 AN 为直径作圆,同时,过 B, N, C 三点作圆,这两圆相交于 Q,如图 1262 所示,求证:P, Q 也是 $\triangle ABC$ 的一对等角共轭点.

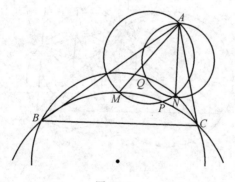

图 1262

命题 1263 设 O 是 $\triangle ABC$ 内一点,AO, BO, CO 分别交对边于 D, E, F,如图 1263 所示,求证:下列三圆共点(此点记为 S):(A, E, F),(B, F, D),(C, D, E).

注:下面的命题 1263.1 与本命题相近.

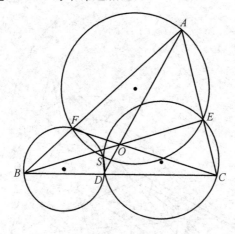

图 1263

命题 1263.1 设 $\triangle ABC$ 外切于圆 I,AI,BI,CI 分别交对边于 D,E,F,$\triangle AEF$,$\triangle BFD$,$\triangle CDE$ 的外接圆圆心分别记为 A',B',C',$\triangle DEF$ 的垂心记为 H,如图 1263.1 所示,求证:

① 三圆 A',B',C' 有一个公共点,此点记为 M;

② H 是 $\triangle A'B'C'$ 的内心;

③ M,H,I 三点共线.

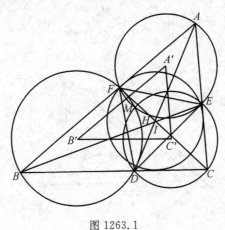

图 1263.1

5.13

命题 1264 设 $\triangle ABC$ 内接于圆 O,有三个圆 O_1, O_2, O_3,它们中的每一个都与 $\triangle ABC$ 的某两边相切,且都内切于圆 O,这三个圆两两相交所产生的六个交点中,有三个分别记为 A', B', C',如图 1264 所示,求证:AA', BB', CC' 三线共点(此点记为 S).

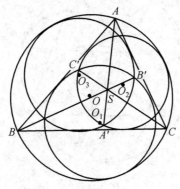

图 1264

命题 1265 设 $\triangle ABC$ 内接于圆 O,圆 O_1 与 AB, AC 都相切,且与圆 O 相切于 A',圆 O_2 与 BC, BA 都相切,且与圆 O 也相切,圆 O_3 与 CA, CB 都相切,且与圆 O 也相切,设 $A'O_2$ 交圆 O_2 于 D,$A'O_3$ 交圆 O_3 于 E,如图 1265 所示,求证:$DE \parallel O_2O_3$.

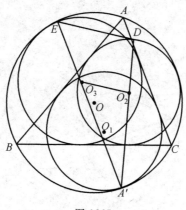

图 1265

命题 1266 设 $\triangle ABC$ 内接于圆 O, 圆 O_1 与 AB, AC 都相切, 且与圆 O 相切于 A', 圆 O_2 与 BC, BA 都相切, 且与圆 O 相切于 B', 圆 O_3 与 CA, CB 都相切, 且与圆 O 相切于 C', $B'O_3$ 交 $C'O_2$ 于 A'', $C'O_1$ 交 $A'O_3$ 于 B'', $A'O_2$ 交 $B'O_1$ 于 C'', 如图 1266 所示, 求证:

① 有三次三点共线, 它们分别是: (A, A'', O_1), (B, B'', O_2), (C, C'', O_3);

② AO_1, BO_2, CO_3 三线共点, 此点记为 P;

③ AA', BB', CC' 三线共点, 此点记为 Q;

④ O, P, Q 三点共线;

⑤ P 是 $\triangle ABC$ 的内心;

⑥ Q 是 $\triangle ABC$ 的垂心.

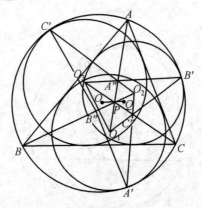

图 1266

命题 1267 设 M 是 $\triangle ABC$ 内一点, 过 B, M, C 三点作圆弧, 该圆弧的中点记为 A', 类似地, 过 C, M, A 三点作圆弧, 该圆弧的中点记为 B', 过 A, M, B 三点作圆弧, 该圆弧的中点记为 C', 如图 1267 所示, 求证: M, A', B', C' 四点共圆.

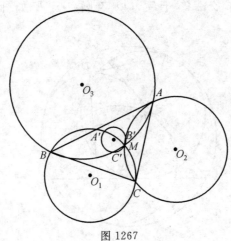

图 1267

命题 1268 设直线 l 分别交 $\triangle ABC$ 的三边 BC,CA,AB（或三边的延长线）于 P,Q,R，$\triangle AQR$，$\triangle BRP$，$\triangle CPQ$ 的外心分别为 O_1,O_2,O_3，如图 1268 所示，求证：

① $\triangle AQR$，$\triangle BRP$，$\triangle CPQ$ 的外接圆共点，此点记为 M；

② M,O_1,O_2,O_3 四点共圆.

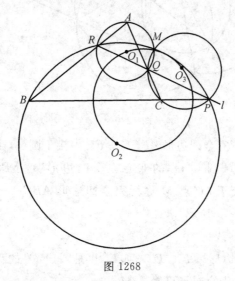

图 1268

命题 1269 设两圆 O_1,O_2 相交于 A,B，以 A 为圆心，AB 为半径作圆，此圆分别交圆 O_1,O_2 于 C,D，设 CD 分别交圆 O_1,O_2 于 E,F，如图 1269 所示，求证：B,E,F,O_1,O_2 五点共圆.

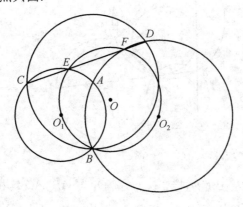

图 1269

**命题 1270 设三圆 α,β,γ 都经过 M,N 两点，以 N 为圆心，任作一圆 δ，δ 与 α,β,γ 各相交于两点，这些交点依次记为 A,A',B,B',C,C'，如图 1270 所示，设 BC 交 $B'C'$ 于 P，CA 交 $C'A'$ 于 Q，AB 交 $A'B'$ 于 R，求证：

① P,Q,R 三点共线；

② $PQ \perp MN$.

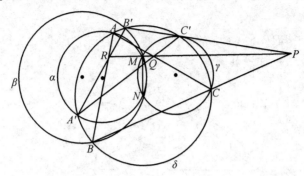

图 1270

命题 1271 设完全四边形 $ABCD-EF$ 内接于圆 O，且外切于圆 O'（这样的完全四边形称为"圆 O,O' 的双心完全四边形"），$\triangle BCE$ 的外接圆与 $\triangle CDF$ 的外接圆相交于 M（点 M 称为完全四边形 $ABCD-EF$ 的"密克尔 (Miquel) 点"）如图 1271 所示，求证：

① O,O',M 三点共线；

② 若另有完全四边形 $A'B'C'D'-E'F'$ 也是圆 O,O' 的双心完全四边形，那么，该完全四边形的密克尔点仍然是 M.

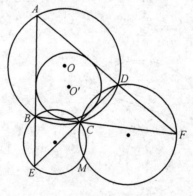

图 1271

命题 1272 设 $\triangle ABC$ 内接于圆 O，圆 O_1 与 AB,AC 均相切，切点依次为 A_1,A_2，圆 O_1 还与圆 O 相切；圆 O_2 与 BC,BA 均相切，切点依次为 B_1,B_2，圆 O_2 还与圆 O 相切；圆 O_3 与 CA,CB 均相切，切点依次为 C_1,C_2，圆 O_3 还与圆 O 相切. 设 A_1A_2,B_1B_2,C_1C_2 两两相交构成 $\triangle PQR$，如图 1272 所示，求证：$PC_1 = QC_2, QA_1 = RA_2, RB_1 = PB_2$.

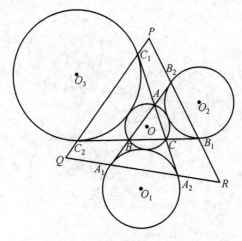

图 1272

命题 1273 设三圆 O_1, O_2, O_3 两两外离,它们都在 $\triangle ABC$ 的内部,每个圆都与 $\triangle ABC$ 的某两边相切,而与第三边不相切,如图 1273 所示,设每两圆的另一条外公切线两两相交构成 $\triangle A'B'C'$,圆 I 与 $\triangle ABC$ 的三边 BC, CA, AB 分别相切于 D, E, F,圆 I' 与 $\triangle A'B'C'$ 的三边 $B'C', C'A', A'B'$ 分别相切于 D', E', F',求证:

① 下列六条直线共点(此点记为 S):$AA', BB', CC', DD', EE', FF'$;

② I, S, I' 三点共线.

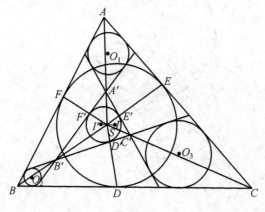

图 1273

命题 1274 设三个等圆的圆心分别是 A, B, C,它们均在圆 O 上,且分别交圆 O 于 $A_1, A_2; B_1, B_2; C_1, C_2$,设 BC_2 交 CB_1 于 A',CA_2 交 AC_1 于 B',AB_2 交 BA_1 于 C',如图 1274 所示,求证:AA', BB', CC' 三线共点(此点记为 S).

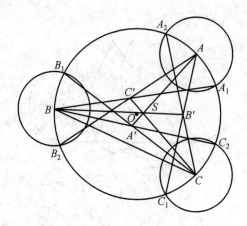

图 1274

** **命题 1275**　设四边形 $ABCD$ 的对角线 AC, BD 相交于 M，$\triangle MAB$，$\triangle MBC$，$\triangle MCD$，$\triangle MDA$ 的外接圆圆心分别为 O_1, O_2, O_3, O_4，这四个三角形的垂心分别为 H_1, H_2, H_3, H_4，如图 1275 所示，求证：

① 四边形 $O_1O_2O_3O_4$ 是平行四边形；

② 四边形 $H_1H_2H_3H_4$ 也是平行四边形；

③ 上述两个平行四边形的对应边互相平行.

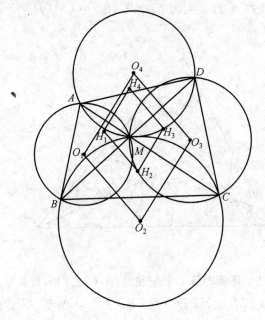

图 1275

命题 1276 设两圆 O_1,O_2 相交于 A,B,一直线过 A,且分别交圆 O_1,O_2 于 C,D,另有一直线也过 A,且分别交圆 O_1,O_2 于 E,F,设圆 O_3 过 A,C,F 三点,圆 O_4 过 A,D,E 三点,直线 AB 分别交圆 O_3,O_4 于 M,N,如图 1276 所示,求证: $BM=BN$.

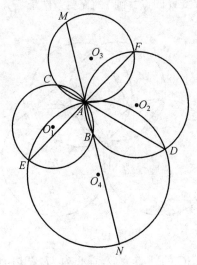

图 1276

**命题 1277 设 $ABCD$ 是任意四边形,AB,BC,AD 上各有一点,它们分别记为 E,F,H,圆 O_1 过 A,E,H,圆 O_2 过 B,E,F,这两圆的交点,除 E 外,还有一点,记为 M,圆 O_3 过 C,F,M,该圆交 CD 于 G,如图 1277 所示,求证:

① D,G,H,M 四点共圆,该圆圆心记为 O_4;

② 若 A,O_1,M 三点共线,则四边形 $O_1O_2O_3O_4$ 与四边形 $ABCD$ 位似,位似中心就是 M.

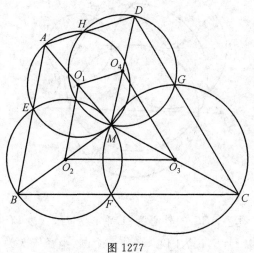

图 1277

注:参阅本套书下册第 2 卷的命题 1266.

命题 1278 设三圆 O_1,O_2,O_3 有一个公共的交点 M,此外每两圆还各有一个交点,它们分别是 A,B,C,在三圆上各取一点,分别记为 A',B',C',如图 1278 所示,求证:"A',B',C',M 四点共圆"的充要条件是"$\dfrac{BA' \cdot CB' \cdot AC'}{AC' \cdot BA' \cdot CB'} = 1$".

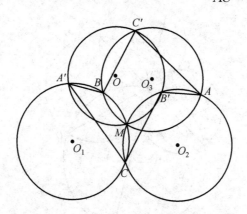

图 1278

命题 1279 设 $\triangle ABC$ 的外心为 O,垂心为 H,三边 BC,CA,AB 的中点分别为 D,E,F,以这三点为圆心各作一个圆,半径依次为 DH,EH,FH. 设圆 D 交 BC 于 A_1,A_2,圆 E 交 CA 于 B_1,B_2,圆 F 交 AB 于 C_1,C_2,如图 1279 所示,求证:A_1,A_2,B_1,B_2,C_1,C_2 六点共圆,且该圆的圆心就是 O.

注:这六点所决定的圆称为"杜洛斯 — 凡利(Droz－Farny) 圆".

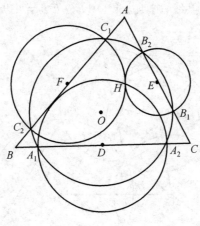

图 1279

命题 1279.1 设 $\triangle ABC$ 的外心为 O,垂心为 H,三边 BC,CA,AB 的高分别为 AD,BE,CF,以 D,E,F 为圆心,各作一个圆,半径依次为 DO,EO,FO,设

圆 D 交 BC 于 A_1, A_2,圆 E 交 CA 于 B_1, B_2,圆 F 交 AB 于 C_1, C_2,如图 1279.1 所示,求证:$A_1, A_2, B_1, B_2, C_1, C_2$ 六点共圆,且该圆的圆心就是 H.

注:这六点所决定的圆也称为"杜洛斯－凡利圆",而且,可以证明:对于同一个三角形来说,这两次"杜洛斯－凡利圆"是相等的圆.

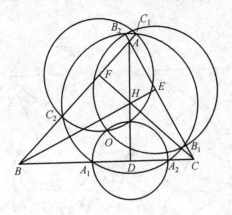

图 1279.1

命题 1280 设 $\triangle ABC$ 内接于圆 O,直线 l 在圆 O 外,O 在 l 上的射影为 M,BC, CA, AB 分别交 l 于 A', B', C',$\triangle AMA', \triangle BMB', \triangle CMC'$ 的外接圆圆心分别记为 O_1, O_2, O_3,如图 1280 所示,求证:O_1, O_2, O_3 三点共线.

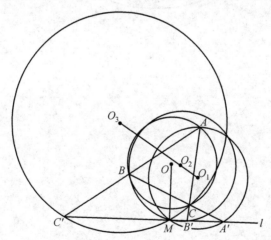

图 1280

**命题 1281 设五边形 $ABCDE$ 内接于圆 O,且外切于圆 O_1,AB, BC, CD, DE, EA 上的切点分别为 A_1, B_1, C_1, D_1, E_1,隔点联结上述五点,产生一个五边形 $A_2 B_2 C_2 D_2 E_2$,如图 1281 所示,求证:

① 五边形 $A_2 B_2 C_2 D_2 E_2$ 内接于一个圆,该圆圆心记为 O_2;

② 有五次三点共线,它们分别是:(A,A_2,C),(B,B_2,D),(C,C_2,E),(D,D_2,A),(E,E_2,B),这五条直线都与圆 O_2 相切;

③ 上述五条直线构成的五边形 $A_3B_3C_3D_3E_3$ 内接于圆,此圆圆心记为 O_3;

④ O,O_1,O_2,O_3 四点共线.

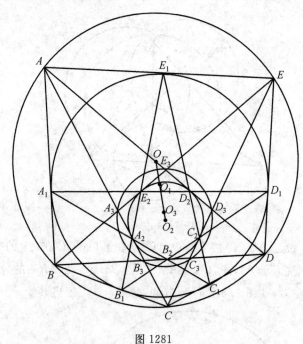

图 1281

5.14

命题 1282 设四边形 $ABCD$ 内接于圆 O，AC 交 BD 于 S，AC，BD 将圆 O 分成四部分，在这四部分里各作一个圆，圆心分别记为 O_1，O_2，O_3，O_4，每个圆都与圆 O 内切，切点分别记为 E，F，G，H，每个圆还都与 AC，BD 相切，如图 1282 所示，求证：FO_1，EO_2，HO_3，GO_4 四线共点（此点记为 S）．

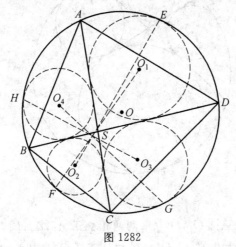

图 1282

命题 1283 设四边形 $ABCD$ 内接于圆 O，AC 交 BD 于 M，弧 AB，BC，CD，DA 的中点分别为 E，F，G，H，$\triangle ABM$，$\triangle BCM$，$\triangle CDM$，$\triangle DAM$ 的内心分别为 E'，F'，G'，H'，如图 1283 所示，求证：EE'，FF'，GG'，HH' 以及 OM 五线共点（此点记为 S）．

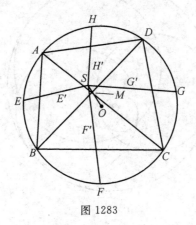

图 1283

命题 1284 设 AB, CD 是圆 O 内两条相交的弦,交点为 P, AB, CD 将圆 O 分成四个区域,在每一个区域内各作一个圆,圆心分别记为 E, F, G, H,这每一个圆都与 AB, CD 相切,且都与圆 O 内切,切点依次记为 E', F', G', H',如图 1284 所示,求证:

① EG', FH', GE', HF' 四线共点,该点记为 Q;

② O, P, Q 三点共线.

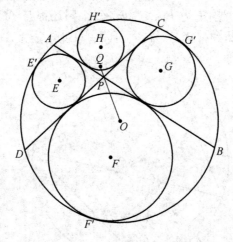

图 1284

命题 1285 设三圆 O_1, O_2, O_3 两两相交于 $A_1, A_2; B_1, B_2; C_1, C_2$,且均内切于圆 O,切点依次为 A, B, C,设圆 O' 内切于圆 O_1,同时,内切于圆 O_2 和圆 O_3,切点依次为 A', B', C',如图 1285 所示,求证:下列六条直线共点(此点记为 S):$AA', BB', CC', A_1A_2, B_1B_2, C_1C_2$.

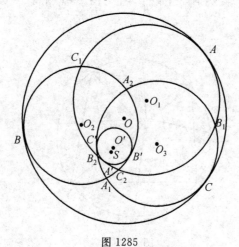

图 1285

命题 1286 设四边形 $ABCD$ 的对角线 AC,BD 相交于 M, 过 A,M 作圆 O_1, 该圆与 BD 相切; 过 B,M 作圆 O_2, 该圆与 AC 相切; 过 C,M 作圆 O_3, 该圆与 BD 相切; 过 D,M 作圆 O_4, 该圆与 AC 相切, 如图 1286 所示, 求证: O_1,O_2,O_3,O_4 四点共圆.

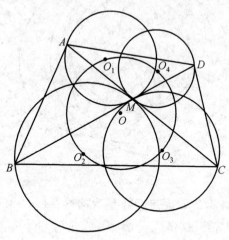

图 1286

** 命题 1287 设 A,B,C,D 是圆 O 上四点, 它们把圆 O 分成四段劣弧, 这四段劣弧的中点分别为 O_1,O_2,O_3,O_4, 以这四点为圆心, 且依次以 O_1A,O_2B,O_3C,O_4D 为半径作圆, 设圆 O_1 交圆 O_2 于 M, 圆 O_2 交圆 O_3 于 N, 圆 O_3 交圆 O_4 于 P, 圆 O_4 交圆 O_1 于 Q, 如图 1287 所示, 求证: M,N,P,Q 分别是 $\triangle ABC$, $\triangle BCD$, $\triangle CDA$, $\triangle DAB$ 的内心.

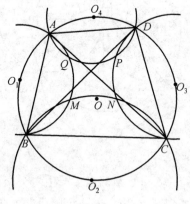

图 1287

命题 1288 设三圆 O_1,O_2,O_3 两两相交产生六个交点, 分别记为 A,B,C, A',B',C', 圆 P 过 A,B,C 三点, 圆 Q 过 A',B',C' 三点, 如图 1288 所示, 求证:

①AA',BB',CC'三线共点(此点记为R);
②P,Q,R三点共线.

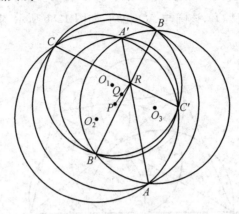

图 1288

命题 1289 设A,B,C,D是圆O上顺次四点,AC交BD于M,下列四圆:(ABM),(BCM),(CDM),(DAM)的圆心分别记为O_1,O_2,O_3,O_4,如图1289所示,求证:

①O_1O_3与O_2O_4互相垂直平分,它们的交点记为O';
②O,O',M三点共线.

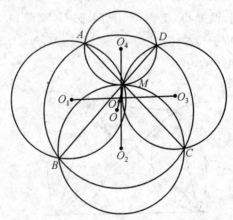

图 1289

命题 1290 设三圆O_1,O_2,O_3两两相交产生六个交点,分别记为A,B,C,A',B',C',如图1290所示,作圆P,使它内切于圆O_1,O_2,O_3,切点依次为D,E,F,再作圆Q,使得三圆O_1,O_2,O_3都内切于它,切点依次为D',E',F',求证:

①AA',BB',CC'以及DD',EE',FF'六线共点,该点记为R;
②P,Q,R三点共线.

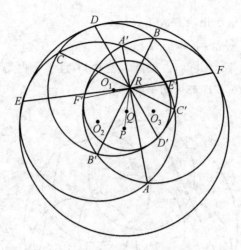

图 1290

命题 1291 设四边形 $ABCD$ 外切于圆 O，AC 交 BD 于 P，圆 O_1, O_2, O_3, O_4 分别是 $\triangle ABP, \triangle BCP, \triangle CDP, \triangle DAP$ 的外接圆，O_1O_3 交 O_2O_4 相交于 Q，如图 1291 所示，求证：

① O_1O_3 与 O_2O_4 互相平分；
② 存在圆 R，使得圆 O_1, O_2, O_3, O_4 均内切于圆 R；
③ P, Q, R 三点共线．

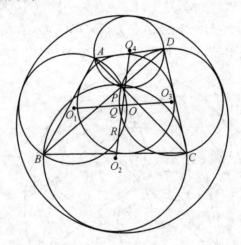

图 1291

命题 1292 设四边形 $ABCD$ 内接于圆 O，AB, BC, CD, DA 的中点分别为 E, F, G, H，如图 1292 所示，求证：

① 有四次四点共圆，它们分别是 $(O, A, E, H), (O, B, E, F), (O, C, F, G)$，

(O,D,G,H),这些圆依次记为 O_1,O_2,O_3,O_4;

② 这四个圆的半径都相等,记为 r;

③ O_1,O_2,O_3,O_4 四点共圆,此圆圆心就是 O,且半径也是 r;

④ 四圆 O_1,O_2,O_3,O_4 都内切于圆 O.

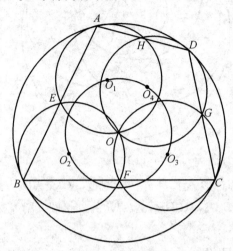

图 1292

命题 1293 设四边形 $ABCD$ 内接于圆 O,AB,BC,CD,DA 的中点分别为 E,F,G,H,AC 交 BD 于 M,过下列三点各作一圆:(E,M,H),(E,M,F),(F,M,G),(G,M,H),它们的圆心依次记为 O_1,O_2,O_3,O_4,如图 1293 所示,求证:

① O_1,O_2,O_3,O_4 四点共圆,该圆的圆心就是 M;

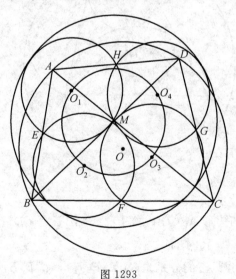

图 1293

② 圆 O_1, O_2, O_3, O_4 以及圆 M,它们都是等圆;

③ 存在一个以 M 为圆心,且与圆 O 大小相同的圆,使得圆 O_1, O_2, O_3, O_4 均内切于该圆.

命题 1294 设 $\triangle ABC$ 内接于圆 O,且外切于圆 I,如图 1294 所示,求证:

① 在 $\triangle ABC$ 内存在四个等圆 O_1, O_2, O_3, O_4,使得前三个均与第四个圆外切,且前三个圆中的每一个均与 $\triangle ABC$ 的某两边相切;

② O_4 是 OI 的中点.

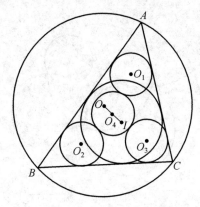

图 1294

命题 1295 设 $\triangle ABC$ 内接于圆 O,且外切于圆 I,三个等圆 O_1, O_2, O_3 都在 $\triangle ABC$ 内,两两外离,且每一个均与 $\triangle ABC$ 的某两边相切,但不与第三边相切,另有第四个圆 O_4,它与前三个圆都外切,如图 1295 所示,求证:O, O_4, I 三点共线.

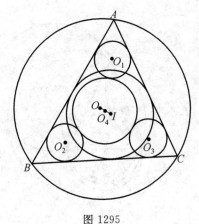

图 1295

命题 1296 设四圆 A,B,C,D 顺次相交于两点,这些交点分别是 E,E',F,F',G,G',H,H',如图 1296 所示,求证:"E,F,G,H 四点共圆"的充要条件是"E',F',G',H' 四点共圆".

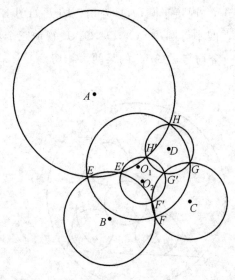

图 1296

注:参阅本套书下册第 1 卷的命题 1298.

命题 1297 设 P 是 $\triangle ABC$ 内一点,$\triangle BCP$,$\triangle CAP$,$\triangle ABP$ 的外接圆圆心分别为 O_1,O_2,O_3,设圆 O_1' 是圆 O_1 关于 BC 的对称圆,圆 O_2' 是圆 O_2 关于 CA 的对称圆,圆 O_3' 是圆 O_3 关于 AB 的对称圆,如图 1297 所示,求证:三圆 O_1',O_2',O_3' 有一个公共交点(此点记为 P').

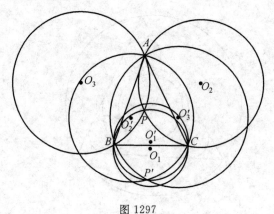

图 1297

命题 1298 设 M,N 是 $\triangle ABC$ 内一对等角共轭点，AM 交圆(BMC) 于 M'，AN 交圆(BNC) 于 N'，BM 交圆(CMA) 于 M''，BN 交圆(CAN) 于 N''，CM 交圆(AMB) 于 M'''，CN 交圆(ANB) 于 N'''，如图 1298 所示，求证：$\dfrac{1}{M'N'} + \dfrac{1}{M''N''} + \dfrac{1}{M'''N'''} = \dfrac{1}{MN}$.

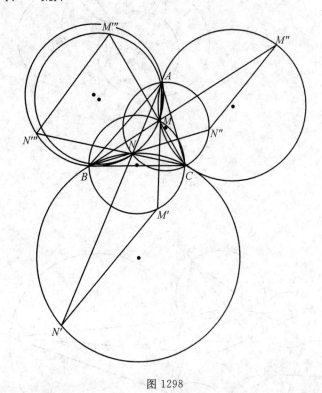

图 1298

命题 1299 设 A,B,C,M 四点都在圆 O 上，圆 O_1 过 A,M 两点，圆 O_2 过 B,M 两点，圆 O_3 过 C,M 两点，设圆 O_2 交圆 O_3 于 A'，圆 O_3 交圆 O_1 于 B'，圆 O_1 交圆 O_2 于 C'，设圆 O' 过 A',B',C'，圆 O'_1 过 A',B,C，圆 O'_2 过 A,B',C，圆 O'_3 过 A,B,C'，如图 1299 所示，求证：四圆 O',O'_1,O'_2,O'_3 交于一点（此点记为 M'）.

命题 1300 设六边形 $ABCDEF$ 内接于椭圆 α，三直线 AB,CD,EF 两两相交构成 $\triangle GHK$，另三直线 AF,BC,DE 两两相交构成 $\triangle G'H'K'$，设 $\triangle GDE$，$\triangle HAF$，$\triangle KBC$ 及 $\triangle G'AB$，$\triangle H'CD$，$\triangle K'EF$ 的外心分别为 P,Q,R 及 P'，Q',R'，如图 1300 所示，求证："GP,HQ,KR 三线共点"的充要条件是"$G'P'$，$H'Q',K'R'$ 三线共点".

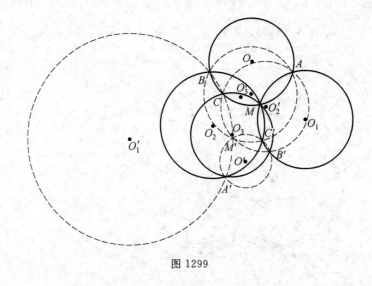

图 1299

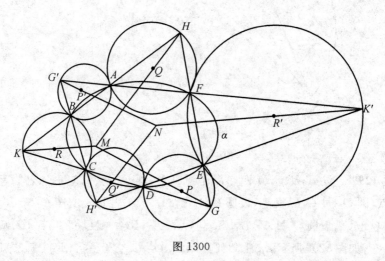

图 1300

命题 1300.1 设六边形 $ABCDEF$ 内接于椭圆 α,三直线 AB,CD,EF 两两相交构成 $\triangle GHK$,另三直线 AF,BC,DE 两两相交构成 $\triangle G'H'K'$,设 $\triangle GDE$,$\triangle HAF$,$\triangle KBC$ 及 $\triangle G'AB$,$\triangle H'CD$,$\triangle K'EF$ 的外心分别为 P,Q,R 及 P',Q',R',如图 1300.1 所示,求证:GG',HH',KK' 及 PP',QQ',RR' 六线共点(此点记为 S).

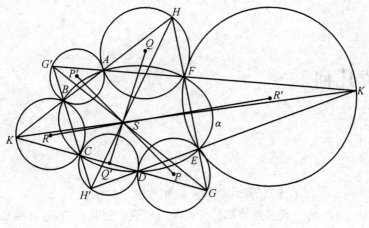

图 1300.1

异形黄几何

为了建立"黄几何",需要先选定一个点 Z,让它作为"黄假线",这个点 Z 通常都是一个普通的点("红欧点"),这样生成的"黄几何"称为"普通黄几何". 例如,后面图 F 就是这样进行的.

现在的问题是:这个用作"黄假线"的点 Z,可不可以不是一个普通的点("红欧点"),而是一个无穷远点("红假点")?答案是:可以的. 这样生成的"黄几何"称为"异形黄几何".

在"异形黄几何"里,当然也有"黄椭圆""黄抛物线"和"黄双曲线".

我们的第一个问题是:在椭圆、抛物线和双曲线中,谁能在"异形黄几何"中被视为"黄椭圆"?

答案是:只有双曲线在"异形黄几何"中,可以被视为"黄椭圆".

我们知道,任何椭圆 α,都有七个要素(图 A):

1. 椭圆 α 的中心 O;
2. 椭圆 α 的长轴 m;
3. 椭圆 α 的短轴 n;
4. 椭圆 α 的左顶点 A 和右顶点 B;
5. 椭圆 α 的上顶点 C 和下顶点 D;
6. 分别过左、右顶点 A,B 且与 α 相切的直线 l_1,l_2;
7. 分别过上、下顶点 C,D 且与 α 相切的直线 l_3,l_4.

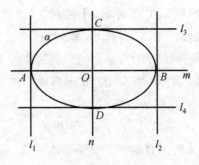

图 A

由 l_1, l_2, l_3, l_4 所构成的矩形,称为椭圆 α 的"矩形框".

我们还知道,任何双曲线 α,也都有七个要素(图 B):

1. 双曲线 α 的中心 O;
2. 双曲线 α 的实轴 m;
3. 双曲线 α 的虚轴 n;
4. 双曲线 α 的左顶点 A 和右顶点 B;
5. 分别过左、右顶点 A, B 且与 α 相切的直线 l_1, l_2;
6. 双曲线 α 的两条渐近线 t_1, t_2;
7. 双曲线 α 的两条渐近线 t_1, t_2 上的无穷远点 T_1, T_2.

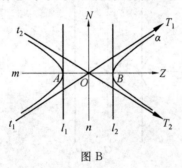

图 B

图 B 中双曲线 α 的实轴 m 上的无穷远点记为 Z,虚轴 n 上的无穷远点记为 N.

若将 Z 视为"黄假线",那么就建立了"异形黄几何",在这个新的几何观点下,图 B 的 α 就成了"黄椭圆",该图的各个部件就都有了新的理解:

1. n 是该"黄椭圆"的"黄中心";
2. O 是该"黄椭圆"的"黄长轴";
3. N 是该"黄椭圆"的"黄短轴";
4. l_1, l_2 分别是该"黄椭圆"的"黄短轴"上的两个"黄顶点";

5. t_1, t_2 分别是该"黄椭圆"的"黄长轴"上的两个"黄顶点";

6. A, B 分别是该"黄椭圆"在 l_1, l_2 上的"黄切线";

7. T_1, T_2 分别是该"黄椭圆"在 t_1, t_2 上的"黄切线".
(A, B 以及 T_1, T_2 构成该"黄椭圆"的"黄矩形框".)

上述理解(对偶关系)可以列成下表:

图 A	图 B
无穷远直线	Z
O	n
m	O
n	N
A, B	t_1, t_2
C, D	l_1, l_2
l_1, l_2	T_1, T_2
l_3, l_4	A, B

如果把图 B 的各个部件按上述理解重新标识,那么就形成图 C,把图 C 与图 A 直接对照能很快地找到"黄椭圆"的七个要素.

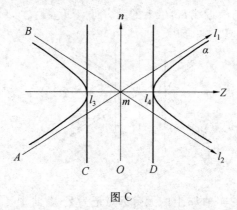

图 C

图 C 可以改变成图 D 那样,要注意的是,图 D 中标有 O 和 Z 的那两条直线的方向必须关于 $α$ 共轭,还有,标有 Z 的那条直线必须与 $α$ 相交,标有 C, D 的两直线都必须与 $α$ 相切. 在这样的情况下,图 D 的双曲线 $α$ 与图 C 的双曲线一样,也是"黄椭圆".

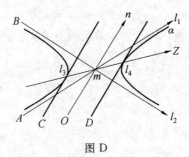

图 D

举例说,把下面的命题 1 分别表现在图 C、图 D 中,就得到命题 2 和命题 3.

命题 1 设椭圆 α 的中心为 O,长轴为 AB,过 B 的切线为 l,过 α 上一点 C 作 α 的切线,且交 l 于 P,如图 1 所示,求证:$OP \parallel AC$.

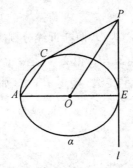

图 1

命题 2 设双曲线 α 的中心为 O,虚轴为 n,两渐近线分别为 t_1, t_2,P 是 α 上一点,过 P 作 α 的切线,这条切线交 t_1 于 A,过 P 作 t_2 的平行线,且交 n 于 B,如图 2 所示,求证:AB 垂直于 n.

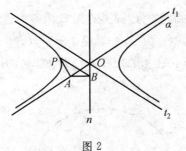

图 2

注:命题 1 与命题 2 的对偶关系如下:

命题 1	命题 2
无穷远直线	α 的实轴上的无穷远点 Z
O	n
A,B	t_1,t_2
C	PA
CA	A
PC	P
l	t_2 上的无穷远点
P	PB
PO	B
$PO \parallel AC$	$AB \perp n$

命题 3   设双曲线 α 的中心为 O,两渐近线分别为 t_1,t_2,直线 m,n 均过 O,它们的方向关于 α 共轭,且直线 m 与 α 相交,P 是 α 上一点,过 P 作 α 的切线,这条切线交 t_1 于 A,过 P 作 t_2 的平行线,且交 n 于 B,如图 3 所示,求证:AB 与 m 平行.

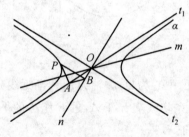

图 3

第二个例子,把下面的命题 4 分别表现在图 C、图 D 中,就得到命题 5 和命题 6.

命题 4   设椭圆 α 的中心为 O,A,B 是 α 上两点,过 A,B 分别作 α 的切线,这两切线相交于 C,以 CA,CB 为邻边作平行四边形 $ACBD$,如图 4 所示,求证:O,C,D 三点共线.

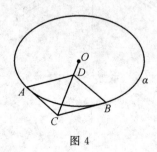

图 4

命题 5 设双曲线 α 的虚轴为 n,A,B 是 α 上两点,过 A 作 α 的切线,同时,过 B 作 n 的垂线,这两直线相交于 C,过 B 作 α 的切线,同时,过 A 作 n 的垂线,这两直线相交于 D,设 AB 交 n 于 S,如图 5 所示,求证:C,D,S 三点共线.

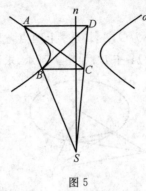

图 5

注:若取 α 的实轴上的无穷远点 Z 为"黄假线",那么 α 是"黄椭圆",因此,本命题是上面命题 4 在"异形黄几何"中的表现. 这两个命题之间的对偶关系如下:

命题 4	命题 5
无穷远直线	α 的实轴上的无穷远点 Z
O	n
A,B	AC,BC
C	AB
D	CD

命题 6 设双曲线 α 的中心为 O,两直线 m,n 均过 O,且二者关于 α 共轭,A,B 是 α 上两点,过 A 作 α 的切线,同时,过 B 作 m 的平行线,这两直线相交于 C,过 B 作 α 的切线,同时,过 A 作 m 的平行线,这两直线相交于 D,设 AB 交 n 于 S,如图 6 所示,求证:C,D,S 三点共线.

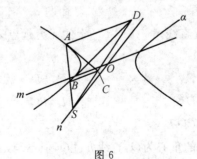

图 6

注:若取图 6 中 m 上的无穷远点 Z 为"黄假线",那么 α 是"黄椭圆",因此,本命题也是上面命题 4 在"异形黄几何"中的表现.

第三个例子,把下面的命题 7 分别表现在图 C、图 D 中,就得到命题 8 和命题 9.

命题 7 设椭圆 α 的中心为 O,A,B 是 α 上两点,过 A 作 α 的切线,且交 OB 于 C,过 B 作 α 的切线,且交 OA 于 D,如图 7 所示,求证:$CD \parallel AB$.

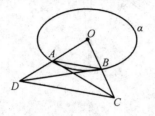

图 7

命题 8 设双曲线 α 的虚轴为 n,A,B 是 α 上两点,过 A,B 分别作 α 的切线,这两切线依次交 n 于 C,D,设 AC 交 BD 于 E,AD 交 BC 于 F,如图 8 所示,求证:EF 与 n 垂直.

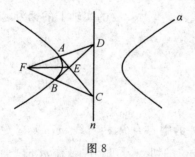

图 8

注:若取 EF 上的无穷远点 Z 为"黄假线",那么 α 是"黄椭圆",因此,本命题是上面命题 7 在"异形黄几何"中的表现.这两个命题之间的对偶关系如下:

命题 7	命题 8
无穷远直线	EF 上的无穷远点 Z
O	n
A,B	AC,BD
C,D	AD,BC
AB,CD	E,F

命题 9 设双曲线 α 的重心为 O,直线 n 过 O,但不与 α 相交,A,B 是 α 上两点,过 A,B 分别作 α 的切线,这两切线依次交 n 于 C,D,设 AC 交 BD 于 E,AD

交 BC 于 F，EF 交 α 于 G,H，如图 9 所示，求证：线段 GH 被 n 所平分.

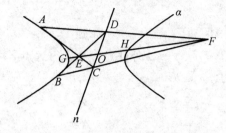

图 9

第四个例子，把下面的命题 10 表现在图 D 中，就得到命题 11.

命题 10 设椭圆 α 的短轴为 n，直线 l 与 n 平行，但不与 α 相交，A,B 是 α 上两点，使得 AB 与 n 平行，过 A 作 α 的切线，且交 l 于 C，一直线过 C，且交 α 于 D，E，BE 交 l 于 F，AF 交 α 于 G，如图 10 所示，求证：DG 与 n 平行.

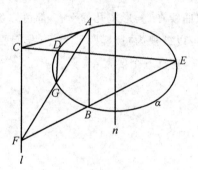

图 10

命题 11 设两直线 l_1,l_2 彼此平行，且均与双曲线 α 相切，l_1 上的切点为 A，在 α 的外部取一点 B，过 B 作 α 的两条切线，切点分别为 C,D，BD 交 l_2 于 E，过 E 作 AB 的平行线，且交 l_1 于 F，过 F 作 α 的切线，切点为 G，如图 11 所示，求证：$FG \parallel BC$.

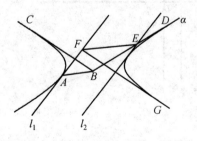

图 11

注：按照图 D 的说法，在"异形黄几何"的观点下，图 11 的双曲线 α 可以视

为"黄椭圆",因此,本命题是上面命题10的"异形黄表示".这两个命题之间的对偶关系如下:

命题10	命题11
AB	α外任意一个无穷远点Z
A,B	l_1,l_2
AC	A
C	AB
D,E	BC,BD
F	EF
G	FG

第二个问题是:在椭圆、抛物线和双曲线中,谁能在"异形黄几何"中被视为"黄抛物线"?

答案是:抛物线和双曲线在"异形黄几何"中,都可以被视为"黄抛物线".

先说抛物线为什么可以被视为"黄椭圆".为此,我们要从较远的地方说起.

考察图E的抛物线α,它有五个要素:

1. 焦点F;

2. 准线f;

3. 对称轴m;

4. 顶点A;

5. 过A且与α相切的直线l.

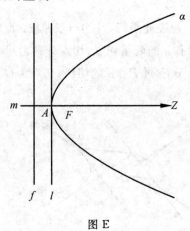

图E

凡抛物线都有这五个要素,即使在"黄抛物线"上,也要有这五个要素.

例如,考察图F,设Z是椭圆α上一点,过Z且与α相切的直线记为t,过Z

且与 t 垂直的直线交 α 于 A,过 A 且与 α 相切的直线记为 l,l 交 t 于 M,在 α 上取两点 B,C,使得 $BZ \perp CZ$,设 BC 交 ZA 于 F,F 关于 α 的极线记为 f,再将图 F 的 Z 视为"黄假线",那么在"黄观点"下(这是"普通黄观点"),图 F 的 α 就是"黄抛物线",它的五个"黄要素"如下:

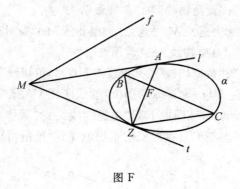

图 F

1. "黄准线":指图 F 的 F;
2. "黄焦点":指图 F 的 f;
3. "黄顶点":指图 F 的 l;
4. "黄对称轴":指图 F 的 M;
5. "黄顶点"l 上的"黄切线":指图 F 的 A.

也就是说,图 E 与图 F 之间的对偶关系如下:

图 E	图 F
无穷远直线	Z
F	f
f	F
A	l
l	A
m	M

对于图 F,椭圆 α 上的每一点 Z,按上述作图,都会得到一个相应的点 F,这个点 F 称为 Z 关于 α 的"弗雷奇点"(参阅本套书下册第 1 卷的命题 478).

不只是椭圆上的点有"弗雷奇点",抛物线、双曲线上的每一个点也都有"弗雷奇点",无一例外.

我们知道,抛物线上有一个点很特别,那就是它上面的无穷远点,这个特殊的点记为 Z(它也是这条抛物线对称轴上的无穷远点,如图 E),该点当然也有"弗雷奇点",那就是该抛物线的焦点 F.

现在,就以图 E 中抛物线 α 的对称轴 m 上的无穷远点 Z 为"黄假线",那么在"黄观点"下(这次是"异形黄观点"),α 仍然是"抛物线",不过是"黄抛物线",该"黄抛物线"当然也有五个要素,它们分别是:

1. 图 E 的 f 是这条"黄抛物线"的"黄焦点";
2. 图 E 的 F 是这条"黄抛物线"的"黄准线";
3. 图 E 中,f 上的无穷远点 M 是这条"黄抛物线"的"黄对称轴";
4. 图 E 的 l 是这条"黄抛物线"的"黄顶点";
5. 图 E 的 A 是这条"黄抛物线"的"黄顶点"上的"黄切线".

按"黄种人"的上述理解,重新标示图 E,就成了图 G. 图 G 的字母都要按"黄种人"的观点理解,例如,该图的 F 是"黄抛物线"α 的"黄焦点"(尽管它实际上是一条直线).把图 G 与图 E 直接对照能很快地找到"黄抛物线"的五个要素.

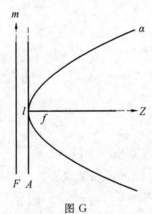

图 G

那么在"异形黄几何"里,两"黄欧线"A,B 所形成的"黄角"的大小,是怎样进行度量的?规则也很简单:在图 H 中,将 A,B"黄平移"到 f 上(用我们"红几何"的话说,就是投影到 f 上)得 P,Q,那么 ∠PFQ 在"红几何"中的大小(就是常义下的大小),就作为两"黄欧线"A,B 所形成的"黄角"的大小,这就是度量"黄角"的规则.

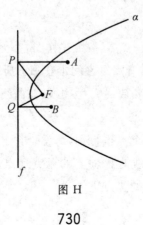

图 H

举例说,下面关于抛物线的命题 12 是大家所熟知的.

命题 12 设抛物线 α 的焦点为 F,顶点为 A,过 A 且与 α 相切的直线记为 l,一直线 l' 与 α 相切,且交 l 于 B,如图 12 所示,求证:$BF \perp l'$.

把这个命题对偶到像图 G 那样的"异形黄几何"里,就得到下面的命题 13.

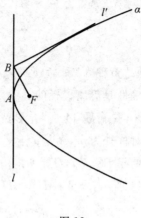

图 12

命题 13 设抛物线 α 的焦点为 F,准线为 f,顶点为 A,B 是 α 上一点,B 在 f 上的射影为 C,BA 交 f 于 D,如图 13 所示,求证:$FC \perp FD$.

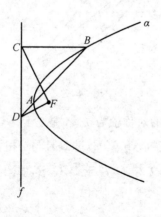

图 13

这两个命题之间的对偶关系如下:

命题 12	命题 13
无穷远直线	α 的对称轴上的无穷远点 Z
F	f
l	A
l'	B
B	AB
BF	D

这两个命题是同一个命题."黄种人"看命题 13 就如同我们看命题 12,感受是一样的.所以,命题 13 的正确性是毋庸置疑的.

第二个例子,下面的命题 15 是命题 14 在"异形黄几何"中的表现.

命题 14 设抛物线 α 的对称轴为 m,A 是 α 上一点,过 A 且与 α 相切的直线记为 l,在 α 上取两点 B,C,使得 BC // l,D 是 α 内一点,使得 AD // m,CD 交 α 于 E,BE 交 AD 于 F,如图 14 所示,求证:AF = AD.

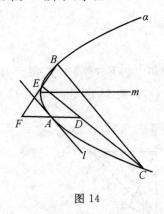

图 14

命题 15 设抛物线 α 的对称轴为 m,A 是 α 上一点,过 A 且与 α 相切的直线记为 l_1,B 是 α 外一点,使得 AB // m,过 B 且与 α 相切的两直线分别记为 l_2, l_3,一直线与 α 相切,且分别交 l_1, l_2, l_3 于 P,Q,R,如图 15 所示,求证:P 是线段 QR 的中点.

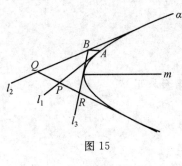

图 15

这两个命题之间的对偶关系如下：

命题 14	命题 15
无穷远直线	α 的对称轴 m 上的无穷远点 Z
A	l_1
L	A
B,C	l_2,l_3
E	QR
EB,EC	Q,R
EA	P

第三个例子，下面的命题 17 是命题 16 在"异形黄几何"中的表现.

命题 16　设抛物线的准线为 f，A 是 α 外一点，过 A 作 α 的两条切线，切点分别为 B,C，P 是 α 上一点，过 P 分别作 AB,AC 的平行线，且依次交 α 于 D,E，设 BE 交 CD 于 Q，如图 16 所示，求证：$PQ \perp f$.

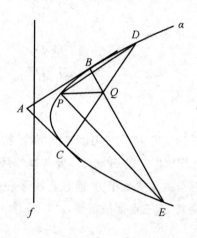

图 16

命题 17　设抛物线 α 的对称轴为 m，直线 l 与 α 相切，A,B 是 α 上两点，过 A,B 分别作 m 的平行线，且依次交 l 于 C,D，过 A,D 分别作 α 的切线，这两切线相交于 E，过 B,C 分别作 α 的切线，这两切线相交于 F，如图 17 所示，求证：直线 EF 与 l 平行.

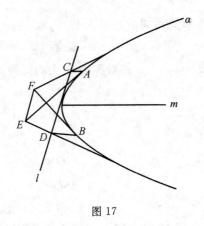

图 17

上述两个命题的对偶关系如下：

命题 16	命题 17
无穷远直线	α 的对称轴 m 上的无穷远点 Z
AB, AC	A, B
B, C	AE, BF
P	l
PD, PE	C, D
D, E	CF, DE
CD, BE	F, E
Q	EF

需要指出的是，在"异形黄几何"中，用以表示"黄抛物线"的图 G 也可以画成像图 I 那样，这时，标有字母"Z"的那条直线要与抛物线 α 的对称轴平行，标有字母"A"的那条直线要与抛物线 α 相切，而且直线 Z 和直线 F 的交点到 l 的距离恰好等于 l 与 f 的距离（这三点都很重要）.

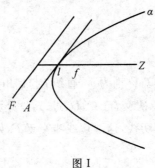

图 I

举例说，下面关于抛物线的命题 18，按图 I 给出它的"异形黄表示"，就得到命题 19.

命题 18 设抛物线 α 的焦点为 O,准线为 f,O 在 f 上的射影为 P,直线 l 过 O 且与 f 平行,A 是 l 上一点,过 A 作 α 的两条切线,这两切线分别交 f 于 B,C,如图 18 所示,求证:$PB=PC$.

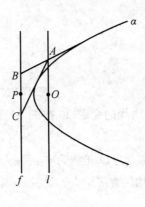

图 18

命题 19 设抛物线 α 的对称轴为 m,A 是 α 上一点,过 A 作 m 的平行线,且在这条直线上取两点 B,F,使得 $AB=AF$(F 在 α 内),过 A 且与 α 相切的直线记为 l,过 B 且与 l 平行的直线记为 f,一直线过 B,且交 α 于 C,D,设 FC,FD 分别交 f 于 M,N,如图 19 所示,求证:$BM=BN$.

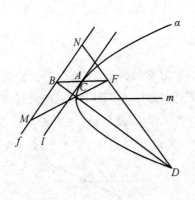

图 19

注:若取 BF 上的无穷远点 Z 为"黄假线",那么图 19 的 α 是"黄抛物线",因此,本命题是上面命题 18 在"异形黄几何"中的表现. 这两个命题之间的对偶关系如下:

命题 18	命题 19
无穷远直线	BF 上的无穷远点 Z
O	f
f	F
l	B
A	CD
AB, AC	C, D
B, C	FM, FN

第二个例子,下面关于抛物线的命题 20 按图 I 给出它的"异形黄表示",就得到命题 21.

命题 20 设抛物线 α 的焦点为 O,准线为 f,α 的顶点为 A,一直线过 A,且交 α 于 B,交 f 于 C,过 B 且与 α 相切的直线记为 l,如图 20 所示,求证:l 与 OC 平行.

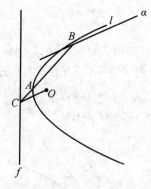

图 20

命题 21 设抛物线 α 的对称轴为 m,A 是 α 上一点,过 A 作 m 的平行线,且在这条直线上取两点 B, F,使得 $AB = AF$(F 在 α 内),过 A 且与 α 相切的直线记为 l,过 B 且与 l 平行的直线记为 f,设 C 是 l 上一点,CF 交 f 于 D,过 C 作 α 的切线,切点记为 E,如图 21 所示,求证:DE 与 m 平行.

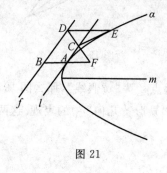

图 21

注：若取 BF 上的无穷远点 Z 为"黄假线"，那么图 21 中的 α 是"黄抛物线"，因此，本命题是上面命题 20 在"异形黄几何"中的表现. 这两个命题之间的对偶关系如下：

命题 20	命题 21
无穷远直线	BF 上的无穷远点 Z
O	f
f	F
A	l
AB	C
C	CD
CO	D
l	E

除了抛物线可以在"异形黄几何"中被视为"黄抛物线"外，双曲线也可以被视为"黄抛物线".

为此，考察图 J，设双曲线 α 的中心为 M，两渐近线分别为 t_1, t_2，实轴为 m，虚轴为 n，m 上的无穷远点记为 F，t_1 上的无穷远点记为 Z，t_2 上的无穷远点记为 L.

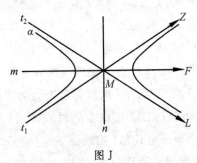

图 J

如果将 Z 视为"黄假线"，那么就建立了"异形黄几何"，在这个新的几何观点下，图 J 中的 α 就成了"黄抛物线". α 的各个部件就都有了新的理解：

1. m 上的无穷远点 F 是该"黄抛物线"的"黄准线"；
2. n 是该"黄抛物线"的"黄焦点"；
3. M 是该"黄抛物线"的"黄对称轴"；
4. t_2 是该"黄抛物线"的"黄顶点"；
5. L 是"黄顶点"上与 α 相切的"黄切线".

这些理解（对偶关系）列成下表：

图 E	图 J
无穷远直线	Z
F	n
m	M
f	F
A	t_2
l	L

如果把图 J 中各个部件按上述对偶关系重新标识,那么就形成图 K,把图 K 与图 E 直接对照能很快地找到"黄抛物线"的五个要素.

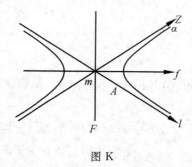

图 K

图 K 的字母都要按"黄种人"的观点理解,例如,图 K 的 F 是"黄抛物线"α 的"黄焦点"(尽管它实际上是一条直线).

现在谈谈在图 K 建立了"异形黄几何"后,两条"黄欧线"所成"黄角"的大小是怎样度量的? 这时,最好将图 K 的双曲线 α 换成等轴双曲线,因为换成等轴双曲线后,两条"黄欧线"所成"黄角"的度量规则会简单得多.

在换成等轴双曲线后,请看图 L,记这个等轴双曲线的右顶点为 O,这时,设 A,B 是图 L 上两点,在"异形黄几何"的观点下,它们是两条"黄欧线",那么由它们构成的"黄角"如何度量? 规则很简单:将 A,B"黄平移"到 n 上(用我们的话说,就是沿 t_1 的方向平移到 n 上),得 P,Q,这时 $\angle POQ$ 在"红几何"中的大小,就作为"黄欧线"A,B 所成"黄角"的大小,这就是"异形黄几何"中度量"黄角"的规则.

例如,图 J 的两"线"("黄欧线")M 和 F 就是互相"垂直"("黄垂直")的,那是因为 F 经过"黄平移",成为 n 上的无穷远点,该无穷远点记为 F',而 F' 和 M 对 O 所张的角明显是直角,所以说,在"黄观点"下,M 和 F 是互相"垂直"("黄垂直")的. 要知道,在我们的观点下,图 J 中的 M 和 F 对 O 所张的角是平角,离"直角"相去十万八千里,对偶原理在欧氏几何中的魅力,可见一斑.

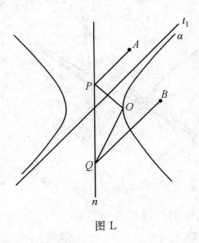

图 L

举例说,我们考察下面的命题 22.

命题 22 设抛物线 α 的准线为 f,A 是 α 外一点,过 A 作 α 的两条切线,切点分别为 B,C,P 是 α 上一点,过 P 分别作 AB,AC 的平行线,且依次交 α 于 D,E,设 BE 交 CD 于 Q,如图 22 所示,求证:$PQ \perp f$.

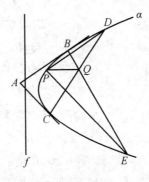

图 22

请注意,若抛物线 α 的对称轴记为 m,那么本命题的结论"$PQ \perp f$"等价于"$PQ \parallel m$". 按此理解,本命题在"异形黄几何"中的表现就是下面的命题 23.

命题 23 设直线 t 是双曲线 α 的渐近线之一,直线 l 与 α 相切,且交 t 于 P,A,B 是 α 上两点,过 A,B 分别作 t 的平行线,且依次交 l 于 C,D,过 A,D 分别作 α 的切线,这两切线相交于 Q,过 B,C 分别作 α 的切线,这两切线相交于 R,如图 23 所示,求证:P,Q,R 三点共线.

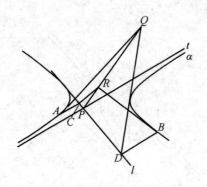

图 23

命题 22 与命题 23 之间的对偶关系如下：

命题 22	命题 23
无穷远直线	t 上无穷远点 Z
AB, AC	A, B
P	l
PD, PE	C, D
D, E	CR, DQ
BE, CD	Q, R
Q	QR
PQ	P

第二个例子，下面的命题 24 是上面命题 15 在"异形黄几何"中的表现.

** 命题 24 设 t 是双曲线 α 的渐近线之一，M 是 α 上一点，过 M 且与 α 相切的直线交 t 于 N，一直线过 N，且交 α 于 A, B，P 是 α 上另一点，过 M 作 t 的平行线，这条直线交 PA, PB 于 C, D，如图 24 所示，求证：$MC = MD$.

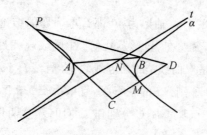

图 24

命题 15 与命题 24 之间的对偶关系如下：

命题 15	命题 24
无穷远直线	t 上的无穷远点
m	双曲线的中心
A	MN
l_1	M
B	AB
l_2,l_3	A,B
QR	P
P	PM(图 24 中未画出)
Q,R	PC,PD

第三个例子.

命题 25 设抛物线 α 的对称轴为 m,E 是 α 上一点,过 E 作 α 的切线,并在这条切线上取两点 A,B,过 A,B 分别作 α 的切线,它们依次记为 l_1,l_2,过 A 作 l_2 的平行线,同时,过 B 作 l_1 的平行线,这两条直线相交于 P,如图 25 所示,求证:EP 与 m 平行.

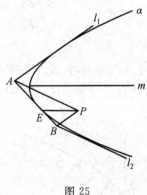

图 25

命题 26 设双曲线 α 的渐近线之一为 t,P 是 t 上一点,过 P 作 α 的切线,切点为 A,B,C 是 α 上另外两点,过 B 作 t 的平行线,这条直线交 AC 于 Q,过 C 作 t 的平行线,这条直线交 AB 于 R,如图 26 所示,求证:P,Q,R 三点共线.

若将图 26 中的 t 上无穷远点视为"黄假线",那么在"异形黄观点"下,图 26 的 α 是"黄抛物线",所以本命题是命题 25 的"黄表示"——"异形黄表示".它们之间的对偶关系如下:

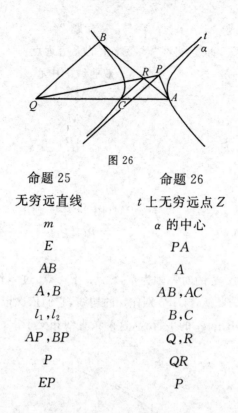

图 26

命题 25	命题 26
无穷远直线	t 上无穷远点 Z
m	α 的中心
E	PA
AB	A
A,B	AB,AC
l_1,l_2	B,C
AP,BP	Q,R
P	QR
EP	P

第四个例子.

命题 27 设抛物线 α 的对称轴为 m,直线 l 与 m 垂直,且与 α 相切,A 是 α 外一点,过 A 作 α 的两条切线,切点分别为 B,C,设 AB 交 l 于 D,BC 交 m 于 E,如图 27 所示,求证:$DE \parallel AC$.

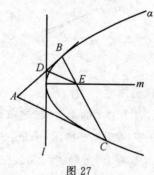

图 27

本命题在"异形黄几何"中的表现就是下面的命题 28.

命题 28 设双曲线 α 的中心为 P,两渐近线为 t_1,t_2,A,B 是 α 上两点,过 A 作 t_2 的平行线,同时,过 B 作 t_1 的平行线,这两直线相交于 Q,过 A,B 分别作 α 的切线,这两切线相交于 R,如图 28 所示,求证:P,Q,R 三点共线.

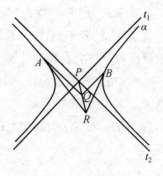

图 28

这两个命题之间的对偶关系如下：

命题 27	命题 28
无穷远直线	t_1 上无穷远点 Z
m	P
l	t_2 上无穷远点 L
B,C	AR,BR
D	AQ
BC 上的无穷远点	BQ
DE	Q

第三个问题是：在椭圆、抛物线和双曲线中,谁能在"异形黄几何"中被视为"黄双曲线"？

答案是：椭圆、抛物线和双曲线在"异形黄几何"中都可以被视为"黄双曲线"．

前面说过,双曲线有七个要素,它们分别是：中心 O,实轴 m,虚轴 n,两顶点 A,B,这两顶点处 α 的切线 l_1,l_2,两渐近线 t_1,t_2,这两渐近线上的无穷远点（"红假点"）T_1,T_2．如图 M 所示．所以,无论是谁,想在"异形黄几何"中能视为"黄双曲线",都得说清楚它具备这七个要素．

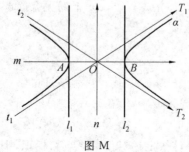

图 M

下面按椭圆、抛物线和双曲线的顺序逐一做出说明．

先说椭圆为什么可以在"异形黄几何"中被视为"黄双曲线".

前面也说过,椭圆有七个要素,它们分别是:中心 O,长轴 m,短轴 n,左顶点 A 和右顶点 B,上顶点 C 和下顶点 D,过左、右顶点 A,B 且与椭圆 α 相切的直线 l_1,l_2,过上、下顶点 C,D 且与椭圆 α 相切的直线 l_3,l_4,如图 N 所示. 现在,将图 N 中椭圆 α 的长轴 m 上的无穷远点 Z 视为"黄假线",那么就建立了"异形黄几何",在这个新的几何观点下,图 N 的 α 就成了"黄双曲线",α 的各个部件就都有了新的理解:

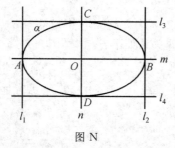

图 N

1. n 是该"黄双曲线"的"黄中心";
2. O 是该"黄双曲线"的"黄虚轴";
3. n 上的无穷远点是该"黄双曲线"的"黄实轴";
4. l_1,l_2 分别是该"黄双曲线"的两个"黄顶点";
5. A,B 分别是该"黄双曲线"在"黄顶点"上的"黄切线";
6. C,D 分别是该"黄双曲线"的"黄渐近线";
7. l_3,l_4 分别是该"黄双曲线"的"黄渐近线"上的"黄无穷远点".

这些理解(对偶关系)列成下表:

图 M	图 N
无穷远直线	m 上的无穷远点 Z
O	n
m	n 上的无穷远点
n	O
A,B	l_1,l_2
l_1,l_2	A,B
t_1,t_2	C,D
T_1,T_2	l_3,l_4

如果把图 N 中各个部件按上述对偶关系重新标识,那么就形成图 O,把图 O 与图 M 直接对照能很快地找到"黄双曲线"的七个要素.

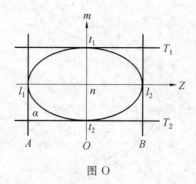

图 O

如果把图 O 中椭圆 α 的长、短轴改成 α 的一对共轭直径(有关部件当然要做相应改变,如椭圆 α 的"矩形框"要变成"平行四边形框"),形成图 P,那么这时的 α 在"异形黄几何"观点下仍然是"黄双曲线".

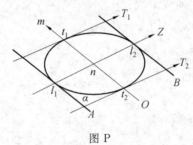

图 P

现在说一下,抛物线为什么可以在"异形黄几何"中被视为"黄双曲线".

为此,考察图 Q 的抛物线 α,它的焦点为 F,准线为 f,对称轴为 m,m 交 f 于 M,m 上的无穷远点记为 B,顶点为 A,过 A 且与 α 相切的直线记为 l_1,过 F 且与 l_1 平行的直线记为 n,n 交 α 于 C,D,过 C,D 分别作 α 的切线,它们被依次记为 l_3, l_4,这个平面上的无穷远直线("红假线")记为 l_2,再将准线 f 上的无穷远点 Z 视为"黄假线",那么就建立了"异形黄几何",在这个新的几何观点下,图 Q 中的 α 就成了"黄双曲线"(实际上,是"黄等轴双曲线"),α 的各个部件就都有了新的理解:

1. m 是该"黄双曲线"的"黄中心";
2. M 是该"黄双曲线"的"黄实轴";
3. F 是该"黄双曲线"的"黄虚轴";
4. l_3, l_4 分别是该"黄双曲线"的两个"黄顶点";
5. C, D 分别是该"黄双曲线"的"黄顶点"上的"黄切线";
6. A, B 分别是该"黄双曲线"的"黄渐近线";
7. l_1, l_2 分别是该"黄双曲线"的"黄渐近线"上的"黄无穷远点".

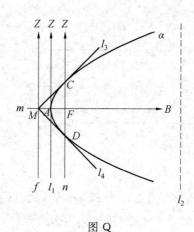

图 Q

这些理解(对偶关系)列成下表：

图 M	图 Q
无穷远直线	f 上的无穷远点 Z
O	m
m	M
n	F
A,B	l_3,l_4
l_1,l_2	C,D
t_1,t_2	A,B
T_1,T_2	l_1,l_2

如果把图 Q 中各个部件按上述对偶关系重新标识，那么就形成图 R，把图 R 与图 M 直接对照能很快地找到"黄双曲线"的七个要素．

如果把图 R 改成图 S，那么这时的 α 在"异形黄几何"观点下仍然是"黄双曲线"．

最后说一下，双曲线为什么可以在"异形黄几何"中被视为"黄双曲线"．

为此，考察图 T 的双曲线，它的七个要素分别为：中心 O，实轴 m，虚轴 n，两顶点 A,B，这两顶点处 α 的切线 l_1,l_2，两渐近线 t_1,t_2，这两渐近线上的无穷远点("红假点") T_1,T_2．实轴 m 和虚轴 n 上的无穷远点("红假点")分别记为 N 和 Z，并且将 Z 视为"黄假线"，那么就建立了"异形黄几何"，在这个新的几何观点下，图 T 中的 α 就成了"黄双曲线"，α 的各个部件就都有了新的理解：

1. m 是该"黄双曲线"的"黄中心"；
2. N 是该"黄双曲线"的"黄虚轴"；

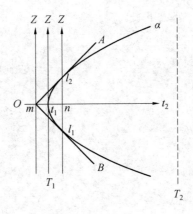

图 R

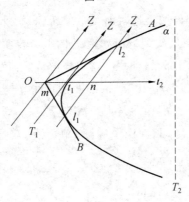

图 S

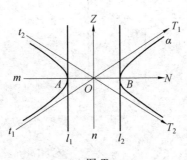

图 T

3. O 是该"黄双曲线"的"黄实轴";

4. t_1, t_2 分别是该"黄双曲线"的两个"黄顶点";

5. T_1, T_2 分别是该"黄双曲线"在"黄顶点"上的"黄切线";

6. A, B 分别是该"黄双曲线"的"黄渐近线";

7. l_1, l_2 分别是该"黄双曲线"的"黄渐近线"上的"黄无穷远点".

这些理解(对偶关系)列成下表：

图 M	图 T
无穷远直线	n 上的无穷远点 Z
O	m
m	O
n	N
A, B	t_1, t_2
l_1, l_2	T_1, T_2
t_1, t_2	A, B
T_1, T_2	l_1, l_2

如果把图 T 中各个部件按上述对偶关系重新标识，那么就形成图 U，把图 U 与图 M 直接对照能很快地找到"黄双曲线"的七个要素.

如果把图 U 改成图 V，那么这时的 α 在"异形黄几何"观点下仍然是"黄双曲线"(在图 V 中，标有字母"O"和"Z"的那两条直线，应当关于原双曲线共轭，还有，标有字母"T_1"和"T_2"的那两条直线，都与原双曲线相切).

以上回答了第三个问题，即怎样使椭圆、抛物线、双曲线在"异形黄几何"里成为"黄双曲线".

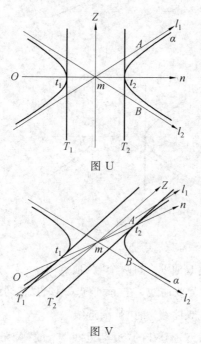

图 U

图 V

举例说，下面的命题 29 是关于双曲线的，把它分别表现在图 O、图 P、图 R、图 S、图 U、图 V 上，就依次得到六个新命题：命题 29.1、命题 29.2、命题 29.3、命题 29.4、命题 29.5、命题 29.6.

命题 29　设双曲线 α 的虚轴为 n，线段 AB 被 n 所平分，过 A,B 分别作 α 的右支的切线，且二者交于 C，过 A,B 再分别作 α 的左支的切线，且二者交于 D，如图 29 所示，求证：线段 CD 被 n 所平分.

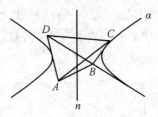

图 29

命题 29.1　设椭圆 α 的中心为 O，长轴为 m，A,B 是 m 上两点，使得 $OA=OB$，一直线过 A，且交 α 于 C,D，另有一直线过 B，且交 α 于 E,F，设 CE,DF 分别交 m 于 G,H，如图 29.1 所示，求证：$OG=OH$.

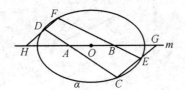

图 29.1

命题 29.2　设椭圆 α 的中心为 O，直线 l 过 O，l 上有两点 A,B，使得 $OA=OB$，一直线过 A，且交 α 于 C,D，另有一直线过 B，且交 α 于 E,F，设 CE,DF 分别交 l 于 G,H，如图 29.2 所示，求证：$OG=OH$.

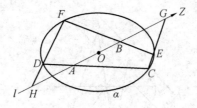

图 29.2

命题 29 与命题 29.2 之间的对偶关系如下：

命题 29	命题 29.2
无穷远直线	l 上无穷远点 Z
n	O
A,B	CD,EF
C,D	CE,DF

命题 29.3 设抛物线 α 的焦点为 O,对称轴为 m,过 O 且与 m 垂直的直线记为 n,A,B 是 n 上两点,使得 $OA=OB$,一直线过 A,且交 α 于 C,D,另有一直线过 B,且交 α 于 E,F,设 CE,DF 分别交 n 于 G,H,如图 29.3 所示,求证:$OG=OH$.

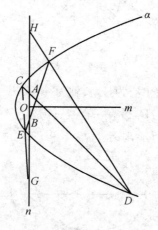

图 29.3

命题 29.4 设抛物线 α 的对称轴为 m,P 是 α 上一点,过 P 且与 α 相切的直线记为 l,O 是 α 内一点,使得 OP 平行于 m,过 O 且与 l 平行的直线记为 n,A,B 是 n 上两点,使得 $OA=OB$,一直线过 A,且交 α 于 C,D,另有一直线过 B,且交 α 于 E,F,设 CE,DF 分别交 n 于 G,H,如图 29.4 所示,求证:$OG=OH$.

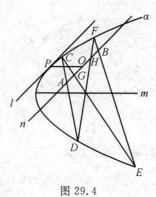

图 29.4

命题 29.5 设双曲线 α 的实轴为 m，A,B,C,D 是 α 上四点，如图 29.5 所示，求证："AB,CD 与 m 的夹角相等"的充要条件是"AD,BC 与 m 的夹角相等".

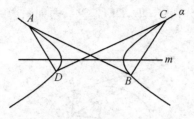

图 29.5

命题 29.6 设双曲线 α 的中心为 O，直线 n 过 O，且交 α 于 A,B，过 B 且与 α 相切的直线记为 l_1，在 α 上取四点 C,D,E,F，使得 CD,EF 与 n 的夹角相等，设 BD 交 CE 于 G，$\angle CGD$ 的平分线为 l_2，如图 29.6 所示，求证：$l_1 \parallel l_2$.

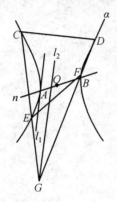

图 29.6

第二个例子，命题 30 是一道关于双曲线的命题，通过图 P、图 S、图 V，把它表现在"异形黄几何"里，就分别得到命题 30.1、命题 30.2、命题 30.3.

命题 30 设双曲线的实轴为 m，左顶点为 P，直线 l 与 m 垂直，M 是 l 上一点，过 M 作 α 的两条切线，切点分别为 A,B，AP,BP 分别交 l 于 C,D，如图 30 所示，求证：$MC = MD$.

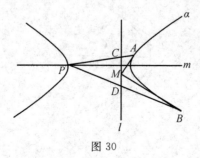

图 30

命题 30.1 设椭圆 α 的中心为 O, A,B,C 是 α 上三点, 过 A 且与 α 相切的直线记为 l, AO 交 BC 于 D, 过 B,C 分别作 α 的切线, 这两切线依次交 l 于 E,F, 过 O 作 BC 的平行线, 且分别交 DE,DF 于 M,N, 如图 30.1 所示, 求证: $OM=ON$.

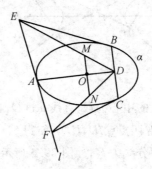

图 30.1

命题 30 和命题 30.1 的对偶关系如下:

命题 30	命题 30.1
无穷远直线	AD 上的无穷远点
P	l
l	D
M	BC
A,B	BE,CF
C,D	DE,DF

命题 30.2 设抛物线的对称轴为 m, A,B,C 是 α 上三点, 过 A 且与 α 相切的直线记为 l, D 是 BC 上一点, AD 交 m 于 O, 过 B,C 分别作 α 的切线, 这两切线依次交 l 于 E,F, 过 O 作 BC 的平行线, 且分别交 DE,DF 于 M,N, 如图 30.2 所示, 求证: $OM=ON$.

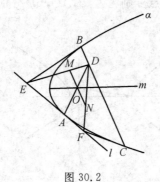

图 30.2

命题 30.3　设双曲线 α 的一条渐近线为 t，一直线 l 与 α 相交于 A,B，过 A,B 作 α 的切线，这两切线依次交 l 于 C,D，如图 30.3 所示，求证：C,D 两点到直线 l 的距离相等。

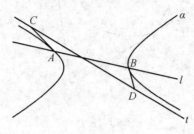

图 30.3

命题 30 与命题 30.3 的对偶关系如下：

命题 30	命题 30.3
无穷远直线	α 外任意一个无穷远点
P	t
M	l
l	l 上的无穷远点
A,B	AC,BD
C,D	分别过 C,D 且与 l 平行的直线（图中未画出）

第三个例子，下面的命题 31 也是关于双曲线的命题，将它分别表现在图 P、图 S、图 V 上，就依次得到三个新命题：命题 31.1、命题 31.2、命题 31.3。

命题 31　设双曲线 α 的虚轴为 n，左顶点为 P，过 P 且与 n 平行的直线记为 l，一直线与 n 垂直，且交 α 于 A,B，过 A 作 α 的切线，且交 l 于 C，C 在 n 上的射影为 D，如图 31 所示，求证：B,D,P 三点共线。

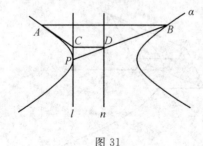

图 31

命题 31.1　设椭圆 α 的中心为 O，P 是 α 外一点，过 P 作 α 的两条切线，切点分别为 A,B，一直线与 PA 平行，且与 α 相切于 D，这条直线交 PB 于 C，如图 31.1 所示，求证：$OC \parallel AB$.

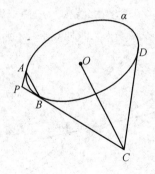

图 31.1

命题 31 与本命题间的对偶关系如下：

命题 31	命题 31.1
无穷远直线	OB 上无穷远点 Z
n	O
l	B
P	PB
A,B	PA,CD
C	AB
D	OC

命题 31.2 设抛物线 α 的对称轴为 m，A,B 是 α 上两点，线段 AB 的中点为 N，过 N 作 m 的平行线，且交 α 于 C，延长 NC 到 M，使得 $CM=CN$，过 M 作 AB 的平行线，并在其上取一点 P，过 P 作 α 的两条切线，切点分别为 C,D，过 C 作 m 的平行线，且交 PM 于 E，如图 31.2 所示，求证：$EN \parallel PD$.

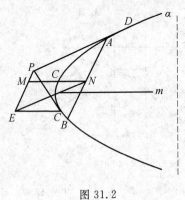

图 31.2

命题 31 与本命题之间的对偶关系如下：

命题 31	命题 31.2
无穷远直线	AB 上无穷远点 Z
n	N
l	m 上的无穷远点
P	平面上的无穷远直线（图中虚线）
A,B	PC,PD
C	CE
D	EN

命题 31.3 设双曲线 α 的中心为 O，过 O 的直线交 α 于 A,B，过 A 且与 α 相切的直线记为 l，过 O 且平行于 l 的直线记为 n，P 是 n 上一点，过 P 作 α 的两条切线，切点分别为 C,D，PD 交 l 于 E，AC 交 n 于 F，如图 31.3 所示，求证：$EF \parallel AB$.

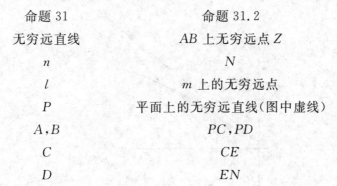

图 31.3

命题 31 与本命题之间的对偶关系如下：

命题 31	命题 31.3
无穷远直线	n 上无穷远点 Z
n	AB 上的无穷远点
l	A
P	l
A,B	PC,PD
C	AC
D	EF

第四个例子，我们可以把前面有关双曲线的命题 8 按图 R 和图 S 对偶到"异形黄几何"中，变成有关抛物线的命题，即下面的命题 32 和命题 32.1.

命题 32 设抛物线 α 的对称轴为 m，顶点为 A，在 m 上取两点 M,N，使得 $AM = AN$，过 M 且与 m 垂直的直线记为 f，P,Q 是 α 上两点，过 P 作 α 的切线，且交 NQ 于 B，过 Q 作 α 的切线，且交 NP 于 C，设 BC 交 PQ 于 R，如图 32 所示，

求证:R 在 f 上.

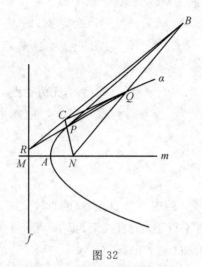

图 32

注:命题 8 与本命题之间的对偶关系如下:

命题 8	命题 32
无穷远直线	f 上无穷远点 Z
n	N
A,B	BP,CQ
C,D	NP,NQ
E,F	PQ,BC
EF	R

命题 32.1 设抛物线 α 的对称轴为 m,A 是 α 上一点,过 A 作 m 的平行线,并在其上取两点 M,N,使得 $AM=AN$,过 A 且与 α 平行的直线记为 l,过 M 且与 l 平行的直线记为 f,P,Q 是 α 上两点,过 P 作 α 的切线,且交 NQ 于 B,过 Q 作 α 的切线,且交 NP 于 C,设 BC 交 PQ 于 R,如图 32.1 所示,求证:R 在 f 上.

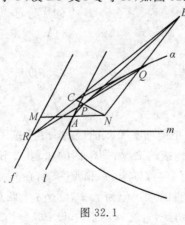

图 32.1

第五个例子,考察下面两命题.

命题 33 设双曲线 α 的两渐近线分别为 t_1,t_2,A 是 α 上一点,过 A 且与 α 相切的直线分别交 t_1,t_2 于 B,C,如图 33 所示,求证:$AB=AC$.

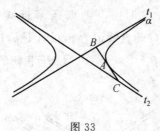

图 33

命题 33.1 设抛物线 α 的对称轴为 m,A,B 是 α 上两点,过 A 且与 α 相切的直线记为 l,过 B 作 m 的平行线,且交 l 于 C,过 B 作 α 的切线,且交 l 于 M,如图 33.1 所示,求证:M 是线段 AC 的中点.

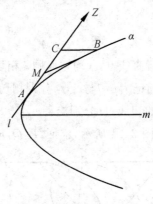

图 33.1

注:在图 33.1 中,如果取 l 上的无穷远点 Z 为"黄假线",那么在"异形黄几何"观点下,此图的 α 是"黄双曲线",所以本命题是上面命题 33 在"异形黄几何"中的表现,这两个命题之间的对偶关系如下:

命题 33	命题 33.1
无穷远直线	l 上的无穷远点 Z
t_1	A
t_2	m 上的无穷远点
BC	B
A	BM
B,C	AB,BC

下面是若干道较复杂的例子.每一个例子都涉及两个命题,其中,后一个命

题是前一个命题在"异形黄几何"中的表现.

第一个例子.

命题 34 设双曲线 α 的中心为 M,将 α 连同其渐近线沿 α 的实轴平移,得新双曲线 β,β 的中心记为 N,这时,α,β 的四条渐近线构成一个平行四边形 $MPNQ$,如图 34 所示,过 P,Q 的直线记为 z,设 A 是 α 上一点,过 A 且与 α 的两条渐近线平行的直线分别交 β 于 B,C,过 A 且与 α 相切的直线交 BC 于 R,求证:R 在 z 上.

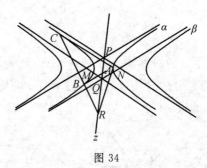

图 34

****命题 34.1** 设两平行直线 t_1,t_2 均与椭圆 α 相切,切点分别为 A,B,将 α 沿 t_1 方向平移,平移后的椭圆记为 β,β 与 t_1,t_2 分别相切于 C,D,AD 交 BC 于 R,设 P 是 β 上一点,过 P 作 β 的切线,且分别交 t_1,t_2 于 E,F,过 E,F 分别作 α 的切线,这两切线相交于 Q,如图 34.1 所示,求证:P,Q,R 三点共线.

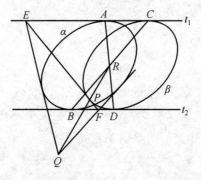

图 34.1

注:若取 t_1 上的无穷远点 Z 为"黄假线",那么 α,β 都是"黄双曲线",因此,本命题是上面命题 34 在"异形黄几何"中的表现.

第二个例子.

命题 35 设两双曲线 α,β 有公共的实轴 m 及一个公共的顶点 Z,一直线过 Z 且分别交 α,β 于 A,B,过 A 作 α 的切线,同时,过 B 作 β 的切线,两切线交于 P,如图 35 所示,求证:

① 当直线 AB 绕 Z 变动时,点 P 的轨迹是一条直线,记为 l;
② l 与 m 垂直.

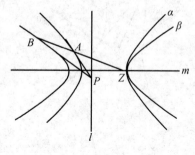

图 35

命题 35.1 设直线 m 是两椭圆 α,β 的公共的长轴, β 在 α 内部,且与 α 相切于 A,过 A 且与 α,β 都相切的直线记为 t, P 是 t 上一动点,过 P 分别作 α,β 的切线,切点依次为 B,C,如图 35.1 所示,求证:
① 当动点 P 在 t 上运动时,动直线 BC 恒过一定点,此定点记为 S;
② S 在 m 上.

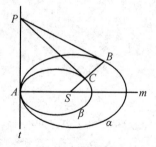

图 35.1

注:若取 m 上的无穷远点 Z 为"黄假线",那么 α,β 都是"黄双曲线",因此,本命题是上面命题 35 在"异形黄几何"中的表现.

第三个例子.

命题 36 设两双曲线的中心分别为 M,N, α,β 有且仅有两个公共点 A,B,这两个公共点都是 α,β 的切点,过 A,B 分别作 α,β 的公切线,这两公切线相交于 P,如图 36 所示,求证: P,M,N 三点共线.

命题 36.1 设两双曲线 α,β 有且仅有两个公共点 A,B,这两个公共点都是 α,β 的切点,四条直线 l_1,l_2,l_3,l_4 彼此平行,其中 l_1,l_2 均与 α 相切,切点依次为 C,D,另两直线 l_3,l_4 均与 β 相切,切点依次为 E,F,如图 36.1 所示,求证: AB, CD,EF 三线共点(此点记为 S).

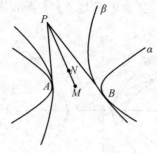

图 36

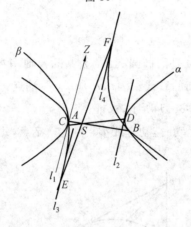

图 36.1

注：在图 36.1 中，如果取 l_1 上的无穷远点 Z 为"黄假线"，那么在"异形黄几何"观点下，此图的 α,β 都是"黄双曲线"，CD,EF 分别是 α,β 的"黄中心"，因此，本命题是命题 36 在"异形黄几何"中的表现.

第四个例子.

命题 37 设两双曲线 α,β 有且仅有两个公共点 P,Q，且 P,Q 都是它们的切点，一直线与 PQ 平行，且分别交 α,β 于 A,B 和 C,D，如图 37 所示，求证：$AC=BD$.

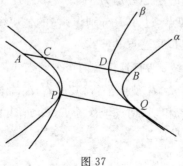

图 37

命题 37.1 设椭圆 β 在椭圆 α 内,它们相切于 A,B 两点,过 A,B 分别作 α,β 的公切线,这两公切线相交于 P,设 Q 是 α 外一点,过 Q 向 α,β 各作两切线,它们分别记为 l_1,l_2,l_3,l_4,一直线与 PQ 平行,且顺次交 l_1,l_2,l_3,l_4 于 C,D,E,F,如图 37.1 所示,求证: $CE=DF$.

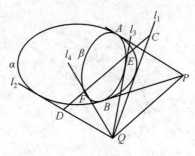

图 37.1

注:在图 37.1 中,如果取 PQ 上的无穷远点 Z 为"黄假线",那么在"异形黄几何"观点下,此图的 α,β 都是"黄双曲线",因此,本命题是命题 37 在"异形黄几何"中的表现.这两个命题之间的对偶关系如下:

命题 37	命题 37.1
无穷远直线	PQ 上的无穷远点 Z
α,β	β,α
P,Q	AP,BP
A,B	l_1,l_2
C,D	l_3,l_4

第五个例子.

命题 38 设双曲线 α 与双曲线 β 有公共的渐近线 t_1,t_2,一直线与 t_1 平行且分别交 α,β 于 A,B,另一直线与 t_2 平行且分别交 α,β 于 A',B',如图 38 所示,求证: $AA' \parallel BB'$.

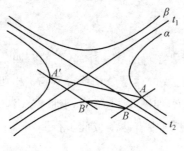

图 38

命题 38.1 设曲线 α 和椭圆 β 有公共的中心 O, α,β 相切于 P,Q 两点,两直线 t_1,t_2 都是 α,β 的公切线,t_1 过 P,t_2 过 Q,A,B 两点分别在 t_1,t_2 上,过 A,B 分别作 α 的切线,这两切线相交于 M,过 A,B 分别作 β 的切线,这两切线相交于 N,如图 38.1 所示,求证:直线 MN 与 t_1,t_2 都平行.

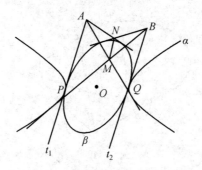

图 38.1

注:在图 38.1 中,若取 t_1 上的无穷远点("红假点")为"黄假线",那么在"异形黄几何"的观点下,此图的 α,β 都是"黄双曲线",因而,本命题是命题 38 在"异形黄几何"中的表现.

第六个例子.

命题 39 设椭圆 α 和双曲线 β 有四个公共点 A,B,C,D,其中 A,B 在 β 的左支上,C,D 在 β 的右支上,$AB \parallel CD$,过 A,C 分别作 α 的切线,这两切线彼此平行,如图 39 所示,求证:过 B,D 分别作 α 的切线,这两切线也是彼此平行的.

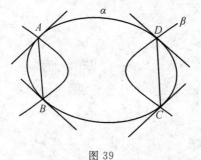

图 39

命题 39.1 设抛物线 β 在双曲线 α 外部,它们有四条公切线,其中两条相交于 A,另两条相交于 B,过 A 的两条公切线分别与 α 相切于 C,E,过 B 的两条公切线分别与 α 相切于 D,F,如图 39.1 所示,求证:"AB,CD,EF 三线平行"的充要条件是"AB,CD,EF 三线中有两条彼此平行".

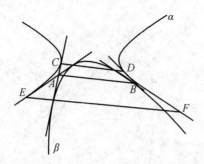

图 39.1

注:在图 39.1 中,若取 AB 上的无穷远点 Z 为"黄假线",那么 α 是"黄椭圆", β 是"黄双曲线",因此,本命题是前面命题1338在"异形黄几何"中的表现. 这两个命题之间的对偶关系如下:

命题 39	命题 39.1
无穷远直线	AB 上的无穷远点 Z
A,B,C,D	AC,AE,BD,BF
AB,CD	A,B

第七个例子.

命题 40 设双曲线 α 和抛物线 β 有且仅有两个公共点 T_1,T_2,且它们都是 α,β 的切点,平行于直线 T_1T_2 的直线交 α 于 A,B,设 AT_2,BT_1 分别交 β 于 C, D,如图 40 所示,求证: $CD \parallel AB$.

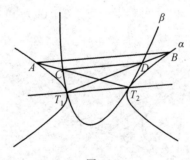

图 40

**命题 40.1 设抛物线 β 的对称轴为 m,它在双曲线 α 的外,且与 α 相切于 A,B 两点,过 A 作 α,β 的公切线,并在其上取一点 C,过 B 作 α,β 的公切线,并在其上取一点 D,过 C,D 分别作 α 的切线,这两切线相交于 P,过 C,D 分别作 β 的切线,这两切线相交于 Q,如图 40.1 所示,求证: PQ 平行于 m.

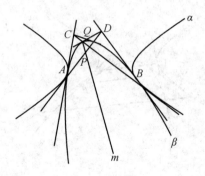

图 40.1

注:本命题是上面命题 40 在"异形黄几何"中的表现,它们之间的对偶关系如下:

命题 40	命题 40.1
无穷远直线	m 上的无穷远点 Z
α,β	α,β
T_1,T_2	AC,BD
A,B	CP,DP
C,D	CQ,DQ
AB,CD	P,Q

第八个例子.

命题 41 设椭圆 β 在双曲线 α 外,它与 α 相切于 A,B,过 A 且与 α,β 都相切的直线记为 l,过 B 作两直线,它们依次交 α,β 于 C,D 和 E,F,设 CE 交 DF 于 S,如图 41 所示,求证:S 在 l 上.

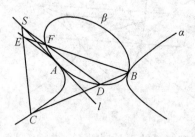

图 41

命题 41.1 设抛物线 β 在双曲线 α 外,且与 α 相切于 A,B 两点,过 A 作 α,β 的公切线,并在其上取两点 C,D,过 C,D 分别作 α 的切线,这两切线相交于 P,过 C,D 分别作 β 的切线,这两切线相交于 Q,如图 41.1 所示,求证:P,Q,B 三点共线.

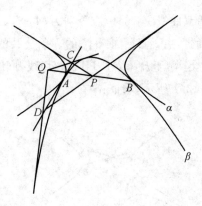

图 41.1

注：本命题是上面命题41在"异形黄几何"中的表现，它们之间的对偶关系如下：

命题 41	命题 41.1
无穷远直线	AB 上的无穷远点 Z
α,β	β,α
B	CD
l	B
BD,BE	C,D
CE,DF	P,Q

第九个例子.

命题 42 设两抛物线 α,β 的对称轴分别为 m,n，$m \parallel n$，开口方向相反，α 与 β 相切于 A，过 A 且与 α,β 都相切的直线记为 l，P 是 l 上一点，过 P 分别作 α,β 的切线，切点依次记为 B,C，如图 42 所示，求证：BC 与 m 平行.

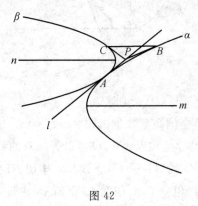

图 42

命题 42.1 设两双曲线 α,β 的中心分别为 M,N,α 在 β 外,二者只有一个公共点 A,该点是 α,β 的切点,直线 t 是 α,β 的一条公共的渐近线,M,N 均在 t 上,一直线过 A,且分别交 α,β 于 B,C,过 B 作 α 的切线,同时,过 C 作 β 的切线,这两切线相交于 S,如图 42.1 所示,求证:S 在 t 上.

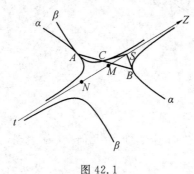

图 42.1

注:若将图 42.1 的 t 上的无穷远点 Z 视为"黄假线",那么在"异形黄观点"下,图 42.1 的 α,β 都是"黄抛物线",所以本命题是命题 42 的"黄表示"——"异形黄表示".

第十个例子.

命题 43 设两抛物线 α,β 有公共的顶点 O,它们的对称轴分别为 m,n,这两对称轴互相垂直,C 是 α 上一点,过 C 且与 β 相切的两条直线分别交 α 于 A,B,如图 43 所示,求证:直线 AB 与 β 相切.

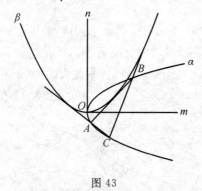

图 43

注:本命题是 1982 年全国高考数学试题之一.

命题 43.1 设抛物线 α 的顶点为 O,O 也是等轴双曲线 β 的中心,β 的两渐近线为 t_1,t_2,其中 t_1 也是 α 的对称轴,一直线与 α 相切,且交 β 于 A,B,过 A,B 分别作 α 的切线,这两切线相交于 C,如图 43.1 所示,求证:C 在 β 上.

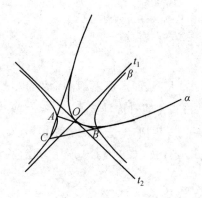

图 43.1

注:若以图 43.1 中 t_1 上的无穷远点("红假点")为"黄假线",那么在"异形黄观点"下,图 43.1 的 α,β 均为"黄抛物线",因此,本命题是命题 43 在"异形黄几何"中的表现,它们之间的对偶关系如下:

命题 43	命题 43.1
无穷远直线	t_1 上的无穷远点
O	t_2
m	t_2 上的无穷远点
n	O
C	AB
A,B	AC,BC
AB	C

本命题的难度可以加大,形成下面的命题 43.2.

**命题 43.2 设抛物线 α 的对称轴为直线 t_1,且 α 与直线 t_2 相切,双曲线 β 的两条渐近线恰好就是 t_1,t_2,一直线与 α 相切,且交 β 于 A,B,过 A,B 分别作 α 的切线,这两切线相交于 C,如图 43.2 所示,求证:C 在 β 上.

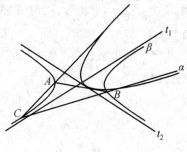

图 43.2

注：若以图 43.2 中 t_1 上的无穷远点（"红假点"）为"黄假线"，那么在"异形黄观点"下，图 43.2 的 α,β 均为"黄抛物线"，因此，本命题也是命题 43 在"异形黄几何"中的表现．

本命题的难度还可以加大，从而形成下面的命题 43.3．

命题 43.3 设抛物线 α 的对称轴为直线 m，双曲线 β 的两条渐近线为 t_1,t_2，其中 t_1 与 m 平行，t_2 与 α 相切，一直线与 α 相切，且交 β 于 A,B，过 A,B 分别作 α 的切线，这两切线相交于 C，如图 43.3 所示，求证：C 在 β 上．

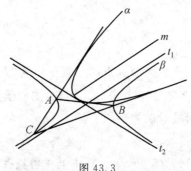

图 43.3

最后说说"异形黄几何"中的"黄等轴双曲线"是怎样的．

等轴双曲线是特殊的双曲线，特殊就特殊在这种双曲线的两条渐近线互相垂直，因此，要想用椭圆在"异形黄几何"中表现"黄等轴双曲线"，这个椭圆就必须是"等轴椭圆"(这种椭圆的两焦点间距离与椭圆的短轴等长，参看本套书上册的命题 250)，问题是：这时两"黄欧线"所成"黄角"的大小如何度量？为此，考察图 W，此图中的椭圆 α 是"等轴椭圆"，点 W 是 α 的焦点，m,n 分别是 α 的长、短轴，若将 m 上的无穷远点 Z 视为"黄假线"，那么 α 就成了"黄等轴双曲线"(参看图 O)，这时，图 W 的两"黄欧线" A,B 所成"黄角"的大小是这样度量的：将 A,B 都"黄平移"到 n 上，得 C,D (用我们的话说，就是将 A,B 分别射影到 n 上，所得射影依次记为 C,D)，$\angle CWD$ 在常义下的大小就作为"黄观点"下 A,B 所成"黄角"的大小．特别是 $\angle CWD = 90°$ 时，就说两"黄欧线" A,B 是"垂直"的(图 W 的 A,B 正是这样)．

为了使椭圆在"异形黄几何"中能表现为"黄等轴双曲线"，不仅要求该椭圆是"等轴椭圆"，而且必须找到这样一个点(指 W)及一条直线(指 n)，使得"黄角"的度量得以实施，在"异形黄几何"中，这一点很重要，以后分别称这个点(指 W)及这条直线(指 n)为"计角点"和"计角线"．

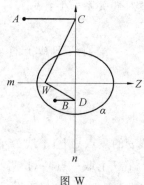

图 W

举例说,有关等轴双曲线的命题 44,表现在像图 W 那样的"黄等轴双曲线"上,就形成命题 44.1.

命题 44 设等轴双曲线 α 的左、右顶点分别为 A,B,一直线与 AB 平行,且交 α 于 C,D,如图 44 所示,求证:$AC \perp AD$.

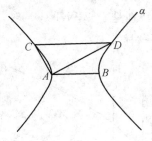

图 44

命题 44.1 设椭圆 α 的中心为 O,左焦点为 F_1,短轴为 n,左、右顶点分别为 A,B,上、下顶点分别为 C,D,过 A 且与 α 相切的直线记为 l,设两直线 m_1, m_2 彼此平行,它们分别交 l 于 E, F,且 E, F 在 n 上的射影分别为 G, H,若 $OF_1 = OC$,如图 44.1 所示,求证:$GF_1 \perp HF_1$.

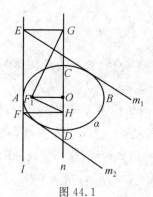

图 44.1

命题 44 与命题 44.1 的黄对偶关系如下：

命题 44	命题 44.1
无穷远直线	直线 F_1O 上的无穷远点
A	l
B,C	m_1,m_2
AB,AC	E,F

现在，考察图 X，设抛物线 α 的焦点为 F，准线为 f，对称轴为 m，顶点为 A，过 A 且与 α 相切的直线记为 l，在 l 上取一点 W，使得 $AW=AF$，若把准线 f 上的无穷远点 Z 视为"黄假线"，那么就建立了"异形黄几何"，在这个新的几何观点下，图 X 的 α 就成了"黄等轴双曲线"（参看图 Q），这时 W 就是"计角点"，m 就是"计角线"。也就是说，计量两"黄欧线"B,C 所成"黄角"的大小，可以这样进行：先将 B,C 分别"黄平移"到 m 上，得 D,E（用我们的话说，就是将 B,C 分别射影到 m 上，所得射影依次记为 D,E），$\angle DWE$ 在常义下的大小就作为"黄观点"下 B,C 所成"黄角"的大小。特别是 $\angle DWE=90°$ 时，就说两"黄欧线"B,C 是"垂直"的（图 X 的 B,C 正是这样）。

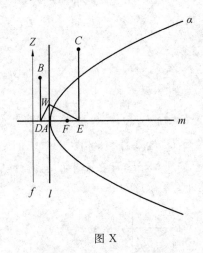

图 X

仍以等轴双曲线的命题 44 为例，把它表现在像图 X 那样的"黄等轴双曲线"上，就形成命题 44.2。

命题 44.2 设抛物线 α 的对称轴为 m，准线为 f，顶点为 A，过 A 且与 α 相切的直线为 l，A 在 f 上的射影为 M，过 M 作 α 的一条切线，这条切线交 l 于 W，设 P 是 f 上一点，过 P 作 α 的两条切线，这两切线分别交 MW 于 B,C，B,C 在 m 上的射影分别为 D,E，如图 44.2 所示，求证 $WD \perp WE$。

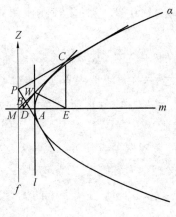

图 44.2

命题 44 与命题 44.2 的黄对偶关系如下：

命题 44	命题 44.2
无穷远直线	直线 f 上的无穷远点
A	MW
B,C	PB,PC
AB,AC	B,C

最后，考察图 Y，设双曲线 α 的中心为 O，实轴为 m，虚轴为 n，左、右顶点分别为 A,B，直线 t 是 α 的渐近线之一，在 n 上取一点 W，使得 $OW=OA$，设 n 上的无穷远点为 Z，若 Z 视为"黄假线"，那么就建立了"异形黄几何"，在这个新的几何观点下，图 Y 的 α 成了"黄等轴双曲线"（参看图 U），这时 W 就是"计角点"，m 就是"计角线".

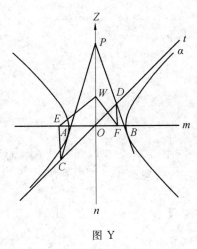

图 Y

还以等轴双曲线的命题 44 为例,把它表现在像图 Y 那样的"黄等轴双曲线"上,就形成命题 44.3.

命题 44.3 设双曲线 α 的中心为 O,实轴为 m,虚轴为 n,左、右顶点分别为 A,B,直线 t 是 α 的渐近线之一,在 n 上取一点 W,使得 $OW=OA$,设 P 是 n 上一点,过 P 作 α 的两条切线,这两切线分别交 t 于 C,D,且 C,D 在 m 上的射影分别为 E,F,如图 Y 所示,求证:$WE \perp WF$.

命题 44 与命题 44.3 的黄对偶关系如下:

命题 44	命题 44.3
无穷远直线	直线 n 上的无穷远点
A	t
B,C	PC,PD
AB,AC	C,D

再举一例,把有关等轴双曲线的命题 45 分别表现在像图 W、图 X、图 Y 那样的"黄等轴双曲线"上,就依次得到命题 45.1、命题 45.2 和命题 45.3.

命题 45 设等轴双曲线 α 的中心为 M,直线 t 是 α 的两渐近线之一,A 是 α 上一点,过 A 作 α 的切线,且交 t 于 N,如图 45 所示,求证:$AM=AN$(这个结论等价于 $\angle ANM = \angle AMN$).

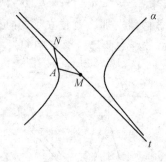

图 45

命题 45.1 设椭圆 α 的中心为 O,左焦点为 W,上顶点为 C,$OW=OC$,A 是 α 上一点,过 A 作 α 的切线,这条切线交 OC 于 B,A 在 OC 上的射影为 D,如图 45.1 所示,求证 WC 平分 $\angle BWD$.

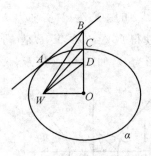

图 45.1

命题 45 与命题 45.1 的黄对偶关系如下：

命题 45	命题 45.1
无穷远直线	直线 WO 上的无穷远点
A	AB
M	OC
AM	B
AN	A
t	C

命题 45.2 设抛物线 α 的对称轴为 m，顶点为 A，P 是 α 上一点，过 P 作 α 的切线，且交 m 于 B，P 在 m 上的射影为 C，如图 45.2 所示，求证：$AB = AC$.

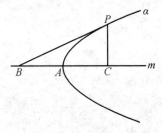

图 45.2

命题 45 与命题 45.2 的黄对偶关系如下：

命题 45	命题 45.2
无穷远直线	直线 CP 上的无穷远点
A	BP
M	m
AM	B
AN	P
t	A

命题 45.3 设等轴双曲线 α 的中心为 O，实轴为 m，虚轴为 n，左、右顶点分别为 A,B，在 n 上取一点 W，使得 $OW=OA$，设 P 是 α 上一点，过 P 作 α 的切线，且交 m 于 C，P 在 m 上的射影为 D，如图 45.3 所示，求证：WA 平分 $\angle CWD$.

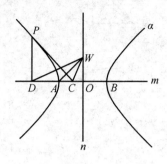

图 45.3

命题 45 与命题 45.3 的黄对偶关系如下：

命题 45	命题 45.3
无穷远直线	直线 WO 上的无穷远点
A	PC
M	m
AM	C
AN	P
t	A

参考文献

[1] CREMONA L. Elements of Projective Geometry,3rd ed[M]. New York: Dover,1960.

[2] DURELL C V. Modern Geometry:The Straight Line and Circle[M]. London:Macmillan,1928.

[3] SMOGORZHEVSKII A S. The Ruler in Geometrical Constructions[M]. New York:Blaisdell,1961.

[4] 陈传麟. 欧氏几何对偶原理研究[M]. 上海:上海交通大学出版社,2011.

[5] 陈传麟. 二维、三维欧氏几何的对偶原理[M]. 哈尔滨:哈尔滨工业大学出版社,2018.

索 引

上 册

名称	题号
"完全四边形"	25
"共轭弦"	189
"共轭主弦"	189
椭圆的"相交弦定理"	243
"等轴椭圆"	250
"标准点"	261
"自配极三角形"	284
椭圆的"热尔岗点"	353
"蓝正三角形"	353
"蓝平行四边形"	355
两椭圆的"公轴"	407
两椭圆的"公心"	407
"共极点"	408
"共极线"	408
"外公轴"	432,433
"内公轴"	432,433
"外公心"	432,433
"内公心"	433
两椭圆的"拟圆心"	460
两椭圆的"标准点"	461
"蓝同心圆"	495
"黄同心圆"	495
"费马(Fermat,1601—1665)点"	1202,1320.1

"蓝共轭双曲线"	1245
"黄共轭双曲线"	1273
"源命题"	1306.1
"帕斯卡(Blaise Pascal,1623—1662)定理"	1307
"布里昂雄(C. J. Brianchon,1785—1864)定理"	1307.1
"帕普斯(Pappus,约公元 320 年)定理"	1308
"自对偶命题"	1308.1
"自对偶图形"	1308.1
"吉拉尔(Girard Desargue,1593—1662)定理"	1309
"西姆森(Simson,1687—1768)线"	1316
"西姆森(Simson,1687—1768)点"	1316.1
"热尔岗(Gergonne,1771—1859)点"	1317
"勒穆瓦纳(Lemoine,1840—1912)线"	1317.1
"等截共轭线"	1319
"等角共轭点"	1319.1
"黄等边三角形"	1320.1
"蓝等边三角形"	1340
"泰博定理"(Victor The'bault,1882—1960)	1345.1
"凡·奥贝尔(Van Aubel)定理"	1346.1
"勾股定理"的推广	1372.1
"余弦定理"的推广	1373
"斯特瓦尔特(Stewart,1717—1785)定理"	1374
"斯特瓦尔特(Stewart)定理"的推广	1374.1
"托勒密(Ptolemy,约公元 85—165)定理"	1375
"四面体的费马点"	1380
"内接直交三角形"	1396
"奥倍尔(Auber)定理"	1421.1
"蝴蝶定理"(Butterfly theorem)	1422
"婆罗摩笈多(Brahmagupta)定理"	1426
"索迪圆(Soddy circle)"	1498

中 册

名称	题号
椭圆的"上焦点"（或"第三焦点"）	73
椭圆的"下焦点"（或"第四焦点"）	73
椭圆的"上准线"（或"第三准线"）	73
椭圆的"下准线"（或"第四准线"）	73
"自对偶图形"	157
"共极点"	165
"蓝共轭直径"	237
"等腰直角点"	275
三角形的"Schiffler 点"	433
三角形的"Mittenpunkt 点"	437
椭圆的"弗雷奇(Fregier)点"	478
椭圆的"弗雷奇(Fregier)线"	479
"蝴蝶定理"的推广	480
椭圆的"坎迪(Candy)定理"	481
双曲线的"第三焦点"和"第四焦点"	790
双曲线的"第三准线"和"第四准线"	790
"勒穆瓦纳(Lemoine)线"的推广	948,1118
"热尔岗(Gergonne)点"的推广	952,1118.1
"爱可儿斯(Echols,1932 年)定理"	1036
"莫利(Frank Morley,美国)定理"	1038
"内莫利三角形"	1038
"外莫利三角形"	1038
"黄外莫利三角形"	1039
圆的"坎迪(Candy)定理"	1117
"对偶法"	1117
"过渡命题"	1161.2
"Haruki 定理"	1171
"Boden Miller 定理"	1177
"The'bault 定理"(1938 年)	1194
"六连环定理(six concatemer theorem)"	1200
"古镂钱"	1200

下册(第1卷)

名称	题号
"欧拉(Euler)线"	41
"椭圆的西姆森(Simson)线"	64
"Adams 定理"(1843 年)	117
椭圆 α 的"西姆森点"	135
椭圆的"热尔岗(Gergonne)定理"	165
椭圆的"热尔岗点"	165
椭圆的"勒穆瓦纳(Lemoine)定理"	165.1
椭圆的"勒穆瓦纳线"	165.1
"麦克劳林(Maclaurin)定理"	291
"黄麦克劳林定理"	337
"牛顿(Isaac Newton,1642—1727)线"	368
"陪位中心"	431
"类似中心"	431
"弗雷奇(Fregier)点"	578
三角形的"九点椭圆"	952
心脏线	1000
心脏线的"尖点"	1000
心脏线的"准圆"	1000
心脏线的"切圆"	1000
"吉拉尔(Girard Desargues)构图"	1001.1
"马克斯威尔(Maxwell)定理"	1008
"黄马克斯威尔(Maxwell)定理"	1008.1
"蓝马克斯威尔(Maxwell)定理"	1008.2
三角形的"Mittenpunkt 点"	1011
"泰勒(Taylor)定理"	1020
"泰勒(Taylor)圆"	1020,1037.1
"丰田(Fontene)点"	1024.1

"梅内劳斯(Menelaus,希腊,公元1世纪)定理"	1044
"斯皮克(Spieker)定理"	1046
"斯皮克(Spieker)圆"	1046
"奈格尔(Nagel)点"	1047,1159
"格列伯(Grebe,1804—1874)定理"	1050
三角形的"垂足三角形"	1051.2
三角形的"Schiffler 点"	1072.1
超完全四边形的"密克点"	1138
"五角星定理"	1147
三角形的热尔冈(Gergonne)点	1159
三角形的"奈格尔(Nagel)点"	1159
"Floor van Lamoen 定理"	1163.1
"戴维斯(Davis)定理"	1163.3
圆内接四边形的"Brahmagupta 公式"	1199
三角形的"九点圆"	1203
四边形 ABCD 的"垂心四边形"	1211
"Hagge 定理"	1218
"Fuhrmann 定理"	1219
"Capple 定理"	1223
"塔克(Tucker,1832—1905)定理"	1224
三角形的"塔克圆"	1224
"塞蒙(Salmon)定理"	1247
"密克(Miquel)定理"	1248.1,1288
完全四边形的"密克(Miquel)点"	1248.1
"四圆定理"	1264
"Hagge 定理"	1273
三角形的"重圆"	1273.1
三角形的"正布洛克(Brocard)点"	1286
三角形的"负布洛克(Brocard)点"	1286
"费尔巴哈(Feuerbach,1800—1834)定理"	1287

下册(第2卷)

名称	题号
"西姆森(Simson,1687—1768)点"	13.1
"黄九点圆"	14
椭圆的"七点定理"	74
椭圆的"七线定理"	74.1
椭圆的"清宫(Toshio Seimiya,日本)定理"	309
椭圆的"床板定理一"	329
椭圆的"床板定理二"	329.1
"Sejfried 定理"	368
"五·九定理"	423
"Adams 定理"	447.1
"异形黄几何"	619,868
"Begonia 点"	1021
"Urquhart 定理"	1107
"内、外拿破仑(Napoleon)三角形"	1120
"Vecten 点"	1120.1
"安宁定理"	1138
"朗古来(Longuerrc)定理"	1138.1
"Exeter 点"	1145
"Carnot 定理"	1217
"鸡爪定理"	1219
"Tebaul 定理"	1227
"曼海姆(Mannheim)定理一"	1231
"曼海姆(Mannheim)定理二"	1231.1
"Bodenmiller 定理"	1233
"Ajima—Malfatti 点"	1252
"Thebault 定理"	1259
"Johnson 定理"	1265
"Sangaku 定理"	1284.3
"开世(Casty)定理"	1290
四边形的"旁切圆"	1293

下册(第3卷)

名称	题号
椭圆的"大蒙日圆"	1
椭圆的"小蒙日圆"	2
椭圆的"上准线"和"下准线"	6,280
椭圆的"第三准线"和"第四准线"	6
椭圆的"上焦点"和"下焦点"	6,280
椭圆的"第三焦点"和"第四焦点"	6
小蒙日圆的"上焦点"和"下焦点"	98
小蒙日圆的"上准线"和"下准线"	98
大蒙日圆的"上焦点"和"下焦点"	98
大蒙日圆的"上准线"和"下准线"	98
"特殊蓝几何"	157
"特殊蓝垂直"	157
"特殊蓝平行"	157
"特殊蓝中点"	157
椭圆的"大圆"	157,280
"大圆"的"上焦点"和"下焦点"	157,280
"大圆"的"上准线"和"下准线"	157,280
圆的"发生椭圆"	157
"特殊蓝角度"的度量	157
"特殊蓝长度"的度量	157
"普通黄几何"	266.1
"特殊黄几何"	268.1
"特殊黄角度"的度量	270.1
"特殊蓝长度"的度量	279
椭圆的"小圆"	280.1
"小圆"的"上焦点"和"下焦点"	280.1
"小圆"的"上准线"和"下准线"	280.1

三角形的"九点圆"	305
"奉田(Fontene')定理"	306
椭圆的"准线框"	394
椭圆的"准线圆"	417
椭圆的"焦点圆"	436
椭圆的"弗雷奇(Fregier)点"	657
椭圆的"弗雷奇(Fregier)线"	657.1
椭圆的"清宫定理"	662
圆的"清宫定理"	662.1
"桑达(Sondat)定理"	1005.5
"斯皮克(Spieker)点"	1070.5,1164
"奈格尔(Nagel)点"	1093
三角形的"界心"	1093
"默刁(Mathlew)定理	1111
"爱可尔斯(Echols,1932年)定理"	1203
圆的"三割线定理"	1231
椭圆的"三割线定理"	1231.1
两圆的"对极点"	1233
两圆的"对极线"	1233
两椭圆的"对极点"	1233.3
两椭圆的"对极线"	1233.3
三角形的"Bevan点"	1247
三角形的"杜洛斯—凡利(Droz—Farny)圆"	1279,1279.1
"异形黄几何"	附录

后记

　　本书是《圆锥曲线习题集》的下册第 3 卷,也是这部《习题集》的最后一册,此书有望在 2020 年前(我八十岁前)出版,比原来的设想提前了五年.

　　欧氏几何的对偶原理是一项工程,它必须从头说起,从最简单的几何概念"点"和"直线"说起,这个"故事"太长太长,太费口舌,说了半天,还不一定说得明白,这也不奇怪,谁叫你非要把"点"说成"直线",反过来,把"直线"说成"点"呢! 我们只知道直线与直线有垂直和平行,你却说"点"与"点"也有"垂直"和"平行",我们只知道一个平面有两侧,你却说一个"点"也有"两侧",我们只知道一个圆内只有一个点可以作为这个圆的圆心,你却说一个圆内的任何一点都有资格做这个"圆"的"圆心",还动不动就把"无穷远点"和"无穷远直线"牵扯进来,说什么没有"无穷远点"和"无穷远直线"的几何是"混沌"的"悲惨世界",就不会有角度和长度,当然,谈到角度和长度时,还需要一个"标准点"……总之,"奇谈怪论"太多,太折磨人.

消灭这些烦恼的最好的办法,就是宣布:"欧氏几何里没有对偶原理",就像苏联几何学家叶菲莫夫所做的那样,天下太平.

感谢哈尔滨工业大学出版社的刘培杰先生和张永芹女士,他们帮助我出版了《二维、三维欧氏几何的对偶原理》,让我有机会系统、全面地阐述这个原理,又用了长达八年的时间,支持我出版这部《圆锥曲线习题集》,使我有机会充分展示对偶原理的实用价值.

我无法知道自己的阳寿还有几许,所以,这些年起早贪黑,争分夺秒,力求赶在西渡前,完成这两本书,现在,我做到了,一切都那么圆满,没有遗憾.

卑著怪异,若无裨益,覆瓿可矣.

陈传麟

2019 年于上海

◎ 编辑手记

晚清重臣张之洞有句名言:"古来世运之明晦,人才之盛衰,其表在政,其里在学",所以有人说:当今中国最致命的硬伤是道统和学统颓废,思想市场缺位.涉及道统这个命题太大,也太敏感,不议为好,但学统颓废,特别是微观层次上数学思想产品市场也是缺位的,在图书市场中表现最为明显,以数学为分类的书很多,但刨除教材、教辅后则立显贫乏,当供应品单一时,就说明市场缺位了,其中原因复杂,留给读者思考.

这是一位七旬老人一生写就的两本著作之一,其实如果认真对待著书这件事的话,人一生写不了几本书,金岳霖先生在中国知识界享有盛名,但他在1949年之前,只写过三本书:《论道》《知识论》《逻辑》.

在他88岁时他说他比较得意的文章也只有3篇而已.

本书作者历经了中国历次政治运动,对人生感悟很多,也流露出一些伤感和悲观.这些都是一个读书人正常的心路历程,但不管怎样,老有所养,老有所学,老有所为都是令人羡慕的,值得庆幸的是今天已经允许人们自由的表达这种情感了.

曾几何时,乌托邦的实验者们自以为掌握了人类进入"天堂"的不二法门,在不容置疑的真理与急速要达到的目标面前,任何对人生的感怀、对生命的咏叹都是无用而多余的,都是小资产阶级的无病呻吟,是对宏大目标的无谓干扰.在美国新世界面前,乐观成了唯一正确的意识形态,而悲观的人则是可耻的.(章诗依读《顾随致周汝昌书》)

这部书的出版完全是笔者出于对老年作者坚持写作的精神的一种尊敬并不抱畅销的希望,因为不可能.画家陈丹青在大力推介木心的作品的同时还说:我一点没想过所有人读木心.有小小一群人读,我已经很开心.绝大部分人不要读他,也不要读任何东西.

对于读书这件事,请允许笔者抱有深深的悲观.

一位图书策划人(林东林)说:富起来的中国和它的子民,在奔赴崛起的地位前,一定要先解决一个问题,那就是从富到贵,从强到雅,这种转变比起把物质繁华聚拢起来而言,要艰难成千上万倍.

刘培杰

2019 年 9 月 1 日

于哈工大

刘培杰数学工作室
已出版(即将出版)图书目录——初等数学

书　名	出版时间	定　价	编号
新编中学数学解题方法全书(高中版)上卷(第2版)	2018—08	58.00	951
新编中学数学解题方法全书(高中版)中卷(第2版)	2018—08	68.00	952
新编中学数学解题方法全书(高中版)下卷(一)(第2版)	2018—08	58.00	953
新编中学数学解题方法全书(高中版)下卷(二)(第2版)	2018—08	58.00	954
新编中学数学解题方法全书(高中版)下卷(三)(第2版)	2018—08	68.00	955
新编中学数学解题方法全书(初中版)上卷	2008—01	28.00	29
新编中学数学解题方法全书(初中版)中卷	2010—07	38.00	75
新编中学数学解题方法全书(高考复习卷)	2010—01	48.00	67
新编中学数学解题方法全书(高考真题卷)	2010—01	38.00	62
新编中学数学解题方法全书(高考精华卷)	2011—03	68.00	118
新编平面解析几何解题方法全书(专题讲座卷)	2010—01	18.00	61
新编中学数学解题方法全书(自主招生卷)	2013—08	88.00	261
数学奥林匹克与数学文化(第一辑)	2006—05	48.00	4
数学奥林匹克与数学文化(第二辑)(竞赛卷)	2008—01	48.00	19
数学奥林匹克与数学文化(第二辑)(文化卷)	2008—07	58.00	36′
数学奥林匹克与数学文化(第三辑)(竞赛卷)	2010—01	48.00	59
数学奥林匹克与数学文化(第四辑)(竞赛卷)	2011—08	58.00	87
数学奥林匹克与数学文化(第五辑)	2015—06	98.00	370
世界著名平面几何经典著作钩沉——几何作图专题卷(上)	2009—06	48.00	49
世界著名平面几何经典著作钩沉——几何作图专题卷(下)	2011—01	88.00	80
世界著名平面几何经典著作钩沉(民国平面几何老课本)	2011—03	38.00	113
世界著名平面几何经典著作钩沉(建国初期平面三角老课本)	2015—08	38.00	507
世界著名解析几何经典著作钩沉——平面解析几何卷	2014—01	38.00	264
世界著名数论经典著作钩沉(算术卷)	2012—01	28.00	125
世界著名数学经典著作钩沉——立体几何卷	2011—02	28.00	88
世界著名三角学经典著作钩沉(平面三角卷Ⅰ)	2010—06	28.00	69
世界著名三角学经典著作钩沉(平面三角卷Ⅱ)	2011—01	38.00	78
世界著名初等数论经典著作钩沉(理论和实用算术卷)	2011—07	38.00	126
发展你的空间想象力	2017—06	38.00	785
空间想象力进阶	2019—05	68.00	1062
走向国际数学奥林匹克的平面几何试题诠释.第1卷	2019—07	88.00	1043
走向国际数学奥林匹克的平面几何试题诠释.第2卷	2019—09	78.00	1044
走向国际数学奥林匹克的平面几何试题诠释.第3卷	2019—03	78.00	1045
走向国际数学奥林匹克的平面几何试题诠释.第4卷	2019—09	98.00	1046
平面几何证明方法全书	2007—08	35.00	1
平面几何证明方法全书习题解答(第2版)	2006—12	18.00	10
平面几何天天练上卷·基础篇(直线型)	2013—01	58.00	208
平面几何天天练中卷·基础篇(涉及圆)	2013—01	28.00	234
平面几何天天练下卷·提高篇	2013—01	58.00	237
平面几何专题研究	2013—07	98.00	258

刘培杰数学工作室
已出版(即将出版)图书目录——初等数学

书　名	出版时间	定　价	编号
最新世界各国数学奥林匹克中的平面几何试题	2007—09	38.00	14
数学竞赛平面几何典型题及新颖解	2010—07	48.00	74
初等数学复习及研究(平面几何)	2008—09	58.00	38
初等数学复习及研究(立体几何)	2010—06	38.00	71
初等数学复习及研究(平面几何)习题解答	2009—01	48.00	42
几何学教程(平面几何卷)	2011—03	68.00	90
几何学教程(立体几何卷)	2011—07	68.00	130
几何变换与几何证题	2010—06	88.00	70
计算方法与几何证题	2011—06	28.00	129
立体几何技巧与方法	2014—04	88.00	293
几何瑰宝——平面几何500名题暨1000条定理(上、下)	2010—07	138.00	76,77
三角形的解法与应用	2012—07	18.00	183
近代的三角形几何学	2012—07	48.00	184
一般折线几何学	2015—08	48.00	503
三角形的五心	2009—06	28.00	51
三角形的六心及其应用	2015—10	68.00	542
三角形趣谈	2012—08	28.00	212
解三角形	2014—01	28.00	265
三角学专门教程	2014—09	28.00	387
图天下几何新题试卷.初中(第2版)	2017—11	58.00	855
圆锥曲线习题集(上册)	2013—06	68.00	255
圆锥曲线习题集(中册)	2015—01	78.00	434
圆锥曲线习题集(下册·第1卷)	2016—10	78.00	683
圆锥曲线习题集(下册·第2卷)	2018—01	98.00	853
论九点圆	2015—05	88.00	645
近代欧氏几何学	2012—03	48.00	162
罗巴切夫斯基几何学及几何基础概要	2012—07	28.00	188
罗巴切夫斯基几何学初步	2015—06	28.00	474
用三角、解析几何、复数、向量计算解数学竞赛几何题	2015—03	48.00	455
美国中学几何教程	2015—04	88.00	458
三线坐标与三角形特征点	2015—04	98.00	460
平面解析几何方法与研究(第1卷)	2015—05	18.00	471
平面解析几何方法与研究(第2卷)	2015—06	18.00	472
平面解析几何方法与研究(第3卷)	2015—07	18.00	473
解析几何研究	2015—01	38.00	425
解析几何学教程.上	2016—01	38.00	574
解析几何学教程.下	2016—01	38.00	575
几何学基础	2016—01	58.00	581
初等几何研究	2015—02	58.00	444
十九和二十世纪欧氏几何学中的片段	2017—01	58.00	696
平面几何中考.高考.奥数一本通	2017—07	28.00	820
几何学简史	2017—08	28.00	833
四面体	2018—01	48.00	880
平面几何证明方法思路	2018—12	68.00	913
平面几何图形特性新析.上篇	2019—01	68.00	911
平面几何图形特性新析.下篇	2018—06	88.00	912
平面几何范例多解探究.上篇	2018—04	48.00	910
平面几何范例多解探究.下篇	2018—12	68.00	914
从分析解题过程学解题:竞赛中的几何问题研究	2018—07	68.00	946
从分析解题过程学解题:竞赛中的向量几何与不等式研究(全2册)	2019—06	138.00	1090
二维、三维欧氏几何的对偶原理	2018—12	38.00	990
星形大观及闭折线论	2019—03	68.00	1020
圆锥曲线之设点与设线	2019—05	60.00	1063

— 2 —

刘培杰数学工作室
已出版(即将出版)图书目录——初等数学

书　名	出版时间	定价	编号
俄罗斯平面几何问题集	2009—08	88.00	55
俄罗斯立体几何问题集	2014—03	58.00	283
俄罗斯几何大师——沙雷金论数学及其他	2014—01	48.00	271
来自俄罗斯的5000道几何习题及解答	2011—03	58.00	89
俄罗斯初等数学问题集	2012—05	38.00	177
俄罗斯函数问题集	2011—03	38.00	103
俄罗斯组合分析问题集	2011—01	48.00	79
俄罗斯初等数学万题选——三角卷	2012—11	38.00	222
俄罗斯初等数学万题选——代数卷	2013—08	68.00	225
俄罗斯初等数学万题选——几何卷	2014—01	68.00	226
俄罗斯《量子》杂志数学征解问题100题选	2018—08	48.00	969
俄罗斯《量子》杂志数学征解问题又100题选	2018—08	48.00	970
463个俄罗斯几何老问题	2012—01	28.00	152
《量子》数学短文精粹	2018—09	38.00	972
谈谈素数	2011—03	18.00	91
平方和	2011—03	18.00	92
整数论	2011—05	38.00	120
从整数谈起	2015—10	28.00	538
数与多项式	2016—01	38.00	558
谈谈不定方程	2011—05	28.00	119
解析不等式新论	2009—06	68.00	48
建立不等式的方法	2011—03	98.00	104
数学奥林匹克不等式研究	2009—08	68.00	56
不等式研究(第二辑)	2012—02	68.00	153
不等式的秘密(第一卷)(第2版)	2014—02	38.00	286
不等式的秘密(第二卷)	2014—01	38.00	268
初等不等式的证明方法	2010—06	38.00	123
初等不等式的证明方法(第二版)	2014—11	38.00	407
不等式·理论·方法(基础卷)	2015—07	38.00	496
不等式·理论·方法(经典不等式卷)	2015—07	38.00	497
不等式·理论·方法(特殊类型不等式卷)	2015—07	48.00	498
不等式探究	2016—03	38.00	582
不等式探秘	2017—01	88.00	689
四面体不等式	2017—01	68.00	715
数学奥林匹克中常见重要不等式	2017—09	38.00	845
三正弦不等式	2018—09	98.00	974
函数方程与不等式:解法与稳定性结果	2019—04	68.00	1058
同余理论	2012—05	38.00	163
[x]与{x}	2015—04	48.00	476
极值与最值.上卷	2015—06	28.00	486
极值与最值.中卷	2015—06	38.00	487
极值与最值.下卷	2015—06	28.00	488
整数的性质	2012—11	38.00	192
完全平方数及其应用	2015—08	78.00	506
多项式理论	2015—10	88.00	541
奇数、偶数、奇偶分析法	2018—01	98.00	876
不定方程及其应用.上	2018—12	58.00	992
不定方程及其应用.中	2019—01	78.00	993
不定方程及其应用.下	2019—02	98.00	994

— 3 —

刘培杰数学工作室
已出版(即将出版)图书目录——初等数学

书　名	出版时间	定　价	编号
历届美国中学生数学竞赛试题及解答(第一卷)1950—1954	2014—07	18.00	277
历届美国中学生数学竞赛试题及解答(第二卷)1955—1959	2014—04	18.00	278
历届美国中学生数学竞赛试题及解答(第三卷)1960—1964	2014—06	18.00	279
历届美国中学生数学竞赛试题及解答(第四卷)1965—1969	2014—04	28.00	280
历届美国中学生数学竞赛试题及解答(第五卷)1970—1972	2014—06	18.00	281
历届美国中学生数学竞赛试题及解答(第六卷)1973—1980	2017—07	18.00	768
历届美国中学生数学竞赛试题及解答(第七卷)1981—1986	2015—01	18.00	424
历届美国中学生数学竞赛试题及解答(第八卷)1987—1990	2017—05	18.00	769
历届中国数学奥林匹克试题集(第2版)	2017—03	38.00	757
历届加拿大数学奥林匹克试题集	2012—08	38.00	215
历届美国数学奥林匹克试题集:多解推广加强(第2版)	2016—03	48.00	592
历届波兰数学竞赛试题集. 第1卷,1949~1963	2015—03	18.00	453
历届波兰数学竞赛试题集. 第2卷,1964~1976	2015—03	18.00	454
历届巴尔干数学奥林匹克试题集	2015—05	38.00	466
保加利亚数学奥林匹克	2014—10	38.00	393
圣彼得堡数学奥林匹克试题集	2015—01	38.00	429
匈牙利奥林匹克数学竞赛题解. 第1卷	2016—05	28.00	593
匈牙利奥林匹克数学竞赛题解. 第2卷	2016—05	28.00	594
历届美国数学邀请赛试题集(第2版)	2017—10	78.00	851
全国高中数学竞赛试题及解答. 第1卷	2014—07	38.00	331
普林斯顿大学数学竞赛	2016—06	38.00	669
亚太地区数学奥林匹克竞赛题	2015—07	18.00	492
日本历届(初级)广中杯数学竞赛试题及解答. 第1卷(2000~2007)	2016—05	28.00	641
日本历届(初级)广中杯数学竞赛试题及解答. 第2卷(2008~2015)	2016—05	38.00	642
360个数学竞赛问题	2016—08	58.00	677
奥数最佳实战题. 上卷	2017—06	38.00	760
奥数最佳实战题. 下卷	2017—05	58.00	761
哈尔滨市早期中学数学竞赛试题汇编	2016—07	28.00	672
全国高中数学联赛试题及解答:1981—2017(第2版)	2018—05	98.00	920
20世纪50年代全国部分城市数学竞赛试题汇编	2017—07	28.00	797
国内外数学竞赛题及精解:2017~2018	2019—06	45.00	1092
许康华竞赛优学精选集. 第一辑	2018—08	68.00	949
天问叶班数学问题征解100题. I,2016—2018	2019—05	88.00	1075
美国初中数学竞赛:AMC8准备(共6卷)	2019—07	138.00	1089
美国高中数学竞赛:AMC10准备(共6卷)	2019—08	158.00	1105
高考数学临门一脚(含密押三套卷)(理科版)	2017—01	45.00	743
高考数学临门一脚(含密押三套卷)(文科版)	2017—01	45.00	744
新课标高考数学题型全归纳(文科版)	2015—05	72.00	467
新课标高考数学题型全归纳(理科版)	2015—05	82.00	468
洞穿高考数学解答题核心考点(理科版)	2015—11	49.80	550
洞穿高考数学解答题核心考点(文科版)	2015—11	46.80	551

刘培杰数学工作室
已出版(即将出版)图书目录——初等数学

书　名	出版时间	定　价	编号
高考数学题型全归纳:文科版.上	2016—05	53.00	663
高考数学题型全归纳:文科版.下	2016—05	53.00	664
高考数学题型全归纳:理科版.上	2016—05	58.00	665
高考数学题型全归纳:理科版.下	2016—05	58.00	666
王连笑教你怎样学数学:高考选择题解题策略与客观题实用训练	2014—01	48.00	262
王连笑教你怎样学数学:高考数学高层次讲座	2015—02	48.00	432
高考数学的理论与实践	2009—08	38.00	53
高考数学核心题型解题方法与技巧	2010—01	28.00	86
高考思维新平台	2014—03	38.00	259
30分钟拿下高考数学选择题、填空题(理科版)	2016—10	39.80	720
30分钟拿下高考数学选择题、填空题(文科版)	2016—10	39.80	721
高考数学压轴题解题诀窍(上)(第2版)	2018—01	58.00	874
高考数学压轴题解题诀窍(下)(第2版)	2018—01	48.00	875
北京市五区文科数学三年高考模拟题详解:2013~2015	2015—08	48.00	500
北京市五区理科数学三年高考模拟题详解:2013~2015	2015—09	68.00	505
向量法巧解数学高考题	2009—08	28.00	54
高考数学万能解法(第2版)	即将出版	38.00	691
高考物理万能解法(第2版)	即将出版	38.00	692
高考化学万能解法(第2版)	即将出版	28.00	693
高考生物万能解法(第2版)	即将出版	28.00	694
高考数学解题金典(第2版)	2017—01	78.00	716
高考物理解题金典(第2版)	2019—05	68.00	717
高考化学解题金典(第2版)	2019—05	58.00	718
我一定要赚分:高中物理	2016—01	38.00	580
数学高考参考	2016—01	78.00	589
2011~2015年全国及各省市高考数学文科精品试题审题要津与解法研究	2015—10	68.00	539
2011~2015年全国及各省市高考数学理科精品试题审题要津与解法研究	2015—10	88.00	540
最新全国及各省市高考数学试卷解法研究及点拨评析	2009—02	38.00	41
2011年全国及各省市高考数学试题审题要津与解法研究	2011—10	48.00	139
2013年全国及各省市高考数学试题解析与点评	2014—01	48.00	282
全国及各省市高考数学试题审题要津与解法研究	2015—02	48.00	450
高中数学章节起始课的教学研究与案例设计	2019—05	28.00	1064
新课标高考数学——五年试题分章详解(2007~2011)(上、下)	2011—10	78.00	140,141
全国中考数学压轴题审题要津与解法研究	2013—04	78.00	248
新编全国及各省市中考数学压轴题审题要津与解法研究	2014—05	58.00	342
全国及各省市5年中考数学压轴题审题要津与解法研究(2015版)	2015—04	58.00	462
中考数学专题总复习	2007—04	28.00	6
中考数学较难题常考题型解题方法与技巧	2016—09	48.00	681
中考数学难题常考题型解题方法与技巧	2016—09	48.00	682
中考数学中档题常考题型解题方法与技巧	2017—08	68.00	835
中考数学选择填空压轴好题妙解365	2017—05	38.00	759
高考数学之九章演义	2019—08	68.00	1044
化学可以这样学:高中化学知识方法智慧感悟疑难辨析	2019—07	58.00	1103

刘培杰数学工作室
已出版(即将出版)图书目录——初等数学

书 名	出版时间	定 价	编号
中考数学小压轴汇编初讲	2017—07	48.00	788
中考数学大压轴专题微言	2017—09	48.00	846
怎么解中考平面几何探索题	2019—06	48.00	1093
北京中考数学压轴题解题方法突破(第4版)	2019—01	58.00	1001
助你高考成功的数学解题智慧:知识是智慧的基础	2016—01	58.00	596
助你高考成功的数学解题智慧:错误是智慧的试金石	2016—04	58.00	643
助你高考成功的数学解题智慧:方法是智慧的推手	2016—04	68.00	657
高考数学奇思妙解	2016—04	38.00	610
高考数学解题策略	2016—05	48.00	670
数学解题泄天机(第2版)	2017—10	48.00	850
高考物理压轴题全解	2017—04	48.00	746
高中物理经典问题25讲	2017—05	28.00	764
高中物理教学讲义	2018—01	48.00	871
2016年高考文科数学真题研究	2017—04	58.00	754
2016年高考理科数学真题研究	2017—04	78.00	755
2017年高考理科数学真题研究	2018—01	58.00	867
2017年高考文科数学真题研究	2018—01	48.00	868
初中数学、高中数学脱节知识补缺教材	2017—06	48.00	766
高考数学小题抢分必练	2017—10	48.00	834
高考数学核心素养解读	2017—09	38.00	839
高考数学客观题解题方法和技巧	2017—10	38.00	847
十年高考数学精品试题审题要津与解法研究.上卷	2018—01	68.00	872
十年高考数学精品试题审题要津与解法研究.下卷	2018—01	58.00	873
中国历届高考数学试题及解答.1949—1979	2018—01	38.00	877
历届中国高考数学试题及解答.第二卷,1980—1989	2018—10	28.00	975
历届中国高考数学试题及解答.第三卷,1990—1999	2018—10	48.00	976
数学文化与高考研究	2018—03	48.00	882
跟我学解高中数学题	2018—07	58.00	926
中学数学研究的方法及案例	2018—05	58.00	869
高考数学抢分技能	2018—07	68.00	934
高一高二数学常用数学方法和重要数学思想提升教材	2018—06	38.00	921
2018年高考数学真题研究	2019—01	68.00	1000
高考数学全国卷16道选择、填空题常考题型解题诀窍:理科	2018—09	88.00	971
高中数学一题多解	2019—06	58.00	1087
新编640个世界著名数学智力趣题	2014—01	88.00	242
500个最新世界著名数学智力趣题	2008—06	48.00	3
400个最新世界著名数学最值问题	2008—09	48.00	36
500个世界著名数学征解问题	2009—06	48.00	52
400个中国最佳初等数学征解老问题	2010—01	48.00	60
500个俄罗斯数学经典老题	2011—01	28.00	81
1000个国外中学物理好题	2012—04	48.00	174
300个日本高考数学题	2012—04	38.00	142
700个早期日本高考数学试题	2017—02	88.00	752
500个前苏联早期高考数学试题及解答	2012—05	28.00	185
546个早期俄罗斯大学生数学竞赛题	2014—03	38.00	285
548个来自美苏的数学好问题	2014—11	28.00	396
20所苏联著名大学早期入学试题	2015—02	18.00	452
161道德国工科大学生必做的微分方程习题	2015—05	28.00	469
500个德国工科大学生必做的高数习题	2015—06	28.00	478
360个数学竞赛问题	2016—08	58.00	677
200个趣味数学故事	2018—02	48.00	857
470个数学奥林匹克中的最值问题	2018—10	88.00	985
德国讲义日本考题.微积分卷	2015—04	48.00	456
德国讲义日本考题.微分方程卷	2015—04	38.00	457
二十世纪中叶中、英、美、日、法、俄高考数学试题精选	2017—06	38.00	783

刘培杰数学工作室
已出版(即将出版)图书目录——初等数学

书　名	出版时间	定价	编号
中国初等数学研究　2009卷(第1辑)	2009—05	20.00	45
中国初等数学研究　2010卷(第2辑)	2010—05	30.00	68
中国初等数学研究　2011卷(第3辑)	2011—07	60.00	127
中国初等数学研究　2012卷(第4辑)	2012—07	48.00	190
中国初等数学研究　2014卷(第5辑)	2014—02	48.00	288
中国初等数学研究　2015卷(第6辑)	2015—06	68.00	493
中国初等数学研究　2016卷(第7辑)	2016—04	68.00	609
中国初等数学研究　2017卷(第8辑)	2017—01	98.00	712
几何变换(Ⅰ)	2014—07	28.00	353
几何变换(Ⅱ)	2015—06	28.00	354
几何变换(Ⅲ)	2015—01	38.00	355
几何变换(Ⅳ)	2015—12	38.00	356
初等数论难题集(第一卷)	2009—05	68.00	44
初等数论难题集(第二卷)(上、下)	2011—02	128.00	82,83
数论概貌	2011—03	18.00	93
代数数论(第二版)	2013—08	58.00	94
代数多项式	2014—06	38.00	289
初等数论的知识与问题	2011—02	28.00	95
超越数论基础	2011—03	28.00	96
数论初等教程	2011—03	28.00	97
数论基础	2011—03	18.00	98
数论基础与维诺格拉多夫	2014—03	18.00	292
解析数论基础	2012—08	28.00	216
解析数论基础(第二版)	2014—01	48.00	287
解析数论问题集(第二版)(原版引进)	2014—05	88.00	343
解析数论问题集(第二版)(中译本)	2016—04	88.00	607
解析数论基础(潘承洞,潘承彪著)	2016—07	98.00	673
解析数论导引	2016—07	58.00	674
数论入门	2011—03	38.00	99
代数数论入门	2015—03	38.00	448
数论开篇	2012—07	28.00	194
解析数论引论	2011—03	48.00	100
Barban Davenport Halberstam均值和	2009—01	40.00	33
基础数论	2011—03	28.00	101
初等数论100例	2011—05	18.00	122
初等数论经典例题	2012—07	18.00	204
最新世界各国数学奥林匹克中的初等数论试题(上、下)	2012—01	138.00	144,145
初等数论(Ⅰ)	2012—01	18.00	156
初等数论(Ⅱ)	2012—01	18.00	157
初等数论(Ⅲ)	2012—01	28.00	158

刘培杰数学工作室
已出版(即将出版)图书目录——初等数学

书 名	出版时间	定 价	编号
平面几何与数论中未解决的新老问题	2013—01	68.00	229
代数数论简史	2014—11	28.00	408
代数数论	2015—09	88.00	532
代数、数论及分析习题集	2016—11	98.00	695
数论导引提要及习题解答	2016—01	48.00	559
素数定理的初等证明.第2版	2016—09	48.00	686
数论中的模函数与狄利克雷级数(第二版)	2017—11	78.00	837
数论:数学导引	2018—01	68.00	849
范氏大代数	2019—02	98.00	1016
解析数学讲义.第一卷,导来式及微分-积分、级数	2019—04	88.00	1021
解析数学讲义.第二卷,关于几何的应用	2019—04	68.00	1022
解析数学讲义.第三卷,解析函数论	2019—04	78.00	1023
分析・组合・数论纵横谈	2019—04	58.00	1039
数学精神巡礼	2019—01	58.00	731
数学眼光透视(第2版)	2017—06	78.00	732
数学思想领悟(第2版)	2018—01	68.00	733
数学方法溯源(第2版)	2018—08	68.00	734
数学解题引论	2017—05	58.00	735
数学史话览胜(第2版)	2017—01	48.00	736
数学应用展观(第2版)	2017—08	68.00	737
数学建模尝试	2018—04	48.00	738
数学竞赛采风	2018—01	68.00	739
数学测评探营	2019—05	58.00	740
数学技能操握	2018—03	48.00	741
数学欣赏拾趣	2018—02	48.00	742
从毕达哥拉斯到怀尔斯	2007—10	48.00	9
从迪利克雷到维斯卡尔迪	2008—01	48.00	21
从哥德巴赫到陈景润	2008—05	98.00	35
从庞加莱到佩雷尔曼	2011—08	138.00	136
博弈论精粹	2008—03	58.00	30
博弈论精粹.第二版(精装)	2015—01	88.00	461
数学 我爱你	2008—01	28.00	20
精神的圣徒 别样的人生——60位中国数学家成长的历程	2008—09	48.00	39
数学史概论	2009—06	78.00	50
数学史概论(精装)	2013—03	158.00	272
数学史选讲	2016—01	48.00	544
斐波那契数列	2010—02	28.00	65
数学拼盘和斐波那契魔方	2010—07	38.00	72
斐波那契数列欣赏(第2版)	2018—08	58.00	948
Fibonacci数列中的明珠	2018—06	58.00	928
数学的创造	2011—02	48.00	85
数学美与创造力	2016—01	48.00	595
数海拾贝	2016—01	48.00	590
数学中的美(第2版)	2019—04	68.00	1057
数论中的美学	2014—12	38.00	351

刘培杰数学工作室
已出版(即将出版)图书目录——初等数学

书　名	出版时间	定　价	编号
数学王者　科学巨人——高斯	2015—01	28.00	428
振兴祖国数学的圆梦之旅:中国初等数学研究史话	2015—06	98.00	490
二十世纪中国数学史料研究	2015—10	48.00	536
数字谜、数阵图与棋盘覆盖	2016—01	58.00	298
时间的形状	2016—01	38.00	556
数学发现的艺术:数学探索中的合情推理	2016—07	58.00	671
活跃在数学中的参数	2016—07	48.00	675
数学解题——靠数学思想给力(上)	2011—07	38.00	131
数学解题——靠数学思想给力(中)	2011—07	48.00	132
数学解题——靠数学思想给力(下)	2011—07	38.00	133
我怎样解题	2013—01	48.00	227
数学解题中的物理方法	2011—06	28.00	114
数学解题的特殊方法	2011—06	48.00	115
中学数学计算技巧	2012—01	48.00	116
中学数学证明方法	2012—01	58.00	117
数学趣题巧解	2012—03	28.00	128
高中数学教学通鉴	2015—05	58.00	479
和高中生漫谈:数学与哲学的故事	2014—08	28.00	369
算术问题集	2017—03	38.00	789
张教授讲数学	2018—07	38.00	933
自主招生考试中的参数方程问题	2015—01	28.00	435
自主招生考试中的极坐标问题	2015—04	28.00	463
近年全国重点大学自主招生数学试题全解及研究.华约卷	2015—02	38.00	441
近年全国重点大学自主招生数学试题全解及研究.北约卷	2016—05	38.00	619
自主招生数学解证宝典	2015—09	48.00	535
格点和面积	2012—07	18.00	191
射影几何趣谈	2012—04	28.00	175
斯潘纳尔引理——从一道加拿大数学奥林匹克试题谈起	2014—01	28.00	228
李普希兹条件——从几道近年高考数学试题谈起	2012—10	18.00	221
拉格朗日中值定理——从一道北京高考试题的解法谈起	2015—10	18.00	197
闵科夫斯基定理——从一道清华大学自主招生试题谈起	2014—01	28.00	198
哈尔测度——从一道冬令营试题的背景谈起	2012—08	28.00	202
切比雪夫逼近问题——从一道中国台北数学奥林匹克试题谈起	2013—04	38.00	238
伯恩斯坦多项式与贝齐尔曲面——从一道全国高中数学联赛试题谈起	2013—03	38.00	236
卡塔兰猜想——从一道普特南竞赛试题谈起	2013—06	18.00	256
麦卡锡函数和阿克曼函数——从一道前南斯拉夫数学奥林匹克试题谈起	2012—08	18.00	201
贝蒂定理与拉姆克莱斯尔定理——从一个拣石子游戏谈起	2012—08	18.00	217
皮亚诺曲线和豪斯道夫分球定理——从无限集谈起	2012—08	18.00	211
平面凸图形与凸多面体	2012—10	28.00	218
斯坦因豪斯问题——从一道二十五省市自治区中学数学竞赛试题谈起	2012—07	18.00	196

刘培杰数学工作室
已出版(即将出版)图书目录——初等数学

书 名	出版时间	定 价	编号
纽结理论中的亚历山大多项式与琼斯多项式——从一道北京市高一数学竞赛试题谈起	2012—07	28.00	195
原则与策略——从波利亚"解题表"谈起	2013—04	38.00	244
转化与化归——从三大尺规作图不能问题谈起	2012—08	28.00	214
代数几何中的贝祖定理(第一版)——从一道 IMO 试题的解法谈起	2013—08	18.00	193
成功连贯理论与约当块理论——从一道比利时数学竞赛试题谈起	2012—04	18.00	180
素数判定与大数分解	2014—08	18.00	199
置换多项式及其应用	2012—10	18.00	220
椭圆函数与模函数——从一道美国加州大学洛杉矶分校(UCLA)博士资格考题谈起	2012—10	28.00	219
差分方程的拉格朗日方法——从一道 2011 年全国高考理科试题的解法谈起	2012—08	28.00	200
力学在几何中的一些应用	2013—01	38.00	240
高斯散度定理、斯托克斯定理和平面格林定理——从一道国际大学生数学竞赛试题谈起	即将出版		
康托洛维奇不等式——从一道全国高中联赛试题谈起	2013—03	28.00	337
西格尔引理——从一道第 18 届 IMO 试题的解法谈起	即将出版		
罗斯定理——从一道前苏联数学竞赛试题谈起	即将出版		
拉克斯定理和阿廷定理——从一道 IMO 试题的解法谈起	2014—01	58.00	246
毕卡大定理——从一道美国大学数学竞赛试题谈起	2014—07	18.00	350
贝齐尔曲线——从一道全国高中联赛试题谈起	即将出版		
拉格朗日乘子定理——从一道 2005 年全国高中联赛试题的高等数学解法谈起	2015—05	28.00	480
雅可比定理——从一道日本数学奥林匹克试题谈起	2013—04	48.00	249
李天岩—约克定理——从一道波兰数学竞赛试题谈起	2014—06	28.00	349
整系数多项式因式分解的一般方法——从克朗耐克算法谈起	即将出版		
布劳维不动点定理——从一道前苏联数学奥林匹克试题谈起	2014—01	38.00	273
伯恩赛德定理——从一道英国数学奥林匹克试题谈起	即将出版		
布查特—莫斯特定理——从一道上海市初中竞赛试题谈起	即将出版		
数论中的同余数问题——从一道普林南竞赛试题谈起	即将出版		
范·德蒙行列式——从一道美国数学奥林匹克试题谈起	即将出版		
中国剩余定理:总数法构建中国历史年表	2015—01	28.00	430
牛顿程序与方程求根——从一道全国高考试题解法谈起	即将出版		
库默尔定理——从一道 IMO 预选试题谈起	即将出版		
卢丁定理——从一道冬令营试题的解法谈起	即将出版		
沃斯滕霍姆定理——从一道 IMO 预选试题谈起	即将出版		
卡尔松不等式——从一道莫斯科数学奥林匹克试题谈起	即将出版		
信息论中的香农熵——从一道近年高考压轴题谈起	即将出版		
约当不等式——从一道希望杯竞赛试题谈起	即将出版		
拉比诺维奇定理	即将出版		
刘维尔定理——从一道《美国数学月刊》征解问题的解法谈起	即将出版		
卡塔兰恒等式与级数求和——从一道 IMO 试题的解法谈起	即将出版		
勒让德猜想与素数分布——从一道爱尔兰竞赛试题谈起	即将出版		
天平称重与信息论——从一道基辅市数学奥林匹克试题谈起	即将出版		
哈密尔顿—凯莱定理:从一道高中数学联赛试题的解法谈起	2014—09	18.00	376
艾思特曼定理——从一道 CMO 试题的解法谈起	即将出版		

刘培杰数学工作室
已出版(即将出版)图书目录——初等数学

书　名	出版时间	定　价	编号
阿贝尔恒等式与经典不等式及应用	2018—06	98.00	923
迪利克雷除数问题	2018—07	48.00	930
糖水中的不等式——从初等数学到高等数学	2019—07	48.00	1093
帕斯卡三角形	2014—03	18.00	294
蒲丰投针问题——从2009年清华大学的一道自主招生试题谈起	2014—01	38.00	295
斯图姆定理——从一道"华约"自主招生试题的解法谈起	2014—01	18.00	296
许瓦兹引理——从一道加利福尼亚大学伯克利分校数学系博士生试题谈起	2014—08	18.00	297
拉姆塞定理——从王诗宬院士的一个问题谈起	2016—04	48.00	299
坐标法	2013—12	28.00	332
数论三角形	2014—04	38.00	341
毕克定理	2014—07	18.00	352
数林掠影	2014—09	48.00	389
我们周围的概率	2014—10	38.00	390
凸函数最值定理:从一道华约自主招生题的解法谈起	2014—10	28.00	391
易学与数学奥林匹克	2014—10	38.00	392
生物数学趣谈	2015—01	18.00	409
反演	2015—01	28.00	420
因式分解与圆锥曲线	2015—01	18.00	426
轨迹	2015—01	28.00	427
面积原理:从常庚哲命的一道CMO试题的积分解法谈起	2015—01	48.00	431
形形色色的不动点定理:从一道28届IMO试题谈起	2015—01	38.00	439
柯西函数方程:从一道上海交大自主招生的试题谈起	2015—02	28.00	440
三角恒等式	2015—02	28.00	442
无理性判定:从一道2014年"北约"自主招生试题谈起	2015—01	38.00	443
数学归纳法	2015—03	18.00	451
极端原理与解题	2015—04	28.00	464
法雷级数	2014—08	18.00	367
摆线族	2015—01	38.00	438
函数方程及其解法	2015—05	38.00	470
含参数的方程和不等式	2012—09	28.00	213
希尔伯特第十问题	2016—01	38.00	543
无穷小量的求和	2016—01	28.00	545
切比雪夫多项式:从一道清华大学金秋营试题谈起	2016—01	38.00	583
泽肯多夫定理	2016—03	38.00	599
代数等式证题法	2016—01	28.00	600
三角等式证题法	2016—01	28.00	601
吴大任教授藏书中的一个因式分解公式:从一道美国数学邀请赛试题的解法谈起	2016—06	28.00	656
易卦——类万物的数学模型	2017—08	68.00	838
"不可思议"的数与数系可持续发展	2018—01	38.00	878
最短线	2018—01	38.00	879
幻方和魔方(第一卷)	2012—05	68.00	173
尘封的经典——初等数学经典文献选读(第一卷)	2012—07	48.00	205
尘封的经典——初等数学经典文献选读(第二卷)	2012—07	38.00	206
初级方程式论	2011—03	28.00	106
初等数学研究(Ⅰ)	2008—09	68.00	37
初等数学研究(Ⅱ)(上、下)	2009—05	118.00	46,47

刘培杰数学工作室
已出版(即将出版)图书目录——初等数学

书　名	出版时间	定　价	编号
趣味初等方程妙题集锦	2014—09	48.00	388
趣味初等数论选美与欣赏	2015—02	48.00	445
耕读笔记(上卷):一位农民数学爱好者的初数探索	2015—04	28.00	459
耕读笔记(中卷):一位农民数学爱好者的初数探索	2015—05	28.00	483
耕读笔记(下卷):一位农民数学爱好者的初数探索	2015—05	28.00	484
几何不等式研究与欣赏. 上卷	2016—01	88.00	547
几何不等式研究与欣赏. 下卷	2016—01	48.00	552
初等数列研究与欣赏·上	2016—01	48.00	570
初等数列研究与欣赏·下	2016—01	48.00	571
趣味初等函数研究与欣赏. 上	2016—09	48.00	684
趣味初等函数研究与欣赏. 下	2018—09	48.00	685
火柴游戏	2016—05	38.00	612
智力解谜. 第1卷	2017—07	38.00	613
智力解谜. 第2卷	2017—07	38.00	614
故事智力	2016—07	48.00	615
名人们喜欢的智力问题	即将出版		616
数学大师的发现、创造与失误	2018—01	48.00	617
异曲同工	2018—09	48.00	618
数学的味道	2018—01	58.00	798
数学千字文	2018—10	68.00	977
数贝偶拾——高考数学题研究	2014—04	28.00	274
数贝偶拾——初等数学研究	2014—04	38.00	275
数贝偶拾——奥数题研究	2014—04	48.00	276
钱昌本教你快乐学数学(上)	2011—12	48.00	155
钱昌本教你快乐学数学(下)	2012—03	58.00	171
集合、函数与方程	2014—01	28.00	300
数列与不等式	2014—01	38.00	301
三角与平面向量	2014—01	28.00	302
平面解析几何	2014—01	38.00	303
立体几何与组合	2014—01	28.00	304
极限与导数、数学归纳法	2014—01	38.00	305
趣味数学	2014—03	28.00	306
教材教法	2014—04	68.00	307
自主招生	2014—05	58.00	308
高考压轴题(上)	2015—01	48.00	309
高考压轴题(下)	2014—10	68.00	310
从费马到怀尔斯——费马大定理的历史	2013—10	198.00	I
从庞加莱到佩雷尔曼——庞加莱猜想的历史	2013—10	298.00	II
从切比雪夫到爱尔特希(上)——素数定理的初等证明	2013—07	48.00	III
从切比雪夫到爱尔特希(下)——素数定理100年	2012—12	98.00	III
从高斯到盖尔方特——二次域的高斯猜想	2013—10	198.00	IV
从库默尔到朗兰兹——朗兰兹猜想的历史	2014—01	98.00	V
从比勃巴赫到德布朗斯——比勃巴赫猜想的历史	2014—02	298.00	VI
从麦比乌斯到陈省身——麦比乌斯变换与麦比乌斯带	2014—02	298.00	VII
从布尔到豪斯道夫——布尔方程与格论漫谈	2013—10	198.00	VIII
从开普勒到阿诺德——三体问题的历史	2014—05	298.00	IX
从华林到华罗庚——华林问题的历史	2013—10	298.00	X

刘培杰数学工作室
已出版(即将出版)图书目录——初等数学

书 名	出版时间	定价	编号
美国高中数学竞赛五十讲.第1卷(英文)	2014—08	28.00	357
美国高中数学竞赛五十讲.第2卷(英文)	2014—08	28.00	358
美国高中数学竞赛五十讲.第3卷(英文)	2014—09	28.00	359
美国高中数学竞赛五十讲.第4卷(英文)	2014—09	28.00	360
美国高中数学竞赛五十讲.第5卷(英文)	2014—10	28.00	361
美国高中数学竞赛五十讲.第6卷(英文)	2014—11	28.00	362
美国高中数学竞赛五十讲.第7卷(英文)	2014—12	28.00	363
美国高中数学竞赛五十讲.第8卷(英文)	2015—01	28.00	364
美国高中数学竞赛五十讲.第9卷(英文)	2015—01	28.00	365
美国高中数学竞赛五十讲.第10卷(英文)	2015—02	38.00	366
三角函数(第2版)	2017—04	38.00	626
不等式	2014—01	38.00	312
数列	2014—01	38.00	313
方程(第2版)	2017—04	38.00	624
排列和组合	2014—01	28.00	315
极限与导数(第2版)	2016—04	38.00	635
向量(第2版)	2018—08	58.00	627
复数及其应用	2014—08	28.00	318
函数	2014—01	38.00	319
集合	即将出版		320
直线与平面	2014—01	28.00	321
立体几何(第2版)	2016—04	38.00	629
解三角形	即将出版		323
直线与圆(第2版)	2016—11	38.00	631
圆锥曲线(第2版)	2016—09	48.00	632
解题通法(一)	2014—07	38.00	326
解题通法(二)	2014—07	38.00	327
解题通法(三)	2014—05	38.00	328
概率与统计	2014—01	28.00	329
信息迁移与算法	即将出版		330
IMO 50年.第1卷(1959—1963)	2014—11	28.00	377
IMO 50年.第2卷(1964—1968)	2014—11	28.00	378
IMO 50年.第3卷(1969—1973)	2014—09	28.00	379
IMO 50年.第4卷(1974—1978)	2016—04	38.00	380
IMO 50年.第5卷(1979—1984)	2015—04	38.00	381
IMO 50年.第6卷(1985—1989)	2015—04	58.00	382
IMO 50年.第7卷(1990—1994)	2016—01	48.00	383
IMO 50年.第8卷(1995—1999)	2016—06	38.00	384
IMO 50年.第9卷(2000—2004)	2015—04	58.00	385
IMO 50年.第10卷(2005—2009)	2016—01	48.00	386
IMO 50年.第11卷(2010—2015)	2017—03	48.00	646

刘培杰数学工作室
已出版(即将出版)图书目录——初等数学

书　名	出版时间	定　价	编号
数学反思(2006—2007)	即将出版		915
数学反思(2008—2009)	2019—01	68.00	917
数学反思(2010—2011)	2018—05	58.00	916
数学反思(2012—2013)	2019—01	58.00	918
数学反思(2014—2015)	2019—03	78.00	919
历届美国大学生数学竞赛试题集.第一卷(1938—1949)	2015—01	28.00	397
历届美国大学生数学竞赛试题集.第二卷(1950—1959)	2015—01	28.00	398
历届美国大学生数学竞赛试题集.第三卷(1960—1969)	2015—01	28.00	399
历届美国大学生数学竞赛试题集.第四卷(1970—1979)	2015—01	18.00	400
历届美国大学生数学竞赛试题集.第五卷(1980—1989)	2015—01	28.00	401
历届美国大学生数学竞赛试题集.第六卷(1990—1999)	2015—01	28.00	402
历届美国大学生数学竞赛试题集.第七卷(2000—2009)	2015—08	18.00	403
历届美国大学生数学竞赛试题集.第八卷(2010—2012)	2015—01	18.00	404
新课标高考数学创新题解题诀窍:总论	2014—09	28.00	372
新课标高考数学创新题解题诀窍:必修1~5分册	2014—08	38.00	373
新课标高考数学创新题解题诀窍:选修2—1,2—2,1—1,1—2分册	2014—09	38.00	374
新课标高考数学创新题解题诀窍:选修2—3,4—4,4—5分册	2014—09	18.00	375
全国重点大学自主招生英文数学试题全攻略:词汇卷	2015—07	48.00	410
全国重点大学自主招生英文数学试题全攻略:概念卷	2015—01	28.00	411
全国重点大学自主招生英文数学试题全攻略:文章选读卷(上)	2016—09	38.00	412
全国重点大学自主招生英文数学试题全攻略:文章选读卷(下)	2017—01	58.00	413
全国重点大学自主招生英文数学试题全攻略:试题卷	2015—07	38.00	414
全国重点大学自主招生英文数学试题全攻略:名著欣赏卷	2017—03	48.00	415
劳埃德数学趣题大全.题目卷.1:英文	2016—01	18.00	516
劳埃德数学趣题大全.题目卷.2:英文	2016—01	18.00	517
劳埃德数学趣题大全.题目卷.3:英文	2016—01	18.00	518
劳埃德数学趣题大全.题目卷.4:英文	2016—01	18.00	519
劳埃德数学趣题大全.题目卷.5:英文	2016—01	18.00	520
劳埃德数学趣题大全.答案卷:英文	2016—01	18.00	521
李成章教练奥数笔记.第1卷	2016—01	48.00	522
李成章教练奥数笔记.第2卷	2016—01	48.00	523
李成章教练奥数笔记.第3卷	2016—01	38.00	524
李成章教练奥数笔记.第4卷	2016—01	38.00	525
李成章教练奥数笔记.第5卷	2016—01	38.00	526
李成章教练奥数笔记.第6卷	2016—01	38.00	527
李成章教练奥数笔记.第7卷	2016—01	38.00	528
李成章教练奥数笔记.第8卷	2016—01	48.00	529
李成章教练奥数笔记.第9卷	2016—01	28.00	530

刘培杰数学工作室
已出版(即将出版)图书目录——初等数学

书 名	出版时间	定 价	编号
第19～23届"希望杯"全国数学邀请赛试题审题要津详细评注(初一版)	2014－03	28.00	333
第19～23届"希望杯"全国数学邀请赛试题审题要津详细评注(初二、初三版)	2014－03	38.00	334
第19～23届"希望杯"全国数学邀请赛试题审题要津详细评注(高一版)	2014－03	28.00	335
第19～23届"希望杯"全国数学邀请赛试题审题要津详细评注(高二版)	2014－03	38.00	336
第19～25届"希望杯"全国数学邀请赛试题审题要津详细评注(初一版)	2015－01	38.00	416
第19～25届"希望杯"全国数学邀请赛试题审题要津详细评注(初二、初三版)	2015－01	58.00	417
第19～25届"希望杯"全国数学邀请赛试题审题要津详细评注(高一版)	2015－01	48.00	418
第19～25届"希望杯"全国数学邀请赛试题审题要津详细评注(高二版)	2015－01	48.00	419
物理奥林匹克竞赛大题典——力学卷	2014－11	48.00	405
物理奥林匹克竞赛大题典——热学卷	2014－04	28.00	339
物理奥林匹克竞赛大题典——电磁学卷	2015－07	48.00	406
物理奥林匹克竞赛大题典——光学与近代物理卷	2014－06	28.00	345
历届中国东南地区数学奥林匹克试题集(2004～2012)	2014－06	18.00	346
历届中国西部地区数学奥林匹克试题集(2001～2012)	2014－07	18.00	347
历届中国女子数学奥林匹克试题集(2002～2012)	2014－08	18.00	348
数学奥林匹克在中国	2014－06	98.00	344
数学奥林匹克问题集	2014－01	38.00	267
数学奥林匹克不等式散论	2010－06	38.00	124
数学奥林匹克不等式欣赏	2011－09	38.00	138
数学奥林匹克超级题库(初中卷上)	2010－01	58.00	66
数学奥林匹克不等式证明方法和技巧(上、下)	2011－08	158.00	134,135
他们学什么:原民主德国中学数学课本	2016－09	38.00	658
他们学什么:英国中学数学课本	2016－09	38.00	659
他们学什么:法国中学数学课本.1	2016－09	38.00	660
他们学什么:法国中学数学课本.2	2016－09	28.00	661
他们学什么:法国中学数学课本.3	2016－09	38.00	662
他们学什么:苏联中学数学课本	2016－09	28.00	679
高中数学题典——集合与简易逻辑·函数	2016－07	48.00	647
高中数学题典——导数	2016－07	48.00	648
高中数学题典——三角函数·平面向量	2016－07	48.00	649
高中数学题典——数列	2016－07	58.00	650
高中数学题典——不等式·推理与证明	2016－07	38.00	651
高中数学题典——立体几何	2016－07	48.00	652
高中数学题典——平面解析几何	2016－07	78.00	653
高中数学题典——计数原理·统计·概率·复数	2016－07	48.00	654
高中数学题典——算法·平面几何·初等数论·组合数学·其他	2016－07	68.00	655

刘培杰数学工作室
已出版(即将出版)图书目录——初等数学

书　名	出版时间	定　价	编号
台湾地区奥林匹克数学竞赛试题.小学一年级	2017—03	38.00	722
台湾地区奥林匹克数学竞赛试题.小学二年级	2017—03	38.00	723
台湾地区奥林匹克数学竞赛试题.小学三年级	2017—03	38.00	724
台湾地区奥林匹克数学竞赛试题.小学四年级	2017—03	38.00	725
台湾地区奥林匹克数学竞赛试题.小学五年级	2017—03	38.00	726
台湾地区奥林匹克数学竞赛试题.小学六年级	2017—03	38.00	727
台湾地区奥林匹克数学竞赛试题.初中一年级	2017—03	38.00	728
台湾地区奥林匹克数学竞赛试题.初中二年级	2017—03	38.00	729
台湾地区奥林匹克数学竞赛试题.初中三年级	2017—03	28.00	730
不等式证题法	2017—04	28.00	747
平面几何培优教程	2019—08	88.00	748
奥数鼎级培优教程.高一分册	2018—09	88.00	749
奥数鼎级培优教程.高二分册.上	2018—04	68.00	750
奥数鼎级培优教程.高二分册.下	2018—04	68.00	751
高中数学竞赛冲刺宝典	2019—04	68.00	883
初中尖子生数学超级题典.实数	2017—07	58.00	792
初中尖子生数学超级题典.式、方程与不等式	2017—08	58.00	793
初中尖子生数学超级题典.圆、面积	2017—08	38.00	794
初中尖子生数学超级题典.函数、逻辑推理	2017—08	48.00	795
初中尖子生数学超级题典.角、线段、三角形与多边形	2017—07	58.00	796
数学王子——高斯	2018—01	48.00	858
坎坷奇星——阿贝尔	2018—01	48.00	859
闪烁奇星——伽罗瓦	2018—01	58.00	860
无穷统帅——康托尔	2018—01	48.00	861
科学公主——柯瓦列夫斯卡娅	2018—01	48.00	862
抽象代数之母——埃米·诺特	2018—01	48.00	863
电脑先驱——图灵	2018—01	58.00	864
昔日神童——维纳	2018—01	48.00	865
数坛怪侠——爱尔特希	2018—01	68.00	866
当代世界中的数学.数学思想与数学基础	2019—01	38.00	892
当代世界中的数学.数学问题	2019—01	38.00	893
当代世界中的数学.应用数学与数学应用	2019—01	38.00	894
当代世界中的数学.数学王国的新疆域(一)	2019—01	38.00	895
当代世界中的数学.数学王国的新疆域(二)	2019—01	38.00	896
当代世界中的数学.数林撷英(一)	2019—01	38.00	897
当代世界中的数学.数林撷英(二)	2019—01	48.00	898
当代世界中的数学.数学之路	2019—01	38.00	899

刘培杰数学工作室
已出版(即将出版)图书目录——初等数学

书　名	出版时间	定价	编号
105个代数问题：来自AwesomeMath夏季课程	2019-02	58.00	956
106个几何问题：来自AwesomeMath夏季课程	即将出版		957
107个几何问题：来自AwesomeMath全年课程	即将出版		958
108个代数问题：来自AwesomeMath全年课程	2019-01	68.00	959
109个不等式：来自AwesomeMath夏季课程	2019-04	58.00	960
国际数学奥林匹克中的110个几何问题	即将出版		961
111个代数和数论问题	2019-05	58.00	962
112个组合问题：来自AwesomeMath夏季课程	2019-05	58.00	963
113个几何不等式：来自AwesomeMath夏季课程	即将出版		964
114个指数和对数问题：来自AwesomeMath夏季课程	即将出版		965
115个三角问题：来自AwesomeMath夏季课程	2019-09	58.00	966
116个代数不等式：来自AwesomeMath全年课程	2019-04	58.00	967
紫色彗星国际数学竞赛试题	2019-02	58.00	999
澳大利亚中学数学竞赛试题及解答(初级卷)1978~1984	2019-02	28.00	1002
澳大利亚中学数学竞赛试题及解答(初级卷)1985~1991	2019-02	28.00	1003
澳大利亚中学数学竞赛试题及解答(初级卷)1992~1998	2019-02	28.00	1004
澳大利亚中学数学竞赛试题及解答(初级卷)1999~2005	2019-02	28.00	1005
澳大利亚中学数学竞赛试题及解答(中级卷)1978~1984	2019-03	28.00	1006
澳大利亚中学数学竞赛试题及解答(中级卷)1985~1991	2019-03	28.00	1007
澳大利亚中学数学竞赛试题及解答(中级卷)1992~1998	2019-03	28.00	1008
澳大利亚中学数学竞赛试题及解答(中级卷)1999~2005	2019-03	28.00	1009
澳大利亚中学数学竞赛试题及解答(高级卷)1978~1984	2019-05	28.00	1010
澳大利亚中学数学竞赛试题及解答(高级卷)1985~1991	2019-05	28.00	1011
澳大利亚中学数学竞赛试题及解答(高级卷)1992~1998	2019-05	28.00	1012
澳大利亚中学数学竞赛试题及解答(高级卷)1999~2005	2019-05	28.00	1013
天才中小学生智力测验题.第一卷	2019-03	38.00	1026
天才中小学生智力测验题.第二卷	2019-03	38.00	1027
天才中小学生智力测验题.第三卷	2019-03	38.00	1028
天才中小学生智力测验题.第四卷	2019-03	38.00	1029
天才中小学生智力测验题.第五卷	2019-03	38.00	1030
天才中小学生智力测验题.第六卷	2019-03	38.00	1031
天才中小学生智力测验题.第七卷	2019-03	38.00	1032
天才中小学生智力测验题.第八卷	2019-03	38.00	1033
天才中小学生智力测验题.第九卷	2019-03	38.00	1034
天才中小学生智力测验题.第十卷	2019-03	38.00	1035
天才中小学生智力测验题.第十一卷	2019-03	38.00	1036
天才中小学生智力测验题.第十二卷	2019-03	38.00	1037
天才中小学生智力测验题.第十三卷	2019-03	38.00	1038

刘培杰数学工作室
已出版(即将出版)图书目录——初等数学

书　名	出版时间	定　价	编号
重点大学自主招生数学备考全书:函数	即将出版		1047
重点大学自主招生数学备考全书:导数	即将出版		1048
重点大学自主招生数学备考全书:数列与不等式	即将出版		1049
重点大学自主招生数学备考全书:三角函数与平面向量	即将出版		1050
重点大学自主招生数学备考全书:平面解析几何	即将出版		1051
重点大学自主招生数学备考全书:立体几何与平面几何	即将出版		1052
重点大学自主招生数学备考全书:排列组合.概率统计.复数	即将出版		1053
重点大学自主招生数学备考全书:初等数论与组合数学	2019—08	48.00	1054
重点大学自主招生数学备考全书:重点大学自主招生真题.上	2019—04	68.00	1055
重点大学自主招生数学备考全书:重点大学自主招生真题.下	2019—04	58.00	1056
高中数学竞赛培训教程:平面几何问题的求解方法与策略.上	2018—05	68.00	906
高中数学竞赛培训教程:平面几何问题的求解方法与策略.下	2018—06	78.00	907
高中数学竞赛培训教程:整除与同余以及不定方程	2018—01	88.00	908
高中数学竞赛培训教程:组合计数与组合极值	2018—04	48.00	909
高中数学竞赛培训教程:初等代数	2019—04	78.00	1042
高中数学讲座:数学竞赛基础教程(第一册)	2019—06	48.00	1094
高中数学讲座:数学竞赛基础教程(第二册)	即将出版		1095
高中数学讲座:数学竞赛基础教程(第三册)	即将出版		1096
高中数学讲座:数学竞赛基础教程(第四册)	即将出版		1097

联系地址:哈尔滨市南岗区复华四道街10号　哈尔滨工业大学出版社刘培杰数学工作室
网　　址:http://lpj.hit.edu.cn/
邮　　编:150006
联系电话:0451—86281378　　13904613167
E-mail:lpj1378@163.com